王国平 主编

南宋史研究丛书

管成学 著

南宋科技史

人民出版社

国家"十一五"重点图书出版规划项目
杭州市社会科学院重大课题

浙江省文化研究工程指导委员会

浙江文化研究工程成果文库总序

（签名）

　　有人将文化比作一条来自老祖宗而又流向未来的河，这是说文化的传统，通过纵向传承和横向传递，生生不息地影响和引领着人们的生存与发展；有人说文化是人类的思想、智慧、信仰、情感和生活的载体、方式和方法，这是将文化作为人们代代相传的生活方式的整体。我们说，文化为群体生活提供规范、方式与环境，文化通过传承为社会进步发挥基础作用，文化会促进或制约经济乃至整个社会的发展。文化的力量，已经深深熔铸在民族的生命力、创造力和凝聚力之中。

　　在人类文化演化的进程中，各种文化都在其内部生成众多的元素、层次与类型，由此决定了文化的多样性与复杂性。

　　中国文化的博大精深，来源于其内部生成的多姿多彩；中国文化的历久弥新，取决于其变迁过程中各种元素、层次、类型在内容和结构上通过碰撞、解构、融合而产生的革故鼎新的强大动力。

　　中国土地广袤、疆域辽阔，不同区域间因自然环境、经济环境、社会环境等诸多方面的差异，建构了不同的区域文化。区域文化如同百川归海，共同汇聚成中国文化的大传统，这种大传统如同春风化雨，渗透于各种区域文化之中。在这个过程中，区域文化如同清溪山泉潺潺不息，在中国文化的共同价值取向下，以自己的独特个性支撑着、引领着本地经济社会的发展。

从区域文化入手,对一地文化的历史与现状展开全面、系统、扎实、有序的研究,一方面可以藉此梳理和弘扬当地的历史传统和文化资源,繁荣和丰富当代的先进文化建设活动,规划和指导未来的文化发展蓝图,增强文化软实力,为全面建设小康社会、加快推进社会主义现代化提供思想保证、精神动力、智力支持和舆论力量;另一方面,这也是深入了解中国文化、研究中国文化、发展中国文化、创新中国文化的重要途径之一。如今,区域文化研究日益受到各地重视,成为我国文化研究走向深入的一个重要标志。我们今天实施浙江文化研究工程,其目的和意义也在于此。

千百年来,浙江人民积淀和传承了一个底蕴深厚的文化传统。这种文化传统的独特性,正在于它令人惊叹的富于创造力的智慧和力量。

浙江文化中富于创造力的基因,早早地出现在其历史的源头。在浙江新石器时代最为著名的跨湖桥、河姆渡、马家浜和良渚的考古文化中,浙江先民们都以不同凡响的作为,在中华民族的文明之源留下了创造和进步的印记。

浙江人民在与时俱进的历史轨迹上一路走来,秉承富于创造力的文化传统,这深深地融汇在一代代浙江人民的血液中,体现在浙江人民的行为上,也在浙江历史上众多杰出人物身上得到充分展示。从大禹的因势利导、敬业治水,到勾践的卧薪尝胆、励精图治;从钱氏的保境安民、纳土归宋,到胡则的为官一任、造福一方;从岳飞、于谦的精忠报国、清白一生,到方孝孺、张苍水的刚正不阿、以身殉国;从沈括的博学多识、精研深究,到竺可桢的科学救国、求是一生;无论是陈亮、叶适的经世致用,还是黄宗羲的工商皆本;无论是王充、王阳明的批判、自觉,还是龚自珍、蔡元培的开明、开放,等等,都展示了浙江深厚的文化底蕴,凝聚了浙江人民求真务实的创造精神。

代代相传的文化创造的作为和精神,从观念、态度、行为方式和价值取向上,孕育、形成和发展了渊源有自的浙江地域文化传统和与时俱进的浙江文化精神,她滋育着浙江的生命力、催生着浙江的凝聚力、激发着浙江的创造力、培植着浙江的竞争力,激励着浙江人民永不自满、永不停息,在各个不同的历史时期不断地超越自我、创业奋进。

悠久深厚、意韵丰富的浙江文化传统，是历史赐予我们的宝贵财富，也是我们开拓未来的丰富资源和不竭动力。党的十六大以来推进浙江新发展的实践，使我们越来越深刻地认识到，与国家实施改革开放大政方针相伴随的浙江经济社会持续快速健康发展的深层原因，就在于浙江深厚的文化底蕴和文化传统与当今时代精神的有机结合，就在于发展先进生产力与发展先进文化的有机结合。今后一个时期浙江能否在全面建设小康社会、加快社会主义现代化建设进程中继续走在前列，很大程度上取决于我们对文化力量的深刻认识、对发展先进文化的高度自觉和对加快建设文化大省的工作力度。我们应该看到，文化的力量最终可以转化为物质的力量，文化的软实力最终可以转化为经济的硬实力。文化要素是综合竞争力的核心要素，文化资源是经济社会发展的重要资源，文化素质是领导者和劳动者的首要素质。因此，研究浙江文化的历史与现状，增强文化软实力，为浙江的现代化建设服务，是浙江人民的共同事业，也是浙江各级党委、政府的重要使命和责任。

2005 年 7 月召开的中共浙江省委十一届八次全会，作出《关于加快建设文化大省的决定》，提出要从增强先进文化凝聚力、解放和发展生产力、增强社会公共服务能力入手，大力实施文明素质工程、文化精品工程、文化研究工程、文化保护工程、文化产业促进工程、文化阵地工程、文化传播工程、文化人才工程等"八项工程"，实施科教兴国和人才强国战略，加快建设教育、科技、卫生、体育等"四个强省"。作为文化建设"八项工程"之一的文化研究工程，其任务就是系统研究浙江文化的历史成就和当代发展，深入挖掘浙江文化底蕴、研究浙江现象、总结浙江经验、指导浙江未来的发展。

浙江文化研究工程将重点研究"今、古、人、文"四个方面，即围绕浙江当代发展问题研究、浙江历史文化专题研究、浙江名人研究、浙江历史文献整理四大板块，开展系统研究，出版系列丛书。在研究内容上，深入挖掘浙江文化底蕴，系统梳理和分析浙江历史文化的内部结构、变化规律和地域特色,坚持和发展浙江精神;研究浙江文化与其他地域文化的异同,厘清浙江文化在中国文化中的地位和相互影响的关系;围绕浙江生动的当代实践,深入解读浙江现象,总结浙江经验,指导浙江发展。在研究力量上,通过课题组织、出版资助、重点研究基地建设、加强省内外大院名校合作、整合各地各部门力量等途径,形成上下联动、学界互动的整体合力。在成果运用上,注重研究成果的学术价值和应用价值,充分发挥其认识世界、传承文明、创新理论、咨政育人、服务社会的重要作用。

我们希望通过实施浙江文化研究工程,努力用浙江历史教育浙江人民,用浙江文化熏陶浙江人民,用浙江精神鼓舞浙江人民,用浙江经验引领浙江人民,进一步激发浙江人民的无穷智慧和伟大创造能力,推动浙江实现又快又好发展。

今天,我们踏着来自历史的河流,受着一方百姓的期许,理应负起使命,至诚奉献,让我们的文化绵延不绝,让我们的创造生生不息。

2006 年 5 月 30 日于杭州

以杭州(临安)为例　还原一个真实的南宋

——从"南海一号"沉船发现引发的思考

(代　序)

王卫平

　　2007 年 12 月 22 日,举世瞩目的我国南宋商船"南海一号"在广东阳江海域打捞出水。根据探测情况估计,整船金、银、铜、铁、瓷器等文物可能达到 6 万—8 万件,据说皆为稀世珍宝。迄今为止,全世界范围内都未曾发现过如此巨大的千年古船。"南海一号"的发现,在世界航海史上堪称一大奇迹,也填补与复原了南宋海上"丝绸之路"历史的一些空白①。不少专家认为"南海一号"的价值和影响力将不亚于西安秦始皇兵马俑。这艘沉船虽然出现在广东海域,但反映了整个南宋经济、文化的繁荣,标志着南宋社会的开放,也表明当时南宋引领着世界的发展。作为南宋政治、经济、文化、科技中心的都城临安(浙江杭州),则是南宋社会繁华与开放的代表。从某种意义上讲,没有以临安为代表的南宋的繁荣与开放,就不会有今日"南海一号"的发现;而"南海一号"的发现,也为我们重新审视与评价南宋,带来了最好的注解、最硬的实证。

　　提起南宋,往往众说纷纭,莫衷一是。长期以来,不少人把"山外青山楼外楼,西湖歌舞几时休? 暖风熏得游人醉,直把杭州作汴州"②这首曾写在临

---

①　参见《"南海一号"成功出水》一文,载《人民日报》2007 年 12 月 23 日。

②　林升:《题临安邸》,转引自田汝成《西湖游览志余》卷二《帝王都会》,上海古籍出版社 1980 年版,第 14 页。

安城一家旅店墙上的诗,当作是当时南宋王朝的真实写照。虽然近现代已有海内外学者开始重新认识南宋,但相当一部分人仍认为南宋军事上妥协投降、苟且偷安,政治上腐败成风、奸相专权,经济上积贫积弱、民不聊生,生活上纸醉金迷、纵情声色。总之,南宋王朝是一个只图享受、不思进取的偏安小朝廷。导致这种历史误解的原因,在很大程度上是出于人们对患有"恐金病"的宋高宗和权相秦桧一伙倒行逆施的义愤,这是可以理解的。但是,我们决不能坐在历史的成见之上人云亦云。只要我们以对历史负责、对时代负责、对未来负责的精神和科学求实的态度,以科学发展观为指导,对南宋进行全面、深入、系统的研究,将南宋放到当时特定的历史发展阶段中、放到中国社会发展的历史长河中、放到整个世界的文明进程中进行考察,就不难发现南宋时期在社会经济、思想文化、科学技术、国计民生等方面所取得的成就,就不难发现南宋对中华文明所产生的巨大影响,以此对南宋作出科学、客观、公正的评价,"还原一个真实的南宋"。

宋钦宗靖康元年(1126)闰十一月,金军攻陷北宋京城开封。次年三月,俘徽、钦二帝北去,北宋灭亡。同年五月,宋徽宗第九子、钦宗之弟赵构,在应天府(河南商丘)即位,是为高宗,改元建炎,重建赵宋王朝。建炎三年(1129)二月,高宗来到杭州,改州治为行宫,七月升杭州为临安府,此时起,杭州实际上已成为南宋的都城。绍兴八年(1138),南宋宣布临安府为"行在所",正式定都临安。自建炎元年(1127)赵构重建宋室,至祥兴二年(1279)帝昺蹈海灭亡,历时153年,史称"南宋"。

我们认为,研究与评价南宋,不应当仅仅以王朝政权的强弱为依据,而应当坚持"以人为本"的理念,以人们生存与生活状态的改善作为社会进步的根本标准。许多人评价南宋,往往把南宋王朝作为对象,我们认为所谓"南宋",不仅仅是一个历史王朝的称谓,而主要是指一个特定的历史阶段和历史时期。在马克思主义看来,历史的进步是社会发展和人的发展相统一的过程,"人们的社会历史始终只是他们的个体发展的历史"①,未来理想社

---

① 《马克思恩格斯选集》第4卷,人民出版社1972年版,第321页。

会"以每个人的全面而自由的发展为基本原则"①。人是社会发展的主体，人的自由与全面发展是社会进步的最高目标。这就要坚持"以人为本"的科学发展观，将人的生存与全面发展作为评价一个历史阶段的根本依据。南宋时期，虽说尚处在封建社会的中期，人的自由与发展受到封建集权思想与皇权统治的严重束缚，但南宋与宋代以前漫长的封建历史时期相比，这一时期所出现的对人的生存与生活的关注度以及南宋人的生活质量和创造活力所达到的高度都是前所未有的。

研究与评价南宋，不应当仅仅以军事力量的大小作为评价依据，而应当以其社会经济、文化整体状况与发展水平的高低作为重要标准。我们评判一个朝代，不但要考察其军事力量的大小，更要看其在经济、文化、科技、社会等各方面所取得的成就。两宋立国320年，虽不及汉、唐、明、清国土辽阔，却以在封建社会中无可比拟的繁荣和社会发展的高度，跻身于中国古代最辉煌的历史时期之列。无论是文化教育的普及、文学艺术的繁荣、学术思想的活跃、科学技术的进步，还是社会生活的丰富多彩，南宋都达到了前所未有的程度，在当时世界上也都处于领先地位。著名史学家邓广铭认为"宋代的文化，在中国封建社会历史时期之内，截至明清之际西学东渐的时期为止，可以说，已经达到了登峰造极的高度"。②

研究与评价南宋，不能仅仅以某些研究的成果或所谓的"历史定论"为依据，而应当以其在人类文明进步中所扮演的角色，以及对后世产生的影响作为重要标准。宋朝是中国封建社会里国祚最长的朝代，也是封建文化发展最为辉煌的时期。南宋虽然国土面积只有北宋的五分之三左右，却维持了长达153年（1127—1279）的统治。南宋不但对中国境内同时代的少数民族政权和周边国家产生了积极影响，而且对后世中华文化的形成产生了巨大影响。近代著名思想家严复认为："中国所以成于今日现象者，为善为恶，姑不具论，而为宋人所造就，什八九可断言也。"③近代史学大师陈寅恪先生

---

① 《马克思恩格斯全集》第23卷，人民出版社1972年版，第649页。
② 邓广铭：《宋代文化的高度发展与宋王朝的文化政策》，载《历史研究》1990年第1期。
③ 严复：《严几道与熊纯如书札节钞》，载《学衡》第13期，江苏古籍出版社1999年影印本。

也曾经指出:"华夏民族之文化,历数千载之演进,造极于赵宋之世。"①因此,我们既要看到南宋王朝负面的影响,更要充分肯定南宋的历史地位与历史影响,只有这样,才能"还原一个真实的南宋"。

一、在政治上,不但要看到南宋王朝外患深重、苟且偷安的一面,更要看到爱国志士精忠报国、南宋政权注重内治的一面

南宋时期民族矛盾异常尖锐,外患严重之至,前期受到北方金朝的军事讹诈和骚扰掠夺,后期又受到蒙元的野蛮侵略,长期威胁着南宋政权的生存与发展。在此情形下,南宋初期朝廷中以宋高宗为首的主和派,积极议和,向女真贵族纳贡称臣,南宋王朝确实存在消极抗战、苟且偷安的一面。但也要承认南宋王朝大多君王也怀有收复中原的愿望。南宋将杭州作为"行在所",视作"临安"而非"长安",也表现出了南宋统治集团不忘收复中原的意图。我们更应该看到南宋时期,在153年中,涌现了以岳飞、文天祥两位彪炳青史的民族英雄为代表的一大批爱国将领,众多的爱国仁人志士,这是中国古代任何一个朝代都难以比拟的。

同时,南宋政权也十分注重内治,在加强中央集权制度、推行"崇尚文治"政策、倡导科举不分门第等方面均有重大建树。其主要表现在:

1. 从军事斗争上看,南宋是造就爱国志士、民族英雄的时代

南宋王朝长期处于外族入侵的严重威胁之下,为此南宋军民进行了一百多年艰苦卓绝的抵抗斗争,涌现了无数气壮山河、可歌可泣的爱国事迹和民族英雄。因而,我们认为:南宋时代是面对强敌、英勇抗争的时代。众所周知,金朝是中国历史上继匈奴、突厥、契丹以后一个十分强大的少数民族政权,并非昔日汉唐时期的匈奴、突厥与明清时期的蒙古可比。金军先后灭亡了辽朝和北宋,南侵之势简直锐不可当,但由于南宋军民的浴血奋战,虽屡经挫折,终于抵挡住了南侵金军一次又一次的进攻,在外患深重的困境中站稳了脚跟。在持久的宋金战争中,南宋的军事力量不但没有削

---

① 《陈寅恪先生文集》第2卷,上海古籍出版社1980年版,第245页。

弱,反而逐渐壮大起来。南宋后期的蒙元军队则更为强大,竟然以20年左右的时间横扫欧亚大陆,使全世界都为之谈"蒙"色变。南宋的军事力量尽管相对弱小,又面对当时世界上最为强大的蒙元军队,但广大军民同仇敌忾,顽强抵抗了整整45年之久,这不能不说是世界抗击蒙元战争史上的一个奇迹。①

南宋是呼唤英雄、造就英雄的时代。在旷日持久的宋金战争中,造就了以宗泽、韩世忠、岳飞、刘锜、吴玠吴璘兄弟为代表的一批南宋爱国将领。特别是民族英雄岳飞率领的岳家军,更是使金军闻风丧胆。在南宋抗击蒙元的悲壮战争中,前有孟珙、王坚等杰出爱国将领,后有文天祥、谢枋得、陆秀夫、张世杰等抗元英雄,其中民族英雄文天祥领导的抗元斗争,更是可歌可泣,彪炳史册。

南宋是激发爱国热忱、孕育仁人志士的时代。仅《宋史·忠义列传》,就收录有爱国志士277人,其中大部分是南宋人②。南宋初期,宗泽力主抗金,并屡败金兵,因不能收复北宋失地而死不瞑目,临终时连呼三次"过河";洪皓出使金朝,被流放冷山,历尽艰辛,终不屈服,被比作宋代的苏武;陆游"死去元知万事空,但悲不见九州同"的诗句,表达了他渴望祖国统一的遗愿;辛弃疾的词则抒发了盼望祖国统一和反对主和误国的激情。因此,我们认为,南宋不但是造就民族英雄的时代,也是孕育爱国政治家、军事家、文学家和思想家的沃土。

2. 从政治制度上看,两宋时期是加强中央集权、"干强枝弱"的时期

宋朝在建国之初,鉴于前朝藩镇割据、皇权削弱的历史教训,通过采取"强干弱枝"政策,不断加强中央集权统治,南宋时得到了进一步强化。在中央权力上,实行军政、民政、财政"三权分立",削弱宰相的权力与地位;在地方权力上,中央派遣知州、知县等地方官,将原节度使兼领的"支郡"收归中央直接管辖;在官僚机构上,实行官(官品)、职(头衔)、差遣(实权)三者分离制度;在财权上,设置转运使掌管各路财赋,将原藩镇把持的地方财权收

---

① 参见何忠礼《论南宋在中国历史上的地位和影响》,载《杭州研究》2007年第2期。
② 参见俞兆鹏《南宋人才之盛及其原因》,载《杭州日报》2005年11月14日。

归中央;在司法权上,设置提点刑狱一职,将方镇节度使掌握的地方司法权收归中央;在军权上,实行禁军"三衙分掌",使握兵权与调兵权分离、兵与将分离,将各州军权牢牢地控制在中央手里,从而加强了中央对政权、财权、军权等方面的全面控制。南宋继承了北宋加强中央集权的这一系列措施,为维护国家内部统一、社会稳定和经济发展提供了良好的国内环境。尽管多次出现权相政治,但皇权仍旧稳定如故。

3. 从用人制度上看,南宋是所谓"皇帝与士大夫共治天下"的时代

两宋统治集团始终崇尚文治,尊重知识分子,重用文臣,提倡教育和养士,优待知识分子。与秦代"焚书坑儒"、汉代"罢黜百家"、明清"文字狱"相比,两宋时期可谓是封建社会思想文化环境最为宽松的时期,客观上对经济、社会、文化发展起到了积极的促进作用①。其政策措施表现在:

推行"崇尚文治"政策。宋王朝对文人士大夫采取了较为宽松宽容的态度,"欲以文化成天下",对士大夫待之以礼、"不得杀士大夫及上书言事人"②,确立了"兴文教,抑武事"③的"崇文抑武"大政方针。两宋政权将"右文"定为国策,在这种政治氛围下,知识分子的思想十分活跃,参政议政的热情空前高涨,在一定程度上出现了"皇帝与士大夫共治天下"的局面,从而有力地推动了宋代思想、学术、文化的大发展。正由于两宋重用文士、优待文士,不杀文臣,因而南宋时常有正直大臣敢于上书直谏,甚至批评朝政乃至皇帝的缺点,这与隋、唐、明、清时期的动辄诛杀士大夫的政治状况大不相同。

采取"寒门入仕"政策。为了吸收不同阶层的知识分子参加政权,两宋对选才用人的科举制度进行了改革,消除了魏晋以来士族门阀造成的影响。两宋科举取士几乎面向社会各个阶层,再加上科举取士的名额不断增加,在社会各阶层中形成了"学而优则仕"之风。南宋时期,取士更不受出身门第的限制,只要不是重刑罪犯,即使是工商、杂类、僧道、农民,甚至是杀猪宰牛

---

① 参见郭学信《试论两宋文化发展的历史特色》,载《江西社会科学》2003 年第 5 期。
② 陶宗仪:《说郛》卷三九上,台北商务印书馆 1986 年影印文渊阁《四库全书》本。
③ 李焘:《续资治通鉴长编》卷一八,太平兴国二年正月丙寅条,中华书局 2004 年版,第 392 页。

的屠户,都可以应试授官。南宋的科举登第者多数为平民,如在宝祐四年(1256)登科的601名进士中,平民出身者就占了70%。[1]

二、在经济上,不但要看到南宋连年岁贡不断、赋税沉重的状况,更要看到整个南宋生产发展、经济繁荣的一面

人们历来有一种误解,认为南宋从立国之日起,就存在着从北宋带来的"积贫积弱"老毛病。确实,南宋王朝由于长期处于前金后蒙的威胁之下,迫使其不得不以加强皇权统治作为核心利益,在对外关系上,以牺牲本国的经济利益为代价,采取称臣、割地、赔款等手段来换取王朝政权的安定。正因为庞大的兵力和连年向金朝贡,加重了南宋王朝财政负担和民众经济负担,也一定程度上影响了南宋的经济发展。但在另一方面,我们更应当看到,南宋时期,由于北方人口的大量南下,给南宋的经济发展带来了充足的劳动力、先进的生产技术和丰富的生产经验,再加上统治者出台的一些积极措施,南宋在农业、手工业、商业、外贸等方面都取得了突出成就。南宋经济繁荣主要体现在:

1. 从农业生产看,南宋出现了古代中国南粮北调的新格局

由于南宋政府十分注重水利的兴修,并采取鼓励垦荒的措施,加上北方人口的大量南移和广大农民的辛勤劳动,促进了流民复业和荒地开垦。人稠地少的两浙等平原地带,垦辟了众多的水田、圩田、梯田。曾经"几无人迹"的淮南地区也出现了"田野加辟"、"阡陌相望"的繁荣景象。南宋时期,农作物单位面积产量比唐代提高了两三倍,总体发展水平大大超过了唐代,有学者甚至将宋代农作物单位面积产量的大幅提高称为"农业革命"[2]。"苏湖熟,天下足"的谚语就出现在南宋[3]。元初,江浙行省虽然只是元十个行省中的一个,岁粮收入却占了全国的37.10%[4],江浙地区成了中国农业最为发达的地区,并出现了中国南粮北调的新格局。

① 参见俞兆鹏《南宋人才之盛及其原因》,载《杭州日报》2005年11月14日。
② 张邦炜:《瞻前顾后看宋代》,载《河北学刊》2006年第5期。
③ 范成大:《吴郡志》卷五〇《杂志》,中华书局1990年《宋元方志丛刊》本。
④ 脱脱:《元史》卷九三《食货一·税粮》,中华书局2005年版,第2361页。

2. 从手工业生产看,南宋达到了中国古代手工业发展的新高峰

南宋时期,随着北方手工业者的大批南下和先进生产技术的传入,使南方的手工业生产上了一个新的台阶。一是纺织业规模和技术都大大超过了同时代的金朝,南方自此成为了中国丝织业最发达的地区。二是瓷器制造业中心从北方移至江南地区。景德镇生产的青白瓷造型优美,有"饶玉"之称;临安官窑所造青瓷极其精美,为此杭州在官窑原址建立了官窑博物馆,将这些精美的青瓷展现给世人;龙泉青瓷达到了烧制技术的新高峰,并大量出口。三是造船业空前发展。漕船、商船、游船、渔船,数量庞大,打造奇巧,富有创造性;海船所采用的多根桅杆,为前代所无;战船种类众多,功用齐全,在抗金和抗蒙元的战争中发挥了重要作用。

3. 从商业发展看,南宋开创了古代中国商品经济发展的新时代

虽然宋代主导性的经济仍然是自然经济,但由于两宋时期冲破了历朝统治者奉行"重农抑商"观念的束缚,确立了"农商并重"的国策,采取了惠商、恤商政策措施,使社会各阶层纷纷从事商业经营,商品经济呈现出划时代的发展变化,进入了一个新的历史发展阶段。一是四通八达的商业网络。随着商品贸易的发展,出现了临安、建康(江苏南京)、成都等全国性的著名商业大都市,当时的临安已达 16 万户,人口最多时有 150 万—160 万人[1],同时,还出现了 50 多个 10 万户以上的商业大城市,并涌现出一大批草市、墟市等定期集市和商业集镇,形成了"中心城市—市镇集市—边境贸易—海外市场"的通达商业网络[2]。二是"市坊合一"的商业格局。两宋时期由于城市商业繁荣,冲破了长期以来作为商业贸易区的"市"与作为居民住宅区的"坊"分离的封闭式坊市制度,出现了住宅与店肆混合的"市坊合一"商业格局,街坊商家店铺林立,酒肆茶楼面街而立。从《梦粱录》和《武林旧事》的记载来

---

① 杨宽先生在《中国古代都城制度史》一书中认为,南宋末年咸淳年间,临安府所属九县,按户籍,主客户共三十九万一千多户,一百二十四万多口;附郭的钱塘、仁和两县主客户共十八万六千多户,四十三万二千多口,占全府人口的三分之一。宋朝的"口"是男丁数,每户平均以五人计,约九十多万人。所驻屯的军队及其家属,估计有二十万以上,总人口当在一百二十万人左右,包括城外郊区十万人和乡村十万人。

② 参见陈杰林《南宋商业发展:特点与成因》,载《安庆师范学院学报》2003 年第 4 期。

看,南宋临安城内商业繁荣,甚至出现了夜市刚刚结束,早市又告兴起的繁荣景象。三是规模庞大的商品交易。南宋商品的交易量虽难考证,但从商税收入可窥见一斑。淳熙(1174—1189)末全国正赋收入6530万缗,占全国总收入30%以上,据此推测,南宋商品交易额在20000万缗以上,可见商品交易量之巨大①。南宋商税加专卖收益超过农业税的收入,改变了宋以前历代王朝农业税赋占主要地位的局面。

4. 从海外贸易看,南宋开辟了古代中国东西方交流的新纪元

两宋期间,由于陆上"丝绸之路"隔断,东南方向海路成为对外贸易的唯一通道,海外贸易成为中外经济文化交流的主要通道。南宋海外贸易繁荣表现在:一是对外贸易港口众多。广州、泉州、临安、明州(浙江宁波)等大型海港相继兴起,与外洋通商的港口已近20个,还兴起了一大批港口城镇,形成了北起淮南/东海,中经杭州湾和福、漳、泉金三角,南到广州湾和琼州海峡的南宋万余里海岸线上全面开放的新格局,这种盛况不仅唐代未见,就是明清亦未能再现②。二是贸易范围大为扩展。宋前,与我国通商的海外国家和地区约20处,主要集中在中南半岛和印尼群岛,而与南宋有外贸关系的国家和地区增至60个以上,范围从南洋(南海)、西洋(印度洋)直至波斯湾、地中海和东非海岸。三是出口商品附加值高。宋代不但外贸范围扩大、出口商品数量增加,而且进口商品以原材料与初级制品为主,而出口商品则以手工业制成品为主,附加值高。用附加值高的制成品交换附加值低的初级产品,表明宋代外向型经济在发展程度上高于其外贸伙伴。③

三、在文化上,不但要看到封闭保守、颓废安逸的一面,更要看到南宋"百家争鸣、百花齐放"的繁荣局面

由于以宋高宗为首的妥协派大多患有"恐金病",加之南宋要想收复北

---

① 参见陈杰林《南宋商业发展:特点与成因》,载《安庆师范学院学报》2003年第4期。
② 参见葛金芳《南宋:走向开放型市场的重大转折》,载《杭州研究》2007年第2期。
③ 参见葛金芳《南宋:走向开放型市场的重大转折》,载《杭州研究》2007年第2期。

方失地在军事上和经济上确实存在着许多困难,收复中原失地的战争,也几度受到挫折,因此在南宋统治集团中,往往笼罩着悲观失望、颓废偷安的情绪。一些皇亲贵族,只要不是兵荒马乱,就热衷于享受山水之乐和口腹之欲,出现了软弱不争、贪图享受、胸无大志、意志消沉的"颓唐之风"。反映在一些文人士大夫的文化生活中,就是"一勺西湖水。渡江来、百年歌舞,百年醺醉"的华丽浮靡之风。但是,这并不能掩盖两宋文化的历史地位与影响。宋代是中国古代文化最为光辉灿烂的时期之一。近代的中国文化,其实皆脱胎于两宋文化。著名史学家邓广铭认为:"宋代文化发展所能达到的高度,在从十世纪后半期到十三世纪中叶这一历史时期内,是居于全世界的领先地位的。"①日本学者则将宋代称为"东方的文艺复兴时代"②。著名华裔学者刘子健认为:"此后中国近八百年来的文化,是以南宋文化为模式,以江浙一带为重点,形成了更加富有中国气派、中国风格的文化。"③这主要体现在:

1. 南宋是古代中国学术思想的巅峰时期

王国维指出:"宋代学术,方面最多,进步亦最著","近世学术多发端于宋人"。宋学作为宋型文化的精神内核,是中国古代学术思想的新巅峰。宋学流派纷呈,各臻其妙,大师迭出,群星璀璨,尤其到南宋前期,思想文化呈现出一派勃勃生机和前所未有的活跃局面。

理学思想的形成。两宋统治者以文治国、以名利劝学的政策,对当时的思想、学术及教育产生了重要影响,最明显的一个标志是新儒学——理学思想的诞生。南宋是儒学各派互争雄长的时期,各学派互相论辩、互相补充,共同构筑起中国儒学发展史上一个新的阶段。作为程朱理学集大成者的朱熹,是继孔孟以来最杰出的儒家学者。理学思想中倡导的国家至上、百姓至上的精神,与孟子的"君轻民贵"思想是一脉相承的。同时,两宋还倡导在儒

---

① 邓广铭:《国际宋史研讨会开幕词》,载《国际宋史研讨论文选集》,河北大学出版社 1992 年版,第 1 页。

② 宫崎市定:《宫崎市定论文选集》下册,商务印书馆 1963 年版。

③ 刘子健:《代序——略论南宋的重要性》,载黄宽重主编《南宋史研究集》,台湾新文丰出版公司 1985 年版。

家思想主导下的"儒佛道三教同设并行"，就是在"尊孔崇儒"的同时，对佛、道两教也持尊奉的态度。理学各家出入佛老；佛门也在学理上融合儒道；道教则从佛教中汲取养分，将其融入自身的养生思想，并吸纳佛教"因果轮回"思想与儒家"纲常伦理"学说。普通百姓"读儒书、拜佛祖、做斋醮"更是习以为常。两宋"三教合流"的文化策略迎合了时代的需要，使宋代儒生不同于以往之"终信一家、死守一经"，从而使得南宋在思想、文化领域均有重大突破与重大建树。

思想学术界学派林立。学派林立是南宋学术思想发展的突出表现，也是当时学术界新流派勃兴的标志。在儒学复兴的思潮激荡下，尤其是在鼓励直言、自由议论的政策下，先后形成了以朱熹为代表的道学，以陆九渊为代表的心学，以叶适为代表的永嘉事功之学，以吕祖谦为代表的婺学，以陈亮为代表的永康之学等主要学派，开创了浙东学派的先河。南宋时期学派间互争雄长和欣欣向荣的景象，维持了近百年之久，形成了继春秋战国之后中国历史上第二次"百家争鸣"的盛况，为推动南宋经济文化的发展起到了积极作用。尤其是浙东事功学派极力推崇义利统一，强调"商藉农而立，农赖商而行"，认为只有农商并重，才能民富国强，实现国家中兴统一的目的。这种功利主义思想，反映了当时人们希望发展南宋经济和收复北方失地的强烈愿望。

2. 南宋是古代中国文学艺术的鼎盛时期

近代国学大师王国维认为："天水一朝人智之活动与文化之多方面，前之汉唐、后之元明皆所不逮也。"[①]南宋文学艺术的繁荣主要表现在：一是宋词的兴盛。宋代创造性地发展了"词"这一富有时代特征的文学形式。词的繁荣起始于北宋，鼎盛于南宋。南宋词不仅在内容上有所开拓，而且艺术上更趋于成熟。辛弃疾是南宋最伟大的爱国词人，豪放词派的最高代表，也是南宋词坛第一人，与北宋词人苏轼一样，同为宋词最为杰出的代表。李清照是婉约词派的代表人物，形成了别具一格的"易安体"，对后世影响很大。陆

---

① 王国维：《静庵文集续编·宋代之金石学》，载《王国维遗书》第 5 册，上海古籍出版社1983 年版。

游既是著名的爱国诗人,也是南宋词坛的巨匠,他的词充满了奔放激昂的爱国主义感情,与辛弃疾一起把宋词推向了艺术高峰。二是宋诗的繁荣。宋诗在唐诗之后另辟蹊径,开拓了宋诗新境界,其影响直到清末民初。宋诗完全有资格在中国诗史上与唐诗双峰并峙,两水并流。三是话本的兴起。南宋话本小说的出现,在中国文学史上是一件极有意义的大事,它标志着中国小说的发展已进入到了一个新的阶段。宋代话本为中国小说的发展注入了新鲜的活力,迎来了明清小说的繁荣局面。南宋还出现了以《沧浪诗话》为代表的具有现代审美特征的开创性的文学理论著作。四是南戏的出现。南宋初年,出现了具有很强的现实性和感染力的“戏文”,统称“南戏”。南宋戏文是元代杂剧的先驱,它的出现标志着中国古代戏曲艺术的成熟,为我国戏剧的发展奠定了雄厚基础[①]。五是绘画的高峰。宋代是中国绘画史上的鼎盛时期,标志我国中古时期绘画高峰的出现。有研究者认为:“吾国画法,至宋而始全。”[②]宋代画家多达千人左右,以李唐、刘松年、马远、夏圭等人为代表的南宋著名画家,他们的作品在画坛至今仍享有十分崇高的地位。此外,南宋的多位皇帝和后妃也都是绘画高手。南宋绘画形式多样,山水、人物、花鸟等并盛于世,其中尤以山水画最为突出,它们对后世的影响极大。南宋画家称西湖景色最奇者有十,这就是著名的“西湖十景”的由来。宋代工艺美术造型、装饰与总体效果堪称中国工艺史上的典范,为明清工艺争相效仿的对象。此外,南宋的书法、雕塑、音乐、歌舞等也都有长足的发展。

3. 南宋是古代中国文化教育的兴盛时期

宋代统治者大力倡导学校教育,将“崇经办学”作为立国之本,使宋代的教育体制较之汉唐更加完备和发达。南宋官学、私学皆盛,彻底打破了长期以来士族地主垄断教育的局面,使文化教育下移,教育更加大众化,适应了平民百姓对文化教育的需求,推动了文化的大普及,提高了全社会的文化素质,促进了南宋社会文化事业的进步和发展。在科举考试的推动下,南宋的中央官学、地方官学、书院和私塾村校并存,各类学校都获得了蓬勃的发展。

---

① 参见何忠礼、徐吉军《南宋史稿》,杭州大学出版社 1999 年版,第 657 页。
② 潘天寿:《中国绘画史》,上海人民美术出版社 1983 年版,第 158 页。

南宋各州县普遍设立了公立学校,其学校规模、学校条件、办学水平,较之北宋有了更大发展。由于理学家的竭力提倡和科举考试的需要,南宋地方书院得到了大发展,宋代共有书院 397 所,其中南宋占 310 所①。南宋私塾村校遍及全国各地,学校教育由城镇延伸到了乡村,南宋教育达到了前所未有的普及程度。

4. 南宋是古代中国史学的繁荣时期

南宋以"尊重和提倡"的形式,鼓励知识分子重视历史,研究历史,"思考历代治乱之迹"。陈寅恪先生指出:"中国史学莫盛于宋。"②南宋史学家袁枢的《通鉴纪事本末》,创立了以重大历史事件为主体,分别立目,完整地记载历史事件的纪事本末体;朱熹的《资治通鉴纲目》创立了纲目体;朱熹的《伊洛渊源录》则开启了记述学术宗派史的学案体之先河。南宋在历史上第一次提出了"经世致用"的修史思想。南宋史学家不仅重视当代史的研究,而且力主把历史与现实结合起来,从历史上寻找兴衰之源,以史培养爱国、有用的人才。这些都对后代的史学家有很大的启迪和教益。

四、在科技上,既要看到整个宋代在中国古代科技史上的地位,又要看到南宋对古代中国科学技术的杰出贡献

宋代统治集团对在科学技术上有重要发明及创造、创新之人给予物质和精神奖励,为宋代科技发展与进步注入了前所未有的强大动力。宋朝是当时世界上发明创造最多的国家,也是中国为世界科技发展贡献最大的时期。英国学者李约瑟说:"每当人们在中国的文献中查找一种具体的科技史料时,往往会发现它的焦点在宋代,不管在应用科学方面或纯粹科学方面都是如此。"③中国历史上的重要发明,一半以上都出现在宋朝,宋代的不少科技发明不仅在中国科技史上,而且在世界科技史上也号称第一。《梦溪笔

---

① 参见何忠礼《论南宋在中国历史上的地位和影响》,载《杭州研究》2007 年第 2 期。
② 陈寅恪:《陈垣明季滇黔佛教考序》、《陈垣元西域人华化考序》,载《金明馆丛稿二编》,上海古籍出版社 1980 年版,第 240、238 页。
③ 李约瑟:《李约瑟文集》,辽宁科技出版社 1986 年版,第 115 页。

谈》的作者北宋沈括、活字印刷术的发明者毕昇这两位钱塘（浙江杭州）人，都是中外公认的中国古代伟大科学巨匠。南宋的科技在北宋基础上进一步得到发展，其科技成就在很多方面居于世界领先地位。这主要表现在：

1. 南宋对中国古代"三大发明"的贡献

活字印刷术、指南针与火药三大发明，在南宋时期获得进一步的完善和发展，并开始了大规模的实际应用。指南针在航海上的应用，始见于北宋末期，南宋时的指南针已从简单的指针，发展成为比较简易的罗盘针，并将它应用于航海上，这是一项具有世界意义的重大发明。李约瑟指出：指南针在航海中的应用，是"航海技艺方面的巨大改革"，"预示计量航海时代的来临"。中国古代火药和火药武器的大规模使用和推广也始自南宋。南宋出现的管形火器，是世界兵器史上十分重要的大事，近代的枪炮就是在这种原始的管形火器基础上发展起来的。此外，南宋还广泛使用威力巨大的火炮作战，充分反映了南宋火器制造技术的巨大进步。南宋开始推广使用活字印刷术，出现了目前世界上第一部活字印本。此外，南宋的造纸技术也更为发达，生产规模大为扩展，品种繁多，质量之高，近代也多不及。

2. 南宋在农业技术理论上的重大突破

南宋陈旉所著的《农书》是我国现存最早的有关南方农业生产技术与经营的农学著作，他是中国农学史上第一个提出土地利用规划技术的人。陈旉在《农书》中首先提出了土壤肥力论等多种土地的利用和改造之法，并对搞好农业经营管理提出了卓越的见解。稻麦两熟制、水旱轮作制、"耕耙耖"耕作制，在南宋境内都得到了较好的推广。植物谱录在南宋也大量涌现。《橘录》是我国最早的柑橘专著；《菌谱》是世界历史上最早的菌类专著；《全芳备祖》是世界上最早的植物学辞典，比欧洲要早 300 多年；《梅谱》是世界上最早的有关梅花的专著。

3. 南宋在制造技术上的高度成就

宋代冶金技术居世界最高水平，南宋对此作出了卓越的贡献。在有色金属的开采与冶炼方面，南宋发明了"冶银吹灰法"和"铜合金铁"冶炼法；在煤炭的开发利用上，南宋开始使用焦煤炼铁（而欧洲人是在 18 世纪时才发明了焦煤炼铁），是我国冶金史上具有重大意义的里程碑。南宋是我国纺织技术高度发展时期，特别是蚕桑丝绸生产，已形成了一整套从栽桑到成衣的过程，生产工具丰富，为明清的丝绸生产技术奠定了基础。南宋的丝纺织品、织造和染色技术在前代的基础上达到了一个新水平。南宋瓷器无论在胎质、釉料，还是在制作技术上，都达到了新的高度。同时，南宋的造船、建筑、酿酒、地学、水利、天文历法、军器制造等方面的技术水平，也都比过去有很大的进步。如现保存于杭州碑林的石刻《天文图》，是迄今为止所能见到的最早的全天星图；绘于南宋绍定二年（1229）的石刻《平江图》，是我国现存最完整的城市规划图，至今仍完好地保存在苏州市博物馆。

4. 南宋在数学领域的巨大贡献

南宋数学不仅在中国数学史上，而且在世界数学史上取得了极为辉煌的成就。南宋杰出的数学家秦九韶撰写的《数学九章》提出的"正负开方术"，与现代求数学方程正根的方法基本一致，比西方早 500 多年。另一位杰出的数学家杨辉，编撰有《详解九章算法》、《日用算法》、《乘除通变本末》、《田亩比类乘除捷法》、《续古摘奇算法》、《杨辉算法》等十余种数学著作，收录了不少我国现已失传的数学著作中的算题和算法。杨辉对级数求和的论述，使之成为继沈括之后世界上最早研究高阶等差级数的人。杨辉发明的"九归口诀"，不仅提高了运算速度和精确度，而且还对明代珠算的发明起到了重要作用。因此，李约瑟把宋代称为"伟大的代数学家的时代"，认为"中国的代数学在宋代达到最高峰"。①

5. 南宋在医药领域的重要贡献

南宋是中国法医学正式形成的时期。宋慈《洗冤集录》是世界上第一部法医学专著，比西方早 350 余年。它不仅奠定了我国古代法医学的基础，而且被奉为我国古代"官司检验"的"金科玉律"，并对世界法医学产生了广泛影响。南宋是中国针灸医学的极盛时期。王执中《针灸资生经》和闻人耆年

---

① 参见《中国科学技术史》第 1 卷第 1 册，科学出版社 1975 年版，第 273、284、287、292 页。

《备急灸法》两书,皆集历代针灸学知识之大全,反映了当时针灸学的最高水平。南宋腧穴针灸铜人是针灸学上第一具教学、临床用的实物模型。陈自明所著《外科精要》一书对指导外科的临床应用具有重要意义。陈自明《妇人大全良方》是著名的妇产科著作,直到明清时期仍被妇科医生奉为经典。朱瑞章的《卫生家宝产科方》,被称为"产科之荟萃,医家之指南"。无名氏的《小儿卫生总微论方》和刘昉的《幼幼新书》,汇集了宋以前在儿科学方面所取得的成就,是我国历史上较早的一部比较系统、全面的儿科学著作。许叔微《普济本事方》是中国古代一部比较完备的方剂专书。

五、在社会生活上,不但看到南宋一些富豪官绅生活奢华、挥霍淫乐的一面,更要看到南宋政府关注民生、注重民生保障的一面

南宋社会生活的奢侈之风,既是南宋官僚地主腐朽的集中反映,也是南宋经济文化空前繁荣的缩影。我们不但看到南宋一些富豪官绅纵情声色、恣意挥霍的社会现象,更要看到南宋政府倡导善举、关注民生、同情民苦的客观事实。两宋社会保障制度,在中国古代救助史上占有重要地位,并为宋后社会保障制度的建立奠定了基础。有学者认为,中国古代真正意义上的社会保障事业是从两宋开始的。同时,两宋时期随着土地依附关系的逐步解除和门阀制度的崩溃,逐渐冲破了以前士族地主一统天下的局面。两宋社会结构开始调整重组,出现了各阶层之间经济地位升降更替、社会等级界限松动的现象,各阶层的价值取向趋近,促进社会各阶层的融合,平民化、世俗化、人文化趋势明显①。两宋社会的平民化,不仅体现在科举取士面向社会各个阶层,不受出身门第的限制,而且体现在官民之间身份可以相互转化,既可以由贵而贱,也可以由贱而贵;贫富之间既可以由富而贫,也可以由贫而富②。其具体表现在:

1. 南宋农民获得了更多的人身自由

两宋时期,租佃制普遍发展,这是古代专制社会中生产关系的一次重大

---

① 参见邓小南《宋代历史再认识》,载《河北学刊》2006 年第 5 期。
② 参见郭学信《宋代俗文化发展探源》,载《西北师大学报》2005 年第 3 期。

调整。在租佃制下，地主招募客户耕种土地，客户只向地主交纳地租，而不必承担其他义务。在大部分地区，客户契约期满后有退佃起移的权利，且受到政府的保护，人身依附关系大为减弱。按照宋朝的户籍制度，客户直接编入国家户籍，成为国家的正式编户，并承担国家某些赋役，而不再是地主的"私属"，因而获得了一定的人身自由。两宋农民在法律上可以自由迁徙，这是历史的一大进步①。南宋随着商品经济的发展，农民获得了更多的人身自由，他们可以比较自由地离土离乡，转向城市从事手工业或商业活动。

2. 南宋商人社会地位得到了提高

宋前历朝一直奉行"重农轻商"政策，士、农、工、商，商人居"四民"之末，受到社会的歧视。宋代商业已被视同农业，均为创造社会财富的源泉，"士、农、工、商，皆百姓之本业"②成为社会共识，使两宋商人的社会地位得到前所未有的提高。随着工商业的发展，在南宋手工业作坊中，工匠主和工匠之间形成了雇佣与被雇佣关系。南宋官营手工业作坊中的雇佣制度，代替了原来带有强制性的指派和差人应役招募制度，雇佣劳动与强制性的劳役比较，工匠所受的人身束缚大为松弛，新的经济关系推动了南宋手工业经济的发展，又促进了资本主义生产关系的萌芽。

3. 南宋市民阶层登上了历史舞台

"坊郭户"是城市中的非农业人口。随着工商业的日益发展，宋政府将"坊郭户"单独"列籍定等"。"坊郭户"作为法定户名在两宋时期出现，标志着城市"市民阶层"的形成，市民阶层开始作为一个独立的群体正式登上了历史舞台，成为不可忽视的社会力量③。南宋时期，还实行了募兵制，人们服役大多出自自愿，从而有效保障了城乡劳力稳定和社会安定，与唐代苛重的兵役相比，显然是一个进步。

---

① 参见郭学信、张素音《宋代商品经济发展特征及原因析论》，载《聊城大学学报》2006年第5期。
② 陈耆卿：《嘉定赤城志》卷三七《风土》，中华书局1990年《宋元方志丛刊》本。
③ 参见郭学信《宋代俗文化发展探源》，载《西北师大学报》2005年第3期。

4. 南宋社会保障制度更为完善

南宋的社会保障体系主要表现在:一是"荒政"制度。就是由政府无偿向灾民提供钱粮和衣物,或由政府将钱粮贷给灾民,或由政府将灾民暂时迁移到丰收区,或将粮食调拨到灾区,或动员富豪平价售粮,并在各州县较普遍地设置了"义仓",以解决暂时的粮食短缺问题。同时,遇丰收之年,政府酌量提高谷价,大量收籴,以避免谷贱伤农;遇荒饥之年,政府低价将存粮大量粜出,以照顾灾民。二是"养恤"制度。在临安等城市中,南宋政府针对不同的对象设立了不同的养恤机构。有赈济流落街头的老弱病残或贫穷潦倒乞丐的福田院,有收养孤寡等贫穷不能自存者的居养院,有收养并医治鳏寡孤独贫病不能自存之人的安济院,有收养社会弃子弃婴的慈幼局,等等。三是"义庄"制度。义庄主要由一些科举入仕的士大夫用其秩禄买田置办,义田一般出租,租金则用于赈养族人的生活。虽然义庄设置的最初动机在于为本宗族之私,但义庄的设置在一定范围内保障了族人的经济生活,对南宋官方的社会保障起到了重要的辅助作用。南宋的社会保障政策与措施对倡导善举、缓和社会矛盾、维护社会稳定等发挥了积极作用。①

六、在历史地位上,既要看到南宋在当时国际国内的地位,又要看到南宋对后世中国和世界的影响

1. 南宋对东亚"儒学文化圈"和世界文明进程之影响

两宋的成就居于当时世界发展的顶峰,对周边国家和世界均产生了巨大影响。

南宋对东亚"儒学文化圈"的影响。南宋朱子学对东亚"儒学文化圈"各国文化的作用不容低估,对东亚各民族产生了广泛而深刻的影响,至今仍然积淀在东亚各民族的文化心理中,对东亚现代化起着重要作用。在文化输入上,这些周边邻国对唐代文化主要是制度文化的模仿,而对两宋文化则侧

---

① 参见杜伟《略述两宋社会保障制度》,载《沙洋师范高等专科学校学报》2004 年第 1 期;陈国灿《南宋江南城市的公共事业与社会保障》,载《学术月刊》2002 年第 6 期。

重于精神文化的摄取，尤其是对南宋儒学、宗教、文学、艺术、政治制度的借鉴。南宋儒学文化传至东亚各国，与各国的学术思想和民族文化相融合，产生了朝鲜儒学、日本儒学、越南儒学等东亚儒学，形成了东亚"儒学文化圈"。这表明南宋儒学文化在东亚民族之间的文化交流和传播中，对高丽、日本、越南等国学术文化与东亚文明的形成和发展的历史产生了重大影响，这可以说是东亚文明发展中的一大奇观。同时，南宋儒学文化中的优秀成分和合理精神，在现代东亚社会的政治、经济、思想文化、社会生活、家庭关系等方面仍然发挥着重要影响和作用。如南宋儒学中的"信义"、"忠诚"、"中庸"、"和"、"义利并取"等价值观念，在现代东亚经济社会中的积极作用也显而易见。

南宋对世界经济发展的影响。随着南宋海外贸易的发展，与我国通商的海外国家与地区从宋前的 20 余个增至 60 个以上。海外贸易范围从宋前中南半岛和印尼群岛，扩大到西洋（印度洋至红海）、波斯湾、地中海和东非海岸，使雄踞于太平洋西岸的南宋帝国与印度洋北岸的阿拉伯帝国一起，构成了当时世界贸易圈的两大轴心。海上"丝绸之路"取代了陆上"丝绸之路"，成为中外经济文化交流的主要通道。鉴于此，美籍学者马润潮把宋代视为"世界伟大海洋贸易史上的第一个时期"[①]。同时，随着商品经济的发展，北宋出现了世界上最早的纸币——交子，至南宋时，纸币开始在全国普遍使用。有学者将纸币的产生与大规模的流通称为"金融革命"[②]。纸币流通的意义远在金属铸币之上，表明我国在货币领域的发展已走在世界前列。

南宋对世界文明进程的影响。宋代文化对世界文化的影响，主要表现在两宋的活字印刷术、火药、指南针"三大发明"的西传上。培根指出："这三种发明已经在世界范围内把事物的全部面貌和情况都改变了：第一种是在学术方面，第二种是在战事方面，第三种在航行方面；由此产生了无数的变化，这种变化是如此巨大，以至没有一个帝国，没有一个教派，没有一个赫赫

---

① 转引自葛金芳《南宋：走向开放型市场的重大转折》，载《杭州研究》2007 年第 2 期。

② 参见张邦炜《瞻前顾后看宋代》，载《河北学刊》2006 年第 5 期。

有名的人物,能比得上这三种机械发明。"①马克思的评价则更高:"火药、指南针、印刷术——这是预告资产阶级到来的三大发明。火药把骑士阶层炸得粉碎,指南针打开了世界市场并建立了殖民地,而印刷术则变成了新教的工具和科学复兴的手段,变成对精神发展创造必要前提的强大杠杆。"②两宋"三大发明"对世界文明的决定性作用是毋庸赘言的。两宋科举考试制度也对法、美、英等西方国家选拔官吏的政治制度产生了直接作用和重要影响,被人誉为"中国的第五大发明"。

2. 南宋对中国古代与近代历史发展之影响

中外学者普遍认为:"这时的文化直至 20 世纪初都是中国的典型文化。其中许多东西在以后的一千年中是中国最典型的东西,至少在唐代后期开始萌芽,而在宋代开始繁荣。"③

南宋促进了中国市民社会的形成。随着商品经济的繁荣,两宋时期不仅出现了一大批大、中、小商业城市与集镇,而且形成了杭州、开封、成都等全国著名商业大都市,第一次出现了城市平民阶层,呈现了中国古代社会前所未有的时代开放性。到了南宋,市民阶层更加壮大,世俗文化与世俗经济更加繁荣,意味着中国市民社会开始形成,开启了中国社会的平民化进程。正由于南宋时期出现了欧洲近代前夜的一些特征,如大城市兴起、市民阶层形成、手工业发展、商业经济繁荣、对外贸易发达、流通纸币出现、文官制度成熟等现象,美国、日本学者普遍把宋代中国称为"近代初期"。④

南宋促成了中国经济重心的南移。由于南宋商品经济的空前发展,有些学者甚至断言,宋代已经产生了资本主义萌芽。西方有学者认为南宋已处在"经济革命时代"。随着宋室南下,南宋经济的发展与繁荣,使江南成为全国经济最为发达的地区。南宋时期,全国经济重心完成了由黄河流域向

---

① 培根:《新工具》,商务印书馆 1984 年版,第 103 页。
② 马克思:《机械、自然力和科学应用》,人民出版社 1978 年版,第 67 页。
③ 费正清、赖肖尔:《中国:传统与变革》,江苏人民出版社 1995 年版,第 118—119 页。
④ 张晓淮:《两宋文化转型的新诠释》,载《学海》2002 年第 4 期。

长江流域的历史性转移，我国经济形态自此逐渐从自然经济转向商品经济，从封闭经济走向开放经济，从内陆型经济转向海陆型经济，这是中国传统社会发展中具有路标性意义的重大转折①。如果没有明清的海禁和极端专制的封建统治，中国的近代化社会也许会更早地到来。

南宋推进了中华民族的大融合。南宋时期，中国社会出现了第三次民族大融合。宋王朝虽然先后被同时代的女真、蒙古等少数民族所征服，但无论是前金还是后蒙，在其思想文化上，都被南宋所代表的先进文化所征服，融入中华民族的大家庭之中。10—13 世纪，中原王朝与北方游牧民族的时战时和、时分时合，使以农耕文化为载体的两宋文化迅速向北扩散播迁，女真、蒙古等少数民族政权深受南宋所代表的先进的政治制度、社会经济和思想文化的影响，表现出对南宋文化的认同、追随、仿效与移植，自觉不自觉地接受了先进的南宋文化，使其从文字到思想、从典章制度到风俗习惯均呈现出汉化趋势②。南宋文化改变了这些民族的文化构成，提高了文化层位，加速了这些民族由落后走向文明、走向进步的进程，从而在整体上提高了中国北部地区少数民族的文化水平。

南宋奠定了理学在封建正统思想中的主导地位。理学的形成与发展，是南宋文化对中国古代思想文化的重大贡献。南宋理宗朝时，理学被钦定为封建正统思想和官方哲学，确立了程朱理学的独尊地位，并一直垄断元、明、清三代的思想和学术领域长达 700 余年，其影响之深广，在古代中国没有其他思想可以与之匹敌③。同时，两宋时期开创了中国古代儒、佛、道"三教合流"的文化格局。与汉武帝"罢黜百家、独尊儒术"不同，南宋在大兴儒学的前提下，加大了对佛、道两教的扶持，出现了"以佛修心，以道养生，以儒治世"的"三教合一"的格局。自宋后，在古代中国社会中基本延续了以儒学为主体，以佛、道为辅翼的文化格局。

两宋对中国后世王朝政权稳定的影响。两宋王朝虽然国土面积前不及

---

① 参见葛金芳《南宋：走向开放型市场的重大转折》，载《杭州研究》2007 年第 2 期。
② 参见虞云国《略论宋代文化的时代特点与历史地位》，载《浙江社会科学》2006 年第 3 期。
③ 参见何忠礼《论南宋在中国历史上的地位和影响》，载《杭州研究》2007 年第 2 期。

汉唐,后不如元明清,却是中国封建史上立国时间最长的王朝。两宋王朝之所以在外患深重的威胁下保持长治久安的局面,很大程度上取决于两宋精于内治,形成了一系列的中央集权制度和民族认同感,因此,自宋朝后,中华民族"大一统"的思想深入人心,中国历史上再也没有出现过地方严重分裂割据的局面。

3. 南宋对杭州城市发展之影响

正是南宋经济、文化、社会各方面的高度发展,促成了京城临安的极度繁荣,使其成为12—13世纪最为繁华的世界大都会;也正是南宋带来的民族文化的大交流、生活方式的大融合、思想观念的大碰撞,形成了京城临安市民独特的生活观念、生活方式、性格特征、语言习惯。直到今天,杭州人所独有的文化特质、社会习俗、生活理念,都深深地烙上了南宋社会的历史印迹。

京城临安,一座巍峨壮丽的世界级的"华贵之城"。南宋朝廷以临安为行都,使杭州的城市性质与等级发生了根本性的巨大变化,从州府上升为国都,这是杭州城市发展的里程碑,杭州由此进入了历史上最辉煌的时期。南宋统治者对临安城的建设倾注了大量的心血,并倾全国之人力、物力、财力加以精心营造。经过南宋诸帝持续的扩建和改建,南宋皇城布满了金碧辉煌、巍峨壮丽的宫殿,与昔日的州治相比已不可同日而语。同时,南宋对临安府也进行了大规模的改造和扩建,南宋御街便是其中的杰出代表。南宋都城临安,经过100多年的精心营建,已发展成为百万人口以上的大城市,成为当时亚洲各国经济文化的交流中心,城市规模已名列十二三世纪时世界的首位。当时的杭州被意大利著名旅行家马可·波罗称赞为"世界上最美丽华贵之天城"。与此同时,12世纪的美洲和澳洲尚未被外部世界所发现,非洲处于自生自灭的状态,欧洲现有的主要国家尚未完全形成,北欧各地海盗肆虐,基辅大公国(俄罗斯)刚刚形成①。到了南宋后期(即13世纪中叶)临安人口曾达到150万—160万人,此时,西方最大最繁华的城市威尼斯也

---

① 参见何亮亮《从"南海一号"看中华复兴》,载《文汇报》2008年1月6日。

只有 10 万人口,作为世界最著名的大都会伦敦、巴黎,直至 14 世纪的文艺复兴时期,其人口也不过 4 万—6 万人①。仅从城市人口规模看,800 年前的杭州就已遥遥领先于世界各大城市。

京城临安,一座繁荣繁华的"地上天宫"。临安是全国最大的手工业生产中心。南宋临安工商业发达,手工业门类齐、制作精、分工细、规模大、档次高,造船、陶瓷、纺织、印刷、造纸等行业都建有大规模的手工业作坊,并有"四百一十四行"之说。临安是全国商业最为繁华的城市。城内城外集市与商行遍布,天街两侧商铺林立,早市夜市通宵达旦;城北运河樯橹相接、昼夜不歇;城南钱江两岸各地商贾海舶云集、桅杆林立。临安是璀璨夺目的文化名城。京城内先后集聚了李清照、朱熹、尤袤、陆游、杨万里、范成大、辛弃疾、陈起等一批南宋著名的文化人。临安雕版印刷为全国之冠,杭刻书籍为我国宋版书之精华。城内设有全国最高的学府——太学,规模最为宏阔,与武学、宗学合称"三学",临安的教育事业空前繁荣。城内文化娱乐业发达,瓦子数量、百戏名目、艺人人数、娱乐项目和场所设施等方面,也都是其他城市所无法比拟的。临安不但是全国政治中心,也是全国经济中心和文化中心。今日杭州之所以能成为"人间天堂",成为全国历史文化名城,成为我国七大古都之一,很大程度上就是得益于南宋定都临安,得益于南宋经济文化的高度繁荣。

京城临安,一座南北荟萃、精致和谐的生活城市。北方人口的优势,使南下的中原文化全面渗透到本土的吴越文化之中,形成了临安独特的社会生活习俗,并影响至今。临安的社会是本地居民与外来人员和谐相处的社会,临安的文化是南北文化交融、中外文化交流的结晶,临安的生活是中原风俗与江南民俗相互融合的产物。总之,南宋临安是一座兼容并蓄、精致和谐的生活城市。其表现为:一是南北交融的语言。经过南宋 100 多年流行,北方话逐渐融合到吴越方言之中,形成了南北交融的"南宋官话"。有学者指出:"越中方言受了北方话的影响,明显地反映在今日带有'官话'色彩的

---

① 参见何忠礼《论南宋在中国历史上的地位和影响》,载《杭州研究》2007 年第 2 期。

杭州话里。"①二是南北荟萃的饮食。自南宋起,杭人饮食结构发生了变化,从以稻米为主,发展到米、面皆食。"南料北烹"美食佳肴,结合西湖文采,形成了具有鲜明特色的"杭帮菜系",而成为中国古代菜肴的一个新的高峰。丰富美味的饮食,致使临安人形成了追求美食美味的饮食之风。三是精致精美的物产。南宋时期,在临安无论是建筑寺观,还是园林别墅、亭台楼阁和小桥流水,无不体现了江南的精细精致,更有陶瓷、丝绸、扇子、剪刀、雨伞等工艺产品,做工讲究、小巧精致。四是休闲安逸的生活。城市的繁华与西湖的秀美,使大多临安人沉醉于歌舞升平与湖山之乐中,在辛劳之后讲究吃喝玩乐、神聊闲谈、琴棋书画、花鸟鱼虫,体现了临安人求精致、讲安逸、会休闲的生活特点,也反映了临安市民注重生活与劳作结合的城市生活特色,反映了临安文化的生活化与世俗化,并融入今日杭州人的生活观念中。

七、挖掘南宋古都遗产,丰富千年古都内涵,推进"生活品质之城"建设

今天的杭州之所以能将"生活品质之城"作为自己的城市品牌,就是因为今日杭州城市的产业形态、思想文化、城市格局、园林建筑、西湖景观等方面都烙下了南宋临安的印迹;今日杭州人的生活观念、生活内涵、生活方式、生活环境、生活习俗,乃至性格、语言等方面,都与南宋临安人有着千丝万缕的历史渊源。因此,我们在共建共享"生活品质之城"的同时,就必须传承南宋为我们留下的丰富的古都遗产,弘扬南宋的优秀文化,吸取南宋有益的精神元素,不断充实千年古都的内涵,以此全面提升杭州的经济生活品质、文化生活品质、政治生活品质、社会生活品质和环境生活品质,让今日的杭州人生活得更加和谐、更加美好、更加幸福。

1. 传承南宋"经世致用"的务实精神,引领"和谐创业",提升杭州经济生活品质

南宋经济之所以能达到历史上的较高水平,我们认为主要是南宋"富民"思想和"经世致用"务实精神所致。南宋经济是农商并重、求真务实的经

① 参见徐吉军《论南宋定都杭州对当地经济文化的重大影响》,载《杭州研究》2007 年第2 期。

济。南宋浙东事功学派立足现实,注重实用,讲究履践,强调经世,打破"重农轻商"传统观念和"厚本抑末"国策,主张"农商并重",倡导轻徭薄赋、与民休息,实现藏富于民,最后达到民富国强。浙东事功学派的思想主张,为南宋经济尤其是商品经济的发展起到了推波助澜的作用,使南宋统治者逐步改变了"舍利取义"、"以农为本"的思想,确立了"义利并重"、"工商皆本"的观念,推动大批农村剩余劳动力不断涌入城市,从事商业、手工业、服务业等经济活动,促进了南宋经济的繁荣。同时,发达的南宋经济也是多元交融、开放兼容的经济,是士、农、工、商多种经济成分相互渗透的经济,是本地居民与外来人员多元创业的经济,是中原经济与江南经济相互融合的经济,是中外交流交换交融的经济。因此,南宋经济的繁荣,也是通过多元交流,在交融中创新、创造、创业的结果。

今日杭州,要保持城市综合实力在全国的领先优势,增强城市综合竞争力,不断提升城市经济生活品质,就应吸取南宋学者"富民"思想的合理内核,秉承南宋"经世致用"和"开放兼容"的精神,坚持"自主创新"与"对外开放"并重,推进"和谐创业",实现内生型经济与外源型经济的和谐发展。今天我们传承南宋"经世致用"的务实精神,就要以走在前列、干在实处的姿态,干实事、求实效,开拓创新,将儒商文化融入到经济建设中,放心、放手、放胆、放开发展民营经济,走出一条具有杭州特色的创新发展之路。同时,秉承南宋"开放兼容"的精神,就要以更加开阔的视野、更加宏大的气魄,顺应经济全球化趋势,在更大范围、更广领域、更高层次参与国际分工和国际合作,提高杭州经济国际化程度,把杭州建设成为21世纪国际性区域中心城市、享誉国际的历史文化名城、创业与生活完美结合的国际化"生活品质之城",不断提升杭州的经济生活品质。

2. 挖掘南宋"精致开放"的文化特色,弘扬"精致和谐、大气开放"的人文精神,提升杭州文化生活品质

"精致和谐、大气开放",是杭州城市文化的最大特色。人们可以追溯到距今8000年的"跨湖桥文化",从那里出土的一只陶器和一叶独木舟,去寻找杭州的"精致"与"开放";可以在"良渚文化"精美的玉琮和"人、禽、兽三

位一体"的图腾图案中,去品味杭州的"精致"与"大气";也可以在吴越的制瓷、酿酒工艺和"闽商海贾"的繁荣景象中,去领略杭州的"精致"与"开放"。但是,我们认为能最集中、最全面体现"精致和谐、大气开放"的杭州人文特色的是南宋文化。南宋时期,临安不但出现了吴越文化与中原文化的大融合,也出现了南宋文化与海外文化的大交流。多民族的开放融合、多元文化的和谐交融,不但使南宋经济呈现出高度繁荣繁华,而且使南宋文化深深融入临安人的生活之中,也使杭州城市呈现出精致精美的特色。农业生产更加追求精耕细作,手工业产品更加精致精细,工艺产品更加精美绝伦,饮食菜肴更加细腻味美,园林建筑更加巧夺天工,诗词书画更加异彩纷呈。正是因为南宋临安既具有"多元开放"的气魄,又具有"精致精美"的特色,两者的相互渗透与融合,使杭州的城市发展达到了极盛时期,从而成为当时世界上最繁华的大都会。今天我们能形成"精致和谐、大气开放"的杭州人文精神,确实有其深远的历史渊源。

今天,我们深入挖掘南宋沉淀的、至今仍在发挥重要影响的文化资源,就是"精致精美"、"多元开放"的南宋人文特色。杭州"精致和谐、大气开放"的人文精神,既是对杭州历史文化的高度提炼,是"精致精美"、"多元开放"的南宋人文特色的高度概括,也是市委、市政府在新世纪立足杭州发展现实,谋划杭州未来发展战略,解放思想、实事求是、与时俱进、创新思维的结果。在思想观念深刻变化,经济体制深刻变革,社会结构深刻变动,利益格局深刻调整,国内外各种思想文化相互激荡的今天,杭州不仅要挖掘、重振南宋"精致精美"、"多元开放"的人文特色,使传统特色与时代精神有机结合,而且要用"精致和谐、大气开放"的城市人文精神来增强杭州人的自豪感、自信心、进取心、凝聚力,以更高的标准和要求、更宽的胸怀和视野、更大的气魄和手笔、更强的决心和力度,再创历史的新辉煌。

3. 借鉴南宋"寒门入仕"的宽宏政策,推进"共建共享",提升杭州政治生活品质

宋代打破了以往只有官僚贵族阶层才可以入仕参政的身份性屏障,采取"崇尚文治"政策,制定保护文士措施,以宽松、宽容的态度对待文人士

大夫,尊重知识分子,重用文臣,提倡教育和养士,优待知识分子,为宋代文人士大夫提供了一个敢于说话、敢于思考、敢于创造的空间,使两宋成为封建社会中思想文化环境最为宽松的时期。同时,由于"寒门入仕"通道的开辟,使一大批中小地主、工商阶层、平民百姓出身的知识分子得以通过科举入仕参政,士农工商成为从上到下各级官僚的重要来源,使一大批有才华、有抱负、懂得政治得失、关心民生疾苦的社会有识之士登上了政治舞台。这种相对自由的政治环境和不拘一格选拔人才的政策,不但为两宋政权的巩固,而且为整个两宋经济、文化、社会的发展提供了人才支撑和知识支撑。

南宋"崇文优士"的国策和"寒门入仕"、网罗人才的做法,对于今天正在致力于建设"生活品质之城"的杭州,为不断巩固人民群众当家作主的政治地位,形成民主团结、生动活泼、有序参与、依法治市的政治局面,提高人民群众政治生活品质方面都有着现实的借鉴意义。我们应借鉴南宋"尊重文士、重用文臣"的做法,尊重知识、尊重人才。要营造"凭劳动赢得尊重、让知识成为财富、为人才搭建舞台、以创造带来辉煌"的氛围,以一流环境吸引一流人才,以一流人才创造一流业绩,鼓励成功、宽容失败,真正做到事业留人、感情留人、适当待遇留人,从政治上、工作上、生活上关心、爱护人才,并将政治、业务素质好,具有领导能力的复合型人才大胆提拔到各级领导岗位上来。我们应借鉴南宋"寒门入仕"、广开言路的做法,推进决策科学化、民主化。要坚持党务公开、政务公开,按照"问情于民"、"问需于民"、"问计于民"的要求,深入了解民情,充分反映民意、广泛集中民智,不断完善专家决策咨询制度,建立有关决策的论证制和责任制,真心实意地听取并吸收各方专家学者的真知灼见,切实落实人民群众的知情权、参与权、选择权、监督权,推进决策科学化、民主化。我们应围绕建设"生活品质之城"的目标,营造全民"共建共享"的社会氛围。要引导全市广大干部群众进一步解放思想、更新观念、开拓创新,自觉地把提高生活品质作为杭州未来发展的根本导向和总体目标,贯彻落实到经济、政治、文化、社会建设和党的建设各个方面,在全市上下形成共建"生活品质之城"、共享品质生活、合力打造"生活品质之城"城市品牌的浓厚氛围,推进杭州又好又快地发展。

4. 借鉴南宋"体恤民生"的仁义之举,建设全民共享的"生活品质之城",提升杭州社会生活品质

两宋统治集团倡导"儒术治国",信奉儒家的济世精神。南宋理学的发展和繁荣,使新儒家"仁义"学说得到了社会各阶层的认可与效行。在这种思想的影响和支配下,使两宋在社会领域里初步形成了"农商并重"的格局,"士农工商"的社会地位较以往相对平等;在思想学术领域,"不杀上书言事者",使士大夫的思想言论较以往相对自由;在人身依附关系上,农民与地主、雇工与手工业主都较宋代以前相对松弛;在社会保障制度上,针对不同人群采取不同的社会福利措施,各种不同人群较宋前有了更多的保障。两宋的社会福利已经初具现代社会福利的雏形,尽管不同时期名称不同,救助对象也有所差异,但一直发挥着救助"鳏寡孤独老幼病残"的作用;两宋所采取的施粥、赈谷、赈银、赈贷、安辑和募军等措施,对缓解灾荒所造成的严重困难发挥了积极作用。整个两宋时期,在长达 320 年的统治过程中,尽管面对着严重的民族矛盾,周边先后有契丹(辽)、西夏、吐蕃、金、蒙古等政权的威胁,百姓负担也比前代沉重得多,但宋代大规模的农民起义却少于前代,这与当时人们社会地位相对平等、社会保障受到重视、家庭问题处理妥当不无关系。

南宋社会"关注民生"、"同情民苦"的仁义之举,尤其是针对不同人群建立的较为完备的社会保障体系,在构建社会主义和谐社会,建设覆盖城乡、全民共享的"生活品质之城"的今天,有着特别重要的现实意义。建设覆盖城乡、全民共享的"生活品质之城",既是一项长期的历史任务,又是一个重大的现实课题。要使"发展为人民、发展靠人民、发展成果由人民共享、发展成效让人民检验"的理念落到实处,就必须把老百姓的小事当作党委、政府的大事,以群众呼声为第一信号,以群众利益为第一追求,以群众满意为第一标准,树立起"亲民党委"、"民本政府"的良好形象。要始终坚持以人为本、以民为先的理念,既要关注城市居民,又要关注农村居民;既要关注本地居民,又要关注外来创业务工人员;既要关注全体市民

生活品质的整体提高,又要特别关注困难群众、弱势群体、低收入阶层生活品质的明显改善。要始终关注老百姓的衣食住行、安危冷暖、生老病死,让老百姓能就业、有保障,行得便捷、住得宽畅,买得放心、用得舒心,办得了事、办得好事,拥有安全感、安居又乐业,让全体市民共创生活品质、共享品质生活。

5. 整合南宋"安逸闲适"的环境资源,打造"东方休闲之都",提升杭州环境生活品质

杭州得天独厚的自然山水环境,经过南宋100多年来"固江堤、疏西湖、治内河、凿新井"、"建宫城、造御街、设瓦子、引百戏"等多方面的措施,形成都城"左江(钱塘江)右湖(西湖)、内河(市区河道)外河(京杭运河)"的格局,使杭州的生态环境、旅游环境、休闲环境大为改观,极大地丰富了杭州的旅游资源。南宋为我们留下的不但是一面"南宋古都"的"金字招牌",还留下了"安逸闲适"的休闲环境和休闲氛围。在"三面云山一面城"的独特环境里,集中了江、河、湖、溪与西湖群山,出现了大批的观光游览景点,并形成了著名的"西湖十景"。沿湖、沿河、沿街的茶肆酒楼,鳞次栉比,生意兴隆;官私酒楼、大小餐馆充满着"南料北烹"的杭帮菜肴和各地名肴;大街小巷布满大小馆舍旅店,是外地游客与应考士子的休息场所。同时,临安娱乐活动丰富多彩,节庆活动繁多。独特的自然山水,休闲的环境氛围,使临安人注重生活环境,讲究生活质量,追求生活乐趣。不但皇亲国戚、达官贵人纵情山水,赏花品茗,过着"高贵奢华"的休闲生活;而且文人士大夫交接士朋,寄情适趣,热衷"高雅脱俗"的休闲生活;就是普通百姓也往往会带妻携子,泛舟游湖,享受"人伦亲情"的山水之乐。

今天的杭州人懂生活,会休闲,讲究生活质量,追求生活品质,都可以从南宋临安人闲情逸致的生活态度中找到印迹。今天的杭州正在推进新城建设、老城更新、环境保护、街区改善等工程,都可以从南宋临安对"左江右湖、内河外河"的治理和皇城街坊、园林建筑的建设中得到有益启示。杭州要打造"东方休闲之都",共建、共享"生活品质之城",建设国际旅游休闲中心,就必须重振"南宋古都"品牌,充分挖掘南宋文化遗产,珍惜杭州为数不多的地

上南宋遗迹。进一步实施好"西湖"、"西溪"、"运河"、"市区河道"等综合保护工程;推进"南宋御街"——中山路有机更新,以展示杭州自南宋以来的传统商业文化;加强对南宋"八卦田"景区的保护与利用,以展示南宋皇帝"与民同耕"的怀古场景;加强对南宋官窑遗址的保护与利用,以展示南宋杭州物产的精致与精美;加强对南宋皇城遗址和太庙遗址的保护利用,以展示昔日南宋京城的繁荣与辉煌。进入 21 世纪的杭州,不但要保护、利用好南宋留下的"三面云山一面城"的"西湖时代",更要以"大气开放"的宏大气魄,努力建设好"一主三副六组团六条生态带"的大都市空间格局,形成"一江春水穿城过"的"钱塘江时代",实现具有千年古都神韵的文化名城与具有大都市风采的现代化新城同城辉映。

序　言

徐　规

　　靖康之变,北宋灭亡。建炎元年(1127)五月初一日,宋徽宗第九子、钦宗之弟赵构在应天府(河南商丘)即帝位,重建宋政权。不久,宋高宗在金兵的追击下一路南逃,最终在杭州站稳了脚跟,并将此地称为行在所,成为实际上的南宋都城。

　　南宋自立国起,到最终为元朝灭亡(1279),国祚长达一百五十三年之久。对于南宋社会,历来评价甚低,以为它国力至弱,君臣腐败,偏安一隅,一无作为。近代以来,一些具有远见卓识的史学家却有不同看法,如著名史学大师陈寅恪先生在上个世纪四十年代初指出:

　　　　华夏民族之文化,历数千载之演进,造极于赵宋之世。①

著名宋史专家邓广铭先生更认为:

　　　　宋代是我国封建社会发展的最高阶段,两宋期内的物质文明和精
　　　神文明所达到的高度,在中国整个封建社会历史时期之内,可以说是空
　　　前绝后的。②

　　很显然,对宋代的这种高度评价,无论是陈寅恪还是邓广铭先生,都没

---

① 《金明馆丛稿二编》,三联书店2001年版。
② 《关于宋史研究的几个问题》,载《社会科学战线》1986年第2期。

有将南宋社会排斥在外。我以为,一些人之所以对南宋贬抑至深,在很大程度上是出于对患有"恐金病"的宋高宗和权相秦桧一伙倒行逆施的义愤,同时从南宋对金人和蒙元步步妥协,国土日朘月削,直至灭亡的历史中,似乎也看到了它的懦弱和不振。当然,缺乏对南宋史的深入研究,恐怕也是其中的一个原因。

众所周知,南宋历史悠久,国土虽只及北宋的五分之三,但人口少说也有五千万人左右,经济之繁荣,文化之辉煌,人才之众多,政权之稳定,是历史上任何一个偏安政权所不能比拟的。因此,对南宋社会的认识,不仅要看到它的统治集团,更要看到它的广大人民群众;不仅要看到它的军事力量,更要看到它的经济、文化和科学技术等各个方面,看到它的人心之所向。特别是由于南宋的建立,才使汉唐以来的中华文明在这里得到较好的传承和发展,不至于产生大的倒退。对于这一点,人们更加不应该忽视。

北宋灭亡以后,由于在淮河、秦岭以南存在着南宋政权,才出现了北方人口的大量南移,再一次给中国南方带来了充足的劳动力、先进的技术和丰富的生产经验,从而推动了南宋农业、手工业、商业和海外贸易显著的进步。

与此同时,南宋又是中国古代文化最为光辉灿烂的时期。它具体表现为:

一是理学的形成和儒学各派的互争雄长。

南宋时候,程朱理学最终形成,出现了以朱熹为代表的主流派道学,以胡安国、胡宏、张栻为代表的湖湘学,以谯定、李焘、李石为代表的蜀学,以陆九渊为代表的心学。此外,浙东事功学派也在尖锐复杂的民族矛盾和阶级矛盾的形势下崛起,他们中有以陈傅良、叶适为代表的永嘉学派,以陈亮、唐仲友为代表的永康学派,以吕祖谦为代表的金华学派。理宗朝以前,各学派之间互争雄长,呈现出一派欣欣向荣的景象。

二是学校教育的大发展,推动了文化的普及。

南宋学校教育分中央官学、地方官学、书院和私塾村校,它们在南宋都获得了较大发展。如南宋嘉泰二年（1202），仅参加中央太学补试的士人就达三万七千余人，约为北宋熙宁（1068—1077）初的二百五十倍①。州县学在北宋虽多次获得倡导，但只有到南宋才真正得以普及。两宋共有书院三百九十七所，其中南宋占三百一十所②，比北宋的三倍还多，著名的白鹿洞、象山、丽泽等书院，都是各派学者讲学的重要场所。为了适应科举的需要，私塾村校更是遍及城乡。学校教育的大发展，有力地推动了南宋文化的普及，不仅应举的读书人较北宋为多，就是一般识字的人，其比例之大也达到了有史以来的高峰。

三是史学的空前繁荣。

通观整个南宋，除了权相秦桧执政时期，总的说来，文禁不密，士大夫熟识政治和本朝故事，对国家和民族有很强的责任感，不少人希望借助于史学研究，总结历史上的经验和教训，以供统治集团作为参考。另一方面，南宋重视文治，读书应举的人比以前任何时候都多，对史书的需要量极大，许多人通过著书立说来宣扬自己的政治主张，许多人将刻书卖书作为谋生的手段。这样就推动了南宋史学的空前繁荣，流传下来的史学著作，尤其是本朝史，大大超过了北宋一代。南宋史家辈出，他们治史态度之严肃，考辨之详赡，一直为后人所称道。四川路、两浙东路、江南西路和福建路都是重要的史学中心。四川路以李焘、李心传、王称等人为代表，浙东以陈傅良、王应麟、黄震、胡三省等人为代表，江南西路以徐梦莘、洪皓、洪迈、吴曾等人为代表，福建路以郑樵、陈均、熊克、袁枢等人为代表。他们既为后世留下了宝贵的史料，也创立了新的史学体例，史书中反映的爱国思想也对后世史家产生了重大影响。

四是公私藏书十分丰富。

南宋官方十分重视书籍的搜访整理，重建具有国家图书馆性质的秘书省，规模之宏大，藏书之丰富，远远超过以前各个朝代。私家藏书更是随着

---

① 《宋会要辑稿》崇儒一之三九。
② 参见曹松叶《宋元明清书院概况》，载《中山大学语言历史研究所周刊》第 10 集，第 111—115 期，1929 年 12 月至 1930 年版。

雕版印刷业的进步和重文精神的倡导而获得了空前发展。两宋时期，藏书数千卷且事迹可考的藏书家达到五百余人，生活于南宋的藏书家有近三百人①，又以浙江为最盛，其中最大的藏书家有郑樵、陆宰、叶梦得、晁公武、陈振孙、尤袤、周密等人，他们藏书的数量多达数万卷至十数万卷，有的甚至可与秘府、三馆等。

五是文学、艺术的繁荣。

南宋是中国古代文学、艺术繁荣昌盛的时代。词是两宋最具代表性的文学形式。据唐圭璋先生所辑《全宋词》统计，在所收作家籍贯和时代可考的八百七十三人中，北宋二百二十七人，占百分之二十六；南宋六百四十六人，占百分之七十四，李清照、辛弃疾、陆游、姜夔、刘克庄等都是南宋杰出词家。宋诗的地位虽不及唐代，但南宋诗就其数量和作者来说，大大超过了北宋。有北方南移的诗人曾几、陈与义，有"中兴四大诗人"之称的陆游、杨万里、范成大、尤袤，有同为永嘉（浙江温州）人的徐照、徐玑、翁卷、赵师秀，有作为江湖派代表的戴复古、刘克庄，有南宋灭亡后作"遗民诗"的代表文天祥、谢翱、方凤、林景熙、汪元量、谢枋得等人。此外，南宋的绘画、书法、雕塑、音乐、舞蹈以及戏曲等，都在中国文化史上占有一定的地位。

在日常生活中，南宋的民俗风情、宗教思想，乃至衣、食、住、行等方面，对今天的中国也有着深刻影响。

南宋亦是我国古代科学技术发展史上最为辉煌的时期，正如英国学者李约瑟所说："对于科技史家来说，唐代不如宋代那样有意义，这两个朝代的气氛是不同的。唐代是人文主义的，而宋代较着重科学技术方面……每当人们在中国的文献中查找一种具体的科技史料时，往往会发现它的焦点在宋代，不管在应用科学方面或纯粹科学方面都是如此。"②此话当然一点不假，不过如果将南宋与北宋相比较，李约瑟上面所说的话，恐怕用在南宋会更加恰当一些。

---

① 参见《中国藏书通史》第五编第三章《宋代士大夫的私家藏书》，宁波出版社 2001 年版。
② 李约瑟：《中国科学技术史·导论》，中译本，北京科学出版社 1990 年版。

　　首先,中国古代四大发明中的三大发明,即就指南针、火药和印刷术而言,在南宋都获得了比北宋更大的进步和更广泛的应用。别的暂且不说,仅就将指南针应用于航海上,并制成为罗盘针使用这一点来看,它就为中国由陆上国家向海洋国家的转变创造了技术上的条件,意义十分巨大。再如,对人类文明作出重大贡献的活字印刷术虽然发明于北宋,但这项技术的成熟与正式运用是在南宋。其次,在农业、数学、医药、纺织、制瓷、造船、冶金、造纸、酿酒、地学、水利、天文历法、军器制造等方面的技术水平都比过去有很大进步。可以这样说,在西方自然科学没有东传之前,南宋的科学技术在很大程度上代表了中国封建社会科学技术的最高水平。

　　南宋军事力量虽然弱小,但军民的斗争意志异常强大。公元1234年,金朝为宋蒙联军灭亡以后,宋蒙战争随即展开。蒙古铁骑是当时世界上最为强大的军队,它通过短短的二十余年时间,就灭亡了西夏和金,在此前后又发动三次大规模的西征,横扫了中亚、西亚和俄罗斯等大片土地,前锋一直打到中欧的多瑙河流域。但面对如此劲敌,南宋竟顽强地抵抗了四十五年之久,这不能不说是世界战争史上的一个奇迹。从中涌现出了大量可歌可泣的英雄人物,反映了南宋军民不畏强暴的大无畏战斗精神,他们与前期的岳飞精神一样,成为中华民族宝贵的精神财富。

　　古人有言:"以古为镜,可以知兴替。"近人有言:"古为今用,推陈出新。"前者是说,认真研究历史,可为后人提供历史上的经验和教训,以少犯错误;后者是说,应该吸取历史上一切有益的东西,通过去粗取精,改造、发展,以造福人民。总之,认真研究历史,有利于加强精神文明的建设,也有利于将我国建设成为一个和谐、幸福的社会。

　　对于南宋史的研究,以往已经有不少学者作了辛勤的努力,获得了许多宝贵的成果,这是应该加以肯定的。但是,不可否认,与北宋史相比,对南宋史的研究还不够,需要进一步探讨的问题、需要填补的空白尚有很多。现在杭州市社会科学院南宋史研究中心在省市有关部门的大力支持下,在全国广大南宋史学者的积极支持和参与下,计划用五六年的时间,编纂出一套五十卷本的《南宋史研究丛书》,对南宋的政治、经济、军事、学术思想、文化艺术、科学技术、重要人物、民俗风情、宗教信仰、典章制度和故都历史进行全面的、系统的、深入的研究。这确实是一项有胆识、有魄力的大型文化工程,不仅有其重要的学术价值,更有其重要的现实意义。当然,这也是曾经作为南宋都城的杭州义不容辞的责任。我相信,随着这套丛书的编纂成功,将会极大地推动我国南宋史研究的深入开展,对杭州乃至全国的精神文明建设都有莫大的贡献,故乐为之序。

2006 年 8 月 8 日于杭州市道古桥寓所

目　　录

导　言

中国古代科学技术史的分科专著，1930 年前后开始问世。

中国科学院自然科学史研究所钱宝琮先生的《古算考源》，1928 年由商务印书馆出版；《中国算学史》（上卷），1932 年由国立中央研究院历史语言研究所出版。李俨先生的《中国算学小史》，1930 年由商务印书馆出版；《中国算学史》，1937 年由商务印书馆出版。

日本天文学史研究者新城新藏，1928 年发表《东洋天文学史研究》一书，1933 年由沈璇译为中文。1936 年沈璇又翻译了新城新藏的《中国上古天文》一书，由上海中华学艺社出版。复旦大学的陈遵妫先生和当时在浙江大学工作的钱宝琮先生都与新城新藏有过学术争论。

中国古代历法类专著以董作宾的《研究殷代年历的基本问题》为最早，1930 年由在昆明的北京大学印制。朱文鑫的《历法通志》，1934 年由上海商务印书馆出版。考证类著作有王国维的《生霸死霸考》，1915 年上虞罗氏雪堂丛刻本。廖平的《汉志三统历表》，1921 年由四川存古书局印刷。冯澂的《春秋日食集证》，1929 年由上海商务印书馆出版，后收入万有文库丛书第一集。朱文鑫的《历代日食考》，1934 年由上海商务印书馆出版。

章鸿钊的《中国地质学发展小史》，1937 年由上海商务印书馆出版，后收入万有文库丛书第二集。王庸的《中国地理学史》，1938 年由上海商务印书馆出版。1984 年上海书店再版，收入中国文化史丛书。

陶炽孙的《中国医学史》，1933 年由上海东南医学院印刷。张赞臣的

《中国历代医学史略》,1933 年由上海千顷堂书局出版,1947 年、1954 年、1955 年三次修订和印刷。赵树屏的《中国医学史纲要》,1936 年由北京国医学院印刷。江贞的《中国医学史》,1936 年由广州中医江松石医务所印刷。陈帮贤的《中国医学史》,1937 年由上海商务印书馆出版,1984 年由上海书店再版,收入中国文化史丛书。

中国古代农业科学技术史专著,以尹良莹《中国蚕业史》为最早,1931 年由南京中央大学蚕桑学会印制。张援的《中国农业新史》,1934 年由上海世界出版社出版。汪锡鹏的《农具》,1936 年由南京中正书局出版,1948 年在上海再版,收入《中国发明发现的故事集》。

中国古代技术史著作以陈家锟《中国工业史》最早,1909 年由上海中国图书公司出版。许衍灼的《中国工艺沿革史略》,1917 年由上海商务印书馆出版。留庵的《中国雕版源流考》,1918 年由上海商务印书馆出版。洪彦亮的《中国冶金史》,1927 年由上海商务印书馆出版。吴仁敬的《中国陶瓷史》,1936 年由上海商务印书馆出版,1937 年、1954 年再版。1984 年由上海书店印入中国文化史丛书。郑师许的《漆器考》,1936 年由上海中华书局出版。郑肇经的《中国水利史》,1939 年在长沙由商务印书馆出版。台湾商务印书馆 1976 年再版,上海书店 1984 年印入中国文化史丛书,北京商务印书馆 1993 年再印入中国文化史丛书。

三十年代这批中国科学技术史专著,出于开榛辟莽的草创期。绝大多数著作所阐述的是最重要的科学发明和最重大的科技成就。除朱文鑫的《历法通志》对南宋的主要历法进行分析讨论外,其他专著对南宋科技成就未设专章论述,或言之寥寥,或所涉无几。

中国古代科学技术史的综合性专著,应该首推英国剑桥大学李约瑟博士的七卷三十四册本《中国科学技术史》。1954 年由剑桥大学出版社出版了第一卷导论,1956 年出版第二卷科学思想史,1959 年出版第三卷数学、天文学、地学史。1962 年出版第四卷第一分册声学、光学和磁学史。1965 年出版第四卷第二分册机械工程史等等。

李约瑟博士的多卷本《中国科学技术史》,有 1975 年科学出版社的中译本,1969 年台湾省成立以陈立夫为首的李约瑟《中国科学技术史》翻译委员会,逐卷出版中译本,1990 年科学出版社与上海古籍出版社联合出版第三次中译本。

李约瑟博士的多卷本《中国科学技术史》是一部功贯古今,誉满全球的著作。其蕴涵之宏大,论述之精深,涉及之广博,为中外科技史工作者所叹服。他的巨著对中国科学技术史这门学科的建立有筚路蓝缕,以启山林之功。

对中国古代科学技术史进行综合性研究,日本科学技术史工作者也做出了十分显著的成就。以薮内清博士为首的京都大学人文科学研究所,采用办中国科学技术史研究班的方法,既培养人才,又撰写专著。薮内清博士及其后继者吉田光邦、山田庆儿诸君,经二十多年不屈不挠的努力,于 1963 年出版了《中国中世纪科学技术史》,1967 年出版了《宋元时代的科学技术史》,1970 年出版了《明清时代的科学技术史》,八十年代日本学者又补写了《中国古代科学史论》。这样,从上古至明清,他们分断代出版了四册中国古代科学技术史。日本学者的断代中国科技史至今没有中译本。

日本学者的断代中国科学技术史,虽不及李约瑟博士的分科中国科学技术史博大精深。但是,断代为书,依然是他们的首创之功。身为中国古代科技史教师,每读英、日两套著作,都会脸红心跳,自愧不如。

有感于中国古代科学技术史总体研究落后于英、日两国学者,我于八十年代初,在吉林大学历史系开设了中国古代科技史的选修课,开始致力于以宋代为主的中国古代科技史教学与研究。

1983 年 1 月 5 日在《光明日报·史学》发表《论苏颂在科技史上的伟大贡献》,1984 年 4 月 25 日在《光明日报·史学》发表《论中国古代科技史与爱国主义教育》,1984 年在《史学集刊》2 期发表《〈二十四史〉〈清史稿〉科学家传误断与错讹举要》等论文。1986 年吉林文史出版社出版了我的第一本宋代科学家专著——《中国宋代科学家苏颂》。

1988 年 1 月 12 日收到宋史宗师、北京大学邓广铭教授的信,邀我参加他主持的国家重点课题《辽宋金夏政治文化典章制度研究》,分配我撰写辽宋金夏科学技术史。我受宠若惊,立即开始工作,以我给硕士研究生的讲义为纲,加以深入和扩展,经过两年多的努力,撰写成 26 万字的辽宋金夏科学技术史,送邓老审阅。邓老认为他的课题不能收纳这么多的字数,删削又有不忍之感,建议我送出版社单独出书。这就是我的《宋辽夏金元科学技术史》一书的由来。1990 年由吉林科学技术出版社出版,它是中国人自己写的第一本断代科学技术史。

1990 年 8 月 3 日,我们组成了苏颂学术研究会,开始撰写以宋代科学家苏颂为中心的苏颂学术研究丛书。从此,我的全部时间和精力都投入了宋代科学技术史的教学与研究之中。

1988 年主持校点了苏颂文集——《苏魏公文集》,由中华书局出版。1991 年长春出版社出版了《苏颂与〈本草图经〉研究》一书。同年吉林文史出版社又出版了我与杨荣垓合著的《苏颂与〈新仪象法要〉研究》一书。

九十年代中期,中国科技史工作者迎来了自己的断代科学技术史著作的繁荣。

1991 年,台北银禾文化事业有限公司出版了叶鸿洒的《北宋科技发展之研究》。1994 年百卷本中国全史丛书,由人民出版社出版。先后出版了系统的断代中国科学技术史:殷玮璋的《中国远古暨三代科技史》、申先甲的《中国春秋战国科技史》、何堂坤、何绍庚的《中国魏晋南北朝科技史》、张奎元、王常山的《中国隋唐五代科技史》、郭志猛的《中国宋辽金夏科技史》、云峰的《中国元代科技史》、汪前进的《中国明代科技史》、沉毅的《中国清代科技史》。

九十年代末期,中国科技史工作迎来了最辉煌的著作。中国科学院前院长、中国科学技术史研究会理事长卢嘉锡为总主编的三十卷本《中国科学技术史》正在陆续出版,至今已出版 21 册。它像李约瑟的著作一样,是以学科分卷的科学技术史。全书分为《通史卷》、《科学思想史卷》、《中外科技交流史卷》、《人物卷》、《科技教育机构与管理卷》、《数学史卷》、《物理学史卷》、《化学史卷》、《天文学史卷》、《地学史卷》、《生物学史卷》、《农学史卷》、《医学史卷》、《水利史卷》、《机械史卷》、《建筑史卷》、《桥梁史卷》、《矿冶史卷》、《纺织史卷》、《陶瓷史卷》、《造纸与印刷史卷》、《交通史卷》、《军事技术史卷》、《度量衡史卷》、《科技史词典卷》、《科技典籍概要卷》（一）、（二）、《科技图录卷》、《科技年表卷》、《科技史论著索引卷》，计三十册。

到目前为止，中国科学技术史的著作已经比较齐全，范围已经比较广泛，力度已经比较深入。但是，将南宋科学技术断代为史还无人尝试，更不要说系统地深入地研究了。

学术界多数人认为南宋是一个积贫积弱的朝廷，君主软弱苟安，贪图享乐；奸相胆怯谋私，排斥异己。虽然有岳飞、文天祥那样的忠贞名将，还是难以力挽狂澜，终于走向了灭亡。在政治动乱，战火纷飞，输绢纳贡的屈辱环境之中，科学技术是难以取得长足发展的。

我们将仔细阅读上述前人对南宋科学技术史的研究成果，特别是李约瑟、薮内清、卢嘉锡三套大书的研究成果，继承他们关于南宋科技史的优秀成果。我们将独立地重读南宋各类重要科技文献著作，深入研究和考证南宋的各类文物遗存，作出我们自己的分析和评论。总之，我们将用南宋的科技史实与文物说明我们对南宋科技史的意见。

第一章 促成南宋科技继续
发展的重大因素

促成科学技术发展的重大因素不是一日之功,它需要一代人或几代人的努力,才能奠定科学技术发展的雄厚基础和人力资源。准此而论,南宋科学技术继续发展的重大因素,可以追溯到北宋的政治、经济、文化和科技政策等诸方面。

北宋统一后安定的政治局势,历代皇帝劝课农桑的大政方针,使农业生产率大幅度提高。手工业分工更加精细,商业发展得更加繁荣。特别是对科技的奖励政策,促进了科技的发展。如冯继升献火药法,奖励实物——"赐衣物束帛";石归宋发明弩箭,提高工资——"增月俸";焦偓创铁盘槊,提升官职——"迁本军使";唐福献火器,项绾献海战船式,奖励现金——"各赐缗钱"。就是下层劳动群众,有了科技贡献也都给以奖励。如水工高超创新法使防洪堤合垄,水工高宣设计八车船,僧怀丙打捞铁牛创新法等,都受到奖励。

咸平五年(1002),冀州团练使石普发明火球、火箭。真宗皇帝亲自召见,并与宰相等重臣看他的实验表演。这些奖励政策深入人心,影响十分深远,波及南宋。

宋代的改革,对科技发展也是一种动力。李诚的《营造法式》这部科技名著就是改革的产物,它在北宋元祐和崇宁年间两次编修,以确凿的史实说明了改革对科技的促进作用。

宋代关于改革的大辩论,震动朝野,深入民心,影响了几代人。"天变不足畏,祖宗不足法,人言不足恤"的精神,活跃了人们的学术思想,鼓舞了各科技领域的创新和探索精神。我们在宋、金、元医学的理论争鸣中,可以清楚地看到宋代改革的大辩论对寒凉派、攻下派、补土派、滋阴派的思想影响。改革的大辩论对南宋永嘉医派也有深刻的影响。①

宋代重视科技教育更是影响深远,惠及南宋。宋代教育十分重视有利于国计民生的科技教育,引导知识分子方向的科举考试,常常出些科学技术的考题。

天文学家、医药学家并位及宰相的苏颂,在科举考试中竟然三次遇到科技试题。第一次是十八岁时的省试。苏颂的长孙苏象先记载说:"祖父年十八,省试《斗为天之喉舌赋》。盛文肃主文,见曾祖曰:'贤郎已高中,而点检试卷者谓以闻(去声)为闻(平声),为不合格,遂黜。'"②苏颂因四声读错而没考取。

苏颂第二次遇到的科技试题是《历者天地之大纪赋》。③ 他利用深厚的天文历法知识,写得纵横驰骋,文采飞扬,真知灼见,层出不穷。为我们留下了一篇非常优秀的古代天文历法的力作。此文收入了苏颂文集第七十二卷。

苏颂第三次遇到科技试题,是他参加进士考试。邹浩在《故观文殿大学士苏公行状》中记载说:"再举别试第一。考官欧阳公修、张公方平谓人曰:'吾所试题,非通天下之奥,穷制作之原者,不在首选也。'"遂中庆历二年(1042)乙科。

欧阳修对这篇科技试卷的评语非常之高,《文忠集》"举荐苏子容应制科状记载:'才可适时,识能虑远。珪璋粹美,是为邦国之珍;文学纯深,当备朝廷之用。'"

在科举考试的指挥下,不论是国学、私塾还是民间家教,都很重视科技

---

① 刘时觉:《永嘉医派研究》,中医古籍出版社 2005 年版,第 53 – 61 页。
② 苏象先:《苏魏公文集·魏公谈训》,中华书局 1988 年版,第 1137 页。
③ 苏颂:《苏魏公文集》卷七十二,中华书局 1988 年版,第 1090 页。

教育。

苏象先在《魏公谈训》记载说："祖父云：吾曾祖母代国夫人归曾祖时，赉装中有北极、北斗四圣像。"①

苏颂研制假天仪时，就得益于他的家教："颂因其家所藏小样而悟于心，令公廉布算，数年而器成。"这说明苏颂家里就有浑天象模型。可见苏家对天文历法的教育是何等重视。

苏颂青少年时，他的父亲就让他学习天文历法，并以天文历法为题，作科举考试的文章。苏象先在《魏公谈训》中记载："祖父言：年十六岁侍曾祖，曾祖为扬州通判，命作《夏正建寅赋》。赋成，曾祖曰：'夏正建寅无遗事矣，汝异时当以博学知名也'。"

苏家的这种科技教育是代代相传的。苏象先记载祖父对自己进行天文历法教育说："祖父仰瞻星宿躔度，常于小子首背上提之，使知星命。谓子孙曰：'悬象昭然如此，汝不虔奉，乃欲求之杳冥乎？'"②苏颂是在晚上，一边观看星象，一边在子孙们的头顶、背上点划，考问子孙们是什么星宿。正是这种从儿时抓起的科技教育造就了苏颂那样伟大的天文学家。

南宋复制水运仪象台时，就找到了苏颂的儿子苏携，苏携献上了父亲的书《新仪象法要》，供朝廷参考。苏颂教育过的子孙辈有苏象先、苏师德、苏处厚等在南宋任官。苏家的这种科技教育惠及南宋是不言自明的。

上述是促成南宋科技继续发展的长期性因素。下面我们阐述三项最重大最直接的因素。第一是北宋科技大潮对南宋科技的继续推动；第二是南宋经济的继续发展为科技发展创造了基本条件；第三是面临政治危亡的频繁战争，对军事科技产生了促进作用。

---

① 《魏公谈训》，第 1169 页。
② 《魏公谈训》，第 1135、1138、1139 页。

第一节　北宋科技大潮对南宋科技的推动

北宋时期的科学技术,处于中国古代史的高峰时期。在世界科技史上,也居于前列。在数学、天文、历法、医学、建筑、生物、地学等诸多方面都创造了居于世界首位的科技成就。

对宋代科学技术在世界历史上的地位和作用。历史唯物主义和辩证唯物主义的创始人马克思、恩格斯和他们同时代的科学大师们早有评价。

中国古代的四大发明,有三项产生和应用于宋代。对此,世界著名科学家曾给以高度评价。被马克思称为"英国唯物主义和整个现代实验科学真正鼻祖的培根"(Francis Bacon)说:"我们应该观察各种发明的威力、效能和后果。最显著的例子便是印刷术、火药和指南针。""这三种东西曾改变了整个世界事物的面貌和状态。第一种在文学方面,第二种在战争方面,第三种在航海上:由此产生了无数的变化,这种变化是这样大,以至没有一个帝国,没有一个教派,没有一个赫赫有名的人物,能比这三种机械发明在人类的事业中,产生更大的力量和影响。"①培根是 1620 年说这些话的,这时人类的历史上已经产生了像罗马、奥斯曼这样横跨欧、亚、非三洲的大帝国;产生了像恺撒、成吉思汗这样震惊世界的人物;产生了像基督教、佛教这样席卷世界的宗教。但是,培根却说这一切对人类事业产生的力量和影响都不能和三大发明相比。

1861 年马克思对三大发明作出了更高的评价。他说:"火药、指南针、印刷术——这是预告资产阶级到来的三大发明。火药把骑士阶层炸得粉碎,指南针打开了世界市场并建立了殖民地;而印刷术则变成了新教的工具和科学复兴的手段,变成对精神发展创造必要前提的强大杠杆。"②马克思告诉

---

① 培根(Francis Bacon):《新工具》,商务印书馆 1984 年版,第 103 页。
② 马克思:《机器·自然力和科学的应用》,见《马克思恩格斯全集》第 47 卷,人民出版社 1979 年版,第 427 页。

我们三大发明迎来了一个新时代——资产阶级革命的时代。资产阶级在炸毁封建主的城堡时,在远涉重洋推销自己的廉价商品时,都曾借助于中国人的发明。特别是在宗教改革和文艺复兴中,但丁、莎士比亚、拉伯雷等文艺大师在知识的海洋里传播人文主义先进思想,揭露神权与封建专制贪暴蛮横时,推进他们文化之舟前进的风帆——印刷术和纸,也是中国人的发明。这些发明造福于人类的功绩是永垂不朽的,我们祖先的智慧理所当然地受到全世界的景仰。

恩格斯在评论火药的发明时说:"现在已经毫无疑义的证实了,火药是从中国经过印度传给阿拉伯人,又由阿拉伯人和火药武器一道经过西班牙传入欧洲。"在评论印刷术时恩格斯又说:"印刷术的发明以及商业发展的迫切需要,不仅改变了只有僧侣才能读书写字的状况,而且改变了只有僧侣才能受高级教育的状况。"恩格斯又说:"火药是注定使整个作战方法改变的新因素。"(见《马克思恩格斯全集》第 14 卷,人民出版社 1964 年版,第 28 页)。

马克思、恩格斯和培根是从科学技术推动社会前进和变革方面来评价宋代的科学技术的。火药炸毁了封建主的城堡,指南针带来了世界市场并建立了殖民地。这是预告资产阶级社会到来的伟大发明,是我国古代对人类文明极其伟大的贡献。

除了三大发明,宋代还有许许多多在世界居于首位的科技成就。

第一,始建于皇祐五年(1053),完成于嘉祐四年(1059),坐落于福建泉州洛阳江入海口上的洛阳桥(又称万安桥)。首创种蛎固基的技术,即在桥基和桥墩上种殖牡蛎,利用牡蛎石灰质贝壳附于石间繁殖的特性,使桥基与桥墩结成坚固的整体;还有"浮运架梁"技术,即利用潮水涨落,将 20 至 30 吨的大石块架上桥梁,开创了世界桥梁史上"浮运架梁"的先例;又沿桥位纵轴线抛石几万立方米,提升江底标高三米以上,在垫高的江底上建筑桥基,这是现代桥梁"筏形基础"的先驱。第二,蔡襄于嘉祐四年(1059)发表了《荔枝谱》,记载了 32 个荔枝品种和栽培技术,对病虫防治、加工贮存等也进行了论述。这是世界上流传至今的第一部果树栽培学专著。第三,元祐三年(1088)苏颂研制了水运仪象台,其台顶自由拆闭的屋板是现代天文台圆顶的祖先；水运仪象台浑仪的窥管随天象旋转，和近代转仪钟控制的望远镜基本相同；水运仪象台的枢轮运转速度由一组叫"天衡"的杠杆装置来进行控制，"天衡"系统对枢轮的这种擒纵控制作用与现代钟表的关键部件——锚状擒纵器具有基本上相同的作用。水运仪象台这一项科研就占有三项世界第一。

我们列举上述的科技成就，意在说明北宋的科技发展如汹涌之潮水，会继续滚滚向前。它不会因北宋失去了半壁江山就戛然而止了。

特别是当时的知识分子和科技工作者都严于华夷之辨，纷纷追随南宋王朝，举家南迁。这是南宋科学技术继续发展的一个重要因素。

南宋科学技术继续发展，也创造了许多世界性的科技成就。仅淳祐七年（1247），就创造了三项世界第一的科技成就。

淳祐七年（1247），秦九韶完成了《数书九章》，他在北宋数学家贾宪首创的"增乘开方法"的基础上，发展成了一种完整的高次方程数值解法。在欧洲，直到1891年英国数学家霍纳（Horner）才创造出类似的解法，但比秦九韶晚了五百年。以前欧洲数学史上称霍纳法，现已改称"秦九韶法"。秦九韶又系统地完成了求解一次同余组的计算步骤，正确而又严密，即"大衍求一术"。这项数学成就早于欧洲数学家欧拉（Euler）和高斯（Gauss）五百多年。

淳祐七年（1247），宋慈完成了世界上第一本系统的法医学专著——《洗冤集录》，系统地论述了法医学的大部分内容。对尸体现象、损伤、窒息、现场检查、尸体检验等，都做了科学的观察与归纳。该书被译成日、法、英、德、俄、荷兰等国文字，为世界法医学界所推崇。它比意大利的菲德里（Fedeli）1602年写的欧洲第一本法医学著作早三百五十多年。

淳祐七年（1247），王致远刻石于苏州的黄裳天文图，是中国也是世界保存至今的第一幅石刻天文图。它以北极为中心绘有三个同心圆，分别代表北极常显圈、南极恒隐圈和赤道。二十八条辐射线代表二十八宿距度，绘有银河、黄道等，计绘星一千四百三十颗。欧洲到十四世纪文艺复兴以前，观测的星数只有一千零二十二颗，根本没有科学的星图。苏州石刻天文图受到中外科技史研究者的一致称赞。

从上述列举的科技成就可以看出北宋的科技大潮确实在推动南宋的科技继续向前发展。下面我们分三个方面进行具体的论述。

一、苏颂天文学、医药学、机械学成就对南宋的影响

苏颂在元祐三年（1088）研制了水运仪象台，并将其设计图纸全部收入了成书于绍圣三年（1096）的《新仪象法要》一书。《新仪象法要》是一部图文并茂的宋代天文文献。全书共分三卷，上卷介绍浑仪，中卷介绍浑象，下卷介绍自动报时及动力传递系统，共绘图六十三幅，其中四十九幅为机械制图。《新仪象法要》中的四十九幅机械制图是我国，也是世界现存最早最完整的机械制图。苏颂这本书，不仅使我们今天能够根据它的图样和资料将水运仪象台复制出来，而且还使我们今天研究宋以前天文学和天文仪器制造，有了一把贯通古今的钥匙，可以上推出晚唐、两汉时期同类制作的详情。《新仪象法要》中的四十九幅机械制图包括总装图、部件装配图和图样说明，确定了零件的结构、相对位置、连接方式、传动路线和装配关系，反映了水运仪象台的总体设计思想；还给出了具体指导零件制作和检验的零件图。这些都极其接近现代工程图学的表达方式，已经和我们今日所称的"施工图"相去不远。

《新仪象法要》中的设计图纸开近代机械设计图纸编纂体例之先河。从《新仪象法要》中完整、系统的四十九幅图的整体来看，其编纂方法十分合理。不论是卷上、卷中还是卷下，都是先给出整体图，然后分部图，最后零件图，而且都遵循着先外后内，逐步展开和深入的叙述方法。即以专叙动力系统和司辰系统的卷下为例，先是两幅总图，一为外观，一为内部机构；再是分部图，也是先外观木阁，再内部八重机轮；最后是八重机轮的共轴。从天轮图以下，专门介绍构成总图、分部图的零件，也按先外后内的原则。这种机械设计图纸的编排原则是非常科学的。

《新仪象法要》中的四十九幅机械制图所反映出来的绘图技术大大超越了前代。首先，它能采用轴侧投影绘出台体和总装图，清楚地显示出物体的结构和表面形状以及器部件的方位。除了去掉其外壳用以说明内部结构的装配图外,还有许多如现代假想拆去零件的表示方法。如《天衡图》主要是介绍枢轮运动控制机构的,但被控制的枢轮却没有画出,而只画出枢轮正下方的退水壶。这种画法既有利于清楚显示构成擒纵器的主要部件,不致为繁杂的枢轮辐辋遮挡,突出了重点,又同样能使人对整个机构和各零部件与枢轮的位置关系一目了然。这是一种先进的绘图技术。

其次,大量的比较简单的部件和零件,采用了正投影方法绘制正视图,如四游仪、天经双环、阴纬单环、天常单环、天运单环、四游仪双环、望筒直距、夜漏金钲轮等单面图。有些零件图为了节省画幅直接绘在零件装配图上,如天柱、天毂、天梯、天托图等。有时为了强调和突出某一部分零件的形状,采用大块涂黑的方法,使部件更加明晰。此种图如浑象赤道牙、水运仪象台、浑仪(运动仪象制度)、木阁、昼夜机轮、天轮、拨牙机轮、昼时钟鼓轮、报刻司辰轮、木阁第四五层、夜漏司辰轮、枢轮、天柱下轮、天池、天衡、升水上下轮、河车天河、浑象天运轮等,共有十八幅。这应该是苏颂在机械制图上的大胆尝试,今天仍值得借鉴。

总之,《新仪象法要》中的四十九幅机械制图虽然用今天工程制图学的水平去衡量,还有相当大的距离,但它作为现存最早、最完整的机械制图,在工程图学史上的意义是空前的。国外学者也充分肯定了这一点。诚如英国李约瑟博士所说:"当时中国机械工程学在为科学服务方面所达到的空前成就,可以从苏颂的著作中清楚地看出。"水运仪象台是一座高 12 米,宽 7 米,像三层楼房一样的巨型天文仪器。水运仪象台的上层是观测天体的浑仪,中层是演示天象的浑象,下层是使浑仪、浑象随天体运动而报时的机械装置。它兼有观测天体运行,演示天象变化,随天象推移而有木人自动敲钟、击鼓、摇铃,准确报时的三种功用。它不仅在国内取得了前无古人的成就,而且在三个方面为人类作出了贡献,使许多中外科技史专家为之叹服。

首先,置于水运仪象台上层观测用的浑仪通过"天运双环"与"枢轮"相连,使浑仪能随枢轮运转。这与现代天文台转仪钟控制的天体望远镜随天体运动是一样的。因此,可以说水运仪象台的这套装置是现代天文台跟踪机械——转仪钟的远祖。英国科技史专家李约瑟对这一点给以高度评价:"苏颂把时钟机械和观察用浑仪结合起来,在原理上已经完全成功。因此可以说他比罗伯特·胡克先行了六个世纪,比方和斐先行了七个半世纪。"

其次,水运仪象台顶部设有九块活动的屋板,雨雪时可以防止对仪器的侵蚀,观测时可以自由拆开。水运仪象台的活动屋顶是现代天文台圆顶的祖先。所以,苏颂与韩公廉又是世界上最早设计和使用天文台观测室自由启闭屋顶的人。

第三,水运仪象台的原动轮叫枢轮,是一个直径一丈一尺,由七十二根木辐,挟持着三十六个水斗和三十六个勾状铁拨子组成的水轮。枢轮顶部设有一组叫"天衡"、"天关"、"天权"、"左右天锁"的杠杆装置,枢轮靠漏壶滴漏的水推动。当漏壶的水滴满一个枢轮水斗时,"枢权"失去平衡,"格叉"下倾,枢权扬起,轮边铁拨子拨开"关舌",拉动"天衡","天关"上启,枢轮下转,由于"左右天锁"的擒纵抵拒作用,使枢轮只能转过一幅,以次循环往复,等速运转。天衡系统对枢轮杠杆的这种擒纵控制与现代钟表的关键机件——锚状擒纵器(俗称卡子),具有基本上相同的作用。所以,水运仪象台的天衡系统是现代钟表的先驱。

李约瑟在研究了水运仪象台之后,修改了他过去的著作。他在《中国科学技术史》中说:"我们借此机会声明,我们以前关于'钟表装置……完全是十四世纪早期欧洲的发明'的说法是错误的。使用轴叶擒纵器重力传动机械时钟是十四世纪在欧洲发明的。可是,在中国许多世纪之前,就已有了装有另一种擒纵器的水力传动机械时钟。"[①]

《新仪象法要》卷中绘有浑象紫微垣星图、浑象东北方中外官星图、浑象西南方中外官星图、浑象北极图和浑象南极图等共五幅星图。浑象紫微垣星图是以天北极为中心的 36 度星区小圆图;浑象东北方中外官星图为二十八宿中从角宿到壁宿的横图;浑象西南方中外官星图为二十八宿中从奎宿到轸宿的横图;浑象北极图为以天北极为中心,以天赤道为外圆的北半天球的大圆图;浑象南极图为以天南极为中心,以天赤道为外圆的南半天球的大

---

① 李约瑟:《中国科学技术史》中译本第三卷,科学出版社 1977 年版,第 426、456、443 页。

圆图。这是目前国内现存的时代最早的具有科学价值的刊印星图。细析之,其成就主要有五:

1. 巩固了以敦煌卷子星图为代表的唐初以来的圆横结合的先进星图画法,并又有重大发展。《新仪象法要》卷中所绘制的五幅星图可分为两组:第一组由一幅圆图(紫微垣)和两幅横图(二十八宿中外官星)组成;第二组由两幅圆图(以北天极为中心的北天全图和以南天极为中心的南天全图)组成。苏颂的创新之处在于既保存了圆图和横图各自的优点,画出了第一组星图,又着意克服单纯圆图和单纯横图的缺点,以赤道为界将天球一剖为两半,然后分别投影画出南半球和北半球的全天星图,使之更接近星空实际。两组星图综合对勘使用,是苏颂星图的一大发展。

2. 改变二十八宿顺序。就二十八宿顺序来说,苏颂舍弃了《史记》、《汉书》的"东-南-西-北"的不符合天象变化实际的次序,而采取了《吕览》、《淮南》的"东-北-西-南"与自然时序一致的顺次。这种宁舍权威,择善而从的精神,不能不说是难能可贵的。

3. 开创现代星图的黄道画法。在第一幅横图(从角到壁)赤道的南方和第二幅横图(从奎至轸)赤道的北方,各有一条弧线。若将两幅横图在秋分点处对接在一起,两条弧线便组成了一条以赤道为横坐标,以秋分点为0点的正弦函数曲线。这条曲线的负正峰值点便是冬至点和夏至点;东西两端与赤道的交点同为春分点;将其卷成圆筒,在春分点处对接在一起,便是一完整、符合天象实际的黄道。现代星图的黄道便是这么表示的。这是苏颂星图的又一创造。

4. 星数增补。敦煌卷子星图绘星一千三百五十颗,苏颂星图绘星一千四百六十四颗,弥补了《晋书·天文志》和《隋书·天文志》长期的遗落(《晋书·天文志》记有一千二百九十五星,《隋书·天文志》记有一千四百二十六星),恢复了三国时陈卓总结的三家星之数。而欧洲直到十四世纪文艺复兴以前,观测的星数是一千零二十二颗,比《新仪象法要》中的星图少四百四十二颗,且晚了四百年。

5. 依据宋代实测确定星位。敦煌星图所依据的还是古代流传下来的

《礼记·月令》的数据,并非当时的实测,并不反映成图时代的天文观测成就。而《新仪象法要》多处文字交待,苏颂的星图是根据元丰年间(1078－1085)的实测距度来定位的,反映了中国十一世纪时天文观测的新成就。我们曾将《新仪象法要》卷中《四时昏晓中星图》所提供的四时中星度数和日躔宿度之间的"星日度距"全部推演一遍,发现每宿距度之误差不过 0.0779度。① 元丰测值达到如此惊人的精确度,说明苏颂星图已不限于传统的记录星象、证认恒星和传习后学的功用,而具有推算星度的技术数据价值。和《新仪象法要》中其他科技成就一样,其星图成就的影响也早已越出了中国国界。其所代表的中国天文制图传统早已折服西方科技史界。李约瑟博士说:"欧洲在文艺复兴以前可以和中国天文制图传统相提并论的东西可以说是很少,甚至简直没有。"西方的另一些科技史专家如蒂勒、布朗和萨顿也都认为:"从中世纪直到十四世纪末,除中国的星图以外,再也举不出别的星图了。"②

《新仪象法要》卷中,明确记载苏颂和韩公廉还研制过一台假天仪。但未收图纸,未记其详。1962 年王振铎和 1991 年杨荣垓先生又在《宋会要辑稿·运历》和《玉海·仪象》③中找到了更多的数据,使我们了解了苏颂研制的假天仪的具体情况。

1. 从整体上看"有如笼象""大如人体,人居其中",即人钻到这个完整的大空球里边去观看。

2. 球面布置是"因星凿窍,如星以备",即按照天上星宿的位置和星等大小,在球面上凿洞,人在球里借球外光线看到一个个光点,如同满天星斗的真实天球一样。

3. 如水运仪象台一样用水力推动,与天球同步运转,做到"中星昏晓,应时皆见于窍中",达到了"即象为仪,同正天度"的目的。像具有这样性能的

---

① 管成学、杨荣垓:《苏颂与〈新仪象法要〉研究》,吉林文史出版社 1991 年版,第 411－413 页。
② 李约瑟:《中国科学技术史》第四卷,第 253 页。
③ 王振铎:《我国最早的假天仪》,载《文物》1962 年第 2 期;杨荣垓:《苏颂的浑象和假天仪试析》,载《长春大学学报》1991 年第 1 期。

精密仪器展示出来，即使今人也会感到吃惊，无怪乎当年"星官历翁，聚观骇叹"。我们今天坐在北京天文馆天象厅里欣赏那满天星斗，七曜运行，非常逼真，而且非常节省时间，但那是花费巨资购进外国的现代化光学设备，耗用电力才能做到，且还不具有"即象为仪，同正天度"的功用。放眼世界，以水力转动的假天仪，传世最早的是现存列宁格勒古物陈列馆，Gohorp1644 年设计，1713 年赠给彼得大帝的礼物，直径 4 米，重 3.2 吨，球外画世界地图，球内画星座，内可容十人。采用"因星凿窍"的假天仪，美国芝加哥科学院博物馆曾于 1912 年制造过，但靠电力带动。苏颂假天仪比最早的 Gohorp 的制作还早六百余年的这一事实，足以说明我们祖先的聪明智慧和科技创新才能。

嘉祐二年（1057），苏颂受命编修《嘉祐本草》。当时，唐《新修本草》的药图已经佚失，《天宝单方药图》也已失传。苏颂奏请皇帝，诏令全国的医官、中医、药农等，采集中药标本，画成药图，填写药用说明，于嘉祐六年（1061）编成新的有图的《本草图经》，全书收图 933 幅，并流传至今。李时珍评论《本草图经》说："考证详明，颇有发挥。"李约瑟指出它不仅是中国而且是世界流传至今的第一部有图的本草书。①

《本草图经》集古代药物学之大成。收药 814 种，增新药一百余种，附药方千首，是一部承前启后的药物著作。《本草图经》对药物按所产州土、生态药性、鉴别方法、采收时月、炮炙方法、主治配方等加以叙述，苏颂根据宋代的用药实践和个人见解加以论述，为古代药物学作出了新贡献。《本草图经》的药物来自全国的药物大普查，不但画出药图，还要呈送标本。苏颂经过严格鉴别，去粗取精，汰伪存真，进行了科学的记录。《本草图经》涉及动植物、冶金、地矿、化学等多方面的科技内容，为许多学科作出了贡献。

苏颂的上述科技成就对南宋的科技发展产生了广泛的影响。

从元祐七年（1092）六月十六日铜制水运仪象台制成，到靖康元年（1126）金兵攻入汴京（今开封），掠走水运仪象台，它使用了三十四年。明昌

---

① 管成学：《苏颂与〈本草图经〉研究》，长春出版社 1991 年版，第 1 页。

六年(1195)八月,金国的候台遭到雷击,水运仪象台跌落台下,龙柱丢失。金章宗完颜璟命收拾残件,再置候台之上。

水运仪象台毁坏后,金与南宋两政权都想研制它。金朝南迁之后,曾两度想研制水运仪象台。兴定年间(1217 - 1222),金宣宗完颜珣曾向礼部尚书杨云翼问及研制水运仪象台。杨云翼回答说:"国家自来铜禁甚严,虽罄公私所有,恐不能给。今调度方殷,财用不足,实未可行。"事后,金宣宗仍不死心,"他日,上又言之。于是,只添测候之人数员,铸仪之议遂寝"。①

北宋南迁后,也想再造水运仪象台。绍兴年间(1131 - 1162),商量研制新仪器。工部员外郎谢伋提议效仿苏颂,先寻觅科技人才:"宜先询考制度,敷求通晓天文历术之学,如贾逵、张衡、本朝苏颂者,参订是非,决群疑而合古制,传之永久,望博访而审择之,苏颂之子携,近得旨赴阙乞就,携访求颂之遗书,考质制度。"②

南宋朝廷首先找到了苏颂的助手袁惟几,由于他参与了元祐年间水运仪象台的研制工作,认为他一定会研制成功。但由于资料不足,又缺乏高水平的工匠,没有取得成功。朝廷又设法找到了苏颂的儿子苏携,"在廷诸臣罕通其制度者,乃召苏颂子携,取颂遗书,考质旧法,而苏携亦不能通也"。③

绍兴十四年(1144)四月五日,第三次研究复制水运仪象台,"命宰臣秦桧提举铸浑仪,诏有司求苏颂遗法。"④依然没有找到通晓苏颂遗法的人。后来朝廷听说朱熹家藏有浑天仪的小样,就请朱熹研制,也没有成功。

南宋朝廷对水运仪象台昼思夜想,念念不忘。足见其影响之深远,构造之精妙。

苏颂编撰的《本草图经》对南宋的医药著作也产生了重大影响。

《本草图经》刊行后,产生了重大影响。文彦博给以择要简编,称为《节要本草图》;陈承给以改编,称为《重广补注神农本草并图经》;唐慎微将《嘉

---

① 《金史·历志下》,第 524 页。
② 《宋会要辑稿·运历二》,第 2153 页。
③ 《宋史·天文志一》,第 965 页。
④ 《宋会要辑稿·运历二》,第 2151 页。

祐本草》、《本草图经》及药图、增补自己积累的药物,扩编为《经史证类备急本草》(以下简称《证类本草》)。《证类本草》在药物史上占有很重要的地位。可以说《证类本草》以《本草图经》为基础编成,《本草图经》借《证类本草》而传世。

南宋的本草著作绝大多数都收入了《本草图经》的药物和药图。南宋初年编成的《绍兴校定经史证类备急本草》,收入了《证类本草》的大部分《本草图经》的药物和药图。其后缙云于乾道九年(1173)编成的《纂类本草》,陈日行于淳熙十六年(1189)编成的《本草经注节文》,张松于嘉定元年(1208)缩编的《本草节要》,艾元甫于嘉定十七年(1224)编撰的《本草集议》,王梦龙于宝庆元年(1225)完成的《本草备要》,陈衍于淳祐八年(1248)成书的《宝庆本草折衷》等,或者收入《本草图经》的药物,或者使用《本草图经》的药图,都直接或间接地使用苏颂的药物学成果。

二、沈括多学科的科技知识对南宋科技的推动

对南宋科学技术影响更大,涉及学科领域更多的是沈括在《梦溪笔谈》中所阐述的多学科知识。

早在1926年竺可桢先生就从现代科学的高度评论说:"《宋史》载括博学善文,于天文、方志、律历、音乐、医药、卜算,无所不通,洵非溢美。自来我国学子之能谈科学者,稀如凤毛麟角,而在当时能以近世之科学精神治科学者,则更少","当欧洲学术堕落时代,而我国有沈括其人,潜心学术,亦足为中国学术史增光。"①英国科技史专家李约瑟称沈括是"中国整部科学史中最卓越的人物",称《梦溪笔谈》为"中国科学史上的里程碑"。②

沈括于元祐三年(1088),退居江苏润州(今镇江),开始撰写《梦溪笔谈》,流传至今的祖本是南宋乾道二年(1166)扬州州学的刊印本。《梦溪笔谈》所述内容十分广泛,涉及政治、军事、法律、艺术及大量科学技术的内容。

---

① 竺可桢:《竺可桢文集·北宋沈括对于地学之贡献与纪述》,科学出版社1979年版,第69页。

② 李约瑟:*Scienceand Civilisationin China* Vol,I,1954,combridge,P135.

从扬州州学以出售《梦溪笔谈》补充经费之不足,可知其书在南宋时深受欢迎和广泛流传。

据李约瑟对《梦溪笔谈》的分类和统计:人文资料为 270 条,人文科学为107 条,自然科学为 207 条。其所记科学技术分类简述如下:

(一)数学

《梦溪笔谈》中有关数学的条目有 12 条(包括度量衡条目),其中最重要的成就是隙积术和会圆术两个问题。隙积术,即堆垛术,对堆积的酒坛、棋子等总数的研究,即高阶等差级数求和问题(详见《杨辉与杨辉算法》一节)。沈括是隙积术研究的开创者,南宋的杨辉和元代的朱世杰进一步完善了垛积术的研究。清代数学家顾观光(1799－1862)的评价是准确的:"堆垛之术,详于杨氏、朱氏二书,而创始之功,断推沈氏。"①

所谓隙积术就是高阶等差级数求和问题。公元 1 世纪《九章算术》提出了等差级数的问题。公元 5 世纪《张邱建算经》给出等差级数求和的公式,高阶等差级数的研究则开始于北宋沈括,他在《梦溪笔谈》卷十八第四条中,记载了他所求得的长方台形垛积一般求和公式——隙积术。

沈括说:"隙积者,谓积之有隙者,如累棋、层坛及酒家积罂之类,虽复斗四面皆杀,缘有刻缺及虚隙之处,用刍童(长方台)法求之,常失于数少。予思而得之,用刍童法为上行,下行别列下广,以上广减之,余者以高乘之,六而一,并入上行。"

设长方台垛的顶层宽(上广)为 a 个物体,长为 b 个,底层宽(下广)为 c 个,长为 d 个,共有高 n 层。问共有物体(酒坛或棋子)多少个?

按沈括"予思而得之,用刍童法为上行……并入上行"的方法可得出如下的公式:

$$S(物体个数) = ab + (a+1)(b+1) + (a+2)(b+2) + \ldots + (a+n-1)(b+n-1) = \frac{n[(ab+d)a + (2d+b)c]}{6} + \frac{n(c-a)}{6}$$

---

①　顾观光:《九数存古》卷五,收入《算剩初编》,武陵山人遗书光绪本。

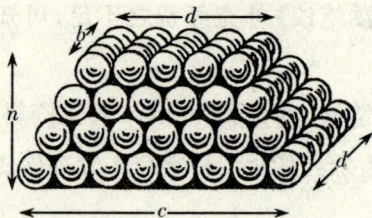

图 1 垛积示意图

隙积术的公式是正确的,它与高阶等差级数有密切关系。假使垛积最上层为长、宽各两个棋子,以下每层长、宽各增一个,于是有 $2^2 = 4, 3^2 = 9$, $4^2 = 16, 5^2 = 25, 6^2 = 36$……每后项与其前项之等差依次为 5、7、9、11……。再求一次差,均得 2。所以,各层的个数就构成一个二阶差数列。对于长、宽不等的情况也有这个性质。因此说沈括是我国研究高阶等差数列的开创者。南宋杨辉在《详解九章算法》"商功第五"中的垛积问题,正是在沈括的基础上,向前推进的。杨辉留给我们四个高阶等差级数公式,第一个就是沈括的公式。

沈括是"会圆术"的创立者,他认为凡是圆形的弧长都可以分成若干份,求出每一份的弧长,合起来就会成了一个圆周,这就是"会圆术"名字的由来。

"会圆术"记于《梦溪笔谈》卷十八,原文为:"置圆田径,半之以为弦;又以半径减去所割数,余者为股;各自乘,以股除弦,余者开方为句;倍之为割田之直径。以所割之数自乘,倍之,又以圆径除所得,加入直径为割田之弧。"

"会圆术"用现代的数学语言来解释,就是已知弓形的矢、弦和圆的直径,求弧长的方法。设 r 为半径,d 为直径,h 为弓形的高 CD,c 为弦长 AB,s 为 ACB 的长度(如下图)。沈括得到了如下的近似公式:

$$s \approx c + 2h\frac{2}{d} \qquad c = 2\sqrt{r^2 - (r-h)^2}$$

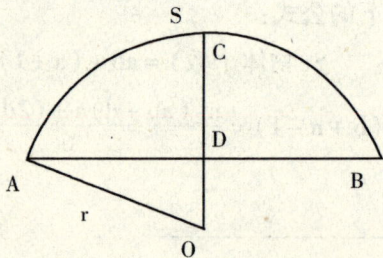

沈括是我国数学史上第一个研究弓形的弦、矢、弧之间的关系的数学家。沈括还用数学知识研究军粮运送,提出运粮之法,其中含有运筹思想的萌芽。他又研究围棋棋局总数,在没有指数知识的前提下,得到了关于从若干元素中每次提取几件且许可重复的排列问题的解题思路并给出了估算值。

（二）天文学

《梦溪笔谈》与天文历法有关的条文有二十六条,《浮漏议》也是他留下的天文文献。沈括在天文学方面的第一项成就就是提出"十二气历",以十二气为一年,以立春为一年之始,大尽三十一日,小尽三十日。把月相的变化以朔望等注于历中。沈括在《十二气历》中自信地说:"予先验天百刻有余、有不足,人已疑其说;又谓十二次斗建当随岁差迁徙,人愈骇之;今此历论,尤当取怪怨攻骂。然异时必有用予之说者。"如沈括所预言的一样,后来太平天国的历法,基本与十二气历相同;英国气象局使用的肖伯纳历也与十二气历相似;现世界各国采用的公历也是与十二气历基本一致的阳历,在月份上还不及十二气历科学。

沈括所说的发现真太阳日有长短和十二次斗建随岁差迁移,也是他的天文学成就。

沈括在天文仪器的改革上,也取得了成就。沈括以前浑仪日趋复杂,每增加一种观测项目,就增加一个环器,结构越来越复杂,遮掩了观测天区,很不方便。沈括大胆地去掉了用处不大的白道环,合并和移动了一些机件,以便于观测。沈括所开创的这个简化适用的新方向,被南宋和元代郭守敬继承,创造了简仪。沈括改进的刻漏,继续使用燕肃的漫流系统,并用漫流表面张力的补偿作用,补偿粘滞性随温度变化时对流量的影响。从而消除温度变化所引起的计时误差。沈括亲自设计能使极星保持在视场之内的窥管,连续进行三个月的观测,得到了当时极星"离天极三度有余"的结论。

沈括将他对天文仪器的改造和研究,写成了《浑仪议》、《景表议》、《浮漏议》三篇文章,阐发了改革仪器的原理。沈括的天文学研究是以实测为基础的,他要求卫朴编制《奉元历》的资料来自实测。为观测极星与北天极的距离,他坚持实测三个月,每天三次。他对五星运行轨迹和陨石坠落的生动详实描述都是基于实测。

（三）物理学

沈括于物理学创获最多，《梦溪笔谈》记物理有四十条，《沈氏良方》、《梦溪忘怀录》也有物理知识的阐述。

沈括重新进行《墨子》的光学实验，以飞鸢说明小孔成像。宋末元初的赵友钦，清代的郑复光继续实验，终于揭示正像、模糊无像和倒像的全过程。沈括在"古镜"条对凹面镜的成像实验："阳燧面洼，以一指迫而照之则正，渐远则无所见，过此遂倒。"他证实了在凹面焦点内成正像，在焦点上不成像，过了焦点成倒像。引文的"此"为焦点。他又记述说："古人铸鉴，鉴大则平，鉴小则凸。凡鉴洼则照人面大，凸则照人面小。"这些实验被南宋赵友钦和清代郑复光所继承和发展。对透光镜，沈括也进行了实验和探讨，他猜测是铜镜冷却时有先后而致透光不同。虽不正确，却为后来郑复光实验所借鉴，郑氏的实验写入了《镜镜詅痴》。

沈括还记述了"以新赤油伞日中复之"验尸伤的方法，红油伞的作用是从日光中滤取红色波段光，皮下淤血一般呈青紫色，在白光下看不清，红光能提高淤血与周围部分的反衬度，容易显现。这是我国关于滤光应用的最早记载，这项科技成就被成书于南宋初年的郑克的《折狱龟鉴》所继承。又被成书于淳祐七年（1247）的宋慈的《洗冤集录》所发扬光大。

沈括记述的海市蜃楼出现于登州。虹生永安山下。雷暴李舜举家，"银、刀皆熔而漆器无损"的现象都属于物理学范畴。沈括记载地磁偏角，磁针的四种置法和人工磁化的实验也是珍贵的物理实验资料。

《梦溪笔谈》中有关声学的知识。有"以牛革为矢服，①卧则以为枕……数里内有人马声，则皆闻之"。并提出"虚能纳声"的解释。沈括在"共鸣与和声"中，有"先调诸弦令声和，乃剪纸人加弦上，鼓其应弦，是纸人跃，他弦即不动"。沈括利用纸人演示实验，证实了差八度音时两弦的谐振现象。欧洲的同类实验到十七世纪才出现。沈括在《扁钟圆钟》中所说"铁性易缩，时

---

① 矢服：装箭的牛皮口袋。

加磨莹,铁愈薄而声愈下。乐器须以金石为准,若准方响,则声自当渐变"。记述了振动频率与发声体厚薄之间的正确定性关系。

沈括的多学科科技知识对南宋科技的发展起了很大的推动作用。

沈括之后,南宋的杨辉继续研究高阶等差级数求和问题。杨辉在《详解九章算法》"商功第五"中,于体积问题之后,附有垛积问题六问,与级数求和有关的有四题,本质上都是求级数前 n 项和的问题。

杨辉求得了四个高阶等差级数公式:第一个与沈括的完全相同,其他三个分别列如下:

1. 果子垛(附"方锥"之后):$s = 1^2 + 2^2 + 3^2 + \ldots + n^2 = \dfrac{n(n+1)(n+\frac{1}{2})}{3}$

2. 方垛(附"方亭"之后):$s = a^2 + (a+1)^2 + (a+2)^2 + \ldots + (b-1)^2 + b^2$
$= \dfrac{n}{3}(a^2 + b^2 + ab + \dfrac{b-a}{2})(b-a)$

3. 三角垛(附"鳖臑"之后):$s = 1 + 3 + 6 + 10 + \ldots + \dfrac{n(n+1)}{2} = \dfrac{n(n+1)(n+2)}{6}$

杨辉的三个公式,实际上是沈括公式的特例。假如在沈括的公式中,a = b = 1, c = d = n,就得式 2,即方垛公式。如 a = 1, b = 2, c = n, d = n+1 时,由沈括公式可知:

$$1 \cdot 2 + 2 \cdot 3 + 3 \cdot 4 + \ldots + n(n+1) = \frac{n(n+1)(n+2)}{3}$$

两端除以 2,即得式 3,即三角垛的公式。

沈括在《梦溪笔谈》中所说"以新赤油伞日中复之"的验骨伤之法,被南宋宋慈所继承。宋慈在《洗冤集录》中,用红油伞遮日验骨伤一条写道:"若骨上有被打处,即有红色路微荫;骨断处,其接续两头各有血晕色;再以有痕骨照日看,红活乃是生前被打。"[①]提出了今日仍有研究价值的骨荫的概念;

---

① 宋慈:《洗冤集录·论沿身骨脉及要害去处》卷三,贾静涛点校,上海科技出版社 1981 年版,第 89 页。

雨伞能吸收阳光中的某些光波,因而透过雨伞的光波就具有选择性,对于检查尸骨的伤残情况有较大的作用。

沈括在前人有关日、月如弹丸思想的影响下,在历史上首次演示了月相变化和月食的实验。他在"日月食"条说:"日月之形如丸。何以知之?以月盈亏可验也。月本无光,犹银丸,日耀之乃光耳。光之初生,日在其旁,故光侧而所见才如钩;日渐远,则斜照,而光稍满。如一弹丸,以粉涂其半,侧视之,则粉处如钩;对视之,则正圜。"①沈括对日月交会,月相变化和日月食作了详细记述。尤其是他的演示实验对南宋程大昌认识日食现象起了重要影响。程大昌在比较扬雄和沈括的月食理论后,指出"沈括之语能发越其状,使闻者豁然也";又说"沈氏耀圜之说又能发扬其状也"。(见《演繁露》卷八《日受月光》)

沈括的演示实验启发了南宋末年的赵友钦,他更仔细地作了演示实验。他在《革象新书·月体半明》中写道:"以黑漆球于檐下映日,则其球必有光可以转射暗壁。太阴圆体,即黑漆球也,得日映处则有光,常是一边光而一边暗。若遇望夜,则日月躔度相对,一边光处全向于地,普照人间,一边暗处全向于天,人所不见。以后渐相近而侧相映,则向地之边光渐少矣。至于晦朔则日月同经,为真日与天相近,月与天相远,故一边光处全向于天,一边暗处却向于地。以后渐相远,而侧相映,则向地之边光渐多矣。由是观之,月体本无圆缺,乃是月体之光暗、半轮旋转,人目不能尽察,故言其圆缺耳。"

这个黑漆球是沈括的涂粉弹丸的重演,也极为生动地说明了月相的变化。赵友钦的发展是在于他将一赤球比日、一黑球比月,同悬一索而演示日食现象。赵友钦写道:"日月如大小二球。……日食非体失明,但因黑月障人所示,所以云食也。"②……若将"赤球比日、黑球比月,大小相同,共悬一索,日上月下,相去稍远。人在其下正望之,则黑球遮尽赤球,比若食既;傍

---

① 沈括:《梦溪笔谈》卷七"象数一",见李文泽《梦溪笔谈全译》,巴蜀书社 1996 年版,第 96 页。

② 赵友钦:《革象新书》卷三"月体半明",《续金华丛书》,子部,永康胡氏梦选楼刊本,1924 年。

视而分远近之差,即食数有多寡也"。① 赵友钦第一次演示了日食现象。至此,可以说,中国古人对月光成因、月相变化和日食、月食都作出了较好的物理解释。

三、北宋园艺谱录之学的勃兴带来了南宋园艺学的繁荣

中国古代园艺类科技著作萌芽于唐代,勃兴于北宋,繁荣于南宋时期。是北宋时多学科园艺著作的兴起,带来了南宋时期各种园艺著作所阐述的科技成就。

唐代园艺古籍传于今者,据笔者所见只有 3 种:王方庆《园艺草木疏》(残)、李德裕《平泉草木记》、陆羽《茶经》。而宋代见于记载的有 62 种,传世者 33 种,残存者 5 种。元代传世的园艺著作只有 4 种。

下面简要阐述北宋的园艺古籍及其对南宋园艺古籍繁荣的作用。

（一）茶叶类

北宋的茶叶类园艺专书,以蔡襄的《茶录》比较重要。蔡襄(1012 – 1067),字君谟,兴化仙游(今属福建)人。其书两卷,初写于皇祐年间(1049 – 1053),治平元年(1064)重新修订并刻石,得以流传至今。

《四库全书总目》评论说:"襄以陆羽《茶经》不载闽产。丁谓《茶图》又但论采造,不及烹试,乃作此书。上篇论茶,下篇论茶器,皆烹试之法也。"

书中简要地记载了茶叶色、香、味的辨别,烹茶的技巧,茶叶的收藏、保管、加工技术,各种茶具的质地、制作和用途,可以说是北宋一部品茗要诀。书中关于茶性"畏香药,喜温燥,而忌湿冷",故采用温水加热,去湿保干的收藏方法。陈年茶叶香、色、味皆陈,要用炙茶方法进行处理。这些记述至今仍有一定意义。

蔡襄对饮茶和制茶皆有亲身体验。陈少阳在《茶录》跋文中说:"君谟初为闽漕时,出意造密云小团为贡物。"《墨客挥犀》记载:"蔡君谟善别茶,建安能仁院有茶生石缝间,寺僧采造,号曰岩白。以四饼遗君谟,以四饼遣人走

---

① 《革象新书》卷三《日月薄食》;也见王伟《重修革象新书》卷上《日月薄食》,民国十三年(1924)胡氏梦选楼刊本。

京师遗禹玉。岁余。君谟被召还阙,访禹玉,命弟子于茶笥内选精品待君谟,君谟捧瓯未尝则曰:'此茶极似能仁寺岩白,公何得之?'禹玉未信,索茶贴验之,乃服。"①因此,可以说《茶录》中凝聚着蔡襄制茶与品茶的亲身体验。

蔡襄之后,宋子安作《东溪试茶录》。东溪是建安的地名,仍阐述福建之茶为主。作者自称其书是为补丁谓和蔡襄之不足。书分八目:总叙焙名、北苑、壑源、佛岭、沙溪、茶名、采茶、茶病。以焙茶和产地叙述最详。茶名一目记述较具体:"柑叶茶树高丈余,细叶茶树高者五六尺,丛茶丛生,高不数尺。"留下了建茶树种的高低记录。

《东溪试茶录》之后,黄儒撰《品茶要录》二卷。全书分十目:一、采造过时,二、白合盗叶,三、入杂,四、蒸不熟,五、过熟,六、焦釜,七、压叶,八、清膏,九、伤焙,十、辨壑源、沙溪。书前后各有总论一篇。以前的茶书,多论产地、品种、器具、焙制、烹饮等技术。此书对制茶的弊病,售茶的欺伪,详加论述。它以揭露制茶、售茶中的假冒伪劣为特点,目的是要求建茶应注意采摘、焙制、收藏中出现的弊病,保持建茶品种优良和纯真。

南宋淳熙九年(1182)出版的熊蕃的《宣和北苑贡茶录》,继承以上三书的品种、焙制、烹饮等内容,总结了建安茶的沿革、贡茶的变迁,茶芽的等级等,阐述贡茶 40 余种。

《宣和北苑贡茶录》之后,熊蕃的学生赵汝砺又作《北苑别录》,补先师之书的缺遗。对采茶、拣茶、榨茶叙述尤详,是南宋茶书中最优秀的著作之一。从上可知,南宋的茶叶专谱都继承了北宋茶书的科技成就,在北宋茶书的推动下而产生。

(二)花卉类

宋代园艺类科技著作,以花卉类最多,据董恺忱、范楚玉《中国科学技术史·农学卷》统计有 32 种。② 现将成书时间可考者,按两宋的先后顺序,列表如下:

---

① 彭乘:《墨客挥犀》卷一,《古今说海丛书》,道光本。

② 董恺忱、范楚玉:《中国科学技术史·农学卷》,第 423 - 424 页。

两宋花卉著作一览表

书名	作者	年代	卷数	内容
越中牡丹花品	僧仲林	986	1	记牡丹 32 种
洛阳牡丹记	欧阳修	1031	1	记牡丹 24 种
冀王宫花品	不详	1034	1	记牡丹 50 种
海棠记	沈立	1041－1048	1	记海棠名品
吴中花品	李英	1045	1	记洛阳以外之牡丹
芍药谱	刘攽	1073	1	记扬州芍药 31 种
扬州芍药谱	王观	1075	1	依刘谱增 8 种
洛阳花木记	周师厚	1082	1	记花名及栽培方法
菊谱	刘蒙	1104	1	记菊花 35 种
菊谱	史正志	1175	1	记菊花 27 种
天彭牡丹记	陆游	1178	1	记成都牡丹
范村菊谱	范成大	1186	1	记菊花 35 种
图形菊谱	胡融	1191	2	按花形写菊
唐昌玉蕊辨证	周必大	1196	1	写长安道观玉蕊花
金漳兰谱	赵时庚	1233	3	写兰花培植技术
百菊集谱	史铸	1242	6	记菊 160 种记兰花栽培技术
兰谱	王贵学	1247	1	记兰花栽培技术
全芳备祖	陈景沂	1256	58	记各类花卉养植
海棠谱	陈思	1259	3	记海棠与诗歌

　　花卉类著作以牡丹谱最多,牡丹谱中以欧阳修《洛阳牡丹记》最有名。其书分三部分:"花品叙第一"、"花释名第二"、"风俗记第三"。首先记述了"姚黄"、"魏紫"等二十四个名品的由来及特征;其次记述根据花色、产地、姓氏命名;风俗记中涉及选种、植土、加药杀虫、浇水、剪枝等技术。

欧阳修的《洛阳牡丹记》引起两宋文人纷纷效仿。北宋周师厚的《洛阳牡丹记》，即仿欧阳修的体例，所记牡丹增为 46 种。南宋陆游的《天彭牡丹谱》也仿欧阳修的《洛阳牡丹记》的体例，记载了他在成都任官时所见之牡丹。（详见第五章第二节《南宋园艺著作研究》）

两宋《菊谱》，以刘蒙所撰最早。他于崇宁三年（1104），在伊水之滨，访问了植菊的隐士刘元孙，与刘元孙切磋菊花的名品和栽培技术，因牡丹、荔枝、茶皆有谱，而菊花尚无，便萌生撰菊谱之念。他的书记中州所产菊花，按花色分黄、白、杂三大类，共记 35 种菊花。其书先记品名、别名，再记花、蕊、叶、枝形态和颜色；最后记产地、开花时节、名品特征。

刘蒙的《菊谱》带动了南宋一大批文人植菊写书。如史正志、范成大、沈竞、胡融、马楫等，其中，史铸的《百菊集谱》成就最大，其书六卷，记菊花一百六十六种，集两宋菊谱之大成。其卷五栽培事宜，详于种植技术。（详见第五章第二节《南宋园艺著作研究》）

北宋的海棠类著作，有沈立的《海棠记》。大约成书于康定二年（1041）至庆历八年（1048），他的书带动了南宋的海棠类著作。陈思的《海棠谱》上卷，便采录了沈立的"海棠记序"与"海棠记"两篇文章。

陈思是南宋理宗时的钱塘书商，他受沈立的启示编撰了《海棠谱》。其书三卷，上卷为"叙事"，记述历史上有关海棠之典故，一一标明出处。中卷记唐、宋诸家题咏。下卷涉及栽培技术，如种植方法引用了《长春备用》的"每岁冬至前，正宜移掇窠子，随手使肥大，浇以淹过麻屑，粪土壅培根柢，使之厚密。才到春暖，则枝叶自然大发，着花亦繁密矣"。这种栽培经验是很可贵的。

（三）果木类

北宋果木类的谱录著作也很多，如张宗闵的《增城荔枝谱》，徐师闵的《莆田荔枝谱》，蔡襄的《荔枝谱》等。在众多的果木谱录中，蔡襄的《荔枝谱》成就最高，对后世影响也最大。

北宋对南宋果木谱录之学产生重大影响的著作是蔡襄的《荔枝谱》。成书于嘉祐四年（1059）。

全书分为七篇:"原本始"、"标优异"、"志贾鬻"、"明服食"、"慎护养"、"时法制"、"别种类"。

"原本始"重点讲荔枝栽培的历史,品种的分布以及"性畏高寒,不堪移殖"等生物学特性。"标优异"主要介绍了福建所产荔枝优良品种,特别是陈紫的优点。"志贾鬻"阐述了福建荔枝产销两旺的情形,通过海路已远销日本、阿拉伯等地。"明服食"从荔枝的生理特征讲到服食荔枝的益处。所记荔枝树长寿的树种"宋公荔枝"和"宋香荔"成为珍贵的史料。"慎护养"记述荔枝的栽培技术,强调荔枝畏寒的习性,初种的六年应加以覆盖,又论述了荔枝结果习性和歇枝现象。"时法制"讲述荔枝的加工技术,有红盐、白晒和蜜煎三种加工方法,进行保鲜和储存。其中最经济实惠的方法是将白晒和蜜煎结合起来,"用晒及半干者蜜煎,色黄白而味美可爱,其费荔枝减常岁十之六七。""别种类"记述了三十二个品种:陈紫、江绿、方家红等。对著名的品种有具体的描述,如陈紫:"颇类江绿,色丹而小,荔枝皆紫核,此以见异";"玳瑁红,荔枝上有黑点,疏密如玳瑁";"硫磺,颜色正黄,而刺微红"。

蔡襄的《荔枝谱》是我国现存最早的荔枝专著,也是现存最早的果树栽培学专著。它对南宋、元、明、清的影响更大。南宋果树专著《橘录》的作者韩彦直,在《橘录》的自序中就说写《橘录》是受欧阳修《洛阳牡丹记》和蔡襄《荔枝谱》的诱导,他写《橘录》是想列名于欧阳公、蔡公大名之后,以求造福温州,永传后世。

第二节　南宋经济政治军事对科技发展的影响

经济是科技发展的基础,没有经济的支持,没有较好的物质条件,科学技术是难以进展的。这个马克思主义的根本原理,放之四海而皆准,古今中外,概莫能外。

南宋的农业继续发展。手工业分工更精细,对技术提出了更高的要求。商业进一步繁荣,海外贸易不断扩大,使南宋的税收有所增加,为科技发展创造了必需的物质基础。

一、南宋农业继续发展

在与辽、金的战争中,宋军不断失败,丢掉了北方的半壁河山。国土丢失,土地面积缩小了,农业生产自然要受到影响。

南宋以后,农民千方百计扩大耕地面积。南宋杨万里《诚斋集》的"圩丁词一解"注文曰:"江东水乡,堤河两涯而田其中,谓之圩。农家云:圩者,围地。内以围田,外以围水,盖河高而田反在水下。沿堤通斗门,每门疏港以溉田,故有丰年而无水患。"把本来只生水草的低洼地,改造成丰收的圩田。

圩田是在围田的基础上,使用了灌溉渠系,可以确保丰收。它要通过置闸、开渠、车戽、灌溉、检修、防护等一系列工程技术革新措施,来提高农业的生产效率,夺取高产。

"沙田"也是南方农民的创造,用以扩大耕种面积。江边湖畔水没无常的沙淤地,过去多数闲置。南宋时,在沙淤地上开沟作渠,力争丰产。

"涂田"也是为了扩大耕种面积,在海滨地区开造的耕地。在海边筑堤挡水,或打桩防止潮汛,或挖"甜水沟"储存雨水,用来灌田,取得丰产。

王祯《农书》记载:"宋乾道间,梁俊彦请税沙田,以助军饷。"说明沙田面积确实很大,如果征税可以有助于军饷。对"涂田"也有记述:"滨海之地、复有此等田法,其潮水所泛,泥沙积于岛屿,或垫溺盘屈,其顷亩多少不等,上有咸草丛生,候有潮来,渐惹涂泥。初种水稗,斥卤既尽,可为稼田。""其稼收比常田利可十倍,民多以为永业"。

对梯田的记载是"梯山为田也。夫山多地少之处,除磊石及峭壁,例同不毛。其余所在土山;下自横麓,上至危颠,一体之间,裁作重磴,即可种艺。如土石相伴,必迭石相次,包土成田。又有山势峻极,不可展足,播植之际,人则伛偻,蚁沿而上,耨土而种,蹑坎而耘。此山田不等,自下登陟,俱若梯磴,故总曰梯田。上有水源,则可种粳秫。如止陆种,亦宜粟麦。盖田尽而地,地尽而山,山乡佃民,必求垦佃,犹胜不稼"。可见,南宋时农民是千方百计地扩大耕地面积,发展农业生产。

柜田、架田、葑田等也都是南宋进一步扩大耕地面积的创造,弥补了耕地之不足。

南宋的沙田、湖田面积不断扩大,确实对农业生产起到发展的作用。如绍兴府疏浚会稽、山阴、诸暨三县旧湖,萧山县筑海塘防咸潮灌田,临安府开拓西湖灌田,禁止豪强侵占。潭州修复五代时龟塘田一万顷。兴元府开山筑河堰,溉田百余万亩。江东路各县有大量圩田,凡水地低洼处,四周筑堤,沿堤造水闸,闸下开沟渠、荡则防水,旱则引水溉田。建康府新丰圩有田950余顷,租额每年3万石。宁国府惠民圩、化成圩,周围四五十里,禾稻青茂。

太平州有延福圩等50余处,周围150余里,禾稻相望。芜湖县圩岸大小不等,周围总计约有290余里。浙东明、越两州,遇湖比田高,或江比田高,造湖田、圩田甚多。浙西太湖四旁低洼,亦造围田、湖田、圩田甚多。绍兴府鉴湖周围300里,多是围田、湖田。四川阆州南池周围数百里亦多造江南水田。重臣贵戚多占有圩田,如秦桧有永丰圩田千顷,鉴湖、太湖四围的湖田也多为高宗的重臣所占有。[①]

从上面具体叙述可知,南宋由于千方百计造梯田、圩田、湖田、沙田、葑田等,确实扩大了耕种面积,有益于农业生产的发展。

南宋除千方百计扩大耕地面积外,还在施用粪肥,提高地力,精耕细作,多种多熟等方面,采取措施,提高单位面积产量。

南宋初年的陈旉《农书》记载了以粪治壤,地力常新和用粪犹用药的理论。陈旉《农书·六种之宜篇》说:"种无虚日,收无虚月,一岁所资,绵绵相继。"稻麦两熟在江南得到普遍推广,有些地区稻麦两熟后,还可种植短期蔬菜、油料作物,以增加收入。

广东由于有更好的水利和更长的日照,水稻可以达到两熟或三熟。农民利用早、中、晚的水稻品种,互相配搭,力争多种多收。嘉泰(1201 - 1204)《会稽志》中就记述了五十六个水稻品种,"占城稻"已经引入,并发挥了它耐旱、适应性强的优点,为提高单位面积产量作出了贡献。

---

① 《宋史·孝宗本纪》、《宋史·宁宗本纪》、《宋史·食货志》"孝宗六年"条,第615、713、4182 – 4190 页。

南宋不断扩大棉花种植,北宋时主要是广南东西路和福建路种棉,南宋扩大到两浙和江南东西路,并作为夏税交纳,支持政府的财政。

南宋在水果种植、花卉栽培、水产养殖方面也多方努力,为增加生产,扩大收入做了许多工作,收到了较好的成效。

南宋温州知州韩彦直重视发展柑橘生产,亲自考察橘树栽培、收藏和销售,写成《橘录》一书,推广柑橘的种植和栽培技术,成效十分显著。

南宋赵时庚的《金漳兰谱》,论述兰花的"品第之等,灌溉之候,分析之法,泥沙之宜,爱养之地,兰品之产"①。陆游论述牡丹的种植"栽接剥治,各有其法"②。周密的《齐东野语》记载了温室栽培技术:"凡花之早放者,曰堂花。其法以纸饰密室,凿地作坎,缏竹置花其上,粪以牛溲、硫磺,尽培溉之法。然后置沸汤于坎中,少俟熏蒸,则扇之以微风,盎然盛春融淑之气,经宿花放矣。"③

南宋将花卉推向了市场,有助于经济的发展。

周密的《癸辛杂识》记述了江州滨水外所产鱼苗的优良品种,记述了长途运送鱼苗和饲养幼鱼的技术。淳熙(1174－1189)《新安志》记述了几种鱼混养,互相受益的经验。岳珂的《桯史》记载了金鱼的品种与饲养技术。通过对鲤、鲫的饲养和遴选培养了新的金鱼品种。金鱼像其他鱼类一样已走向市场,对增加收入,繁荣经济作出了贡献。

由于上述的种种努力,南宋的农业生产还是维持了继续发展的趋势。为科技的发展创造了基本条件。

二、南宋手工业分工精细,行业增多

吴自牧《梦粱录·诸色杂货》记载南宋首都临安城内,沿街的临时工匠有补锅、修鞋、修帽、穿珠链、修剪刀、卖针线、磨镜子等,有数十种之多。

洪迈在《夷坚志乙志》卷八中记载:"吾乡白民、村民为人织纱,十里负机

---

① 赵时庚:《金漳兰谱》,《说郛丛书》卷一〇三,顺治三年(1646)宛委山堂刊本。
② 陆游:《天彭牡丹谱·风俗记第三》,《说郛丛书》卷一〇四,顺治三年(1646)宛委山堂刊本。
③ 周密:《齐东野语》,津逮秘书第15集,明崇祯本。

轴夜归。"纺织手工业开始流动作业。城市的手工业作坊已很普遍,如糖果点心、服装鞋帽、笔墨纸砚、建筑材料、妇女饰品、儿童玩具等小作坊,无所不有。

据《梦粱录·铺席》和《梦粱录·团行》所记:南宋首都临安城内,手工业作坊有四百四十家,多为前店铺,后作坊,自造自卖的手工业者。

丝织业已由家庭手工业向大型作坊发展,婺州、台州都有彩帛铺,前为店铺,后为印染作坊。朱熹在《朱文公集·按唐仲友第三状》卷十八中说:"本州(台州)收买紫草千百斤,日逐拘系染户在宅堂及公库,变染红紫……所染到真红紫物帛,并发归婺州本家彩帛铺货卖","及染造真紫色帛等物,动至数千匹"。"乘势雕造花板印染斑泻之属,凡数十片,发归本家彩帛铺,充染帛用。"可见,其规模是很大的。

官营丝织业的规模则更大、分工更精细了。四川成都府的官营织锦院,据费著《蜀锦谱》记载:"设机百五十四,日用挽综之工六十四,用杼之工五十四,练染之工十一,纺绎之工百十一,而后足役。岁费丝权以两者一十二万五千,红、蓝、紫之数以斤者二十一万一千,而后足用。织室、吏舍、出纳之府,为屋百一十七间,而后足居。"在南宋绍兴年间(1131-1162),楼璹的《耕织图》中所绘大型提花机,有双经轴和十片综,有挽花工和织花工的配合,完全可以织出具有繁杂花纹的织物。南宋又创用子母经纬法,使缂丝工艺更精湛。现藏于辽宁博物馆的朱克柔《茶花牡丹》工细高雅,藏于故宫的沈子蕃的《梅鹊图》惟妙惟肖。堪称南宋缂丝之绝品。辽宁省博物馆所藏南宋刺绣《瑶台跨鹤图》、《梅竹鹦鹉图》、《海棠双鸟图》等,也都是工艺精美,技术高超的绣品。

瓷器制造业,在北宋的基础上又向前发展。南宋时,官窑民窑纷纷兴起,如官窑有修内司官窑,民窑有江西吉安南永和镇的吉窑,福建泉州的建窑等,最大的是江西景德镇的瓷窑。

南宋蒋祁《陶记》所记有"景德镇陶首三百余座","陶工、匣工、土工之有其局,利坯、车坯、釉坯之有其法,印花、画花之有其技,秩序规制,各不相紊"。"埏埴之器,洁白不疵,故鬻于他所,皆有饶玉之称"。"窑火既竭,争相取售","交易之际,牙侩主之……运器入河,肩夫执券,次第件具,以凭商算"。

南宋瓷器已成为外贸的主要商品,景德镇的瓷器已远销欧洲。荷兰商人把景德镇的最佳瓷器,视与黄金同价。

对外贸易推动了航海业与造船业。南宋周去非的《岭外代答》记载:广西航行于海上的民船,舟如巨室,帆若垂天之云,柂数丈,船上可存一年的用粮,还在船上养猪、酿酒。开往阿拉伯的大船,可容纳千人以上,船上摆摊售货,有纺织作坊,出纺织产品,可见体积之大。战舰出自官营船场,南宋所造最为优良,大者可载千人。明州船场定额四百人,洪州(今南昌)、吉州(今江西吉安)、赣州船场制造漕船,每场二百人,每日造一船。《宋会要辑稿·食货》记载:南宋前期仿照农民军杨幺的战船,长三十余丈,可容七八百人。南宋吴自牧在《梦粱录》卷一二"江海船舰"中所记杭州港停泊的商人海船,"大者五千料,可载五六百人"。1975 年泉州发掘出的宋船,残长 24.2 米,残宽9.15 米,载重量约为 3600 石。

南宋的造纸业也在不断发展。南宋陈槱在《负暄野录》卷下记载:"又吴人取越竹,以梅天水淋,晾令干,反复捶之,使浮茸去尽,筋骨莹澈,是为春膏,其色如蜡。"说明南宋已开始试造竹纸。

周密《癸辛杂识》记载:"凡撩纸,必用黄蜀葵梗叶,新捣方可撩,无则不可以揭。如无黄葵,则用杨桃藤、槿叶、野葡萄皆可,但取其粘也。"可见纸药取自黄蜀葵,用植物粘液作造纸的悬浮剂也以中国最早。

清代叶德辉《书林清话》卷六记载:淳熙三年(1176)四月十七日,秦玉桢等听说所印《春秋·左传》、《国语》、《史记》等,多为虫所蠹,而改用枣木、椒纸印制。这也是花椒等芸香科植物果实造纸防蛀的记录。南宋人高似孙在《剡录》中记载:剡溪畔多古藤,许多纸户在这里造纸。洪州(今南昌)每年上缴朝廷用纸 85 万张,由 200 户抄造。南宋文人洪迈在《夷坚志甲志》卷七"周世亨写经"中记载:"发愿手写经二百卷。""以钱三千、米一石付造纸匠,使抄经纸"。说明用户可以预付钱粮向纸户订货。这是商业资本向造纸业的渗透。

南宋理宗绍定六年(1233),纸币发行量高达3.2亿多缗,通货膨胀,纸币贬值,以致"弃掷燔烧,不复重惜"。可见造纸数量之多。

南宋已用纸制火筒,装火药和"子窠"燃放,可知纸的质地之坚。这一切都说明南宋的造纸业在不断探索和发展。

南宋的冶金与采矿也有所发展。找矿的记录有周去非在《岭外代答》的记载:"铜录所在有之……盖铜之苗裔也。"赵彦卫在《云麓漫钞》卷二记载:"每石壁有黑路乃银脉,随脉凿穴而入。"已能正确认识到黑色辉银矿脉是银矿的脉络。朱辅在《溪蛮丛笑》中记载:"丝金,沙中拣金,又出于石。石碎而取者,色视沙金为胜。金有苗路,夫匠识之,名丝金。"已知以丝金为脉金矿床的苗路。

南宋绍兴二十年(1150),洪迈记载说:"信州铅山之铜……昔系是招集坑户就貌平官山凿坑取垢淋铜,官中为置炉烹炼,每一斤铜支钱二百五十。彼时百物俱贱,坑户所得有赢,故常募集十余万人,昼夜开凿,得铜铅数千万斤,置四监鼓铸。"

除官营之外,也有私营铜矿。有力之家向官府租佃开采:《宋会要辑稿·食货三十四》记载了信州铅山民营出备工本,开采铜矿。

南宋的铜主要产自江南,以胆铜生产为主,胆铜生产量占所有铜矿的百分之八十五左右。

南宋的冶铁业也很发达,舒州是南宋最重要的铁产地。岳珂在《桯史》卷二记载:舒州冶铁大户陈国瑞曾以钱三万为其母买坟地。另一冶铁大户汪革则聚其所属二冶之众五百余人与官府对抗。说明当时冶铁的民户,财力很大,雇人很多。

南宋人范浚在《香溪集·铁工问》中,记载了亲眼所见善制铁器铁匠的发家过程。在交通不便的广西,能生产各种精良的铁器。

周去非在《岭外代答》卷六"器用"篇中,记载了雷州(今广东海康)所产的茶用铁器十分精良,可以和福建建州的铁茶器相媲美。又记广西梧州所铸铁器,"薄几类纸无穿破","轻且耐久"。这些记载都说明了南宋冶铁技术不断提高,铁的产量不断扩大。

从南宋的铸钱监也可看到冶铸业的发展情况。南宋铸钱监与北宋比，数量减少，但人数增多，大的铸钱监有五百人以上。铸钱监分为沙模、磨钱、排整三道工序，有严格的管理制度。宋代的铸钱数量；以日计钱，是唐代的三倍。

综上可知，南宋手工业分工精细，门类增多，销售广泛，竞争激烈。对手工业技术提出了更高的要求。采矿、冶铜、铸铁为手工业发展提供了必需的原料，为铸钱、农业生产工具、纺织机械等创造了前提条件。精美瓷器、丝织品、纸张等，促成南宋海外贸易的扩大。这一切都在不同程度上促进了科学技术的发展。

三、南宋商业继续走向繁荣

南宋商业的繁荣，首推首都临安城。南宋中后期临安城的商业发展远远超过了北宋首都汴京（今开封市）。

南宋端平二年（1235），灌园耐得翁在《都城纪胜》一书的序言中说："自高宗驻跸于杭，而杭山水明秀，民物康阜，视京师其过十倍矣。虽市肆与京师相侔，然中兴已百余年，列圣相承，太平日久，前后经营至矣，辐辏集矣，其与中兴时又过十数倍也。"

南宋咸淳十年（1274），吴自牧在《梦粱录》卷十六"米铺"中说："杭州人烟稠密，城内外不下数十万户，百十万口。每日街市食米，除府第、官舍、宅舍、富室及诸司有该俸人外，细民所食，每日城内外不下一二千余石，皆需之铺家。然本州所赖苏、湖、秀、淮、广等处米客到来，湖州市、米市桥、黑桥，俱是米行，接客出粜。"

南宋德祐元年（1275），威尼斯商人马可波罗到达中国。他在《马可波罗游记》"蛮子国都行在城"中写道："此为世界最富丽名贵之城，周围广有百里，有一万两千石桥，桥下可行大舟。有二十种职业，各业有一万两千户，每户至有十人，中有若干户多至二十人、四十人不等……城中有商贾甚众，颇富足，贸易之巨，无人能言其数。"

《都城纪胜》中"市井条"记载了商业的繁华，"自大内和宁门外，新路南北,早间珠玉珍异及花果时新、海鲜、野味、奇器,天下所无者悉集于此。以至朝天门、清河坊、中瓦前、灞头、官巷口、棚心、众安桥,食物店铺,人烟浩穰。其夜市,除大内前外,诸处亦然,唯中瓦前最胜。扑卖奇巧器皿、百色物件,与日间无异。其余坊巷市井,买卖关扑,酒楼歌馆,直至四鼓后方静。而五鼓朝马将动,其有趁卖早市者,复起开张。无论四时皆然,如遇元宵尤盛"。

在"铺席条"中,记载了店铺的数量和买卖的规模,可见商品经济之发达:"都城天街,旧自清河坊,南则呼南瓦,北谓界北,中瓦前谓之五花儿中心。自问楼北至官巷、南御街,两行多是上户金银钞引交易铺,仅百余家,门列金银及现钱,谓之看垛钱。此钱备入纳算请钞引,并诸作匠户购,纷纭无数。自融和坊北至市南坊,谓之珠子市头,如遇买卖,动以万数。间有府第富室质库十数处,皆不以贯万收质。其它如名家彩帛铺,堆上细匹缎,而锦绮缣素,皆诸处所无者。又如厢王家绒线铺,今于御街开张,数铺亦不下万计。又有大小铺席,皆是广大物货,如平津桥沿河布铺、扇铺、温州漆器铺、青白瓷器铺之类……"。

南宋都城临安,最繁盛的是餐饮业。现分酒楼、食店、茶坊、淫乐四个方面叙述。

酒楼最豪华者为官库,属户部点检所管辖。每库有官妓数十人,设有金银酒器,供饮客使用。有名的官府酒楼有东酒库大和楼,西酒库金文库西楼,南酒库升旸宫,曰和乐楼,北酒库春风楼,南上酒库曰和丰楼,正南楼对吴越两山。以上是最有名的官营大酒楼。多为达官贵人,富商大贾所占用。

第二等级的酒楼是外酒库、中酒库、子库。南外库在便门外,东外库在崇新门外,北外库在湖州市,有楼曰春融楼。中酒库曰中和楼。西子库曰丰乐楼,在涌金门外,其地正跨西湖,对两山之胜。西子库又有太平楼。若欲赏妓,往官库中点花牌。

第三等是大型的民营酒楼,如康沈家的三元楼,在中瓦子武林园。店门有彩画,设红绿杈子,绯绿帘幕,贴金红纱栀子灯,装饰厅院廊庑。向晚灯火辉煌,上下相照,有浓妆妓女数十,聚于主廊,以待酒客召唤。又如南瓦子熙春楼,新街巷口花月楼,金波桥风月楼等等。这些私人酒楼,多为富家子弟,风流才子追欢买笑之所。

第四等是百姓出入的酒店,如丰豫门归家服羊酒店,马婆巷双羊酒店,卖鹅鸭包子、肠血粉羹、鱼子鱼白之类,也是食客拥挤,生意兴隆。

《梦溪笔谈》卷十六记当时临安城酒楼的名酒有玉练槌、思春堂、皇都春等28种,说明了酿酒业的发达和当时的奢靡之风。

南宋食店最初多为汴梁人所开,后来南食店、川饭店、衢州店逐渐增多,五花八门,各类皆有。大型食店多有名菜,如《繁胜录》所记:有海鲜头羹、锦鸡元鱼、糟鲍鱿等124种名菜。多数食店卖普通百姓的日常食品,如铺羊面、扑刀鸡、鹅面之类。又有闷饭店,专卖盒饭,有家常鱼虾、粉羹之类。食店四周也有摆摊卖饼,挑担售糕,沿街叫卖的商贩,有羊脂韭饼、春饼、沙团子之类。食店的街坊也是人群熙攘,擦肩接踵。

茶坊是宋代消遣娱乐之所。大茶坊张挂名人书画是闲聊久坐之所。茶坊冬天兼卖橌茶、盐豉汤;夏天兼卖梅花酒。有乐器和唱曲之人,是都人子弟会聚之所。也有的茶坊是妓女、兄弟会聚之所,还有茶坊为各种工匠售工卖艺的聚散之地。茶坊又是商业聚会,商讨之地,有利于商业交易和士人消遣,为经济繁荣的产物。

淫乐场所,宋代称为瓦舍。《都城纪胜》解释说:"瓦者,野合易散之意也。不知起于何时,但在京师时,甚为士庶放荡不羁之所,亦为子弟流连破坏之地。"《梦粱录》卷十九解释说:"瓦舍者,谓其来时瓦合,去时瓦解之意。易聚易散也,不知起于何时。"

南宋时瓦舍发展为淫乐场所,南宋的瓦市有南瓦、中瓦、大瓦、北瓦、蒲桥瓦,其中北瓦最大,有勾栏十三座。城外也有瓦子二十座,如钱湖门里勾栏门外瓦子、嘉会门外瓦子、候潮门外瓦子等。这瓦子也车水马龙,门庭若市,"大店每日使猪十口"。可见生意之红火兴隆。

除了首都临安,其他大中城市商业也很发达。南宋诗人陆游在乾道六年(1170)入四川,路经鄂州(今武昌市),他在《渭南文集·入蜀记第四》中写道:"市邑雄富,列肆繁错,城外南市亦数里,虽钱塘、建康不能过,隐然一大都会也。"鄂州已经发展成为长江中下游的商业贸易集散地,成为长江中游最大的城市。因为商业贸易的重要作用,已于绍兴二年(1132)取代江陵成为湖北路的首府。庐州(今安徽合肥市)也因商业发达,人口增多,城市繁荣而取代寿州(今安徽寿春县)成为淮南西路的首府。到淳祐二年(1242),四川的商业也十分发达,川东的中心城市重庆,也因商业繁荣成为夔州路的首府。

南宋的商业繁荣还表现在货币流通方面。北宋的商业繁荣产生了交子、钱引。南宋初期,除川陕继续使用纸币"钱引"外,其他地区无纸币。

绍兴元年(1131),因婺州屯兵需要经费,始造"关子"。召商人到婺州将铜钱换"关子",然后到首都临安"榷货务"换取铜钱、盐引、茶引,进行商业贸易。"关子"类似现代的汇票。

绍兴六年(1136),张澄造"交子",用于江淮地区。南宋景定五年(1264),发行"金银见钱关子",是与北宋"会子"性质相同的纸币。

南宋的"会子",是商业兴盛的产物。由于首都临安城商业十分繁盛,纸币已成为时代的需要。首先是首都临安的豪富私自发行"便钱会子",私自流通。绍兴三十年(1160),权户部侍郎钱端礼兼权临安知府,始夺其利归于官。临安府印纸币"会子",许于城内外流通。绍兴三十一年(1161),改由户部发行"会子",设"行在会子务",作为纸币的专门发行机构。设十万贯钱为发行准备金,"会子"成为铜钱本位制的纸币。又称"铜钱会子"、"官会",成为南宋政府发行的全国流通的纸币,过去北宋的交子、钱引、会子都是地方政府发行的。

南宋会子用铜版印制,票面分为一贯(千)、二贯(千)、三贯(千)三种。上有"隆兴尚书户部官印会子之印"。因以楮纸印制,又称楮币。会子发行初期,币值平稳。由于州县不许民户输纳会子,商人就在州县低价收购,到临安支取铜钱,因挤兑引起波动。政府则尽出内藏及南库银以易会子,稳定了市场和币值。淳熙七年(1180),会子与铜钱等值,民间尤以会子为便,重于铜钱。开禧年间(1205－1207),筹措军费,总流通量近七千万贯,引起会子大贬值。理宗时,政府又使用大量金、银、铜钱兑换会子,使"楮价粗定,不至折阅"。

会子作为南宋政府发行的纸币,在商业繁荣时期,对商业交往,货币流通起到了积极的作用,便于大宗的商品交易。纸币的发行对商业贸易,赋税交纳,都带来便利。它的促进作用是难以估量的。

景定四年(1263),政府经济危机,"增印会子一十五万贯",使会子更加贬值。

南宋也发行过"铜钱交子"和"银会子",铜钱交子发行于景定五年(1264),南宋不久就灭亡了。银会子是四川宣抚副使吴玠发行于驻地河池(今甘肃徽县),只在剑门关外流通。没有会子的作用大。

南宋的经济发展,商业繁荣,促进了海外贸易。南宋的海外贸易仍以广州和泉州的市舶司贸易量最大,比北宋又有增加。南宋绍兴元年(1131),将两浙路市舶司移至秀州华亭县,说明今天的上海地区在南宋时已成为华东地区的海外贸易中心。又在临安府、明州(今宁波市)、温州设立市舶司,管理对外贸易和运输。其后又在江阴军(今江苏江阴市)设立市舶司。

广州、泉州主要管理通往南亚、东南亚、西亚、东北非的海外贸易;秀州、杭州、明州、温州主要管理对东北亚、日本、朝鲜的贸易。南宋输出的产品是瓷器、丝绸、金银、锡、铅、茶叶等,输入的产品是香料、药材、犀角、象牙、琥珀、珍珠、镔铁等。

南宋李心传在《建炎以来朝野杂记》卷一五"市舶司本息"中记载:"自建炎二年至绍兴四年(1128-1134),收息钱九十八万缗,诏官其纲首。十四年(1144),命诏商之以香药至者,十取其一。至绍兴末,两舶司(闽、广)抽分及和买岁得息钱二百万缗。"又在同书"国初至绍熙天下岁入"中写到:"逮淳熙末,遂增六千五百三十余万焉。今东南岁入之数,独上供钱二百万缗。此祖宗之正赋也。"两相对比,仅闽广两市舶司所得税收之钱,足以抵上供钱之数,可见收入之大。

顾炎武在《天下郡国利病书》卷一二〇中说:"南渡后,经费困乏,一切依办海舶,岁入固不少。"绍兴末年,对外贸易的总收入达二百多万贯,超过北宋最高年份的一倍以上。外贸成为南宋的重要财政收入之一,支撑着经济发展和军费开支。

四、政治危亡与战火四起对军事科技的促进

南宋从建炎元年(1127)五月初一,宋高宗在南京应天府即皇帝位,到祥兴二年(1279)二月初六,陆秀夫背负末帝赵昺投海自尽,长达一百五十三年中,一直处于政治上强敌压境,军事上战火时断时续之中。这样的环境对科技的发展,总的来说是十分不利的。但是,为了抵抗外侮,求得生存;为了战胜敌人,发展军事。从最高执政者到各级地方长官和军事将领都十分注重军事科技的发展。

建炎之初,就有韩世忠的镇江保卫战,在镇江至建康的长江上,以八千人的兵力截击号称十万金军达一个月之久,几乎活捉金军统帅兀术,极大地鼓舞了南宋军队的士气。

建炎四年至绍兴四年(1130—1134),宋金双方发生了大规模的川陕争夺战,大的战役有富平之战、和尚原之战、仙人关之战。

绍兴十年(1140),金国主战首相完颜宗干再次发起大规模南侵。刘锜与陈规发起顺昌保卫战,并且以少胜多,打击了金军的嚣张气焰。吴璘、杨政在渭河和清溪岭抗击金军,扼制了金军南侵的锋芒。

身经百战的陈规,经过多方实践,终于发明了装火药发射的长竹杆枪,并将他发明的这种火药竹筒枪记入了《守城录》卷四。

绍兴十年(1140)闰六月中旬,岳飞主力进抵河南,先后收复淮宁府、郑州、永兴军(陕西西安),打败金军的"铁浮图"和"拐子马",追击金军至朱仙镇,离开封府只有四十五公里。由于高宗的阻挠,被迫回师。

绍兴三十一年(1161)十一月,发生了虞允文领导的采石之战,阻止了完颜亮渡江南侵的企图。

宋孝宗统治时期,隆兴元年(1163)发动了符离之战,进行了激烈的宿州争夺战。双方各有得失,达成了"隆兴议和"。

宁宗时期,开禧二年(1206)发动了"开禧北伐"。经过楚州、襄阳、六合等激战,南宋仍未摆脱岁币银绢之贡,以"嘉定议和"告终。

嘉定十年（1217）以后，金宣宗被蒙古军打得节节败退。四月，以南宋不送岁币为由，南侵襄阳，为南宋京湖制置使赵方击败。五月金军攻涟水县，七月攻泗州，十月攻天水军、大散关。双方互有胜负。至嘉定十六年（1223），金宣宗病逝，金军已无法击败南宋守军，宋金终于停战。

宋理宗绍定五年（1232）十二月，蒙古提出与南宋联合攻金，经过绍定六年的邓州、唐州之战，蔡州围歼战，金哀宗自缢，末帝完颜承麟为乱兵所杀，金朝灭亡。

端平元年（1234）六月，宋理宗欲收复三京（东京开封府、西京洛阳河南府、南京应天府），以建不世之功。宋军战斗力很弱，粮饷不足，收复三京之战以失败告终。

端平二年（1235）六月，蒙古军分三路大举南侵，受到南宋的激烈反击。因蒙古皇子曲出死而罢兵。

宝祐五年（1257），蒙哥汗再次下诏南侵。仍兵分三路，受到南宋合州知州王坚的顽强抵抗，经过五个月苦战，蒙哥汗因受伤死于钓鱼山下，蒙军撤军。

忽必烈改国号为元以后，对南宋的进攻更加激烈。咸淳九年（1273）二月，被围四年的襄阳陷落。德祐元年（1275），元军沿长江顺流东下，宋军节节败退。德祐二年（1276）正月初八，南宋投降。

在南宋一百五十三年救亡图存的战争中，全体军民浴血奋战，拼命抗争，无时无刻不在关注军事技术，城防战守和武器改良。如上所述，南宋德安知府陈规发明长竹杆火枪，撰写《德安守御录》，把德安筑城防守技术和守城兵器的改进，具体战斗的激烈都写入了书中。

蕲州郡守李诚之率领军民，使用铁火炮与金军激战，经过二十五天的鏖战，他全家及所有僚佐全部壮烈牺牲，他本人侥幸身免。事后写成《辛巳泣蕲录》一书，详细介绍了铁火炮的情况，为我们留下了研究铁火炮发展为震天雷的宝贵资料。

开庆元年（1259），寿春府（今安徽寿县）火器研制者发明了突火枪。它是世界上最早运用射击原理制成的管形设计火器，已具有身管、火药、子窠三个基本要素,堪称世界火药枪炮之祖。

南宋抗金名将韩世忠,改制了神臂弓,取名克敌弓,由一个人张射,可射360步。

与陈规处于同一时代的魏胜,在绍兴三十一年(1161)率军抗金时,发明了车载抛石机和攻守兼备的如意战车。他使用车载抛石机向金军发抛铁火炮,打得金军死伤惨重。朝廷特地下诏奖励和推广他发明的车载抛石机。

宋金间的频繁水战,促进了造船技术和水战武器。南宋后期发明了无底战船,咸淳八年(1272),用于襄阳、樊城之战。乾道五年(1169),南宋水军统制冯湛发明了江海两用船,在浙江明州(今宁波市)试制成功。朝廷按其制式建造五十艘,投入水战。建炎四年(1130),鼎州知州程昌宇研制成长二十至三十丈的车轮船,可载官兵七八百人。朝廷建造六艘备用。绍兴二年(1132),无为军守臣王彦恢发明"飞虎"车轮船,舷侧有四轮八楫,可日行千里。水军中的技工高宣又加以改进,建造了安装八轮的八车船。后来杨么和岳飞的军中都使用了这种八车船。绍兴五年(1135),两浙转运副使吴革请求朝廷造这种有轮的车船四十二艘,投入使用(详见第九章第三节《南宋的航海造船和指南针应用技术》)。

第二章　南宋的数学

　　宋代是中国古代教育最发达的朝代之一。不仅设有国子学、太学、还设有武学、律学、书学、画学、医学和算学。徽宗崇宁三年(1104)创设算学。入学资格分命官子弟和庶人子弟两种。学生定额为二百一十人,为唐代算学人数的七倍。大观四年(1110),下诏书将算学归太史局管辖。

　　学习的教材是北宋元丰七年(1084)赵彦若校订和南宋鲍翰之于嘉定六年(1213)两次刻印的《算经十书》;还要求学生在《易经》、《书经》、《春秋》、《公羊传》、《穀梁传》这几部经中,兼习一经,愿学《周礼》等大经者听便。考试也执行奖惩严明的三舍法,上舍的一二三等可由皇上推恩,分别授以通仕郎、登仕郎和将仕郎。

　　南宋高宗绍兴初年,命太史局试补算学学生。孝宗淳熙元年(1174),"聚局生子弟试历算《崇天》、《宣明》、《大衍历》三经,取其通习者。五年,以《纪元历》试;九年,以《统元历》试;十四年,用《崇天》、《纪元》、《统元历》三岁一试。绍熙二年,命今岁春铨太史局试,应三全通、一粗通,合格者并特收取,时局生多缺故也。嘉定四年,命局生必俟试中,方许补转"。其后,光宗、宁宗也曾陆续诏命补试太史算学生员。理宗时,又将太史局对算学、历法考试录官的权利收归秘书省管理:"理宗淳祐十二年,秘书省言:'旧典以太史局隶秘书省,今引试局生不经秘书,非也。稽之于令,诸局官应试历算、天文、三式官,每岁复试,通等则以精熟为上,精熟等则以习他书多为上,习书等则以占事有验为上。诸局生补及二年以上者,并许就试。一年试历算一科,一年试天文、三式两科,每科取一人。诸同知算造官缺有试,翰林天文官缺有试,诸灵台郎有应试补直长者,诸正名学生有试问《景祐新书》者,诸判局缺而合差,诸秤漏官五年而转资者,无不属于秘书;而局官等人各置脚色,遇有差遣、改补、功过之类,并申秘书省。今乃一切自行陈请,殊乖初意。自今有违令补差,及不经秘书公试补中者,中书执奏改正,仍从旧制,申严试法.' 从之。"①南宋对天文算学的教育特别重视。

宋代司天监也培养天文、历算的学生,由提举官、判监等领导和教育。天文学生分监生、正名生、额外生三种,监生无定员,正名生三十人,额外生按熙宁旧法以五十人为额。学生从司天监官员子弟和草泽历算家子弟中选拔。

司天监官员对监生、学生要求学习星象,学习三年者可以参加拣试。监生学习三年,若"本业增广,别无遗阙",则可取旨授官。学生也有破格提拔者,如汝州襄城人楚芝兰,"朝廷博求方技,诣阙自荐,得录为学生。以占候有据,擢为翰林天文"。

由于国家的重视,宋代的天文、历算之书,编撰与刻印的数量都很大。只是由于宋、辽、金、元战火纷飞,书籍损失极多,传流至今者较少。所幸由于算学教育的需要,南宋刻印了《算经十书》,才使《九章算术》、《周髀算经》、《五曹算经》、《海岛算经》、《五经算经》、《张丘建算经》、《孙子算经》《夏侯阳算经》、《缉古算经》等得以流传至今。

第一节　宋代算学文献概述和南宋流传至今的算书

一、宋人著录之算书

《宋史·艺文志》著录的算术有李绍谷《求异指蒙算术玄要》一卷,夏翰

---

① 《宋史·选举志三》,第 3687 页。

《新重演义海岛算经》一卷,徐仁美《增成玄一算经》三卷(宋王尧臣《崇文总目》也著录),杨锴《明微算法》一卷(《崇文总目》著录为三卷),佚名《算法机要赋》一卷(《崇文总目》也著录),《法算口诀》、《算法玄要》一卷(《崇文总目》同),《五曹乘除见一捷例算法》一卷(《崇文总目》捷作切),《求一算法》一卷(《崇文总目》作三卷),《解注零歌》一卷。南宋绍兴年间(1131 – 1162),官修《秘书省续编到四库书目》著录:《应时算法》一卷,《算法序说》一卷,《算法》一卷,《乘除算例》一卷,《里田要例算法》一卷。郑樵《通志·艺文略》著录有杨淑《九九算术》二卷,《九章刖术》二卷,徐岳《九章算经》二十九卷,《九章六曹算经》一卷,刘徽《九章重差图》一卷,张峻《九章推图经法》一卷,徐岳《算经要用百法》一卷,祖冲之《缀术》六卷,《赵匪算经》一卷,《谢察术算经》三卷,徐岳《数术记遗》一卷,张续《算经易义》一卷,《张去厅算疏》一卷,《黄钟算法》三十八卷,《算律吕法》一卷,《众家算阴阳法》一卷,《董泉三等数》一卷,宋泉之《九经术疏》九卷,刘佑《九章杂算文》二卷,阴景愉《七经算术通义》七卷,李淳风《九章算术要诀》一卷,《算经表序》一卷,江本《一位算法》二卷,陈从运《得一算经》七卷,《心机算术括》一卷,《龙受益算法》二卷,《周易轨限算》一卷,龙受益《新易一法算轨九例要诀》一卷,《乘除算例》一卷,《算法细历》一卷,《量田要例算法》一卷,邢和璞《颖阳书》三卷,李绍毅《求一指蒙算术元要》一卷,李籍《九章算经音义》一卷。

元丰(1078 – 1085)、绍兴(1131 – 1162)、淳熙(1178 – 1189)三次刻印的算书有刘益《议古根源》、蒋周《益古算法》、《证古算法》、《明古算法》、《辨古算法》、《明源算法》、《金科算法》、《指南算法》、《应用算法》、《曹唐算法》、《贾宪九章》、《通微集》、《通机集》、《盘珠集》、《走盘集》、《三元化零歌》、古信道《钤释》,计十八种。①

《宋史·艺文志》、《通志·艺文略》和《秘书省续编到四库书目》所著录的算书,除《算经十书》和秦九韶、杨辉的少数著作之外,几乎全部损失殆尽。我们所能论述的也只有南宋刻印的《算经十书》和秦九韶、杨辉的著作三项了。

---

① 程大位:《算法统宗》卷二,屯溪刊本万历二十六年。

二、宋刻《算经十书》简述

元丰七年（1084），神宗下诏书刻古代算经，以供太史局算学教学用书。书前的校书、编印官员有朝散郎试秘书监赵彦若等，有镂版监印的秘书少监顾临等官员，还有宰辅重臣守尚书右仆射兼中书侍郎（右相）吕公著、守尚书左仆射兼门下侍郎（左相）欧阳修等，可知，当时刻印算书是国家的一个重大事件。

元丰七年的这次刻印，实际上只刻了九部古典算书：

《周髀算经》二卷，赵君卿注，甄鸾述，李淳风等疏，附李籍撰《周髀算经音义》。

《九章算术》九卷，刘徽注，李淳风等疏，附李籍撰《周髀算经音义》。

《海岛算经》一卷，刘徽撰，李淳风等注。

《孙子算经》三卷。

《张邱建算经》三卷，刘孝孙细草，李淳风等注。

《五曹算经》五卷。

《五经算术》二卷，甄鸾撰，李淳风等注。

《缉古算经》一卷，王孝通撰。

《夏侯阳算经》三卷。

唐刻算经十书中，祖冲之父子的《缀术》已经失传，这次无法刻印。《夏侯阳算经》也已失传，无法刻印。以唐代大历年间（766—779）的《韩延算术》冒充《夏侯阳算经》，印入了《算经十书》。

南宋嘉定六年（1213），鲍澣之又于杭州七宝山宁寿观所藏道书中发现了徐岳的《数术记遗》一卷，认为它也是唐代算学用书，刻入了《算经十书》。

清朝初年，元丰七年所刻算经全部亡佚，南宋鲍澣之所刻也仅存《周髀算经》、《孙子算经》、《张邱建算经》、《五曹算经》、《缉古算经》、《夏侯阳算经》六种孤本，另有《九章算术》五卷残本。常熟藏书家毛扆倩人影摹得七种孤本，存于汲古阁。

乾隆三十七年（1722），设立四库全书馆，访得上述七种影宋抄本。又从

《永乐大典》中录出《九章算术》、《海岛算经》、《五经算术》,经过戴震的校订,作为《四库全书》的底本。

曲阜孔继涵于乾隆年间,也用戴震校订的算经,并补入《数术记遗》,合为《算经十书》,并附戴震的《策算》一卷,《勾股割圆记》三卷,成为微波榭本《算经十书》。此书流传很广,有益于古代算书的研究。

1961年,中国科学院钱宝琮先生校点《算经十书》,以《周髀算经》、《九章算术》、《海岛算经》、《孙子算经》、《张邱建算经》、《五曹算经》、《五经算术》、《缉古算经》八种为正本,以甄鸾的《数术记遗》和韩延的《夏侯阳算经》为附录,由中华书局出版。此书纠正了以往《算经十书》中的许多错误,给研究古代数学文献提供了极大的方便。

宋刻《算经十书》使唐以前的十部古代算书得以比较完整地流传到现在。这为古代数学史和古代数学文献的研究保存了非常珍贵的资料,也使我国古代先贤的许多数学成就传播至今,成为我们民族宝贵的科学文化遗产。这都应归功于宋代《算经十书》的两次刻印,特别是南宋鲍澣之的刻印之功。

三、宋代流传至今的数学著作

宋代的数学著作,流传至今的有秦九韶撰于南宋淳祐七年(1247)的《数书九章》十八卷,有杨辉撰于景定三年(1261)的《详解九章算法》,同年付梓的还有杨辉的《详解九章算法纂类》,两书合刊为一书,后者作为附录;第二年,杨辉又完成了《详解算法》和《日用算法》二卷,并于当年刻印;咸淳十年(1274),杨辉又完成了《乘除通变本末》三卷,也于当年雕刻印刷;德祐元年(1275),杨辉又撰写了《续古摘奇算法》二卷,付印了他最后的传世之作。

彭丝,字鲁叔,江西安福人。出生于嘉熙三年(1239),病逝于大德三年(1299)。有《算经图释》传世。

秦九韶淳祐七年(1247)完成的《数书九章》十八卷,81个应用问题,分九大类,每类九题。①大衍类:一次同余式问题;②天时类:天文历法和气象中的数学问题;③田亩类:土地的面积计算问题;④测望类:几何测量问题;

⑤赋役类:赋税和劳役计算问题;⑥钱谷类:收购粮食及仓储的计算问题;⑦营建类:土木工程中的计算问题;⑧军旅类:营垒、阵形、军需的数学问题;⑨市易类:交易、利息等计算问题。

每题后皆有答案,答案后有"术"、"草"。"术"为原理和解题步骤;"草"是算草,包括全部具体演算过程。所用数字符号皆为筹码字。天时类的"天池测雨"、"圆罂测雨"、"竹器验雪"题诗是有关量雨器的最早的明确记载。今传常见本为道光二十二年(1842)郁松年所刻《宜稼堂丛书》之一,后有《古今算学丛书》本、《丛书集成初编》本等。

大衍求一术(一次同余式组问题解法)和正负开方术(数学高次方程求正根法)是两个有世界性贡献的数学成就。这两个问题都在《数书九章》里表现了完整的体系。其他应用问题的解法中也有许多新的创见。

《数书九章》也有它的美中不足之处。周密说秦九韶"性喜奢好大,嗜进谋身",我们认为他在著作中也有好高骛远、哗众取宠的作风。例如《数书九章》卷八"遥度圆城"题是一个三次方程的问题,他却用十次方程来解答。卷一"大衍求一术"中有"以借数损有以益气无为正用"的方法,也是不必要的。四库馆臣按语说"定数一定者即无用数,必虚为借数,未免徒滋烦扰"。卷四"揆日究微"题,"欲求临安府(今杭州)夏至后差几日而景(表高八尺,日中的影子长)与阳城夏至日等",所立算法缺乏理论依据。四库馆臣按语说:"各节气影长皆当实测所定,本不待求。今所设求法乃故为溟涬,使人不可解也。"①又因他急于成书,写稿时不够严肃,计算时不能严密,书中就有不少可以避免的错误。我们研究《数书九章》必须去粗取精,去伪存真,然后可以表彰秦九韶的伟大成就。

宋刻本已失传,今本从《永乐大典》辑出。《直斋书录解题》称《数术大略》、《癸辛杂识》亦称《数术大略》。《永乐大典》、《四库全书》称《数书九章》。道光二十二年(1842)郁松年曾用四库本校对过明代赵琦美(1563－1624)本《数书九章》。现通行的有《四库全书》本、郁松年《宜稼堂丛书》本、

---

① 《四库全书总目》,中华书局1965年缩印本,第1905页。

《丛书集成初编》本等。

杨辉在景定二年（1261）写成的《详解九章算法》，又称《详解黄帝九章》，十二卷，除《九章算术》原九卷外，又增补了"图"、"乘除算法"、"纂类"三卷。原书仅存"商功"、"均输"、"盈不足"、"方程"、"勾股"、"纂类"各章。其书各卷均由下列三部分组成：解题、细草、比类。"解题"是关于《九章算术》原题的校勘和解释，其中解释数学名词和详论问题有益于实用；"细草"是图解和具体演算过程；"比类"是南宋时流行的与《九章算术》原题相类似的问题。"纂类"卷，对《九章算术》二百四十六个问题，按所用的数学方法重新分类，在当时是一个创举。

《详解九章算法》记载了现已失传的许多数学著作中的问题和解法，是宝贵的数学史料，如"贾宪三角"、"早期增乘开方法"、"垛积术"等。

景定三年（1262）写成的《日用算法》二卷，又称《详解日用算法》。其内容是度量衡换算、丈量土地、仓窑容积、建筑工程等与日常生活密切相关的问题。其中有"诗括十三首"，以诗词表达数学问题与方法，便于记忆与普及数学知识。

咸淳十年（1274）写成的《乘除通变本末》，分算法通变本末、乘除通变算宝、法算取用本末3卷。上卷、中卷为杨辉自撰，下卷为杨辉与史仲荣合撰。包括"单因"、"重因"、"九归"、"加减代乘除"、"求一"等各种问题的筹算乘除捷法，反映了当时简化算术运算的实际需要，后来演变成珠算的歌诀。其书上卷有"习算纲目"，是为初学者提供的数学教育大纲。他所主张的由浅入深，循序渐进的方法和注意培养计算能力的教育目的都是很可贵的。

德祐元年（1275）写成《田亩比类乘除捷法》二卷和《续古摘奇算法》二卷。前者运用刘益在《议古根源》中提出的"正负开方术"，解决各种二次和四次方程的求根问题，并对《五曹算经》等书中的问题和错误作了实事求是的分析与批评，对后世数学研究产生了良好影响。后者是选择各种算术中的有趣问题编辑而成，并对各题补了演草。内容较庞杂，包括各种类型的纵横图、鸡兔同笼问题、百鸡问题，《海岛算经》中重差术的证明等。纵横图是当时世界上对这一问题最系统的论述。以上三书合称《杨辉算法》，宋代刻本已经失传,明洪武十一年(1378)古杭勤德堂翻刻《乘除通变本末》、《田亩比类乘除捷法》、《续古摘奇算法》三种,共七卷,称为《杨辉算法》。其后,有《知不足斋丛书》本、《宜稼堂丛书》本。

杨辉诸书至清末,《日用算法》早已失传。《续古摘奇算法》一种采入《知不足斋丛书》第二十六集(1813年),不足一卷。《宜稼堂丛书》(1842年)所刊有《详解九章算法》附《纂类》两种及《杨辉算法》两种。但《九章算法》只存商功、均输、盈不足、方程、勾股五章;《续古摘奇算法》只一卷,且与《知不足斋本》互异,皆非全帙。

现北京国家图书馆收存杨守敬旧藏朝鲜刻本《杨辉算法》一种。此《杨辉算法》在日本东京尚有三种存书,分别收藏于宫内省、内阁文库和大塚高等师范学校。

第二节　秦九韶与《数书九章》研究

一、秦九韶生平及其与数学的关系

秦九韶的生平事迹及其与数学的关系,清代学者钱大昕、焦循作过考述。他们依据的史料,主要是周密的《癸辛杂识续集》、《李梅亭集》、《景定建康志》等书。当代数学史专家李俨、钱宝琮、李迪也都写过秦九韶的传略,尤以严敦杰先生的《秦九韶年谱初稿》为最详。他们依据的史料主要有《南宋馆阁续录》、《畴人传》、《数学大略》序言等。1983年《中国古代科学家传记选注》一书由岳麓书社出版,由何绍庚先生综合历史上的资料,详注《秦九韶传》。现据以上诸家所述及历史古籍,简述秦九韶生平如下:

秦九韶,字道古,祖籍鲁郡(今山东兖州),生于普州安岳(今四川省安岳县)。大约生活于南宋宁宗(1195－1224)和理宗(1225－1264)年间。其生卒年,钱宝琮考证生于嘉泰二年(1202)。因周密在《癸辛杂识续集》卷下中说:"年十八,在乡里为义兵首。"钱宝琮考证说:九韶的家乡安岳先为张福、莫简等所据,九韶带领他的地主武装参与张威军平乱是完全从他自身的利益出发的。由此上推十七年,九韶当生于嘉泰二年(1202年)。① 严敦杰《秦九韶年谱初稿》也持此说。

李迪在《秦九韶传略》中,依据秦九韶在《数书九章·序》自述"早岁侍亲中都……"等语,认定秦九韶在四川兵变时,年十二左右,不是"年十八","在乡里为义兵首"是以后的事情。由于史料过简,很难断定秦九韶的生卒年,只好期待新史料的发掘。

秦九韶出身于官宦之家,其父秦季槱,字宏父,绍熙四年(1193)进士,初任巴郡(今四川省巴中)郡守。嘉定十二年(1219)三月,兴元府(今陕西省汉中市)士卒张福、莫简等发动起义,攻入四川后,连克利州(今广元),遂宁(今属四川)、普州(今安岳)等州县。七月,张福等领导的起义被沔州都统张威军所镇压,张福被害,莫简自杀。钱宝琮认为周密说的"年十八为义兵首",就是这次兵变。

《宋史》卷四十《宁宗本纪四》记载了张福发动的兵变,义军攻取巴州时,"守臣秦季槱弃城去",他携妻儿辗转逃亡,最后到达南宋的首都临安。在临安他又被任命为工部郎中,嘉定十五至十六年(1222-1223)任京试主考官。嘉定十七年(1224)任秘书省少监。宝庆元年(1225)六月,外任潼川知县,再次任四川地方长官。宝庆二年(1226),秦季槱到涪州,与涪州郡守李瑀同游长江,看石鱼古迹,曾题字刻石,其中有"季槱之子九韶道古,瑀之子泽民、志可同来游。"说明秦季槱第二次四川潼川任职,秦九韶仍回到了四川,没有留在首都临安。

秦九韶自幼年到宝庆二年,一直跟随父亲生活。少年时期的秦九韶聪慧好学,有机会接触天文、数学、土木工程等问题,为他后来在算学领域的杰出贡献提供了机遇。他父亲任工部郎中,职权涉及城郭、宫室、舟车、河渠诸政,使他有机会学习营造计算和土木工程。嘉定十七年(1224),其父任秘书省少监,掌古今图书与天文历算。太史局主管天文历法,隶属于秘书省管

---

① 《李俨钱宝琮科学史全集》第九卷,辽宁教育出版社1998年版,第615页。

辖。秦九韶在《数书九章》序中也说:"早岁侍亲中都,因得访问于太史。"可见,父亲为他提供的学习机遇是他成才的条件之一。

秦九韶父亲的同僚和挚友李梅亭,与其父同任京城主考官,给秦九韶讲授古典诗词,使秦九韶掌握了骈俪诗词的格律,李梅亭也成为秦九韶的良师益友。

秦九韶在《数书九章·序》中又说:"尝从隐君子受数学。"这位给秦九韶讲授数学的"隐君子",据李迪考证是陈元靓(见李迪《秦九韶传略》)。宋代刘纯的《岁时广记·后序》说:"龟峰之路,梅溪之湾,有隐君子……穷力积捃,萃成一书,目曰《岁时广记》。"[①]写作《岁时广记》的被称为"隐君子"的陈元靓,与秦九韶是同时代人,也去过临安。秦九韶像陈元靓一样,也是一位博学的人,周密在《癸辛杂识续集》下,夸奖他说:"性极机巧,星象、乐律、算术、以至营造等事,无不精究……游戏、毬马、弓剑,莫不能知。"两位博学之人,相会于临安,互相学习,是一件很自然的快事。我们认为李迪的考证是合情入理的。

青年时代的秦九韶离开了南宋的首都临安,宝庆元年(1225),他随父亲到达潼川。周密记载说:"豪宕不羁,尝随其父守郡。"[②]就是指秦九韶随其父守潼川。

据孔国平考证,大约是绍定六年(1233),秦九韶任潼川府郪县县尉。[③]秦九韶的好友李梅亭在此时给他写过《回秦县尉九韶谢差校正启》的信。信中说:"善继人志,当为黄素之校雠;肯从吾游,小试丹铅之点勘。"[④]所谈为校勘古籍之事。

秦九韶任郪县县尉时,经历了与元军的战斗,并经历了战败的失意与沮丧。他曾回忆说:"际时狄患,历岁遥塞,不自意全于矢石间,尝险罹忧,荏苒十祀,心槁气落。"元军从端平三年(1236)十月,进攻四川,遂宁府、顺天府、

---

① 李迪:《秦九韶传略》引刘纯《岁时广记·后序》,见《秦九韶与〈数书九章〉》,北京师范大学出版社 1987 年版,第 28 页。
② 周密:《癸辛杂识续集》下,收入《学津讨原》十九集,虞山张氏照旷阁刊本,1805 年。
③ 孔国平:《中国科学技术史·人物卷》"秦九韶传",科学出版社 2003 年版,第 441 页。
④ 李刘:《梅亭先生四六标准》卷八,上海商务印书馆影印原刊本,1934 年。

潼川府都经历了兵乱。潼川于嘉熙元年(1237)失守,秦九韶离开了潼川。

秦九韶在潼川失守后,先任湖北的蕲州(今湖北蕲春)通判,又任安徽的和州郡守(今安徽和县)。由于得到南宋兵部尚书吴潜的赏识,秦九韶才得到了较多的重用。周密在《癸辛杂识续集》下说:"与吴履斋(即吴潜)交尤稔。"秦九韶在吴潜的推荐下,也任过湖州的官员,并在湖州置地建宅。周密说他的家宅:"地名曾上,当苕水所经","极其宏敞,堂中一间,恒亘七丈。……后为列屋,以处秀姬,管弦、制乐、度曲,皆极精妙,用度无算"。

淳祐四年(1244)八月,秦九韶调任建康通判(今江苏南京),即建康的副长官。他到任仅仅三个月,便得到母亲病逝的噩耗,回湖州守丧,并在湖州守孝三年。在这三年守孝期间,他精研算学,写成了《数书九章》。他在《数书九章·序》中说:"心槁气落,信知夫物莫不有数也。乃肆意其间,旁诹方能,探索杳渺,粗若有得焉。"淳祐七年(1247)九月,他完成了中国数学史上有杰出成就的著作,初名《数学大略》,明代后沿称《数书九章》。

秦九韶的晚年,仍奔走于官场。但他的宦途并不顺利。

据严敦杰《秦九韶年谱初稿》,淳祐十年(1250),秦九韶又去浙江鄞县(今宁波市),请老上司吴潜为他谋官。吴潜当时为资政殿学士、知绍兴府、浙东安抚使。第二年,吴潜擢参知政事,拜右丞相、兼枢密使。宝祐二年(1254),秦九韶任建康(今江苏南京)沿江制置司参谋,不久,他便离职回湖州了。家居三年之后,他仍不甘寂寞,再次外出谋官。

宝祐五年(1257),他到扬州去贿赂权臣贾似道。周密记载他临行前说:"我且赍十万钱如扬,惟秋壑(贾似道)所以处我。"

宝祐五年(1257),贾似道时任两淮安抚使、知扬州。他为秦九韶写了一封信,让秦九韶去找荆州南路安抚使、知潭州李曾伯。由于有贾似道的亲笔信,李曾伯不敢怠慢,设法为秦九韶谋得了"权琼州郡守"的职务。但是,不久就奉圣旨召回了秦九韶。秦九韶花了大量金钱,只做了三个月的"琼州守",就被免职。宝祐六年(1258),他再次家居于湖州。

开庆元年(1259),他又去鄞县投奔吴潜。此时的吴潜任沿海制置使、判元庆府。不久,升左丞相,掌握了实权。秦九韶因吴潜的推荐任司农寺丞,赴平江措置军米。不久,又遭驳议,其命遂寝。景定元年(1260),秦九韶改任知临江军(今江西清江),由于刘克庄等人的激烈反对,秦九韶又没能赴任。

景定元年(1260),吴潜被贾似道排挤出临安,被劾有"欺君之罪",谪于潮州。秦九韶因与贾似道有旧交,没立即受到惩处。周密记载这次政治变动中秦九韶的命运说:"吴(潜)旋得谪,贾(似道)当国,徐撼秦九韶事,窜之梅州(今广东梅州市),在梅治政不辍,竟殂于梅。"①秦九韶死于梅州的时间,钱宝琮、严敦杰认为死于景定二年(1261)。② 李迪认为比景定二年要晚若干年。③

秦九韶的生平告诉我们,他一生奔走于宦途,热衷于利禄,贿赂权贵,孜孜以求。虽多次为官,但政绩平庸,没有任何利国利民的成就。只有他守孝三年所著的《数书九章》给我们留下了一笔宝贵的科技财富,我们应该很好地继承和弘扬。

二、《数书九章》及其数学贡献

《数书九章》写成于淳祐七年(1247)。秦九韶在自序中说:"窃尝设为问答,以拟于用。积多而惜其弃,因取八十一题,厘为九类,立术具草,间以图发之。"即全书有八十一个应用问题,分为九类,每类各九题。

第一、大衍类:一次同余式组问题。

第二、天时类:有关天文历法的计算和雨雪量等测算问题。

第三、田亩类:土地面积计算问题。

第四、测望类:勾股、重差和其他测算问题。

第五、赋役类:田租、赋税的计算问题。

第六、钱谷类:皇粮、仓储等计算问题。

---

① 《癸辛杂识续集》下。
② 《李俨钱宝琮科学史全集》第九卷,辽宁教育出版社 1998 年版,第 616－617 页。
③ 吴文俊:《秦九韶与＜数书九章＞》"秦九韶传略",北京师范大学出版社 1987 年版,第 39 页。

第七、营建类：土木工程、营造设计等问题。

第八、军旅类：军需计算和军营设置等问题。

第九、市易类：商品交换与钱谷借贷的利息计算问题。

每题之后，都有"术"说明解题方法，有"草"说明具体的演算步骤，有时还用图画加以说明。全书的体例，依然采用宋代以前的应用问题集的形式。但是，书中的问题更加复杂繁难，解题的方法和水平大大超过了前代。

书中最重大的贡献是"大衍求一术"，即一次同余式组问题解法；"正负开方术"，即数字高次方程求正根的方法。这两个问题的解法，在《数书九章》中，都表现了完整的体系，当时居于世界前列。秦九韶的线性方程组矩阵解法，也是他在代数领域的重要贡献。

如前所述，宋代与明、清两代对秦九韶的此书称谓不同。宋代目录学家陈振孙在《直斋书录解题》中说"此书本名《数术》，而前二卷大衍、天时二类于治历测天为详"。周密在《癸辛杂识》中称为《数学大略》。宋代称此书为《数术大略》或《数学大略》。南宋数学家杨辉、元代数学家朱世杰的传世著作中，未见对秦九韶著作的引述。明代《永乐大典》抄录此书，分九卷，称为《数学九章》。清代《四库全书》以《永乐大典》抄本为底本，校以其他抄本，也称《数学九章》，李锐得四库抄本，略加校注。

明代还有另一系统的抄本流传，始于常熟赵氏脉望馆。明万历四十五年（1616）正月，赵琦美撰跋曰："《数书九章》十八卷，宋淳祐间鲁郡秦九韶撰。会稽王应遴董父借阁抄本而录也。予转假录之。原无目录，予为增入。"赵琦美抄本后为张敦仁所藏，从张敦仁传抄出的副本很多。顾广圻代夏文焘写《数学九章》序。曰："敦夫太史校其家道古《数书》开雕，属文焘为之覆算。"虽曰"开雕"，但未见顾广圻代夏文焘写序的刻本传世。道光初年，沈钦裴校勘《数书九章》，因病未能完稿。其学生宋景昌汇合各种校本，完成校勘，并写成札记。

道光二十二年（1842），上海郁松年所刻"宜稼堂丛书"，收入秦九韶《数书九章》十八卷，宋景昌《数书九章札记》四卷。其后的"古今算学丛书本"、"丛书集成初编本"，都是依据"宜稼堂丛书"本刻印。秦九韶的著作宋代称

《数术大略》或《数学大略》,明代称《数学九章》或《数书九章》。"宜稼堂丛书"及"古今算学丛书"、"丛书集成初编"等刻印本,皆称《数书九章》。当代的数学史研究者们,就沿用了"宜稼堂刻本"的称谓,称秦九韶的算学著作为《数书九章》。

(一)"大衍求一术"的数学成就

秦九韶《数书九章》中的"大衍求一术",即一次同余式问题,发扬光大了整数论中一次同余式问题的解法,是他最杰出的贡献,也是中国古代数学的伟大成就。

"大衍求一术"的解法,是从中国古代历法推算上元积年产生的。中国古代的天文历算学家,在制定立法时,总是要假设远古时代有一年的冬至节气恰在甲子日子夜零时,而日、月合朔也在这一时刻。就把有这一天的年度称为上元。从上元到制历年经过的年数称为上元积年。

在已知本年冬至的日名(干支)时刻和十一月平朔的日名时刻的条件下,推算这一年的上元积年是一个一次同余式问题,设 a 为一回归年(从冬至到冬至)日数,为从本年冬至前的甲子日零时到冬至时的日数,b 为一朔望月(从平朔到平朔)的日数,为从十一月平朔时到冬至时的日数,那么上元积年 N 满足下列一次同余式组:

$$aN \equiv R_1 (\mathrm{mod} 60)$$

$$\equiv R_2 (\mathrm{mod} b)$$

历法有了上元积年以后,任何一年冬至节气的日名、时刻,与任何一月平朔的日名、时刻都很容易编制出来。在中国,三世纪以后,各种历法都设有上元积年。但是,各位历算家虽然掌握了推算上元积年的方法,却没有把它当作一种数学方法来对待,使一次同余式理论得到推进。

秦九韶年轻时,在太史局向历算学家学习数学和历法,了解了一些上元积年的推算方法。他又学习《孙子算经》,把上元积年的计算方法与《孙子算经》中"物不知数"问题的解法联系起来,创造了他的"大衍求一术",即一次同余式问题解法。

《孙子算经》上的同余式问题是:"今有物不知其数,三三数之剩二,五五数之剩三,七七数之剩二,问物几何?"设 $N \equiv 2 (mod3) \equiv 3 (mod5) \equiv 2(mod7)$,求最小正数 N。孙子的解答为 $N = 2 \times 70 + 3 \times 21 + 2 \times 15 - 2 \times 105 = 23$。从这个解法扩展开来可得下列定理:

设 a_1, a_2, a_3,两两互素,

$N \equiv R_1 (moda_1) \equiv R_2 (moda_2) \equiv R_3 (moda_3)$。

假使找到 k1,k2,k3,满足下列同余式

$k_1 a_2 a_3 \equiv 1 (moda_1)$

$k_2 a_1 a_3 \equiv 1 (moda_2)$

$k_3 a_1 a_2 \equiv 1 (moda_3)$

那么 $N \equiv R_1 k_1 a_2 a_3 + R_2 k_2 a_1 a_3 + R_3 k_3 a_1 a_2 (moda_1 a_2 a_3)$

这个定理在欧洲到欧拉(L. Euler,1707—1783)时才得重新发现,所以现在欧洲数学史家称它为"中国剩余定理"。

一次同余式组问题解法的关键在于在 a, g 为互素的情形下如何求出 k 值使

$$kg \equiv 1 (moda)。 \qquad (1)$$

孙子"物不知数"题数字简单,$k_1 = 2, k_2 = 1, k_3 = 1$,都可以心算出来。若模 a 为相当大的数,要解答问题就须要有一个明确的计算程序。秦九韶在《数书九章》卷一"大衍总术"里,两两互素的诸 a_i 称为定数,诸 a_i 的连乘积 M 称为衍母,以各定数除衍母,得 g_i 称为衍数。k_i 称为乘率,计算乘率的方法称为大衍求一术。《数书九章》里的大衍求一术大致如下:

如果 G > a,设 $G \equiv g(moda)$,$0 < g < a$;则同余式

$$kg \equiv 1 (moda)。 \qquad (2)$$

和(1)式同价。式内的 g 称为奇数。

大衍求一术云,置奇右上,定居右下,立天元一于左上。先以右上除右下,所得商数与左上一相生入左下。然后乃以右行上、下以少除多,递互除之,所得商数随即递互累乘归左行上、下,须使右上末后奇一而止。乃验左上所得以为乘率。

用代数符号说明大衍求一术如下:

以 g,a 二数逆转相除,得到一连串的商数 $q_1,q_2,\cdots\cdots q_n$ 到第 n 次的余数 $r_n=1$ 而止,但 n 必须是一个偶数。如果 r_{n-1} 已经等于 1,那么以 1 除 r_{n-2} 得商 $q_n=r_{n-2}-1$,余数 r_n 还是 1。与辗转相除同时,按照一定的程序,依次计算 $c_1,c_2\cdots\cdots c_n$

$$a=gq_1+r_1 \qquad c_1=q_1$$
$$g=r_1q_2+r_2 \qquad c_2=q_2c_1+1$$
$$r_1=r_2q_3+r_3 \qquad c_3=q_3c_2+c_1 \qquad\qquad (3)$$
$$\cdots\cdots\cdots\cdots \qquad \cdots\cdots\cdots\cdots$$
$$\cdots\cdots\cdots\cdots \qquad \cdots\cdots\cdots\cdots$$
$$\cdots\cdots\cdots\cdots \qquad \cdots\cdots\cdots\cdots$$
$$r_{n-2}=r_{n-1}q_n+r_n \qquad c_n=q_nc_{n-1}+c_{n-2}$$

最后得到的 c_n 就是所求的 k 值。我们可以证明这个方法的正确性。设 $l_2=q_2,l_3=q_3l_2+1,l_4=q_4l_3+l_2,\cdots\cdots\cdots\cdots l_n=q_nl_{n-1}+l_{n-2}$。从上面(3)式里,我们有

$$r_1=a-gq_1=a-c_1g$$
$$r_2=g-r_1q_2=g-(a-c_1g)q_2=c_2g-l_2a$$
$$r_3=r_1-r_2q_3=(a-c_1g)-(c_2g-l_2a)q_3$$
$$\quad=l_3a-c_3g$$
$$\cdots\cdots\cdots\cdots\cdots\cdots\cdots$$
$$\cdots\cdots\cdots\cdots\cdots\cdots\cdots$$
$$\cdots\cdots\cdots\cdots\cdots\cdots\cdots$$
$$r_{n-1}=l_{n-1}a-c_{n-1}g$$
$$r_n=c_ng-l_na$$

也就是 $c_ng\equiv r_n(\bmod a)$。当 $r_n=1$ 时,$k=c_n$,我们有 $kg\equiv1(\bmod a)$。

上述求 k 值的方法和初等代数学中解一次不等方程 $gx=ay+1$ 的方法差不多,只是 $k=cn$ 是从 q_1 起顺次算到 q_n 止所得的,而 x 是从 q_n 算起逆推到 q_1 止所得的结果。$x\equiv k(\bmod a)$ 是可以证明的。

例如,在"推计土工"题的演算过程中需要计算满足同余式 $3800k\equiv$

$1(\bmod 27)$的 k 值。因 $3800 \equiv 20(\bmod 27)$，故以 20 为奇数，27 为定数，以奇与定用大衍求一术求乘率如下：

（Ⅰ）

天元一	20
	27

（Ⅱ）

1	20
C_1 1	7 $q_1=1$

（Ⅲ）

c_2 3	6 $q_2=2$
1	7

（Ⅳ）

3	6
c_2 4	1 $q_3=1$

（Ⅴ）

c_4 23	1 $q_4=5$
4	1

因得 $38002 \times 3 \equiv 1(\bmod 27)$

秦九韶没有说明在(1)图里左上角的"天元一"代表什么。清焦循《天元一释》认为这个"天元一"就是一。

上面叙述的一次同余式问题解法，所有除数是两两互素的整数，但秦九韶在《数书九章》里介绍的用大衍求一解决的问题，所有除数不以两两互素的整数为限。实际上，《数书九章》卷一、卷二大衍类有九个一次同余式问题，只有最后一个"余米推数"题以两两互素的三个整数 19，17，12 为除数，其他各题所给的除数或是带有小数，或是带有分数，都须经过通分化为整数，称为元数，这些整数又不都是两两互素。其中带有小数的除数，如"分粜推原"题中的八斗三升，一石一斗，一石三斗五升，称为收数，即以升为单位，改成 83，110，135 为元数，带有分数的除数，如"古历会积"题中的 3651/4，

$29\frac{499}{940}$,60 称为通数,以 940 乘各数,得到 343335,27759,56400 为元数。

元数不是两两互素的一次同余式组有可解的条件。设 A_i 为元数,$N \equiv R_i(modA_i)$,$i = 1,2,3,\cdots\cdots n$。若诸元数中两个元数 A_i 和 A_j 有最大公约数 d,那么,$N - R_i$ 和 $N - R_j$ 都能被 d 整除,从而 R_iR_j 也必能被 d 整除。故在所有 $R_i - R_j \equiv 0(modd)$ 的条件下,上列一次同余式组应是可解的。

设 M 为诸元素 A_i 的最小公倍数,以 A_i 除 M 得 G_i,在诸元数不是两两互素时,A_i 和 G_i 可能有公约数,同余式 $k_iG_i \equiv 1(modA_i)$ 就不能成立,整个问题不能用大衍求一术来解决。要使能用大衍求一术解决问题,必须各取 A_i 的因数 a_i 作为定数,使诸 a_i 两两互素,诸 a_i 的连乘积 M 为诸元素的最小公倍数,从而得到 a_i 得与 G_i 互素。

例如"推计土功"题,四个元数为

54,57,75,72

适当地各取它们的因数

27,19,25,8

作为定数。四个元数俱有素因数 3,而 54 中所含的 3,次数独高,故在第一个定数内,保留它的 3 的最高次幂,而其他各定数都不含有因素 3。又,54 和 72 都能被 2 整除,而 72 所含的 2,次数更高,故在第四个定数内保留它的 2 的最高次幂。这样决定以 8 为第四个定数,以 27 为第一个定数。如果我们将诸元数都写成素因数的连乘积,那么,这些定数是很容易决定的。

但在中国古代传统数学中从来不涉及素因数概念,秦九韶没有体会到素因数分解的重要性。在他的大衍求一术中改变元数为定数的程序就绕了一些弯路。秦九韶决定定数的方法主要有下列两个部分。

(1)"求总等,不约一位,约众位"。

古人称最大公约数为"等数"。这里"总等"是诸元数共同的最大公约数。在上述四个元数 54,57,75,72 中"总等"是 3。以 3 约众位,不约一位成 54,19,25,24,或成 18,57,25,24,或成 18,19,75,24,或成 18,19,25,72。

(2)"两两连环求等,约奇弗约偶,复乘偶;或约偶弗约奇,复乘奇;或彼此可约而犹有类数存者,又相减以求续等,以续等约彼则必复乘此,乃得定数。"

一般说,奇数是单数,偶数是双数。但这所谓"奇"、"偶"是指两个不同的元数。上述四个元数,以"总等"3 不约第二位而约其他三位时得 18,57,25,24。以第一位,第二位数辗转相减得公约数 3,以 3 约 57 得 19,以 3 乘 18 复得 54,这样就是所谓"约奇弗约偶,复乘偶"。又如以第一数 54 与第四数 24 辗转相减得公约数 6。以 6 约其中的一个得 9 与 24,或得 54 与 4。在 9 与 24 中还有公约数 3(续等),故以 3 约 24 而乘 9 得 27 与 8。在 54 与 4 中还有公约数 2(续等),故以 2 约 54 而乘 4,也得 27 与 8。最后选定 27,19,25,8 为定数。如果诸元数中有两个(或多于两个)都含有某素因数的最高次幂,那么,定数就有不同的选取法。

下面,我们以"推计土功"题为例,说明大衍求一术中用定数代替元数,确实是一个有效的解题方法,"推计土功"题要求满足下列同余式组的 N 值。

$$N \equiv R_1 (\mathrm{mod}54)$$
$$\equiv R_2 (\mathrm{mod}57)$$
$$\equiv R_3 (\mathrm{mod}75)$$
$$\equiv R_4 (\mathrm{smod}72)$$

它的解法是:先依法选定 27,19,25,8 为定数,它们的连乘积 102600 为衍母。次求与各定数对应的各衍数,3800,5400,4104,12825。次用大衍求一术求得各个乘率,k_1,k_2,k_3,k_4,满足

$$3800k_1 \equiv 1 (\mathrm{mod}27)$$
$$5400k_2 \equiv 1 (\mathrm{mod}19)$$
$$4104k_3 \equiv 1 (\mathrm{mod}25)$$
$$12825k_4 \equiv 1 (\mathrm{mod}8)$$

最后得:$N \equiv 3800k_1 R_1 + 5400k_2 R_2 + 4104k_3 R_3 + 12825k_4 R_4 (\mathrm{mod}102600)$

这样得出来的 N 值是能够满足题目的要求的。我们可以证明 $N - R_4 \equiv 0 (\mathrm{mod}72)$。如下:

因 $12825K_4 R_4 \equiv R_4 (\mathrm{mod}8)$,

故 $N - R_4 \equiv 0 (\mathrm{mod}8)$

又因元数 54,72 有公约数 9,$R_1 - R_4 \equiv 0 (\mathrm{mod}9)$

$$3800k_1R_1 - R_4 = (3800k_1 - 1)R_1 + R_1 - R_4 = 0 \pmod 9$$

$$N - R_4 \equiv 0 \pmod 9$$

所以 $N - R_4 \equiv 0 \pmod{72}$。

仿此可以证明 $N - R_1 \equiv 0 \pmod{54}$，$N - R_2 \equiv 0 \pmod{57}$，$N - R_3 \equiv 0 \pmod{75}$。

《数书九章》大衍类有九个一次同余式组问题，其中有多至八个同余式联立的问题，用大衍求一术解答也是很简便。"积尺寻源"题云："问欲砌基一段。现管大、小方砖、六门、城砖四色，令匠取便。或平或侧，只用一色砖砌须要适足。匠以砖量地计料，称：用大方料，广多六寸，深少六寸；用小方，广多二寸，深少三寸；用城砖长，广多三寸，深少一寸，以阔，深少一寸，广多三寸；以厚，广多五分，深多一寸；用六门砖长，广多三寸，深多一寸；以阔，广多三寸，深多一寸；以厚，广多一寸，深多一寸。皆不合匝，未免修破砖料裨补。其四色砖，大方方一尺三寸，小方方一尺一寸，城砖长一尺二寸，阔六寸，厚二寸五分，六门砖一尺，阔五寸，厚二寸。欲知基深、广几何。"

"答曰：深三丈七尺一寸，广一丈二尺三寸"。

按此题包含两个部分，一为求地基的广，一为求地基的深。先列大方砖边、小方砖边、城砖长、阔、厚，六门砖长、广、厚，以分为单位得 130，110，120，60，25；100，50，20 为元数。以诸元数除基广各得整商后，余 60，20，30，30，5，30，30，10 分。以诸元数除基深，余 -60，-30，-10，-10，10，10，10，10 分，以少数加除数变为正的余数，得 70，80，110，50，10，10，10，10 分。

解：先改变诸元数为诸定数，得 13，11，8，3，25，1，1，1。后面三个定数都是 1，无须求衍数与乘率。用前面五个定数连乘得 85800 为衍母，再各求衍数。次从定数、衍数求奇数与乘率。以各乘率乘衍数为用数。以各基广余数乘各用数，相加得基广"总数"。以各基深余数乘各用数，相加得基深"总数"。

	元数 A	定数 a	衍数 G	奇数 g	乘率 k	用数 kG	广余 R	kGR	深余 R′	kgR′
大方	130	13	6600	9	3	19800	60	1188000	70	1386000
小方	110	11	7800	1	1	7800	20	156000	80	624000

城砖长	120	8	10725	5	5	53625	30	1608750	110	5898750
阔	60	3	28600	1	1	28600	30	858000	50	1430000
厚	25	25	3432	7	18	61776	5	308880	10	617760
								4119630		9956510

既得 $\sum kGR = 4119630$ 后,以衍母 85800 除之,余 1230 分即为地基的广。又 $\sum kGR' = 9956510$,以 85800 除之,余 3710 分,即为地基的深。

秦九韶于本题算草中求得各用数 kG 后,有调整各项用数的措施。例如城砖厚项下用数原为 61776,六门砖项下用数原为 0。因城砖厚 25 分,六门砖厚 20 分,二元数有公约数 5,乃取衍母 85800 的五分之一,17160 作为六门砖厚项下的用数,61776 – 17160 = 44616 为城砖厚项下的用数。这样调整用数,在数学理论方面是可以允许的。但对于实际计算毫无便利之处。

《数书九章》卷三"治历演纪"题的主要部分是,问开禧历上元积年,7848183 年的推算方法。南宋王朝于开禧三年(1207)开始颁行鲍澣之所造的开禧历。这个历法 $365\frac{4108}{16900}$ 日为一回归年,以 $29\frac{8967}{16900}$ 日为一朔月。如以一日为 16900 分,则一回归年有 6172608 分,一朔望月有 499067 分。实测得嘉泰四年(1204)甲子岁冬至在甲子日子正后 11.446154 日,十一月平朔在甲子日子正后 1.755562 日,各以 16900 乘,得"气定骨"193440 分,"朔定骨"29669 分,冬至在平朔后 193440 – 29669 = 163771 分。天文学家以甲子岁十一月甲子日夜半合朔、冬至为上元。本题求从上元甲子岁到嘉泰甲子岁的年数 N。依题意立同余式如下:

$$6172608N \equiv 193440 \pmod{60 \times 16900} \qquad (1)$$

$$\equiv 163771 \pmod{499067} \qquad (2)$$

《数书九章》大衍类所提出的一次同余式组问题,在解答过程中,孙子剩余定理起着执简驭繁作用。"治历演纪"题虽然也是一个同余组问题,而它的解法却不用剩余定理。譬如对敌作战,在条件具备时,可以向敌人的队伍全面进攻,一战而胜。但这种计划遇到困难时,我们采取集中兵力,各个歼敌的战术,也能全胜。天文学家有鉴于(1)、(2)两式中庞大的天文数字不便于用孙子剩余定理解决问题,就采取分别先后各个击破的解法。先从(1)式入

手。因上元和本年同是甲子岁，N 能为 60 除整，设 N＝60n。又因6172608＝

365×16900＋4108，故（1）式可写作

$4108×60n≡193440(\bmod 60×16900)$，以 60×52 约，化简为

$79n≡62(\bmod 325)$

以 79 与 325，用大衍求一术求得乘率 144，因得：

$n≡62×144(\bmod 325)$

　$≡153(\bmod 325)$

故

　　　$N≡9180(\bmod 19500).$

或

　　　$N≡19500m＋9180$　　m 为正整数。

代入（2）式得

$6172608(19500m＋9180)≡163771(\bmod 499067).$

因　　　$6172608＝499067×12＋183804,$

　　　$183804×19500≡377873(\bmod 499067),$

　　　$183804×9180≡－24807(\bmod 499067),$

（2）式化简为

$377873m－24807≡163771(\bmod 499067),$

$377873m≡188578(\bmod 499067).$

以 377873 与 499067 用大衍求一术求得乘率 457999，因得

　　　　　$m≡188578×457999(\bmod 499067),$

　　　　　$m≡402(\bmod 499067),$

　　　　　$N＝19500m＋9180＝7848180.$

上元到开禧三年丁卯岁积年为 N＋3＝7848183 年。

秦九韶认为将 N＝19500m＋9180 代入（2）式后求 m 的计算程序应与解（1）式求 n 时相仿，所依据的数学理论也是一致的。但当时的太史局工作人员对于一次同余式理论，认识不够清楚，解（2）式时所立的算式繁而无当，"甚是惑误后学，易失古人之术意"。秦九韶对于上元积年的推算方法再三

思索,终于能够批判地继承了古人的数学遗产。他在本题详草的最后说:"数理精微不易窥识。穷年致志,感于梦寐。幸而得之,谨不敢隐。"

古代数学家在拓展数学新方法时,是难免失误的。秦九韶用大衍求一术解答"古历会积"、"程行相及"、"蓍卦发微"三个问题时,有一些偏差。此不赘述。

(二)"正负开方术"的学术贡献

秦九韶在贾宪"增乘开方法"和刘益"益积术"、"从减术"的基础上,提出一套完整的通过随乘随加逐步求出高次方程正根的程序,称为"正负开方术"。当前数学史研究中,被称为秦九韶法。

秦九韶在《数书九章》中以二次或高于二次的数字方程来解答问题,对于方程的建立和求根方法都通过他的辛勤劳动而获得了优异的成绩。《数书九章》八十一个问题中用方程来解的有二十一个问题,在这些问题中有二十六个二次或高于二次的数字方程,其中二次方程(包括不带从的平方)二十个,三次方程一个,四次方程四个,十次方程一个。除了少数开平方问题不立细草外,一般开方演算都有详草。

秦九韶的数字高次方程求正根的方法是中国古代数学发展史上的一个重要项目,也是世界数学史上的一项辉煌成就。他在当时增乘开方法的主导思想的基础上,采取了许多适应各种条件的计算程序,使数字高次方程的解法有一个比较完整的体系。

十三世纪中,中国数学在代数学方面有着飞跃的进展,与增乘开方法有关的数学著作是相当多的。可惜这些书籍大都散佚,现在有传本的李冶和朱世杰的著作又缺少开方细草。我们所了解的增乘开方法的具体内容,主要是以《数书九章》为根据。

从《数书九章》的开方细草中,我们知道一些秦九韶开方程序的特点,主要是下列五项:

(1)秦九韶明确规定"实常为负",使开放式成为一个等于 0 的多项式,这和我们用等式 $a_0x^n + a_1x^{n-1} + \cdots + a_{n-1}x + a_n = 0$ 来表达一个高次方程意义相仿。用增乘开方法求它的正根时,以上商所得随乘随加,从隅到实有着一贯的程序,理论上也有高度的概括性。

（2）假如一个开方式的正根不是整数,用增乘开方法得到这个正根的整数部分后,有一个减根后的方程式,它的正根是原所求根的奇零部分。秦九韶以这个减根后的开方式的常数项（改变符号）为分子。以从隅到方各项系数的代数和为分母,这个分数作为所求奇零部分的近似值。有时又将这个分数化为二位或三位的十进小数作为所求正根的小数部分。

（3）一个开方式已得正根的整数部分后,常数项不能消尽时,可以继续开方,依次得出所求根的第一位小数,第二位小数等,直接得到根的近似值。开方式中的各项系数可以是十进小数,在开方程序中,小数的加减法、乘法和整数的算法相仿。三国时期,刘徽于开平方不尽或开立方不尽时,首倡继续开方计算"微数"的方法。后来的数学家们忽视了这个宝贵意见,直到秦九韶才把它发扬光大起来,用十进小数来表示无理根数的近似值。

（4）方程式 $ax^2 - b = 0, a \neq 1$ 在《数书九章》中称为"同体连枝平方"。如 a, b 都整正平方数,则 $x = \sqrt{\dfrac{a}{b}}$,如 a 不是整平方数则化原式为 $a^2 x^2 - ab = 0$,而 $x = \dfrac{\sqrt{ab}}{a}$。这种连枝平方的解法导源于《九章算术》少广章的开方术是显而易见的。

（5）假如方程 $a_0 x^n + a_1 x^{n-1} + \cdots\cdots + a_{n-1} x + a_n = 0$ 的正根不是一位的数字,已得根的第一位数码后原方程转变为 $a_0' x^n + a_1' x_1^{n-1} + \cdots\cdots + a_{n-1}' x + a_n' = 0$,一般的 a_n' 和 a_n 符号相同而绝对值比较小。但有时 a_n' 改变了符号,也有时符号不变而绝对值变大,仍然可以继续开方得出准确的根数。秦九韶称前者为"换骨",也称翻法,称后者为"投胎"。李冶《测圆海镜》用增乘开方法求根时也有"倒积"、"益积"等名目,用意相仿。

（三）联立一次方程和勾股测量问题

秦九韶联立多元一次方程问题的解法继承了《九章算术》的"方程术",但在计算技术上是经过一番革新的。《数书九章》卷十七"推求物价"题下,叙述联立多元一次方程解法:

术曰：以方程求之，正负入之。列积及物数于下，布行数，各对本色。有分者通之，可约者约之，为定率积列数。每以下项互遍乘之，每视其积以少减多，其下物数各随积正、负之类。如同名相减，异名相加，正无人负之，负无人正之。其如同名相加，异名相减，正无人正之，负无人负之。使其下项物数得一数者为法，其积为实，实如法而一。所得不计遍损，或益诸积，各得法、实，除之。

叙述计算程序已和现在中学代数学数学中联立一次方程式解法完全一致。例如"推求物价"题："问榷货务三次支物，准钱各一百四十七万贯文。先拨沈香三千五百裹，玳瑁二千二百斤，乳香三百七十五套；次拨沈香二千九百七十裹，玳瑁二千一百三十斤，乳香三千五十六套、四分套之一；后拨沈香三千二百裹，玳瑁一千五百斤，乳香三千七百五十套。欲求沈、乳、玳瑁、裹、斤、套各价几何。"解题程序，如"草"所述，大致如下：

先将积数及物数，分列右、中、左三行：

左行	中行	右行	
积数	1470000	1470000	1470000
	贯		
沈香	3200	2970	3500
	裹		
玳瑁	1500	2130	2200
	斤		
乳香	3750	$3056\frac{1}{4}$	375
	套		

右行各项有最大公约数 25，以 25 约各项；中行乳香带有分数，以分母 4 乘各项，并以最大公约数 15 约之；左行各项以最大公约数 50 约之，得下列方程组：

左行　　　中行　　　右行

29400	392000	58800
64	792	140
30	568	88
75	815	15

设 x 为沈香每裹价贯数,y 为玳瑁每斤贯数,z 为乳香每套贯数,则上列右、中、左三行就相当于下列一次方程组

$$140x + 88y + 15z = 58800 \tag{1}$$

$$792x + 568y + 815z = 392000 \tag{2}$$

$$64x + 30y + 75z = 29400 \tag{3}$$

以下的演草就以横列的代数等式代替原来的直行。

解上列一次方程组:先用(1)、(3)二式消去 z 项。以 75 乘(1)式得

$$10500x + 6600y + 1125z = 4410000 \tag{1$'$}$$

以 15 乘(3)式得

$$960x + 450y + 1125z = 441000 \tag{3$'$}$$

相减得 $9540x + 6150y = 3969000$

以 30 约,得

$$318x + 205y = 2940 \tag{4}$$

同样,用(2)、(3)二式消去 z 项,以 75 乘(2)式,以 815 乘(3)式,相减所得,

以 10 约之,得

$$724x + 1815y = 543900 \tag{5}$$

次用(4)、(5)二式消去 y 项,1815 乘(4)式,以 205 乘(5)式,相减得

$$428750x = 128625000$$

$$x = 300 \tag{6}$$

以 x 值代入(5)式得

$$1815y = 543900 - 724 \times 300$$

$$= 32670$$

$$y = 180 \text{ 贯}$$

又以 x, y 值代入(3)式,得

$$75z = 29400 - 64 \times 300 - 30 \times 180$$

$$= 4800$$

$$z = 64 \text{ 贯}$$

"答曰:沈香每裹 300 贯文,乳香每套 64 贯文,玳瑁每斤 180 贯文。"

多元一次方程组的解法在《九章算术》的方程章中已经有了系统完整的计算程序:在用甲、乙两个算式消去一个未知数项时,《九章算术》方程术不用互乘相减的方法而采取下述程序:先以甲式中欲消去的未知数项的系数乘乙式各项,然后在乙式内几度减去甲式,到欲消去的项减尽而止。这样的消元法在数学史上称为"直除法"。例如,用上述(1)、(3)二式消去 z 项时,只以 75 乘(1)式得(1)′式,就在(1)′式内十五次减去(3),得到(4)式通过"直除法"消元,原来的(1)、(2)、(3)三式联立改变为(4)、(5)、(3)三式联立,再改变为(6)、(5)、(3)三式联立,所列的算筹始终保持着三行、四列的矩阵形式。《九章算术》方程术是一个合理方法,但在欲消去项的系数相当大时,实际计算有些周折。刘徽注《九章算术》(263 年),于方程章中的一个二元一次方程组问题下,提出了互乘相减的消元法,并且说这种消去法可以推广到任何多元的一次方程组,但他没有想到把"直除法"改掉。第五世纪中《张邱建算经》卷下有三个三元一次方程组问题,隋刘孝孙的细草和唐李淳风等的注释都采用了传统的"直除法"。《九章算术》卷十七的两个问题已给的"积数"和"物数"都是相当大的数字,应用"直除法"是有困难的。秦九韶采用互乘相消法来替代"直除法"是结合实际需要的。明代珠算盛行后,筹算法废弃不用,当时的数学家解一次方程组问题,演算须用笔记,普遍采用互乘相消法和代入法。秦九韶发展了刘徽的互乘相消法,给予后世的数学工作以重大的影响。

勾股测量是《数书九章》的阐述重点之一。对各种测量问题,他的解法有些问题出了错误。对古人的学术著作,我们在继承和弘扬他们的伟大成就时,也应对他们的错误提出实事求是的批评。

卷八"表望方城"题。此题与《九章算术》勾股章第二十二题（四表望远）同一类型，先求城东北隅去木距离，次求城东南隅去木距离，相减即得方城的广。但秦九韶解此题，"术"、"草"皆误，答数不合。宋景昌《数书九章札记》有校正的术、草。

"表望浮图"题。此题与《九章算术》勾股第二十三题（因木望山）同一类型。答案所列"塔高一十一丈七尺"是正确的，但"相轮高三丈"应是四丈五尺，计算方法就犯了错误。

卷七"陡岸测水"题。"问行师遇水，须计篾缆搭造浮桥。今垂绳量陡，岸高三丈。人立其上，欲测水面之阔。以六尺竿为距，平持去目下五寸，令矩本抵颐。遥望水彼岸，与矩端参相合。又望水此岸沙际，入矩端三尺四寸。人目高五尺。其水面阔几何。"如图：

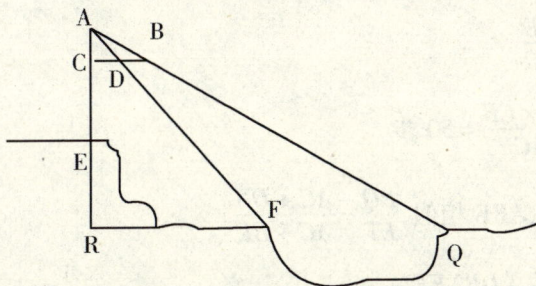

已知"岸高"ER = 3 丈，"人目高"EA = 5 尺，"矩本去目"AC = 5 寸，"入矩端"DB = 3 尺 4 寸，求"水面阔"PQ。因△APQ、△ADB 相似，

$$\frac{PQ}{DB} = \frac{AR}{AC}$$

故 $PQ = \frac{(ER + EA)\,DB}{AC} = 238$ 尺

《数书九章》此题"术曰，以勾股重差求之。置矩去目下寸为法。以人目并岸高，减去法，余乘入矩端为实。实如法而一，得水阔。"为什么要在 ER + EA 里减去 AC，难以理解，依"术"演算，答数少了三尺四寸。上列三题"术"文都说："以勾股重差求之"，足以证明秦九韶不很了解重差术的本意。

卷十六"望之故众"题。"问，故为圆营在水北平沙，不知人数，谍称彼营布卒占地方八尺。我军在水南山原，于原下立表，高八丈，与山腰等平。自表端引绳虚量,平至人足三十步。人立其处,望彼营北陵,与表端参合。又望营南陵,入表端八尺。人目高四尺八寸。以圆密率入重差,求敌众合得几何。"此题解法,先求敌营圆径,次求敌军人数。如图:

已知"人目高"AC = 48 寸,"人退表"CB = 30 步,"表高"DB = 8 丈,"入表端"BE = 8 尺。求敌营圆径 PQ。已知△BEF、△ACB 相似,

$$\frac{EF}{CB} = \frac{BE}{AC}$$

故 $EF = \frac{BE \times CB}{AC} = 50$ 步

又△AQP、△AEF 相似,$\frac{PQ}{EF} = \frac{AC + DB}{AC + BE}$

故 $PQ = \frac{(AC + DB)EF}{AC + BE}$

秦九韶求敌营圆径"术曰,以勾股求之。置人退表步,乘入表为实。以人目高为法,除之,得径"。"草"中依"术"计算得径 50 步。事实上,他所得的结果是图上的 EF 而不是 PQ,计算敌营圆径,显然少了一步。

以上是直接用相似三角形相当边成比例的原理解答发生的错误的问题。下边列举用"重差术"解答发生的错误问题。

卷七"望山高远"题。此题与《海岛算经》第一题(重表望海岛)同一类型,秦九韶用刘徽"重差术"来解答是正确的。《海岛算经》第一题,两次测望海岛时都要"人目着地",本题改为人站着测望,这样改进测量方法也是好的。还有遗憾的是:秦九韶依"术"计算所得的"山高"是人目上的山高,正确的答数还应加上"人目高五尺"。计算"山远"时也因没有顾到"人目高"而

引起答数的错误。

"临台测水"题。此题与《海岛算经》第四题（累矩望深谷）同一类型。可以先用刘徽第四题术求"水退立深"，后求"涠岸斜长"，计算程序原很简单。秦九韶解此题，先求"涠岸斜长"，后求"水退立深"，虽答数不误，但计算程序相当繁复，徒劳无益。

切圆问题。《数书九章》测望类有三个测量问题结合圆与勾股形边线相切的关系。"古池推元"题用二次方程解答，方法是合理的。"遥度圆城"题答数正确，但不必要地用十次方程来解决。"望敌圆营"题用四次方程解答，不可理解，答数也是错误的。

（秦九韶《数书九章》的算式转引自钱宝琮先生的专著《中国数学史》），秦九韶《数书九章》中虽有小小差谬，但瑕不掩瑜。他对数学的伟大贡献得到中外数学史专家的一致称赞。

秦九韶的"大衍求一术"，即一次同余式研究。不仅在中国数学史上，而且在世界数学史上也占有重要地位。在欧洲，直到公元 1743 年大数学家欧拉（J. Buler）才对一般一次同余式进行了详细研究。公元 1801 年，德国数学家高斯（C. F. Cayss）才获得了与秦九韶"大衍求一术"相同的定理，并对模数两两互素的情形给出了严格的证明。

公元 1852 年英国传教士伟烈亚力（A. Wylie）发表了《中国科学摘记》介绍了"物不知数问题"和秦九韶解法，引起了欧洲学者的重视。德国数学家康托尔（M. B. Cantof）高度评价了"大衍求一术"，称秦九韶是"最幸运的天才"。1973 年，美国出版了《十三世纪的中国数学》一书，系统地介绍了秦九韶一次同余式的成就。作者是比利时人李倍始（U. Libbrecnt），他评价秦九韶时说："秦九韶在不定分析方面的著作时代颇早，考虑到这一点，我们就会看到，萨顿称秦九韶为'他那个民族、他那个时代，并且确实也是所有时代最伟大的数学家之一'，是毫不夸张的。"

"大衍求一术"在世界数学史上的崇高地位是不容置疑的，正因为如此，欧、美数学著作中，才一直公正地称求解一次同余组的剩余定理为"中国剩余定理"。

第三节　杨辉及其算学著作研究

杨辉是南宋以前,数学著作流传至今的最多的数学家。他的数学著作的特点是致力于数学的日常应用和数学的启蒙与普及教育。他不仅是一位数学家,而且是一位致力于数学普及的教育家。他的著作更贴近人民群众,更能与日常的生活相结合,更能为政府的田赋、税收、仓储、计息等服务。

一、杨辉其人及著作考述

杨辉,字谦光,钱塘(今杭州)人。大约生活于南宋末期。

他任过地方官,活动于杭州、台州、苏州等地。陈几先在为他的《日用算法》写序时,说他"以廉饬己,以儒饬吏",可见他是一位清廉儒雅的下级官吏。他在数学著作中说自己看到了官家的量器"杭州百合",又说他在姑苏回答人们提出的"三七差分问题"。他的算学著作和他的数学普及工作,使他在苏、杭一带,颇有盛名。每到一处常有人向他请教数学问题。

景定二年(1261),杨辉撰写了《详解九章算法》十二卷。并附"纂类"。《详解九章算法》是以三国魏刘徽注、唐李淳风注、北宋贾宪细草的《九章算术》为底本,详加解说,为了让初学者都能理解,补充了乘除法、图和纂类。

杨辉的《详解九章算法》虽流传至今,但已非全书。"宜稼堂丛书"本《详解九章算法》现存"商功"第五,"均输"第六,"盈不足"第七,"方程"第八,"勾股"第九,计五章。从《永乐大典》残本,卷16343至16344,可辑得"衰分"第三,"少广"第四。不可得者为"方田"第一,"粟米"第二两章。

其书各卷,均由下列三部分组成:解题、细草、比类。"解题"是关于《九章算术》原题的校勘和解释,其中解释古代数学名词,有益于对原题的理解;详论原题的立意,有益于实用。"细草"是各题的具体演算过程,难题绘图加以解说。"比类"是南宋时流行的与《九章算术》相类似的问题,对两类题加以比较研究。"纂类"是对《九章算术》二百四十六个问题,按所用的数学方法重新分类,在当时是一个创举。

《详解九章算法》又称《详解黄帝九章》,它还记载了现已失传的多种南宋以前的数学著作中的问题和解法,如"贾宪三角"、"早期增乘开方法"、"垛积术"等。这些珍贵的古代数学成就,由杨辉收入他的著作得以流传至今。

同年,杨辉还著述了《详解算法》若干卷,讲解了乘除、九归、飞归等问题,可惜此书已经失传。

景定三年(1262),杨辉又撰写了《日用算法》二卷,详细地讲了乘除算法,立图草六十六问,为便于记忆和初学者,编撰诗括十三首。书中有永嘉人陈几先的题跋。《日用算法》原书为莫友芝之子绳孙所收藏。从《永乐大典》卷16343 至16344,十翰,算法 14 – 15,也可辑得杨辉的《日用算法》。

《日用算法》又称《详解日用算法》。其内容是度量衡换算,各种图形的土地丈量,各种体积的仓窖容积换算,各种土木工程的设计与计算等,所选问题多与生活日用相关,贯彻了杨辉数学为日用服务,为人民大众服务的思想。

咸淳十年(1274),杨辉撰写了《乘除通变本末》三卷。上卷《算法通变本末》、中卷《乘除通变算宝》是杨辉独著,下卷《法算取用本末》是与史仲荣合著。杨辉在为自己的书所写序言中说:"九章为算经之首,辉所以尊上此书,留意详解。或者有云:无启蒙之术,初学病之。又以乘除加减为法,秤斗尺田为问,目之曰:《日用算法》。而学者粗知加减归倍之法,而不知变通之用,遂易代乘代除之术,增续新条,目之曰《乘除通变本末》。"

《乘除通变本末》包括"单因"、"重因"、"九归"、"加减代乘除"、"求一"等各种问题的筹算乘除捷法,反映了当时简化算术运算的实际要求,后来演变成珠算的歌诀。其书上卷有"习算纲目",是为初学者提供的数学教育大纲。其中贯彻了由浅入深,由简到繁的循序渐进的方法和注意培养计算能力的教育目的,都是十分可贵的。

德祐元年(1275),杨辉见到了刘益的《议古根源》,他为此书的神妙所倾倒,为发扬刘益的"演段积锁"之术,杨辉又作《田亩比类乘除捷法》二卷。本年年末,好友刘碧涧、丘虚谷携诸家算法的奇特之题及旧刊遗忘之文,请杨辉合为一集,刊刻付梓。杨辉又摘录了刘、丘所携奇妙之题和旧刊善本的算题,编成了《续古摘奇算法》二卷。他在《续古摘奇算法序言》中说:"即见中山刘先生益撰《议古根源》,演段锁积,有超古人神之妙,其可不为发扬,以俾后学,遂集为《田亩算法》通前共刊四集,自谓斯愿满矣。一日忽有刘碧涧、丘虚谷携诸家算法奇题及旧刊遗忘之文,求成为集,愿助工版刊行。遂添撷诸家奇题与夫缮本及可以续古法草总为一集,目之曰《续古摘奇算法》。"

《田亩比类乘除捷法》是运用刘益在《议古根源》中提出的"正负开方术"解决各种二次方程和四次方程的求根问题,并对《五曹算经》等书中的问题和错误作了实事求是的分析与批评,对后世数学研究产生了良好影响。

《续古摘奇算法》是选择各种算术计算中的有趣问题编辑而成,并对所选各题都补出详细的演草。所选内容比较庞杂,但多数有益于实用。包括各种类型的纵横图、鸡兔同笼问题、百鸡类问题等,对《海岛算经》中的"重差术"问题,给以新的证明等等。其中,"纵横图"问题是当时世界上对这一问题最全面最系统的论述。

上述的《乘除通变本末》三卷、《田亩比类乘除捷法》二卷、《续古摘奇算法》二卷,又合称《杨辉算法》。《杨辉算法》有明代洪武十一年(1378),古杭勤德书堂刊本行世。

据嘉庆、道光年间的罗士琳记载,宋刻本《杨辉算法》在清代尚存残卷。《畴人传》卷四十七"宋杨辉论"称:苏州的黄荛圃曾得到宋刊的《杨辉算法》,罗士琳请何梦华借录其书。①

明代洪武十一年(1378),有古杭勤德书堂刻本。现北京国家图书馆所藏《杨辉算法》第一册第一页,即有"新刊宋杨辉算法"和"古杭勤德书堂"字样。目录后有"洪武戊午冬至刊本,勤德书堂新刊"。此书是宣德八年(1433)朝鲜复刻明洪武戊午的刊本。其书为杨守敬旧藏。

明代目录书和算学诸书,对杨辉的著作,多所著录与引述。可知明代杨辉的算书还广泛流传。正统六年(1441)成书的《文渊阁书目》、叶盛的《绿竹堂书目》和《永乐大典》等都收录了杨辉的著作。

---

① 阮元、罗士琳:《畴人传》卷四七,上海商务印书馆1957年版,第612页。

《文渊阁书目》载:杨辉《九章》一部一册,《通变算宝》一部一册,《摘奇算法》一部一册。《绿竹堂书目》载:杨辉《九章》一册、《通变算宝》一册、《摘奇算法》一册。《永乐大典》引录杨辉《摘奇算法》、《详解算法》、《日用算法》、《详解九章算法》、《纂类》。

《古今图书集成》"算法部汇考十七"记载:明人的算学著作,顾应祥《勾股算术》卷上,引杨辉《摘奇算法》;程大位《算法统宗》卷三,引杨辉"方求斜法,斜求积法"。卷八海岛题曰:"宋杨辉释名图解,以申前贤之美。"卷十三"算经源流"曰:"景定、咸淳、德祐,又刻《详解皇帝九章》、《详解日用算法》、《乘除通变本末》、《续古摘奇算法》,以上俱出杨辉摘奇内。"

清代初年,《杨辉算法》有毛晋(1599－1659)精抄本。清代陆心源《皕宋楼藏书志》卷十八有如下著录:"《田亩比类乘除捷法》二卷、《算法通变算宝》一卷、《法算取用本末》一卷、《续古摘奇算法》一卷……案是书每页二十二行,行二十五字。卷中有'毛晋私印','之晋',汲古阁主人,朱文三方印。'仲雍故国人家','子孙宝之',朱文二方印。"可知陆心源所藏杨辉诸书,得之毛晋。

陆心源所藏诸书,后来流入日本。日本明治四十三年(1910)成书的河田《静嘉堂秘籍志》曰:"毛抄《杨辉算法》一匣影宋抄二本。"

光绪年间,毛岳生家藏有杨辉《详解九章算法》残本。写本每页二十行,行二十一字。每页具有"石研斋抄本"五字,卷末有"石研斋秦氏"印。可知得自秦恩复(1760－1843)。恩复,字敦夫,江都(今扬州)人。任官太史,著名藏书家。清代中期以后,毛岳生之残本也不知去向。

罗士琳《畴人传》卷四十七称:"阮相国访之三十年,通人学士俱未之见。"嘉庆十九年(1814)李锐(1773－1817)在《杨辉算法》跋中也说:"向闻钱景开言,曾有《杨辉算法》,售与一浙人,三十年来,博访通人,皆未之见。"

乾隆四十一年(1776),鲍廷博刊刻《知不足斋丛书》,二十七集中有《续古摘奇算法》一卷,与《透帘细草》、《丁巨算法》合刻为一册。其书出自《永乐大典》之辑录。

嘉庆十九年(1814),黄丕烈从家乡得到《杨辉算法》一书的散页,多错乱倒置,经李锐之整理排比,得书六卷,首尾序目无缺。命工装册收藏,成为稀世之宝。罗士琳听说后,请何元锡(1766－1829)假录了副本。李锐排比的六卷本,即《田亩比类乘除捷法》二卷,《算法通变本末》一卷,《乘除通变算宝》一卷,《法算取用本末》一卷,《续古摘奇算法》一卷,计六卷。

道光二十二年(1842),郁松年刻印《宜稼堂丛书》,见毛岳生家藏的杨辉《详解九章算法》十八卷、《杨辉算法》六卷,刻入了《宜稼堂丛书》,由宋景昌校勘、核准,并作札记,附于书后。这就是当前我们所能读到并加以论述的杨辉算书。

需要说明的是《续古摘奇算法》一书,《宜稼堂丛书》本、《知不足斋丛书》本、莫友芝藏《诸家算法》本,内容不一,各有详略,引用时应比勘考证。

杨辉的著作,早已流传国外。《杨辉算法》一书,如上所述,朝鲜于宣德八年(1433)重刊了洪武戊午(1378)刊本。朝鲜重刊本由观察使辛引孙、府尹金乙辛、刊官李好信刊刻印刷。

日本石黑信由(1760－1863)的《算法书籍目录》载:"大明宣德八年(1433),宋《杨辉算法》三册,为关孝和所传写,时宽文元年岁次辛丑(1661)。此书著录乘除、加减、田亩算法、河图、洛书、方阵、町见、剪管等术。"[①]此书现藏日本帝国学士院。日本东京现藏《杨辉算法》尚有三部:第一部藏宫内省,是《杨辉算法》四种三册,宣德八年庆州府板刻,有"咸山苗裔"、"南宫氏后"、"佐伯侯毛利高标字培私藏书画之印",三种印记。依据洪武戊午冬至勤德书堂本重刊。第二部藏内阁文库。第三部藏大冢高等师范学校。

杨守敬写于光绪七年(1881)的《日本访书志》说他在日本东京文理大学图书馆见过《算法变通》二卷。朝鲜版,是日本委安院旧藏。北京国家图书馆所藏朝鲜宣德八年(1433)重刻本《杨辉算法》,就是杨守敬此次访书日本时所购回。

二、杨辉著作中摘录的古代数学成就

(一)杨辉摘录和阐述的贾宪的数学成就

杨辉在《详解九章算法》一书后,附录了《九章算法纂类》一卷,其中收录

---

① 《和算图书目录》,东京出版,昭和七年(1932),第744页。

了贾宪的"立成释锁平方法"和"增乘开立方法"。贾宪的"增乘开方法"和"开方作法本原图",不仅是中国数学史上的伟大成就,而且在世界数学史上也居于领先的地位。杨辉的收录阐释之功,也应记入史册。

贾宪生当十一世纪,是著名的天文学家楚衍的学生。宋代的王洙说贾宪"为左班殿值、吉隶太史。宪运算亦妙,有书传于世"。[①] 贾宪写过《算法敩古集》、《黄帝九章细草》和《释锁》等书,但都已失传。"释锁"是宋元数学家开方或解数学方程的代用名词。"立成"是唐代以后天文学家为预备各项天文数据立出来的表格。"立成释锁开平方法"用算筹布置"实"、"方法"、"廉法"、"下法"四层。演算步骤大致与《九章算术·少广章》相同。"立成释锁平方法"、"立成释锁立方法"是运用某种算表来进行开平方和开立方的方法。"增乘开平方法"和"增乘开立方法"则引入了一种新方法,有创造性。

1. 贾宪的"正负开方术"

第一,贾宪立成释锁平方法。

贾宪立成释锁平方法,所述"开平方"方法举例如下:

例如求 55225 的平方根。贾宪立成释锁平方法,术曰:

①"置积为实,别置一算,名曰下法。"

	商
55225	实
1	下法

①

---

① 王洙:《王氏谈录》收于《宝颜堂秘籍广籍》第二十帙,明万历(1573—1619)绣水沈氏刊本。

②"于实数之下,自末位常超一位约实。至首尽而止,实上商置第一位得数。下法之上,亦置上商为方法。"

商	2
实	55225
方法	2
下法	1

②

③"以方法命上商除实。"

商	2
实	155225
方法	2
下法	1

③

④"二乘方法为廉法,一退,下法再退。"

商	2
实	155225
廉法	4
下法	1

④

⑤"续商第二位得数,于廉法之次照上商置隅。以方廉二法皆命上商除实。"
　　　　　　　　　　　(方)
　　　　　　　　　　　(廉)

商	23
实	2355
廉法	4
隅	3
下法	1

⑤

⑥"二乘隅法,并入廉法。"

23	商
2355	实
46	廉法
	隅
1	下法

⑥

⑦"（廉法）一退,下法再退。"

23	商
2355	实
46	廉法
	隅
1	下法

⑦

⑧"商置第三位得数。下法之上,照上商置隅。以廉隅二法,皆命上商,除实尽。"

235	商
2355	实
46	廉法
5	隅
1	下法

⑧

通过上述算式得到 55225 的平方根为 235。

第二,贾宪立成释锁立方法。

贾宪立成释锁立方法,所述"开立方"方法举例如下:

例如求 34012224 的立方根。贾宪立成释锁立方法术曰:

①"置积为实,别置一算,名曰下法。"

	商
34012224	实
1	下法

①

②"于实数之下,自末至首常超二位。上商置第一位得数,下法之上,亦置上商。又乘置平方,命上商,除实讫。"

	商
7012224	实
	方
9	隅
1	下法

②

③"三因平方,一退。"
④"亦三因从方面,二退为廉,下法三退。"

3	商
7012224	实
27	方
9	廉
1	下法

③④

⑤"续商第二位得数。下法之
上，亦置上商为隅。以上商
数乘廉隅，命上商除实讫。"

$3a^2$

$3a \times b$

b^2

32	商
1244224	实
27	方
18	廉
4	隅
1	下法

⑤

杨辉所引"贾宪立成释锁立方法"在此后仅称："求第三位，即如第二位取
用。"实际总以"三因平方一退，亦三因从方面，二退，下法三退"为原则，如：

$(3a^2 + 3ab) + (3ab + 3b^2)$

$3(a+b)$

32	商
1244224	实
3072	方
96	廉
	隅
1	下法

⑥⑦

$(3a^2 + 3ab) + (3ab + 3b^2)$

$3(a+b)c$

c^2

324	商
1244224	实
3072	方
384	廉
16	隅
1	下法

⑧

通过上式求得 34012224 的立方根为 324。

又例如：求 34169931125 的立方根。如前例，求得立方根 3240 后，余实157707125。也是"三因平方一退，亦三因从方面二退，下法三退"。

最后，"以上商数乘廉隅，命上商除实讫"。

324	商
157707125	实
3072	方
384	廉
16	隅
1	下法

⑤

其中 ⑦ ⑧ 内：$314928 = \{[(3a^2 + 3ab) + (3ab + 3b^2) + 3(a+b)c] + [3(a+b) + 3c^2]\}$

$972 = 3(a+b+c)$

$4860 = 3(a+b+c)d$

$25 = d^2$

3245	商
157707125	余实
314928	方
972	廉
	隅
1	下法

⑥⑦

通过以上算式求得34169931125 的立方根为3245。（以上算式转引自李俨先生《中国算学史》）

3245	商
157707125	余实
314928	方
4860	廉
25	隅
1	下法

⑧

第三，增乘开立方法。

杨辉在《九章算法纂类》中所录的增乘开立方法的原文如下：①"实上商

置第一位得数"。②"以上商乘下法入廉,乘廉入方,除实"。③"复以上商乘下法入廉,乘廉入方"。④"又乘下法入廉"。⑤"其方一、廉二、下三退"。⑥"再于第一位商数之次,复商第二位得数,以乘下法入廉,乘廉入方,命上商除实讫"。⑦"复以次商乘下法入廉,乘廉入方"。⑧"又乘下法入廉"。⑨"其方一、廉二、下三退,如前"。⑩"上商第三位得数,乘下法入廉,乘廉入方,命上商除实适尽,得立方一面之数"。

引文说的是立方根为三位数的整立方的"增乘开立方"法则。

古代开方实际上相当于求二项方程 $x^2 - a = 0$ 的一个正根。其中 a 叫"实",x^n 的系数"1"叫做"下法"或"隅",相当于《九章算术》中的"借算"。开方过程中,把 $x^n - a = 0$ 变为一般 n 次方程。贾宪把新方程一次项系数叫"方"或"廉",一般的说 n 次项和一次项之间的各项系数都叫"廉"。

"增乘开方法"是一种开高次方程的新方法。它的特点是议得每位商之后,先以商乘下法,再"入方",即把乘得的积加入"方"内。这样,每得一位商数,就要乘一次加一次,随乘随加。贾宪的原话是"以商乘下法,递增乘之"。所以,把这种新方法叫做"增乘开方法"。

综上可知,"增乘开方法"与《九章算术》以来的传统方法是不同的,每当求得一位商数之后,传统的方法是利用 $(x + a)^3$ 的系数 1、3a、$3a^2$、a^3 来进行方程式的减根变换,而增乘开方法则是用随乘随加的方法求出减根后的新方程。

贾宪的增乘开方法不仅在中国数学史上是一项重要成就,而且在世界数学史上也居领先地位。意大利数学家罗斐尼(Paolo・Ruffini)于公元 1804 年创立了一种逐步近似法解决数字高次方程的无理数根的近似值问题。英国数学家霍纳(William George Horner)也于公元 1819 年撰写了《连续近似解任何次数字方程的新方法》(*A New Method of Soiving Numerical Equations of All Orders by Continuous Approximation*)的论文,英国的皇家学会十分重视霍纳的研究成果,在欧洲至今日还把这种推算数学高次方程正根的方法叫霍纳法。其实,罗斐尼—霍纳法与宋元时代的增乘开方法演算步骤完全相同,但比贾宪晚了 750 年。

2. 贾宪的开方作法本源图

贾宪的第二项数学成就是"开方作法本源"图。贾宪解方程时,多次遇到二数和的任意次方的展开问题,因而他发现了展开后的系数规律,编制了我国数学史上有重大意义的数表——"开方作法本源"图。(如下图)

图 2

图中包括相当于从 0 次到 6 次的二项式展开式的全部系数。这些展开式可以用现代数学符号作如下表示:

$$(a+b)^0 = 1$$
$$(a+b)^1 = a+b$$
$$(a+b)^2 = a^2 + 2ab + b^2$$
$$(a+b)^3 = a^3 + 3a^2b + 3ab^2 + b^3$$
$$(a+b)^4 = a^4 + 4a^3b + 6a^2b^2 + 4ab^3 + b^4$$
$$(a+b)^5 = a^5 + 5a^4b + 10a^3b^2 + 10a^2b^3 + 5ab^4 + b^5$$
$$(a+b)^6 = a^6 + 6a^5b + 15a^4b^2 + 20a^3b^3 + 15a^2b^4 + 6ab^5 + b^6$$

从"开方作法本源"图中可以看出其规律性:表中间的每个数都是它两肩上两数的和。如六次展开式中的"20"是五次展开式中它两肩之数 10＋10 的和,四次展开式中的"6"是三次展开式中它两肩之数 3＋3 的和,二次展开式中的"2"是一次展开式中它两肩之数 1＋1 的和等等。

"开方作法本源"图下面的五句注文,是解释如何应用数表中各行系数来进行高次幂开方的。

注文的前两句:"左袤乃积数,右袤乃隅算"。据钱宝琮先生考证,"袤"乃"袤"之误,"袤"是"邪"的异体字,"邪"通"斜"。所以,是指最外表左右两条斜线上的数字,都分别是各次开方的积的系数和隅算的系数。第三句"中藏者皆廉"是说图中间所藏的"三、三"、"四、六、四"、"五、十、十、五"等分别可以做三次、四次、五次幂的"廉"。第四、五两句"以廉乘商方"①和"命实以除之",是说以各廉法乘商(即根的一位得数)的相应次方,然后从"实"中减去。

从上可以看出,同样的步骤对任意高次幂的开方都适用,所以,利用"开方作法本源"图中的各廉,贾宪已经把我国沿用一千多年的开平方法、开立方法推广到开任意高次方,这是一个创新。

"开方作法本源"图是贾宪的又一项世界性成就。国外最早研究此种系数规律的是中亚数学家阿尔·卡西(Al – Kashi),他的研究成果发表于公元1427 年,比贾宪晚了约三四百年。在欧洲,法国数学家帕斯卡(B·Pascal)于公元1654 年列出了这个表,也比贾宪晚了六百多年。欧洲人称这个表为"帕斯卡三角",实际上应改称"贾宪三角"。

(二)杨辉摘录与阐释的刘益的"正负开方术"

贾宪的"增乘开方法"在数学史上有不朽之功,但他所解的只是限于 $x^2 = A$、$x^3 = B$、$x^4 = C$ 之类的二项方程,也就是纯开方问题。而且,方程的未知数的系数和"实",全是正数。

12 世纪北宋数学家刘益,在贾宪的基础上,对方程解法有了新突破。他在《议古根源》中,讨论了分别含有"负方"和"益隅"(即隅为 –1)的两类方程:

$$x^2 - ax = b \text{ 和 } -x^2 - ax = b(\text{其中 } a > 0、b > 0)$$

刘益创造了"益积术"和"减从术"来解这两类方程。他还用增乘开方法研究了一个四次方程,开创了用增乘开方法求任何数字方程正根的先河。

刘益的《议古根源》已经失传,因杨辉《田亩比类乘除捷法》引用了《议古根源》的二十二个例题,才使我们得知刘益的方程解法成就。杨辉在书的序言中,对刘益的成就给以高度评价:"中山刘先生作《议古根源》⋯⋯引用带从开方正负损益之法,前古之所未闻也。""刘益以勾股之术治演段锁方,撰《议古根源》二百问,带益隅开方,实冠前古。"

---

① 钱宝琮认为"以廉乘商方"前面脱落了"以隅乘商廉"五字,详见《钱宝琮科学史论文集》,科学出版社1983 年版,第409 页。

现举杨辉所引刘益的第一题为例,加以说明:

"直田积八百六十四步,只云阔不及长一十二步,问阔几何?""答曰:二十四步。""术曰:置积为实,以不及步为从方,开平方除之。"

问题是说长方形面积864步,长比宽多12步,求宽几步?

术文是说开带从平方求宽,它的开方式(即方程)是 $x^2 + 12x = 864$。x 的系数 12 叫"从方",也叫"从法"。常数项 864 叫"积"或"实"。

如解方程 $x^2 - 12x = 864$ 时,经观察知商为两位数,十位数应在 3、4 之间。设 $x_1 = x - 30$,变原方程为

$$(x_1 + 30)^2 - 12(x_1 + 30) = 864 \text{ 或}$$

$$x_1^2 + 2 \times 30x_1 - 12x_1 = 864 + 12 \times 30 - 30 \times 30$$

$$x_1^2 + 2 \times 30x_1 - 12x_1 = 864 + 360 - 900$$

$$x_1^2 + 2 \times 30x_1 - 12x_1 = 324$$

$$x_1^2 + 48x_1 = 324$$

又经议得商的个位数应有 $x_1 = 6$,代入恰尽,故 $x = x_1 + 30 = 36$

在上述解法中,把 360 加到"积"数 864 中,减去 900,得数为 324,这就是"益积术"。古人说:"损之曰益","益积"意为"减积"。

上述解法,经变换后,把常数移至右端。将常数变形为 $864 - (30 - 12) \times 30 = 864 - 540$ 这就是刘益的"减从术",即从"隅"30 减去"从法"12。

杨辉所录刘益的二十二个问题中,还有四次方程式一题:

$$-5x^4 + 52x^3 + 128x^2 = 4096$$

解题方法与贾宪的增乘开方法完全一致。值得指出的是,刘益的方程不是一般的四次方程,首项系数既是负的,又不是"1",这在解数字方程方面是一个很大的突破。

三、杨辉的算学业绩

(一)垛积术

杨辉的数学贡献第一项是"垛积术"。杨辉的"垛积术"研究,继承了北宋科学家沈括的"隙积术"数学成就。

所谓隙积术就是高阶等差级数求和问题。公元 1 世纪《九章算术》提出了等差级数的问题。公元 5 世纪《张邱建算经》给出等差级数求和的公式，高阶等差级数的研究则开始于北宋沈括，他在《梦溪笔谈》卷一八第四条中，记载了他所求得的长方台形垛积的一般求和公式——隙积术。

沈括说："隙积者，谓积之有隙者，如累棋、层坛及酒家积罂之类，虽复斗四面皆杀，缘有刻缺及虚隙之处，用刍童(长方台)法求之，常失于数少。""予思而得之，用刍童法为上行，下行别列下广，以上广减之，余者以高乘之，六而一，并入上行"。

设长方台垛的顶层宽(上广)为 a 个物体，长为 b 个，底层宽(下广)为 c 个，长为 d 个，共有高 n 层。问共有物体(酒坛或棋子)多少个?

按沈括"予思而得之，用刍童法为上行……并入上行"的方法可得出如下的公式：

$$S(物体个数) = ab + (a+1)(b+1)$$
$$+ (a+2)(a+2) + \cdots + (a+n+1)(b+n-1)$$
$$= \frac{n}{6}\left[(2b+d)a + (2d+b)c\right] + \frac{n}{6}(c-a)$$

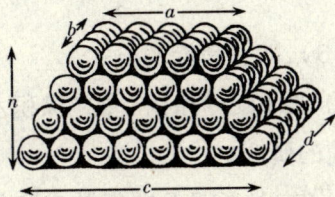

图 3

隙积术的公式是正确的，它与高阶等差数列有密切关系。假使垛积最上层为长、宽各两个棋子，以下每层长、宽各增一个，于是有 $2^2 = 4, 3^2 = 9, 4^2 = 16, 5^2 = 25, 6^6 = 36, \cdots\cdots$ 每后项与前项之差依次为 5、7、9、11……。再求一次差，均得 2。所以，各层的个数就构成一个二阶等差数列。对于长、宽不等的情况也有这个性质。因此说沈括是我国研究高阶等差数列的开创者。

沈括之后，南宋的杨辉继续研究高阶等差级数求和问题。杨辉在《详解九章算法》"商功第五"中，于体积问题之后，附有垛积问题六问，与级数求和有关的四题,本质上都是求级数前 n 项和的问题。

杨辉求得了四个高阶等差级数公式:第一个与沈括的完全相同,其他三个分列如下:

(1)菓子垛(附"方锥"之后):

$$S = 1^2 + 2^2 + 3^2 + \cdots + n^2 = \frac{n}{3}(n+1)(n+1/2)$$

(2)方垛(附"方亭"之后):

$$S = a^2 + (a+1)^2 + (a+2)^2 + \cdots + (b-1)^2 + b^2$$

$$= \frac{n}{3}\left(a^2 + b^2 + ab + \frac{b-a}{2}\right)$$

(3)三角垛(附"鳖臑"之后):

$$S = 1 + 3 + 6 + 10 + \cdots + \frac{n(n+1)}{2} = \frac{1}{6}n(n+1)(n+2)$$

杨辉的三个公式,实际上是沈括公式的特例。假如在沈括的公式中,a = b = 1,c = d = n,就得式(2),即方垛公式;如 a = 1,b = 2,c = n,d = n+1 时,由沈括公式可知:

$$1 \cdot 2 + 2 \cdot 3 + 3 \cdot 4 + \cdots + n(n+1) = \frac{1}{3}n(n+1)(n+2)$$

两端除以 2,即得式(3),即三角垛的公式。

朱世杰继承了沈括的"隙积术"和杨辉的"垛积术"的数学成就,继续推进高阶等差级数求和问题的研究。

朱世杰的《四元玉鉴》中,对高级等差级数求和问题进行了系统而详细的研究,接触了更复杂的问题。取得了普遍的解法。

《四元玉鉴》卷中"茭草形段"门、"如象招数"门,计 12 题;卷下"菓垛叠藏"门 21 题,都是已知各种高阶等差级数总合,反求其项数的问题。解决这些问题需要按照级数求和的公式列出一个高次方程来,然后,再用"正负开方术"求出方程的正根。

朱世杰的求和公式有如下一组:

$$1 + 2 + 3 + \cdots + n = \frac{1}{2!}n(n+1)$$

$$1 + 3 + 6 + \cdots + \frac{1}{2!}n(n+1) = \frac{1}{3!}n(n+1)(n+2)$$

$$1 + 4 + 10 + \cdots + \frac{1}{3!}n(n+1)(n+2)$$

$$= \frac{1}{4!}n(n+1)(n+2)(n+3)$$

$$1 + 5 + 15 + \cdots + \frac{1}{4!}n(n+1)(n+2)(n+3)$$

$$= \frac{1}{5!}n(n+1)(n+2)(n+3)(n+4)$$

$$1 + 6 + 21 + \cdots + \frac{1}{5!}n(n+1)(n+2)(n+3)(n+4)$$

$$= \frac{1}{6!}n(n+1)(n+2)\cdots(n+5)$$

从上述公式中可以看到这些公式有密切的关系,前一公式的和是后一公式的通项,如第一个级数的 $\frac{1}{2!}n(n+1)$,当 n = 1、2、3……n 时,就构成了第二个级数。

这些公式被钱宝琮先生归纳成下列的一般形式[1]:

$$\sum_{r=1}^{n}\binom{r+p-1}{p} = \binom{n+p}{p+1}$$

当 p = 1、2、3、4、5 时,就得到上面的五个公式。

还应该指出的是,第一个级数相邻两项之差都等于 1;第二个级等相邻两项之差,依次为 1、2、3……再减一次也是 1;第三个级数相邻两项的三次差都变成 1;……所以,它们分别是一阶等差级数,二阶等差级数,三阶等差级数,等等。

朱世杰在《四元玉鉴》卷中之十"如象招数"门中,讲了招差术问题。实际上也是属于高阶等差级数问题,但求和时是用的招差公式。由于朱世杰比较完善地掌握了级数求和方面的知识,特别是掌握了各种三角垛求和方

---

① 钱宝琮:《朱世杰垛积术广义》,载《学艺》1923 年第 4 卷第 7 期,第 27 页

面的知识,才使他在中国数学史上第一次正确地列出了高次招差公式。

朱世杰在"如象招数"门最后一题的自注中附有一个招兵的题目,是专为解释招差术的。

其题说:"今有官司依立方招兵,初招方面三尺,次招方面转多一尺,得数为兵,今招一十五方,每人月支钱二百五十文,问兵及支钱各几何?答曰:兵二万三千四百人,钱二万三千四百六十二贯。"

"依立方招兵,初招方面三尺",是说招兵的人数以立方计算,第一天招兵 $3^3 = 27$ 人。"次招方面转多 1 尺,得数为兵",是说第二天招兵为 $(3+1)^3 = 64$,"今招一十五方",第十五次招兵为 $(3+14)^3 = 17^3$

招兵总数应为: $3^3 + 4^3 + 5^3 \ldots\ldots + 17^3$

直接计算,十分繁杂。朱世杰利用了招差公式来求招兵总数。下面把朱世杰的记述改写为现代形式的数表①:

日数	累兵招兵数	每日招兵数上差	二差 $\triangle^2$	三差 $\triangle^3$	四差 $\triangle^4$
1(初日)	27	$3^3 = 27$			
			37		
2(二日)	91	$4^3 = 64$		24	
			61		6
3(三日)	216	$5^3 = 125$		30	
			91		6
4(四日)	432	$6^3 = 216$		36	
			127		
5(五日)	775	$7^3 = 343$			

从上表可以看出,四次差相等,五次差为 0。一次积至四次积分别为 n、

$\frac{1}{2!}n(n-1)$、$\frac{1}{3!}n(n-1)(n-2)$、$\frac{1}{4!}n(n-1)(n-2)(n-3)$,以各差与各积对

应相乘,再相加,就得出前 n 次共招兵人数 f(n) 的计算公式:

$$f(n) = n\Delta + \frac{1}{2!}n(n-1)\Delta^2 + \frac{1}{3!}n(n-1)(n-2)\Delta^3 + \frac{1}{4!}n(n-1)(n-2)$$

$(n-3)\Delta^4$

这就是朱世杰的四次等间距内插法公式。在形式上已经与现代通用的形式完全一致。他正确地指出了招差公式中各项系数恰好依次是各三角垛的积,这是他的突出贡献。在欧洲,格列高里(J. Gregory)于公元 1670 年首先对招差术加以说明,后来牛顿(I. Newton)于公元 1676 年和 1678 年的著作中阐述了招差术的普遍公式。就是格列高里的说明也晚于朱世杰 367 年。

(二)纵横图

杨辉的第二个数学成就是对纵横图的研究。纵横图是古代组合数学的内容之一,是按一定规律排列的数表,也称幻方。现代已经在许多实际问题上得到应用。

我国最早的纵横图是汉代的"九宫图",九宫图横、竖、斜每行相加皆为 15。

如下图:

4	9	2
3	5	7
8	1	6

宋代理学家们把"九宫图"与《周易》的"河出图,洛出书,圣人则之"联系起来,认为"九宫图"出之神造,是伏羲造八卦的依据,给这最初的数表戴上了神秘的光环。

杨辉并不迷信神造的传说,而且细心地研究纵横图排列的规律,排列和演试了大量的纵横图,收入了《续古摘奇算法》上卷中。他的研究否定了"九宫图"的神造,说明纵横图是有规律可循的。

杨辉对洛书"九宫图"的造法说:"九子斜排,上下对易。左右相更,四维挺出。戴九履一,左三右七。二四为肩,六八为足",如下图:

两图各数横、竖、对角线相加,皆为34。

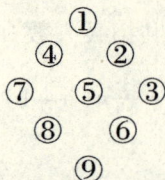

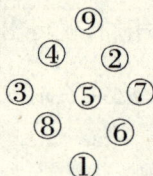

杨辉称四行的纵横图为"花十六图"。如下图:

2	16	13	3
11	5	8	10
7	9	12	6
14	4	1	15

4	9	5	16
14	7	11	2
15	6	10	3
1	12	8	13

两图各数横、竖、对角线相加,皆为34。

杨辉对"花十六图"的求等术说:"以子数分两行,而二子皆等,乃不易之数。却以此数编排直行之数,使皆如原求一行之积三十四而止。绳墨既定,则不患数之不及也。"杨辉对"易换术"又说:"以十六子依次第作四行排列,先以外四角对换……后以内四角对换。"就构成了上面的四行纵横图。

在"总术"中,杨辉给出构造四阶纵横图的一般方法,第一步是"求积",即求出每行或每列的数字之和应为多少,杨辉把前16个自然数当作一个等差数列,用求和公式

$$s = \frac{n(a_1 + a_n)}{2}$$

求得 $S = 136$,进而求得每行之数34。第二步是"求等",即设法使每行、每列的数字之和等于34。

四阶以上纵横图,杨辉只画出图形而未留下作法。但他所画的五阶、六阶乃至十阶纵横图全都准确无误,可见他已经掌握了高阶纵横图的构成规律。他的十阶纵横图叫百子图,如下各行各列的数字之和均为505。杨辉的"九九图",横、竖和对角线相加,都得369,如下图:

1	20	21	40	41	60	61	80	81	100
99	82	79	62	59	42	39	22	19	2
3	18	23	38	43	58	63	78	83	98
97	84	77	64	57	44	37	24	17	4
5	16	25	36	45	56	65	76	85	96
95	86	75	66	55	46	35	26	15	6
14	7	34	27	54	47	74	67	94	87
88	93	68	73	48	53	28	33	8	13
12	9	32	29	52	49	72	69	92	89
91	90	71	70	51	50	31	30	11	10

百子图

31	76	13	36	81	18	29	74	11
22	40	58	27	45	63	20	38	56
67	4	49	72	9	54	65	2	47
30	75	12	32	77	14	34	79	16
21	39	57	23	41	59	25	43	61
66	3	48	68	5	50	70	7	52
35	80	17	28	73	10	33	78	15
26	44	62	19	37	55	24	42	60
71	8	53	64	1	46	69	6	51

九九图

　　杨辉之前,纵横图都是方形的。但杨辉在百子图之后,却给出各种形状所谓纵横图,如聚五图、聚六图、聚八图、攒九图、八阵图、连环图等。聚八图中,每个圆圈上的数字之和为100;攒九图中,每条直径(外圆直径)上的数字之和为147,每个同心圆上的数字之和为138;连环图中,"七十二子总积二千六百二十八。以八子为一队,纵横各二百九十二,多寡相资,邻壁相兼,以九队化一十三队"。这些图形把数字的内在美与图形的直观美融为一体,其构造之妙令人称奇。尽管图形丰富多彩,形状各异,但都是对称的。多样性与对称性的结合,给人一种直观的美感。而这种美感寓于数字的内在美。一组组纵横交错的不同数字,其和都相等,这种巧妙的排列体现了数字的内在规律,是一种守恒美、和谐美。

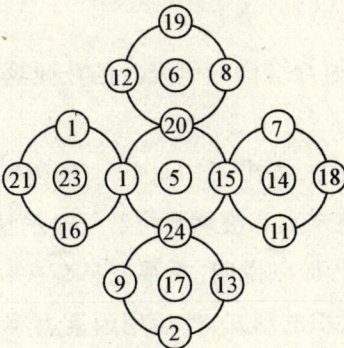

聚五图

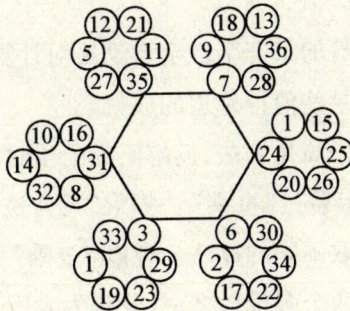

聚六图

图4

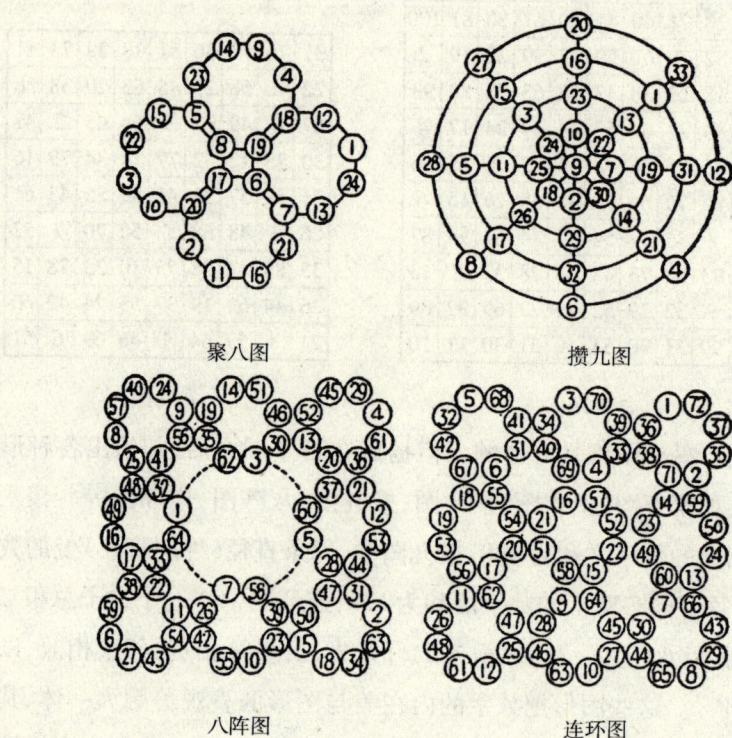

聚八图　　　　攒九图

八阵图　　　　连环图

图5

杨辉的纵横图对后世影响深远,明代程大位、清代保其寿等,都曾在此基础上进一步研究纵横图,并取得了新的进展。

（三）捷算方法

杨辉的第三个数学贡献是对计算迅速与准确的研究。他在捷算方面也取得了一些值得称道的成就。

对于简化算法,杨辉研究了当时的乘法,提出了"单因"、"重因"、"身前因"、"相乘"、"重乘"、"损乘"等方法。在乘数和被乘数位数复杂的情况下,可以采取不同的算法。现以"重乘"为例,加以说明:重乘就是两次相乘,把相乘的两个多位数之一,分解为素因数之积的形式,然后用因素去乘。这样可以把多位数乘法变成位数较少的乘法。

杨辉说:"乘位繁者,约为二段,作二次乘之,庶几位简而易乘,自可无误也。"他举了如下的算式为例：

38367×23121，可将 23121 分解为 $9 \times 7 \times 367$，先以 367×38367，得 1480689，然后再以 $9 \times 7 = 63$，1480689×63，得 93283407。

乘除捷算方法的研究，把杨辉引向了素数的研究。他说："置价钱（23121 文）为法，约之。先以九约，再以七约，乃见三百六十七，更不可约也。"不可约之数，即为素数。杨辉对素数，以"连身加"标出。他在《法算取用本末》中，列出了从 201 至 300 的素数表：

211、223、227、229、233、239、241、251、

257、263、269、271、277、281、283、293。

我国古代对整数的素数研究是从杨辉开始的。

杨辉的"求一乘"和"求一除"也是简算法。方法是用加减代乘除，通过折、倍、因来实现。"求一"是首位是 1 的意思。

如 237×56，"求一乘"首先是倍，$56 \times 2 = 112$，再用折，$237 \div 2 = 118.5$，然后，$112 \times 118.5 = 13272$。

又如 $13272 \div 56$，"求一除"，首先是倍，$13272 \times 2 = 26544$，$56 \times 2 = 112$，再两数相除，$26544 \div 112 = 237$。

上述算法是为把乘数或除数的首位变为"1"，计算就变成为加减法。

上式的 $118.5 \times 112 = 118.5 \times 100 + 118.5 \times 10 + 118.5 \times 2$

$$= 11850 + 1185 + 237 = 13272$$

杨辉还用比较优劣的方法，向人们推荐便捷的计算。如在《田亩比类乘除捷法》卷下的第四题："直田长四十八步，阔四十步，计积八亩，今欲依原长四十八步，截卖三亩，问阔几何？"此题二术。按"商除术"，

$$阔 = 720 \div 48 = 15$$

此术用的是长方形面积公式，按"互换术"，

$$阔 = \frac{40 \times 3}{8} = 15$$

此术用的是比例性质。两术相比，显然后者为简，故杨辉称互换术"尤捷"。杨辉又通过算法口诀化，提倡简捷算法。他在《乘除通变算宝》（1274 年）卷中，又引有"九归新括"的歌诀：

归数求成十：

> 九归遇九成十，八归遇八成十，
> 七归遇七成十，六归遇六成十，
> 五归遇五成十，四归遇四成十，
> 三归遇三成十，二归遇二成十；

归除自上加：

> 九归见一下一，见二下二，见三下三，见四下四；
> 八归见一下二，见二下四，见三下六；
> 七归见一下三，见二下六，见三下十二，即九；
> 六归见一下四，见二下十二，即八；
> 五归见一作二，见二作四；
> 四归见一下十二，即六；
> 三归见一下二十一，即七；

半而为五计：

> 九归见四五作五，八归见四作五，
> 七归见三五作五，六归见三作五，
> 五归见二五作五，四归见二作五，
> 三归见一五作五，二归见一作五；

定位退无差：

> 商除于斗上定石者，今石上定斗；
> 商除人上得文者，今人上定十。

同书二位除各数，亦有口诀，如：

八十三归括曰：

> 见一下十七，见二下三十四，
> 见三下五十一，见四下六十八，
> 见四一五作五，遇八十三成百，

见五下一百二,见六下百十九,

见七下百三十六,见八下百五十三;

六十九归括曰:

见一下三十一,见二下六十二,

见三下百二十四,遇三四五作五,

遇六十九成百,见四下一百五十五,

见五下二百十七,见六下二百四十八。

杨辉的算法口诀常以诗歌形式表达,读起来朗朗上口,便于记诵。例如,《乘除通变算宝》中的"求一乘"便是一首五言诗:

五六七八九,倍之数不走。

二三须折半,遇四两折扭。

倍折本从法,实即反其有。

用加以代乘,斯数足可守。

读者不难发现,前面提到的"九归新括"中也包含一首五言诗。

另外,杨辉总结出的斤、两化零歌具有很高的实用价值,应该表彰。歌曰:

一求克退六二五,二求克退一二五。

三求一八七五退,四求克退二十五。

五求三一二五是,六求除退三七五。

杨辉的算法口诀,为朱世杰所继承,朱世杰《算学启蒙》中的口诀,已与现在通行的珠算口诀十分接近。所以,也可以说杨辉是珠算发明和普及的铺路人。

(四)几何证明与分类原则

杨辉的第四项数学贡献是将构造图形用于几何证明。

杨辉在《田亩比类乘除捷法》中,继承了刘益的"演段法"。"演"为推演之意;段为方程各项的图解;演段就是用构造平面图形的方法,建立方程的过程。

杨辉说："为田亩算法者,盖万物之体,变段终归于田势。"书中虽未引入一般符号,却注意选用最简单的数字来说明问题。他说："题烦,难见法理。今撰小题验法理,义即通,虽用烦题,了然可见也。"例如,为说明正方形面积＝边长×边长,他选用"田方二里,问几何"这样一道简单的题目,构造图形如下图。

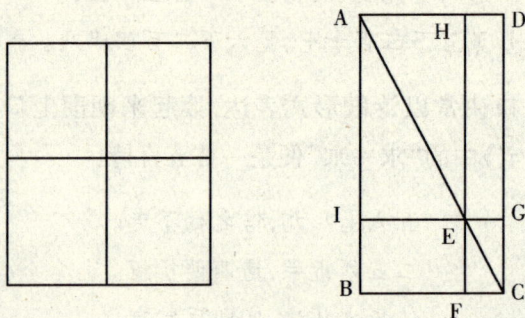

在证明比较复杂的几何问题时,杨辉继承了前人的出入相补法。在证明中,直田(长方形)面积公式被当作基本公式,起到了公理的作用。他说："直田能致诸用",并进一步指出,"诸家算经皆以直田为第一问,亦默会也"。

在研究平面几何时,杨辉给出一条重要的面积定理:

"直田之长名股,其阔名勾,于两隅角斜界一线,其名弦。弦之内外分二勾股,其一勾中容横,其一股中容直,二积之数皆同。"[1]

如上图,模指▭ BE,直指▭ DE,二者面积相等。此结论易用出入相补原理证之。刘徽《海岛算经》及赵爽"日高术"中已反映出这种思想,但首次以文字形式明确叙述这一定理的是杨辉。该定理在平面几何中广泛应用。

杨辉另一项数学贡献,是他在《详解九章算法》的《纂类》中,提出了"因法推类"的新原则。他的"算法为纲""以类相从"思想比《九章算术》的分类,有了新进步。杨辉突破了原书的分类格局,按算法的不同,将《九章算

---

① 杨辉:《续古摘奇算法·序》,《知不足斋丛书》第 27 集,道光三年(1823)刻印本。

术》中所有题目分为乘除、互换、合率、分率、衰分、叠积、盈不足、方程、勾股
九类。每一大类中,杨辉由总的算法演绎出不同的具体方法,又由具体方法
推出相应的习题。例如,"方程"类便依次给出方程、损益、分子、正负四法。
"方程法曰:所求率互乘邻行,以少减多,再求减损,钱为实,物为法,实如法
而一。"这是解线性方程组的基本方法。此法后的 11 题全是基本类型,可直
接列出最简方程组。"损益"指的是移项及合并同类项,此法后列有需要合
并同类项的两个方程。分子术指去分母的方法,正负术指方程变换时所用
的正负数运算法则,各法后也分别列有相应的具体题目。这种做法体现了
由干生枝的演绎思想,正如刘徽所说:"枝条虽分而同本干。"在杨辉这里,方
程法是干,损益、分子、正负三法是枝。这种演绎思想从"勾股类"中可以看
得更清楚。杨辉在讨论具体的勾股问题前,给出"勾股生变十三名图",实际
是一张表,反映出勾、股、弦与勾股较、勾弦较、股弦较、勾股和、股弦和、弦较
和、弦和和、弦和较、弦较较的相互关系。此类问题共 38 个,分别置于 21 种
方法之后。从勾股定理的基本形式"勾股求弦法"(即"勾股各自乘,并而开
方除之")出发,依次推出各种复杂的勾股问题解法。例如"股弦和与勾求股
法曰:勾自乘为实,如股弦和而一,以减股弦和,余,半之为股。竹高一丈,折
梢挂地,去根三尺,问折处高几何?"此题即已知 b + c 和 a,求 b。依术列式

$$b = \frac{1}{2}(b + c - \frac{a^2}{b+c})①$$

上式可以用勾股定理来验证。杨辉的数学分类原则是值得称道的,应
该更加发扬光大。

(五)数学教育工作

杨辉的数学书,一般都是由浅入深的。他把《九章算术》按难易重新"分
别门例,使后学周知",编成"纂类"附于他的《详解九章算法》之后。"纂类"
的分法是乘除、分数、比例、比例配分等等,这样适于初学。在教学中,杨辉
特别注意循序渐进,总是由最简单的算法开始,逐步接触比较复杂的内容。

杨辉书中所选取的例题大都是日常所用的问题。他还特地写了《日用

---

① 本算式引自孔国平《中国科学技术史·人物卷》,科学出版社 1998 年版,第 461 页。

算法》一书,专讲日常所用的数学。其中由浅入深地讲了九九口诀、算术四则运算、日用度衡量、土地丈量、堆垛、修建和商品交换等民间常用的问题。

杨辉在书中,还画了许多图形。其中有些已经失传了。例如在《详解九章算法》书前,他补画了一卷图形,据《算法通变本末》卷上说"列图于卷首"。现在卷首无图,原图大概失传了。从书中留下的插图来看,有些图画得很生动,如"今有圆材,埋在壁中,不知大小,以锯锯之,深一寸,锯道长尺,问径几何"题,画了一个锯和一个圆圈,表示圆材的横截面(如图6)。还有"今有邑,方不知大小"一题,也画了一幅画:一个正方形的"邑",有东、西、南、北四个门,北门外有一棵树(如图7),一看就会理解题意。此外,有的题目,不仅有"题图",而且还有"法图",例如另一道"今有邑,方不知大小"题,画了下面这样两幅图(如图8)。杨辉的这种做法,在同时代的其他数学书上很少见。

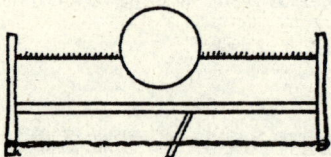

《详解九章算法》插图

图 6

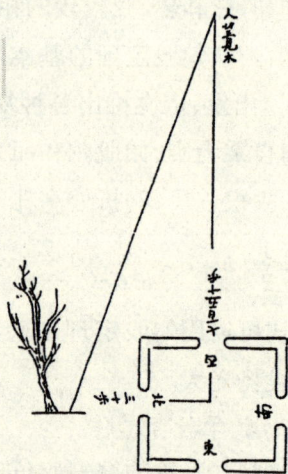

《详解九章算法》插图

图 7

杨辉很注意讲清题意,处处为学习的人着想。要学习者"全要认题之主意",这样就可以避免由于误解题意而弄错。他在《详解九章算法》一书中加了"解题"一项,先解释问题的性质,然后再讲解题的原则和演算过程。

图8　《详解九章算法》插图

在数学教育方面,杨辉总结了自己多年的经验,写了一份相当完整的教学计划——"习算纲目",收入了《乘除通变本末》卷上。具体给出各部分知识的学习方法、时间、参考书。"纲目"的开头是"九九合数",即"一一如一至九九八十一"。他主张由浅入深,循序渐进,先念九九合数,次学乘除,再学求一、九归等法,然后学分数运算,最后学开方。他说:"诸家算书,用度不出乘除开方。"他为初学者选了两本浅近的数学书——《五曹算经》和《应用算法》,要求学生具备一定的数学基础后,再学古代数学经典——《九章算术》。他提倡精讲多练,多做习题,如学开方七天,但习题演算要两个月。他说:"开方乃算法中大节目,勾股旁要、演段锁积多用。例有七体,一曰开平方,二曰开平圆,三曰开立方,四曰开立圆,五曰开分子方,六曰开三乘以上方,七曰开带从平方。并载少广、勾股二章,作一日学一法,用两月演习题目。"在教学中,他特别强调要明算理,要"讨论用法之源",认为这样才能"庶久而无忘失矣"。例如,他讲减法时不只讲算法,而且指明:"加法乃生数也,减法乃去数也,有加则有减。凡学减,必以加法题答考之,庶知其源。"

针对教师和学生两种不同的对象,杨辉提出"法将提问"和"随题用法"两条不同原则,教师编书或讲课时,应"法将提问","凡欲见明一法,必设一题"。就是以算法统帅习题,每种算法都设有相应的题目。而对学生来说,则应"随题用法",即根据具体题目来选择相应的算法。杨辉认为:"随题用法者捷,以法就题者拙。""算无定法,唯理是用。"他十分注意培养学生自觉地计算能力,主张"举一(例)而三隅反",说"好学君子自能触类而考,何必尽传?"①

杨辉治学严谨,对学习中的细小环节也不放松。如计算中的"定位"是很容易出错的,杨辉书中便结合四则运算,反复强调。

杨辉不仅总结了当时的各种数学知识,还批评了以往数学著作中的一些错误。例如,他在《田亩比类乘除捷法》一书中便批评了《五曹算经》的三个错误,一是在田亩计算中用方五斜七之法(即把正方形边长与对角线之比取作5:7),二是有的问题概念不清,三是四不等田求法之误。

杨辉是南宋后期一位杰出的数学家,又是一个致力数学教育与普及工作的教育家。他在中国古代数学教育史上占有重要地位。他的数学教育思想,像他的数学成就一样,都是他留给中华民族的珍贵遗产。

---

① 杨辉:《乘除通变算宝》卷一,收入《宜稼堂丛书》本,道光二十一年(1841)郁氏刻本。

第三章　南宋的天文学

宋代的天文、历法之学,处于中国古代天文学发展的高峰期。

王处纳(916—983)于显德三年(956)完成了《应天历》。太平兴国六年(981),冬官正吴昭素献上了新历,经与其他四家历法比验,吴昭素的新历"考验无差,可以施之永久"。宋太宗赐号《乾元历》。史序(935—1010)于咸平四年(1001)献上新历,赐名《仪天历》。宋行古于仁宗天圣元年(1023)八月编成新历,仁宗赐名《崇天历》,于天圣二年颁行全国。

《乾元历》所用恒星年长度为 365.25638 日,误差约为 1 秒,是历代最佳值;《乾元历》的月离表所反映的对月亮每日实行度分值测算的平均误差为 9.6′,在历代测值中最优;《乾元历》黄、赤道宿度差的绝对值平均误差小于 0.05 度,也是历代黄、赤道宿度变换表的最佳值。《崇天历》也有较多的创新:所得历元年月亮过近日点时间的误差为 0.08 日,是历代最佳值,新取可能发生月食之食限值为 10.62 度,必定发生月全食之食限值为 3.96 度。这一切,都对北宋中、后期和南宋历法产生了重大影响。

北宋苏颂等人的大型天文仪器研制,促成了对恒星位置的频繁测量,从而产生了景祐元年(1034)的杨惟德星表,皇祐五年(1053)的周琮星表,元祐七年(1092)的苏颂星图。这一切都为南宋苏州石刻天文图的诞生创造了条件。

北宋历法的频繁更替,朝野上下对历法的重视和争论,促进了历法的改革和创新,也为民间天文学家参与历法改革和编制新历创造了机遇。为南宋布衣天文学家研究天文仪器,编制新历铺平了道路。

第一节　南宋的历法工作

南宋先后颁布十部历法,前期有陈得一的《统元历》和刘孝荣的《乾道历》、《淳熙历》、《会元历》;中期有杨忠辅的《统天历》和鲍澣之的《开禧历》;后期有《淳祐历》、《会天历》、《成天历》、《本天历》。

一、南宋前期历法

(一)陈得一与《统元历》

陈得一,江苏常州人。高宗绍兴五年(1135)正月上奏书,指责《纪元历》日食不准确。他测算的日食时刻,与《纪元历》食分大小差1分,食时差半个时辰(一小时)。届时观测,皆如陈得一所测算。

陈得一的测算引起朝廷的高度重视。二月,高宗下诏书,命陈得一制作新历。八月新历编成,赐名《统元历》,并于绍兴六年(1136)颁行于南宋。皇帝赐陈得一"通微处士"之号,"并官其一子"。协助陈得一制历的道士裴伯寿等,也都受到赏赐。这是南宋第一次大胆选拔民间人才主持制历,奖励民间天文人才,并将其历法颁行实施。

陈得一是民间天文人才的佼佼者,有很雄厚的天文历法知识。侍御史张致远推荐陈得一时说:"今岁正月朔日食,太史所定不验。得一尝为臣言,皆有依据。""得一于岁旦日食,尝预言之,不差厘刻。愿诏得一改造新历,委官专董其事。仍尽取其书,参校太史有无,以补遗缺。择历算子弟粗通了者,授演撰之要,庶几日官无旷,历法不绝"。

从引文可知,太史局所定的日食不验,而他预言的日食却"不差厘刻"。他家有许多天文、历法书籍,可补太史局藏书之缺。他还可以给粗通天文、历法的太史局、翰林天文院工作人员,讲授天文、历法知识,培养天文、历法官员。

宋高宗批准了张致远的建言,陈得一也没有辜负张致远的信任,在不到两年的时间里，著成统元"《历经》七卷、《历议》二卷、《立成》四卷、《考古春秋日食》一卷、《七曜细行》二卷、《气朔入行草》一卷"①。显然它们是在陈得一原有研究基础上整理、编撰而成的，从中亦可见《统元历》的编修是参验了古代有关天象记录的。又从现存《统元历经》知《纪元历》应是陈得一所依据的最主要参考资料。

绍兴九年(1139)，史官重修宋神宗正史，求奉元术不获，诏陈得一、裴伯寿赴阙补修之。此又可见陈得一与裴伯寿对历法的精通。只可惜补修的《奉元历》今亦不传。

收载《宋史·天文志》和《宋史·律历志》的资料表明，《统元历》并未取得重大进展。它的赤道岁差为77.98年差一度，误差为0.48″，为仅次于周琮《明天历》和黄居卿《观天历》的历代第三佳值；它的月离表的精度水平也很高。② 其他天文数据与历法精度没有超过《纪元历》。陈得一没有取得重大创获的重要原因是制历前后，没有进行必要的天文测量。匆忙南迁的朝廷，全部测量天体的仪器都被金军抢掠而去。就连巨大的铜制水运仪象台，也被金军运往燕京。

对于《统元历》的不足之处，高宗和太史局官员没有苛求于陈得一、裴伯寿等制历人员。因为他们急需一部新的历法，以表明"中兴"王朝受命于天的正统观念。由于《统元历》不是建立在对天文进行实测的基础上，所以，它很难行之久远，不久就出现了差谬。

(二)刘孝荣与《乾道历》、《淳熙历》、《会元历》

刘孝荣，安徽光州(今安徽潢川县)人。他于乾道二年(1166)向朝廷上奏书，说《统元历》交食先天六刻，火星差天二度。如果让他研制历法，半年可成。他的奏书深得皇帝和礼部的重视，宋孝宗诏礼部尚书周执羔提领研制新历。道士裴伯寿提出立表测影验气，以使新历更加完善的主张，被太史局官员吴泽等拒绝。

刘孝荣以旧《万分历》为参照，改三万分为日法，推制新历。乾道三年

---

① 《宋史·律历志十四》，第1921、1922页。
② 陈美东:《古历新探》，辽宁教育出版社1995年版，第88页。

(1167)献上新历,孝宗按侍御史单时的意见,对《统元历》、新历、《纪元历》进行检验,择其优者颁行之。

检验的内容包括交食、月亮与五星所在宿度;对于乾道三年(1167)、四年(1168)先后发生的三次日月食,新历的预推连连失误,这大约便是对吴泽、周执羔、刘孝荣等人不进行实测的极大的嘲讽。

对于乾道四年(1168)三月初九和十一日昏、二十日和二十四日晨的月亮所在度,三历法预推与实测值作比较,其平均误差为:新历 0.6 度,《纪元历》2.8 度,《统元历》2.2 度;对于同年三月十一日、二十日、二十四日和二十七日晨的木星、土星、火星所在度,共得 10 组结果,其平均误差为:新历 0.2 度,《纪元历》0.7 度,《统元历》1.5 度。由此可见新历在月亮与五星运动的推算上占有很大的优势,而《纪元历》和《统元历》比较则互有高低。这些结果是最终决定采用刘孝荣新历的主要原因,遂名以《乾道历》,乾道五年(1169)取代《统元历》颁行于南宋。但是由于《乾道历》所预推乾道四年三月二十四日晨月亮所在度的误差均较另二历法为大,人们还是得出乾道"九道太阴间有未密",其月行法"未尽善"的中肯结论。虽然已决定行用《乾道历》,但是要再行检验。

刘孝荣在编制《乾道历》的过程中,撰写了《考春秋日食》一卷,《汉魏周隋日月交食》一卷,《宋朝日月交食》一卷,《气朔入行》一卷,《强弱日法格数》一卷。对历代日月食进行了考证、研究,作了艰苦细致的工作。

由于《乾道历》确有不足之处,荆大声、裴伯寿、盖尧臣等又上新月行法等,宋孝宗命测验官"见其疏密","从其善者用之"。这样,就使《乾道历》在以后的数年中一直处于暂用的状态中。争论和校验一直在进行,一旦找到比《乾道历》更优秀的新历,就会颁用新历。

乾道六年(1170)秋天,"成都历学进士贾复自言,诏求推明荧惑、太阴二事,转运使资助遣至临安,愿造新历毕还蜀,仍进历法九议。孝宗嘉其志,馆于京学,赐廪给"①贾复与刘大中等人,各预报当年十二月十五日月食初亏、

---

① 《宋史·律历志十五》,第 1934 页。

食甚时刻和食分等数值,要求与《乾道历》校验优劣。时至测验,月食八分。证明《乾道历》优于贾复、刘大中等人的预报。《乾道历》继续行用。

乾道九年(1173)五月初一日食,灵台郎宋允恭、国学生林永叔和草泽天文学家祝斌等,又提出与《乾道历》校验优劣。校验结果是《乾道历》有较小的误差,而其他人所推时刻、分数皆差谬。《乾道历》得以继续使用。

刘孝荣的《乾道历》在天文数据与表格的推算中,也取得了一些优秀的成果。在土星运动不均匀改正表格中,关于土星实行度分测值的误差为28.3′①是历代最佳数值。冬至时太阳所在宿度值为赤道斗 1.7 度,误差为 0.1 度,是历代第二优秀值。其他数据的整体水平与《统元历》大体相当。

宋孝宗淳熙元年(1174),刘孝荣因《乾道历》未经实测,在李继宗等人的帮助下,进行新的修订。新修订的历法,称为"乾道新历"。淳熙三年(1176)九月望月食,用纪元历、统元历、乾道新历推验,结果是乾道新历最优。于是,皇帝赐名《淳熙历》,于淳熙四年(1177)颁行。

《淳熙历》屡经考验,第一次是李继宗以乾道新历推算淳熙三年(1176)六、七月间月亮、木星、火星、金星所在宿度的 7 个数据,经检验其平均误差为 0.64 度,曾引起孝宗的不满。

淳熙十二年(1185),杨忠辅再次提出《淳熙历》简陋,与天道不合,要求验证此年九月十五日的月食,看其是否准确。最后因乌云密布,无法检验。淳熙十三年(1186)八月十五日将再次月食,刘孝荣、杨忠辅、皇甫继明各据己法推算,检验结果是亏食时刻刘孝荣差约半小时,皇甫继明差约一小时,杨忠辅差一个半小时,仍是《淳熙历》最优。淳熙十四年(1187),石万再次提出《淳熙历》"立元非是,气朔多差,不与天合",并自撰《五星再聚历》呈献朝廷。杨忠辅、皇甫继明也认为《淳熙历》所推朔、望二弦有误,建议改历。淳熙十五年(1188),进行了四家历法关于朔、望二弦的专项测验。但因为测验方法没有明确无误的判别标准,所以没有得出最后的结论,《淳熙历》仍被继续使用。

---

① 《古历新探》,第 463 页。

　　对淳熙历的现代考察显示,其所取土星会合周期 378.0910 日,与理论值相合,为历代最佳值①,除此之外,其他天文数据与表格的精度很一般。由于淳熙历是在前数年不断考验的基础上修订的,刘孝荣可能选择较为适合的历元,所以初始数年间能够基本合天,但时过境迁,十数年后即见破绽。应该说,淳熙历与乾道历水平相当,并没有取得什么大的进展。

　　淳熙十六年(1189),《淳熙历》在推测十二月十五日月食时,出现了"后天一辰"的大差错。改历的呼声又起,宋光宗绍熙元年(1190)八月,诏太史局更造新历。

　　绍熙二年(1191)正月,刘孝荣等呈献"《立成》二卷,《绍熙二年七曜细行历》一卷,赐名会元",又被皇帝批准颁行。这是刘孝荣编制的第三部历法。

　　绍熙四年(1193),布衣王孝礼上奏说:"十一月冬至,日景表当在十九日壬午,会元历注乃在二十日癸未,系差一日……陈得一造《统元历》、刘孝荣造《乾道历》、《淳熙历》、《会元历》未尝测影。苟弗立表测影,莫识其差。"②

　　这位民间天文历法学家具有真知灼见,他的批评是一语中的,入木三分。制历没有经过实测是南宋历法先天不足的根本病根。由于偏安江南,强敌压境,南宋统治集团没有集中精力创建像北宋那样精良的测天仪器,更不想组织大规模的天文观测。对制历只采取推测比较的鉴别方法,择善而从之,这就是刘孝荣一个人编制三部历法,都得到颁行的社会原因。对南宋的历法史研究我们可知:先进的科学技术必须以统一的稳定的政治基础为前提,以强大的繁荣的经济实力为动力,以先进的自由的文化氛围为研究环境,才能创造出来。

　　对《宋史·律历志》的资料研究表明,《会元历》取近点月长度为 27.55457 日,误差为 0.7 秒,是历代最佳值;其日躔表中太阳实行度的平均误差为 3.6′、太阳运动不均匀改正值的误差为 16.4′,达到了历代最高精度水平;

---

①　李东生:《论我国古代五星会合周期和恒星周期的测定》,载《自然科学史研究》1987 年第 3 期。

②　《宋史·律历志十五》,第 1942 – 1943 页。

其所得冬至太阳所在宿度为赤道斗 1.3 度,误差为 0.1 度,与乾道历所取值同为历代第二佳值。取土星会合周期为 378.0917 日,误差为 0.3 分钟,与纪元历相同,亦为佳值,①这些是《会元历》的闪光点。它们与《乾道历》和《淳熙历》的闪光点一样,是刘孝荣等人对历法发展的贡献。

刘孝荣的《会元历》因"占候多差",于宋宁宗庆元六年(1200)被《统天历》所取代,至开禧三年(1207),刘孝荣又提出他的新历法,参与了要求废止《统天历》的历法之争,可是没有成功。嘉定四年(1211),刘孝荣又参与编成了另一部历法,正要颁用,但因制定该历法的提领官戴溪的政治问题而中止。刘孝荣从乾道二年(1166)参加历法工作,历时四十多年,百折不挠,他对天文历法不倦的追求令人肃然起敬。

二、南宋中期历法

(一)杨忠辅与《统天历》

杨忠辅,宋孝宗时任成忠郎、历官,对天文历法有丰富的知识。他先后于孝宗淳熙十二年(1185)和十四年两次批评刘孝荣的《淳熙历》,要求改制新历。光宗绍熙四年(1193),王孝礼批评刘孝荣的《会元历》未作实际测验,不能行之久远,要求补做测验晷影。杨忠辅完全支持王孝礼的意见,当时朝廷"无暇改作",杨忠辅却开始了认真的晷影测量工作,并充实和改进他原作的历法。

宋宁宗庆元四年(1198),《会元历》再次出现测天的失误,朝野议论又起,历官与布衣天文学家议论纷纷。这时,皇帝和礼部肯定了杨忠辅的历法,"诏礼部侍郎胡纮充提领官,正字冯履充参定官,监杨忠辅造新历"。庆元五年(1199)杨忠辅历成,宁宗赐名《统天历》,颁行南宋。杨忠辅所献历书,计十四种:

第一,《历经》三卷,阐述《统天历》的主要内容;第二,《八历冬至考》一卷,考述前代八种历法的冬至时刻的测算结果,并给以评价;第三,《三历交

---

① 《古历新探》,第 242、316、396、88 页。

食考》三卷,考述前代三种历法的交食计算方法,并给以比较研究;第四,《晷影考》一卷,是对晷影测量方法的研究;第五,《考古今交食细草》八卷,是对自上古至南宋的交食记录所作的详细验算;第六,《盈缩分损益率立成》二卷,是对太阳运动不均匀所作改动的新测表;第七,《日出入晨昏分立成》一卷,是对南宋京城临安新测的日出日落和晨昏时刻表;第八,《岳台日出入昼夜刻》一卷,是对北宋京城开封日出日落与昼夜时刻的测算与研究;第九,《赤道内外去极度》一卷,是对太阳视赤纬的计算方法;第十,《临安午中晷影常数》一卷,是对临安城冬、夏至晷影长度和每日午中晷影长度的测算方法;第十一,《禁漏街鼓更点辰刻》一卷,是对临安城每日晨钟暮鼓和夜漏更点的规定;第十二,《禁漏五更攒点昏晓中星》一卷,是关于和临安城每天昏、晓、五更及点时相应的南中天恒星宿度;第十三,《将来十年气朔》二卷,是对庆元五年(1199)之后十年间节气与朔闰的排列;第十四,《已未、庚申二年细行》二卷,是对庆元五年(1199)和庆元六年(1200)的历法问题的详细推算。

在这十四部书中,既有对历法的全面论述,又有对有关专题的深入探讨,从而构成了对历法系列研究的成果。它们充分表明,杨忠辅是在长期对古今交食、冬至时刻、晷影测量、太阳出入与昼夜时间、太阳运动盈缩宿度与视赤纬值等观测及研究的基础上,编成了《统天历》。他与刘孝荣制历的最大不同正在进行了晷影与冬至时刻、太阳位置、昏晓中星等的实际测量,而且提出了不少姚舜辅以来的诸历家所不及的新思维与新数值。

在统天历中,杨忠辅又一次对上元积年法提出了挑战。他将历元设定为:“演纪上元甲子岁,距绍熙五年甲寅(1194),岁积三千八百三十,至庆元已未(1199),岁积三千八百三十五。”虽然他仍保留着上元字样及形式,但积年数却大幅度减少,仅3800多年,与前代许多历法的上元积年数动则数千万形成了鲜明的对比。细审之,原来杨忠辅保留了上元的字样和形式,在由上元推算得的气、朔、月亮过近地点和黄白交点的时间,冬至时太阳所在宿度,以及五星平合和五星过近日点的时间等等的基础上,分别加上气差、闰差、交点、周天差、周差、岁差改正值①，这些改正值是经由实际的测算求得的。他在进行这些历法问题的推算时，实际上是采用了各不相同的起算点，也就是采用的是实测历元法。

杨忠辅在历元问题上，表现出了进行改革的极大勇气，他既反对把历元同所谓的开天辟地之年相联系的观念，而仅视之为有关历法问题的起算点，又反对牵强地追求一个庞大积年数的统一起算点的做法，而以多起算点的、直接与天合的实测历元法取代之。为了避免这些改革可能招致传统观念的激烈反对，杨忠辅采取了技术性的措施加以处理，从而缓和了矛盾，使《统天历》得以正式颁行，取得了有限的成功。

实际上，《统天历》已效法曹士蒍《符天历》的先进经验，不用上元积年，但为了避免守旧者挑剔起见，仍旧虚立一个上元。尽管这样，鲍瀚之还批评《统天历》是民间所用的小历而不是朝廷颁正朔授民时的历书。

《统天历》策法 12,000，岁分 4,382,910，周天分 4,383,090；以策法除岁分，得回归年为 365,2425 日，这和现今公历所用的回归年一样，而公历始于公元 1582 年，已在《统天历》后三百八十四年。

统天历不注岁差，而另立周天差 338,920；如以策法除周天分，得周天 365,2575 度，由此得岁差每年退 0.0150 度，或六十六年八个月退一度。杨忠辅发现回归年日数"古大今小"，不是常数，上推古代或下测将来，须用斗分差②来校正，而其值则嫌太大。

杨忠辅所提出的这一观念与现今我们的认识是一致的，杨忠辅自然是基于对前代各历法所取用的回归年长度的综合考察，而得出这一观念和改正值的。现在我们知道，中国古代绝大多数历法的回归年长度均偏大，这主要与历家过于崇信《左传》中的两次日南至（即冬至）的记录有关。而这两次冬至记录实际上均先天约 3 日，这势必导致回归年长度测算偏大的后果。杨

---

① 《宋史·律历志十五》，第 2083 页。

② 《统天历》的岁实若用代数式来表示，则为 365.2425 − 0.0000212t，式内 t 为年数。庆元五年（1199）时，t = 0。据近代观测，回归年日数每年只减少 0.0000000614 日，所以，《统天历》的斗分差是过大的。

忠辅在测算《统天历》的回归年长度时,显然不用《左传》两次冬至的记录,与刘宋时的祖冲之相类似,他一定是采用了年代不像《左传》所述的那么久远,但确是可靠的冬至时刻测算值,以及他自己所作的晷影测量的结果,得出了较祖冲之还要准确的长度值——365.2425 日,其误差约为 22 秒,达到了前人未曾取得的精度水平。1582 年,罗马教皇格里高里(GregoryXⅢ,1502—1585)颁布的、沿用至今的格里历,所采用的回归年长度值也正与此值相同,可见,杨忠辅的测算结果非同凡响。杨忠辅在确信其测算结果无误的前提下,又发现了前代各历法的回归年长度值自古及近逐渐减小的总体现象,机敏地提出了回归年长度古大今小的观念,并给出了定量的数学表述。虽然他的表述还存在很大的误差,他所依据的资料也并不可靠,但他毕竟最早提出了这一重要的观念和相应的表述方法,还是具有特殊的历史意义,值得我们借鉴。

通过对《宋史·律历志》所留下的资料研究表明,统天历所测冬至时刻的误差仅为 1 刻(14.4 分钟)。可见,杨忠辅确实做了十分精到的晷影测量工作,这为精确的回归年长度的求得创造了必要条件。由杨忠辅测得的临安冬、夏至晷影长度,可推算得黄赤交角为 23°31′48″,误差为 49″,是历代同类测量的最优值之一,再一次证明了杨忠辅晷影测量之精良。统天历取土星会合周期与纪元历相同,所取木星会合周期为 3988.849 日,误差为 1.2 分钟,均为历代佳值。其所取必定发生月全食的食限值为 3.93 度,误差为0.02 度,是为历代最佳值。统天历的月离表的精度也位居历代前列。[①]

杨忠辅和《统天历》,是南宋时期继北宋姚舜辅之后最有作为的历家与历法。《统天历》是南宋第一部建立在系统、精密天文测量基础上的历法,而且在历法的若干重大问题上有所改革和创新。《统天历》的历元法为元代郭守敬《授时历》所采纳,其所取回归年长度亦为《授时历》所采用,其影响之大是不言而喻的。

(二)鲍澣之与《开禧历》

鲍澣之,宋宁宗时曾任大理寺评事,又多次以制历考定官参加朝廷的制

[①] 《古历新探》,第 104、396、370、307 页。

历工作。他实际上是《开禧历》研制、编撰的主持者。

宋宁宗庆元六年（1200）六月初一，统天历推测日食不验。一部新颁行的历法，在颁行的第一年就出现预报日食不准确的差错，这是历法史上从未有过的。这使朝廷与制历者杨忠辅十分难堪，但是，因为是皇帝刚刚批准的新历，没有深追其过。但是，三年之后《统天历》所预报的日食，又早了一个半时辰（即 3 小时）。朝廷感到不能再不了了之，于是，宁宗下诏，罢杨忠辅之职，诏民间通晓天文历法之人修治新历。

从现代的考察看，《统天历》所取交食周期为 242 交点月 19 交点年，相应的食年长度为 346.5981315 日，比准确的理论值小 31 分 12 秒，确实误差较大。另外，《统天历》所取赤道岁差值为 66.67 年差 1 度，也是历代历法中误差较大者。大概就是这两个误差，造成了《统天历》在三年内两次预报日食出现差错。

宋宁宗开禧三年（1207），鲍澣之向朝廷献出自己的历法，他在奏书中说："当杨忠辅演造《统天历》之时，每与议论历事，见《统天历》舛近，亦私成新历。"[1]这说明早在十年前，《统天历》编制之初，他就发现了错误，并私下编制自己的历法，以便取代《统天历》。他同时提出，明年（1208）依《统天历》所推的置闰也是错误的。可由测定今年（1207）的冬至时刻来验证，并要求朝廷加以检验。

与鲍澣之一起批评《统天历》的还有刘孝荣、王孝礼、李孝节、陈伯祥四人，他们也都献上了新历法，请求皇帝验证与颁用。

宋宁宗于嘉定元年（1208）颁布诏书，以秘书监兼国史院编修官、实录院检讨曾渐充制历提领官，以大理评事鲍澣之充参定官，草泽精算历者、尝献历者及造《统天历》者，皆延之。可以说，这份诏书为所有可以参加制历的人，提供了一个公平竞争的机会。这是南宋制历的特点之一，即为民间和司天监以外的人，提供了自由空间，让更多的人发挥自己的才干。

朝廷要求以开禧三年（1207）十月以后至嘉定元年（1208）正月以前所测

---

① 《宋史·律历志十五》，第 1945 页。

影,以见天道冬至加时分类为验,以最近之历推算气朔颁用之,测验结果是鲍澣之所献之历最优,遂赐名开禧历,诏以戊辰年(1208)权附《统天历》颁之①。

开禧历颁行了四十四年,其间有两次改历之议。第一次是嘉定三年(1210),邹淮上书,言开禧历有误差,应当改造。宁宗下诏,命秘书监、国史院编修戴溪充制历提领官,鲍澣之充参定官,邹淮演撰,王孝礼、刘孝荣等率十四人共修新历。嘉定四年(1211)春,新历撰成。未及颁行,因提领官戴溪被革职外放,议历之事告终。第二是嘉定十三年(1220),监察御史罗相上书说:太史局推测七月初一日食,至是不食。愿诏民间新历精加讨论。朝廷并不重视天文历法的差错,没有改历的意向,只是因为预算日食失误,将太史局主官太史令吴泽等各降一级。由于开禧历常出差错,它与统天历都处于一种试用状态,即"天禧附统天历权行于世"。

据陈美东研究,②开禧历所取木星恒星周期为4332.5828日,误差为9.0分钟,为历代最佳值。其必定发生月全食的食限值取为4.08度,误差为0.17度,略逊于统天历,与黄居卿观天历不相上下,均为历代优秀的数据。其取木、火、土、金、水五星近日点黄经每年进动值分别为52.72″,52.70″,52.70″,52.67″,52.92″,误差分别为5.24″,13.50″,17.80″,2.02″,3.08″,也分别是历代最佳值。《开禧历》在《统天历》之后编成,但是它没有采用《统天历》的先进数据,只是在《纪元历》的基础上略加修改,使它的历法成就远不及杨忠辅的《统天历》。

三、南宋晚期四历

从南宋理宗淳祐十二年(1252),至赵昺祥兴二年(1279)南宋灭亡,又颁行了四个历法:即《淳祐历》、《会天历》、《成天历》、《本天历》。

淳祐五年(1245)七月初一,发生日食。开禧历推算日食是未初三刻,实际是未正四刻。开禧历推算日亏八分,现只亏六分。这是《开禧历》的重大

---

① 《宋史·律历志十五》,第 1946 页。
② 《古历新探》,第 370、397、428 页。

失误,其食时差约五刻,食分差大至二分。

岌岌可危的南宋朝廷,对历法的差错已无暇顾及,只对推算官成永祥降职一级,敷衍了事。对此,奉朝大夫尹焕在淳祐八年(1248)请求朝廷,"诏四方通历算者至都,使历官学焉"。大概是国之将亡,无人议历,最终也无人至都。淳祐十年(1250),李德清献新历,朝廷匆忙认可,颁行于淳祐十二年(1252),这就是《淳祐历》。

李德清献上《淳祐历》的第二年(1251),殿中侍御史陈垓就批评《淳祐历》所推节气差达六刻。又以淳祐历与开禧历推算近期发生的交食,开禧历仅差一、二刻,而淳祐历差六刻二分。陈垓的批评已指出了新历不如旧历准确。说明南宋太史局的历法官员科学知识之贫乏,是令人难以容忍的。

淳祐十二年(1252),太史局历官谭玉也上书,指出淳祐历所取日法是用北宋所行古《崇天历》日法的三分之一,所取回归年长度是祖冲之大明历值365.2428 日,所用上元积年数超一亿两千万,不合历法。还有所推交食、置闰,皆有错讹。有鉴于上述,朝廷决定采用谭玉所献的历法,赐名《会天历》,颁行于宝祐元年(1253)。

清代印刷的宝祐四年会天历流传了下来,现作简要介绍。全书共 28 页,用白宣纸印刷,封面题"宝祐四年会天历",背面有"古郓徐协贞署"等字。

第一页第一行标题为"大宋宝祐四年丙辰岁会天万年具注历"。

第二至四行为年神方位,其文曰:

太岁在丙辰　翰火枝土　凡三百五十四日
　　　　　　纳音属土

岁德在东南丙位　合在辛丙辛上　大将军在子
　　　　　　　　取土及宜修造

太阴在寅岁刑在辰岁破在戌

岁杀在未　黄幡在辰　豹尾在戌

第六至八行为九星七色,其文曰:

碧白赤　太岁已下诸神其地各有所忌如有壤坏

白白黑　事须修营其日与岁德月德岁德合

黄绿紫　月德合天恩天赦仓并者修营无妨

第九至十行是月建大小,其文曰:

正月大　二月小　三月大　四月小　五月小　六月大　七月大

八月小　九月大　十月大　十一月大　十二月小

第二页是灵台郎判太史局提点历书邓宗文、成永祥、李辅卿等致太史局的呈文,所呈是根据换授保章玉、充同知算造谭玉等依会天历推算,至丙辰岁(1256)气节加时辰刻的结果。其文为立春,雨水,惊蛰,春分,清明,谷雨,立夏,小满,芒种,夏至,小暑等二十节气时刻之所在。

第三至二十七页,是十二个月日历。十二月历日格式基本相同(如图10、图11),但所占页面各不同。每页分八行,正月历日前四行空白;二月至

《宝祐四年会天历》
书七月历日(第十五页)

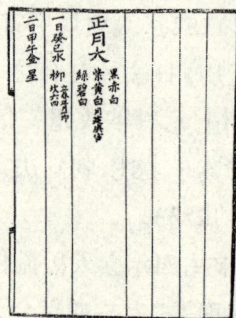

图 10

《宝祐四年会天历》
书正月历日(第三页)

图 11

七月的历日,都接连排下去,而八月到十二月都是另起一页,这由于为大小月日数不同而形成的结果。每天均分五段,第一段是日期、干支、五行建除十二客、二十八宿等,第二段是节气、朔望两弦、伏日等,第三段是七十二候等,第四段是昼夜、日出没等,第五段是人神所在等。总之,十二个月历日包含二十四气、朔望两弦、七十二候、太阳出没……特别是各种迷信历注,可以说是古代历书的模式。

最后一页是秀水牛彝尊的跋文,其文曰:"右宋宝祐四年会天历保章正荆执礼、谭玉,灵台郎杨旗相、师尧,判太史局提点历书邓宗文等,算造具注颁行,是岁在丙辰元日立春,田家谚所云百年罕遇者也。按会天历初名显天,淳祐十二年,太府寺丞张湜、秘书省检阅林光世同师尧、谭玉等推算,略

见于《宋史·律历志》，既而宝祐改元，定名曰会天。于是大学士焴被命作序，原授时之典岁颁历于万国，镂板印行，莫可数计，然岁既更无复存焉者。马氏《经籍志》载金人大明历，正以其不易得也。是本为昆山徐阁老公肃甫所藏，余假之编修道积录其家。按南渡以后，自统元至会天，历名凡七改，惟会天史称阙其法，试繇丙辰一岁推之，历家可忖测而得其故已。岁在屠维赤奋若夏四月朔秀水朱彝尊跋。”

现将《会天历》封面、第三页、第十五页复印于下：

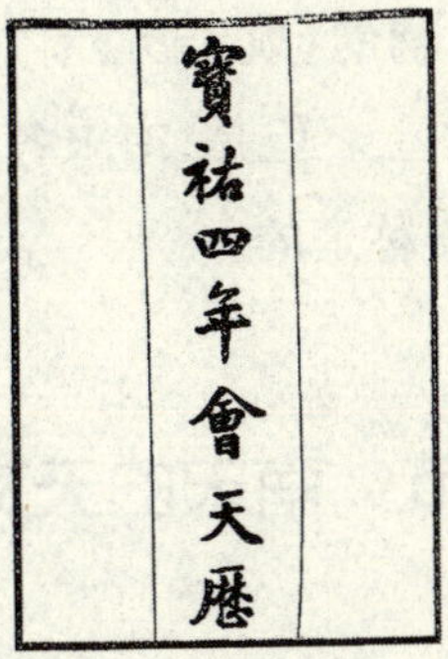
寶祐四年會天歷

《宝祐四年会天历》书第一页

图 9

宋度宗咸淳五年（1269），浙江安抚司准备差遣臧元震批评会天历所推次年置闰差误，要求以过时的十九年七闰之闰法安排历日。太史局官员谭玉、邓宗文等对历法所知无几，不知十九年七闰法之落后，使臧元震得以升官，而谭玉等被降职。

咸淳六年（1270），陈鼎又献新历，朝廷又予批准，咸淳七年颁行，命名《成天历》。①《成天历》是在《纪元历》基础上修改而成，也参考了《开禧历》的数据。《成天历》取必定发生月全食的食限值与《开禧历》相同。所取五星会合周期也几与《开禧历》全同。而所取木、火、土、金、水五星近日点黄经每年进动值分别为52.42″，52.33″，52.43″，52.19″，52.67″，其误差分别为5.54″，

① 《宋史·律历志十五》，第2023页，成天历附开禧历之后。

13.94″,18.08″,1.50″,3.34″,①稍逊于《会元历》,也显然是受开禧历的影响。

德祐二年(1276),元军攻陷临安,南宋政府只好逃亡。五月,陆秀夫、陈宜中等在福州拥立赵昰为帝,逃亡海上。新帝曾命礼部侍郎邓光荐与蜀人杨某修历,赐名《本天历》,这是南宋最后一部历法。逃亡政府,疲于奔命,其历法是无法流传的,其内容之平庸无奇是可想而知的。

南宋经历了一百五十六年,先后颁行历法十一种,平均每十四年改用一种历法,比北宋历法更替还要频繁。南宋历法的科技成果与活力都显然不如北宋。南宋历法工作的致命弱点是不研制大型的天文观测仪器,不进行大规模的天文测量。除杨忠辅的《统天历》有较多创新之外,其他各历都停留在姚舜辅《纪元历》的水平上。但是,南宋各历多在天文数据或表格的测算上取得一些成绩,也是值得称道的。

第二节　南宋的天文工作

北宋太宗太平兴国五年(980),张思训曾创制了具有报时计时和演示天象功能的太平浑仪。至道元年(995),韩显符(940-1031)创制至道铜浑仪,它是一座测验天体坐标的浑仪。仁宗皇祐初年,舒易简、于渊、周琮等改造黄道浑仪,又制漏刻、圭表。神宗熙宁五年(1072),沈括受命提举司天监,第二年,上奏《浑仪议》、《浮漏议》、《景表议》,熙宁七年(1074),依式制成新浑仪和漏刻。元祐三年(1088),苏颂(1019-1101)创制水运仪象台,集观测天体,演示天象,表演计时于一体。这些天文仪器为北宋的大规模恒星观测和其他天体测量创造了条件。但是靖康二年(1127),金太宗攻陷汴京(今开封),所有的天文仪器被抢掠而去,匆忙南逃的南宋君臣,既没有天文仪器,也没有有经验的天文工作人员。所以,南宋的天文工作是在十分困难的条件下进行的。

---

① 《古历新探》,第370、397、428 页。

一、南宋的天文仪器研制

据《宋史·律历志十四》记载,南宋讨论天文仪器制造,始于绍兴二年(1132)。绍兴二年六月,高宗皇帝购得《纪元历》,对辅臣说:"历官推步不精,今日差一日,近得《纪元历》,自明年当改正,协时月正日,盖非细事。"

由于皇帝要求协正历法,开始讨论制造天文仪器。"是岁,始议制浑仪。十一月,工部言,《浑仪法要》当以子午为正,今欲定测枢极,合差局当官二员。诏差李继宗等充测验定工官,俟造毕进呈日,同参详指说制度官丁师仁、李公谨入殿安设。三年正月壬戌,进呈浑仪木样。壬申,太史局令丁师仁等言,省识东都浑仪四座:在测验浑仪刻漏所曰至道仪,在翰林天文局曰皇祐仪,在太史局天文院曰熙宁仪,在合台曰元祐仪。每座约铜二万余斤,今若半之,当万余斤。且元祐制造,有两府提举。时都司复实,用铜八千四百斤。诏工部置物料,临安府庸工匠,乃令工部长贰提举。"①

《宋史·天文志一》也记载了这次浑仪研制:"绍兴三年正月,工部员外郎袁正功献浑仪木样,太史局令丁师仁始请募工铸造。且言:'东京旧仪用铜二万斤,今请折半用八千斤有奇。'已而不就。"②这是第一次制造浑仪,没有成功。

绍兴十四年(1144),南宋第二次讨论浑仪的研制。据《宋史·律历志十四》记载:"十四年,太史局请制浑仪,工部员外郎谢伋言:'臣尝询浑仪之法,太史官生议论不同,铸作之工,今尚缺焉。臣愚以为宜先寻访制度,敷求通晓天文历数之学者,参订是非,斯合古制。'苏颂之子应诏赴阙,请访求其父遗书,考质制度。宰相秦桧曰:'在廷之臣,罕能通晓。'高宗曰:'此缺典也,朕已就宫中制造,范制虽小,可用窥测,日以晷度,夜以枢星为则,非久降出,第当广其尺寸尔。'于是,命桧提举。"

由于秦桧对天文仪器,一窍不通,又无铸作之工。这次浑仪制作又不了了之,以失败告终。

---

① 《宋史·律历志十四》,第 1920 – 1921 页。
② 《宋史·天文志一》,第 965 页。

南宋第三次研制浑仪是由内侍邵谔领导的,《宋史·律历志十四》记载:"时内侍邵谔善运思专令主之,累年方成。"①《宋史·天文志一》记载:"以内侍邵谔专领其事,久而仪成。三十二年,始出其二,置太史局。而高宗先自为一仪,置诸宫中,以测天象,其制差小,而邵谔所铸盖祖是焉,后在钟鼓院者是也"②。从上述可知,邵谔领导制造的这两个浑仪是仿照高宗交出的小浑仪,制成的时间是绍兴三十二年(1162)。

南宋浑仪的具体尺寸,《宋史·天文志一》作了详细记载,现抄录如下:"按浑仪制度,表里凡三重:其第一层曰六合仪,阳经径四尺九寸六分,阔三寸二分,厚五分。南北正位,两面各列周天数,南北极出入地皆三十一度少,度阔三分。阴纬单环大小如阳径,阔三寸二分,厚一寸八分。上置水平池,阔九分,深四分,沿环流通,亦如旧制。内外八幹,十二枝,画艮、巽、坤、乾卦于四维。第二重曰三辰仪,径四尺三分,阔二寸二分,厚五分。缸钏刻画如阳经。赤道单环,径四尺一寸四分,阔一寸二分,厚五分。上列二十八宿,均天度数,阔二分七厘。黄道单环,径四尺一寸四分,阔一寸十分,厚五分。上列七十二候,均分卦策,与赤道相交,出入各二十四度弱。百刻单环,径四尺五寸六分,阔一寸二分,厚五分。上列昼夜刻数。第三重曰四游仪,径三尺九寸,阔一寸九分,厚五分。钏刻画如璇玑,度阔二分半。望筒长三尺六寸五分,内圆外方,中通孔窍,四面阔一寸四分七厘,窥眼阔三分,夹窥径五尺三分。鳌云以负龙柱,龙柱各高五尺二寸。十字平水台高一尺一寸七分,长五尺七寸,阔五寸二分。水槽阔七分,深一寸二分。"③

南宋的这两台浑仪也多次用于天文观测和历法测验。如刘孝荣进《七曜细行历》(即孝宗赐名的《乾道历》),侍御史单时等人进行验核。单时奏曰:"今年二月十四日望月食,臣与大昌等以浑仪定其光满,则旧历差近,新历差远。""先究《统元》、《纪元》、新历异同,召三历官上台,用铜仪窥管对测

---

① 《宋史·律历志十四》,第 1922 页。
② 《宋史·天文志一》,第 965 页。
③ 《宋史·天文志一》,第 965-966 页。

太阴、土、火、木星晨度经历度数,参稽所供,监视测验"①。"今大声等推算明年正月至月终九道太阴变赤道,限十二月十五日以前具稿成,至正月内臣等召历官上台,用浑仪监验疏密"②。

南宋的天文仪器,除浑仪外,还研制了土圭。《宋史·天文志一》记载:"中兴后,清台亦立晷圭,如汴京之制,冬至必测验焉。——或谓当立八尺之表,俟圭景上八尺之景,在四十九日有奇,当用四十九日五分为临安冬至后初限,用减二至限,得一百三十三日有奇,为夏至后初限。参合天道,其法为密焉。"③

据《宋会要辑稿·运历》记载:光宗绍熙四年(1193),也制造过浑仪,置于太史局。南宋浑仪的最大外径是"四尺九寸六分",约当皇祐浑仪和苏颂水运仪象台上层之浑仪的三分之二。其构造与形制大体相同。只是没有水运仪象台的自动化设备,观测的准确性更无法相比。南宋的天文工作人员也一直想加以改进。

绍兴三十二年(1162)之后,又命朱熹研制浑仪,"其后,朱熹家有浑仪,颇考水运制度,卒不可得。苏颂之书虽在,大抵于浑象以为详,而其尺寸多不载,是以难遽复云"④。由于没有精良的天文仪器,南宋的天文观测和历法数据远不及北宋是不可避免的。

二、南宋民间天文学家的空前活跃

宋代建国之初,对天文历法实行严格的管制。《宋史·天文志一》记载:"宋之初兴,近臣如楚昭辅,文臣如窦仪,号知天文。太宗之世,召天下技术有能明天文者,试隶司天台;匿不以闻者,罪论死。"⑤第二年,从各州府送汴京的一批天文历算术士中,经过考试,选拔优秀者进入司天台,其余一律黥配海岛。这种高压政策,限制了民间天文学的发展。

由于宋太祖临终,立碑告诫子孙不可妄杀言事大臣。庆历、熙宁的改

---

① 《宋史·律历志十四》,第 1924、1926 页。
② 《宋史·律历志十五》,第 1930 页。
③ 《宋史·天文志一》,第 969 页。
④ 《宋史·天文志一》,第 966 页。
⑤ 《宋史·天文志一》,第 950 页。

革,引起广泛的辩论,仁宗、神宗的宽容精神,给了知识界以一定的自由,民间天文学开始由复苏进入发展,到南宋时有了广泛深入的勃兴,有时民间天文学家的测算超过了司天监和太史局等官方机构。

《宋史·天文志一》记载:"宁宗庆元四年(1198)九月,太史言月食于昼,草泽上书言食于夜。及验视,如草泽言。乃更造《统天历》,命秘书正字冯履参定。以是推之,民间天文之学盖有精于太史者。"①

宋真宗即位后,就命来自民间的天文学家史序(935 – 1010)编制了新历法,并赐名《仪天历》。还对史序"改殿中丞,赐金紫,俄权监事"②。

神宗熙宁八年(1075),由于《崇天历》和《明天历》先后月食不效和"推节气后天日显",提举司天监的沈括力主提拔民间天文学家盲人卫朴,编制《奉元历》。由于卫朴来自民间,他与沈括提出的进行长期连续观测,以定月亮和五星位置的计算方案,受到了司天监官员的抵制,没有得以进行。这是北宋民间天文学家编制的第二部历法。

北宋末期,来自民间的第三位天文学家姚舜辅登上了制历的舞台。他的第一部历法《占天历》于徽宗崇宁二年(1103)颁行于世。由于受到朝廷官员"成于私家,不经考验"的指责,而行用未久。③ 他的第二部历法《纪元历》编制更加精确,于崇宁五年(1106)通过检验,得以颁行。姚舜辅的《纪元历》是一部有诸多创新的历法。特别是他采用了一系列精确的天文数据与表格,在数学计算上多有创新,在天文测量方法上也多辟新径。《纪元历》以其自身的历法成就向世人说明民间天文学家是可以大有作为的,为南宋民间天文学家的频繁制历铺平了道路。

北宋先后颁行的九部历法中,有《仪天历》、《奉元历》、《占天历》、《纪元历》四历成于民间天文学家之手。随着朝廷对天文管制的放松,民间天文学家已在天文历法活动中占有了重要地位。而南宋中期以前颁行的七部历法有《统元历》、《乾道历》、《淳熙历》、《会元历》、《统天历》、《开禧历》、《成天

---

① 《宋史·天文志一》,第 950 页。
② 《宋史·史序传》,第 13503 页。
③ 王应麟:《玉海》卷一〇,台湾华文书局 1964 年据至元六年(1340)庆元府儒学刊本影印。

历》。前四部出于民间天文学家之手,第五、六两部成于私家,第七部编制者不可考。可见,南宋的制历舞台,民间天文学家已唱主角,司天监和天文院的专职官员已退居次要的地位。

第一位编制南宋国家颁行历法的民间天文学家是陈得一。

陈得一能够得到朝廷的信任,取得制历之权,是由于他两次准确的天文测算:"(绍兴)五年,日官言,正月朔旦日食九分半,亏在辰正。常州布衣陈得一言,当食八分半,亏在巳初。其言卒验"。"六年正月一日,此时以十九日戊戌为蜡。得一于岁旦日食,尝预言之,不差厘刻。愿诏得一改造新历,委官专董其事。"①

绍兴六年(1136)二月,高宗诏秘书省少监朱震,在秘书省监视陈得一改造新历。八月新历编成,朱震请高宗赐名《统元历》,高宗下诏从之。并诏翰林学士孙近为《统元历》作序,于绍兴六年颁行全国。

《统元历》的历法成就,已如前述(见本章第一节《南宋的历法工作》)。《统元历》在使用的过程中,出现了问题。由于太史局历法工作人员不懂《统元历》的计算方法,"暗用《纪元》推步,而以《统元》为名"。预报的交食和五星行度出现了差错。

"光州士人刘孝荣言:'《统元历》交食先天六刻,火星差二度。尝自著历,期以半年可成,愿改造新历。'"②这样,南宋司天监有三部历法可供使用。即高宗购得的《纪元历》、陈得一编制的《统元历》和刘孝荣新编的《七曜细行历》,又称新历。

孝宗诏国子司业、权礼部侍郎程大昌、监察御史张敦实监太史局验之。检验的结果是"十一日晨度:木星在黄道室宿十五度七分,在赤道室宿十三度少;土星在黄道虚宿七度三分,在赤道虚宿七度强。新历木星在黄道室宿十五度四十四分,在赤道室宿十四度少弱;土星在黄道虚宿六度二十一分,在赤道虚宿六度少弱。臣等验得五更三点,土星在赤道虚宿六度弱;五更五点,木星在赤道室宿十四度。今考之新历稍密,旧历皆疏。十二日,都省令

---

① 《宋史·律历志十四》,第 1921 页。
② 《宋史·律历志十四》,第 1922 页。

定验《统元》、《纪元》及新历疏密。《统元历》昏度,太阴在黄道氐宿初度九十四分,在赤道氐宿三度少;《纪元历》在黄道氐宿初度八十三分,在赤道氐宿二度太;新历在黄道亢宿八度七十一分,在赤道亢宿九度少弱。三历官以浑仪由南数之,其太阴北去角宿距星二十一度少弱。新旧历官称昏度亢宿未见,只以窥管测定角宿距星,复以历书考东方七宿,角占十三度,亢占九度少;既亢宿未见,当除角宿十二度,即太阴此时在赤道亢宿九度少弱。今考之新历全密,《统元历》、《纪元历》皆疏。二十日早晨度:《统元历》太阴在黄道斗宿十一度九十一分,在赤道斗宿十二度少;火星在黄道危宿七度九十一分,在赤道危宿七度少;土星在黄道虚宿八度八十二分,在赤道虚宿八度太强。《纪元历》太阴在黄道斗宿十一度四十分,在赤道斗宿十一度半;火星在黄道危宿六度,在赤道危宿六度太;土星在黄道虚度七度三十九分,在赤道虚宿七度半弱。新历太阴在黄道斗宿十度六十一分,在赤道斗宿十度少;火星在黄道危宿七度二十分,在赤道危宿六度;土星在黄道虚宿六度五十三分,在赤道虚宿六度半。三历官验得太阴在赤道斗宿十度,火星在赤道危宿六度强,土星在赤道虚宿六度半。今考之太阴,《纪元历》疏;火星,新历、《纪元历》全密,《统元历》疏;土星,新历全密,《纪元历》、《统元历》疏。”“由是朝廷始知三历异同,乃诏太史局以新旧历参照行之。礼部言:‘新旧历官互相异同,参照实难,新历比之旧历稍密。’诏用新历,名以《乾道历》,己丑岁颁行”。① 以己丑岁为乾道五年(1169)。

经过争论,验核对比,颁行了民间天文学家编制的第二部历法——刘孝荣的《乾道历》。

《乾道历》曾受到阮兴祖的批评:“久之,福州布衣阮兴祖上言新历差谬,荆大声不以白部,即补兴祖为局生。”新历为刘孝荣与荆大声共同编制,荆大声想使阮兴祖任局生,而息事宁人。不久,裴伯寿也上书批评刘孝荣的《乾道历》,他分七点指出新历的差谬。其一曰步气朔,其二曰步发敛,其三曰步日躔,其四曰步晷漏,其五曰步月离,其六曰步交会,其七曰步五星。最后,

---

① 《宋史·律历志十四》,第 1925—1927 页。

他请求皇帝任命他编撰新历："臣与造《统元历》之后，潜心探讨，复三十余年，考之诸历，得失晓然。诚假臣演撰之职，当与太史官立表验气，窥测七政，运算立法，当远过前历。"①

成都历学进士贾复也上言能推明荧惑、太阴二事，成都转运使资助其来临安，上《历法九议》。孝宗嘉其志，让他住于京学，参加了制历的争论。

接着，又有"灵台郎宋允恭，国学生林永叔、草泽祝赋、黄梦得、吴时举、陈彦健等各推算日食时刻、分数异同。乃诏谏议大夫姚宪监继宗等测验五月朔日食。宪奏时刻、分数皆差舛"。

这场争论和测验的结果是太史局官员李继宗、吴泽、荆大声等受到了降职处分。高宗、孝宗允许民间天文学家充分发表意见，并总是择善而从，采用民间天文学家编制的历法。

淳熙三年(1176)，"判太史局李继宗等奏：'令集在局通算历之人重造新历，今撰成新历七卷，《推算备草》二卷，校之《纪元》、《统元》、《乾道》诸历，新历为密，愿赐历名。'于是诏名《淳熙历》，四年颁行，令礼部、秘书省参详以闻。"②

淳熙四年(1177)颁行的《淳熙历》，也是由民间天文学家刘孝荣主持编撰的历法。

---

① 《宋史·律历志十五》，第 1933 页。文中所引的"少"、"少弱"、"强"等，是表示奇零的不同小数，说明我国古代天文观测的精确度。陈遵妫先生从大量天文观测数据的统计中发现我国古代观测精度高达 1/12 度。即把 1 度分为 12 等分，把 1/2 度称作"半"，1/4 度称作"少"，把 3/4 度称作"太"，比度、少、半、太大 1/12 的为"强"，小 1/12 的为"弱"，详列如下表：(李约瑟：《中国科学技术史》天学卷，第 222 页，据日人上田穰的分析而列出的小数表，并没有掌握我国古代小数概念的规律，错误较多，且列举不全，不足取)。

弱：$-\frac{1}{12}$	度	强：$+\frac{1}{12}$
少弱：$\frac{2}{12}=\frac{1}{6}$	少：$\frac{3}{12}=\frac{1}{4}$	少强：$\frac{4}{12}=\frac{1}{3}$
半弱：$\frac{5}{12}$	半：$\frac{6}{12}=\frac{1}{2}$	半强：$\frac{7}{12}$
太弱：$\frac{8}{12}=\frac{2}{3}$	大：$\frac{9}{12}=\frac{3}{4}$	太强：$\frac{10}{12}=\frac{5}{6}$

② 《宋史·律历志十五》，第 1934、1935 页。

《淳熙历》行用的第八年,即淳熙十二年(1185),成忠郎杨忠辅批评《淳熙历》简陋,与天道不合。"十三年(1186),右谏议大夫蒋继周言,试用民间有知星历者,遴选提领官,以重其事,如祖宗之制。孝宗曰:'朝士鲜知星历者,不必专领。'乃诏有通天文历算者,所在州、军以闻。八月,布衣皇甫继明等陈:'今岁九月望,以《淳熙历》推之,当在十七日,实历敝也。太史乃注于十六日之下,徇私迁就,以掩其过。请造新历。'"

于是,又诏命杨忠辅、刘孝荣、皇甫继明等各自推算淳熙十三年(1186)八月十五日太阴亏食的情况:"付礼部议,各具先见,指定太阴亏食分数、方面、辰刻,定验折衷。诏师鲁、继周监之。既而孝荣差一点,继明差二点,忠辅差三点,乃罢遣之。"①

由于验证的结果是刘孝荣的《淳熙历》为优,所以得以继续颁用。

淳熙十四年(1187),会稽的国学进士石万再次批评民间天文学家的《淳熙历》:"《淳熙历》立元非是,气朔多差,不与天合。按熙宁十四年历,清明、夏至、处暑、立秋四气,及正月望、二月十二月下弦,六月八月上弦、十月朔,并差一日。"②并献上自撰的《五星再聚历》。杨忠辅和皇甫继明也再次指责《淳熙历》的差谬。

孝宗再次下诏,在淳熙十五年(1188),对刘孝荣、杨忠辅、皇甫继明、石万四家历法,关于朔、望、二弦进行专项测验。由于该测验方法没有明确无误的判断标准,没能得出最后结论,使《淳熙历》得以继续暂用下去。

淳熙十六年(1189),《淳熙历》所推冬至并十二月望月食,皆后天一辰。月食预报差了两个小时,误差实在太大,改历的呼声又起。

光宗绍熙元年(1190)八月,诏太史局更造新历颁之。绍熙二年(1191)正月,由民间天文学家刘孝荣再次主持编修的新历呈献光宗,光宗诏礼部侍郎李献写序,赐名《会元历》,于当年颁行。

《会元历》颁行三年之后,又出现了较大的误差:"绍熙四年,布衣王孝礼言:'今年十一月冬至,日景表当在十九日壬午,《会元历》注乃在二十日癸

---

① 《宋史·律历志十五》,第 1938 – 1939 页。
② 《宋史·律历志十五》,第 1939 页。

未,差一日.'""陈得一造《统元历》,刘孝荣造《乾道历》、《淳熙历》、《会元历》,未尝测景。苟弗立表测景,莫识其差。乞遣官令太史局以铜表同孝礼测验。"

布衣王孝礼是又一位具有真知灼见的民间天文学家,他的批评可以说一语中的,入木三分。南宋的历法连连出现误差,其主要原因就是不对历法测算进行晷影测量。民间天文学家、道士裴伯寿刚参与制历时,就提出立表实测的主张,遭到司天监和太史局官员周执羔、吴泽的阻挠,南宋建立已六十余年,连一座圭表也没有建立,这是南宋历法不能取得长足进步的根本原因。离开了实际测量就难以编制科学的历法。

宋宁宗庆元四年(1198),《会元历》占候多差,又引起日官与民间天文学家的争论。宁宗"诏礼部侍郎胡纮充提领官,正字冯履充参定官,监杨忠辅造新历"。第二年(1199),杨忠辅新历编成,赐名《统天历》,颁行之。

杨忠辅的《统天历》是南宋最有科学成就的历法,提出了其他诸家历法所不及的新思维和新数值(详见本章第一节)。这些新思维和新数值的取得即来源于民间天文学家王孝礼所指出的:进行了晷影与冬至时刻、太阳位置、昏晓中星等的实际测量。

《统天历》实施的过程中,出现了两次大的差舛。一次是庆元六年(1200)六月己酉朔,推日食不验。另一次是嘉泰二年(1202)五月甲辰朔,日有食之,《统天历》所测先天一辰有半,即早三个小时。朝廷感到不能容忍,"罢杨忠辅"之职,"诏草泽通晓历者应聘修治"。[①]

南宋朝廷每当历法出现差谬,总是下诏求助于民间天文学家。这次与鲍澣之同时献上新历的有刘孝荣、王孝礼、李孝节、陈伯祥四家,此四家皆为草泽制历之人。

宁宗下诏由秘书监兼国史院编修官曾渐主持各家历法的验核比较,以定优劣:"诏渐充提领官,澣之充参定官,草泽精算造者、曾献历者与造《统天历》者,皆延之。"[②]可以说为朝野每一个制历者创造了公平竞争的机会。这

---

① 《宋史·律历志十五》,第 1942 – 1944 页。
② 《宋史·律历志十五》,第 1946 页。

就是南宋民间天文学家空前活跃的原因所在。

嘉定十三年（1220），"监察御史罗相言：'太史局推测七月朔太阳交食，至是不食。愿令与草泽新历精加讨论'"。这说明不断有民间天文学家献上新历和提出历法改革的新建议。

宋理宗淳祐五年（1245），"七月癸巳朔，日有食之"。开禧历的预报出现重大失误，其食时差约五刻，食分差大至二分。对此朝廷"降造算成永祥一官"，朝奉大夫尹涣要求朝廷"请召四方之通历算者至都，使历官学焉"。①

每当天文、历法出现差错，人们总会想到向民间天文学家学习。淳祐十年（1250），民间天文学家李德卿献上新历。淳祐十二年（1252）颁行，史称《淳祐历》。

《淳祐历》受到殿中侍御史陈垓和谭玉的批评，预报日食出现了差大刻二分的错误。宝祐元年（1253），草泽天文学家谭玉献上新历，赐名会天，立即颁行。《会天历》编制匆忙，错谬难免。行用七年，又被陈鼎的新历所代替，即咸淳七年（1271）颁行的《成天历》。

德祐二年（1276），元世祖忽必烈攻下临安，南宋政权逃亡海上，陆秀夫等拥立益王和赵昺，仍没忘制历，"命礼部侍郎邓光荐与蜀人杨某作历，赐名《本天历》"。② 南宋末期四历，政权已处于风雨飘摇之中，又无测量的天文仪器，很难有新的成就。

南宋建国一百五十三年，制历并颁行十一部历法，除杨忠辅《统天历》有较多创新之外，其他历法无重大成就，只是在天文数据与表格测算方面有所突破。南宋天文工作的最大特点就是民间天文学家空前活跃，并有所作为。是什么造就了南宋民间天文学家的成就呢？我们认为主要有以下三个条件。

第一是宋代天文政策的重大转变。如上所述，宋太祖、太宗时期对天文历算实行严格的管制政策，凡私习天文历算的术士，必须到汴京接受朝廷的考试，录取者被朝廷所用，进司天监、太史局任职；没有被录取的人，一律黥配海岛。真宗以后，放宽了对天文历算的管制。仁宗、英宗、神宗三朝经历

---

① 《宋史·律历志十五》，第 1948 页。

② 《宋史·律历志十五》，第 1952 页。

了庆历与熙宁的变法改革,有关变法的大辩论,活跃了人们的思想,给知识界以更多的自由,私习天文历算的人逐渐增多。南宋时,朝廷总是发布诏书,请民间天文学家参加朝廷的天文预报和历法测算,对民间天文学家的制历给以奖励。陈得一制《统元历》,就被任官,并荫其一子。为民间天文学家施展才华提供了广阔的天地。

第二,宋代的教育政策,一贯注重天文和历算。宋代两次刻印算经十书,用于算学馆的教学。南宋所刻的算经十书,有七种流传至今。国子监下设有算学,司天监下设有天文学、历学,太史局下设也有算学。宋代国立的学校讲授天文历法,私人的塾师有的也讲授天文算学。唐代王希明的《步天歌》,宋代被广泛传诵,人们用它识读星象,讲授天文。据《宋会要辑稿·职官三十一》记载:"提举官与监判及测验官,夜于浑仪台上指问逐人,在天星宿,若问七不识五以上者,降充额外学生。""点识周天星座取及八分以上,最精熟者不以上名下次补充。"最优秀者可取旨授官。

朝廷在科举考试中,多次出天文历算的考题,指引读书人学习天文历法,并练习写天文历法的文赋,迎接科举考试。如宋代天文学家苏颂在科举考试中就两次遇到天文历算的考题,一次是《斗为天之喉舌赋》,另一次是《历者天地之大纪赋》。科举考试关系到举子的前途和命运,它指挥着千千万万的读书人,不仅读四书五经,也兼习天文历法。

第三,宋人的私塾和家教重视天文历法,民俗也十分崇尚天文。苏颂在他的家训类著作《魏公谈训》中,回忆说其曾祖母嫁给曾祖父时,嫁妆中有北极、北斗等四圣像。著名教育家朱熹家中也有浑天仪的小样。苏颂在研制假天仪时,因家存浑仪小样,而熟记于心,很快就与韩公廉一起创制了木样。

苏象先在《魏公谈训》中记载:苏颂少年时,其父苏绅任扬州通判,"命作《夏正建寅赋》,赋成,曾祖曰:'夏正建寅,无遗事矣,汝异时当以博学知名也。'"①苏颂晚年也十分重视对子孙的天文历法教育。苏象先记载说:"祖父仰瞻星宿躔度,常于小子首背上提之,使知星命。谓子孙曰:'悬象昭然如

---

① 《魏公谈训》,第1134—1135页。

此,汝不虔奉,乃欲求之杳冥乎?'"①苏家的天文教育是代代相传的,可见宋代家教与民俗对天文历法的重视。

第三节　苏州石刻天文图研究

中国古代天文图历史源远流长,成就巨大,在世界天文学史上独占鳌头。最早的天文图可以追溯到河南省濮阳县出土的龙虎北斗图,至今大约有六千年的历史。湖北省随县曾侯乙墓出土的漆箱盖二十八宿图,至今也有 2400 多年了。唐代敦煌星图是流传至今的最早的纸绘全天星图,到目前为止,还没有任何一个国家的同时代的星图可以与它媲美。而北宋的苏颂星图和南宋的苏州石刻天文图的科学价值,是远远超过唐代敦煌星图的。下面我们将对三种星图加以比较,作深入的研究。

一、苏州石刻天文图绘制的科学依据

宋代有五次大规模的恒星观测。

第一次是韩显符于大中祥符三年(1010)对外官星位置的观测。他以斗宿代替冬至点,用冬至点做起量点,量出外官星与冬至点之间赤经差,这种赤经差与现代的赤经差本质上是一样的,只是现在的赤经差从春分点量起。这与传统的以二十八宿距星为标准,测量天体与二十八宿距星的赤经差(入宿度)是不一样的。这是韩显符测量的特点。

第二次是宋仁宗于景祐元年(1034)下令编撰《景祐乾象新书》所进行的周天星座测量。此书中有一张记载周天星座入宿度、去极度的量表。此星表虽已不存,但当年所测二十八宿距星的位置留在了《宋史·天文志》中。

第三次是周琮等人于皇祐年间(1049－1053)用黄道铜仪进行的周天星官测量。这次测量是宋代五次观测中最值得称道的一次。这次测量分别记

---

① 《魏公谈训》,第 1138 页。

入了北宋王安礼重修的北周天文学家庾季才所著《灵台秘苑》和《宋史·律历志》中,内容是三百四十五个星官的距星的入宿度和去极度。这是目前我国所存明代之前的星数最多的星表。

第四次是元丰年间(1078－1085)的观测,其结果不见于《宋史》,却载于《元史》。苏颂《新仪象法要》中的星图和苏州石刻天文图上的二十八宿距度的划分,都是采用这次观测的结果。

第五次是姚舜辅于崇宁年间(1102－1106)所进行的观测,其结果记入了他编的《纪元历》中,《纪元历》以前都使用唐一行所测的二十八宿距度数据,已很陈旧。这次测量的结果,使用了少(1/4)、半(2/4)、太(3/4)等来表示,准确性进一步提高。二十八宿距度误差的绝对值平均只有0.15度。这是五次观测中成就最高的一次。

有关超新星的记载,也是宋代观测的突出成就。《宋会要辑稿·运历》记载:"至和元年(1054)五月,晨出东方,守天关,昼见如太白,芒角四射,色赤白,凡见二十三日。"经过天文学界的不断研究,至二十世纪四十年代已经确认《宋会要辑稿》记载的这颗至和元年(1054)五月可以"昼见"的星是一颗超新星。今天所见天关星附近的蟹状星云正是它爆发的遗迹。

苏颂星图也给苏州石刻天文图提供了可以比照的较精确的参考资料。苏颂《新仪象法要》中的星图是目前国内现存最早的全天纸印星图。苏颂星图共两套五幅,第一套是两幅横图一幅圆图。横图中一幅是自角宿到壁宿,画的东方、北方天区;另一幅是从奎宿到轸宿,画的西方、南方天区。圆图以北极为中心,由北极附近恒显圈内的星绘成,这样就完整地表达了全天星空。

第二套是两幅圆图,以赤道为界,分别以南北极为中心绘制,两半个天球表现在两幅圆图上,这是一个新创造。苏颂《新仪象法要》中的星图与唐代的敦煌星图相比,最大的进步是根据宋代的实测绘成。唐代敦煌星图是依据《礼记·月令》的资料绘制,而苏颂的星图是据元丰年间的实测绘制。敦煌星图绘星1350颗,苏颂星图绘星1464颗;敦煌星图从玄枵(子)开始,按十二次的顺序做不连续排列,中间夹有迷信文字;苏颂星图从角宿开始,按二十八宿顺序,做连续排列,有关分野等不科学成分已完全消除。苏颂星图与明代常熟石刻天文图相比,星的位置比常熟石刻天文图更准确。南极附近恒隐圈之内的星在北宋的首都开封看不到,图上是空白,留待以后填补,这种实事求是的科学态度也是值得赞扬的。

宋代对天文学的普及教育是全民性的,从南宋有很多民间的天文学家参加历法编制与改革,可见一斑。南宋苏州石刻天文图正是嘉王赵扩的老师黄裳所画,目的就是向赵扩讲授天文学知识。不仅皇亲贵族重视天文,一般的官僚和富家子弟,在读书时也重视学习天文学知识。如苏颂就向其子孙进行天文星象的教育,在其长孙苏象先的背上、头上指画星象,考问苏象先是什么星座,被苏象先记入了《魏公谈训》。

宋代积累的天文数据与准确的观测数据,也为苏州石刻天文图的绘制提供了科学的基础。如《杨惟德星表》、《周琮星表》、《苏颂星图》等,都为黄裳绘制苏州石刻天文图提供了科学的依据。

二、苏州石刻天文图作者、刻石与说明文字考述

在江苏省苏州市文庙的戟门处,至今竖立着三座南宋遗留下来的石碑,其上分别镌刻有"天文图"、"地理图"和"帝王绍运图",图的下部又各有文字说明。其中,"天文图"及其下的文字说明一碑,高2.16米,宽1.08米,碑额题"天文图"三字,这就是著名的苏州石刻天文图。

在"地理图"下有一段文字说明,提及这些碑刻是"盖山黄公为嘉邸翊善日所进也。致远旧得此本于蜀,司臬右浙,因募刻以永其传。淳祐丁未(1247)仲冬,东嘉王致远书"。这为我们了解这些碑刻的来历提供了可靠的信息。

绘图者"盖山黄公"系指黄裳(1147-1195),字文叔,隆庆府普成(今四川梓潼)人。宋孝宗乾道五年(1169)进士。宋光宗即位时(1190),任太学博士,进为秘书郎。同年三月,皇子赵扩(即后来的宋宁宗)被封为嘉王,黄裳以其才学"迁嘉王府翊善",为嘉王授课讲学。其间,黄裳"作八图以献:曰天极、曰三才本性、曰皇帝王伯学术、曰九流学术、曰天文、曰地理、曰帝王绍运,以百官终焉,各述大旨陈之"。绍熙二年(1191),黄裳"迁起居舍人"。这就是说,黄裳是在1190年献上包括天文图在内的八图的,此八图之作应稍早

于这一年,是他一生的主要学术造诣的图文并茂的展示。除了作天文图外,黄裳还"尝制浑天仪",这大约是小型的浑象,即与天文图相配合,以更鲜明的形象讲授天文知识,而且"欲王观象则知进学,如天运之不息"则是其深意所在;而"地理图"之作的用意更在于,使嘉王"披图则思祖宗境土半陷于异域而未归"。真可谓用心良苦。黄裳的苦心,使嘉王"意益向学",也因此受到了宋光宗的嘉奖。在光宗朝,黄裳还曾任中书舍人、给事中等,后又曾以显谟阁待诏充翊善之职,足见嘉王对他的器重。宋宁宗即位(1195),他被任命为礼部尚书兼侍读,但不久便英年早逝。①

　　刻石者王致远乃是浙江省永嘉县人,宋理宗嘉熙年间(1237－1240)任慈溪知县,累任湖北路与浙西路提刑及台州知州等职,后辞官回乡创办永嘉书院。② 提刑为提点刑狱公事的简称,亦称臬司。王致远自称镌刻石碑是在"司臬右浙"之时,即是在出任浙西路提刑期间。显然他十分推崇黄裳的"天文图"、"地理图"等的创作,而原图文之所以得之于四川,大约与黄裳是四川人有关系。

　　由上可知,苏州石刻天文图碑是由王致远在淳祐七年(1247)据黄裳约于绍熙元年(1190)绘制的原作镌刻而成,当无疑问。如果说黄裳原作的初衷是为了教育嘉王,而王致远刻石的用意则在于向更多的人普及天文、地理等知识,亦兼具劝学与不忘半壁江山的含义。有的学者认为黄裳的原作很可能是依据宋高宗绍兴七年(1137)四川隐士张大楙所进呈的一幅天文图——"用唐制创盖天图新式"——复绘或改绘的,这是一种过于大胆的推测。虑及黄裳还曾制作过浑天仪,《玉海》卷一更直称有"黄裳天文图",与张大楙天文图无涉,故在没有进一步可靠的证据之前,我们宁可相信黄裳的原作也就是黄裳的创作,而张大楙创作的天文图则应是另一幅南宋时期的作品,只可惜已失传。

　　苏州天文图碑的文字说明,共41行,每行约51字。其内容包括宇宙演化、天地结构、天球南北与黄赤道、日月五星的性质及其运动状况、月相与日

---

① 《宋史·黄裳传》,第11999页。
② 张宝琳等:《永嘉县志》卷一五,光绪版。

月食成因、三垣二十八宿及中外星官、妖星、银河、24 节气、12 辰、12 次、12 分野等等,是对当时天文学知识的比较全面的概述。

我们仅就其有特色的部分简述如下:

"太极未判,天地人三才函于其中,谓之浑沌,云者言天地人浑然而未分也。太极既判,轻清者为天,重浊者为地,清浊混者为人。轻清者气也,重浊者形也,形气合者人也。"黄裳突出了人在整个宇宙演化中的地位,使之与天、地相提并论,这是对天地人三才说的拔高,而从宇宙演化理论上看,其科学性反不如先秦以来的宇宙论述。

黄裳综合了天圆地方说和张衡浑天说:"天体圆,地体方","天包地,地依天"。"(地体)径二十四度,其厚半之。势倾东南,其西北之高不过一度。邵雍谓水火土石合而为地,今所谓径二十四度,乃土石之体尔,土石之外,水接于天,皆为地体,地之径亦得一百二十一度四分度之三也"。他不同意北宋以来盛行的地在气中说,也不同意邵雍对于地体的定义,而回到张衡浑天说上去。但他认为地体的宽度和广度均相当于天球直径的五分之一(= 24/121.75,而 121.75 = 周天度 365.25/3,即取 $\pi = 3$),厚度相当于天球直径的十分之一。水充满了下半个天球,地体浮在水面之上,其西北高出东南 1 度,即略微倾斜。此说得到宋元之际一些思想倾向保守的学者的认同,产生了一定的影响。

黄裳认为日、月的视直径均为"一度半",这显然是不对的,说明他根本没有作过实际观测,也没有吸取前人已有的正确成果。而对于日月的运行、月相与日月食的成因、24 节气、12 辰等,黄裳在说明文字中给予了相当通俗合理的描述。他主张日月五星右旋说,与当时盛行的左旋说不同:"天行速,七政(即日月五星)行迟,迟为速所带,故与天俱东出西入也。"这里,黄裳认为七政自身是较慢地从西向东运行的,但又被速度快得多的从东向西运行的天所牵带,所以每天也表现为东出而西没。这是对日月五星右旋说较通俗的解说,特别是在左旋说盛极一时的形势下,具有一定的意义。

对于全天星官,在说明文字中也有简要的论述,指出:"计二百八十三官,一千五(四)百六十五星。"黄裳认为"经星常守恒位,随天运转……七政之行至其所居之次,或有进退不常,变异失序,则灾祥之应,如影响然,可占而知也。"对于其他异常天象,也是"政教失于此,变异见于彼","或吉或凶,各有当之者矣",云云,这些也正是黄裳之所以关注天文学和绘制天文图的原因之一。

三、苏州石刻天文图的科学价值评析

苏州石刻天文图是一幅圆图式全天星图(不含南极附近星官,见 147 页天文图)。它以天北极为中心,画有三个同心圆,分别表示恒显圈(内规)、天赤道和恒隐圈(外规),其直径依次为 19.9 厘米、52.5 厘米和 85.3 厘米。又有一圆圈直径与赤道圈大致相等,并与之相交约成 24 度角,表示黄道。外规之外,还有两窄环圈,宽度各 3.1 厘米。内环圈标有二十八宿名及其宿度值;而外环圈则交叉标示十二辰、十二次及州国分野各十二名称,它们与《晋书·天文志上》所载"班固取三统历十二次配十二野"之说相同。又画有通过天北极与二十八宿距星的、与上述三同心圆正交的、角度宽窄各异的 28 根辐射线,表示二十八宿的宿度线。还画有贯穿天文图的、约呈弧形的银河轮廓线。这些组成了该天文图的基本架构,而在其内则分布如文字说明提及的三垣二十八宿星官系统的 283 官 1465 星,但现天文图中仅有 1431 星。潘鼐指出[1],在这 1431 颗星中,有 22 颗是天文图所画 283 官 1465 颗星所无的,是当年镌刻时的失误或后世某种人为的原因所致,即现天文图中实际上仅绘出了天文图的文字说明中的 1465 颗中的 1409 星,计缺 56 星。此外,现天文图中还绘有星点、漏刻星名者 21 处,星名写了错别字或有衍字、漏字者 20 处。黄道在天文图上理应表现为椭圆形,对此,唐代一行就曾有过论述,他还指出如果黄道画成与赤道相交的圆形,"二至出入赤道二十四度,以规度之,则二分所交不得其正;自二分黄赤道交,以规度之,则二至距极度数不得其正"[2]。现天文图上的黄道画为圆形,春分点和秋分点之间并不是相距 180 度,夏至点与冬至点的去极度也出现较大偏差,正如一行当年所述。这些都是苏州石刻天文图的不足之处。

① 潘鼐:《中国恒星观测史》,学林出版社 1989 年版,第 260—263 页。

② 欧阳修等:《新唐书·天文志一》,中华书局 1995 年版,第 812 页。

苏州石刻天文图的内环圈所标二十八宿宿度值与《元史·历志四》所载的宋神宗元丰年间的测值完全相同,即与苏颂星图所取值也是一样的,这是苏州石刻天文图中各恒星位置系依元丰七年(1084)实测结果厘定的主要证据。又由石刻天文图碑的文字说明可知,其所取北极"出地上三十度有余",与《新仪象法要》所说 35 度又 1/6 度相当(这是北宋京都开封的地理纬度,而不是黄裳作天文图的所在地南宋京都临安的地理纬度),这也是苏州石刻天文图的绘制受苏颂或元丰年间测量影响的旁证。

关于苏州石刻天文图绘制的准确性问题,已有不少学者进行过研究。如今井溱的《黄裳天文图考》(《上海自然科学研究所汇报》第 7 卷别册 11,1937 年日文版),薮内清的《宋代の星图》(《支那の天文学》,1943 年日文版),杜升云的《苏州石刻天文图恒星位置的研究》(《北京师范大学学报(自然科学版)》1982 年第 2 期),潘鼐的《中国恒星观测史》(学林出版社 1989 年版,第255 – 264页)等。现天文图中天北极与当时的北极星(纽星)略有偏离,这是作者注意到二者之间应相距 1 度有余的反映。潘鼐指出:现天文图中的二十八宿线绘制的平均偏差为 0.38 度;而由内规直径与赤道直径之比,以及外规直径与赤道直径之比,可分别推算得天文图所反映的观测地点应在北纬34.2度和34.3 度,这表明现天文图内、外规直径的设定是自治的,而与北极出地 35 度有余之说约有 0.5 度之差。杜升云曾选取现天文图上 266 颗恒星,量度其赤经与赤纬值,进而与理论计算值作比较研究,得出其误差的均方差为 ±1.5 度。这些情况说明,苏州石刻天文图是一幅依据对恒星位置的实测成果、按极坐标式的方法绘制而成的科学星图。由于它是以石刻的形式相当好地流传至今的,所以它十分忠实地反映了南宋时期星图的水平,是弥足珍贵的。自立石之后,该天文图起了普及天文知识的重要作用,对于明代天文图的绘制也产生了深远的影响。

明代的星图绘制繁多,传留至今的数量也是以前各代所不能比。陈美东先生在《中国科学技术史·天文卷》中所列就有 18 种。这些星图中,受苏州石刻天文图影响最大的是江苏省常熟县学的天文图碑。该图是一幅全天星图,先由知县杨子器大约刻石于明弘治九年至十二年(1496—1499),后由继任知县计宗道再次刻石于正德元年(1506),并保留至今。

对两个石刻天文图加以比较,我们会发现常熟县学石刻天文图是仿苏州石刻天文图而成。图上所有星名基本依照《宋史·天文志》绘制,各星官联线多依据苏颂《新仪象法要》中星图描画镌刻。由于该星图立于县学,刻于石碑,"拓者甚众",对宣传和普及天文知识起了很大的作用。明代众多的全天星图,从总体上看,均未超出苏州石刻的天文图的水平。它们之中,有的明显地受到苏州石刻的天文图的影响,可见苏州石刻天文图在中国星图史上的地位和影响。①

四、苏州石刻天文图在中国古代星图史上的地位

中国古代星图源远流长,传流至今的也不下数十种。② 我们觉得可以与苏州石刻天文图作比较研究的有三种:即唐代敦煌星图(甲本)、宋代苏颂星图和明代常熟石刻天文图。因为这四种星图绘制的都是全天星图,便于比较。苏州与常熟的石刻天文图都刻在石上,又十分相似。

(一)与唐代敦煌星图(甲本)相比较

唐代敦煌星图现存英国伦敦大英博物院图书馆,斯坦因编号为MS3326。它是一个长轴,手绘有十二个月的星图各一幅,紫微垣圆图一幅。(见146页)

十二个月的星图,按三垣、二十八宿法划分天区,绘出赤道附近的星官。十二个月的星图依次为:十二月为女、虚、危、室四宿;正月为危、室、壁、奎四宿;二月为壁、奎、娄、胃四宿;三月为胃、昴、毕三宿;四月为毕、觜、参、井四宿;五月为井、鬼、柳三宿;六月为柳、星、张三宿和太微垣;七月为太微垣、

---

① 《天文学》一章,我们较多地使用了陈美东先生的研究成果,特别是《苏州石刻天文图研究》一节,我们较多地转述了他的原文。尤其令我们感动的是,当我们向美东先生求教古代星图问题时,他已诊断为肠癌,正在住院治疗。他还是寄赠了大作《中国古星图》,使我们在天文史资料不足的温州,能够更好地利用他的学术成果。美东先生嘉惠他人的学术品德,使我们想起先人龚自珍那两句有名的诗:"落红不是无情物,化作春泥更护花。"

② 陈美东主编的《中国古星图》,辽宁教育出版社1996年版,刊出彩色星图11幅,黑白星图19种。

翼、轸;八月为角、亢、氐;九月为氐、房、心、尾四宿和天市垣;十月为尾、天市垣、箕、斗、牛;十一月为斗、牛、女三宿。

在每个月星图的下方写明当月太阳所在宿次和昏旦中星的宿次,其内容来自《礼记·月令》。在每两个月的星图之间,有竖写的两行文字,是与各月相应的十二次起止度数,与汉代刘歆的三统历一致。

对于北天极附近的紫微垣,另画成一幅以北极为中心的圆图。使用的是汉代以来的盖图的传统画法。

图中用黑色、橙黄色、圆圈、外圈内黄点表示甘氏、石氏、巫咸氏三家星官。所绘星数席泽宗主张 1359 颗,潘鼐主张 278 官 1332 颗,薄树人主张 1348 颗[①]。各星官大多以连线联成,标出星官名称。

敦煌星图(甲本)是中国也是世界现存绘星最多,年代最早的全天写实星图,它又是用圆横结合先进方法绘制的最早的星图,它已开近代星图画法之先河。它在中国和世界星图史上都有崇高的地位。

敦煌星图(甲本)与苏州石刻天文图相比较,前者按照古代十二次分野,中间夹叙古分野占验文字,是不科学的。后者已经没有这种不科学的文字。前者绘制所依据的资料来自《礼记·月令》和汉代三统历,并非依据唐代的实测。后者是依据宋代元丰七年(1084)实测结果绘制的。前者图上没有任何坐标圈、分别表示恒显圈、(内规)赤道和恒隐圈(外规),赤道和黄道相交约成 24 度角。内环圈标有二十八宿名称及宿度值;外环圈交叉标示十二辰、十二次名称。用 28 根宽窄各异的辐射线,表示二十八宿的宿度线。文字说明绘制的是三垣、二十八星官系统的 283 官 1465 颗星。后者已改变了前者的写实或示意性质,它是依据对恒星位置的实测成果,按极坐标式的方法绘制而成的科学星图。

(二)与北宋苏颂星图相比较

苏颂在《新仪象法要》卷中所绘制的是由五幅组成的一整套星图,它明显地分为两组:第一组由一幅圆图和两幅横图组成。圆图为紫微垣。两幅

---

① 席泽宗敦煌星图载《文物》1966 年第 3 期。潘鼐:《中国恒星观测史》,学林出版社 1989 年版,第 156 页。薄树人:《中国古星图》,辽宁教育出版社 1996 年,第 12 – 13 页。

横图分画二十八宿、中外官星。第一幅名"浑象东北方中外官星图",载青龙、玄武二象,自角宿到壁宿;第二幅名"浑象西南方中外官星图",载白虎、朱雀二象,自奎宿到轸宿。第二组为两幅圆图。两幅都以赤道为圆的外界,一幅为以北天极为中心的北天全图;一幅为以南天极为中心的南天全图。(见 144—145 页)

第一,苏颂星图巩固了以敦煌卷子星图为代表的唐初以来的圆横结合的先进星图画法,并又有重大发展。由上述简括介绍可知,除第一组外,它还新创了第二组星图,这是前所没有的。对此,苏颂在图后有一段精彩的说明文字:

> 古图,有圆纵二法:圆图,视天极则亲,视南极则不及;横图,视列舍则亲,视两极则疏。何以言之? 夫天体正圆,如两盖之相合。南北两极,犹两盖之杠毂,二十八宿如盖之弓撩;赤道横络天腹,如两盖之交处。赤道之北为内廓,如上覆盖;赤道之南为外廓,如下仰盖。故列弓撩之数,近两极则狭,渐远渐阔,至赤道则极阔也。以圆图视之,则近北,星颇合天形;近南,星度当渐狭,则反阔矣。以横图视之,则去两极星度皆阔,失天形矣。今仿天形为覆仰两圆图。以盖言之,则星度并在盖外,皆以圆心为极。自赤道而北为北极内官星图;赤道而南为南极外官星图。两图相合全体浑象,则星官阔狭之势,与天吻合,以之占候,不失毫厘矣。

很清楚,苏颂新画法的创新之处就在于它既保存了圆图和横图各自的优点,画出第一组星图;又着意克服单纯圆图和单纯横图的缺点,以赤道为界将天球一剖为两半,然后分别投影画出南半球和北半球的全天星图,使其更接近星空实际。两组星图,综合对勘使用,已经超出古代星图的记录星象、证认恒星、传习后学的传统功用的范围,而具有推算星度的技术数据的价值。这是苏颂星图的最突出的贡献。

第二,仅就第一组两幅横图来说,就已比敦煌星图前进了一大步。敦煌横图是画在一幅长卷上,周天星宿被分割成十二段,段与段之间,夹着说明文字;并不是连续排列的星图。而苏颂的横图仅分为两段,按二十八宿次序连续排列,两段之间紧密衔接,更具实用价值。

第三,就二十八宿顺序来说,苏颂星图也有自己的独到之处。中国天文观测学的二十八宿体系形成之后,《吕氏春秋》和《淮南鸿烈》所记的顺序是:东(青龙)→北(玄武)→西(白虎)→南(朱雀),但《史记·天官书》和《汉书·天文志》却都是按东→南→西→北的顺序记载的。大天文学家张衡的《天象赋》中的顺序则按前者,而不照后者。这是有道理的。因为我国地处北半球,先民首先注意观测的重点是北极附近的紫微垣,所以习惯面北而观,人目所见是天球左旋,因此四象依次出现于天顶的顺序是东→北→西→南→东,也与黄道上的冬至→春分→夏至→秋分各点的时序一致;而东→南→西→北则违背天象实际。苏颂善于择善而从,宁舍权威的《史记·天官书》、《汉书·天文志》,而取《吕览》、《淮南》,不能说不是难能可贵的。

第四,关于星数,历代传习下来的三家星数:巫咸测定的有33座、144星(《新仪象法要》注明图中用黄色表示者);甘德测定的有118座、510星(苏颂星图中用黑色表示者);石申测定的有138座、810星(《石氏星经》原有120座、121星,今本只存86座、115星)。总星座数因归划方法不一,可能有重复,无法统计,但总星数确有1464颗。司马迁的《天官书》仅记有星官91个,包括恒星500余颗。班昭、马续的《汉志》只记"凡天文在图籍昭昭可知者,经星常宿中外官星凡一百一十八名,积数七百八十三星"(《史》、《汉》均缺壁宿)。到东汉张衡著《灵宪》(约在公元118年),说"中外之官常明者百有二十四,可名者三百二十,为星两千五百,而海人之占星未存焉,微星之数盖万一千五百二十"。三国陈卓将先秦时代流传下来的各派占星家所测定的星官,并同存异,综合编成一个具有283官、1464个恒星的星表,并曾为之测绘了星图,一直被后世天文家奉为圭臬。

现在苏颂星图,东北方星座129、星数666,西南方星座117、星数615,计中外官星246座、1281星,外加紫微垣37座183星,共计283座、1464星,恢复了陈卓之数,弥补了晋隋两志的遗落。这是苏颂星图的一大功绩。

第五,星位精确度大大提高。元丰观测的精确度到底如何呢?笔者将

卷中《四时昏晓中星图》所提供的四正中星度数和日躔宿度之间的星日度距全部推演一遍,其结果是:

四正星、日度距表

		理论值	依元丰测度推算值	二者误差
春分	昏	100.44375 度	100.833334 度	0.38958 度
	晓	100.44375 度	101.5 度	1.05625 度
夏至	昏	118.70625 度	118.5834 度	0.12285 度
	晓	118.70625 度	119.4166 度	0.71035 度
秋分	昏	10044375 度	100.583333 度	0.139583 度
	晓	100.44375 度	101.416666 度	0.972916 度
冬至	昏	82.18125 度	82.3333 度	0.15208 度
	晓	82.18125 度	83 度	0.81875 度

显而易见元丰测值的星日度距与理论推导的星日度距的平均误差为 $4.36 \div 8 = 0.5453$ 度。日星度距为 1/4 周天,相当于七个宿度,误差仅半度多一点,平均每宿距度之误差大约不过 $0.5453 \div 7 = 0.0779$ 度了。比起苏颂死后徽宗崇宁间(1102 - 1106)姚舜辅的测量值(其误差的绝对值平均只有 0.15 度),也不逊色哩!

但遗憾的是我们能看到的《新仪象法要》卷中(不论什么版本都一样)所附星图,其精确度却已大大打了折扣。兹以《丛书集成初编》本为例,一是两幅横图所画二十八宿距度大多与元丰所测的实际度数不符,所采用的比例尺前后不一。大体看来,好像是按 1 毫米表示 1 度作图的,但只有氐、牛、虚、娄、觜、星等宿的宽度与它们的距度相符。其余有少部分宽度大过距度,如角宿 12 度,却有 17mm;箕 11 度,却有 14.2mm 等等。大部分均小于距度,如井 34 度,只有 28.5mm;斗 25 度,只有 17.3mm;胃 15 度,只有 10mm;轸 17 度,只有 11.1mm;亢 9 度,只有 5.1mm 等等。有的同一宽度却用来表示不同距离,如用 17mm 表示的就有角(12 度)、尾(19 度)、斗(25 度)等。还有同一距度用不同宽度表示的,如室、毕、张、轸同为 17 度,在图上的宽度却分别为 15.4mm、19mm、14mm、11.1mm 等等。二是两幅圆图,本是直接用弧度表示,应该不易出错的,但实际量度一下,便发现大多不准确,且出现有几度的误差,如北极星图中虚宿本为九度少强(即 $9\frac{1}{3}$ 度),图上却只有 3.5 度;危宿 16 度却有 21 度。在南极星图中,星宿本为 7 度,图上却是 10.5 度等等。出现了反不如横图准确的怪现象。究其原因,很明显是由于传抄翻刻造成的。因为同样是根据明钱曾的那个"图样界画,不爽毫发"的抄本翻刻的,《四库》(文渊阁)本的两幅横图就比《丛书集成》本要好一些,如上述箕(11 度)为 11.4mm,井(34 度)为 32mm,斗(25 度)为 26mm,胃(15 度)为 14mm,亢(9 度)为 9.8mm,还有鬼(2 度)2mm,昴(11 度)11mm,虚($9\frac{1}{3}$ 度)$9\frac{1}{3}$mm 等,与元丰测值便比较接近一些。圆图则更好一些,除娄、张两宿外,其他各宿大多与实际度数基本相符。如上述《丛书集成》本中的虚(3.5 度)、危(21 度)完全改正过来,各为 9 度和 16 度。并且补上了《丛书集成》本南极图中女宿所缺的一条经线。但《四库》(文渊阁)本也有不及《丛书集成》本的地方。如它的星座没有联线,且星的相对位置(星座形状)失真较大;又,《丛书集成》本横图中表示距离的直线,大多严格通过各宿的距星,而《四库》(文渊阁)本则常偏离了距星。所以两本各有优缺点。

　　将苏州石刻天文图与苏颂现传星图相比较,我们发现苏州石刻天文图,没有苏颂现传星图在刻印中造成的诸多失误,它的科学性也为当代的天文学研究者所证明。[①] 它正好纠正和弥补现传苏颂星图的失误。潘鼐指出,现天文图中的二十八宿线绘制的平均偏差为 0.38 度;而由内规直径与赤道直径之比,以及外规直径与赤道直径之比,可分别推算得天文图所反映的观测

①　今井溱:《黄裳天文图考》,《上海自然科学研究所汇报》,第七卷别册 11,1937 年(日文版);薮内清:《宋代の星图》,《支那の天文学》,1943 年(日文版);杜升云:《苏州石刻天文图恒星位置的研究》,《北京师范大学学报(自然科学版)》,1982 年第 2 期;潘鼐:《中国恒星观测史》,学林出版社 1989 年版,第 255－264 页。

地点应在北纬34.2度和34.3度,这表明现天文图内、外规直径的设定是自洽的,而与北极出地35度有余之说约有0.5度之差。杜升云曾选取现天文图上266颗恒星,量度其赤经与赤纬值,进而与理论计算值作比较研究,得出其误差的均方差为±1.5度。这些情况说明,苏州石刻天文图是一幅依据对恒星位置的实测成果、按极坐标式的方法绘制而成的科学星图。由于它是以石刻的形式相当完好地流传至今的,所以,它十分忠实地反映了南宋时期星图的水平,是弥足珍贵的。自立石之后,该天文图起了普及天文知识的重要作用,对于明代天文图的绘制产生了深远的影响。

(三)与明代常熟石刻天文图相比较

江苏常熟县学石刻天文图碑,是一幅全天星图。先由常熟知县杨子器大约在弘治九年至十二年(1496－1499)刻石而成。其后受到损坏,又由继任知县计宗道于正德元年(1506)重新刻石,保留至今。常熟石刻天文图是仿照苏州石刻天文图刻制的,并对苏州石刻天文图有所补正。比较两者的优缺点,对确定它们在中国古代星图史上的地位,是十分重要的。

对常熟石刻天文图,现代学者王德昌、车一雄、黄步青等人已经作了很好的研究。① 现将他们对常熟石刻天文图与苏州石刻天文图所作的比较转述如下:

常熟天文图填补苏州天文图有星无名者共二十二处(见表1),有名无星者四处(见表2)。

表1 常熟天文图填补苏州天文图所缺星名22处

垣宿	紫微垣				太微垣	天市垣			角			亢	氐	斗	女	危	昴	毕	井	胃	
星官	勾陈	上卫(右垣)	天枪	天牢	明堂	河中	河间	晋	周鼎	进贤	柱	折威	骑官	天	离珠	盖屋	蒭藁	三柱	参旗	积尸气	爟

---

① 王德昌等:《常熟石刻天文图》,载陈美东主编《中国古星图》,辽宁教育出版社1996年版,第124－133页。

表2 常熟天文图填补苏州天文图星点4处

天市垣	井	轸	
帝座	阙丘	长沙	右辖

常熟天文图订正苏州石刻天文图的星数部分：

其中苏州天文图二十八处星官少星45颗（表3），十一处星官多星11颗（表4）。

表3 常熟天文图较苏州天文图多出的星数

垣宿/星官/图名	紫微垣			太微垣		氐尾		斗	牛		女		危		室				娄	胃				星		
	三公	天厨	内屏	常陈	少微	氐	尾	天弁	右旗	辇道	天田	十二国座赵	天钩	蛇	垒壁阵	羽林军	八魁	奎	天将军	大陵	天船	天廪	天囷	星	天相	天稷
常熟石刻天文图	3	6	4	7	4	4	10	9	9	5	9	2	9	22	12	45	9	16	11	9	9	4	13	7	3	5
苏州石刻天文图	2	5	3	6	3	3	9	6	7	3	6	1	6	19	10	38	8	15	10	7	8	3	10	6	2	4
星数差	1	1	1	1	1	1	1	3	2	2	3	1	3	3	2	7	1	1	1	2	1	1	3	1	1	1

常熟图中大陵多1星，实应8星。

表4 常熟天文图较苏州天文图少画的星数

垣宿/星官/图名	紫微垣	太微垣	天市垣			角	斗	危	昴	井	
	传舍	长垣	市楼	右垣（韩之旁）	左垣（中山与齐之间）	库楼	鳖	人星	天苑	子	孙
常熟石刻天文图	9	4	6	11	11	10	14	5	16	2	2
苏州石刻天文图	10	5	7	12	12	11	15	6	17	3	3
星数差	1	1	1	1	1	1	1	1	1	1	1

表5 常熟天文图二十八宿赤道宿度与去极度同有关测值的比较

二十八宿		宋皇祐测		苏州石刻天文图		常熟石刻天文图		新仪象法要星图	
宿	距星	赤道宿度	去极度	赤道宿度	去极度	赤道宿度	去极度	赤道宿度	去极度
角	南星	12	96.1	12	97.2	12	78.5	12	97.4
亢	南第二星	9	94.6	9	97.1	9	85.9	9	97.4
氐	西南星	16	103.0	15	102.4	15	81.7	15	101.6
房	南第二得	5	112.8	6	113.4	6	108.0	6	109.8
心	西星	6	112.8	6	114.9	6	106.4	6	112.4
尾	西第二星	19	125.2	19	127.8	19	123.8	19	128.1
箕	西北星	10	119.8	11	119.8	11	97.1	11	119.8
斗	西第三星	25	117.3	25	118.3	25	100.1	25	113.9
牛	中大星	7	106.9	7	107.5	7	99.2	7	101.6
女	西南星	11	103.0	11	101.7	11	101.8	11	120.6
虚	南星	9	99.0	9	97.2	9	86.2	9	97.6
危	南星	16	94.6	16	87.2	16	115.7	16	99.7
室	南星	17	79.3	17	81.3	17	92.9	17	77.1
壁	南星	9	79.3	9	82.6	9	92.5	9	81.5
奎	西南大屋	16	71.0	16	72.7	16	76.7	16	66.7
娄	中星	12	74.4	12	72.7	12	62.4	12	69.1
胃	西南星	15	66.5	15	68.6	15	85.3	15	71.2
昴	西南星	11	69.0	11	71.1	11	81.0	11	71.7
毕	右股第一星	18	73.9	17	73.3	17	76.8	17	78.6
觜	西南星	1	81.3	1	84.4	1	78.3	1	79.8
参	中西第一星	10	91.1	10	93.6	10	99.2	10	91.3
井	西北第一星	34	68.0	84	67.2	34	69.0	34	67.2
鬼	西南星	2	68.5	2	67.0	2	87.4	2	63.8
柳	西第三得	14	81.3	14	81.3	14	76.8	14	79.5
星	大星	7	94.6	7	95.8	7	100.5	7	98.0
张	西第二星	18	101.0	17	102.4	17	97.3	17	99.2
翼	中西第二星	18	102.5	19	104.6	19	103.9	19	103.1
轸	西北星	17	102.5	17	103.1	17	93.8	17	102.1

古代星图科学水平高低的最重要标志,要看星图上星宿位置画得是否准确。表5中以二十八宿距星为例,对其他星官的位置就此也可说明。星图

上距星的去极度是采用简单比例方法近似求得。除常熟石刻天文图、苏州石刻天文图、《新仪象法要》中苏颂星图外,还列入了宋皇祐年间(1049 – 1053)所测距星的赤道度数和去极度。通过表与图中所列数据可以看出苏州天文图和苏颂星图都是根据元丰年间(1078 – 1085)实测绘制的。与皇祐年间约差三十年左右,距星的去极度相差不多。苏州石刻天文图仅危宿距星去极度差七度多。苏颂星图仅牛、危、尾三宿距星差五度。可见两星图上的星官位置是很准确的。常熟天文图各宿距星去极度与皇祐所测结果比较有三个距星差二十度以上,九个距星差十至二十度,七个距星差五至十度。说明常熟石刻天文图远不及苏州石刻天文图准确。

陈美东先生在《中国科学技术史·天文学卷》明代星图一章,列举了十八种星图。他在总结时说:"从总体上看,这些全天星图均未超出苏州石刻图碑的水平。"[①]我们认为陈先生的评论是完全正确的。明代众多星图均未超出苏州石刻天文图的水平。从上述比较中,可以看出苏州石刻天文图,在中国古代星图史上的地位是十分重要的。

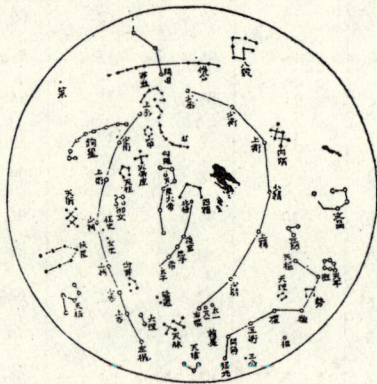

苏颂紫微垣星图
(《丛书集成初编》本)

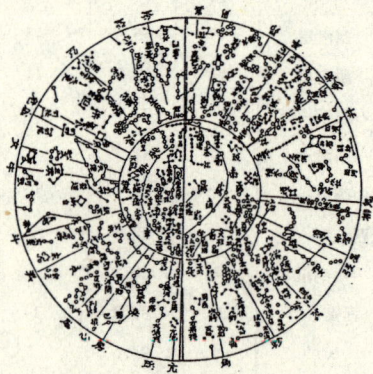

苏颂浑象北极图
(《丛书集成初编》本)

---

① 陈美东:《中国科学技术史·天文学卷》,科学出版社 2003 年版,第 595 页。

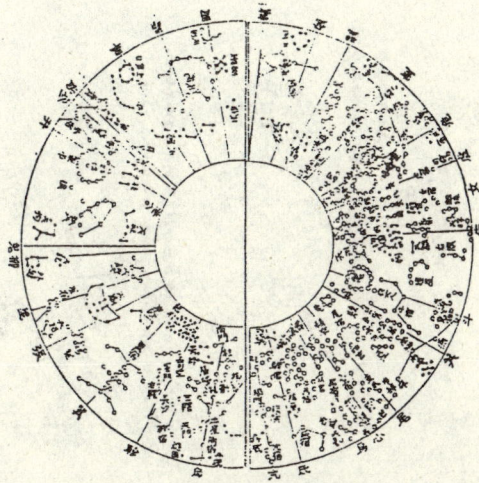

苏颂浑象南极图

（《丛书集成初编》本）

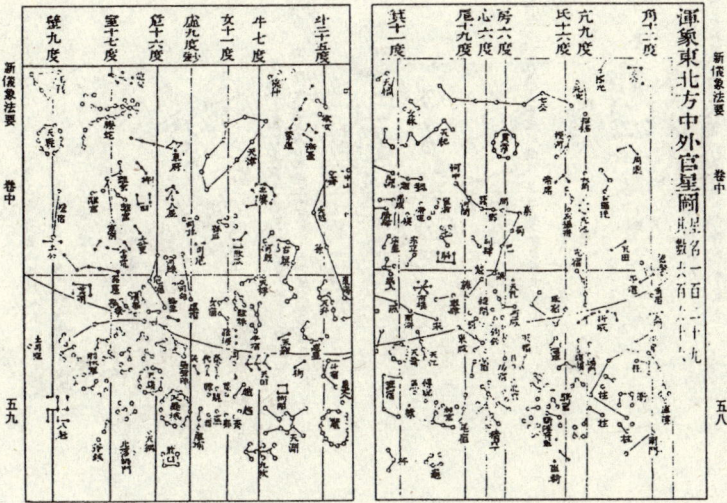

《新仪象法要》浑象东北方中外星官图

（《四库全书》（文渊阁）本）

敦煌星图（甲本）六月、七月、八月星图（唐代）

敦煌星图（甲本）十二月、正月、二月星图（唐代）

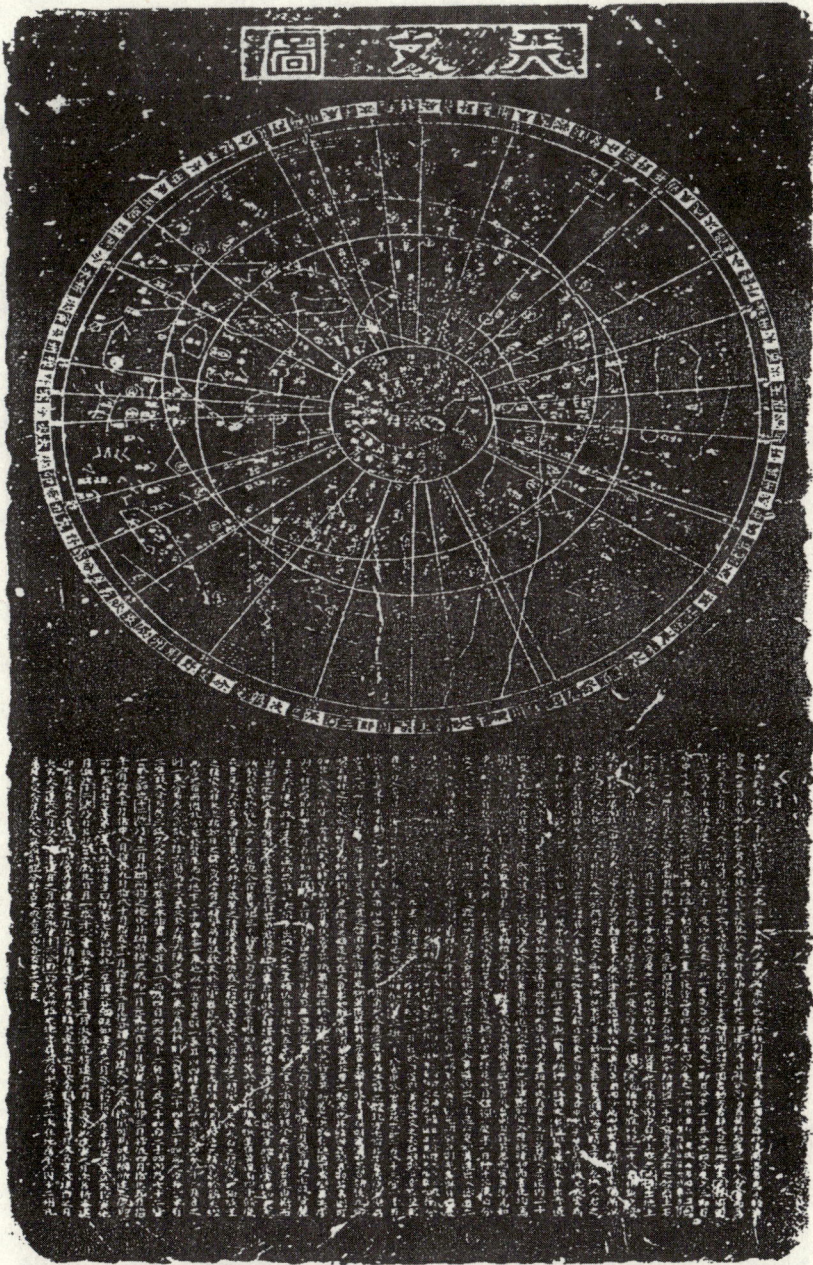

苏州石刻天文图（拓本，伊世同提供）

江苏省常熟市石刻天文图碑（1496—1499 年间杨子器首刻，1506 年计宗道重刻，
伊世同提供）

第四章 南宋的医药学

南宋定都临安(今杭州)以后,对中央的医药管理机构,进行了改革与精减。始设于淳化三年(992)的翰林医官院,到宝元元年(1039)扩展为院使、副使、尚药奉御等 102 位官员。至政和三年(1113),正规官员和额外人员计1096 人。南宋初规定翰林医官院为 350 人,绍兴二年(1132)裁减为 43 人。

南宋医官虽然精减了,但选拔范围反而扩大了。规定四十岁以上,有经验的医生可在临安报考,各科考试优异者,留翰林医官院,任大夫、医效、医愈等,或任医学博士、医学教授等。淳熙十五(1188)以后,选拔翰林医官扩大到外地各州,民间医生参选人数增多。

翰林医官院主管各级医官、医学教师、医师的选拔、任用、调遣等工作,还组织医经校注、本草编修和方书颁布等,对流行病防治、医药散发、医药收供等工作,也由翰林医官院管辖。南宋翰林医官院对医药发展起到了推动作用。

南宋建炎四年(1130),在临安设置熟药所。绍兴五年(1135),户部侍郎王俣请置太平惠民局,以藏熟药。另设惠民和剂局,管理药剂。绍兴二十一年(1151),又命令全国各州仿照临安的太平惠民局设立惠民药局。中央又颁布了我国第一部成药制剂规范《太平惠民和剂局方》,让各地按局方配药,出售给病人。各地纷纷设立了惠民药局,宝庆三年(1227),鄞县知县胡榘创和剂药局,宝庆五年(1229),知府吴潜扩建制药场所,慈溪、奉化、余姚等都设立了惠民药局。太平惠民局和惠民和剂局,对中药的配制、蓄藏、出售等起了规范化的作用。

第一节　经典医著的整理与研究

南宋在经典医著的整理与研究方面不及北宋,但是,也做了许多工作,有些工作惠及当代,在中国医药史上有不朽之功。如史崧据家藏本对《灵枢经》的整理与校订,李元立和李駧对《难经》的注解,王炎和郑樵对《神农本草经》的辑复,许叔微和郭雍对《伤寒论》的研究,陈无择对《脉诀》的批判与研究及西原脉派的学术成果等,都为中国医药学史增光添彩。

一、《灵枢经》、《难经》和《神农本草经》的整理工作

(一)史崧对《灵枢经》的整理与校订

《灵枢经》又名《灵枢》、《黄帝内经灵枢经》、《针经》等,它是《内经》的一部分。原书九卷,八十一篇,成书于春秋战国时期,非一人一时之作。隋唐时期出现各种不同的名称与传本,如《九灵》、《九墟》、《灵枢》等。北宋以后,原本及传本多已散失。现传本是南宋史崧据其家藏本编校厘定,改为二十四卷。元代改为十二卷,明代改为二十三卷,当代传本为十二卷。

史崧校订后的《灵枢经》,卷一论九针、十二原穴与脏腑关系及临床应用,各经要穴、脏腑经气出入流注经过,小针之运用及邪气所伤的原因等。卷二论述三阴三阳经根结本末与治疗的关系,详述九针、九刺及各种刺法,说明运用针法要根据生理、病理、诊断及病情变化规律。卷三论述十二经、十二经别循行、是动所生病、进针深浅、留针时间等。卷四论述十二经筋循行、骨度、经气运行、营气来源,二十八经脉长度,四季疾病选穴刺法等。卷五论述五脏病邪、寒热、癫狂等病症的诊治,标本治则,十二奇邪上走空窍发生病证及治疗等。卷六论述问诊、望诊,六气和肠胃消化系统各器官的生理解剖,气乱于心、肺、肠胃、臂胫、头面五种病证的取穴治疗等。卷七论刺清浊,阴阳盛衰消长、病传,因邪气淫佚而发梦的病理等。卷八论述针灸应通

经络明诊断,五脏五色诊法、心肝胆之盛衰与勇怯,背部五俞穴,十二经标本,论痛等。卷九论述水胀、贼风、卫气失常、痈疽症状治法,五味各有所走,过嗜则病,及其针刺原则等。卷十论述五音所属各型人与经脉的关系,为病始生、补泻原则、针刺操作与得气疗效等。卷十一论述太阴、少阴、太阳、少阳、阳明五种类型人的禀赋,以五节针法刺五邪,卫气运行与针刺,八风对人体危害如何预防等。卷十二论述九针不同形状、性能,脏腑适应症状,疟疾、大惑、痈疽等病理。

此书内容丰富,包括人体生理、病理、诊断、治疗、阴阳五行、脏腑经络、营卫气血、人与自然的关系、疾病预防等内容。与《素问》互为补充,各有阐发,在经络、针灸方面较《素问》更加详实。与《素问》同为中医理论体系的奠基之作。

我们今天能够比较全面和详实地掌握《灵枢经》的内涵,史崧的整理厘定,功不可没。

(二)南宋对《难经》的注释

1.李元立《难经十家补注》

李元立集注的《难经十家补注》,又名《王翰林集注八十一难经》。明叶盛《绿竹堂书目》又称《难经集注》。日本丹波元胤《医籍考》说:"《难经》有十家补注,所谓十家,并越人而言之,曰:卢秦越人撰,吴太医令吕广注,济阳丁德用补注,前歙州歙县尉杨玄操演,臣宋陵阳草莱虞庶再演,青神杨康侯续演,琴台王九思校正,通仙王晋象再校正,东京道人石友谅音释,翰林医官、朝散大夫、殿中省尚药奉御、骑都尉、赐紫金鱼袋王唯一重校,建安李元立镂木于家塾。""据此,诸家校注本固各单行,李氏鸠集其说,编十家补注。"

丹波元胤评价此书说:"题曰王翰林,则非惟一之旧也。是书视之于滑氏之融会众说以折衷之,则醇疵殽混,似不全美。然吴吕广以下之说,得籍以待之。要之,医经之有注,当以此为最古也。"

综上可知,南宋的李元立收集了自秦越人扁鹊至王惟一的十家注释,把从战国到北宋的各家对《难经》的注释,集于一体,对良莠加以鉴别,择其精要,编成此书。李元立使《难经》最古的各家注释,得以流传至今。

2. 李駉的《难经句解》，又名《难经图解》，其传世本又称《新刊晞范（李駉号晞范，字子野）句解八十一难经》和《黄帝八十一难经纂图句解》。成书于南宋咸淳五年（1269）。

李駉自序说："予业儒未效，惟祖医是习……如八十一难，乃越人受桑君秘术，尤非肤浅者所能测其秘，随句笺解，义不容舛。敬以十先生补注为宗祖，言言有训，字字有释。"李駉在《注义图序论》中又说："虽有吕广、杨玄操注释，皆浅陋缺略，而又用之异端之论；近代为之注者，率多芜杂，无足观焉，是故《难经》奥旨，暗而不彰，医者莫能资其说以施世也。今余妄意古人言，为之义解。又于终篇撮其大法，合以《素问》，论而图之；杨玄操之注有害义理者，指摘而详辩焉。然后，切脉之纲要粲然可观，医者考之，可以审是非而辟邪说矣。"

李氏对前人的十家之说，给以考证阐释，批驳扬弃，并绘图以论之。我们详读李駉《难经句解》，他的自序并非矜夸之词，其句解确很详尽。如"三十六难"中"命门者"一句，李氏解曰："为生命之门，右尺为相火，行君火之命令。"对"诸精神之所舍"一句，李氏注曰："命门有穴在背十四椎节中，又有志室两穴，在十四节下，两旁各三寸，有神守于命门，不令邪入志室舍宅也，精神居之。""男子以藏精"一句，李氏解曰："五脏六腑精气淫溢而渗灌于肾，肾受而藏之。五脏各有精，随用而灌于肾，肾为都会关司之所，身之藏精也。"李氏的注解确实别具一格，优于诸家。

李氏全书分为两部分，第一为《难经注义图序论》，载图三十八幅，用来阐明脏腑、阴阳、营卫、三焦、脉象、经络、俞穴之奥义。第二为《八十一难句解》分为七卷。卷一为一至七难；卷二为八至十五难；卷三为十六至二十三难；卷四为二十四至三十四难；卷五为三十五至四十六难；卷六为四十七至五十六难；卷七为五十七至八十一难。

李氏认为《素问》与《难经》是中医之必读书。他认为"不诵《难》《素》之文，滥称医人，妄用药饵"，必定是庸医，与兵刑杀人是没有两样的。

（三）《神农本草经》的辑复与注疏

隋唐以前，《神农本草经》的早期传本尚多，但在唐《新修本草》、《蜀本草》、《开宝本草》等编成之后,把《神农本草经》的内容大量编入以上诸书,《神农本草经》的单行本日渐失传。到南宋时,已找不到《神农本草经》的原本,辑复工作被提到议事日程之上。

1. 王炎的《本草正经》

王炎认为"存古者不忘其初",《神农本草经》是一切本草著作的根基,必须完好地得以保存和流传。他用《嘉祐本草》为底本,校对唐《新修本草》、《开宝本草》、《蜀本草》所收的原文,"摭旧辑为三卷",对所辑复的原文,逐一加以考证,辨其讹误。其书元、明两代尚存,至清初亡佚。

2. 郑樵的《本草成书》

郑樵因"景祐以来,诸家补注,纷然无纪",他认为北宋以来,本草著作注家虽多,未能准确无误,欲求本草之学的本真,必须认真学习和考证《神农本草经》原书。于是,他在《本草成书》自序中说:"集二十家本草及诸方书所补治之功,及诸物名之所言,异名同状,同名异状之实,乃一纂附。其经文为之注释。凡草经诸儒异录,备于一家书,故曰成书。"

郑樵凭借其广泛的学识,把各种典籍中有关药物集中起来,对《神农本草经》给以考证与增补。《神农本草经》原载药三百六十五种,陶弘景据《名医别录》又扩充了三百六十五种,郑樵又增补了三百六十五种,并又搜集了三百八十八种,"留之不足取,去之犹可惜"的药物,列入"外类"。郑樵尤其注重《神农本草经》原文的注解与疏证。其工作实为明清以降注疏《神农本草经》之嚆矢。

二、《伤寒论》研究

(一)许叔微及其《伤寒论》研究著作

1.《伤寒发微论》

许叔微(1079—1154),字知可,真州白沙(今江苏仪征)人。进士出身,官至集贤院学士,又称许学士。他对《伤寒论》的研究有三本著作传世,即《伤寒发微论》、《伤寒百证歌》、《伤寒九十论》。他的书对后世影响深远,颇受医家推崇。清代名医俞东扶在《古今医案·伤寒》中评价说:"仲景《伤寒论》犹儒书之《大学》、《中庸》也,文词古奥,理法精深,自晋迄今,善用其书者,唯许学士叔微一人而已。"

《伤寒发微论》成书于绍兴二年(1132)。其内容包括"伤寒论七十二证候"、"论桂枝汤用赤白芍不同"、"论桂枝、麻黄、青龙三证"、"论伤寒以真气为主"、"论表里虚实"、"论用大黄药"等22篇文章,是许叔微研究《伤寒论》的心得体会,意在探奥阐微。

《伤寒发微论》认为《伤寒论》的辨证关键在于"表里虚实"。他在《伤寒发微论·论表里虚实》中说:"伤寒治法,先要明表里虚实,能明此四字,则仲景三百九十七法可坐而定也。"他又说:"脉虽有阴阳,须看轻重,以分表里。""伤寒先要辨表里虚实,此四者为急。仲景云:浮为在表,沉为在里,然表证有虚有实,浮而有力者,表实也,无汗不恶风。浮而无力者表虚也,自汗恶风也。"他详论了"表实、表虚、里实、里虚,表里俱实,表里俱虚"的区别。

他将"阴阳寒热"包括在"表里虚实"之中进行辨析。在掌握"表里虚实"医理的前提下,又对真寒假热,真热假寒;阴证似阳,阳证似阴等详加辨析。他在错综复杂的伤寒病症中,重视脉证合参,以表里虚实为纲,从而把寒热阴阳分辨清楚,使张仲景《伤寒论》的奥义,被清晰地表述出来,使之更切合于临床实用。

《伤寒发微论》还旁征博引扁鹊、华佗、孙思邈等医家的学说,对书中所列七十二证加以印证,说明《伤寒论》在医学史上承前启后的作用。《伤寒发微论》在治疗方药方面也有贡献,如治太阳里虚尺中脉迟,有黄芪建中加当归汤;治妇人热入血室,制小柴胡加地黄汤。这些方剂都成为传世名方,对后世医家有很大启迪。

2.《伤寒百证歌》

此书是以七言歌诀表述张仲景的医学理论,《伤寒论》原文夹在歌诀中,以注解的形式表达。此书凡遇《伤寒论》有证无方时,则选《千金要方》、《南阳活人书》之药补入。《伤寒论》论述不详者,则选《诸病源候论》等书的病机学说加以补充。

《伤寒百证歌》的独到之处,在于对八纲辨证的发挥。许氏认为八纲之中,应首辨阴阳,阴阳不辨,则表里寒热虚实莫之能辨。他将六经分证与八纲辨证互相联系,指明三阳为阳,三阴为阴,而三阳之中,太阳属表,阳明属里,少阳属半表半里;三阴皆属里,故里证当有阴阳之别。阳热里证莫盛于阳明,白虎、承气汤证是典型的病证。阴寒里证莫盛于少阴,四逆、理中汤证是典型的病证。

他又认为寒热虚实的分证,各有表里之不同。至于阳证似阴,阴证似阳,阴盛格阳则更需要脉证合参,详加辨别。他的阐述使八纲辨证更具体化、条理化,而且与伤寒六经辨证又达成了和谐统一。他的上述理论为后世伤寒临床治疗所应用,至今仍含有一定的指导意义。

3.《伤寒九十论》

许叔微的此书是医案医话集,选择了九十种不同的伤寒治验病案,记述忠实而详尽,包括十一例死亡病案。每例之后都对病证和治疗加以分析和讨论,反映了许氏较高的理论水平和治疗技艺。对《伤寒论》的理论理解及临床工作提供了治疗实例,对伤寒病证的辨证论治和方药运用,颇多新意。

案例中,不仅记载了许氏按《伤寒论》常法治疗各病证之例,而且记载了他根据仲景制方之义,灵活变通施治的病例。如漏风证,急当止汗,用术附汤,取其敛阳之意;妇人热入血室,神昏谵语,先化其涎,后除其热,急以一呷散投之,次以小柴胡加生地黄除其热。由上可见,许氏不但继承了仲景辨证立法的精神,而且取其奥意加以变通,扩大了《伤寒论》立法的临床应用范围,使仲景辨证论治的思想得到进一步发展。

综观全书,可知许氏在仲景理论指导下,对用药、病案的研究。它充分反映了许氏尊重《伤寒论》的理论,而不泥古的学术思想。它与《伤寒发微论》、《伤寒百证歌》互相发明,各有所重,构成了许叔微对《伤寒论》研究的理论、用药、实践等各方面的学术成果。

4. 郭雍《伤寒补亡论》

郭雍,字子和,其先居洛阳,后隐于峡州(今湖北宜昌县东南),游浪于长阳山谷,号白云先生。宋乾道(1165－1173)年间,经湖北师张孝祥荐于朝廷,朝廷下诏书,郭雍不应,遂赐号"冲晦处士",封"颐正先生",时年八十三岁。淳熙十四年(1187年)卒,时年九十二岁。精于伤寒,晚年著《伤寒补亡论》。

郭氏取《素问》、《灵枢》、《千金要方》、《外台秘要》等书之理论与方药,兼及当时伤寒名家朱肱、庞安常、常器之等人的论述,又以自身对《伤寒论》研究的见解加以评论和补充,故名曰《伤寒补亡论》。

全书二十卷,卷一述伤寒著名病例,有叙论、治法大要、脉法、刺法等篇。卷二至三论《伤寒论》脉法。卷四至五述六经统论和太阳经证治。卷六论阳明、少阳经证治。卷七为太阴、少阴、厥阴经证治。卷八至十二载不可发汗、可发汗、不可吐、可吐、不可下、可下等篇。卷十三述两感、阴阳易、三阳合病、结胸、心下痞证。卷十四述阳毒、阴毒、发斑、发黄病各证治。卷十五论瘀血、便血、吐血、狐惑、百合等病。卷十六缺佚。卷十七论痓、湿病、中暍、霍乱、虚烦等诸病。卷十八论温疫、温病、风温、温毒等伤寒相似病证。卷十九为妇人、妊娠伤寒诸证。卷末为论小儿疮疹、斑疮、瘾疹等病。

本书之特点是以问答的形式,阐述《伤寒论》之蕴义,补充《伤寒论》所未尽或未备之处。如对伤寒病名称的补充阐述:"问曰:'伤寒亦名热病,何也?'《素问》三十一篇曰:'热病者,皆伤寒之类也。'""问曰:'伤寒有五,何也?'《难经》曰:五十八难曰:'伤寒有五,有中风,有伤寒,有湿温,有热病,有温病'是也。"·

郭氏对《伤寒论》的研究,多于平凡处见其精深。如太阳病有无汗有汗二证,一般均以表实表虚言之,而郭氏却在《伤寒补亡论·太阳经证治上》中深入分析说:"太阳一经何其或有汗或无汗也? 曰:系于荣卫之气也。荣行脉中,卫行脉外,亦以内外和谐而后可行也。风邪之气中浅而中卫,中卫则卫强,卫强不与荣相属,其慓悍之气随空隙而外出,则为汗矣。故有汗者,卫气遇毛孔而出者也。寒邪中深,则涉卫中荣,二气俱受病,无一强一弱之证,寒邪荣卫相结而不行,则卫气无自而出,必用药发其汗,然后邪去而荣卫复通。故虽一经,有有汗无汗二证,亦有桂枝解表、麻黄发汗之治法不同也。"

郭氏阐明了《伤寒论》"卫气不共荣气和谐"的理论,不仅对临床有指导价值,而且对温病学说发展有推动作用。

郭氏对发斑、瘾疹、麸疮、豌豆疮、麻子疮等热病发疹的鉴别,更具有临床价值。他在《伤寒补亡论·发斑证》中说:"伤寒热病,发斑谓之斑,其形如丹砂小点,终不成疮,退即消尽,不复有痕(斑疹伤寒);温毒,斑即成疮,古人谓热毒疮也,舍是又安得有热毒一疮? 后人谓豌豆疮,以其形似也。温毒疮数种,豌豆疮即其毒之最大者(天花);其次则水疮麻子是也(水痘);又其次麸疮子是也。如麸不成疮,但退皮耳,以其不成疮,俗谓之麸疮(麻疹);又与瘾疹不同,瘾疹皮肤瘙痒,搔则瘾疹隆起,相连而出,终不成泡,不结脓水,也不退皮,忽尔而出,忽尔而消,亦名风尸(荨麻疹)。"郭氏的论述,较钱乙《小儿药证直诀》等书更为深刻完善,足见其治学严谨,确有创见。

三、对《脉诀》的批判与继承

北宋校正医书局于熙宁元年(1068),将晋代王叔和的《脉经》校正而成定本。但是,从对脉学发展的影响来看,《脉经》远远比不上托名王叔和撰写的《脉诀》。

《脉诀》以歌诀体叙述脉学,出现于六朝时期。它以"七表、八里、九道"来归纳二十四种脉象。它简明易懂,通俗上口,流传很广,注本甚多。至南宋陈言指出《脉诀》是六朝高阳生之伪作,《脉诀》热才有所降温。元代戴同父出版《脉诀刊误》,其威信更加下降。至明末,终被李时珍《濒湖脉学》所取代。

在对《脉诀》批判继承的过程中,南宋时期,形成了新的脉学学派——西原学派。对西源学派文献的考证与分析方面,张同君的学术工作功不可没。现依据张同君的考证与研究,对南宋时期的西原脉派简述如下:

西原脉派的名称,来源于西原脉派的创始人崔嘉彦隐居于庐山的西原庵。崔嘉彦,字子虚,成纪(今甘肃天水)人。约生活于政和至绍熙年间(1111-1190)。

崔氏隐居庐山,居西原庵故址,筑室种药,行岐黄之术,著书立说,传授弟子。有《脉诀秘旨》一书传世。

崔氏脉学受陈言启迪而成书。陈言在《三因极一病证方论》(简称《三因方》)中,对脉学有许多归纳与总结,且独具创见。

陈言在《三因方》卷一中,设有脉学专论。他认为"医事之要,无出三因;辩因之初,无逾脉息"。他的脉论有两点对后世影响甚大,其一是经过考证,他揭示了《脉决》是六朝高阳生伪托王叔和之名的伪书。其二是对《脉经》的二十四脉,突出了浮、沉、迟、数四脉,主张以四脉为纲,统帅二十四脉。这对西原脉派的形成,产生了直接的影响。

陈言认为"动静之辞,有博有约,博则二十四字,不滥丝毫;约则浮、沉、迟、数,总括纲纪。故知浮为风为虚,沉为湿为实,迟为寒为冷,数为热为燥"。这就是陈言的四脉为纲论。这一脉论为崔嘉彦所继承,崔氏与他的子弟们完成了四脉为纲的脉学体系,创立了南宋的西原脉派,并对元、明两代的脉学产生了巨大影响。

崔氏在《脉诀秘旨》中,提出了自己的脉学理论。他主张"但以浮、沉、迟、数为宗,风、气、冷、热主病"。后世以四脉为纲来概括的脉学体系和学术思想就是以崔氏的上述主张为核心的。

崔氏"四脉为纲"的体系,首要是以"浮、沉、迟、数"四脉来统帅其他十二脉。具体论述为"浮脉统芤、洪、实三脉;沉脉统微、伏、弱三脉;迟脉统缓、涩、濡三脉;数脉统紧、弦、滑三脉"。四脉与所统之脉,形状与指感有相似之处,形成统属关系。如浮脉的特点是按之不足,举之有余,轻手乃得。浮脉所统之脉,芤脉是浮而无力,洪脉是浮而有力,实脉是浮而长大。所以,以浮脉为纲,统帅芤、洪、实三脉。

崔氏四脉为纲的第二个特点,是以四脉有力、无力决定主病:即脉浮而有力主风,无力主虚;沉而有力主积,无力主气;迟而有力主痛,无力主冷;数而有力主热,无力主疮。然后将"浮、沉、迟、数"四脉与寸关尺和三焦五脏相联系,决定所属病症。

崔氏的脉学主张与《脉诀》的"七表八里九道"脉象分类相比,显然高于旧脉象的论述。崔氏不仅揭示了四脉与所统诸脉所具有的共同性质,而且可以用来统括风气冷热,虚积痛疮等常见病因和三焦五脏主病。

崔氏的四脉为纲体系,由其弟子刘开、严子礼、朱永明、张中道的传播、充实、创新,形成了独特的脉学流派。

刘开,字立之,号复真,江西庐山人。他得崔氏脉学之真传,并有所发展。刘氏诊脉单用食指,依次切寸、关、尺三部脉,故世人称其为"刘三点"。他的传世之作为《刘三点脉诀》,又称《脉诀理玄秘要》。他在书中阐述了浮数、浮迟、沉数、沉迟四脉互见所主的疾病,比其师崔氏列举单一脉象的主病,更切合临床应用。他又特别分析了脉象中的"太过"、"不及"脉,他认为各种脉象中必须掌握"太过"与"不及"两种脉象。如果能通过治疗使"太过"和"不及",经调和达到中正不偏,就能使疾病痊愈。

刘氏因其医名,在淳祐年间(1241－1251),被召入宫中,为皇族治病有功,名传江右,目为神医。刘氏的弟子有严子礼、朱永明较有医学成就。

严子礼,字用和,江西庐山人。严子礼以《济生子方》而闻名于世,他的脉学著作为《脉法捷要》。他因得刘开之真传,以三点法诊脉,也被称为"严三点","以三点指间知六脉之受病,世以为奇"。

严氏在《脉法捷要》中,开宗明义即申明四脉为纲的大旨,用形象生动的比喻来表述脉象。他说:"浮为水上之沤,出乎水而离乎水";"涩如病蚕之欲死,按之节节然";"迟如无力之行路,一步赶不上一步"等等。使读其书者,知脉象之手感,生动逼真。

朱永明,字宗阳,生平不详。他没有脉学著作传世,他的功绩是把崔氏和刘氏的脉学理论传授给弟子张中道,张中道对三位师尊的脉学发扬光大,并有所创新,完成了西原脉派的学术体系。

张中道,号玄白子,淮南(今安徽寿县)人。张中道从朱永明处得到崔嘉彦和刘开的著作及脉学真传,经三十年的行医和研究,对四脉为纲的学说加以实践验证,补充与扩展,写成"脉象纲纪图"和"四言脉诀"六百八十六句,合成《玄白子西原正派脉诀》,以下简称《西原脉诀》。因其祖师崔嘉彦居住庐山西原庵,为表明脉学之渊源,以"西原"名其书。

张氏的《西原脉诀》,以四言歌诀介绍脉学的基本理论和临床应用,歌诀中开篇就阐述四脉为纲的宗旨:"脉理浩繁,总括于四。六难七难,专衍其义";"浮沉迟数,有内外因。外因于天,内缘于人"。表明自己的脉学思想来自崔氏之学说。

歌诀的重点是阐述脉症与治法的临床应用,深入浅出,通俗易懂。"脉象纲纪图"将崔氏四脉为纲,统帅十二脉的理论用图示的方法加以表述,使人一目了然,牢记于心。其书问世以后,深为医家和世人所喜爱,明初被改名《崔真人脉诀》,收入《东垣十书》。明末,李言闻将《崔真人脉诀》略加删改,改名为《四言举要》,附于李时珍《本草纲目》之后,流传更加广泛,对明、清脉学的研究产生了巨大的影响。

崔嘉彦四脉为纲的思想,借助于他的三传弟子张中道的《西原脉诀》而名扬后世。

第二节　临床各科的学术进展

南宋中医各科在北宋的基础上,继续向前推进。南宋外科的成就最突出。据《宋史·艺文志》和《崇文总目》等著录的外科专著近三十种,宋朝的外科专著,多数是南宋医家的著述。如乾道六年(1170)成书的《卫剂宝书》二卷,淳熙三年(1176)成书的《集验背疽方》一卷,开禧三年(1207)成书的《外科新书》一卷,景定四年(1263)成书的《外科精要》三卷,景炎三年(1278)成书的《救急仙方》六卷等,皆为南宋时期的医著。

妇产科名著有陈自明的《妇人大全良方》,成书于嘉熙元年(1237);朱端章的《卫生家宝产科备要》,成书于淳熙十一年(1184);齐仲普的《女科百问》,成书于嘉定十三年(1220)。

南宋的儿科专著空前丰富,刘昉的《幼幼新书》,成书于绍兴二十年(1150);佚名的《小儿卫生总微论方》,成书于十三世纪初期;陈文中的《小儿痘疹方论》,成书于宝祐二年(1254);其后,还有杨士瀛的《婴儿指要》等。陈文中的《小儿痘疹方论》是与钱乙《小儿药证直诀》齐名的著作,影响十分深远。

针灸科有庄绰的《膏肓灸法》,成书于建炎二年(1128);窦材编集的《扁鹊心书》，自序于绍兴十六年（1146）；王执中的《针灸资生经》有嘉定十三年（1220）徐正卿重刊本传世；闻人耆年的《备急灸法》，成书于宝庆二年（1226）。皮肤科、口腔科、五官科也多有创获，现分科简论如后。

一、外科

（一）陈自明《外科精要》

陈自明（约1190－1270），字良父，江西临川（今抚州市）人。出身于医药世家，曾任建康府明道书院医学教授。对南宋以前的产科成就进行系统总结，于嘉熙元年（1237）编成《妇人大全良方》二十四卷，成为当时最完善的妇产科专书，为其后妇产科的发展奠定了基础。又于景定四年（1263）写成《外科精要》三卷。

《外科精要》三卷，五十四篇。卷上，选录前代医家有关痈疽的病因、病机、诊断、治法及方药的论述。卷中，论痈疽的形证逆顺，护理及禁忌。卷下，论述痈疽的变证，治法及后期调理。

全书主要以宋代李迅、伍起予、曾孚先等医家的《集验背疽方》、《外科新书》等医著为基础，加上自己的行医用药经验，编撰成书。

书中重点叙述了痈疽发病的诊断、鉴别，治疗中的灸法和用药等，内容简明扼要，通俗易懂。主张外科用药应根据经络虚实，因证施治，绝不可泥守热毒内攻，专用寒凉克伐之剂。又主张痈疽之病，既多发于外来火毒，也生于七情所郁和服食丹石之火，房劳伤肾之积。他告诫人们，痈疽之初，未溃之时，热毒初蕴，内外俱实，以大黄等苦寒之药，亟转利之。一旦脓溃，即须内外合治，托里排脓，不能继续攻伐。必须重视中医的整体观理论和内外结合治疗。这是陈氏外科学术思想的显著特点。

此书是南宋以前，外科经验的总结。其论述精于医理，详于治疗，所用方药多数结合陈氏自己的医疗实践。书中共收载内托散、五香连翘汤、沉香汤、漏芦汤等八十余方。书后的"补遗"又收痈疽点烙法、用蜞针法、痈疽疖毒经效杂方等三十余方，都是行之有效的外科良方。

此书对中国外科的发展产生了重要影响。元代朱震亨（1281－1358）因此书而撰《外科精要发挥》，明代熊宗立因此书而编《外科精要附遗》，明代薛己（约1486－1558）因此书作《校注外科精要》。薛氏评论陈自明《外科精要》说：陈氏治法多合内外之道，如作渴、泄泻、灸法等论，诚有以发《内经》之微旨，殆亘古今所未尝道及者。足见《外科精要》对后世医家的巨大影响。

（二）魏泰《卫济宝书》

魏泰，号东轩居士，生平不详。其书成于乾道六年（1170）。作者自序云："予家藏痈疽方论二十二篇，共为一帙。""其方论精微，图证悉俱，随病施效，可以传之无穷，而为卫家济世之宝，故记之曰家传卫济宝书。"现传本据《永乐大典》辑佚，收入《四库全书》。新中国成立后，1956年人民卫生出版社出版有影印本。

全书两卷，二十二篇。上卷为论治、五善七恶、五发图说（指痈、疽、瘭、瘤、癌五病之突发，绘图说明）、试疮溃法、长肉、溃脓法、打针法、骑竹马灸、灸恶疮法等篇。各篇所载病证多为一般外科常见疾患，少数为比较顽固和凶险的皮肉深部感染。各类病证中，除了详尽描述证象外，还论述了患病的原因。对疮证的诊断，分为"疮色缓"、"疮色急"、"疮证吉"、"疮证凶"等四类，并结合全身症状来确定预后。下卷为论乳痈、软疖的证治及正药指授、仙翁指授、老翁神杖、玉女飞花、真君妙贴、排脓败毒、托里内消、生肌长肉等五十种丸、散、膏、丹的外科方剂之应用，并一一注明随证加减之用法。

魏氏论述外科诸证，首分五善七恶：饮食如常，一善也；实热而大小便涩，二善也；内外病相应，三善也；肌肉好恶分明，四善也；用药如所料，五善也。发渴而喘，睛明眼角向鼻，大小便反滑，一恶也；气绵绵而脉濡与病相反，二恶也；目不了了，精明陷，三恶也；未溃肉黑以陷，四恶也；已溃青黑，腐筋骨黑，五恶也；发痰，六恶也；发吐，七恶也。论外科手术，具体而详尽，如"腐肉色青黑，缺牙不附骨者，用炼刀、竹刀割之；或已腐而肌肉薄者，不可割；有脓者，脉洪数而紧，痛如刀锥，按之似乎随手，当先以取脓针溃之，溃后而脉愈症退；肉里痈症，好肉里有脓，当决之，否则成附骨，决后以油捻子塞之，良久乃出，习以尽毒"。书中的外科诊断和治疗，多数结合作者的临床经验加以总结，很有参考价值。

《四库全书总目》评论说："剖析精微,深中奥妙,实非有所师授者不能。其后胪列诸方,附以图说,于药物之修治,针灸之利害,抉摘无遗,多后来医流所未见。"

此书对痈疽的辨证十分严谨,体现了辨证论治的思想。在一般化脓感染上,强调早期消导,也是积极的治疗手段。魏氏判断脓胸是否已成的方法,也是相当高明的。总之,此书是一部值得深入研究的痈疽外科专著。

（三）李迅《集验背疽方》

李迅,字嗣立,福建泉州人。出身于儒学世家,其祖先兼以医方济世。虽官至大理评事,仍以医药济世,尤精于外科。其书成于庆元二年(1196),自序说："乃取平昔所用经验之方,从而编次,明辨其证候,详论其颠末。与夫用药之先后,修合之精粗,病者之调摄,饮食居所之戒忌,靡所不载。"

原书凡五十二条,《四库全书》从《永乐大典》辑佚本载论十五篇,集验方三十三首。十五篇首论背疽病因,提出天行、瘦弱气滞、怒气、肾气虚、饮酒食炙赙丹药等五种背疽产生的原因。其论用药与治疗,详于补托和内服用药。内服用药有扶正、托毒、活血、行气、解毒、散结、排脓等方药。最后是三十三首集验方,如五香连翘汤、内补十宣散、加料十全汤、加减八味丸、立效散等。

此书篇幅虽小,但内容精炼,以论为纲,以方为目,方论结合。精当地论述了痈疽的发病原因,内外证鉴别之法,各项用药原则,服药戒忌和预后注意事项,每种痈疽疮疖从初起至收口各个阶段主要治法与用药,都论述简明易懂。所用方药,疗效显著,对穷乡僻壤的贫困百姓尤为雪中送炭。

此书现传本有《四库全书》本、《十万卷楼丛书》本、《三三医书》本、1930年上海国医书局铅印本、1991年上海古籍出版社据《四库全书》影印本。

二、妇产科

（一）陈自明《妇人大全良方》

该书成书于嘉熙元年(1237),是我国第一部比较系统完善的综合性妇产科专著。全书二十四卷,分调经、众疾、求嗣、胎教、妊娠、坐月、产难、产后八门,二百六十六论,一千一百一十八方,四十八例医案。这是一部对以前妇产科经验进行全面总结的,有理论、有实践、有继承、有创新的综合性的集妇产科大成之著作。

卷一为调经门,分述月经诸病证治,强调妇人以血为本,经血失调与冲任及肝脾损伤有关;卷二至八为众疾门,详述骨蒸、劳瘵、症瘕积聚、中风、中寒、中气、下痢等妇人杂病之证治;卷九为求嗣门,强调不孕事涉男女,对女方应辨析带伤气血、月经不调、崩漏等原因;卷十至十一为胎教门,指出胎孕与十二经脉相关,教养应该谨守宜忌,注意饮食与用药;卷十二至十五为妊娠门,记述妊娠恶阻、胎动不安等各病之诊断与治疗;卷十六为坐月门,载保护孕妇的各种方法;卷十七为产难门,介绍顺产、难产,分析难产的六种原因及处置方法;卷十八至二十三为产后门,叙述产后护理方法,并对胞衣不下、产后血晕等急症的处理原则与防治方法进行探讨;卷二十四为拾遗方,博采前贤及当代妇产医方,参证自己用药已验之方。

陈氏对妇产科的许多问题进行了探讨,并取得了一些新的见解。他在《妇人大全良方·调经门》中指出:"冲任之脉,起于泡中,为经络之海,上为乳汁,下为月经。"已认识到月经和乳汁的密切关系,都是冲任脉的作用。在《众疾门》中已指出劳瘵骨蒸(结核病)能引起完全闭经。这与现代妇女生殖器官侵入结核菌,引起的继发性闭经是一致的。

陈氏提出川芎验胎法,"妇人经脉不行已经三月,欲验有胎,川芎为末,空心浓煎,艾汤调下二钱,腹内微动则有胎"。当代药理实验已证明川芎有刺激受孕子宫收缩增强的作用,说明了陈氏的先见之明。

陈氏对妊娠的临床用药进行研究,列出孕妇用药之禁忌。如剧泻药巴豆、芒硝、大戟等,催吐药藜芦,活血药牛膝、干漆、红花等,猛烈有毒药斑蝥、麝香、水蛭等,编成"孕妇药忌歌",便于临床应用和记忆。

陈氏又对妇女各期卫生进行系统探讨与论述:首重月经期卫生,他指出:"若遇经行,最宜谨慎,否则与产后相类。"他认为月经期间,抵抗力减弱,易感外邪。次论孕期卫生,强调产前先安胎:"凡妊娠至临月,当安神定志,时常步履,不可多睡;不可饱食,不可饮酒,不可针灸,不可负重登高涉险。"

"不可过于安逸,以致气滞胎不转动"。最后,强调产后卫生。他认为"产后气血虚竭,脏腑伤劳","产后先补虚"。主张"产后将息如法,脏腑调和,庶无诸疾苦"。"若未满月,不宜多语、喜笑、惊恐、哭泣、思虑、意怒……"。

此书对后世妇产科学术影响甚大,明代熊宗立、薛己都对《妇人大全良方》作过深入研究,薛己对其书校注刊行,使之更切合临床实用。王肯堂《女科准绳》以此书为基础。武之望又据王肯堂之书为蓝本,写成妇产科著作《济阴纲目》。清代汪淇又对《济阴纲目》作笺释,传播陈氏《妇人大全良方》的学术思想。

(二)朱端章《卫生家宝产科备要》

朱端章,福建长乐人。淳熙年间(1174－1189)任职江西南康军事,于淳熙十一年(1184),编撰《卫生家宝产科备要》。还辑有《卫生家宝方》、《卫生小儿方》、《卫生家宝汤方》等著作。

其书汇集南宋以前有关产科医学著述,结合朱氏临床经验编辑而成,全书共八卷。卷一为产图,叙述产前、产后对产妇的保养之法;卷二为孙真人养胎论和徐之才逐月养胎方,讲述对胎儿的养护之法;卷三为妊娠、产后疾病,论述妊娠之初恶阻、胎动不安和产后疾病的治疗与调养;卷四记载李师圣、郭稽中《产育宝庆方》,临产的妇婴护养和新生婴儿的疾病防治;卷五为难产药方和妊娠禁忌药物;卷六为虞氏《备产济用方》、许学士产科方等产科方药;卷七论述胎孕、产前、产后诸方的运用等;卷八为形初保育,论述新生婴儿的保养等。

此书资料来源于《诸病源候论》、《千金要方》、《外台秘要》、《圣惠方》、《产育宝庆集》、《备产济用方》、《万宝小儿集验方》、《小儿药证直诀》等名家医著。朱氏不仅综合记述历代产婴的药方与经验,也结合自己的临床经验,提出了一些较有医学价值的新见解。如对难产的原因,他提出"或先因漏胎,血去脏燥","或坐卧未安,身体歪曲不正,转动忽遽,暴冲击"等等。逆产、横产"多因产时未至,惊动太早"。他首次记载产科的"借地、禁草、禁水"三种方法,有利于减少产褥期的并发症。这一切对妇人、婴儿的难产救治和预防都有一定的积极作用。

（三）齐仲甫《女科百问》

齐仲甫，号纳斋，生当光宗、宁宗年间，曾任太医局教授，主管妇产科医事。嘉定十三年（1220），鉴于南宋以前妇产科专书甚少，集众方设问答，编成此书。此书又名《产宝百问》，全书分两卷，一百个问题。上卷五十问主要解答妇女生理、病理、经候、带下诸疾的证治；下卷五十问主要论述妊娠、胎产、产后病证及其治疗方药。全书以问为目，以答述论，论后附方，颇多新见，是一部综合性妇科医著。此书比陈自明《妇人大全良方》早刊行十余年。

对妇产科各病之论述，以简明切要见长，并多精辟之见。如八十六问，对产后四肢肿大者如何治疗？齐氏提出不可作一般水气治疗。认为是"产后败血乘虚停积于五脏，不行经络，流入四肢，留滞日深，却还不得，腐败如水"而致病。治疗方药宜用养血、活血、调经之剂，血行肿大自消。验之临床，确属至理。

又如八十三问，对产后血晕病机的回答，指出产后血气暴虚，未得安静，血随气上，迷乱心神所致病。不可误作"暗风"论治，一味息风。应以"调血、和气、补虚"为正治，这些见解可谓切中病情。

再如九十问，对产后遍身疼痛的论治，认为产后的百节张开，血脉流走，遇气弱者经络筋肉之间，血多留滞，累日不散，产生骨节不利，筋脉引急。切不可误作伤寒表证而妄行发汗，治疗应大补气血，养血活血。诚为有识之见。

书中所选之方，如通经丸、温经汤、逍遥散、四物汤等，多为临床常用的有效之方，足资临床应用和参考。此书有 1936 年世界医书局刊印的《珍本医术集成》本。

南宋妇产科医书传世者甚多，除上述三种外，还有陈先编撰的《妇科秘兰全书》一卷，成书于南宋乾道元年（1165）。郑春敷编写的《女科济阴要语万金方》二卷，也成书于乾道元年。薛辛撰写的《女科万金方》一卷，成书于咸淳元年（1265）。薛辛的另一部女科医著《薛氏济阴万金书》三卷，也成书于咸淳元年。薛辛的第三部妇产科医著《家传产后歌诀治验录》不分卷，成书于南宋祥兴二年（1279），由后人根据薛氏《产后歌诀》整理而成。薛辛的

第四部妇产科医著《妇科胎产问答要旨》二卷,约成书于咸淳、祥兴年间(1265-1279)。齐仲甫编撰的《产宝杂录》不分卷,也成书于祥兴二年。

三、儿科

(一)刘昉《幼幼新书》

刘昉(?-1150),字方明,潮阳(今广东潮阳)人。绍兴年间(1137-1161)任漳州知州,兼荆湖南路安抚使。喜爱医术,注重儿科,平日收访儿科古方和验方,与友人王历、王湜编成《幼幼新书》,尚未刻印,即一病不起。绍兴二十年(1150),命门人李庚代为写序。同年,继任者楼璹受刘氏之委托,又集"旧传宜子诸方"、"求子方论",列入卷首,付梓印行。

《幼幼新书》四十卷,五百四十七门,卷一至三为总论,叙述嗣子,婴儿调理、诊断、用药之特点;卷四至五论婴儿常见病治疗;卷六论婴儿先天缺陷、发育不良诸症;卷七至十二论狂、惊、痫、忤等精神方面诸病;卷十三至十七论风寒、时气、咳嗽、疟疾诸病;卷十八论斑疹、麻痘各症;卷十九至二十二论痰、汗、疸、热、寒逆、症积各症;卷二十三至二十六论疳症;卷二十七至三十论霍乱、泄痢、血症、痔漏、淋病等;卷三十一至三十二论各类寄生虫病、疝瘕、水饮症;卷三十三至三十四论五官科诸症;卷三十五至三十九论疮疥、痈疽、丹毒、外伤等;卷四十为各种方药。

全书收载各类医书幼儿医方一万四千二百七十五首,拾遗方三十五首,附草药一百九十七味,共收医籍一百四十余家,选儿科医论八十一种,阐述儿科疾病三百余种。

刘氏既承古训,又发当代医师之见,将疳病分为风、惊、食、气、急五种;提出幼儿用药与剂量应依体质、病情而定,不可泥守古方;所载药物有古代本草所未收者,一一加以说明;收集《颅囟经》依据的儿科医术之理论方药,参证《诸病源候论》等书的医理,详论其证治。

此书所收资料多属罕见或已佚失,保存了古代珍贵的儿科资料,又是一部古代儿科文献宝库。原刻本早佚,明代陈履端重刊,多方收集,删繁理乱,裁初本十之三,又四易其稿,于万历十四年(1586)刻印,陈本流传至今。又有日本存据宋墨书真本之抄本。1981 年中医古籍出版社影印了陈履端刻本。

(二)《小儿卫生总微方论》

此书作者不详，刻印于绍兴二十六年(1156)。卷一首载"医工论"，提出医者应守之品德。次述"禀受论"、"初生论"、"四气论"、"洗浴论"、"断脐论"等，涉及初生不乳，脐风撮口、胎中之疾等病。卷二阐述幼儿调护，小儿色泽、指纹诊断及五脏主病等。卷三论述婴儿变蒸、脉理、身热证治等。卷四至十六论述吐泻、伤寒、不痔等内科小儿杂病证治。卷十七至二十颓疝、阴腫生疮、唇口病、耳目病等外科和五官科常见疾病。

全书共载证论一百零八条，方剂一千四百余首。书中对病因病机、证候归类、治则方药，论述详而有序。自初生至成童，临床各科无不论治，可谓集南宋以前儿科之大成，全面论述了小儿生理、病理、诊断、治疗、预防、护理等问题。

此书在儿科学术上，也有一些新见与发明。如用药针对婴儿血气未充，脏腑未坚的特点，强调按五脏胜怯调治。提出母体胎育有盛衰虚实，子生后有刚柔勇怯之性。怯弱者可用方药补养。临证主张心气怯者用巨胜丹，肝气怯者用麝茸丹，脾气怯者用丁香散，肺气怯者用龙胆汤，肾气怯者用玉乳丹等。上述药皆被证实为有效之剂。其书论变蒸，认为是长神智，坚骨脉之生理现象，也被证实是有识之见。在诊脉方面，提出一指定三关及一息八至为平脉，九至为病脉。在"胎中病论"中，记载了婴儿先天畸形，如骈姆、六指、缺唇，试作修补之术，都是大胆创新之举。特别是提出了小儿脐风与大人破伤风是同一种疾病，小儿脐风是由断脐不洁引起的，并主张用烙脐饼子烧灼脐带来预防脐风，敷以封脐散，不但有消毒作用，而且为婴儿开辟了一条新的用药途径。此外，对婴儿卫生、营养、护理、疾病预防等，都做了有益的探讨。

《四库全书总目》评论说："是书详载各证，如梗舌、鳞疮之类，悉近时医术所未备，其议论亦笃实明晰，无元明以来诸医家党同伐异，自立门户之习，诚保婴之要书。"此书初刊于绍兴二十六年(1156)，明弘治二年(1489)，朱臣再次刻印时,改名《保幼大全》,又称《保婴大全》。黄萧民重校本又改名为《小儿卫生总微论方》。1958 年,上海卫生出版社出版铅印本。

(三)陈文中《陈氏小儿病原方论》

陈文中,字文秀,宿州符离(今安徽宿县)人。居住江苏涟水十五年,涟水人皆称他为宿州陈令。以擅长医术闻名当时,尤精内、儿两科,诊治多收显效。另于宝祐元年(1253)著有《陈氏小儿痘疹方》等书。

此书成书于宝祐二年(1254),全书四卷载医论四十三篇,望诊图六幅,歌诀三首,方药十六则。卷一为"养子真诀"和"小儿蒸候",主要论述小儿的保养和发育。卷二为"形证门"和"面目形图",主要论述三关指纹和面部形色,附有望诊图,按图论证。卷三为"惊风门",并附药方,分论惊风各证。卷四为"惊风引证"和"痘疮引证",列举惊风及小儿痘疮治验病案十八例。

此书继《颅囟经》和北宋钱乙《小儿药证直诀》之后,继承了两书的儿科成就。根据小儿生理病理特点,以辩证为纲,分析小儿病源,说明症状,提出治则和方药,故名《小儿病源方论》。

此书突出的特点是根据儿体对疾病所反映的临床证候特点,对惊风进行了分类和治疗。如卷三"惊风门"记述:"小儿惊风二证,盖惊自惊,风自风,当分别而治疗之。世俗通言热生风,殊不知寒暑燥湿之极,亦能生风。""小儿平常无事,忽发壮热,手足搐搦,眼目戴上,涎潮壅塞,牙关紧急,身热面赤,为急惊风。此属阳属腑,当治以凉"。"小儿面青白,身无热,口中气冷,多啼不寐,目睛上视,项背强直,眼光紧急,沤涎潮或自汗为慢惊风。此属阴属脏,当治以温"。

在诊断上,提倡运用小儿虎口诊脉法,将幼儿食指分为三节,初节为气关,中节为风关,末节为命关。以食指绕掌侧皮下筋脉的形色变化来察病,认为初得气关易治,传入风、命两关便难治。又主张从小儿面部的形色来诊断疾病,根据面部的青、赤、黄、白、黑来判断是属肝、心、脾、肺、肾哪一个脏器得疾病。这些论述促进了中医儿科的发展。

用药方面,指出痫有阴阳二科,惊有急慢之分,风痰、寒痰皆可作搐。治疗也有温凉之区别,以疏亮丸、牛黄丸、苄蝎子散、补脾益真汤等随证施治。

陈氏对小儿痘疹,尤精其妙,善用附、桂、丁香等燥热温补之剂,以治痘疹阴盛阳虚而出迟或倒塌者,成为痘疹温补学派之创始人,对我国痘疹治疗的发展起了推动作用。

此书有清代阮元"宛委别藏"丛书本,1958年商务印书馆铅印本。

四、针灸科

(一)王执中《针灸资生经》

王执中,字叔权,瑞安(今浙江省温州市瑞安)人。乾道五年(1169)进士,曾任澧州(今湖南澧县)教授。成书时间不详,王氏自己首刊于澧阳,继刊于海陵(今江苏泰州市),此两本皆已不传。其后有嘉定十三年(1220)徐正卿重刊本,绍定四年(1231),朝散郎、澧阳县丞赵纶再刊本,为元代广勤书堂刊本所继承,此本流传至今。今本还有明正统十二年(1447)叶氏刊本,清代乾隆年间《四库全书》本,日本宽文九年(1669)村上刊本,1959年上海科技出版社点校本。

全书共七卷,卷一叙述腧穴、分头、面、肩、背、颈、胸、腋下、肋、四肢排列,附针灸图四十六幅;所集以王惟一《铜人腧穴针灸图经》为主,参考了《黄帝明堂经》、《千金要方》等书。所增神聪、明堂、眉冲、前关、督俞、气海俞、关元俞、肋堂、青灵、风市等腧穴为王惟一书所未载。有按语七十五条,说腧穴之异同,为作者之己见。卷二叙述针灸基本知识,如"针灸须药"、"针忌"、"孔穴相去"等。卷三至七记载一百九十五种病证的针灸用穴,多引自前人之书。王氏所增之己见为一百六十余条。

该书提倡针灸与药物配合治疗,推崇《千金要方》所说:"针而不灸,灸而不针,针灸不药,药不针灸,皆非良医。"在博采众家之长的基础上,参考己之所见:"凡百氏之说切于理,自己之见得于心,悉疏于下。"它是一部兼集古今,注重实践的著作。此书取古人之长,又不盲目崇拜古人,批判古人行针避忌年月日、时辰、神仙等迷信之说,对魄户、大椎、巨骨、照海、申脉、肓门、鸠尾等腧穴的辨误,对足三里取穴方法的考证,都纠正前人之错讹,至今尚有参考价值。书中明确提出的"男左女右手中指第二节内庭两横纹相去为一寸"的同射法,一直沿用至今,是公认的针灸取穴标准。

该书堪称南宋针灸的代表作,在针灸史上首次全面总结了南宋以前针灸理论和临床实践。所引《陆氏集验方》、《至道单方》、《耆域方》等书多已失传,保存了古代医药的珍贵资料。古人对此书评价甚高,徐正卿重刊序言说:"针灸之书,至是始略备;古圣贤活人之意,至是始无遗憾。"《四库全书总目提要》评该书说:"经纬相资,各有条理,颇为明白易晓。"

明代《针灸聚英》、《针灸大成》,清代《针灸集成》等重要针灸著作,皆取材于此书,可见其书对后世影响之深远与广大。它对针灸理论的系统整理和临床经验的广泛总结,使宋代针灸学术的发展进入了一个新阶段。它将针灸理论与临床运用紧密结合,为针灸学的发展起了促进作用。

(二)闻人耆年《备急灸法》

闻人耆年,携李(今浙江省嘉兴西南)人。其生平不详。宝庆二年(1226)写成《备急灸法》一书,又名《备急灸方》。其序说因见张涣《鸡峰普济方》后有《备急单方》一卷,念"仓促救者,唯灼艾为第一",遂"将己试之方,编述成集"。

此书只一卷,叙述诸发、肠痈、附骨疽、皮肤中毒风、卒暴心痛、转胞、小便不通、霍乱、转筋、风牙痛、精魅鬼神所淫、夜魇不寤、卒忤死、溺水、自缢、急喉痹、鼻衄、妇人难产、小肠气、一切蛇伤、犬咬、狂犬咬毒等二十二种病症的灸治之法。为了便于应用,附有插图十余幅,使初学者可以按图取穴。书中有些灸治之法为一般针灸书所不常见。如骑竹马灸法、屈指量腧穴法、朱点腧穴法等。书后所收《竹阁经验备急方》,包括四十多个验方和薰喉疗法。

所载验方灸法,简便易行,且有功效。诸种恶肿,以大蒜切片如钱厚,贴疮头上,始用绿豆大小艾炷灸之,待痛可忍时,换大艾炷灸之,痛又减,可去蒜片,灸数不拘多少,不痛即止灸。肠痈其证小腹重而硬,以手抑之,时时汗出而恶寒,腹皮鼓急,甚者转侧闻水声,或绕脐生疮,或脐孔出脓,或大便下脓血,速灸两肘尖各百炷,炷如绿豆大,大便下脓血渐愈。转胞小便不通,用盐填脐孔,大艾炷二十一炷,至通为止。是作者积数十年经验,提炼而成,多数行之有效。

此书有淳祐五年(1245),孙炬卿重刊本,收入了佚名的《骑竹马灸法》和《竹阁经验备急药方》,三书合刊后,仍以《备急灸法》名之。1955年人民卫生出版社据孙氏刻本影印。

(三)窦材《扁鹊心书》

窦材,山阴(今浙江绍兴市)人,曾以武翼郎之职任太医真定。他留心医药,于绍兴十六年(1146)编成《扁鹊心书》三卷。其书原题"古神医卢越人扁鹊传,宋太医真定窦材重集"。前有绍兴十六年窦材自序,原刊本已佚,现传本为乾隆三十年(1765),王琦增重刊。重刊本增清代胡珏参注百余条,王琦增写了后记。

上卷载"当明经络"、"须识扶阳"、"佳世之法"、"大病宜灸"、"黄帝灸法"、"扁鹊灸法"等,主要论述经络与灸法、疾病的关系。中卷载伤寒诸证和杂病治法,计六十九条。下卷载"阴茎出脓"等外科、内科、妇科、儿科等证治五十三条。后列"周身各穴",包括巨阙至凤府二十六穴。上卷有窦氏灸法五十条,是窦氏行医亲历经验之总结,尤为可贵。书后缀附《神方》一卷,收载九十四方;另附金线重楼治证,风气灵膏、汗斑神效方等,皆宋以前行之得验之方。

窦氏主张"医之治病用灸,如做饭需薪",认为大病需灸数百壮、除选用常用的关元、中脘等穴外,特别重视食窦穴,称为"命关",以治各种痹病。窦氏以倡用灸法和以丹药扶阳气为其医疗特色。此书是最早使用麻醉药曼陀罗花的医籍。

第三节　南宋医学崇尚简易之风

南宋由于失去了北方的半壁河山,政治、经济实力都远远不如北宋。再不能像北宋那样成立校正医书局,大规模地校点古代医经。也不能像嘉祐年间那样动员全国的州县、医生、药农采集标本,绘成药图,填写说明,编撰《本草图经》。医药界的学术风气转向简明易懂,有利于实用。医学风气崇尚简易成为南宋医学的一大特点。

一、本草学中的简易之风

北宋从开宝六年（973），朝廷下诏，编撰《开宝本草》，到嘉祐五年（1060）编成《嘉祐本草》，又动员全国的人力、医药工作人员编撰《本草图经》，到大观二年（1108）《证类本草》定稿，都是在尽量扩大用药种类，探讨医药理论。《嘉祐本草》实际载药一千零八十三种，比《开宝本草》增新药九十九种。《本草图经》改变了北宋本草无图的局面，新绘药图九百三十三幅。《证类本草》载药达到 1748 种。规模不断扩大，药图得以骤增，医学的风气是向广阔和纵深发展。

南宋虽然也有一次朝廷领导的本草编修工作，即由王继先领衔，张孝直、柴源、高绍功等编修的《绍兴校定经史证类备急本草》，成书于绍兴二十七年（1157），刊行于绍兴二十九年（1159）。它虽然仍保留了《证类本草》的 1748 种药物，新添了炉甘石、锡蔺脂、豌豆、胡萝卜、香菜、杏仁六种药。但是，已不像北宋编修本草时那样对前代的医书旁征博引，以资料丰富为荣。而是在重要药物之后，加上通俗简明的按语，评论各药的实际疗效，讨论其性味，指出其是否常用，临床如何使用，产于何地等等，开始向简明实用的方向转变。

由于北宋本草编撰的学术风气是向广阔和纵深发展，所带来的一个结果是部帙浩繁，良莠毕集。医生使用时也要对功能相同的多种药物进行辨析，对水平较低或经验不足的医师使用时有一定困难。这种情况使南宋的本草编撰，转向了删繁存要和分类精简的方向。

南宋删繁存要，简明易识的本草著作很多，有"缙云"乾道九年成书的《纂类本草》，有陈日行淳熙十六年（1189）成书的《本草经注节文》，有张松嘉定元年（1208）成书的《本草节要》，有艾元甫大约在嘉定十七年（1224）成书的《本草集议》，有王梦龙大约在宝庆元年（1225）成书的《本草备要》，有宝庆三年（1227）成书的作者佚名的《本草辨疑》，还有陈衍始编于宝庆三年（1227），成书于淳祐八年（1248）的《宝庆本草折衷》。

现从南宋上述本草著作中,选取典型者加以分析,可见南宋医学简易之风对本草著作的影响和这种学风给本草著作带来的利弊,以便我们更好地认识和评价南宋医学的简易之风。

《纂类本草》作者已不可考,因书前有陈无择写的序,《宝庆本草折衷》作者陈衍就以陈无择居住的"缙云"为作者的代称。作者以北宋《证类本草》为底本,删繁存要,去粗取精,并将正文与注文混合使用,不再分大小字体。为了便于掌握药的功用,作者在各药之后,分"名、体、性、用"四类,给以概括说明。如"桂"药,"名"为桂,"体"下介绍药之产地、形态、颜色等,"性"下说明药之性味,"用"下列举药之功能。这种分项叙述产生了简明易知的结果。陈衍在书序中评论该书说:"约而易守,炳而易见,真得论述之法。"

《本草集议》也以《证类本草》为底本,选择药物进行分类编撰。在省去繁芜,精选实用方面与《纂类本草》、《本草节要》、《本草备要》等是相同的,所不同者是《本草集议》以自己的见解和用药经验为特点,艾氏在书前专门列题讨论药物古今异名,药性功能之不同,制药方法之特点等,以便阐述自己的见解。他还在药物各论中,把《证类本草》、《本草衍义》等书的同类药物加以归并,如把磁石和玄石,把附子和天雄,合并为一条,以达省繁简易之目的。

在南宋编撰的本草专著中,陈衍的《宝庆本草折衷》出现最晚,但是却最有实用价值,也最受后代医家之好评。全书二十卷,现残存十四卷。卷一至二为序例,分十一个专题选择临床主要用药,明显地体现了简明择要的特点。卷三"名医传赞",选出十一位医家的资料,也体现了突出重点的目的。卷四至十为药物各论,从《证类本草》一千七百四十八种药物中,精选出七百八十九种,真正达到了删去繁冗,保留精要的目的。所选多为常用药,说明文字重在阐述临床应用。为了便于医生使用,每个药条前有序号,后有作者之"续说",主要阐明陈氏用药之经验;"续说"也介绍了南宋其他医师的用药和辨药经验,并对前人的用药经验,从性味和功能进行考订,以便明确实际效用。

南宋的医药简易之风,也影响了方书类著作所附本草类著作。如张锐在绍兴三年(1133)编撰的《鸡峰普济方》,卷一之后附有精选药一百六十五种,说明其简易的炮制方法。孙绍远写成于绍熙年间(1190－1194)的《大衍方》,附有《本草要略》,选实用药四十九条,凡同类药,皆附四十九条之后。另有各地均极易找到的常用之药,如姜、枣、蜜等等,体现了简明实用之意。王德肤于庆元年间(1195－1200)编成的《咀生药料三十品性治》,列于《简易方》卷首,只选三十种药物,极其简明,介绍其炮制方法和性味功效。

南宋医药学中的简易之风是时代的产物,它在学术上有得有失。所得是促成了本草编撰方式的创新,如分专题归纳序例,各药分条,分项论述性味功能,便于阐述己见。简明易懂的著作便于使用,最受临床医师的欢迎。所失是追求简明,难有新药增补;只在旧本草中选取实用之药,难有理论上的发展和创新。

二、医方著作中的简易之风

对医方著作中的简易之风,影响较大的有两个人。其一是朱熹,绍熙元年(1190)四月,朱熹知漳州,他在漳州首次刊印四经四子书。四经即《诗》、《书》、《易》、《春秋》,四子即《大学章句》、《中庸章句》、《论语集注》、《孟子集注》。四子书的刻印对南宋及元、明、清的教育和读书风气都有极大的影响。嘉定二年(1209),朱熹因"集诸儒之粹","有功于斯文",定谥号"朱文公",嘉定五年将《论语集注》和《孟子集注》立于官学,成为科举考试的教科书。宝庆三年(1227),理宗下诏说:"朕观朱熹集注《大学》、《论语》、《孟子》、《中庸》,发挥圣贤蕴奥,有补治道。朕方励志讲学,缅怀典刊,深用叹慕,可特赠太师,追封信国公。"淳祐元年(1241)正月,理宗又下诏书朱熹从祀孔庙,并御书《白鹿洞学规》赐给国子监。从此,南宋儒学全面崇尚朱熹之风大兴。

朱熹对学术界的重大贡献是他把科举考试的国学典籍和各级地方学校的教科书,从读孔子的五经,孟子以下的历代阐述,简化为理宗御批的四书,这四本书是科举考试的必读书。朱熹简化儒学经典的学风,得到皇帝的表扬,影响了南宋所有的读书人,也势必对医学的风尚产生影响。

对南宋医方著作产生更具体影响的另一个人是陈言,他是永嘉派的创始人,对西原脉派也影响甚大。而永嘉医派的最大特点就是崇尚简易之风(详见本章第四节《南宋医家的主要学派》)。陈言是南宋医家中较有理论建树的一位,他的理论属于提倡医学简明精要的流派。

他在成书于淳熙元年(1174)的《三因极一病证方论》中,对张仲景的三因说给以阐述,所谓三因,即"外因"六淫,"内因"七情,不能归为六淫和七情者统称"不内不外因"。他说:"医事之要,无出三因。辨因之初,无逾脉息……以人迎候外因,气口候内因,其不应人迎、气口,皆不内不外因。"他又提倡以"名、体、性、用"四字,"读脉经,看病源,推方证,节本草"。他对医方的要求是"现行医方山积……殊不知晋汉所集,不识时宜:或诠次混淆,或附会杂糅;古文简脱,章旨不明。俗书无经,性理乖牾。庸辈妄用,无验有伤。不削繁芜,罔知枢要?"上述这些思想,都体现了他医学理论中的简易主张。

正是在陈言医学思想的指导下,他的学生王德肤编撰了南宋医药史上影响最大的《简易方》一书。《简易方》成书于绍熙二年(1191),首载生药料三十品性治,次述市场常见丸药十种纲目,再论三十首常用方剂的辨证治法,药物组成,加减应用,并附加减方一百余首。把卷帙浩瀚,繁芜冗杂的大部头百卷方书,简化为薄薄的一卷。

他在《简易方·序》中,阐述编撰目的时说:"倘脉之不察,证之莫辨,投伤寒以桂枝,投伤风以麻黄,用药一误,祸不旋踵。又况六淫外感,七情内贼,停寒蕴热,痰饮积气,交互为患。证候多端:亦有证同而病异,证异而病同者,尤难概举。若欲分析门类,明别是非,酌用何药,谁不愿此?奈何素不知脉,况自古方论,已不可胜纪,宁能不惑于治法之众?""古语有之,'看方三年,无病可治;治病三年,无药可疗'。正谓是也。故莫若从事于简要。今取常用之方,凡一剂而可以外侯兼用者,详其义于篇,庶几一见而治。纵病有相类,而证或不同,亦可以治疗。"

从上述可知,王德肤深知证侯之复杂,并谙于辨证论治。但是,他认为一般医师与多数患者,很难了解脉象,面对治疗某一证侯的众多方剂,必然会不知所用,甚至用患者试药。这就不如"从事于简要",所以,选了三十首常用通治方,"对方施治",只要外证与常用方疗效相符,就可以使用,轻病可望治愈,重病也可减轻,争取时间,请高明的医师来诊断。可见他编的是一本供给一般百姓之家使用的备急简明方书。但是,由于人们受时尚所左右,这本简易的备急方书,竟被南宋的医家推崇备至,奉为至宝,不胫而走,风行于世。

刘辰翁在《须溪记抄·济庵记》中说:"自《易简方》行,而四大方废,下至《三因》、《百一》诸方亦废,至《局方》亦废。亦犹《中庸》、《大学》显,而诸传义废,至《诗》、《书》、《易》、《春秋》俱废。故《易简方》者,近世名医之薮也;四书者,吾儒之《易简方》也。"由于《易简方》走红于一时,对它注释、增补者有之,对它研究、批判者亦有之。据日本《经籍访古志·补遗》:聿修堂藏有《校正注方真本易简方论》三卷,系日永正四年(1507)抄本的影印本。这是较早的一个注释本。

孙志宁于淳祐元年(1241),编成《增修易简方论》。施发于淳祐三年(1243)著成《续易简方论》。王暐于淳祐四年(1244)撰写了《续易简方脉论》,卢檀批判《易简方》的《易简方纠谬》成书时间不可考。徐若虚收以上诸书,又著《易简归一》。据刘时觉教授研究,《易简归一》就是徐若虚的《王氏易简方》,同书异名而已。①

从上可知,对《易简方》的增补、注释、研究、批判和系统总结,已形成了以《易简方》为核心的系列著作,刘时觉教授的著作,称这些医家与著作为永嘉医派(见本章第四节《南宋医家的主要学派》)。

三、简易之风影响下的局方医学

简易之风笼罩下的南宋医学缺乏理论探讨和学术争鸣的激情,自然很难有学术创新。满足于经验方药,喜欢使用成药,产生了南宋过度依赖国颁《太平惠民和剂局方》(简称《和剂局方》)的特点。

《和剂局方》成书于北宋末年,由将仕郎、措置药局检阅方书陈承,奉议

---

① 刘时觉:《永嘉医派研究》,中医古籍出版社2000年版,第21页。

郎、守太医令兼措置药局检阅方书裴宗元,朝奉郎、守尚书库部郎中、提辖措置药局陈师文编撰成书。全书二十一门,收录方剂二百九十七首。该书颁行之后,书中的方药立即成为各地药局制药的范本。

《和剂局方》编成不久,北宋被金军灭亡。南宋时期《和剂局方》经过多次增补和修订,改为《增广校正和剂局方》,成为指导南宋医药和方剂的主要著作。

由于《和剂局方》是国家征集选编的有效验方,又在使用中经过多次修订,依据局方所制成药,深受民间医生和各地民众的欢迎。至今常用的成药,如:牛黄清心丸、香薷散、紫雪丹、至宝丹、苏合香丸、四君子汤、参苓白术散,妇科四物汤、逍遥散、儿科五福化毒丹、肥儿丸等,皆出自《和剂局方》。

依《和剂局方》所制成药,在各地药局出售,对无钱请医师诊治的百姓,确实十分方便。以致像朱丹溪这样的名医,也对《和剂局方》推崇备至。他在《局方发挥》中说:"《和剂局方》之为书也,可以据证验方,即方用药。不必求医,不必修制。寻赎见成丸散,病痛便可安痊。仁民之意,可谓至矣。""官府守之以为法,医门传之以为业,病者恃之以立命,世人习之以成俗。"可见,《和剂局方》所受欢迎的情况和对医学影响之广泛与深远。

《和剂局方》统领医药的局面,正是南宋医药界崇尚简易实用之风造成的。简易实用,颁制成药的《和剂局方》,对烽火四起,动乱频繁的南宋臣民是起到了救命于水火的作用,但是对医药的长远发展和医学的理论创新却起到限制作用,使南宋医学长期处于一潭死水的局面,一百五十三年中没有重大的医学理论创新。

临床疾病千变万化,医生应该辨正论治,随机应变,不应泥守古方,以应百病。朱丹溪在学医之初,也是以《和剂局方》为医学手册,诊治疾病。当他经历了更多的病变,积累了广泛的成功的经验与失败的教训,他才发现"操古方以治今病,其势不能尽合","集前人有效之方,应今人无限之病,何异于刻舟求剑,按图索骥!冀其偶然中病,难矣!"当他得到名医罗知悌的真传,开始用新的医理方药治病时,又受到泥守《局方》医师的排挤和讥笑。他正是有感于南宋过度滥用《和剂局方》,才撰写《局方发挥》,用以纠正南宋医药崇尚简易之风和滥用《和剂局方》的弊病。

第四节 南宋医家的主要学派

中国古代的学术讲究师承和家传,出现过许多源远流长的学派和成就卓著的医学世家。如孔子的弟子,就有许多学派。《韩非子·显学》说:"自孔子之死也,有子张之儒,有子思之儒,有颜氏之儒,有孟氏之儒,有漆雕氏之儒,有仲良氏之儒,有孙氏(荀卿)之儒,有乐正氏之儒。"这就是所谓的儒家八派,在八派之中,对后世影响最大的是孟子和荀子,孟子是更多地继承和阐述孔子的主张;荀子则有所补充和创新,如"制天命而用之"的思想。

医学流派最有名的是宋金元时期的学术争鸣,即以刘完素(1110—1200)为首的"寒凉"派,"寒凉"派主张"六气都从火化",论述风、湿、燥、寒在病理变化过程中,都能化火生热,治疗上善用寒凉药,降心火,益肾水,故称"寒凉"派。以张从正(1156－1228)为首的"攻下"派,"攻下"派理论是攻邪扶正,邪去则安:"夫病之一物,非人身素有之也。火自外而入,或由内而生,皆邪气也。邪气加诸身,速攻之可也,速去之可也。"以张元素、李东垣(1180－1251)为首的"补土"派,"补土"派创立"内伤"学说。他们主张"内伤脾胃,百病由生","脾胃之气既伤,而元气亦不能充,而诸病之所由生也。"善于运用补元气的方剂治疗,补元气的治疗又以补脾胃为主。所以,"补土"派又称"脾胃"派。以朱震亨(1281－1358)为首的"滋阴"派,"滋阴"派创立"相火"论:"天主生物,故恒于动。人有此生,亦恒于动。其所以恒于动,相火之为也。""相火动而中节",人体就健康;"相火妄动反常",人体就生病。由于相火的"妄动反常",使人体阳常有余,阴常不足。所以,人们纵欲伤阴是致病的主因。提倡养生节欲,主张"节饮食,慎男女",提倡使用滋阴降火之方剂,所以,被称"滋阴"派。

宋、金、元四大医派都有其师承和源流。如"补土"派由张元素创始,其弟子李东垣尊奉其学说,并有所发展,再传弟子罗天一、王好古,继承李东垣

"调理脾胃,补中益气"的理论,又有所创新。发展到明代,深得李时珍的好评:"深阐轩歧秘奥,参悟天人幽微,言古方新病不相能,自成家法。辨药性之气味、阴阳、厚薄、升降、浮沉、补泻、六气、十二经,及随证用药之法,立为主治、秘诀、心法、要旨,谓之《珍珠囊》,大扬医理。"

朱丹溪师从罗知悌,创立滋阴学说,针对南宋局方盛行,不求辨证论治的弊病,撰写《局方发挥》,力纠时弊,提倡辨证论治。丹溪的弟子有赵道震、赵良仁、戴思恭、王履等,朱氏弟子入明后,多成著名医家。《古今医统》称赞王履说:"学究天人,文章冠世。极深医源,直穷奥妙。"王履师承朱氏学说,并有自己的创见,讨论伤寒与温暑症治的不同,首创真中、类中说,以敢对前人之说发表己见,并以实事求是而著称。《四库全书总目》评论其医书说:"其会通研究,洞见本源,于医道中实能贯彻源流,非漫为大言以夸世也。"

日本医僧月湖久住杭州,学习朱震亨医理,其弟子田代喜三又在华学医十二年,大力提倡丹溪之学,组织丹溪学社,称朱氏为"医中之圣"。可见滋阴医派源流之长,影响之广。

南宋的医学源流是以家传世医为最大特点的,产生了许多名医世家,创造了许多医药学成就,现分述如下。

一、萧山竹林寺医派

竹林寺始建于南齐(479－502),位于萧山镇惠济桥北,致力于医学的祖师是高昙。北宋时,萧山竹林寺的医名已传遍大江南北。高昙祖师,始开妇科,时间是后晋天福七年(943)。北宋时已誉满京师,南宋时得到朝廷的御批,元、明、清历代相继,师徒相传,至清末已有屋宇百余间,占地八亩,设有诊室和药房的妇科医院。

南宋绍定六年(1233),理宗谢皇后病危,多方医治无效,诏静暹入宫,很快治好了谢皇后的病。理宗御书"晓庵"二字,赠给静暹(字晓庵)。赐竹林寺名"惠济",封竹林寺妇科医僧为十世"医王"。从此,医僧晓庵名满天下,竹林寺妇科名传四海。

所谓"十世医王"是从晓庵上溯四世:一世法名涵碧,字静霞;二世法名

广严,字天岩;三世法名志坚,字商岩;四世法名子传,字允云;五世法名静
暹,字晓庵;六世法名大有,字会源;七世法名华玉,字丹邱;八世法名道印,
字梅石;九世法名德宝,字雪岩;十世法名性间,字迪庵。

萧山竹林寺医派是师徒相授,代代相传的,"十世医王"之后,著名的医
僧还有十二世医僧宏慈、十四世医僧持敬、十五世医僧明瑞、十七世医僧宣
理、十九世医僧圆冷和圆涯、二十一世医僧文佩和文璟、二十二世医僧元颖、
二十三世医僧树乾和树富、二十四世医僧经怡、二十五世医僧果祚和果意、
二十六世医僧道安、二十九世医僧泰如、三十一世医僧明德、三十二世医僧
普门、三十三世医僧克修、三十四世医僧惠群和惠泽、三十五世医僧德昂、三
十七世医僧绍钟、三十八世医僧智澄、四十世医僧广煜、四十二世医僧真锴、
四十三世医僧净琪、四十四世医僧海枕、五十一世医僧闻坚、六十世医僧昌
炳、七十世医僧悟炯、七十五世医僧继炎、七十六世医僧清垮、七十九世医僧
月佳、八十一世医僧缜均、八十三世医僧机涵、八十四世医僧会根、九十四世
医僧善缘、九十七世医僧世皓,薪火相传,已近百代,誉满中华,名刻碑石。

萧山竹林寺妇科医派,流传至今的医学著作有《竹林寺女科秘方》《宁
坤秘籍》等三十七种,多数现存浙江省中医研究院。竹林寺妇科医派的特点
是在医理辨证上,以肝、脾、肾三脏主论;在诊断上强调问诊,参证切脉;在治
疗上,重视调和气血,疏肝解郁;又特别提出补血行气,补肾益精祛瘀解郁的
治疗原则。在成药炮制方面,也积累了宝贵的经验,临床应用屡收奇效的
"太和丸"、"生化汤"、"回生丹"等,都流传至今。

在辨证立方上,主张辨证施治,随证出方。所传秘方,分为调经、胎前、
产后三门,一百一十七证,一百一十方,用药一百一十九种。内服药分为汤、
丸、散、酒等剂,外用药分洗、熏、搽、熨等剂。

萧山竹林寺妇科医派,从南宋理宗御批褒奖之后,寺内名医辈出,用药
如神,寺前车水马龙,病人擦肩接踵,香火鼎盛,名噪江南。薪火相传,医术
流芳,直到清末光绪二年(1876)春,南兰陵俞炳在武陵旅馆题词称赞说:"浙
之妇科素称最著者,竹林寺僧焉。调经种子,胎前种子,胎前产后,疑难险
症,多着手成春。即远处详晰开寄病源,亦奏灵验。"可见竹林寺医派是多么

源远流长,惠泽深远。

二、温州永嘉医派

(一)永嘉医派的著作体系

永嘉医派的著作自成体系,以陈无择《三因极一病证方论》为创始,以王硕的《易简方》为核心,其后有孙志宁的《增修易简方》、施政卿的《续易简方论》、卢祖常的《易简方纠谬》、王暐的《易简方脉论》、徐若虚的《王氏易简方》等,使其更加完善。

1. 陈言的《三因极一病证方论》

陈言,字无择,宋青田鹤溪(今浙江省景宁县鹤溪镇)人。大约绍兴、淳熙年间(1131－1189)在世。陈氏长期侨居温州,从事医学理论研究和临床工作,也收徒授业,开展医学教育,是永嘉医派的创始人。他的名著《三因极一病证方论》为永嘉医派奠定了坚实的学术基础。

《三因极一病证方论》,简称《三因方》,成书于淳熙元年(1174)。陈无择继承了《金匮要略》的三因说而作了进一步的发扬,认为"医事之要,无出三因","倘识三因,病无余蕴",而辨识病因的主要依据是脉象。由此,建立起以病因、脉象为纲领的方剂学分类体系。全书十八卷,按照病因分类,列一百八十门,载方一千余首,辨证论治,条分缕析,详尽细致,内容丰富,后世称赞此书"文词典雅,理致简核"。据《三因方·序》所载,早在十四年前,绍兴辛巳年(1161)陈无择即著有《依源指治》六卷,从书名也可看出这是有关依据疾病病因进行治疗的专书,是临床常用方剂的汇编。全书分八十一门,先是叙述阴阳、疾病、脉象、病症,其次是病因,还集注《脉经》,内容相当丰富。从书籍内容的比较及时间先后的发展过程看,《依源指治》应是《三因方》的初稿本或雏形。"君子不示人以璞",治学严谨的陈无择在这个基础上继续深入研究,不断充实完善,最终著成《三因方》。

《三因方》全书共十八卷。卷首论脉,脉经序、学诊例、总论脉式、三部分位、六经五脏所属、六经五脏本脉体及六经五脏、七表八里、九道诸病脉形体主症等十五篇;卷二首先总论,有太医习业、五科凡例、纪用备论、脏腑配天地论、三因论、外所因论、及中风、中寒、中暑、中湿的证治方药；卷三论痹、历节、脚气；卷四据六经论伤风、伤寒及其变症；卷五论伤寒坏症及狐惑、谵语、虚烦、伤暑、伤湿、寒湿、风湿等；卷六论疫、疟；卷七论疝、厥、眩晕、痉、破伤风；卷八为内所因论，述五脏六腑虚实寒热、痼冷积热、五积六聚、五劳六极、七气五噎等；卷九论痞、健忘、虚烦、痿、血证、癫狂；卷十论劳瘵、蛊、惊悸、自汗、消渴、黄疸及虫兽伤和缢、压、溺、魇、产乳五绝；卷十一论胀满、霍乱、呕吐、哕逆、泄泻；卷十二论带下、便秘、脱肛、淋闭、九虫、咳嗽；卷十三论痰饮、喘、肺痿、肺痈、腰痛、虚损；卷十四论水肿、"气分"、阴颓、痈疽；卷十五论瘰疬、瘿瘤、附骨疽、肠痈、五痔、肠风、疮疡、癣等；卷十六论斑疮、丹毒、瘾疹、胡（狐）臭、头痛、眼、鼻、唇、口、齿、舌、咽喉、耳病；卷十七、十八论妇产科和小儿诸病。卷三以下均为诸病症治方药。

《三因方》现存的版本，古代刻本有：南宋刻配补元麻沙复刻本、元刻本、《四库全书》本、清光绪二十三年青莲馆刊本。近代刻本有：1920－1927 年上海文瑞楼石印本、1934 年上海鸿章书局石印本、1957 年人民卫生出版社铅印本等。国外刻本有：日本宽文二年（1662）刊本、日本元禄六年（1693）越后刊本、日本文化十一年（1814）石田治兵卫刊本。此外，还有清代手抄本多种。

2. 王硕的《易简方》和佚名的《校正注方真本易简方论》

王硕，字德肤，南宋永嘉人，陈无择的入室弟子，生平事迹不详。孙衣言据其《易简方·序》的署名"承节郎新差监临安府富阳县酒税务王硕"，而知"硕以武臣初官司充监当差遣"，并非科第出身，大约当过监收酒税之类的小官。另据卢祖常《易简方纠缪》言："乡之从先生游者七十余子，类不升堂入室，唯抄先生所著《三因》一论，便谓学足，无病不治而去。硕虽尝一登先生门……"，则可知王硕从陈无择当在淳熙元年（1174）前后。陈无择《三因方》序有"与友人汤致德、远庆、德夫，论及医事之要，无出三因"等话，这个"德夫"，未知是否即王硕德肤，如果是的话，则说明王硕很受陈无择器重，常相与讨论医学，视为友人而非门人。出生于绍熙年间（1190－1194）的施发，自称"予与德肤蚤岁有半面之好",①则可推知王硕至少 1210 年前后仍在世。

《易简方》著作年代无明确记述,孙衣言据其自序称:"大丞相葛公归休里第,命以常所验治方抄其大概,以备缓急"言,"考《宋史》葛邲以绍熙三年为右丞相,次年即罢政,则知是书成于光宁之间"。② 此说有理,但失之于宽:南宋光宗、宁宗从 1190－1223 年间在位,则成书时间的误差达 30 年之多。考卢祖常《易简方纠缪》卷一"论姜附汤"条下有载:"自庆元丙辰至淳祐辛丑,凡有《易简》摸其病,套其方,投其药,变坏暗杀几人。"③淳祐辛丑是后人增修的年代,故《易简方》成书于宋宁宗庆元二年(1196)。

现存《易简方》已非王硕原本,已经修订,据日本《经籍访古志·补遗》载:聿修堂藏有《校正注方真本易简方论》三卷,系日永正四年(1507)抄本的影印本,原本以元刊是春堂本为底本而以四明杨伯启纯德堂重刊本对校者,且将原书一卷按内容分为三卷。还存有天正八年(1580)的一卷抄本。"校正注方真本",据其书题词曰:"此书乃亲自传真本,复加校正";"补阙漏者二十余段";"论中多举局方等药而不载方,今并注其下";"市肆圆子,不曾该载治疗修合之法,今并该载其法";"略无差阙,信为大备"。且采用巾箱袖珍本,"板小字净,水陆之间,便于携带,尤为甚善。"④内容、形式都更加切合"易简"的要求,因而成为通行的流传本。此本先有元刊鄮山是德堂本,后有四明杨伯启据此翻刻的纯德堂本,而聿修堂所藏抄本的影印本,即是以此二本对校者。可惜校注者湮没无闻,只能以亡名氏称之。据孙诒让意见,"盖正文为德肤原本,而注则重刻者所增益。故专有'校正注方真本'之题,大抵皆书肆所为";而"所谓杨伯启者,亦陈芸居、余仁仲之流者欤?"⑤亦即校注者应是"是德堂"书商。从《题词》特别欣赏"板小字净","便于携带",强调本书质量,"与文肆所卖者大相辽绝",一再指明"收书者自鉴别","收书君子

---

①　施发:《续易简方论》"题词",载《永嘉医派研究》,第 162 页。

②　孙衣言:《逊学斋文续抄·书王德肤＜易简方论＞后》卷二,清光绪十五年版,1889 年刻本。

③　卢祖常:《易简方纠缪》,载《续易简方论》所附"易简方论后集",日本文政十年刻本。

④　王硕:《易简方》,清光绪二十四年(1898)孙诒让据日本望月三英复元代杨氏纯德堂重刻本刻印,东瓯泳古斋刊行。

⑤　孙诒让:《籀庼述林》卷五"易简方叙",温州图书馆藏抄本。

幸鉴"来看,反映出校注者对印刷出版质量有着职业的喜爱和自信,孙氏的见解是很有道理的。

此书在日本也流传不广,医生兼藏书家望月三英谓"未观此书,久已为遗恨耳",广泛寻求而不得;后读平安甲键斋《医方纪原》,得知其家独藏,千方百计通过他的学生丰玄甫借到此书,而抄录收藏,大喜过望;其门人望子鹄得见,认为是世上罕见的珍本古医书,应重刊以便流传。征得键斋的同意,经子鹄校正,石华子手书,于宽延元年(1748)由户仓幸兵卫刻于生白堂。① 这也是目前国内所能见到的最早版本。其后,文化十四年丁丑(1817),"典药寮医员从五位下长门守"和气朝臣惟亨加按补刻,观宜堂发行重刊本。光绪十三年(1887)冬,孙衣言之子孙诒让于沪上书肆购得望月三英重刊的巾箱本,归呈其父,孙衣言得书,惊喜累日,亲为跋文《书王德肤 < 易简方 > 后》,拟重刻刊行,又言"彼三家者,犹当一一致之,以备德肤一家之学云"。不料,衣言病逝。孙诒让为"仰成先志"完成其父遗愿,着手校正,改注文为小字,至光绪二十四年(1898)完成,由东瓯戴氏泳古斋刊行。孙诒让并书《易简方叙》记叙其事,且言"倭中所传,皆吾乡宋元医家佚书,俟更访求,赓续刊之,亦先君子之志也"。由此,失佚已久的《易简方》又在国内重新流传。失之于中土,得之于东瀛,这不仅是医界学林一大美事,也是中日文化交流史上的一段佳话。

《易简方》全书不分卷,首页载《直斋书录解题》和《经籍访古志》的有关记载;次页为日本宽延元年望月三英的《重刻易简方叙》;后为王硕自序。正文主要内容有三:一是"咀生药料三十品性志",载人参、甘草、附子等三十味药物的性味、功效、主治;其次是"增损饮子药三十方纲目",是全书的主要部分,载方三十,附方一百,分别介绍诸方组成、功效、主治;以及"是肆丸子药一十六纲目",介绍成药十种。书末是孙衣言《书王德肤 < 易简方 > 后》和孙诒让《易简方叙》。另本分为三卷,据孙衣言的意见,"盖其书分三类,每类各有标目而系方论于后,《志》遂析为三卷,实则硕书本无卷数也"。

---

① 望月三英:《医官玄稿·易简》卷二,日本宝历二年刻本。

现在《易简方》的版本主要是上面所提到的日本宽延元年重刻宋四明杨氏本、文化十四年(1817)刊本及清光绪二十四年(1898)孙诒让据日本望月三英复元代杨氏纯德堂重刊本。1995年中国中医研究院影印的清光绪二十四年(1898)孙诒让本。

3. 孙志宁《增修易简方论》

孙志宁,《中国医籍考》误为孙志,南宋永嘉人,据卢氏《易简方纠缪》的有关记载,他是陈无择的学生,在温州行医颇著声誉。如"自庆元丙辰至淳祐辛丑"句下,卢氏并言:"兹志宁不与增修,复从其误,使人重信,则必自淳祐辛丑,传十辛丑,寝寝不已,又复杀人无已时矣。"可知《增修易简方论》成书于淳祐辛丑(1241),亦即《易简方》成书之后四十五年,正属"其书盛行于世"之时。孙氏更仿《易简》之意和李子建《伤寒十劝》,作《伤寒摘要》以为羽翼,一时二书并行于世,为医学界所推重。

《增修易简方论》又名《增品易简方》或《增损易简方》[①],也有称《孙氏易简方》者,国内所有的目录学著作均无著录,《经籍访古志》也不著录,而《中国医籍考》注明已佚,大约确已失佚。今本《易简方》保留了孙氏增修的基本内容,这可以在卢祖常的《易简方纠缪》(以下简称《纠缪》)中找到充足的依据。卢氏《纠缪》对王硕、孙志宁的批评有三种形式,一是直指王硕,一是直指孙氏,还有则是孙王并举,据此可了解现存《易简方》中的孙氏手笔。如"附子汤"条下,卢氏批评王硕以"兼治疲极筋力,气虚倦怠,遍体酸疼"为误,进而又说,"志宁不与删修,却于方后续云:大率风湿为患,遂用麻黄发表之药,汗出既多则腠理空虚,便有偏废之疾"云云。可见前句为王硕原话而后句为孙氏增修,但今本《易简方》并无区别,都作大字正文。又若"理中汤"条,卢氏批评说:"硕与志宁叙方首言药味太甜,甘草减半,次言若料作治中汤,则不必用青皮……"云云,则孙王交举,似是王硕之言而得孙氏首肯者。最为突出的是"真武汤"条,卢氏批评王硕的四条错误之后,笔锋一转,又批评孙氏懵然不效,不仅不与删修,反而"滥云今人每见寒热,多用地黄、当归、

---

① 丹波元胤:《中国医籍考》,人民卫生出版社1983年版,第168页。

鹿茸辈补益精血,殊不知药味多甘,却成恋隔"。并引出长达千字的批评文字来,字字句句,指名道姓直接针对孙志宁。由此可知《易简方》"真武汤"条的主治、组成、服法、加减等内容属王硕原著,而后文一大段说明都出自志宁手笔。据此,并结合王硕著书大旨,似可推测《易简方》中说明、注释、评论性的文字,当出孙志宁手笔。当然,不见于今本《易简方》的内容为亦多,如孙氏自言"余以《易简方》中诸病粗备,而于痈疽一症缺焉,故特立香汤"①的五香连翘汤,如卢祖常批驳的孙氏关于五苓散、猪苓汤的许多说法,就不见于《易简方》。但是,无论如何,今本《易简方》仍是研究孙氏"增修"的重要资料。另外,在某些医学类书中也还留下孙志宁增修的一鳞半爪。如《医方类聚》引用《增修易简方》五条《杂病广要》②引用《增修易简方》一条。也可以称得上是遗珠碎玉了。如其以五苓散加白茅根、香附、枳壳,同炒为末,以治"脏毒便血";治头痛目睛疼用生乌头等药研细搐鼻。这些内容都不见于今本《易简方》。

孙志宁还著有《伤寒简要》,《伤寒简要》尚存,但无独立成书,《医方类聚》有全文辑录,且与卢祖常的《辩孙氏伤寒简要七说》、《五说》二文兼收并蓄,既可看到孙氏《简要》的基本内容,也可读到卢氏的批驳意见。日本文政十年张惟直重刊施发《续易简方论》时,也收作附录,题《孙氏增修易简方伤寒简要十说》,且注云:"《医方类聚》载孙说,较卢所引颇为精详,故附于此,以备参考。"《伤寒简要》的内容主要分为"十说",分别分析伤寒的常见主症,立法处方,区别脏腑,简洁扼要,确不违简要之名,切合临床,简明实用。

4. 施发的《续易简方论》和卢檀《易简方纠谬》

施发,字政卿,号桂堂,南宋温州医家,著有《察病指南》、《本草辨异》和《续易简方论》。据淳祐元年(1241)《察病指南》自序言:"余自弱冠,有志于此,常即此与举业并攻;迨夫年将知命,谢绝场屋,尽屏科目之累,专心医道。"③可知他生于光宗绍熙年间(1190-1194),正是王硕著成《易简方》之

---

① 《易简方纠谬》卷三"论五香连翘汤",载《永嘉医派研究》,第282页。
② 《永嘉医派研究》中《增修易简方》附录,第137页。
③ 施发:《察病指南·自序》,上海卫生出版社1957年版,第1页。

时;年轻时儒而兼医,中年过后则专心医道,行医著书。另据《续易简方论》题词说:"予与德肤蚤岁有半面之好",则知其与王硕也有交往,若据此推测施亦出自陈无择门下,也不是完全没有可能。施氏精于脉学,讲究辨证,出于对《易简方》"于虚实冷热之证无所区别,谓之为简,无乃太简乎"的看法,而于淳祐三年(1243)著成《续易简方论》。

卢檀,字祖常,号砥镜老人,著有《拟进南阳活人参同余议》、《拟进太平惠民和剂类例》和《易简方纠谬》,前二书已佚。据《易简方纠谬》载:"愚少婴异疾,因有所遇,癖于论医,吾乡良医陈无择先生每一会面,必相加重议。以两仪之间,四序之内,气运变迁,客主更胜,兴患多端,探颐莫至。"则知其与陈无择颇多交往,二人义属师生,情同朋友。从书中议论及众多医案看,卢氏学有根柢,对经典著作和陈无择的学术观点,颇多研究,也富有实践经验,在当时有一定医名。其书引用和批驳孙志宁《增修易简方论》的内容比比皆是,并指出《增修易简方论》的著作年代,故可断定《易简方纠谬》成书于淳祐元年(1241),这时距淳熙元年(1174),陈无择《三因方》成书已近70年,那么卢氏也就年近期颐,可落笔行文,纠剔毒骂,气盛火旺,全无老年人心平气和之态,则又是一存疑之处。

这两本书国内不传,各种目录学著作均不著录,唯见诸日本《经籍访古志》。二者原有日本金泽文库宋板,但深藏秘府,世罕知之者。日本文化年间,东都侍医尚药启俊院法印张惟直"夙闻秘府施书,及迁内班,恭申请览之",得见其书,"盖系抄本,卷首有金泽文库印记,是北条氏从宋板影模者",于是抄录收藏;又是卢氏书"借钞浪华木世肃所藏宋版于外弟丹波廉夫",于是双壁俱全。世肃藏书,死后"儒家入于国学,医学入于医学"。文化丙寅(1806年),收藏医书的"医学"罹灾,藏书尽归灰烬,张惟直考虑到"予今不传之,种子殆将绝矣。乃校订讹字,合刻二书"①。于文政十年(1827)刊行,以《续易简方论》为题,而以卢氏书作为"后集"附录于后。这是目前国内所能看到的唯一刊本,流传极少,孙衣言、孙诒让父子亟欲得之而无缘一见。

---

① 张惟直:《合刻施卢续易简方论跋》,载《续易简方论》,日本文政十年刻本,见《永嘉医派研究》,第302页。

又,卢氏书原题《易简方纠缪》,传到日本后,改题《续易简方论》,与施氏书同名,《中国医籍考》袭之;又因二书合刻,遂加"后集"二字以为区别,《经籍访古志》即是。由此,《易简方纠缪》之名反而不传。丹波元胤不知个中缘由,先是对书名有疑,"是书于王氏并志宁二家,逐件纠剔,不遗余力,毒骂之甚,非为续述者,而其名书,似不可解"。后考《澹寮方》所引作《易简方纠缪》,"始知后序所谓'请以《纠缪》参之'之语,盖指其所著"。又在书目中查到《纠缪》之名,才恍然大悟,"想后人与施氏书合梓,因改旧目,加以'后集'二字者欤?"①《经籍访古志》则谓,"天保年,尚药山本五流(将施氏续易简方论)与后集合刻",故以《续易简方论后集》为题传世。

　　国内虽无二书刊本传世,但是,《永乐大典》还留存有部分内容,如卷三六一四"寒"韵下,有卢祖常批评孙志宁《简要》有关翕翕发热、蒸蒸发热的话,也有卢祖常、施发论姜附汤、五苓散、真武汤等内容;卷三一三八〇"痹"韵下,则有论附子汤的内容,这些内容与日本刊本一致。还需注意的是,《永乐大典》引用时署为"施卢续易简方",而且二人所著也混杂在一起,似乎说明早在明初就有二书合刊的本子。这样的话,张惟直真是"心有灵犀一点通",纵远隔重洋,相距数百年,互不知会而又所见略同,倒是一件趣事。

　　现存日本文政十年刻本、松屏舍藏板的《续易简方论》,全书十二卷,包括施发《续易简方论》六卷,卢祖常《续易简方论后集》五卷,附录一卷。施书包括雨岩老人序、施发自序、目录、施氏题词、正文,一一评述王氏三十方及成药十方;卢书一、二卷评述王氏三十方之二十一方;卷三载李子建《伤寒十劝》和批评孙志宁《伤寒简要》的"七说"、"五说"二文,评论孙氏五香连翘汤、青木香丸二文;卷四是药方,分风、寒、暑等门类及妇、儿、外三科,介绍卢氏自己的医疗经验;卷五则为《嗜丹破迷说》和《三建汤指迷》;后为卢氏《后序》;附录为《孙氏增修易简方伤寒简要十说》;最后是张惟直《合刻施续易简方论跋》。

　　此外,《续易简方论》还有中国中医研究院图书馆珍藏的日本皮纸抄本。

---

①　丹波元胤:《中国医籍考》,人民卫生出版社 1983 年版,第 619 页。

1995 年中国中医研究院据此影印,与《易简方》同匣刊行,而《易简方纠缪》仅有南京图书馆所藏的附于施发《续易简方论》,改题《续易简方论后集》的日本文政十年松屏舍藏版的孤本一种,当然是非常珍贵的。

5. 王暐的《续易简方脉论》

王暐,字养中,著《续易简方脉论》一卷。《经籍访古志》录有宝素堂藏影宋本。其按语谓:"是书从未闻其名,近日小岛春沂从京师一医得之,目录、跋并有缺页。跋称'淳祐甲辰赵希逦',又有'与茼从叔父旁观其编写之嘉叹'二行。所载系四诊论说及证治方剂,而标以脉论,未审何解?"由此可知是书的著作年代为淳祐甲辰即 1244 年,主要内容是介绍和讨论望、问、闻、切四诊,以及辨证方药等。但一直未能见到原书。

《杂病广要》曾引用《续易简方脉论》四条,即卷二《外因类·中暑》六味香薷汤,卷八《内因类·涎》、《脏腑类》中,卷二十四的《呕吐》,卷二十九的《咳嗽》等,有论 3 条。内容不多,是仅见的遗珠碎玉,也弥足珍贵了。

自古以来,国内诸多目录学著作均不记载《续易简方脉论》,也从无传本;不仅涩全善在《经籍访古志》中称"是书从未闻其名",而且丹波元胤《中国医籍考》亦不载,可知即使在日本也绝少流传,无人知晓。孙衣言、孙诒让父子极力搜求而不得。从刘时觉教授的《永嘉医派研究》一书得知,《续易简方脉论》现在还存世二部抄本:小岛春沂在京都得到的影宋抄本,后来由杨守敬购入,现存台北故宫博物院图书馆;另外,日本国立中文图书馆内阁文库也有多纪元坚手跋的影宋抄本。

日本收藏的《续易简方脉论》其书系摄影复制,故各页后半与后页前半共成一页,计四十六页,除前后空缺页外,实得四十页。每半页高 22 厘米,宽 16.5 厘米,八行,行各十八字,共约一千字。其长宽比例与《经籍访古志》的"每半版高七寸二分,横五寸五分,八行,行十八字"相符。前题"续易简方脉论","东嘉王暐养中撰",题署下钤一方"图书局文库"篆书阳文印章,另书前有"江户医学藏书之记"、"日本政府图书"二印。无序,目录及后跋有缺页。对照《经籍访古志》可知即其所见之本。细究其内容,首言四诊之要义,继而分"望色曰神"、"闻声曰圣"、"问病曰工"、"切脉曰巧"以各论四诊,且绘图以明十二时十二经脉之气血运行,全身的三部九候要义,男女左右手切脉部位图等,也与"所载系四诊论说"的说法相符。后为"证治方剂",包括"论治法"、"论针刺"、"引针补泻法"、"君臣佐使"、"汗补吐下"等针药治疗理论,合计十三页半,占全书总篇幅的三分之一强。其余三分之二为诸证治法方剂,包括劳瘵瘤疾、中风寒暑、脚气、疟、咳嗽、泻痢、七气、呕吐、水蛊胀满、消渴、五脏补泻方十首,最后是"论胎前产后"、"妇人女子杂病",基本上是一论一方。但"妇人女子杂病"未完,有缺文。

　　台北故宫博物院图书馆所藏《续易简方脉论》与日本所藏的《续易简方脉论》虽属两个不同版本,但同出一源。这从二者的版式、字体的相近,但是个别字体又小有差异,则可以判断其相互间的影印关系。可以推测,丹波元坚编纂《杂病广要》时所用的版本也与此同。还有一个细节可以为据:尽管《广要》只引用了四条资料。其卷二"六味香薷汤"条下,有"尊年人胃气不和,因中暑吐利眩晕,本方加草果、生附各口两,两倍生姜煎"的加减法,其中所加药物分两缺如;对照缩微胶片及复印件,则在此刚好有一虫蛀孔,似乎说明这个版本正是丹波元坚所用的。缩微胶片显示,此版本目录和跋亦有缺页(目录不全,缺少前半部分)。值得注意的是,后半有正文所缺的"治妇人女子杂病"方刘寄努汤,还有"论小儿风搐"及其方剂白附子散,最后则是"炮炙煎制"。这证明,原书疾病证治和整个体系是很完整周密的。跋文则正是《经籍访古志》所言的二句话"淳祐甲辰中秋日顺斋赵希逦跋"和"与芮从叔父傍观其编写之嘉叹",同时还有"中庵"、"顺斋"二枚篆书阳文印章。

　　6. 徐若虚《王氏易简方》

　　丹波元胤《中国医籍考》不载王暐《易简方脉论》,丹波且言,"按《医方类聚》中所载《王氏易简方》与德肤书不同,不知出于何人,其体例亦类四家而成编"①。《医方类聚》收载的《王氏易简方》的部分内容,主要是王、孙、施、卢等人的证治方剂,确实与《经籍访古志》的"类录四家而成编"的说法相一致,但未见《经籍访古志》所谓"四诊论",推测大约是《医方类聚》有选择

―――――――

① 《中国医籍考》,第621页。

地载录所致。《医方类聚》全书三处载录了《王氏易简方》:其一是卷二十一"诸风门"如圣饼子条,其二是卷二十六"诸暑门二"五苓散条,其三是卷六十七"诸寒门"大己寒丸条。从这不多的资料看来,《王氏易简方》的"证治方剂"广泛地引证了王硕、施发、卢祖常诸家见解,且立论平和,言辞婉转。如"圣饼子"条,其主治、用药、服法和药后变证处理,主要取法王硕,又引用卢氏寸金散、透顶散、玉真丸等治疗头痛的方法,也引用施氏药饼制作、服用方法等内容,博采众家之长,使整个方药的运用和疾病治疗,都显得全面充实。虽仅三条,不足以窥全貌,但也可以说,此《王氏易简方》是永嘉医派诸医学术思想的归纳总结,"类录四家而成编"的集成之作。但也没有全书,丹波元胤说:"山本菜园(允)尝辑为一卷,虽非完璧使览者易于运用也。""类录四家而成编",无论如何其篇幅也应远大于任何一家之作,当然不止短短一卷,大约只相当于《医方类聚》的三条内容,不仅远非完璧,最多只能说是残编了。至于其作者,丹波曾有推测,以为"岂徐若虚所著者欤"? 徐若虚,元代江西豫章人,进士出身而又工于医,尝著《易简归一》,已佚。吴澄序《易简归一》曰:徐若虚"取四易简而五之,名曰易简归一。其论益微密,其方益该备。微密非易也,该备非简也。非易非简,而曰易简,盖不忘其初。"①可见其书取四易简而归于一,微密该备,确实也与《王氏易简方》有点相似。所以,从内容、编辑体例、方法等方面推测,刘时觉教授以为《王氏易简方》即徐若虚《易简归一》。②

(二)永嘉医派的学术贡献

"永嘉医派"以《三因方》为理论基石,围绕编著、增修、校正、评述、批评《易简方》,开展学术研究和论争,成为其学术思想的主干。元人吴澄序徐若虚《易简归一》时,对此做了简要的归纳介绍,至今仍有参考意义。吴澄序言曰:"近代医方惟陈无择议论最有根柢。而其药多不验;严子礼剟取其论而附以平日所用经验之药,则既兼美矣。王德肤学于无择,《易简》三十方,盖特为穷乡僻壤医药不便之地一时救急而设,非可通于久远而语于能医者流

---

① 吴澄:《简易归一·序》,载《中国医籍考》,人民卫生出版社 1983 年版,第 620 页。
② 《永嘉医派研究》,第 21 页。

也。是以不免于容易苟简,其有以来,施、卢攻之也宜。且加疟痢之证,病源不一,治法自殊。世有执'无痰不成疟,无积不成痢'之说而概用一药者,或验于甲而不验于乙,人但咎其药之不灵,而孰知由其辨之不明哉? 数见病疟者对证依施氏用药;又数见病者,对证依严氏用药;证各不同,无不应手愈。信夫,对证之明而处方之当者,其效如此! 德肤局以四兽、断下二药,岂不可笑也耶? 德肤以来,增补其书者凡三:曰孙、曰施、曰卢。豫章徐若虚昔以进士贡儒而工于医,又取四《易简》而五之,名曰《易简归一》,其论益微密,其方益该备。施、卢且当避席,而况王若孙乎? 虽然,微密非易也,该备非简也。非易非简,而犹曰易简,盖不忘其初。吾取其有功于愈疾,有德于人而已。于书之难易繁简也,夫何计!"①除了讲述陈无择"其药多不验"还值得商榷外,对永嘉医派诸医家的评论还算得上公允,可以为我们研究永嘉医派的学术思想提供一条线索。

1. 陈言的开榛辟莽之功绩

陈言,字无择,宋青田鹤溪人。陈氏长期侨居温州,从事医学研究和临床工作,也收徒授业。开展医学教育,其《三因极一病证方论》为永嘉医派奠定了坚实的学术基础而成为永嘉医派的创始人。

宋代之后的医学界,都非常注重《三因方》的病因学意义,遵从并采用了陈无择的三因论,认为陈氏将复杂的疾病按病源分外因六淫,内因七情及不内外因三大类,具体而全面,符合临床实践;而且每类有论有方,既有理论阐述推衍,又有方剂加减运用,具有实用意义和价值。《四库全书总目》认为:"是书分别三因,归于一治。三因者,一曰内因,为七情,发自脏腑,形于肢体;一曰外因,为六淫,起于经络,舍于脏腑;一曰不内外因,为饮食饥饱,叫呼伤气,以及虎狼毒虫金疮压溺之类。每类有论有方,文词典雅而理致简赅,非他家俚鄙冗杂之比。"②评论颇客观中肯。

陈无择三因学说源自《内经》和《金匮要略》,然又有发展和创新。《内经》"生于阳者,得之风雨寒暑;生于阴者,得之饮食居处,阴阳喜怒",生阴、

① 《简易归一·序》,载《中国医籍考》,第620页。
② 《四库全书总目》,中华书局1965年版,第866页。

阳意指部位的内外,已有内因、外因的划分,但没有不内外因的说法,而把饮食、居处房室等属不内外因者,也归于"生阴的"内因范畴。及《金匮要略》的"千般灾难,不越三条:一者,经络受邪,入脏腑,为内所因也;二者,四肢九窍,血脉相传,壅塞不通,为外皮肤所中也;三者,房室、金刃、虫兽所伤",则以外邪内侵脏腑为内因,以邪气停留皮肤经络浅表部位而不深脏腑为外因,其实同属外因而只有外袭内侵之异,并无七情内因。陈无择综合了《内经》、《金匮》的病因分类法,以六淫病邪从外来侵者为外因,以七情太过,内脏郁发者为内因,而不由外邪或情志变化而病情者,为不内外因。他说:"六淫,天之常气,冒之则先自经络流入,内会于脏腑,为外所因;七情,人之常情,动之则先自脏腑郁发,外见于肢体,为内所因;其如饮食饥饱,叫呼伤气,尽神度量,疲极筋力,阴阳违逆,乃至虎狼毒虫,金疮……压溺,有背常理,为不内外因。"①这种三因分类法,是把致病条件和致病途径相结合的分类方法,把疾病分为"外感六淫"与"内伤七情",是继承了《内经》的病因论,又对张仲景的内外因说作了补正,引申了仲景的不内外因观点。陈无择病因理论的特点在于,把纷纭复杂的千千万万疾病,根据不同的发展原因加以归纳分类;然后辨证求因,审因论治,通过分析疾病临床症状,控知发病原因,归纳证候类型,推测病理机制,并以此作为论治的依据。所以,陈无择随之即言:"如欲救疗,就中寻其类例,别其三因,或内外兼并,淫情交错,推其所因为病源,然后配合诸证,随因施治,药石针艾,无施不可。"这就使其三因论立足于辨证论治的现实基础之上,成为辨证论治的主要方法论。

我们还注意到,陈氏的三因分类只是手段,其主要目的在于走出一条方剂学的由博返约路径。《三因方》自序指出,"俗书无经,性理乖误","不削繁芜,罔知枢要"?因而削繁知要是其著书的目的所在。其卷二"大医习业"更明确地指出方书之盛,动辄千百卷,若《太平圣惠方》等,"岂特汗牛充栋而已哉"?"博则博矣,倘未能反约,则何以适从?予今所述,乃收拾诸经筋髓,其亦反约之道也",这才是"大医习业"的路径。

---

① 陈言:《三因极一病证方论》,人民卫生出版社1983年版,第19页。

陈氏此说有其时代背景,唐宋医学积累了丰富的实践经验,出现了大部头方书,如《太平圣惠方》、《圣济总录》都收方逾万,卷帙庞大。但方多药众,浩如烟海,反使临床无所适用,需通过实践重新检验,以致治疗成为检验疗效的手段。因此,对众多的方药进行筛选鉴别,确认疗效,使漫无边际的方书由博返约,以求规范化、实用化、普及化,则成为医学发展的必然趋势。当时的官修方书《和剂局方》就代表了这种由博返约的趋势,陈无择的《三因方》主张以因辨病,按因施治,从脉象、病源、病候入手,使方药简约而有章可循,也是医学发展之一途,这一由博返约的方剂研究方向,后来成为永嘉医派学术研究和争鸣的中心议题。

陈无择长期侨居温州,其医学思想和医疗实践深受温州生活的深刻影响。当时,温州有乡绅余光远,用独创的炮制方法精心修平胃散,并长期服用,结果身体康健,饮食快美,数次出任西南"烟瘴之地"的地方官而往来平安,并享近百岁的高寿。受此启发,陈无择领略到胃气是人身的根本,"正正气,却邪气"是医疗第一要义,因此在平胃散的基础上增添药物,创造了"养胃汤",载于《三因方》卷八。卢氏曾语及其立意和创制经过:"一日,先生忽访,语及乡达余使君光远,不以平胃散为性燥,唯为精修服饵不辍,饮啖康健,两典瘴郡,往返无虞,享寿几百。先生又悟局方藿香正气散、不换金正气散,祖出平胃,遂悟人身四时以胃气为本,当以正正气,却邪气为要,就二药中交互增加参、苓、草果为用。凡乡之冬春得患似感冒而非感冒者,秋之为患如疟而未成者,更迭问药,先生屡处是汤,随六气增损而给付之,使其平治而已,服者多应。"① 除理论上对胃气的认识和实践上受温州乡绅余某的养生经验启迪外,还有一个很重要的因素即环境条件,温州依山傍海,夏少酷暑,四季湿润,属海洋气候,湿之为患尤多,故宜于应和除湿理气的"平胃散"和"养胃汤"之类方药。因此,陈氏此方一出,即广泛流传,风行一时。此后,他的弟子辈作《易简方》系列著作,都引载这个方子,还详细记载了"余使君平胃散"独特的炮制方法,给我们留下了一份宝贵的遗产。温州医生至今在临

---

① 《易简方纠谬》卷一"论养胃汤",载《永嘉医派研究》,第241页。

床上仍习用平胃散、藿香正气散和养胃汤这类芳香化湿理气和胃的方剂,自有其地土之宜和历史渊源。

圣散子是由温热药物组成,用治寒疫的著名方剂,苏东坡曾著文极力推崇,一时天下通行。东坡说:"时疫流行,平旦辄煮一釜,不问老少良贱各饮一大盏,则时气不入其门;平居无病,能空腹一服,则饮食快美,百疾不生",盛赞其为"真济世卫生之宝也"。陈氏自有卓识,并不盲从,敢于提出异议,《三因方》批评苏东坡的言论说,"一切不问,似太不近人情",进而指出,"辛未年(绍兴二十一年,1151 年)永嘉瘟疫,被害者不可胜数"。陈氏目睹其事,且将此作为圣散子之害唯一的事实证据收录于著作之中,既反映了陈氏忠于事实,不畏权威的实事求是的科学态度,也留下了在温州生活的痕迹。《四库全书总目》对此有高度的评价:"苏轼传圣散子方,叶梦得《避暑录话》极论其谬而不能明其所以然。言亦指其通治伤寒诸证之非,而独谓其方于寒疫所不废,可谓持平。"

陈无择在温州广泛的医事活动和精湛的医疗技术,赢得了很高的声望。例如,卢祖常记述了陈氏创制"和气饮"事:"无择先生每念麻黄桂枝二汤,世人不识脉证者,举用多错",而制"和气饮",屡试屡验,马上就为众多医家所采用,广泛流传开来"夫先生岂小补哉? 由是之富贵贫贱,皆所共闻;闾里铺肆,悉料出卖",影响巨大。现在通行的《三因方》未载"和气饮",可以推知这是在《三因方》成书之后创制的。时至今日,温州医家临床还忌用麻黄之类辛燥温热药物,推究其源,似可远及宋代的陈无择。

元代医学家吕复评论说,"陈无择医如老吏断案,深于鞠谳,未免移情就法,自当其任则有余,使之代治则烦剧"。[①] 对陈氏严守证治法度规范的严谨学术态度有一中肯的评价。由此也可知,吴澄所谓"其药多不验"的说法不实。

陈无择之所以成为永嘉医派的创始人,在于他临症施治、行医济世的同时,还著书立说,收徒授业,仅《三因方》成书之后就有 70 余人之多。永嘉医

---

① 吕复:《诸医论》,载陈梦雷等《古今图书集成》"医部全录",人民卫生出版社 1983 年版,第 30 页。

派诸医大都出自陈氏门下,或私淑其实。卢祖常与陈无择交往颇深,二人长期切磋医学,义属师生,情同朋友。卢氏自称,"愚少婴异疾,因有所遇,癖于论医,先生每一会面,必相加重议,以两仪之间,四时之内,气运变迁,客主更胜,兴患多端,探颐莫至"。他还很感慨地指出,"乡之从先生游者七十余子,类不升堂入室,惟抄先生所著《三因》一论,便谓学足,无病不治而去",①由此可见陈无择开展医学教育之盛。

至少从绍兴二十一年(1151),永嘉瘟疫之时起,直至淳熙元年(1174),《三因方》成书之后相当长的一段时间内,陈无择都生活在温州,行医济世,著书立说,广收门徒,因而被时人视为温州人。卢氏因之称为"吾乡良医"。明代永嘉姜准著《岐海琐谈》,也视之为温州人,谓"永嘉陈言无择"。他给宋代温州医学带来的深远影响,即是形成了盛极一时的永嘉医派。

2. 王硕的学术核心作用

王硕著有《易简方》,代表了南宋医学的一种风气和潮流,既有不少人赞誉和欢迎,也有很多人反对和批评,从而成为永嘉医派的中心人物。

王氏书以"易简"为名,出于《易》经所云"易则易知,简则易从",虽其自称著书的目的在于应付"仓猝之病,易疗之疾",实际上反映了当时医学界追求"易简"的思想倾向。面对汗牛充栋,甚至可称得上泛滥成灾的方书,临床医师处于无所适从的窘境,王硕以为,"自古方论,已不可胜纪,宁能不惑于治法之众将必尝试而后已? 用药颠错,诸证蜂起",因而"莫若从事于简要"②。王硕继承了《和剂局方》由博返约的研究方向,而且求易求简,走得更远。但是,他并没有继承陈无择以"知要"来"削繁"的基本方法,"削繁"而不"知要",缺乏执简驭繁的思想和手段,没有任何理论上的创新和方法上的改进。因此,他的《易简方》存在先天的方法论的缺陷。

《易简方》全书仅一卷,内容确实既简且易,仅"取方三十首,各有增损,备呋咀生料三十品,及市肆常货丸药一十种",以备缓急之需。他录方的基

---

① 《易简方纠谬》,载《永嘉医派研究》,第 242 页。(以下简称刘书)
② 王硕:《易简方叙》,清光绪二十四年(1898)孙诒让据日本三英复元代杨氏纯德堂重刊本,东瓯泳古斋刊行,刘书第 77 页。

本原则是,一常用的效验治方;二是"外候兼用",即其运用范围要广,尽可能做到"病有相类而证或不同,亦可均以治疗"。其次,王硕亦继承了局方习用辛温燥热的用药习惯,所备三十味生料药中,辛温燥热就有二十味之多,如温里祛寒药附子、干姜、肉桂、丁香;辛温理气药木香、橘红、枳实、厚朴;活血药川芎;化湿药苍术、藿香、草果;辛温解表药麻黄、白芷、细辛;化痰药半夏、天南星;补益药人参、白术、甘草、当归、白芍、五味子;而苦寒药仅黄芩一味。所载三十方中,大多性质辛燥温热,如祛寒方三生饮、姜附汤、附子汤、四逆汤、真武汤、理中汤;祛湿化痰方养胃汤、平胃散、二陈汤、四七汤、渗湿汤、降气汤、缩脾饮、杏子汤、芎辛汤、温胆汤等。补益方仅四君子汤、白术散、建中汤等少数几个,而寒凉泄热方竟无一个,如此也足见王硕无法摆脱当时的大环境,不能不受《局方》的影响,而偏用辛燥的特点。

王氏就学于陈无择,自然深受陈氏学术思想的影响,后人曾有评论:"王德肤作《易简方》,大概多选于《三因》,而附以他方增损之。"①查对原书,除选自《局方》的十种成药外,三十方中,取自《三因》者即有二十方之多,评论固然不谬,自可见师徒授受的迹象,也可体会到陈无择对后人、对温州医学影响之深。就连后来孙志宁增修《易简方》时,所增补的五香连翘汤,也是出于《三因方》的卷十四"痈疽篇"。但是,这也是从另一个侧面证明,陈无择同样存在偏于辛温燥热的用药特点。范行准先生非常敏锐地指出:"由于《局方》是官书,并极普遍,所以当时医家很受影响,几乎所有的医方都以'辛香温燥'之药为主要组成部分。最著的有陈言的《三因极一病证方论》,虽以《金匮》'三因'为名而实发挥《局方》之学。其后有永嘉王硕的《易简方》,于《局方》并有阐发。"②范老先生的高明见解,为我们了解永嘉医派学术思想脉络主干提供了一个很有价值的线索。

如陈氏《三因方》"养胃汤",王硕列为《易简方》三十方之五,经其发挥,主治范围远远越出了《三因》的胃虚寒证,并不限于"似感冒非感冒","如疟非疟"者。王硕以为,不问伤风伤寒,可以为发汗;不惶内外,可以之养胃和

---

① 施发:《续易简方论·题词》,刘书第 162 页。
② 范行准:《中国医学史略》,中医古籍出版社 1986 年版,第 122 页。

中;更兼四时瘟疫,饮食伤脾,发为痎疟,均可为治。王硕大大扩充了养胃汤的用法,许多见解亦颇有独到之处,如其论养胃汤组方九品,并无一味发汗解表药而可治风寒表证,主要是藿香辛温芳香有发汗作用。卢祖常以为这一见解是前人未曾语及,未见运用的,也是《易简方》以前各种本草学著作所未见的。又如,他参阅《三因》"己未年京师大疫,汗之死,下之死,服五苓散遂愈"的记载,直接师承陈无择用养胃汤"辟寒疫"之意,提出以之治疗"四时瘟疫"的见解。王硕并言,"大抵感冒,古人不敢轻发汗者,止由麻黄能开腠理,或不待其宜则导泄真气,因而致虚,变生他证。此药乃平和之剂,止能温中解表而已,初不致于妄扰也"。至今温州中医界仍不轻用麻黄,甚至有畏用麻黄的倾向,可由此上溯到宋代。

另外还有一个细节,更能体现王氏追求易简、实用的特点:《易简》三十味药物,每药之后都有一个简略的单方,如:附子"治耳聋,醋浸削如小指大纳耳中";木香"治胡臭,醋浸置腋下,夹之即愈";草果"治赤白带下,去皮,入乳香一小块用面裹,炮焦黄,和之,为末,米饮调服";桂"治产后腹中痛,并卒中痛,外肾偏肿疼痛,为末,汤酒任意服"等等。尤其注意收集急救的单方,这在三十味中占大部分,如甘草解附子、巴豆及百药毒,并饮馔中毒;白术"治中寒湿,口噤不知人者,用酒煎,连进数服";丁香"治干霍乱不吐不下,用十四枚为末,热汤一大盏调之,顿服;不差者,再服之";半夏"治自缢、墙压、溺水、鬼魇、产乳。凡此五绝,为末,吹入鼻中,心温者可治";干姜"治鼻衄血,削令头尖塞鼻中"。此外,如南星治急中牙噤,川芎治胎死腹中,当归治小儿脐风,白芍止血,干葛治破伤风,柴胡退热,黄芩通淋等,都很有价值,有实用意义,很能救得一时之急。

因此,《易简方》之作,既有其实用性,也正适应了当时追求易简的风气,故而广受欢迎,竟至风靡一时,流传域内。施发在《续易简方论》卷首题词中说:"今世士夫孰不爱重?皆治病捷要,无逾此书"而受到广泛的欢迎。日本文化十三年重刻《易简方》的和气朝臣惟亨也说:"方众而勿约则神与弗俱。

晋唐以来,类聚方者几千万,而漫录传世,故见者茫然不知其所向"①而王硕《易简方》之作,可谓能得用方之口诀哉,故能大行于世。所以,陈振孙在《直斋书录解题》中称"其书盛行于世,今之为医者,所习多《易简方》",甚至有人认为:"自《易简方》行而四大方废,下至《三因》、《百一》诸藏方废,至《局方》亦废;亦犹《中庸》、《大学》显而诸传义废,至《诗》、《书》、《易》、《春秋》俱废。故《易简方》者,近世名医之薮也;四书者,吾儒之《易简方》也。"②影响之大,盛极一时。

3. 孙志宁的增修补苴

王硕的《易简方》风行一时,但追求既简且易的编述特点使其能完全切合临床运用的要求,因此增修、补充就在所必然。为此,孙志宁编著《增修易简方论》,撰写《伤寒简要》,为《易简方》传播做了大量的工作,成为永嘉医派诸医家中支持王硕的中坚。

孙志宁对《易简方》的增修主要包括三方面的内容:一是增补方剂,他说,"余以《易简方》中诸症粗备,而于痈疽一症缺焉,故特立五香汤",③他在《增修易简方论》中对王氏《易简方》广泛地补充内容,增添方剂,使之更切合临床需要。其次,对《易简方》正文详加注释说明,纠正其过于简略,语焉不清之处,使之更为清晰易懂。再次,还遵《易简方》立论之意,仿当时盛行的李子建《伤寒十劝》的形式,作《伤寒简要》以为羽翼。一时《增修易简方论》与《伤寒简要》二书并行于世,为医学界所推重。卢祖常说,当时"习《易简》、《简要》为师,借法而求食"者颇众,影响甚广。

孙志宁是王硕的拥护者,学术上如出一辙,毫无二致,以致《易简方》中正文和注文,原著和增修,水乳交融,难以区分;以致卢氏在《纠谬》中将孙、王二人痛加批驳,谓之视为一体,不分轩轾。因此,上文讨论的王硕学术思想,在孙志宁身上有明白无误的表现。当然,也有他自己的鲜明特色,这主要表现在三个方面。

---

① 和气朝臣惟亨:《重刻易简方序》,日本文政十三年重刻本,刘书第76页。
② 刘辰翁:《须溪记钞济庵记》,见《中国医籍考》,人民卫生出版社1983年版,第617页。
③ 《易简方纠缪》卷三"论五香连翘汤",刘书第282页。

孙氏强调甘温补益之品有"恋膈碍胃"的副作用,主温理气以"快脾"。除上章所引卢祖常批驳的真武汤条"地黄、当归、鹿茸辈补益精血,殊不知药多甘,却成恋膈";理中汤条"药味太甜,当减甘草一半"之外;四君子汤条下,孙、王又说,"但味甘,恐非快脾之剂,常服宜减甘草一半"。《易简方》对这一说法的解释是,"此须脾胃壮者可服,稍不喜食则不可用";"当归、地黄与痰饮不得其宜,反伤胃气,因是不进饮食,遂成真病",亦即痰湿困伤胃气,饮食有碍者不宜甘温补益。有关论述,在《易简方》中随处可见,如胃风汤条下,谓十补汤"此等药愈伤胃气",参苏饮条下"须谷气素壮乃可服";二陈汤条下,"恶甜者减甘草";四物汤"既用蜜丸,又倍甘草,其甜特甚,岂能快脾"等等,不一而足。而认为"觉快之药,自当用消化之剂,如枳壳、缩砂、豆蔻、橘皮、麦芽、三棱、蓬术之类是也",主张用平胃散、二陈汤之类"快脾","用此(指二陈汤)快脾则饮食倍进","妊娠恶阻,古方用茯苓丸、茯苓汤,非快脾之剂,服者药反增剧,不若用此极验",即使病后恢复,也不偏废,平胃散"病后调理,亦宜服之";"伤寒后不敢进燥药者,亦宜服饵";二陈汤,则"易得复常"。结合陈无择创制养胃汤的经过,永嘉医派诸医家对养胃汤、平胃散、藿香正气散等芳香化湿理气和胃方剂的喜好偏爱可窥一斑,孙、王关于"甘温恋膈碍胃","辛温快脾"的言论,也确有其地土之宜。

其次是善用毒剧药如巴豆,孙氏以为"巴豆治挥霍垂死之病,药至疾病,其效如神,真卫生伐病之妙剂",且云:"此药自是驱逐肠胃间饮积之剂,非稍加毒性安能有荡涤之功?故以治饮积之患,邪气入腹,大便秘结,心腹撮痛,呕吐恶心诸疾,颇为得心应手。不仅病初始萌,身体壮实,对证运用可获十全;即使体虽甚壮实,若属对证,自可放胆使用;最忌犹豫不决以致病势攻扰,愈见羸乏。"对于运用指证、用药反应、掌握尺度、解毒方法,都有详细说明。甚至认为孕妇有适用之证,亦可照用不误。还说"巴豆去油取霜,盖取其稳当,然未必疗病;若通医用之,必不去油"。而对于"尊贵之人,服药只求平稳,而于有瞑眩之功者不敢辄服,医虽知其当用,亦深虑其相信之不笃,稍有变证,或恐归咎于己,姑以参术等迎合其意,倘有不虞亦得以藉口,而不知养病丧身,莫不由此",对此深恶痛绝。医不至精,学未至深,验未及丰,是不

敢出此大言的。《医方类聚》、《杂病广要》载有其治"肠风脏毒便血"方,用
"温州枳壳"不拘多少,逐个刮去穰,入去壳巴豆一粒,合定用线扎紧,米醋煮
枳壳烂熟,去巴豆,取枳壳洗净,末焙干为丸,可以治疗大便出血,也可用以
治疗痢疾。设计取法既巧,也富有温州的地方特色。从这些内容可以看出,
孙志宁于毒剧药的运用之纯熟,经验之丰富。对此,连严厉批评孙、王的卢
祖常也只能发出感叹:"吁,治疗饮积气积,驱逐荡涤四字,亦难轻发;驱逐荡
涤一药,委难用也。"①

　　孙氏并在某种程度上认识到当时医学界习用辛温燥热药物的不良倾
向,这主要体现在讨论伤寒证治时殷切告诫慎用温热药和艾灸法。《伤寒简
要》的内容分"十说",除讨论伤寒病发热、潮热、发热恶寒、寒热往来、头痛等
症状的鉴别诊断,讨论恶寒恶风的辨证意义,伤寒初瘥不可过饱、过饮、过劳
等"五说"外,孙氏以一半的篇幅告诫慎用温热药和艾灸法。"第四说"阐述
伤寒手足厥冷各有阴阳,不得一律以为阴证,尤其是必须注意鉴别治疗热
厥。其要点在于,一是热厥始病,便身热头疼,至三四日方始发厥;二是"别
有阳证",如"其人或畏热,或饮水,或扬手掷足,烦躁不得眠,大便秘,小便
赤,多昏愦者,知其热厥也",其病机属"热深则厥深";三是疾病过程中,"兼
瘥热厥者,厥至半日,忽身又热;或手足逆冷而手足掌心及指爪微暖;脉虽沉
伏,按之而滑",凡此种种,为里有热;治疗当有"白虎汤、承气汤随其证而用
之"。并一再强调,四逆汤、四逆散、冷热不同,其治服者,宜细察焉。"第五
说"引用《难经》和仲景言论,说明"伤寒腹痛亦有热证,不可轻服温暖药",宜
消息脉证而用黄连汤、大承气汤之类。"第六说"论"伤寒自利,当看阴阳证,
亦不可例服温暖止泻药"。

　　"第七说"明确指出"伤寒当直攻毒,不可补益,伤寒不思包含,不可服温
脾胃药"。孙氏说,"邪气在经络中,若随时证早攻之,只三四日痊安;医者乃
谓先须正气,却行补益,使毒气流炽,多致误人","如理中丸、汤之类,切不可
轻服,若阳病服之,致热气增重,多致变乱误人"。"第八说"则申明,"伤寒胸

---

① 《易简方纠谬》卷三"论五香翘汤",刘书第282页。

胁痛及腹胀满不可妄用艾灸",孙志宁强调指出,"伤寒惟有阴证回阳,可用艾灸,此外不可妄用。盖常见村落间有此证,无药可服,便用艾灸,多致热毒气随火而盛,或膨胀发喘,或肠胃结而不通,反成大热,遂致不救。殊不知胸胁自属少阳,腹胀满自属太阴,俱不可以艾灸也"。这一观点颇值得注意,以慎用温热艾灸讨论伤寒,在当时习用辛温燥热的大环境下,确实并不多见,称得上是一种"空谷足音"了。可以认为是对当时医学界习用辛温燥热的反思,对《和剂局方》和《易简方》喜用温热的纠正,也是讲究辨证论治精神的复苏。

4. 施政卿的规过拾遗

王硕《易简方》,本为荒僻之地、仓猝之病而设,由脉之难辨,证之难察而作,名曰易简,正为易于运用,而求简捷。他追求"病有相类而证或不同,亦可均以治疗"的选方原则,但这样一来,于认病识症和处方用药也就不能不失之粗略了。因此,后续之人不能不有所非议,批评、辩驳、纠谬,大有人在,且多为同出陈无择门下或深受陈氏影响的永嘉同人,施发、卢祖常即是代表性的人物。

施发先后著有《察病指南》、《本草辨异》和《续易简方论》,其中《本草辨异》已佚。

《察病指南》是脉学专书,取多种脉学书籍"参考互观,求其言之明白易晓,余尝用之而纂类,裒为一集"。全书分三卷,卷上总论脉法;卷中辨明二十四种脉象的形象和主病;卷下则叙述伤寒、温病、热病等二十一类病证的生死脉法,及妇人病脉、胎脉和小儿诸病的脉法等,是脉学理论和实践应用的启蒙书。值得一提的是,施发书中并作"诸脉图影",开始把脉的波状描绘于纸上,这是世界上最早描绘的脉搏形象图。

施发批评《易简方》说:"其于虚实冷热之症无所区别,谓之为简,无乃太简乎","特以人命所关,不容缄默,于是表而出之","此予续论之作,所以不能自己也"。为此于淳祐三年(1243)作《续易简方论》,对于《易简方》的种种不足,规其过失,补其不逮。

《续易简方论》全书六卷,书中列述易简三十方及十个成药方,不及附方,说明今本《易简方》的附方为后人所增。中心内容一是评论,一是补充,其特点是评论全面,三十方不缺一个;批评为主而又不意气用事,不失客观;补充广泛,三十方涉及二十六处,补了一百五十八方,最多的一处补了三十三方之多。即使从四处未予补方的评论看,施氏的见解确有过人之处:其一,养胃汤条,王硕原治"外感风寒,内伤生冷",施发简简单单一句话"人皆知可以治感冒伤食,而不知其最能治痰饮呕逆及霍乱吐泻也",即补充了治疗要点。其二,附子汤条,就"其中芍药一味独不利于失血、虚寒之人,服之反足增剧",做了发挥和改进。他引用当时的习惯说法,"减芍药以避中寒",但是,"此方所以用芍药者,以其能去风止痛耳。然既有官桂,减之亦无害,不然,以独活代之,独活可以疗风寒所击,手足挛痛。如此,则无问失血之人,凡有是病者,皆可服矣"。很细致地说明了芍药在本方中的作用、配伍、替代方法等。这一说法实为后世丹溪主张"产后慎用芍药"的先声。其三,姜附汤,陈无择用炮熟姜附,王硕则用生姜熟附,而施发主张用生姜附,并指出,源出陈氏不审之故而王氏因袭,不能发明。还有真武汤条,则引用《活人书》的条文说明真武汤"不独能治太阳病,而少阴病亦治之也",但王硕拘于水气之说,"此由渴后饮水,停留中脘所致",诸多症状皆"意以为皆少阴病",而不知太阳伤风桂枝汤证而误用麻黄发汗,汗出过多,亡阳发热而致此,批评王硕"不应泛引痰饮之证为伤寒之证"。并就其加减协调《易简方》与《活人书》、《孙氏秘宝》三家之说,"然其加减虽本于《活人书》,而附子一节较之《孙氏秘宝》则互相矛盾,使后学无所适用。《活人书》云:'呕者去附子,加生姜三片。夫生姜,呕家圣药,治呕用此固宜,如寒呕则附子不当去。'《秘宝》云:'不下利,去附子加生姜,合前作半斤,使果不下利,附子去亦无害'。既不言治呕,则增生姜何义?王氏于此,独加生姜而不去附子。生姜固治呕矣,而附子尚存,以之治寒呕则可,若热而呕者,岂不败乃事哉!三家皆说未尽,当用不下利而呕者,去附子加生姜。如此,方可以贯三家之说也。"就此可以看出,施氏的批评确属冷静客观。

施氏精通脉法,注重辨别疾病的虚实寒热,因此对于《易简方》的批评,主要集中于王硕不问脉象,不讲究辨证的弊端上;而在批评、辨证的基础上补充治法、方剂,则完善了整个辨证论治的认识。如治疗中风的"三生饮",王硕说,治卒中昏不知人,"无问外感风寒,内伤喜怒;或六脉沉伏,或指下浮盛,并宜服之"。施发认为这种说法"其误学者多矣"。因为外感、内伤是性质完全不同的病证,"六脉沉伏"和"指下浮盛"是相反的脉象,这两种脉证,寒热之别有如冰炭不可同炉,"如或用此,是以火益火耳"。这种注重脉象、病因辨证的思想方法,正是陈无择所积极提倡的,而王硕由于一心一意追求"易简",追求方剂"病有相类而证或不同,亦可均以治疗",因此损害了对疾病的认识和区别。"凡见中者,不辨其冷热,遽投三生饮……欲侥悻万一之中,而有时足以害人,皆王氏启之也"。若中暑噎闷,昏不知人,"其脉则虚弱而微迟,或者不审,以三生饮治之,祸不旋踵"。为此,施氏增补稀涎散和小续命汤以适应临床需要。对此,僧继洪在《澹寮方》中曾有折中评论,他曾读《医余》而知"中风脉不大者,非热也,是风脉也;又中疾气郁痰结,脉多沉伏,故亦有浮而非热,沉而非实者",由此而知王氏不拘于脉而用三生饮的所出,因此,认为王硕也"未为全不是"。当然,不问外感内伤失之尤甚,施发批评固是,但"辨脉犹未详,攻王之辞也不免有强词夺理之嫌",也有不足。因此,继洪有"尝谓诸师《易简方论》,交相诋诃,各有偏枯"的感叹。

王硕以芎辛汤"治一切头疼,但发热者难服。其余痰厥、饮厥、肾厥、气厥等证,偏正头疼难忍者,以此药并如圣饼子服之,不拘病退多服自能用效。诸证头疼,紧捷之法,无以逾此",主张以一方统治多种头痛,而施氏针锋相对提出:"王氏即此与如圣饼子同治一切头疼。然头疼非一种,有风冷头疼、痰厥头疼、积滞头疼、气虚头疼、偏正头疼、嗅毒头疼、伤寒头疼、膈痰风厥头疼,更有夹脑风、洗头风,治之各有方。今欲以此药兼治之,凡有风寒痰饮则可,至若肾厥头疼,当服玉真丸;积滞头痛,当服备急丸,气虚头疼则乳附全蝎散,嗅毒头疼则食炒黑豆,伤寒头疼则连须葱白汤、葛根葱白汤主之,不可以一律齐也。"不仅指出头疼种种不同,而且非常详细地补充了相应的方剂。

王硕以建中汤治"腹中切痛",施氏的评论是最能体现其脉症结合的辨证论特色:"腹痛极多端,有冷痛、热痛、积痛、虫痛、血刺、客忤、当随证以治之。诊其关尺脉弦迟,按之便痛,重按不甚痛者,为冷痛,可服良姜散、建中汤;如其脉微而涩,肠鸣泄利而痛者,当于和气饮中加炒吴茱萸,仍下桂复香丸;诊其关尺脉数紧,发热,小便赤而痛者,为热痛,可服小柴胡汤去黄芩加白芍药;如其脉洪而实,大便不通而甚者,当以大承气汤下之而愈;若中虚气弱,饮食停积,重按愈痛而坚者,此为积痛,其脉必弦紧而滑,救生丹、枳壳散主之;或渴欲引饮,胸中痞塞,大便秘结,脉沉短而实者,宜服保安丸;若往来行痛,腹中烦热,口吐清水,脉紧实而滑者,蛔动也,宜服集效丸。妇人心腹疼痛,脉沉而结者,此血刺也,牡丹丸、《良方》断弓弦散主之。若心腹卒然而痛,其脉滑,或长短小大不齐者,此为客忤,可服苏合香丸、备急丸。以上腹痛,岂一药所能疗哉?"这些批评都是非常中肯、非常实用的。王硕以一方统治一病,施发将一病分属多种不同证候,分别论述,各注方剂,立足于辨证而分别治疗,正体现了施发重视辨证论治的特点,足以补充王硕之不足。

5.卢祖常的纠谬正讹

《易简方纠谬》还记载了许多卢氏医案和效验方剂,这是《易简方》系列著作中独有的,给我们留下了宋代医家的宝贵经验,因而具有非常难得的实践价值。试引几则医案以见卢氏医疗经验之一斑:

"壬午年(1222)隆冬,王广文患痨,其妾舟行中咳嗽,大出血,并至声音嘶哑,众人都以为病状类似主人,是'急劳'重症,很是忧虑"。卢氏诊时,见其所居船舱严密,又围上多重帷幕,炭火炽盛,脉象六部俱盛。卢氏以为急劳重症也没有如此之速,只不过是"炽炭为祸,剧哭为衅"所致,但又怕直言不能见信,未必服药。于是先劝其移炉撤炭,再服用降气清热之剂,数日安然。卢氏从环境、脉象入手,考虑疾病原因,认症准确,处置得当,治疗措施合情合理。

有女早寡,半年来茶饭不思,又患十指挛缩如拳,手掌痿垂不能举动,遍体皮肤疮疡累累。汤剂杂进,饮食顿减,病不见缓。卢氏与诊,以为不是"风"病,而是忧愁悲哀所致。众人嗤笑,以为臆度,卢氏乃举《内经》经文以引证:"神伤于思虑则肉脱,意伤于忧愁则肢废,魂伤于悲哀则筋挛,魄伤于喜乐则皮槁,志伤于盛怒则腰脊难以俯仰。"由此认为现证"肢废而筋挛,病属内,非内外也"。于是按"内因"法度用药,仍以鹿角胶辈,多用麝香熬膏,贴痿垂处,渐而掌能举,指能伸。卢氏师承陈无择详辨内外因的学术思想,辨证明确,用药合法,所以见效迅速。

又有一台官,臂痛牵紧,多以为"风",或以为"饮"。独卢氏诊其脉濡而来反急,明其为湿,以苍术、附子各等分,木香四分之一,姜煎帛盖,屋上露星一宿,次日重汤暖服之,数日奏功。而其病果因庐墓受湿而得。患者得病,同为外因。但"风"与"湿"异,卢氏同样辨证明确,用药合法,所以同样见效迅速。

卢氏与陈无择年龄相仿,关系密切,对于陈的学生王硕而言,就有长者的身份。因此,对王硕的批评毫不留情,严词推鞠,极力攻讦;对《易简方》逐件纠剔,一一抨击,尤为激烈,甚至连孙志宁也受到痛骂。《易简方纠谬》开篇就是:王硕浅见寡闻,违背仲景明训,"可谓半同儿戏,半同屠宰"。且攻击王硕虽曾一登陈氏之门,并未升堂入室,唯抄《三因》一论,更谓学足而去,似乎否认王的陈氏学生身份,起码也是未得真传。言辞激烈,甚至几近谩骂,有失学者之身份,如其言:"《易简》行之未几,硕家至无噍类(活着的人),报应之速如此哉。"医学辩论不该如此诅咒。

他对《易简方》批评的立足点在于:良工为学不可不博,见识不可不广,人命不可不重,取财不可不轻,用药不可不防患,不如是不足以尽医道,因此不可妄求"易简"。这个出发点本也不错,可以匡正王氏一味追求易简而疏忽辨证论治之偏。如姜附汤条下论及伤寒下利,卢氏指出,仲景立法二十四条,朱肱分为二十五条,各随其所兼之证而著对病之方,非常详尽地列出猪苓汤、大柴胡汤、四逆汤等方剂,说明治法之丰富,但王硕欲合"易简"之名而不分脉证,只以"伤寒下利"四字总括,以白通汤一药总治,因此错误重重。这一批评就非常有力。再如柴胡汤条下论及伤寒劳复,卢氏指出,仲景立法三条,有汗有下,有枳实栀子汤证,也有小柴胡汤证,"未易不以脉证分而以一药治也"。不仅王氏失于简易,即孙志宁增修也不曾"与增一病对一法",也难辞其咎。尽管语气强硬,言辞锋芒毕露,咄咄逼人,也总还算是有理。但是,许多具体评论却不免强词夺理,如对养胃汤的评论即是:首先,卢氏批评王硕指"藿香为发汗,然《神农》一书无一语及,仲景一书无一方用,硕《易简方》前所载药性,亦无一字道着",卢氏批评没有古书依据。然而,于古无据,并非于今无效,前人所未言及,正是王硕的实践心得,得意之笔。卢氏的评论立足于古,而不顾事实,自然缺乏说服力。其次,卢氏批评王硕服药方法背反了仲景的发汗法,说:"仲景法云:只先服药,后温覆;硕云:先厚覆盖睡,后进药。厚覆与温覆不同,先药与后药有异";"仲景治法云:服麻黄汤不啜粥;王硕云:啜薄粥又啜热汤";"仲景汗法云:使遍微似有汗,王硕只令四肢微汗",所以,"硕发言似是,究实悉非"。卢氏纯以仲景法为限,不可越雷池半步;拘于温覆厚覆,先药后药,啜粥喝汤,咬文嚼字,实际意义不大。卢氏学有根柢,精通经典,但过于拘执古法当然缺乏说服力。再次,若发汗而热未除,仲景、朱肱有桂枝芍药微汗、附子茯苓补阳,大黄芒硝泻实,知母干葛解肌,种种治法不同,卢氏以为"补泻汗下,霄壤辽绝",而王硕仅以"参苏饮"一方统治诸症,是行不通的。按:此则卢氏评论有理,表证不解入里,变证百端,岂可以一方统治?王硕正犯了"冷热虚实之症,无所区别,无乃太简"的老毛病。此外王硕以养胃汤治疗四时瘟疫,卢氏说,"瘟疫为症,极为可畏,一家传染,或至一方",数味平和之剂以治此重症,实有误人之虞,卢氏言之亦有理。

但是,总的看来,卢祖常言辞激烈而说理不足,远不如施发言辞平和,有理有据,"规其过失,补其不逮"。因此,尽管卢氏年长于施,人们却称施、卢,而《易简方纠谬》也只能作为《续易简方论》的附录,改题《续易简方论后集》行世。以致后来合刻二书的日本张惟直也大惑不解,"此以同里之人,攻同时之人,抑亦奇矣"。同样的,对增修《易简方》,编集《伤寒简要》的孙志宁也毫不留情,"窃见孙志宁增修《易简》,已自是拔起王硕,淬砺旧剑;及增撰《简要》,又复是推过李子建(李著《伤寒十劝》,孙仿而作《伤寒简要》),掘凿新坑。倘见而不与匣其剑,平其坑,则戕陷人无尽期矣",[①]也一样火药味十足。所以,后世僧继洪著《澹寮方》时颇为之感慨:"尝谓诸师《易简方论》,交相诋诃,各有偏枯,且惟纷纷于药里,更不言及人之脏腑有阴阳,禀赋有厚薄。安

得公论之士为之裁断云。"①这个"公论之士"的重任,就落在王暐身上。

6. 王暐完成的理论体系

王暐《续易简方脉论》与诸多《易简方》著作着眼于方剂的整理运用相异,自成体系,自有特点。篇幅不大,但"麻雀虽小,五脏俱全",形成完整的理法方药内容和以诊法、治法为主的理论体系。这也可以视为对《易简方》不足之处的彻底纠正。

王硕"由脉之难辨,证之难察"而作《易简方》,追求"病有相类而证或不同,亦可均以治疗",不注重辨证论治。其《易简方叙》虽承认"医言神圣工巧,尚矣",认为"其略则当先诊脉,次参以病,然后知为何证,始可施以治法。古人所谓脉、病、证、治四者是也"。但又以为"证同而病异,证异而病同者,尤难概举。若欲分析门类,明别是非",则又困难重重,"奈何素不知脉者",由此主张"莫若从事于简要"。所以"合取常用之方,凡一剂而可以外候兼用者","病有相类而证或不同,亦可均以治疗",这成为他《易简方》的写作目的。对"证大不同而外候则一"的诸多疾病,采用"总治之法","以类而求","对方施治,自可获愈"。王硕也就不能不失之于粗鄙,而孙志宁的增修并没有从根本上认识和解决这个问题。施氏续作虽注重脉证,详加评析,但缺乏一个完整的理论认识,离不开以方论方,以方论病的旧窠臼。卢氏续作以纠错指谬为主旨,整个体系并无任何二致,所以,王暐的《续易简方脉论》在编排体系上的特点,比起其他《易简方》著作来,有其完整性和先进性。

王暐开宗明义即提出:"医言望闻问切,神圣工巧是也……是道也,有如望山者,其高苍苍;望水者,其远茫茫,振屐而升,苍苍弥高,鼓棹而游,茫茫愈远,苟能超于心术之微,明其终始之道,则知人气终始与天道不远矣","四者具明,斯谓之神圣工巧。斯道未彰,不能自默",②强调了四诊的重要意义,非常婉转地批评了王硕抽象肯定"医言神圣工巧,尚矣",而在实际操作中又强调困难,强调脉证难辨,而又放弃四诊,追求易简的观点错误。然后立四专篇,分别以《望色曰神》、《闻声曰圣》、《问病曰工》、《切脉曰巧》为题,讨论

---

① 僧继洪:《澹寮方》,见《中国医籍考》,人民卫生出版社1983年版,第618页。
② 《永嘉医派研究》,第305页。

四诊、立论、内容都取自《内经》，虽无创新特出之处，但重视四诊本身就算得上王暐的创举。随后是《论治法》、《论针刺》、《引针补泻法》、《君臣佐使》、《汗补吐下》五篇论针药治法的专文，王暐以为，为医须先明虚实补泻，"欲其合法而不苟"，但"后人不知古人用药之意，不明奇偶制方，不按君臣用药"，因此，错误多多："言其虚，遽用至热之药；言其热，亟用疏利之剂；不辨五脏虚实，循情补泻；不究冷热方宜，任便加减。"由此，根据《内经》的理论讨论治疗大法、针刺虚实补泻法、用药君臣佐使的组方之道、汗补吐下的宜忌运用等等。这样，王暐用简短的文字纠正了王硕缺乏理论意识，缺乏辨证论治精神的根本错误，从而使《续易简方脉论》有了一个理论框架作为基础。

王硕《易简方》因虚损劳瘵等疾病既难亟愈，而不与著录；王暐则首列《论劳瘵瘤疾》，但并没有提出什么有效的治疗方法，只是进一步强调了治疗困难。王暐说："劳瘵之病甚多，自古至今未尝有治而愈者"，只是挨延岁月，束手待尽。所以，王暐又说："劳瘵瘤疾，良医弗为。"从当时的条件和认识水平讲，这可能是无可奈何的老实话。

对于诸病诊治，王暐选病不多，但有论有方，论述简略，选方精当是其特点，而通过方剂加减配伍的变化而适应证候的变化。诸病首论病因病机，再及证候表现，一证一方，加减以治，虽简短扼要，却也理法方药俱全，颇有可取之处。其中以两个章节的篇幅立专方专论治疗"中风寒暑湿"和"五脏补泻"，以体现外所因和内所因的治疗特点。外因以六淫尤其风寒暑湿为中心，以桂枝汤、麻黄汤、六味香薷汤和香术汤四方加减为经纬；同时，内因致病则以五脏补泻为主方。诸病中属外感病者有中风寒暑湿、脚气、疟三篇，属内伤病者有咳嗽、七气、呕吐、水蛊胀满、消渴五篇，内外合邪则有泻一篇。

如其论呕吐，首论胃寒则呕，但又不独胃寒则呕，热、痰、气、食、血，均可致呕，其证各异，不可一概而论。立方丁香饮，用丁香、半夏、橘红、干姜以治寒呕为主，药味加减配伍变化以治其余诸呕：去干姜，减丁香，加竹茹、人参、麦冬以治热呕；加砂仁、神曲以治食呕；加木香、沉香、槟榔以治气呕；去丁香加紫苏、香附、白术以治血呕。又如其论治消渴，以为"渴病有三种，一曰心渴，二曰脾渴，三曰肾渴"，其病因多"由恣情纵欲，多服丹石，以快一时，不知精血内耗,津液内消,渴而引饮,以致小便频利,色如米泔,日复一日,肌肉消砾,名曰消渴"。三消各有其症,"心消者,烦渴引饮;脾消者,多食数溲;肾消者,泄精自利。三消并至,天寿终矣"。其治法则"当滋助元气以养精血,不可攻也"。立方人参饮,用人参、桑白皮、茯苓、干葛以治三消渴病,根据病情变化而加减配伍:不甚渴去干葛、桑白皮,加五味子、黄芪、麦冬、菟丝子,渴甚加栝楼根、糯米,三消并至则用本方送服八味丸及小菟丝子丸。这样,既有"易简"之实,又无简易之弊,平淡之中见神奇,这确可称得上是王暐的高明之处。

值得注意的是,王暐在篇末另立"炮炙煎制"专章。讨论四诊及证治方剂著作而及于药物的炮炙煎制,并不多见;不过万字的小册子而理法方药,以至药物的炮炙煎制,能有如此全面、完整的体系,这是王暐特殊之处,也是本书的一大特色。虽然这部分内容散佚不存,但原书目录留给我们的信息,却值得回味。

《续易简方脉论》是《易简方》系列著作的最后一部,王暐也成为永嘉医派的最后一位医家,此后,永嘉医派的医事活动便销声匿迹了。

三、绍兴钱氏妇科和"三、六、九"伤科医派

绍兴最有名的医学世家,有两大医派。一个是绍兴钱氏妇科,因祖居绍兴石门槛,又称石门槛妇科。另一个是绍兴"三、六、九"伤科医派。因世居绍兴下方桥里西房,又称"下方寺里西房伤科"。"下方寺里西房伤科"成名之后,每日就诊的人,熙熙攘攘,车水马龙。为了照顾各地来就诊的患者,医祖张梅亭规定:每逢农历"二、五、八"派师弟赴萧山县城坐诊;每逢"一、四、七"在下方寺候诊;每逢"三、六、九"亲自到绍兴府宝珠桥河边坐诊。遂有"三、六、九"伤科之称谓。

1. 绍兴钱氏妇科

钱氏妇科最有名的医师是第十四代钱象垌。清代《嘉庆山阴县志》记载:"钱象垌,字承怀,医名显著。钱氏自南宋以来,代有名家,至象垌而荟萃先世精蕴,声远播焉。"

钱象坤著有《胎产要诀》,此书与其先祖的《大生秘旨》,成为钱家的传世之宝,阐述了钱氏医理、治疗、方药的宝贵经验,特别是妇产科的宝贵经验。

钱氏从象坤开始,代有名医。第十五代名医象坤子廷选,第十六代钱登谷,第十七代钱琦瑶,第十八代钱茹玉等,皆能"绍先业,精妇科,特明于胎产"。

钱氏妇科成名于北宋末年的第十一代祖师。十一代以前已操医业,从十一代以后,专门致力于妇科。钱氏妇科勃兴于赵构的绍兴初年(1130 – 1132),赵构称帝于绍兴的行宫,皇后、嫔妃凡染女科之疾,皆请钱氏往诊。因每次诊病,都能药到病除,妙手回春。深得皇家赏识,遂医名鹊起,誉满浙东。

钱氏妇科世代相传,子承父业,成名已二十二代,积累了宝贵诊治和方药经验。现分经血、崩漏、带下、胎孕、产后等简述如下:

第一,治经血之病,自成一家。

钱氏以宋代医家陈良甫的论述为依据。陈氏说:"人脉不调,乃风乘虚客于胎中,伤冲任之脉。"冲任脉主经血,伤于风而经血不调。钱氏结合内科用药经验,又深究督脉之理,创造了运用风药调经的医方,这是钱氏妇科用药的独特贡献。

钱氏治崩漏之血症,也独有心得。钱氏认为血崩的病因,多为喜怒劳役伤肝,导致血热奔涌,顺肝经而下,遇暴则为血崩,遇缓则为血漏。钱氏治崩漏之症,不用医家常用的固涩之方。而是首选平肝清热凉血之药,以桑叶、菊花为治崩之主药,以收清肝凉血,澄源析流之效。对一般医家常用的当归、川芎等药,钱氏认为其功效动而走窜,虽伍为寒凉之品,亦难以制其剽悍之性。对漏崩等血症,弊大于利,皆应慎用。

钱氏治带下诸证,也有世代相传之秘方。以五脏五色理论为依据,主张临证灵活用药,视患者之病变而变通。被医史学家誉为"方方中的,法法灵验"。①

----

① 朱德明:《南宋时期浙江医药的发展》,中医古籍出版社 2005 年版,第 66 页。

第二,主张胎孕宜补,调节脾胃。

钱氏认为妇女胎前要注意保养,如果孕妇身体健康,脾胃旺盛,胎安正产,则不必服药。如果孕妇体弱,母血不能分荫其胎,则应用药补,以培胎元。可先服"补母寿子安胎饮",以补母体先天之不足。对"屡产子无气或育而不寿者",孕前即应服此药,孕后继续服用,"以全胎元"。对这种"补母寿子安胎饮",钱氏临床积累了许多宝贵的经验,他们主张经验多应录以示人。

钱氏用药的理论,取法于《金匮》。力主胎前调肝脾,补气血。对孕前母弱者,常用当归、川芎、白术、黄芩等药;对胃脾弱者,加人参、大枣、陈皮、藿香等药;对肝血虚亏不能保胎者,加阿胶、熟地、河车、龙眼等药。钱氏反对对孕妇妄用枳壳、香附等耗气药品,钱氏指出"一丹之气,分荫其胎,业已两用,正宜大补母弱",不能用耗气之药。又指出"母救已不暇,奚有余血分荫其胎? 是以亏损胎元,日渐伶仃瘦焉"。① 是万万不能服用耗气之药的。

一般医生皆执"胎前多实,产后多虚"的通论,而钱氏妇科另有新见。钱氏主张如果"孕妇脾胃旺,气血充,则安胎正产,且子精神而寿",则不必施用补药。"若禀气不足而气血衰,脾胃弱而气血少,则虚证百出,孕虽成易坠,生子或不寿,是必资药力以助母安胎寿子也"。② 如遇这种孕妇则必用补气血之药。

第三,产前注重宜忌,产后注重通补。

钱氏主张妇女一有身孕,则应立即注重孕妇禁忌。钱氏在祖传的《胎产要诀》、《大生秘旨》中,专门论述孕妇胎前产后的饮食宜忌、药物宜忌。主张孕妇的饮食、环境、情志、劳逸、房事都事关母子的健康,必须注重宜忌。以适度为宜,过劳疲倦为不宜。对耗气药、攻下药,祛斑药等,皆当禁忌。

钱氏对产妇之禁忌比孕妇禁忌更加严格。在上列祖传医著中,列有"产妇宜戒"、"产妇禁药"、"产后忌物"等专题,提醒医师和产妇务必留心,万万不可大意。

产后三戒:为戒怒气、戒勉强起居、戒七日内沐浴、梳头。服药六戒:为

---

① 朱德明:《南宋时期浙江医药的发展》,中医古籍出版社 2005 年版,第 66 页。
② 朱德明:《南宋时期浙江医药的发展》,中医古籍出版社 2005 年版,第 67 页。

气不顺,须禁青皮、枳壳之类药,以防耗元气;伤食时,禁用枳实、大黄之类药,以防伤正气;身热者禁服黄芩、黄连、黄柏等泻药,以防耗损母体气;七日内血虚之证,亦禁用地黄、川芎类药,以防滞血;血块痛者禁用牛膝、莪术、苏木类药,以防破血;大便不通者,产后禁用大黄、芒硝,以防耗津。饮食四忌:果食类忌藕、桔、柿、柑、西瓜、绿豆、冷粥、冷面等;肉类中忌猪头、鹅肉、鸡肉,恐其犯药;独煎山楂汤、沙糖酒能损新血,姜、胡椒等辛辣之物,也耗气动血,产后宜忌。

钱氏认为产后患病,用药的第一守则是宜补慎攻。"产后忧惊动倦,气血暴虚"。治疗之则,"必以大补气血为主,虽有他症,以末治之"。钱氏以治验为依据,认为产后病变虽多,统以血气之虚为本,外邪滞血为标。用药强调守调补之常,切慎攻击,以防伤正。钱氏又主张用动药缓补,反对静药蛮补,皆有效之方。

钱氏产后用药的第二守则是宜通忌滞。由于产后病人身虚气弱,易虚易滞,用药宜通补兼顾。宜取中和平正之药,不可过激过偏,以此理论,经多年效验,拟生化汤一方,确立了治产后病的传世良方。

钱氏用生化汤,临证变通,曲尽其妙。初产之妇,身体不适,微感病痛。钱氏多用生化汤,求通补兼顾之效。身体较强的病妇,皆用原方,不施加减。如有感冒风寒之证,加葱白和桂枝;如有心下痞满之感,加陈皮、桔梗、木香;如感寒咳嗽身热,加杏仁、知母、天冬;如产后伤食者,加神曲、麦芽、山楂等等。如遇各种实证,则采用怯邪药物,但,必须控制药量,不可过急过量,破血伤气。补虚扶正是用药的最高宗旨。

2. 绍兴"三、六、九"伤科医派

"三、六、九"伤科医派不同于钱氏妇科,它是以下方寺为医家,师徒间薪火相传,行医济世的。绍兴"三、六、九"伤科医派,起源于少林寺。据《下方寺里西房秘传伤科》序记载:其鼻祖为稽幼域,字霞坡。早年拜少林寺武师徐神翁为师。学习武功与医术,后随师护驾绍兴,悬壶济世。行医堂曰"善风草堂"。稽幼域乐善好施,收授贫苦孤儿,传艺济世。他医术高明,医德高尚,不敛钱财,专以治病救人为业。除在寺中坐诊外,又派出徒弟,到萧山、绍兴府等地往诊。很快就病患盈门,医名大噪。

稽幼域又著《秘传伤科》一书,记录为历代医僧之经验,为寺中传世衣钵。其子稽绍师,承其父业,继续研究伤科医术。积累方药,传授经验。其后之名医,有宏达祖师,授衣钵于南洲和尚,南洲祖师再传张梅亭和尚。梅亭祖师家境贫寒,幼年入寺,天性聪慧,资质超群,深得南洲住持之喜爱,独得秘传,医术精深。梅亭祖师,继承先代医德,不忘贫穷病患之苦,怜爱无钱就医之人。进一步扩大了祖师往诊的范围,分"一、四、七","二、五、八","三、六、九"三种日期往诊和坐诊。使"下方寺里西房医师"和"三、六、九"伤科医派的大名,很快传遍了大江南北。它始自南宋绍兴年间(1131 –1161),延续了二十多代,至今已有八百多年的历史。

如前所述,绍兴下方寺"三、六、九"伤科医派,由稽幼域祖师,参考历代行医用药之经验,写成《下方寺里西房秘传伤科》,使历代祖师对伤科的诊断和用药经验得以流传后世。

第一,骨伤之患,诊断尤急。诊断是否准确,为医治和用药之基石。"三、六、九"伤科总结出一套行之有效的诊断方法:他们通过望、闻、问、切四诊,全面了解病情,四诊中尤重切诊,切诊时不仅切脉,尤重按摩。通过望、闻、问、切掌握了伤者全身的情况和受伤时的具体情节。然后,通过望诊看伤部,查畸形。受伤部位是诊断的重点,先看有无明显变形,再查肿胀程度,皮肤是否破损,神色是否憔悴等,以知病情之轻重,病势之转归。

外伤首辨致命之急,他们在医书中画图标出二十二处致命之损伤,以便急救,对致命之伤,诊断治疗,用药护理,都应慎之又慎。

闻诊是听"骨擦声",一辨是否骨折,再辨骨折之性质。闻诊还包括大人听叫声,小儿听哭声,触摸患者骨伤之处,大人必叫喊,小儿必啼哭,闻声之轻重,知伤之深浅。问诊知伤者之病史,了解伤处过去是否骨折,如有旧伤,何时治愈,如何治愈,都应问明,问明病史十分重要,既可防止误诊,又可考证用药。还要问明受伤时间,受伤程度,现在的机能障阻等,还要问明受伤的原因,骨折的程度,移位的方向等,以供诊断新伤之参考。

骨伤重按摩是"三、六、九"伤科的传世衣钵。他们要求医师"以手按摩之，自悉其情"。通过按摸可以确诊是骨伤还是骨折？是骨裂、骨断、还是骨碎？是脱臼移位还是仅仅伤筋？通过按摸还可作出更细微准确的诊断，辨明是内伤还是外伤？是轻伤还是重伤？是内重外轻还是外重内轻？按摸诊断是"三、六、九"伤科之秘传，既要继承祖师的经验，又要通过千百次验伤的实际体会，精心细究千锤百炼，才能心领神会，掌握其间的奥妙。按摸之后，还要参以切脉，以辨别周身之病情。切脉对了解伤者气血的盛衰，病证的虚实，用药的顺逆，皆有重要参考价值。"三、六、九"伤科四诊互参，尤重按摸的诊断方法是他们世代相传的珍贵遗产。

"三、六、九"医派的第二项重大医学遗产是"辨证用药，内外兼治"。

他们的"内外兼治"，首用"手法"，其手法分摸、按、提、摩、拔、拽、推、拿八法。八法综合使用，既是诊断，又是治疗，摸清了是骨裂还是骨折，按明了是断筋还是脱臼。提、摩、拔、拽、推、拿，可使骨裂整合，骨折对接，脱臼复位，完成最初的治疗。

"三、六、九"伤科用药，主张法随病变。强调立法用药，以调和气血，补肝益肾为常法。即医书所说治伤以调气血为佳，续骨须补肝肾为法。法随病变体现的是知常识异，通权达变的思想，辨证用药和内外兼治是互相结合的。如治疗损伤脱臼，先用手法复位，再用膏药外贴，止痛消肿，又用内服汤药，调气血，补肝肾，还要辅以针灸，减轻痛苦，促进恢复。又如治疗开放性骨折，首先清创包扎，固定夹板，根据不同的骨折和损伤，部位的异同，施以不同的敷药，已知用药预防破伤风。

使用配制的成药，也是"三、六、九"伤科医派的特长，如上肢损伤者服用"上肢损伤汤"，下肢损伤者服用"下肢损伤汤"，内伤脏腑经络，气血不合者，服用根据三焦调制的"上伤汤"、"中伤汤"、"下伤汤"。又将掺药、末药涂搽损伤部位。

"三、六、九"伤科又善用采集来的野生药材，这是继承了少林寺上山采药的传统，又自己设园种植药材。他们用药喜用生品、鲜品，取其性野力宏，功专效速。如生草乌、生川乌、鲜红夏、鲜南星、生白附、鲜赤芍等，这些方药经过多年实验，历代筛选，择优取精，多有神效。

夹板固定,"三、六、九"伤科也有独到之处。他们选用杉树皮、松树皮做固定夹板。树皮柔软,有韧性,不伤皮肉。骨折处用薄竹片,取其坚挺,外伤处用桑树薄板,取其祛风通络的特点。"三、六、九"骨伤科的固定技术,既强调正复固定,又重视动静结合,注意到了长期固定会影响气血流通,导致肌肉筋脉萎缩及关节活动不利等后果,使夹板固定技术都取得了良好的效果。

南宋的著名医学流派,除上述萧山寺妇产科、温州永嘉医派、绍兴钱氏妇科和"三、六、九"骨伤科之外,还有宁波宋氏女科,历宋、元、明、清,传人遍布宁波、舟山和杭州。杭州陈木扇妇科,始祖为唐代陈仕良,著《食性本草》。南宋陈沂为皇妃治病收奇效,特赐"罗扇"为凭,可以自由出入宫中,其子孙皆刻木扇为传世衣钵,故有"陈木扇"医派之誉。陈沂之后陈谏著《荩斋医要》。陈沂二十二代裔孙陈善南著《医案略综》。至今二十四代,历时一千二百余年;有桐乡、海宁、嘉兴三个支派。海宁郭氏妇科以郭昭乾为始祖,建炎元年(1127),因治愈孟太后之病,而名噪一时,著有"郭氏妇科十三方",历二十余代,海宁至今仍有传人。限于篇幅,不能一一详述。

第五节　宋慈与《洗冤集录》研究

宋慈的《洗冤集录》在中国古代法医学史和中国古代科学技术史上,都占十分重要的地位。它又很受国际学术界的重视,《洗冤集录》已被译成日、英、法、德、荷兰、俄等国文字,刊行于世界各国。1949 年以后,以马列主义观点和现代科学来研究《洗冤集录》的专著与论文甚多,其中很大部分存在着致命的错误。所以,我们特设专节讨论这些错误和《洗冤集录》一书的科技成就。

一、《洗冤集录》前的法医学成就

我国最早的法医验伤首见于《礼记·月令·孟秋之月》:"命理瞻伤、察创、视折、审断,决狱讼,必端平。"蔡邕注:"皮曰伤、肉曰创、骨曰折,骨肉皆绝曰断。""理"官的验伤定罪,可以视为我国法医学的萌芽。

1975 年发现的睡虎地秦墓竹简,有《法律问答》和《封诊式》两书,更多地记载了有关法医学的内容。《封诊式》中对肢体伤害,"诊其痍状"和杀婴的检验,都是法医人体损伤检查的例证。[①] 其中关于他杀无名尸体的检验报告书是现存最早、记载最全面的尸体检验报告书。世界法医学史上都认为最早检验他杀的实例是古罗马恺撒(Antistius)将军被杀一案,但与《封诊式》的记载相比,晚了二百多年。而且恺撒案是历史记载,而《封诊式》中却是真正的尸检报告书。

汉至唐时期,在死亡与尸检、暴力死的确定、滴骨验亲等方面继续积累了经验,并取得了一些新成就。五代时和凝父子的《疑狱集》是我国最早的具有治狱性质的著作。宋代无名氏的《内恕录》、《结案式》,郑兴裔《检验格目》,郑克的《折狱龟鉴》,桂万荣的《棠阴比事》都有法医学的论述,但更多的内容是案例记录,还不是体系完整的法医学著作。但这些书为《洗冤集录》的诞生铺平了道路,宋慈正是总结了这些书中的法医学成就,并加以新的理论探讨与实践,才写成了《洗冤集录》。

二、宋慈的经历与《洗冤集录》的内容

宋慈(1168－1249),字惠父,福建省建阳县童逊里人。嘉定十年(1217)进士。初任江西信丰县主簿,绍定元年(1228),转为郑性之幕下参军,绍定四年(1231)升福建长汀知县。嘉熙元年(1237),任邵武军通判,嘉熙二年调剑南州通判。嘉熙三年任提典广东刑狱,这是他第一次主管司法刑狱。第二年转任江西提典刑狱兼赣州知州。这是他第二次任司法刑狱官。淳祐元年(1241)知常州军事,淳祐七年任直秘阁提典湖南刑狱,第三次主管司法刑狱。淳祐八年进直宝谟阁奉使四路,"皆司皋事",这是他第四次主管司法。次年升直焕阁知广州、广东经略安抚使。淳祐九年(1249)在广州任上,忽患头眩之疾,三月七日逝世,第二年七月十五日归葬福建建阳。

---

① 参见《睡虎地秦墓竹简·封诊式·夺首》和《睡虎地秦墓竹简·封诊式·出子》,文物出版社 1978 年版,第 256－257、274－275 页。

综观宋慈一生,多次任知县、知州等地方长官,又四次任司法刑狱官职,长期的理案断狱,检尸验犯,洗冤惩贪等实践,积累了法医学经验。他从淳祐元年开始整理审案检尸的经验,至淳祐七年(1247)完成《洗冤集录》的编写。

《洗冤集录》的初刊本已失传,现传最早版本是元刊五卷本《洗冤集录》。元刊五卷本保存了宋慈原书的内容。元代以后,致力于法医学的人对《洗冤集录》进行了大量的增补,虽使法医学的内容更加充实和完善,但已经渐渐失去了宋慈之书的原貌。特别是清代《律例馆校正洗冤录》已掺入大量明、清两代的内容,必须注意加以鉴别,不能一概写在宋慈的名下。

宋慈原书分为五卷,其内容第一卷是法律条令、总检规定、疑难验例;第二卷是初检、复检规定、检妇规定,检妇婴尸注意事项,尸体四肢腐烂情况,洗罨,验已埋尸、烂尸的方法等等;第三卷是验骨,验自缢,区别真假自缢与真假自溺;第四卷是各种杀伤、杀死、汤泼死、病死、毒死的检验;第五卷是验罪囚死、受杖死、跌死、塌压死、塞口鼻死、雷击死、虎咬死等等的尸检,并附有辟秽和急救的方法。它包含了现代法医学中心内容的大部分。它不是零散的记载方法和事例,而是系统地阐述法医学的尸体检查方法与各种死亡情况下的检查所见。说明了它是早期的系统法医学著作,而我国的现代法医学正是在此书开创的基础上逐渐发展起来的。

《洗冤集录》完成于淳祐七年(1247),是世界公认的第一部系统的法医学著作。欧州法医学奠基人佩尔(Ambroise Pare)写于1575年的《外科手册》(*Opera Chirurgica*)中,开始有法医损伤学方面的论述。1598年(一说1602)意大利的菲德里(Fortunato Fedeli)出版了《医生的报告》(*Relationibus Madicorum*)一书,它是欧洲第一部系统的法医学著作。前者比《洗冤集录》晚三百二十八年,后者比《洗冤集录》晚三百五十一年。《洗冤集录》先后被译成日、法、英、荷兰、德、俄等国文字,为世界法医学作出了贡献,为祖国赢得了崇高的荣誉。

三、当代《洗冤集录》研究中的重大失误

《洗冤集录》是宋慈的著作。写成于公元1247年,但许多文章和专

著都把清代《律例馆校正洗冤录》当做宋慈的著作。这样,就把康熙三十三年(1694)才总结出来的法医学知识,错误地写到了宋慈的名下,并用这些清代人增补的材料与意大利人菲德里写于公元1598年的法医学著作相比较。明明我们的有关知识比意大利晚九十多年,却硬说比意大利早三百五十多年。这些文章与专著的影响不仅波及国内,而且牵涉到国外。

清代《律例馆校正洗冤录》中,也保留了大量宋慈原书的内容。但许多文章和著作所使用的引文,恰恰不是宋慈的原文,而是后代的增补,现将主要问题概述如下。

把清代《律例馆校正洗冤录》误认为是宋慈《洗冤集录》的论文很多,现举出典型的几篇,如1955年第3期《大众医学》的《关于＜洗冤录＞中所谈的中毒》,1955年第5期《中医杂志》的《中国第一部法医学——＜洗冤录＞内容简介》,1956年第5期《新中医药》的《宋代法医学家——宋慈》,1958年第2期《法学》的《中国最早的一部法医学——＜洗冤录＞》,1980年第1期《西北大学学报》的《宋代杰出法医学家宋慈》等。

现以1980年第1期《西北大学学报》的文章为例,加以分析。该文说:"《洗冤集录》流传到现在的版本,最早的尚有元刻本。因为此书对元、明、清三代的地方官说来都是必备之书。入清以来,翻刻更多,有注释,有增订,有详义,有集证等形形色色的名目。现在通行的是四卷本(还有五卷本)。"

可惜的是该文作者没有对四卷本和五卷本加以比较,没有发现两者的不同,更不了解四卷本《律例馆校正洗冤录》是清代的官书,而五卷本《洗冤集录》是宋代宋慈的私著。

下面我们列表来比较两书的异同和《宋代杰出法医学家宋慈》的引文。

引文	清四卷本目录	元刊五卷本目录
全书内容大致分为四部分。第一部分论述检验，包括总论和各种详细的检验情况。具体内容有检验总论、验伤及保辜总论、尸格、验未埋尸、验已埋尸、洗罨、初检复检、辨四时尸变、辨伤真伪、验妇女尸、白僵、验已烂尸、检骨格、验骨、检骨、检骨辨生前死后伤、论沿身骨脉、滴血检地（详究焚尸所在）。 第二部分分析各种死伤情况。有殴死、手足他物伤、木铁等器砖石伤、踢伤致死、杀伤、杀伤辨生前死后、自残自缢、被勒殴死假自缢、溺水死、验溺水辨生前死后、溺井死、焚死、验火焚辨生前死后、烫泼死（相泼自伤有别）。 第三部分主要的如疑难杂说，如情迹疑难、临时审查，或尸无痕损，又无病状，或见证无人尸无下落等多种多样疑难情况。其次如尸伤杂说，即各种各样因伤致死原因，再次如论中毒、服毒死、服毒辨生前死后、诸毒、意外诸毒等诸般情况的分析与推断。 第四部分是种种急救、解毒等各式各样办法罗列论述。如急救方包括救缢死、救溺死、治刃伤、救烫伤、救中暍、救冻死、救魇、救中恶、救惊毙、救扑打身死、救跌压伤、治虫蛇伤、治颠狗伤；还有服毒中毒方，包括解砒毒、解巴豆毒、解鼠莽毒、解莨菪毒、解苦杏仁毒、解斑猫芫青毒、治菌毒、解胡蔓草毒、解蕈毒、解草乌头毒、解射罔毒、救服卤、治吞金、解药蛊金石毒、解水银入耳、解煤熏毒、解饮馔毒。治蛊毒及金蚕蛊、辟秽方。	卷一：检验总论、验伤及保辜总论、尸格、尸图、验尸（附未埋已攒）、洗罨初检、复检、辨四时尸变、辨伤真伪、验妇女尸（附胎孕、孩尸）、白僵、已烂尸、验骨、检骨（辨生前死后伤）、论沿身骨脉、滴血、检地； 卷二：殴死、手足他物伤、木铁等器砖石伤、踢伤致死、杀伤（辨生前死后）、自残、自缢、被勒死假做自缢、溺水（辨生前死后）、溺井、焚死（辨生前死后）、汤泼死； 卷三：疑难杂说、尸伤杂说、论中毒、服毒死（辨生前死后）、诸毒、意外诸毒； 卷四：急救方、救服毒中毒方、治蛊毒及金蚕毒、辟秽方。	卷一：(1)条令、(2)检复总说上、(3)检复总说下、(4)疑难杂说上； 卷二：(5)疑难杂说下、(6)初检、(7)复检、(8)验尸、(9)妇人（附小儿尸并胞胎）、(10)四时变动、(11)洗罨、(12)验未瘗尸、(13)验已攒殡尸、(14)检坏烂尸、(15)无凭检验、(16)白僵死猝死； 卷三：(17)验骨、(18)论骨脉要害去处、(19)自缢、(20)打勒死假自缢、(21)溺死； 卷四：(22)他物手足伤死、(23)自刑、(24)杀伤、(25)尸首异处、(26)火死、(27)汤泼死、(28)服毒、(29)病死、(30)针灸死、(31)口词； 卷五：(32)验罪囚死、(33)受杖死、(34)跌死、(35)塌压死、(36)压塞口鼻死、(37)硬物瘾疿死、(38)牛马踏死、(39)车轮拶死、(40)雷震死、(41)虎咬死、(42)蛇虫伤死、(43)酒醉食饱死、(44)筑踏内损死、(45)男子作过死、(46)路拾死、(47)仰卧停泊赤色、(48)虫鼠犬伤死、(49)发冢、(50)验临县尸、(51)辟秽方、(52)救死方、(53)验状说。

从上表可以看到,引文与清律例馆四卷本目录几乎完全一致,而与元刊五卷本宋慈原书目录却有很大的差别。1980 年第 1 期《西北大学学报》的文章是依据清代《律例馆校正洗冤录》加以论述的,该书不是宋慈的著作。

该文又说:"全书内容充分反映和代表了我国从十一世纪到十三世纪三百余年间自然科学方面所达到的水平,特别是当时医学的水平和最高成就。"

据清代人瞿中溶对《洗冤录辨证》的考证,康熙三十三年律例馆校正洗冤录时,采用了古书数十种,如《无冤录》、《慎刑说》、《未信篇》、《读律佩觿》、《洗冤集说》、《结案式》、《智囊》、《素问》、《奇效良方》、《证治准绳》、《名医录》、《巢氏诸病源候论》、《本事方》、《验方大全》、《本草衍义》、《食治通说》、《琐碎录》、《铁围山丛谈》、《夷坚志》、《广舆记》等等。上述各书中,《无冤录》是元代王与写成于至大元年(1308),《读律佩觿》是清代王明德撰于康熙十三年(1674),《洗冤集说》是清代陈氏(佚名)编于康熙十三年,《结案式》是元代考试儒吏的有关民刑案件结论的通式,成书于大德元年(1297),《智囊》是明代冯梦龙于天启六年(1626)编成,《证治准绳》是明代王肯堂于万历三十年(1602)付梓,《广舆记》是明代王应阳的著述。既然清代四卷本《律例馆校正洗冤录》有大量元、明、清三代的内容,怎么能算做宋代宋慈的著作呢? 又怎能说它"充分反映和代表了我国从十一世纪到十三世纪三百余年自然科学方面所达到的水平,特别是当时医学的水平和最高成就"呢?

把清代四卷本《律例馆校正洗冤录》误写于宋慈名下的专著有 1962 年人民卫生出版社的《中国医学史讲义》,北京中医学院医史教研组编,南京、上海、广州、成都、北京五所中医学院审订;1978 年中国青年出版社的《中国古代科技成就》,自然科学史研究所主编;1979 年湖南科技出版社的《中国医学发展简史》,湖南中医学院编;1979 年黑龙江出版社的《中国医学史》;1981年人民卫生出版社的《中医大辞典·医史文献分册》;1984 年上海科技出版社的高等医药院校教材《中国医学史》;1992 年科学出版社的《中国传统医学史》;1997 年北京医科大学、中国协和医科大学联合出版社的《中外医学史》等等。

在上述论文和专著中,引文错误最多的是有关中毒方面的内容。现以1978 年《中国古代科技成就》一书中《世界第一部法医学专著》和 1955 年第3 期《大众医学》中《关于〈洗冤录〉中所谈的中毒》两文为例,加以分析。

《世界第一部法医学专著》中说:"宋慈的《洗冤集录》现在流传的有四卷本、五卷本。内容丰富,范围广泛,牵涉到解剖、生理、病理、药理、诊断、治疗、急救、内科、外科、妇科、儿科、骨科等各方面的知识,有很多精湛的叙述。"作者已经指出有四卷、五卷两种版本流传,可惜没对两书加以考订,没有指出四卷本不是宋慈的原著,而是清代律例馆官修。该文又说:"还记载了许多服毒、中毒的症状和解毒方法。例如提到'中煤炭毒,土炕漏火气而臭秽者,人受熏蒸,不觉自毙,其尸软而无伤,与夜卧梦魇不能复觉者相似。'可见我国在很早的时候就发现一氧化碳中毒的事例了。还提到虺蝮(虺,是古书上说的一种毒蛇;蝮,就是蝮蛇,体色灰褐,头部略显三角形,有毒牙)伤人,'其毒内攻即死。立即将伤处用绳绢扎定,勿使毒入心腹。令人口含米醋或烧酒吮伤以拔其毒。随吮随吐,随换酒醋再吮,俟红淡肿消为度。吮者不可误咽中毒。'我们知道,凡是被毒蛇咬伤,在伤处的上部位,采用上行段血管局部结扎办法,防止中毒的蔓延,在今天来说,也是一个重要的措施。""另外提到'砒霜服下末久者,取鸡蛋一二十个,打入碗内搅匀。入明矾末三钱,灌之,吐则再灌,吐尽便愈。但服久砒已入腹,则不能吐出'。砒霜的化学成分是三氧化二砷,中毒后很容易由胃壁吸收入血;但砒在胃里遇到蛋白质,会产生凝固作用,变成一种不溶于水的物质,毒性就不易被胃吸收入血了。明矾可以催吐,所以这种催吐洗胃、蛋白解毒的办法是很符合科学原理的。""记载了新鲜创口的处理方法,提出对有些创口要采用扩创手术,说'毒蛇能毙人……急以利刀去所啮之死肉'。"

"这部书出版于宋理宗淳祐七年(1247),而外国最早的法医学专著,是公元 1602 年意大利人菲德里所写,晚于《洗冤集录》三百五十多年。"作者上述的分析是合情合理的,对引文的称道也毫不过誉。可惜,那些加点的引文是元刊五卷本《洗冤集录》所没有的,是清代律例馆所增补的。所以,不是宋代的科学成就,更不能说这些成就比意大利人菲德里的著作早三百五十多年。

《关于〈洗冤录〉中所谈的中毒》一文说:"《洗冤录》是宋朝淳祐七年(公元1247)宋慈著的,它是流传于世界的最古的法医学经典著作,有法、德、荷兰等国文字的译本,内容很丰富,其中有些地方,现在还有参考的价值。该书卷三与卷四就记载了许多毒物的名称、解毒方法与验毒方法。""鼠莽草、巴豆、砒霜、钩吻、水银、酒、菌蕈、盐卤、莨菪、草乌头、鸭嘴草、河豚诸毒,与今天的毒物名词一样:而书中所称'冰片'即系龙脑,'果实金石药毒'即指有毒果实与金属毒物。'苦杏仁'含氢氰酸;'宫粉'为铅化合物,'轻粉'是氯化低汞。"

上述引文中,加点的毒物是五卷本宋慈原书中所没有,也是清代律例馆所增补,不能写在宋慈的名下。

该文又说:"自然《洗冤集录》中也有一些不可靠的记载:'食三足鳖毒。太仓州民,道见渔者持一鳖而三足,买归令妇煮之。既熟,呼妇共食,妇不欲食,出坐门外,久不闻其夫声,入视已失所在。''鸡毒。昔有苏人出商于外,其妻畜鸡以待其归,数年方返,杀鸡食之,夫即死'。'鳝毒。铅山县有卖薪者性嗜鳝。一日自市归。饥甚,妻烹鳝以进,恣啖之,腹痛而死。'""《洗冤录》中还记载有关食毒,例如苋鳖并食毒、驴肉荆芥并食毒、蜜鲊并食毒、河豚风药并食毒、黄腊炒鸡毒等。"此段全部引文都是五卷本宋慈原书所没有的。所以,正如前述成就不能写在宋慈名下一样,这些荒诞的错误记载,也不能算做宋慈的过错。

元刊五卷本宋慈原书与清代四卷本《律例馆校正洗冤录》的差别最多的是关于中毒的内容。四卷本记载毒物十八种,五卷本只有八种;四卷本记载解救毒物方法十八种,除解胡蔓草毒一项采自五卷本外,其他十七种皆为后人增补。

由于篇幅所限,错误引文,不再一一列举。

四、造成这些失误的原因

为什么有这么多论文和专著把清代《律例馆校正洗冤录》误认为是宋代

法医学家宋慈的著作呢？这是一个值得认真加以总结的问题，其原因是多方面的。既有古代学者的过失，也有现代专家的责任，还有"左"倾路线对学术界的干扰。

（一）古代学者的过失

为了弄清这个问题，让我们从《洗冤集录》历代刊刻的版本加以考察，以便追本溯源，弄清来龙去脉和产生错误的原因。宋慈亲笔写的《洗冤集录·序》传流下来，自序说："遂博采近世所传诸书，自《内恕录》以下凡数家，会而粹之，厘而正之，增以己见，总为一编，名曰《洗冤集录》，刊于湖南宪治。"时间是"淳祐丁未嘉平节前十日"。从上可知，宋慈的书名是《洗冤集录》而不是《洗冤录》，这个书名是他亲自定的。最初版本是淳祐丁未（1247）年的自刻本。可惜，宋慈的初刻本与宋代其他版本现在皆已不存。《洗冤集录》的影宋抄本曾流传至清代，清代学者许梿、陆心源都曾见过。许梿于咸丰四年（1854）校对过此书，他在《刻洗冤录详义叙》中说："读得影宋抄本集录，暨诸家校本，稍复损益，兼以历年亲检名案附载一二，征验异同。"

陆心源曾为影宋抄本写过题跋，他说："《宋提刑洗冤录》五卷，影宋抄本题曰朝散大夫新除直秘阁湖南提刑充大使行府参议官宋慈惠父编。"①影宋抄本现不明下落，但陆心源的题跋告诉我们，其书为五卷，而不是四卷。

现存《洗冤集录》的最早版本是元椠本《宋提刑洗冤集录》。陆心源说他收藏过《洗冤集录》影元抄本；②其书现流入日本，藏岩崎氏静嘉堂文库。北京大学图书馆善本书室所藏元椠本《宋提刑洗冤集录》已是国内硕果仅存之瑰宝。其书五卷五十三目（详见前表）。元代刊刻的《洗冤集录》还有一种版本，其内容与北京大学图书馆所藏元椠本基本相同，也是五卷五十三目，只是卷首增加了《圣朝颁降新例》。该版本原刻已不传，现传者是清代孙星衍的复刻本。即"兰陵孙氏元椠重刻本"，又称"岱南阁仿元本"，书名也是《宋提刑洗冤集录》。目录下刻有"嘉庆丁卯山东督粮道孙星衍依元本校刊、元

---

① 陆心源：《仪顾堂题跋》卷六，清代光绪二十年刻本。
② 陆心源：《皕宋楼藏书志》卷三五，光绪八年刻本。

和县学生员顾广圻复校,金陵刘文奎镌","复刻极精,与元刊本不爽毫发"①。

明代刊本书名也叫《洗冤集录》,也是五卷五十三目,现存南京图书馆,据清人丁丙的考证,是据元椠本翻刻。②

综上所述,我们可以看到影宋抄本和元明两代版本的卷数完全相同,都是五卷·现传元明两代的三种版本体例也完全一致,都是自序后五十三目。书名都叫《洗冤集录》。那么宋慈自定的书名《洗冤集录》何以变成了《洗冤录》呢? 五卷本又怎么变成了四卷本呢? 问题得从对《洗冤集录》的笺释、注解、集证等工作上说起。明末王肯堂为《洗冤集录》作注解,书名叫《洗冤录笺释》,这大概是《洗冤集录》改称《洗冤录》之滥觞。清初王明德为《洗冤集录》作增补,书名叫《洗冤录补》。康熙三十三年(1694)官修的《律例馆校正洗冤录》成书。翻刻甚多,流传极广。此书又没有序跋和编辑缘起之类的任何说明,这是造成混乱的最重要原因。

造成两书混淆的另一部影响较大的书是成书于乾隆五十四年(1789)的《四库全书总目》,该书卷一百一,《子部·法家类存目》说:"《洗冤录》二卷(《永乐大典》本),宋慈撰。慈字惠父,始末未详。"明确地把宋慈的《洗冤集录》改成了《洗冤录》。由于此书是一部非常重要的目录类工具书,影响极大。此后以讹传讹者接踵而来:道光十二年(1832),阮其新在《洗冤录补注·序》中写道:"《洗冤录》一书,宋淳祐间,宋惠父博采诸书,荟萃而成。"道光十七年(1837),张锡蕃在《重刊补注洗冤录集证·序》中写道:"检验之言,始自宋代。曰《内恕录》曰《结案式》等书,今皆亡佚失传,传者仅宋淳祐间,宋慈《洗冤录》五卷……是检验书之祖。"道光二十三年(1843),童濂又在《重刊补注洗冤录集证·童序》中说:"《洗冤录》一书,始自宋淳祐间提刑宋慈,盖取晋和鲁公凝及其子太子中允曚所著之《疑狱集》,宋无名氏之《内恕录》等书,参互而成者也。"对《洗冤集录》并无深刻研究的地方长官们,纷纷为这部与司法有关的书写序言,结果是以讹传讹,贻误后学。其例甚多,不胜枚

---

① 宋大仁:《中国法医学典籍版本考》,载《医学史与保健组织》1957 年第 4 期。
② 丁丙:《善书室藏书志》卷一六,光绪二十七年家刻本。

举。这样,宋慈的书名就由《洗冤集录》变成了《洗冤录》。而清代《律例馆校正洗冤录》四卷本,又由政府发给县级司法人员每人一册。《清会典》六百五十四卷规定:"大县额设仵作三名,中县二名,小县一名。每名发给《洗冤录》一本,选委明白书吏一人,与仵作逐细讲解,务令通晓。该府州将所属,每年提考一次,其考试之法,即令每人讲解《洗冤录》一节,明白则从优赏给,悖谬即分别责革。"这样,四卷本《律例馆校正洗冤录》就以绝对压倒的优势,取代了五卷本《宋提刑洗冤集录》。

(二)现代作者的责任

宋慈与《洗冤集录》研究中发生失误的原因除了古人的过失之外,也有现代作者自身的责任。古代虽有许多人把《洗冤集录》误称为《洗冤录》,但也有一些人注意了两书的混淆问题:如陆心源虽然也称《洗冤录》,为了与清《律例馆校正洗冤录》加以区别,前面冠以"宋提刑"三字;①清末梁恭辰对两书的区别曾有过说明,他在《续增洗冤录辨证参考·序》中说:"古有名法之学,而无检验之书,嘉定瞿氏谓创自宋孝宗时,浙西提点刑狱郑兴裔之《检验格目》。理宗时,湖南提刑宋慈复博采《内录恕》以下诸书,增以己见,总为一编,名曰《洗冤集录》,即是书底本也。元明以来,代有辨释。如王氏《读律佩觿》、陈氏《洗冤集说》、曾氏《洗冤汇编》、王氏《洗冤录补》及《无冤录》、《慎刑说》、《未信篇》、《结案式》等书,指不胜计。国初康熙年间,律例馆荟萃各书,校正洗冤录,定为四卷,即是书也"。(文中黑点均为作者所加)。梁恭辰明确指出了宋慈的《洗冤集录》是《洗冤录》的底本,律例馆荟萃了元明以来的《读律佩觿》、《无冤录》、《结案式》等多种书,才编成四卷本《律例馆校正洗冤录》。两者是不同的。

著名学者钱大昕也曾指出:"《洗冤集录》五卷,朝散大夫新除直秘阁湖南提刑充大使行府参议官宋慈惠父编。……其书不载于《宋史·艺文志》,而至今官司检验奉为金科玉律。但屡经后人增改,失其本来面目。以初刻为可贵。"②钱大昕提醒人们其书屡经后人增改,已经失去了本来面目。如引

---

① 《仪顾堂题跋》卷六,光绪二十四年刻本。
② 钱大昕:《十驾斋养新录》卷一四,上海书店1983年铅印本,第330页。

用应以初刻为准。

道光七年(1827),钱大昕的女婿瞿中溶具体考证了两书的差别:"馆本洗冤录(即《律例馆校正洗冤录》笔者注)'踢伤致死'条,附小注一说,言妇人羞秘骨,若系娼妓则青黑殆遍。予曾闻之友人,云尝试验之,其说未确。案此条乃金坛王氏《读律佩觿》所增,惠父原书并无其文。"①正确地指出了四卷本《律例馆校正洗冤录》中这一歧视妇女的条文,是五卷本宋慈原书中所没有的。可惜,上述发生失误的学者没能细心研读这些古人的意见。

(三)应引出的教训

发生上述的失误还有其社会和历史的根源。"左"倾错误的影响,特别是"文革"中"四人帮"的极"左"路线波及政治、经济、文化各个领域,学术界也不例外。从五十年代批判《红楼梦》研究中的错误倾向起,学术界出现了一种错误看法,认为古籍的鉴别、史料的考证并不重要。在抓右派、反右倾等一系列政治运动之后,情况更加严重。谁搞古籍鉴别、史料考据就是不要政治挂帅,就是抵制马列主义、毛泽东思想指导学术研究。正常的历史考据也被视为脱离政治,人们对考据工作怀有戒心,敬而远之。乃至研究宋慈和《洗冤集录》的学者,竟然对版本不作鉴别,对史料不作考订,就写论文,撰专著。可见党的十一届三中全会拨乱反正,批判"左"的错误,恢复实事求是的作风,是何等重要!

五、《洗冤集录》的法医学成就

宋慈的《洗冤集录》是一部广泛地总结尸体外表检查经验的法医学著作,记录了现代法医学中心内容的大部分,对现场检查、尸体检查、尸体现象、窒息、损伤等各方面,都进行了大量的观察和科学归纳,对法医学作出了卓越贡献。

1.尸斑的发生机制与分布。宋慈指出:"凡死人项后、背上、两肋、后腰、腿内、两臂上、两腿后、两曲䐐、两腿肚子上下有微赤色。验是本人身死后,

---

① 瞿中溶:《洗冤录辨证·序》,道光七年刻本。

一向仰卧停泊,血脉坠下致有此微赤色,即不是别致他故身死。"[1]早在宋代就发现了尸斑是十分难得的。

2. 缢死绳套的分类、缢痕的特征和影响的条件。宋慈"自缢"条写道:"自缢有活套头、死套头、单系十字、缠绕系。须看死人踏甚物入头在绳套内,须垂得绳套宽入头方是。""喉下痕紫赤色或黑淤色,直至左、右耳后发际。横长九寸以上至一尺以下。脚虚则喉下勒深,瘦则浅;用细紧麻绳、草索在高处自缢悬头顿身致死,则痕迹深,若用全幅勒帛及白练项帛等物,又在低处,则痕迹浅。"绳套的类型可反映人的职业和习惯,可鉴别自杀还是他杀,在现代法医学中仍有积极意义。

3. 勒死的特征与自缢的鉴别。《被打勒死假做自缢》一条写到:"自缢,被人勒死或算杀假做自缢,甚易辨。真自缢者用绳索、帛之类系缚处,交至左右耳后,深紫色。""胸前有涎滴沫,臀后有粪出。若被人打勒杀假做自缢,……喉下血脉不行,痕迹浅淡","身上别有致命损伤去处","为被勒时争命,须是揉扑的头发或角子散慢或沿身上有磕擦伤痕"。"死后系缚者,无血荫,系绢痕虽深入皮,即无青紫赤色,但只是白痕。"这些记载对现代法医学鉴别勒死假做自缢仍有参考价值。

4. 腐败的表现和影响条件。宋慈已分四季记载尸体腐败的表现;已能指出季节、温度对腐败的影响和尸体本身的状态在腐败发生和发展上的作用。如"然人有肥瘦老少,肥少者易坏,瘦老者难坏",上述尸体腐败的内容仍为现代法医学所讲述。

5. 尸体现象与死后经过时间的关系。宋慈在"四时变动"条中说:"春三月尸经两三日,口鼻、肚皮、两肋、胸前肉色微青;经十日,则鼻、耳内有恶汁流出,膨胀。夏三月,尸经一两日,先从面上、肚皮、两肋、胸前肉色变动;经三日,口鼻内汁流,蛆出,遍身膨胀,口唇翻,皮肤脱烂,疱疹起;经四五日,发落。"[2]以尸体现象推断死后经过时间,至今仍为法医学所应用。

6. 溺死与外物压塞口鼻死的尸体所见。《洗冤集录》"溺死"条记载:"腹

---

[1] 《洗冤集录》"死后仰卧停泊有微赤"条,第76页。
[2] 《洗冤集录》"四时变动"条,第26页。

肚胀,拍着响;两脚底周白不胀。头与发际、手脚爪缝或脚着鞋则鞋内各有泥沙。口鼻内有水沫……此是生前溺水之验也。"这些特征至今仍为法医鉴别溺死的依据。在"外物压塞口鼻死"条写道:"若被人以外物压塞口鼻、出气不得后命绝死者,眼开睛突,口鼻内流出清血水,满面血荫,赤黑色,粪门突出及便溺污坏衣服。"颜面部淤血至今仍为法医确定压迫口鼻致死的依据。

7. 棺内分娩的发现。宋慈在"妇人"条记载:"有孕妇人被杀,或因产子不下身死,尸经埋地窖,至检时,确有死孩儿。推详其故。盖尸埋顿地窖,因地水火风吹死人,尸首涨满,骨节缝开,故逐出腹内胎孕",和现代科学认定的"妊娠子宫内的胎儿,因腐败气体而被压出"①是大体一致的。

8. 骨折的生前死后鉴别。宋慈指出:"向平明处,将红油伞遮尸骨验,若骨上有被打处,即有红色路,微荫。骨断处其接续两头各有血晕色;再以有痕骨照日看,红话,乃是生前被打分明。骨上若无血荫,纵有损折,乃死后痕。"②这些记载对识别生前死后骨折是很有意义的。利用红伞滤光验骨折,也是一项值得称道的物理学成就。

9. 各种刃伤的损伤特征、生前死后及他杀的鉴别。"杀伤"条说:"若尖刃斧痕,上阔长,内必狭;大刀痕,浅必狭,深必阔;刀伤处其痕两头尖小,无起手收手轻重;枪刺痕,浅则狭,深必透彻,其痕带圆。"刃伤特征的区别,有助于法医认定凶器。对生前死后及他杀的鉴别说:"如生前被刃伤,其痕肉阔,花纹交出;若肉痕齐截,知是死后假做刃伤痕。""如生前刃伤,即有血污,及所伤痕创口皮肉多花鲜色。""若死后用刀刃割伤处,肉色即乾白,更无血花也。""活人被刃杀伤死者,其被刃处皮肉紧缩,有血荫四畔。若被支解者,筋骨皮肉稠粘,受刃处皮缩骨露。死人被割截,尸首皮肉如旧,血不灌荫,被割处皮不紧缩,刃尽处无血流,其色白。"③对断首尸鉴别,在"尸首异处"条中写道:"若项下皮肉卷凸,两肩井耸咬,系生前斫落;皮肉不卷凸,两肩并不

---

① 中国人民大学法学教研室编《法医学》,中国人民大学出版社 1986 年版,第 96 页。
② 《洗冤集录》"论沿身骨脉及要害去处"条,第 37 - 38 页。
③ 《洗冤集录》"杀伤"条,第 58 - 59 页。

耸咬,系死后斫落。"这些记载是符合现代法医学辨别生前创、死后创"生活反应"原理的。

10. 防御性损伤的发现。"论杀伤"条说:"其被杀人,见行凶人用刃物来伤之时,必须争竞。用手来遮截,手上必有损伤。"防御性损伤是现代法医学确定自杀还是他杀的确证之一。

上述十项并不能包括《洗冤集录》对法医学的全部贡献。例如,致命伤的确定,窒息性玫瑰齿的发现,有关未埋尸、离断尸以及火烧、临高扑死等各种死亡情况下的具体现场检验方法等等,都是对法医学的重要发现和实际运用。《洗冤集录》在我国法医学史上是一部划时代的奠基性著作。它不仅继承了以前法医学的尸体检验成就,而且成为以后历代尸体检验书籍的祖本。它在法医学上的功绩是永垂史册的。

第五章 南宋的农学与农业技术

　　南宋农学与农业技术在北宋的基础上,继续向前发展,也创造了许多值得称道的成就。陈旉的《农书》、吴怿的《种艺必用》、朱熹的《劝农文》等,都阐述了农学的理论问题。如陈旉针对世俗的土地久种必乏的理论,发表了"地力常新论"。秦九韶在《数书九章》中阐明的农业与天时的论述,朱熹和高斯得《劝农文》中发表的节用防奢和多重效益的理论等。

　　宋代园艺著作的大量出现是农学与农业技术的一大特点。我们对宋代园艺著作进行总体研究,阐明宋代园艺著作的特点,科学价值和宋代园艺著作在中国园艺学史上的地位。如果单纯叙述和探讨南宋的园艺著作,不易看出发展的规律,所以,将两宋园艺著作整体论述,才能更好地说明南宋园艺科学的价值与学术贡献。

　　南宋的农业技术,取得了多方面的进展,如土壤与造田技术,粪肥制造技术,《农器谱》中农具的发展及其技术,《耕织图》中耕织工具的制造及其技术,园艺著作中的培根、剪枝、催花技术,粮食储藏和水果保鲜技术,金鱼培育和白蜡虫利用技术等,我们都一一给以发掘和阐述。

第一节　农学理论及著作

一、陈旉《农书》研究

对宋代的农书进行全面考察,综合衡量其农学与技术价值,最重要的还是陈旉《农书》。陈旉《农书》已开始追求完整的农学体系,并提出了"地力常新论"的论断。陈旉《农书》第一次系统地讨论耕牛问题,也详细地介绍了系统地种桑养蚕的技术和方法。陈旉《农书》中,还讨论了农场经营管理的措施,留给我们许多宝贵的经验。

(一)陈旉其人与《农书》的特点

陈旉的传记资料所见甚少,只是在他为《农书》所写序跋和洪兴祖所写的序文中,可以了解一些简单情况。他生于熙宁九年(1076)。洪兴祖在后序中说:"绍兴己巳,自西山来,访予于仪真,时年七十四,出所著《农书》三卷。"绍兴己巳是绍兴十九年(1149),这时他七十四岁,可知他生于熙宁九年(1076),五年后,陈旉又为《农书》写了跋,说明他至少活了八十岁。

他自序中署名为"西山隐居全真子"。书中的内容告诉我们,他隐居躬耕的西山,可能是仪真附近的扬州西山或太湖洞庭湖西山,据此推测他应为江苏人(李长年先生不同意万国鼎先生在《陈旉农书校注》中的意见,他主张陈旉是河北人。见卢嘉锡《中国科学技术史》"人物卷"《陈旉传》)。他生平的经历,主要是读书与务农。洪兴祖在《后序》中介绍他时说:"于六经诸子,百家之书,释老氏、黄帝、神农氏之学,贯穿出入,往往成诵,如见其人,如指诸掌。下至术数小道,亦精其能。其尤精者,《易》也。平生读书,不求仕进,所至即种药治圃以自给。"可见他是一个博览群书,经营农业和药材的地主,并不热衷于仕禄。

由于他"躬耕西山,心知其故",亲自管理经营土地,所以《农书》一个重要特点是来自实践,"是书也,非苟知之,盖尝允蹈之,确乎能其事,乃敢著其说以示人"。陈旉说自己的《农书》不是"腾口空言,夸张盗名",而是"使老于农圃而视效于斯文者……转相读说,劝勉而依仿之","有补于来世"。此书来自实践,又力求能有补于世,追求实效的特点是值得称道的。

陈旉《农书》的另一特点是与《齐民要术》相反,以江南和长江北岸地区的农业为主,特别是以长江三角洲的农桑为记述重点,它是我国现存最早的专谈南方农业技术与经营的书。水稻的技术与经营管理尤为重点。宋代最初的两次刊印,都在长江下游,一次在江苏仪真,另一次在江苏高邮。

(二)陈旉《农书》中的农学

陈旉力求使他的农学自成体系,他说:"故余纂述其源流,叙论其法式,诠次其先后,首尾贯穿,俾览者有条而易见,用者有序而易循,朝夕从事,有条不紊,积日累月,功有章程。"①

陈旉《农书》的安排论列也体现了自成体系的特点。其书分上、中、下三卷,上卷又分十二篇:第一篇是《财力之宜》,经营农业,首先要量力而行,即财力能够置多少土地、耕牛、农具、种子等等,强调财、力相称,才能获得丰收与赢利。第二篇是《地势之宜》,土地耕种的第一步是农田基本建设,是土地的选择。第三篇是《耕耨之宜》,土地选定之后,首先要整地,此篇专讲整地的方法。第四篇是《天时之宜》,整地之后,就要播种,此篇专门讨论如何按时播种,怎样掌握时宜。第五篇是《六种之宜》,此篇专论根据时宜安排多种作物的配合经营,借以充分利用土地和劳动力,做到"种无虚日,收无虚月",在同样的面积和时间里夺取更多的产量。第六篇是《居处之宜》,对家宅的选择加以探讨,认为近田而居,才便于耕垦、播种和看护,反对脱离农田,追求享乐。第七篇是《粪田之宜》,翻耕播种之后,追肥育苗成为重要环节,设专篇讨论粪肥,是本书的长处之一,提出了火粪、粪屋等积肥方法。第八篇是《薅耨之宜》,专门讨论中耕、锄草、保苗等田间管理技术。第九篇是《节用之宜》,经过种种田间管理,取得了丰收,本书将收获后的经费使用列入农学讨论的范围。提出了要勤俭节用,要计划用费,要充分考虑来年的再生产问

---

① 陈旉:《农书·后序》,万国鼎校注本,农业出版社 1965 年版,第 62 页。

题。本书最后三篇是论述农学中最重要的问题。第十篇是《稽功之宜》，专论人的勤劳，人之勤惰乃是土地经营能否收到实效的最重要的因素之一。第十一篇是《器用之宜》，专论工具的作用，农具的精良齐备也是取得丰收所必须的最重要的因素之一。第十二篇是《念虑之宜》，人的经营思想也是能否成功的重要因素之一，陈旉主张农业经营者应专心致志，把全部精力都用于农田。

　　陈旉《农书》前九篇从量财力收买土地到收获后计划开支，按农田经营的自然顺序，环环相接，自成体系。最后三篇专论夺取农业丰收的最重要的问题。这是一部力求自成体系的农业专书。

　　中卷三篇，记述牛的饲养、使用与疾病治疗。

　　《农书·牛说篇》，首述牛舍之建立，应在向阳干燥之地。要注意牛舍的清洁："尽去牛栏中积滞蓐粪，旬日一除"，以免"秽气蒸郁，以成疫病"。可以防止"浸渍蹄甲"，而生病。牛说篇第二项论述是饲养，提出草料要"洁净"、"细锉"、和以麦麸、谷糠或豆，使之微湿。豆要破碎，草要晒干。提出"四时有湿凉寒暑之导，必须顺时调适之"的饲养原则，春夏放牧时，"必先饮水，然后与草，则不腹胀"。有条件的地方，"日取新草于山"，提供新鲜饲草。天寒时节，要使瘦弱的牛，"处之奥暖之地"，"糜粥以啖之"。因采食和反刍时间有限，欲牛"气血常壮"，应喂夜草，"刈新刍，杂旧稿，挫细和匀"，"槽盛而饱饲之"。对牛的饲料与爱护，陈旉提出了爱牛如己，感同身受的观点："视牛之饥渴，犹己之饥渴；视牛之困苦羸瘠，犹己之困苦羸瘠；视牛之疫病，若己之有疾；视牛之字育，若己之有子也。""其气血与人均也，勿使寒暑；性情与人均也，勿使太劳"。

　　第三是论述耕牛的使用。陈旉提出"五更初，乘日未出，天气凉时用之"。这样，"力倍于常，半日可胜一日之功。日高热喘，便令休息，勿竭其力，以致困乏"。用牛要根据季节，分别对待："盛寒之时，宜待日出，宴温乃可用。至晚天阴气寒即早息之"。不可"徇一时之急"不顾牛之困苦，狠心鞭挞。

　　第四是论述牛之病疫防治。陈旉将中医"不治已病治未病"的思想，用于牛的病疫预防。"于春之初,必尽去牢栏中积滞蓐粪","以净爽其处乃善","每放必先水,然后与草,则不腹胀",明确指出胃鼓气的原因与预防方法。陈旉又将中医辨证论治的理论应用于兽医。他说:"牛之病不一","冷热之异须识其端","若每能审理以节适,何病之足患哉?""其用药,人相似也,但大为之剂,以灌之,即无不愈者。"他认为牛之病,应先分热证还是寒证,别其阴阳,然后选药组方,选药方时参考给人治病的理论与方药,只是剂量应更大些。对牛、羊所患的传染病,在《齐民要术》的基础上有了新发展。《齐民要术》在中国古代农书中,最先提出了牛的传染病防治问题。其《养羊篇》载:"脓鼻,口颊生疮如干癣者,名曰'可妒浑'。迭相染易,著者多死,或能绝群。""治羊取藜根,咬咀令破,以泔浸之,以瓶盛,塞口,于灶边常令暖,数量醋香,便中用。以砖瓦刮令赤,若强硬痂厚者,亦可以汤洗之,去痂,拭藻,以药汁涂之。再上,愈。""有疥者,间别之;不别,相染污,或能合群致死。"陈旉在《齐民要术》的基础上,提出了两个新见解:其一是"欲病不想染,忽令与病者相近"是不够的,必须对病死之牛羊加以掩埋处理,已死之肉,经过村里,其气尚能相染。其二,认为传染病的种类很多,不仅"可妒浑"一种,"病风、病瘠、病脚,皆能相传染"。扩大了对传染病种类的认识。

《农书·牛说篇》在学术上有以下贡献:第一,它是中国古代农书中,最早设专篇论述耕牛的著作,特别是首次对南方水牛进行了系统论述。第二,首次提出了对于贫苦农家"牛之功多于马"的论点。陈旉认为牛、马"二皆世所赖",但是,马"以夫贵者乘之,三军用之","刍秣之精,教习之适,养治之至,驾驭之良,有专掌其事者"。"马必待富足,然后可以养治"。"牛之为物者,牧之于蒿莱之地,用之于田野之间,此乃农家所能为之事"。他又说:"农者,天下之大本,衣食财用之所出。""欲播种而不深耕熟耰之,则食用何自而出? 食用乏绝,即养生何所赖?"民无聊赖,何言国泰? 所以,他认为:"农者,天下之大本,非牛无以成其事耶!"陈旉正是从贫穷之农家的生计出发认为"牛之功多于马"。

第三,对《齐民要术》中,养牛羊要"量于力能,适其天性"的观点,加以发展,提出了四季寒暑,各有调养,爱牛如己,感同身受的思想。第四,广开牛之饲料来源,创混合饲料贮存之先例。《农书·牧养役用篇》载:"预收豆楮之叶,与黄落之桑,舂碎而贮积之,天寒即以米泔和挫草糠麸以饲之。"把富有营养的豆叶、楮叶和黄熟的桑叶混合,舂碎,并拼和以米泔、糠麸,混堆贮积,使之生热发酵,牛自然爱吃,可以增加营养,"冬不落膘","血气常壮"。这种多种植物叶子混合贮存法,拓宽了牛饲料的来源,开创了混合饲料贮存和以粗代精的先例。

第五,将中医"不治已病治未病"和"辨证论治"的思想,用于了牛的疾病防预和辨证用药。总之《农书·牛说》三篇,学术贡献是十分丰富的,有待进一步深入研究。

陈旉《农书》下卷五篇,专论植桑和养蚕。

陈旉将耕牛作为夺取丰收的一个重要组成条件,看作他农学体系的一个重要环节。他又认为蚕桑是农业的重要组成部分,是农业多种经营的一个项目。南宋时,蚕业已取得了很大发展,是农民的重要收入和国家的财源之一。所以,陈旉才用专篇加以论述。

论蚕桑计五篇,分别是种桑、收蚕种、育蚕、用火采桑,簇箔藏茧,全面地详细地介绍了种桑养蚕的方法和技术。种桑篇主要论述了桑树的种子繁殖方法,介绍了压条、嫁接等无性繁殖方法。收种篇主要阐述了蚕种的保存、浴蚕的方法,蚕室设置和喂养小蚕的注意事项。育蚕篇主要介绍自摘蚕种的重要性,以保证出苗整齐。用火采桑篇提出在给蚕喂叶时,用火来控制蚕室温度和湿度的技术,强调了叶室的作用。簇箔藏茧篇主要是介绍簇箔和藏茧的技术,强调簇箔的制作方法和收茧藏茧的注意事项。陈旉设专卷论蚕桑之举,对后世影响很大,后来为王祯《农书》"蚕缲门"所引用,冠以"南方蚕书"之名。元、明、清记述蚕桑的农书,也多所引证,成为农书中的笃实之论,并使蚕桑成为农书的一个重要组成部分。

陈旉《农书》除追求系统的农学体系外,在力求掌握自然规律方面,也较前代有新的进步,如他提出:"故农事必知天地时宜,则生之、蓄之、长之、育之、成之、熟之,无不遂矣。"①又认为"养备动时,则天不能使之病"。这些都反映了他掌握自然规律而御之的思想。

陈旉《农书》篇幅虽小,但与《齐民要术》相比,它更重视从理论上、总体上阐述农学。而《齐民要术》则偏重于农作物具体栽培的论述,在总论上只有《耕田》与《收种》两篇。所以说陈旉《农书》是现存第一部系统讨论农业理论的专书。

(三)陈旉《农书》中的农业技术

1. 土地利用与规划

用专篇来讨论土地规划和利用,陈旉是农学史上的第一人,他的《地势之宜篇》论述了各种土地的规划和利用。"夫山川原隰,江湖薮泽,其高下之势既异,则寒燠肥瘠不同。大率高地多寒,泉冽而土冷,《传》所谓高山多冬,以言常风寒也;且易以旱干。下地多肥饶,易以淹浸。故治之各有宜也。"他所提出的地形、肥瘠、干旱之间的关系,基本是正确的。

对于高田,他提出凿陂塘贮春夏之水加以利用。他认为十亩地应划出二三亩凿为陂塘,塘的深阔应蓄够灌溉用水为宜。提出堤岸要坚固,堤以种桑,桑以系牛,可一举而五得:"牛得凉阴而遂性,堤得牛践而坚实,桑得肥水而沃美,旱得决水以灌溉,潦即不致弥漫而害稼。"除陈旉自述的五得之处,还有两得:利用高处的陂塘之水,可以自流而灌溉,可免车水提升之劳;陂塘、坚堤之蓄可以防止水土的流失。他的高地利用规划实在是合理的巧妙的技术措施。

对于下地,他提出以"高大圩岸环绕之"加以保护,一则防水淹庄稼,再则可防止洪水毁田地。

对于难以全面规划的小块零星坡地,他提出要因地制宜,加以利用:"其欹斜坡之处,可种蔬菜茹麦粟豆,两旁亦种桑牧牛。牛得水草之便,用力省而功兼倍也。"

对于湖泽,采用葑田的方式加以利用,"若深水薮泽,则有葑田,以木缚

_____

① 《农书·天时之宜篇》,第28页。

为田丘,浮系水面,以葑泥附木架上而种艺之。其木架田丘,随水高下浮泛,自不淹溺。"这种利用水面造田的方法是耗费工力很大的。

陈旉对土地的规划利用技术,是对隋唐至宋六百年间农民在长期农业实践中经验的总结,他对这些实践加以总结和分析是很可贵的。

陈旉在土地规划利用中,还对土壤的利用和改造提出了一些值得注意的观点。他说:"土壤气脉,其类不一。肥沃硗埆,美恶不同,治之自各有宜也。且黑壤之地信美矣,然肥沃之过,或苗茂而实不坚也,当取生新之土以利解之,即疏爽得益也。硗埆之土信瘠恶矣,然粪壤滋培,即其苗茂而实坚栗也。虽土壤异宜,顾治之如何耳,治之得宜,皆可成就。"①他提出了尽管土壤肥瘠不一,但只要治理得法都可以栽培作物,取得丰收。这一思想是农民长期治理土壤实践经验的总结,包含了人类可以改造自然的精神力量。

陈旉所生活的时代,不论是中国还是外国,都有一种久种地衰的忧虑,特别是西方的"地力渐减"论影响甚大,有的学者认为罗马帝国的衰亡就是由于地力的耗竭。陈旉在《粪田之宜篇》明确提出"或谓土敝则草不长,气衰则生物不遂。凡田土种三五年,其力已乏。斯语殆不然也,是未深思也。若能时加新沃之土壤,以粪治之,则益精熟肥美,其力当常新壮矣。抑何敝、何衰之有?"这种"地力常新"的观点充分体现了我国农业的传统精神,并被几千年的农业实践证明是无比正确的。陈旉有关土壤的论述是十分值得珍视的观点。尽管他的论述并不全面,有的地方也有不足,但他的不管土地肥瘠,皆可栽种和地力常新的观点都是很卓越的。

2. 粪肥技术的新发展

陈旉《农书》虽然篇幅较《齐民要术》小,但就粪肥的论述,其内容的多寡和见解的深刻,都超过了《齐民要术》。除了写《粪田之宜篇》的专论外,各篇中凡与粪肥有涉之处,都再加探讨,为粪肥技术作出了新贡献。

陈旉《农书》扩大了肥源,提出了新的制造粪肥的方法。

首先是堆粪,《善其根苗篇》说:"今夫种必先修治秧田……若用麻枯(麻

---

① 《农书·粪田之宜篇》,第33页。

油渣)尤善。但麻枯难使,须细杵碎,和火粪窖罨;如做曲样。候其发热,生鼠毛,即摊开中间,热者置四旁,收敛四旁冷者置中间,又堆窖罨;如此三四次,直待不发热,乃可用,不然即烧杀物矣。"他所提出的利用发酵制肥的方法是很正确的,一直沿用至今。麻枯特别需要进行发酵,否则会损害庄稼。

其次是沤粪,《种桑之法篇》说:"聚糠稿法,于厨栈下深阔凿一池,结甃使不渗漏。每春米即聚砻簸谷壳及腐草败叶,沤渍其中,以收涤器肥水与渗漉淤淀。沤久自然腐烂浮泛;一岁三四次,出之粪苎,因以肥桑,愈久而愈茂,宁有荒废枯摧者?作一事而两得,诚用力少而见功多也。仆每如此为之,比邻莫不叹异而胥效也。"这种积沤成肥的方法,现在农村仍在广泛使用。

再次是火粪,又称土粪。《粪田之宜篇》说:"凡扫除之土,然烧之灰,簸扬之糠秕,断稿落叶,积而焚之。"又在《种桑之法篇》说:"以肥窑烧过土粪以粪之。"《六种之宜篇》说:"烧土粪以粪之。"这里说的土粪就是火粪,火粪烧制时,除糠秕落叶,还加土烧之,使糠秕落叶与土烧成焦黑之粪,而不是烧成灰。这种粪与现浙江省东部的烧制焦泥灰为肥的方法是一脉相承的。

最后是屋粪,《粪田之宜篇》说:"凡农居之则,必置粪屋,低为檐楹,以避风雨飘浸。且粪露星月,亦不肥矣。粪屋之中,凿为深池,悉以砖甃,勿使渗漏。凡扫除之土,燃烧之灰,簸扬之糠秕,断稿落叶,积而焚之。沃以肥汁,积之既久,不觉其多。凡欲播种,筛去瓦石,取其细者,和匀子,疏把撮之。待其苗长又撒以壅之。何患收成不倍厚也哉。"他主张建立专门的粪屋储肥,避风吹、日晒、雨淋等对肥效的损失。屋低、池深、勿使渗漏都很合理。粪汁与烧灰混合,易生铵盐,草木灰中的碳酸钙发生化学变化,氨气析出,损失肥效,这是古人所无法测知的。

陈旉对以人粪尿做肥料,基本上持否定态度,未免失之偏颇。《善其根苗篇》说:"切勿用大粪,以瓮腐芽蘗,又损人手脚,成疮痍难疗。……若不得已而用大粪,必先以火粪久窖罨乃可用。多见人用小便生浇灌立见损坏。"其主张人粪尿应久窖罨,使熟而后用是正确的。现在农村仍以池蓄之,待其熟而用。

除了扩大粪源,多种方法积肥外,陈旉在施肥技术上也有些值得注意的见解。《氾胜之书》和《齐民要术》都只强调底肥、积种肥,很少提到追肥,而陈旉《农书》则特别强调追肥,如《六种之宜篇》认为,对小麦"宜屡耘而屡粪",对大麻宜"间旬一粪"。《种桑之法篇》认为种桑宜追两次肥,"锄开根下粪之,谓之开根粪。"种苎麻应追三次以上肥。又提出一肥多效的方法,《种桑之法篇》说:"因粪苎,即桑亦获肥益矣,是两得之也。桑植深,苎根植浅,并不相妨……苎若能勤粪治,即一岁三收。"粪因以肥桑,愈久而愈茂。

3. 水稻耕作技术

陈旉以前的两部最重要的农书,《氾胜之书》和《齐民要术》都是谈北方旱田的农业技术的。《齐民要术》以后数百年间,南方农业经济逐渐发达,经济重心开始南移,所以总结南方的水田耕作技术就成了一大要务。而陈旉《农书》是总结南方水田耕耘技术的传流至今的第一部农书,所以,在农学史上的地位则更重要。

南方水田耕作技术第一项是整地。成熟的庄稼收获之后,立即进行整地。陈旉论述的整地分四种情况。第一是他说的"旱田",大概是早稻田;第二是"晚田",大概是晚秋田;第三是山川地;第四是平坦地。

对旱田他主张"旱田获刈才毕,随即耕治晒暴,如粪壅培,而种豆麦蔬茹,因以熟土壤而肥沃之,以省来岁功役,且其收又足以助岁计也"。旱田收后,要耕治施肥,再种麦种蔬菜,即多收一次粮菜,又借此使土地精熟肥沃。

对晚田他主张"晚田宜待春乃耕,为其稿秸柔韧,必待其朽腐,易为牛力"。因来不及种麦豆蔬菜,所以等来春再耕,这样可以使残根、败叶烂于土中,来春耕节省牛力。

对山川地他主张"山川原隰多寒,经冬深耕,放水干涸,雪霜冻,土壤苏碎。当始春又遍布朽腐草败叶,以烧治之,则土暖而苗易发作,寒泉虽冽,不能害也。若不然则寒泉常浸,土脉冷而苗稼薄矣"。山川多寒之地要深耕,放水。因多水易寒,还要烧荒烤地,也为防寒。地暖疏松,苗才苗壮。

对平地他主张"平陂旸野,平耕而深浸,即草不生。而水亦积肥矣"①。宽广平坦的土地,要冬耕浸水,使残根杂草在水中沤烂,草籽腐烂不生,又可使土壤变肥。

水田耕作技术第二项是育苗。写出专篇论述培育稻苗,是从陈旉《农书》开始的,他的《善其根苗篇》堪称高质量的论文。

陈旉首先阐述育秧的重要性:"凡种植,先治其根苗以善其本,本不善而末善者,鲜矣。""根苗即善,徙植得宜,终必结实丰阜。若初根苗不善,方且萎悴微弱,譬孩孺胎病,气血枯瘠,困苦不暇,虽日加拯救,仅延喘息,欲其充实,盖亦难矣。"怎样培育强壮的根苗呢? 他主张"欲根苗壮好,在夫种之以时,择地得宜,用粪得理。三者皆得,又从而勤勤顾省修治,俾无旱干、水潦、虫兽之害,则尽善矣"。他将时、地、肥三者作为育苗的主要条件,并附以防水、旱、虫三灾,是十分正确的。

关于"种之以时",他进一步阐述说:"先看其年气候早晚,寒暖之宜,乃下种,则万无一失。若气候尚有寒,当且从容熟治苗田,以待其暖,则力役宽裕,无窘迫灭裂之患。得其时宜,即一月可胜两月,长茂且无疏失。"又提醒人们防止烂苗:"多见人才暖便下种,不测其节候尚寒,忽为暴寒所折,芽蘖冻烂瓮臭,其苗田已不复可下种,乃始别择自白以为秧地,未免忽略。如此失者,十常三四,间岁如此,终不自省,乃复罪岁,诚愚痴也。"

关于"择地得宜",他阐述说:"今夫种谷(指稻谷),必先修治秧田,于秋冬再三深耕之,俾霜雪冻冱,土壤苏碎。又积腐稿落叶,划薙朽根,遍铺烧治,即土暖且爽。于始春又再三耕耙转……荡平田面,乃可撒谷种。"陈旉的择地得宜充分体现了精耕细作的传统,秋冬再三深耕,始春又再三耕耙,"必渥漉田精熟了"。即土经水浸调和得极松软,乃下糠粪,荡平田面,才下稻种。

关于"用粪得理",他进一步解释说:"以糠壅之。若用麻枯尤善……堆火粪与焗猪毛及窖烂粗谷壳最佳。亦必渥漉田精熟了,乃下糠粪,踏入泥

---

① 《农书·耕耨之宜篇》,第26、27页。

中。"他采用始春耕耙后施肥,免去秋冬肥在田间的损失,烧草增肥暖土,又可增加肥效。种子萌生需大量肥料,所以用麻枯这样的浓肥,秧苗初长需各种肥料,所以麻枯、火粪、糠粪等并用。施肥后即播种,所以强调各种肥料都应腐熟,以便产生速效。他的这些用肥方法都与科学原理相符,真堪称"用粪得理"。

水田耕作技术的第三项是用水和中耕。秧苗长出来了,怎么控制用水呢? 首先他主张用水深浅得宜:"作塍贵阔,则约水深浅得宜","然浅不可太浅,太浅则泥皮干坚;深不可太深,太深即浸没沁心而萎黄矣。唯深浅得宜乃善"。

他又主张以活水养苗:"大抵秧苗爱往来活水,怕冷浆死水,青苔薄附,即不长茂。"刮风、下雨、晴天都要控制用水:"忽暴风,却急放干水,免风浪淘荡,聚却谷也。"风大吹水,会将稻种聚集一块:"忽大雨,必稍增水,为暴雨漂飔,浮起谷根也。若晴,即浅水,从其晒暖也。"①这些控制用水的方法都是合理的。

稻田的中耕除草技术,他专写了《薅耘之宜篇》。他提出薅耘的草应深埋稻根下,沤烂肥田;夏天草势猛应勤锄;秋季薅耘应在结实之前,不让杂草传种,冬季应再次锄犁,使杂草翻入土中腐烂。关于薅耘,他提出了:"且耘田之法,必先审度形势,自下及上,旋干旋耘。先于最上处收溜水,勿至水走失。然后自下旋放令干而旋耕。"这种适用于高岗坡地梯田的耕田法,是从低处放上一畦耕一畦,逐渐而上,比一次全部放水更科学,避免了放水后薅耘不完,无雨天旱使秧苗干死,也不会因大片放水,急于薅耘,而草率从事。"不问草之有无,必遍以手排摭,务令稻根之旁,液液然而后已"。提出了耘田不仅是为了除草,而且有松土供水的作用。

(四)陈旉《农书》中的农场经营管理措施

陈旉《农书》还写了自己经营土地的一些原理和措施,这也是其他农书中很少见到的,很值得研究和总结。

---

① 《农书·善其根苗篇》,第46页。

首先,他主张农场要有整体观念和全面计划。陈旉的全书贯穿了这一主张,他从《财力之宜》到《虑念之宜》的十二篇专论就是整体观念的体现。为了贯彻整体观念和全面规划,他说:"右十有二宜,或有未曲尽事情者,今再叙论数篇于后,庶纤悉毕备,而无遗阙以乏常用云尔。"他认为牛是农业经营的一个重要组成部分,所以"著为之说,以次农事之后"。他认为蚕桑也是农业的补充,"备论之,以次牛说后"。这样就构成了农业、畜牧、蚕桑全面经营的整体。

对于全面规划,他在《财力之宜篇》中说:"若深思熟计,既善其始,又善其中,终必有成,遂之常矣。岂徒苟徼一时之幸哉!"在《农书·后序》中他又强调说:"其所以著为法式,布在方策,教之委曲纤悉,施用于始、中、终,无所不用其至而诚尽者,诚以崇本之术,莫大乎是也。"从引文可知他的全面规划,即要求"善其始,又善其中",还要求"终必有成",各项措施既要求"委曲纤悉",又要求"施用于始、中、终",可见其规划全面和周详。

其次,他谈了农场的基本布局。他主张农场的住房应近地而建:"要之,民居去田近,则色色利便,易以集事。"俚谚有之曰:"'近家无瘦田,遥田不富人。'岂不信然?"

他又主张农场住房附近应建粪屋:"农居之侧,必置粪屋"。"凡扫除之土,烧燃之灰,簸扬之糠秕,断稿落叶,积而焚之,沃以粪汁,积之既久,不觉其多"[1]。

他又写专篇阐述土地的布局和规划,《地势之宜篇》讨论了各种土地的利用和规划。

再次,陈旉谈了农场经营中的工具和技术。他说:"工欲善其事,必先利其器。器苟不利,未有能善其事者也。利而不备,亦不能济其用也。"他强调工具先进,是农业丰收的必备条件。而且他要求所有的农具都要精良,都要齐备:"凡可以适用者,要当先时预备,则临时济用矣。苟一器不精,即一事不举,不可不察也。"[2]

---

① 《农书·粪田之宜篇》,第33、34页。
② 《农书·器用之宜篇》,第41页。

他认为工具精良应与先进技术相互配合："古人种桑育蚕,莫不有法,不知其法,未有能得者。纵或得之亦幸而已矣。盖法可以为常,而幸不可以为常也。"这里所谓的法,就是种桑育蚕的技术。他认为农业丰收靠先进技术来保证,没有先进技术的丰收是不可靠的,有了先进技术,丰收才"可以为常"。

第四,陈旉提出了应充分利用土地、人力和畜力,进行多种农业经营。他在《六种之宜篇》中说:"种莳之时,各有攸叙。能知时宜,不违先后之序,则相继以生成,相资以利用,种无虚日,收无虚月,一岁所资,绵绵相继,尚何匮乏之足患,冻馁之足忧哉!"他将种稻、种粟、种麦、种大麻、种豆、种菜按月配搭,先后有序,以水稻田为主,以"欹斜坡陁之处,可以蔬、茹、麻、麦、粟、豆"为副。既有稻麦为主粮,又有麻菜等经济作物。做到"相继以生成,相资以利用","种无虚日,收无虚月"。指的是正月种大麻,二月种油粟,麻种三月,四月种豆,五月刈大麻,备菜地,六月治地加粪,七月种萝卜、白菜,收粟,八月收早油麻,种麦……一块地上做到有收有种,充分利用土地,每月都有不同作物的播种。将各种作物的收种错开,避免了农忙人力不够,农闲劳力浪费。陈旉对畜力也十分重视,"岂知农者天下之大本,衣食财用之所从出,非牛无以成其事耶!"这种多种经营,充分利用土地、人力、畜力的思想是十分先进的。

第五,陈旉将增产节约作为农业经营的另一个主要措施。他在《节用之宜篇》中说:"古人一年耕,必有三年之食;三年耕必有九年之食;以三十年之通,虽有旱干水溢,民无菜色者,良有以也。"强调一年应打三年的口粮,而且应力争年年丰收。丰收之后,应计划支出,注意节约:"今岁计常用,与夫备仓卒非常之用,每每计置,万一非常之事出于意外,亦素用其备,不致侵过常用,以致缺乏,亦以此也。"他批评丰收后不注意节用者的鼠目寸光:"今之为农者,见小近而不虑久远,一年丰稔沛然自足,弃本逐末,侈费妄用,以快一时之适。其间有收刈甫毕,无以糊口者,其能给终岁之用乎?"

他又主张财力相称的经营方法,这样,通过节约省下的财力,自然应转为扩大再生产,可见他经营管理是很有远见的。

第六，他主张将勤和专贯彻管理的全过程。他在《六种之宜篇》中说："常人之情，多于闲裕之时，因循废事。惟志好之，行安之，乐言之，念念在是，不以须臾忘废，料理辑治，即日成一日，岁成一岁，何谓而不充足备具也。""勤劳乃逸乐之基也。《诗》不云乎：始于忧勤，终于逸乐，故美物盛多。"他反对闲裕废事，而主张忧勤缉治，而且要"念念在是，不以须臾忘废"。他批评不专心致力于经营管理的人，"彼惑于多歧而不专一，溺于苟且而不精致，旋得旋失，乌知积小以成大，积微以至著，在吾志之不少忘哉！若夫闲暇之时，放逸委弃，临时之际，勉强应用，愚未知其可也。"

陈旉这六条有关经营管理的措施，时至今日，对我们仍有启迪作用。

二、《分门琐碎录》的学术价值与种艺技术

《分门琐碎录》的内容，上承后魏贾思勰《齐民要术》和唐代韩鄂《四时纂要》，成书时间与陈旉《农书》同时或稍后。《分门琐碎录》的内容，被《种艺必用》、《种树书》、《农桑辑要》等广泛引用。所以，《分门琐碎录》是一部承上启下的农学著作。

《分门琐碎录》与陈旉《农书》相比，各有特色。陈旉《农书》主要论述了农业耕耘、水稻栽培、植桑养蚕和经营管理；而《分门琐碎录》特别注重农业生产技术，而对竹木、果蔬、花卉的种艺技术记载尤详，论述也特别精彩。它是南宋时期非常有特色的农书，与陈旉《农书》有互相补充的作用，是一部值得深入研究的农业科技著作。

（一）作者、版本与学术价值

《分门琐碎录》的书名与作者，首见于南宋陈振孙的《直斋书录解题》，其卷十一记载："《琐碎录》二十卷，《后录》二十卷。温革撰，陈晔增广之；《后录》书坊增益也。"其后，明代《文渊阁书目》、《晁氏宝文堂书目》、《脉望馆书目》，清初《绛云楼书目》、《也是园书目》等，均有著录。

《琐碎录》分门分篇叙述，故又称《分门琐碎录》，学术界一般认为《琐碎录》是《分门琐碎录》的简称。

《分门琐碎录》作者温革的生平，陈骙《南宋馆阁录》卷八，"官联"篇曰：

"温革,字叔皮,温陵人。何栗榜上舍出身,治《易》,八年五月除。十年十月通判洪州。"

温陵,乃古代泉州之别称,查泉州、福建等地方志,《光绪漳州府志》卷九,"秩官"载:"温革,惠安人,进士。绍兴二十四年,左朝奉大夫,任以治最称,终本省转运使。"据此又知温革为漳州府惠安县人。查《嘉庆惠安县志》卷二十四,"循良"载:"温革,字叔皮,温厝人。政和五年进士。初名豫,耻于与伪齐之刘豫同名,改今名。绍兴初,以秘书丞副方亮实使河阳,修陵寝归,奏以实语,甚愤,上为泣下。秦桧恶之,出守延平,刻《五岳真形图》于郡治,改守漳州。终福建转运使,祀乡贤祠。"

综上可知,温革,字叔皮,漳州惠安县温厝人。政和五年(1115)何栗榜进士。出身于国学上舍生,研究《易》学很有成绩。最初名豫,因建炎四年(1130)刘豫被金国册封为齐帝,而改名温革。绍兴初年,以秘书郎出使河阳,为皇家修筑陵寝,任满归来,以实言上奏,皇帝为之泣下,因秦桧恶之,而出守延平。绍兴二十四年(1154),以朝奉大夫任漳州郡守,政绩受到称道。终官为福建转运使。死后灵位设于乡贤祠。

古代目录类著作和《分门琐碎录》书中,皆末著明该书撰写的时间。据书中的内容和两宋与元代的农书记载,可以考知《分门琐碎录》,成于陈旉《农书》稍后,在《种艺必用》之前。陈旉《农书》撰写于绍兴十九年(1149)。据胡道静考据《种艺必用》撰写于南宋末年,"距临安城破最多不过六年"。[①]

从上可知,《分门琐碎录》大约撰写于绍兴十九年(1149)到咸淳五年(1269)之间。它是南宋时仅次于陈旉《农书》的农学著作。它是1962年以后才渐为人知的稀见古农书。其明代抄本,原由上海图书馆收藏,1962年影印本也为数不多,学术界对此书的研究还很不够,有待进一步发掘它的珍贵资料。此书至今尚无铅印本,更不要说标点校注和今译了。

《分门琐碎录》的学术价值有以下三个方面:第一,《分门琐碎录》的发现,改变了农业科学技术史的传统写法。如王毓瑚先生的《中国农学书录》

---

① 胡道静:《〈种艺必用〉在中国农学史上的地位》,载《文物》1962年第1期。

认为《种树书》是中国农业科学发展史上的重要文献,它将树木与花卉栽培一并论述。石声汉教授也在《试论＜便民图纂＞中的农业技术知识》论文中说:"《齐民要术》的作者贾思勰将花卉栽培排斥出农业范围之后,由南北朝经过唐、宋、元,大家都遵守了这个成规。明初,俞贞木作《种树书》时,才将花卉和果树并列起来。同时及以后的书,如《多能鄙事》和《群芳谱》之类,也都将花卉和其他植物一律看待。"在《分门琐碎录》被发现以前,学术界认为从后魏至明初,中国农业科技史并没有将花卉的栽培与果树并重,在一部书中加以论述。一直到《种树书》才打破了这个成规。实际上,在《分门琐碎录》一书中,已将花卉与果树并列,并进行了栽培技术方面的详尽论述。它早于《种树书》一百多年。

第二,《分门琐碎录》以前的农书,大多数是以收集农业资料,引述农学典故,农学理论和技术为主。而《分门琐碎录》是以农业科技为重点的农书,这在古代农书中是很少见的。关于《分门琐碎录》的农业科技内容下面将作专题论述。

第三,《分门琐碎录》的学术贡献是它在农学史上承上启下的桥梁作用。1962 年胡道静先生发掘和整理了南宋的《种艺必用》和元代的《种艺必用补遗》,在唐代的《四时纂要》与元代《农桑辑要》之间架起了桥梁,找到了四种农书更多的继承关系。在胡老发掘《种艺必用》之后,上海图书馆影印了明抄本《分门琐碎录》,又在《四时纂要》、《种艺必用》、《种树书》和《农桑辑要》之间架起了桥梁。据舒迎澜的研究,《种树书》的大量内容出自《分门琐碎录》,《种树书》除月令、附录外,其主要的卷中、卷下部分计 192 条,有 185 条引录自《分门琐碎录》,承袭率高达百分之九十六。原来学术界认为《种树书》的内容来源于《种艺必用》和《种艺必用补遗》,现在发现,《种艺必用》和《种艺必用补遗》两书的内容来源于《分门琐碎录》。《种艺必用》经胡老先生整理,厘定为 170 条,其中有 127 条引录于《分门琐碎录》,承袭率为百分之七十五。《种艺必用补遗》厘定为 72 条,有 38 条引录自《分门琐碎录》,承袭率达百分之五十二。

《分门琐碎录》中还引用了《氾胜之书》、沈括《梦溪忘怀录》、苏轼《竹林》等书的资料,更多的条文来自农业实践的总结和老农经验记录。《分门琐碎录》的许多内容又被南宋陈思的《海棠谱》、元代司农司的《农桑辑要》、明代戴羲的《养余月令》所继承。可见,《分门琐碎录》在中国农学史上,承上启下的桥梁作用。

(二)《分门琐碎录》的种艺技术

《分门琐碎录》的种艺技术由农桑、种艺、禽兽、虫鱼、牧养、饮食六篇组成。涉及农业科学技术者以农桑和种艺两篇为最多,计 328 条,字数占全书的百分之七十二。而种艺篇比农桑篇还重要,所述农业技术最丰富,最有特色,其字数占全书百分之六十以上。现将此书的种艺技术,择其精要,论列如后。

1. 论蔬菜

《分门琐碎录》论蔬菜分"菜总说"、"种菜法"、"种杂植法"、"杂说"四部分,计四十八条。论述的蔬菜有菠菜、香菜、生菜、芥菜、萝卜、瓠瓜、丝瓜、冬瓜、茄子、山药、韭菜、姜、芋、茭白、百合、荠菜、莼菜、蕈等,又叙述了油麻、枸杞、木瓜、茱萸、荆芥、麦冬、地黄、百部、水芭蕉、红芭蕉、菖蒲、石菖蒲、枳、酸枣等,计三十多种植物。

种菜技术中,首推茭白种植技术:"茭首根逐年移种,生者不黑。"茭首即茭白,供人取食的洁白嫩茎为肥大的菌瘿,是受寄生的黑粉菌刺激,茎内细胞加速增殖所致。茭白如果生长数年,不重新翻种,那么菌丝体易变黑色的厚垣孢子,使茭白出现条斑,甚至变成灰茭,而不堪食用。这种成茭的生物机制是近代才被科学家所阐明的,但是,早在南宋就采取了防止茭白变黑的技术措施,实在令人惊奇和叹服。

茄子的选种技术也值得称道:种茄可在九月时秧上选取优良者,成熟时摘取切开,用水淘子,取沉者,曝干保存,到二月畦种。芥子的种法可防备害虫:"治田园令土极细,以硫磺调水浇之,撒芥子其上,经宿已生一两小叶矣。"以硫磺水浇之,既防虫又增肥,是很好的技术措施。

已经掌握了生菜随出随种,随收随卖的习性,"不必拘时,才尽则下种便出。谚云:'生菜不离园'。以不时而种之,便出也"。也掌握了蕈子菌类的种法和野生菌有的品种有毒,应慎食之。百合的栽培方法颇具特点:"种百合,择肥地锄熟,加粪,春取根大者,掰取瓣于畦中,如种蒜法,五寸一瓣,四边令绝无草,干即灌水。三年后其大如拳,然后取食。"这种大肥,宽植,足水的栽培技术是很符百合的生长习性的。

对于附记于菜类的观赏花卉,也积累了许多可贵的经验。如种植芭蕉,植于沟泥沃土即长茂;经红芭蕉至霜降时掘出,假植于向阳泥中,开春再种大地,不为霜雪所损。种水芭蕉法:"取大芭蕉根,手切作两片,先用粪、硫黄、醉土,须十分细,却以芭蕉所切处向下,覆以细土,当年便于根上生小芭蕉,芽长二、三寸,取起作骰子块切,切下逐根种于石上,棕榈细缠定,根下着少土,置水中,候其土渐去,其根已附石矣。"对于菖蒲,已掌握了喜洗根;厌油腻的生长习性:"石菖蒲喜洗根,频洗则叶细而秀;极怕烟,人家多置之神佛供养,才被香烟绕者,无不烂死";"石菖蒲须石泉水及雨水,不可用井水、河水,如无油腻尘垢,不必频易,夜移置露天,旦起见日收入,则可久也"。上述盆景和花卉的栽培技术和养护经验,都有很好的参考价值。

2. 论果木

果木类分"果木总说"、"种果木法"、"接果木法"、"治果木法"、"果木忌"、"杂说"六部分,计六十二条。论及的果树有杏、枣、李、桃、梅、林檎、棠梨、柿子、石榴、葡萄、栗、银杏、杨梅、柑橘、橄榄、荔枝、龙眼,附记了甜瓜、甘蔗、皂荚,计二十四种瓜果。

果树嫁接方面积累了新经验:"桃树接李枝,则红而甘;李接桃枝,生子则为桃";"梅树接桃则脆,桃树接杏则大"。桃、李、梅、杏均是李属科植物,一般说来,属内种间互接,容易成活。又如"柑、桔、橙等于枳壳上接者易活",柑、桔、橙皆为芸香科柑橘属植物,枳壳即枳,也是芸香科枳属植物。同为芸香科,嫁接自然易活,果甘。时至今日,人们繁殖柑橘、佛手还选用枳枝为砧木。已知多次嫁接可生无核果和种而不生的经验:"柿子接及三次则全无核";"果实凡经数次接者,核小,但其核不可种耳"。

压条技术也积累了宝贵的经验:"凡接矮果及花,用好黄泥干晒筛过,以小便浸之,又晒干筛过,再浸之,又晒浸,凡十余次,以泥封树枝,用竹筒破两片封裹之,则根立生,次年断其皮,截根取栽之。"温革亲见浙江萧山寺僧用此法,使橘子高仅一、二尺,而结桔大如拳。他又见老林檎根已蠹朽,利用此法使茎干重新生根,不致枯死。可见,南宋已创造了卓有成效的高空压条的繁殖方法。

种榴的技术也很值得称道。盘榴法:"冬间霜下,可收归南檐下,如土干时,就日色中略用水浇润。春暖放露地石上,如长嫩苗,随意剪去,勿令高大,夏间置烈日中,或屋上晒尤佳,免近地气长根及有蚁蚓,兼猛日晒则易着花,又须每日清晨用水一盆,或米泔没花斛,浸约半时许,取出,日中晒,如觉土干,又浸,或一两日一浸,中日不必浸,亦不必添肥土,间用沟泥水浇之不妨,只要浸照,别无他法。"从上可知,这种石榴的栽培是以观赏为目的,植株不宜高大。石榴是喜阳植物,控制株高的方法是让强光照射,减少水分和养分的供应;限制根系穿过盆孔进入地下。此盘榴的灌溉方法也有改进,水不是从上浇下,而是通过盆底和盆壁渗透入内。这样,土壤结构不易破坏,根系除能得到水分外,尚能满足对空气的需要。

对结果习性,梅树移栽,防虫技术的记载也有可取之处。对果树结果的年令记载说:"梅结实最迟,语曰:'桃三李四梅十二',盖言桃三年,李四年结实,唯梅必十二年也,故云。"对生花与风雨及结果的关系记载说:"果子生花,花谢遇天晴日猛,果子多遇雨即少。"对果树的性别记载说:"银杏树有雌雄";"杨梅、皂荚有雌雄者之树,雄者无实"。这些来自民间经验,都是符合科学实际的。新移大梅树法记载说:"去其枝梢,大其根盘,沃以沟泥,无不活者。"这种移栽技术,概括得简练而准确:"去其枝梢",可防风摇晃,节省营养消耗;"大其根盘",保护根是果树保活的最重要条件;"沃以沟泥",沟泥营养丰富,易为树根吸收,粘而沾根,也是移植成活的重要条件。继承了晋代以来的防治虫害的技术,如以蚂蚁捕食柑橘害虫的生物防治法;对蛀心害虫,以杉木为钉,或以芫花、百部植物塞其洞孔等。

3. 论竹笋

中国古代对竹类的培育和笋之利用,由来已久。《周礼》、《禹贡》、《山海经》等,早有记述。东晋的戴凯之撰写了第一部竹类专著《竹谱》,记载竹之品种与产地。其后,《齐民要术》对竹的土地选择,栽种方法、施肥技术,管理与采伐等有简略的叙述。《分门琐碎录》则对竹之生长习性和栽培技术进行了详尽的论述。

论竹有"种竹法"和"竹杂说"两部分,计三十四条。"种竹法"博采众说又有独到见解。温革认为"秋分后,春分前,方可移竹木"。"冬至前后各半月不可种植,盖天地闭塞而成冬,种之必死"。他又引用民谣说:"栽竹无时,雨下便移,多留宿土,记取南枝";"若遇火日及有西风则不可移"。以上栽竹的时间选择和技术措施是积极稳妥的,原则上温革生活的长江以南,一年四季皆可移植竹子,雨天可保水分供应,泥土附根。冬至前后天气过于严寒和刮西风的日子,不宜栽竹。

对移竹的技术,温革论述最详尽。他引用了《齐民要术》、《月庵种竹法》、《梦溪忘怀录》等书的经验,指出母竹须选自竹株西南方的壮年竹,应成丛挖出,斩去竹稍,浅栽于新园之东北角,因为竹性喜暖,竹鞭向西南生长,数年后便可满园竹林。

植竹技术中,温革首创的技术有种竹的沟穴必须深阔;挖掘种竹应将竹鞭四面凿断;大其根盘,以绳绕;按原向背种之;不得埋土超过本根,覆土要严密,勿令风摇根动,也不可打得过实,过实则不易生笋。

温革从杭州一带收集的种竹经验是"种竹之法,斩去稍,仍为架扶之,使根不摇,易活。又云三两行竿作一本移,盖其根自相持,则尤易活也"。"种竹须将竹母斩去稍,只留四、五尺,仍斜植之"。"种竹处当积土,令稍高于旁地二、三尺,则雨潦时不浸损,钱塘人谓竹脚"。

温革收集的皇家园林种竹经验是"禁中种竹,一、二年间无不茂盛。园子云:'初无他术,只有八字:疏种密种,浅种深种。若疏种,谓三、四尺地方种一窠;欲其虚行鞭;密种谓种得虽疏,每窠却种四、五竿,欲其根密;浅种谓种时入土不甚深,深种谓种得虽浅,却用河泥壅培令深。'"以上诸法都很正确,特别是八字经验,十分精辟。正确地解决疏密深浅的各种矛盾,技术措施适宜,土株处理得当,是我国古代农书中,富含哲理,辩证处置的光辉范例。竹株高大,行株距必大,故宜疏;为防止根和地下茎过多的掘损,需成丛挖出,故宜密;竹由种性决定宜浅种,新竹易被风吹倒,为防风又得深埋,故宜深。所以,八字措施正确解决了疏与密、深与浅的矛盾。

街道种竹,为防止竹鞭乱钻,影响街道的整洁与美化。温革采用油麻梗、芦柴、皂刺缚成小把,埋于竹株旁边,则根不穿过;庭院种竹,也需限制竹鞭乱穿,防止台阶、街道损毁。温革采取的办法是:"近轩槛植,恐竹鞭侵阶砌,先埋麻骨以限之,或以竹栽于瓦瓶中,底通小窍,则竹小不侵阶砌也。"温革巧妙地利用了竹鞭畏油麻的天性,制止了竹鞭的乱钻,以免影响庭院的美观和对阶砌的损坏。

4.论树木

论树木有"木总说"、"种木法"、"接木法"、"木杂说"四部分,计四十五条。涉及的树种有松柏、杨柳、槐树、枫树、木兰、栎树、冬青、桃榔、皂荚、桐树、枇杷、桑等。

植树技术在《四民月令》和《齐民要术》的基础上,有了进一步的发展。

温革的"种木法"说:"凡移树不要伤动根,须阔掘垛,不可去土,恐根伤。"谚云"移树无时,莫教树知"。农谚是劳动人民长期劳动实践的经验总结,是十分宝贵的。在温革生活的东南沿海地区,气候温润,温度较高,终年没有冰冻。如措施得当,植树季节可以大大延长,甚至任何时候都可栽种。决定植树成活的关键是带土移栽又不伤根系,形象地比喻为"莫教树知"。今天人们栽植常绿乔木、珍贵树种及春季植树时,仍以带土保根为第一措施。

温革对植树保活的第二项技术是"种一切树木,大枝向南,栽亦向南";"今移树者,以牌记南枝,不若先凿掘穴窟,沃水搅泥方栽,筑令实,不可踏,仍多以木扶之,恐动其颠则根摇,根摇虽尺许之木亦不活,根不摇虽丈余木可活,更芟其上,无使枝叶繁,则不受风"。从上述引文可知,温革植树成活技术措施还有保证树木原来向阳的方向不变,或从"大枝向南"为标记,或"以小牌记南枝"。另一个措施是"沃水搅泥方栽";第三项措施是"筑令实,不可踏",培土的厚实要适度。第四项措施是"仍多以木扶之,恐动其颠则根摇","更芟其上,无使枝叶繁,则不受风"。防风摇根也是成活的关键。这些技术措施都至今仍被使用。

从南向北移种的树木,为了防冻,采取了新的技术措施,可在腊月前,去根旁部分土壤,再以麦穰厚覆,用草木灰深培,如此连续数年,多能成活。

对于插枝技术也有新发展,杨柳扦插容易发根,可在春季,杉木扦插应选惊蛰前后数天,斩新技,天阴即插,遇雨易活。插扦时须先用木扦钉穴,再入插枝,使树皮不受损伤,则容易成活。这些插扦的技术措施也都是行之有效的。

5. 论花卉

论花卉有"浇花法"、"花卉总说"、"种花"、"接花法"、"杂说"五部分,计七十条。涉及的花卉有水仙、百合、兰、蕙、牡丹、芍药、海棠、杜鹃、瑞香、椑、梅花、石榴、菊花、鸡冠花等二十余种。

"浇花法"中所记花卉灌溉施肥的经验很宝贵,"牡丹将开,不可多灌,土寒则开迟"。土壤热容量大小取决于土壤中空气与水分的相对含量,空气热容量小,水的热容量大。当土壤水分变多时,空气便减少,土壤热容量相应增大,就不易升温,从而影响花的发育与开放时间。"瑞香恶湿畏日,不得频沃以水"。这些灌水多少的经验,都来自实践,是值得珍视的。

对施肥的经验记述说:"凡种花欲得花多,须用肥土,秋冬间壅根,逢春着花自盛,以猪粪和土,令发热过当肥土。"这种土肥制作方法及当腊肥施用是合理的,至今为花农所沿用。温革主张不同花卉使用不同的肥料:"灌溉花木各自不同,木椑当用猪粪,瑞香当用焖猪汤,葡萄当用米泔水和黑豆皮。花木有不宜粪秽者甚多,尤宜审问,用之非其宜则其木立槁。"温革又提出以鸡粪壅茉莉、百合,以米糟浇海棠,以人尿、洗布衣汁和梳头垢腻为瑞香施肥等。温革记述的施肥经验多数采自药农的实践,以科学验证,这些肥料中已包含了花卉最需要的氮、磷、钾肥料的三大要素,所以是很符合科学原理的。

"接花法"中的技术,首推牡丹接栽法,"凡接牡丹须令人看视之,如一接便活者,逐岁有花;若初接不活,削去再接者,只当年有花"。"牡丹于芍药根接易发,无过一、二年,牡丹自生本根,则旋割去芍药根,成真牡丹矣"。植物分类学认为牡丹、芍药同属毛茛科芍药属,二者亲缘关系相近,用牡丹接芍药是十分正确的。因为以芍药为砧木，牡丹为接穗，采用根接法，容易接活。另外，芍药易于繁殖，适应性强，以此法繁殖的牡丹，较耐暖湿气候和酸性土壤，有利于牡丹向南方引种。此法到明、清时得到推广，并一直沿用至今。

其次，菊花的靠接技术："黄白二菊，各披去一边皮，用麻皮扎合，其开花半黄半白。"前人用于瓜类生产的靠接法，宋代开始用于花卉嫁接，也是大进步。

再次，对接种的保护措施和注意事项，也作了记载："花木接者或欲移种，须令接头在土外"；"凡接花树，虽已接活，内有脂边未全包生满接头处，切要爱护，如梅雨得以浸其皮，必不活"。这些来自花农的经验也值得珍视。

催花法是《分门琐碎录》一项重要的花卉技术，它源自唐代的浴堂花，又称堂花法。温革的具体方法是"用粪浸水，前一日浇之，三、四日方开者，次日尽开"。花原基发育，花器形成和开花，都受光照、温度、空气、水分、营养等外界条件的影响。用马粪水浇施肥，由于水肥投入和微生物的作用，土温有所提高，故能使花提前开放。另一项催花技术说："菊花大蕊未开，逐蕊以龙眼壳罩之，至欲开时，隔夜以硫磺水灌之，次早去其罩，即大开。"现在已知菊为短日植物，对其叶片或茎尖遮蔽延长黑暗时间，可加速花蕾的生长和发育，从而促使菊花早开。

还有使菊花迟开和延长花期的技术，"收菊花至三月，八九月间菊含蕊时，和根取，先掘一坑，将菊倒垂在内，根用竹架起，密铺竹片，以角屑放根中，四旁却用土埋之，筑紧，于来年取，以水洒，暖取，即渐开花如初埋，一、二日以水少许养之"。这是早期的花卉抑制栽培法，设法使菊花所处的环境条件改变，使花卉的新陈代谢受到抑制，仅能维持其微弱的生命活动，花器发育变慢，甚至暂时中止，待越冬后，希望菊花开放时，将其取出，因生态因子重新改善，菊花得以继续生长和发育，从而使菊花再次开放，使可供观赏的时间延长。

《分门琐碎录》对水生花卉的栽培，也有许多独到的心得。在《齐民要术》种莲法的基础上，进一步提出种莲先以羊粪壤地，栽藕以腊糟少许裹种，则来年开花繁盛。移深种莲柄长者以竹枝子夹之，无不活者。已知荷莲爱水质洁净:"荷莲极畏桐油,就池以手掐去荷叶中心,滴数滴桐油于其中,虽数顷荷莲亦死。"

《分门琐碎录》最早对水仙的栽培加以论述:"种水仙花,须是沃壤,日以水浇则花盛,地瘦则无花,其名水仙,不可缺水。""水仙收时用小便浸一宿,取出照干,悬之当火处,候种时取出,无不发花者"。南宋已知将所收水仙鳞茎悬挂,待秋后再种。因为越夏期间悬挂鳞茎,可促使芽分化。这项技术的发明,对后世水仙栽培,有较大的影响。

三、《种艺必用》与《劝农文》中的农学理论与技术

(一)《种艺必用》的发掘整理与作者考述

《种艺必用》一书的发掘和整理工作是胡道静先生完成的。胡先生首先在 1962 年第 1 期《文物》上,发表了《<种艺必用>在中国农学史上的地位》一文,阐述了他在《永乐大典》中,发现了残存的《农艺必用》一书。说明了此书的内容和它在中国农学史上的重要性。并对成书时间和作者加以考证。他的论文使学术界对《种艺必用》有了初步了解。

1963 年,胡老又将残存的《永乐大典》中的《种艺必用》的条文,辑佚成书,由农业出版社出版。从此,学术界得以使用和研究《种艺必用》一书。

现将胡老对《种艺必用》作者的考述转录如下:

吴欑《种艺必用》全文载于《永乐大典》卷一三一九四第 12 至 20 页,张福《种艺必用补遗》接载于第 20 至 24 页。两位作者的姓名上面,都未标明朝代。《永乐大典》编录《种艺必用补遗》时所用的底本,最后部分似有残缺,因此所录末尾一条"一年十二月立耕种吉日"仅至十月而止。

在残存的《永乐大典》而为此次印出者中,尚有三卷引用过《种艺必用》的零段:一为卷五四〇第 3 页引第 160 - 161 条,未标著者名;二为卷一四五三七第 7 页引第 23 条,又同卷第 11 页引第 196 条。著者名皆作"吴怿",与录用全文的卷一三一九四作"吴欑"者不同,未知孰是,但"欑"字的文义不佳,取这个字来作为名字,似乎不很可能,恐怕《永乐大典》这一卷上是写错了;三为卷二二一八二第 15 页引第 4 条及第 5 条,亦未标著者名,标写著者

之名为吴怿这一卷的一册,系苏联列宁图书馆在 1954 年 6 月把原藏于日本满铁图书馆的送还给我中央外交部。这不是普通的礼物赠与,而是苏中友好的具体表现。这一赠与,对我们的学术研究工作也起许多作用,例如从这一卷中就发现《种艺必用》的著者名的歧异,而且可能这一卷所写是正确的,就大有助于考订。

《种艺必用》的作者吴欑或吴怿,事迹无考。历检宋、金、元至明初四朝各种传记,都不能得这两个姓名。从书中征引的文献和事实来判断,当为南宋人的著作,其时期已迫近南宋季年,理由为:

1. 书中较多记载南方的种艺经验,如 11 条称:"浙中田遇冬月有水在田,至春至大熟。谚云谓之'过冬水',广人谓之'寒水',楚人谓之'泉田'。"28 条叙浙间植桑方法等。又,对于南方的栽培植物记述也较多,如土龙脑、荔枝、橄榄、杨梅、枇杷、茉莉、素馨花等。如此书写在端平元年(1234)以前,应是淮水至大散关线以南的著作,而不是其北的著作;如写在端平到德祐之间(1234-1276),也仍是江、淮以南的产物。

2. 第 82 条述橄榄,谓《南方草木状》大约辑集于南宋的中期(约为孝宗朝),当时至少有两个略微不同的本子流传,其一本在南宋末年曾收刻于《百川学海》中。《百川》本的《南方草木状》第 64 条说:"橄榄树,身耸,枝皆高数丈……"云云,正如本书所言。若作者所据即此本,则撰著年代已垂南宋末年,距临安城破最多不过六年;否则,也不会早得太久。

笔者还可补充一点,那就是《种艺必用》引用了陈旉《农书》的内容,第 15 条、第 16 条,就全部引自陈旉《农书》的"六种之宜"篇。可见《种艺必用》成书于陈旉《农书》之后。元初,济南镇抚钤辖张福编辑了《种艺必用补遗》,可知《种艺必用》确系南宋末年之书。

(二)《种艺必用》的内容与在农学史上的地位

《种艺必用》和《种艺必用补遗》,既不分卷,也不分篇章,而是分条记述的。每条的文字都不太长,绝大多数条文都是开门见山地叙述农业注意事项和种植技术。内容涵盖五谷莳艺、诸豆种植、麦类耕耘、麻类、桑树、瓜果、蔬菜、竹类等各种栽培技术以及多种观赏植物的培养经验。

《种艺必用》不同于它以前的《齐民要术》和它以后的《农桑辑要》。《齐民要术》和《农桑辑要》都是由政府刊印,为了官吏劝农所用之书。如宋代李焘为《孙氏齐民要术音义解释》所写的序言说:"本朝天禧四年,诏并刻二书(《齐民要术》和《四时纂要》笔者注),以赐劝农使者。"而《种艺必用》则是面向农家,在民间流传的书。它是以农民实践经验和农业生产技术为主的农书。这正是它不同于官刻官用农书的可贵之处。

《种艺必用》与它以前的农书相比增加了以下内容:第一,增加了外国的蔬菜、瓜类,如菠菜、莴苣、丝瓜等,对亚热带水果增加了新的莳艺技术,如荔枝、橄榄等的培育方法。第二,对于竹类的特性,栽移技术增加了新内容。第三,对果树嫁接和培养提供了新技术。第四,对花卉培育记载了新的莳艺技术与花农经验。《种艺必用》与它以后的农书《农桑辑要》相比,亚热带水果的莳艺新技术和花卉培育新经验也为《农桑辑要》所不记载。

《种艺必用》原为一百六十条,《种艺必用补遗》原为六十一条。由胡老整理后,《种艺必用》厘定为一百七十条,《种艺必用补遗》厘定为七十二条。由于《种艺必用》一书大量内容引自《分门琐碎录》,两书的农业技术的内容已在《分门琐碎录》一题中详细论述。

《种艺必用》在农学史上的地位,我们还想转述胡老先生《<种艺必用>在中国农学史上的地位》一文的精要:胡老认为在《种艺必用》被发掘以前,中国农学史研究中都十分推崇明代《种树书》的学术价值,如王毓瑚先生的《中国农学书录》,石声汉先生的论文《试论<便民图纂>中的农业技术知识》和德国的东亚植物学家布累资雪奈德在他的《中国植物学志》(Emil-Bretschneider: Botanicom Sinicum)中,都对《种树书》给以很高的评价。但是,《种艺必用》和《种艺必用补遗》两书发掘出来之后,发现《种树书》的大量内容录自《种艺必用》和《种艺必用补遗》。

胡老将三部书列表统计论述如下:

第一表

两部《必用》的条数	《种树书》袭用条数	两部《必用》独见的条数
《必用》170	71	99

《补遗》72　　　　33　　　　　　　　39

共计242　　　　104　　　　　　　138

第二表

《种树书》的条数　出于两部《必用》的条数　《种树书》独见的条数

卷中76　　　　　43　　　　　　　　33

卷下112　　　　81　　　　　　　　31

共计188　　　　124　　　　　　　64

所以存在这种情况,理由不外两点:第一,《永乐大典》种字韵中所录的《种艺必用》和《种艺必用补遗》,可能还是主要地抄袭了《种艺必用》和《种艺必用遗补》不大完全,由《种艺必用补遗》卷末有残缺的现象可知。第二,《种树书》中、下两卷,除了主要的抄袭《种艺必用》和《种艺必用补遗》以外,还根据了一些别的农书,如卷中第59条查出系见于《山居备用》(见《永乐大典》卷一四五三七引)。卷下第112条系见于张礎《种花法》等。但是总的讲来,《种树书》的主要部分(即中、下两卷)经查出见于现存《种艺必用》及《种艺必用补遗》者达百分之六十五点九。向来把这些经验的结集者归功于《种树书》,现今需要它让位,就很明显了。

《种艺必用》和《种艺必用补遗》的发现,除了对于弄清楚我国农业经验总结的历史,即考论农学发展史有助外,它的内容尚有百分之五十七点一(二百四十二条中的一百三十八条)未为《种树书》所吸收,也就是包含着许多过去我们所未见的农学文献,足供讨论、研究和提炼之用,值得重视。

(三)朱熹等《劝农文》所涉及的农学理论与技术

北宋天禧四年(1020),真宗皇帝下诏书,刻印了唐代韩鄂的《四时纂要》和后魏贾思勰的《齐民要术》两书,"以赐劝农使者"。同时,宋真宗又命朝臣编撰了《授时要录》十二卷,这本月令体官修农书也是颁赐劝农使,督促农民按时播种耕耘,夺取丰收。北宋的地方政府按皇帝的诏书之意,也因地因时编撰一些劝农文,向农民宣示,促进耕稼。但是北宋的劝农文多是走形式的官样文章,转述诏书之意。

南宋的《劝农文》,不仅数量增多,而且增加农学理论和农业技术方面的内容,值得加以记述和分析。南宋流传至今的劝农文,有朱熹的《南康军劝农文》、真德秀的《泉州劝农文》、《福州劝农文》等。有的劝农文还被刻于石碑之上,向农民宣示。如绍兴十年(1149)洋州(今陕西洋县)知州宋莘的《劝农文》就被刻于石上,流传至今。①

朱熹在《劝农文》中,阐述了"窃惟民生之本在食,足食之本在农,此自然之理也"。他的思想是民为国之本,食为民之本,农为食之本。重农就是重国家,重江山社稷。他在《劝农文》中又说:"契勘生民之本,足食为先,是以国家务农重谷,使凡州县守倅皆以劝农为职,每岁二月载酒出郊延见父老,喻以课督子弟,竭力耕田之义。"他又是主张把能否劝农耕田之实效作为州县官考核的标准,一切地方官吏必须全力劝农重谷。

为贯彻上述农学思想,朱熹在《劝农文》中提出了五项农业技术措施,以促进农业丰收,增加农民的收入,保证国家的粮源和财源。

第一是抓紧耕播,不误农时。

朱熹在《劝农文》中说:"今来春季已中,土膏脉起,正是农耕季节,不可迟缓,仰请父老浸种下秧,深耕浅种。""秧苗既长,秆草亦生,须是放干田水仔细辨认,逐一拔出,踏在泥里,以培根;其塍畔斜生茅草之属,亦须节次芟削,取令净尽,免得分耗土力,侵害田苗,将来谷麦必须繁盛坚好。"这就告诉人们,从浸种、播种、育秧、拔草、下肥、田间管理的各个环节,都要十分重视节气,抓紧季节,不误农时地进行农业生产,才能获得较好的收成。

第二是精耕施肥,改造土壤。

朱熹在《劝农文》中又说:"大凡秋冬收成之后,须趁冬月以前,便将户下所有田段一律犁翻、冻冷酥脆,至正月以后更多著数遍,节次犁耙,然后播种,自然田地溶熟,土肉肥厚,种禾易长,盛水难干。"这就是说,秋收以后,节气到了立冬,农户应该抓紧冬耕翻土,让田地日晒夜冻,至立春以后,节次犁耙,不仅使土壤稀松肥厚,而且可以保持水分,使禾苗茁壮成长。

朱熹还很重视合理使用农肥,改造土壤,更新地力。他说:"耕田之后,

---

① 陈显远:《陕西洋县南宋〈劝农文〉碑再考释》,载《农业考古》1990年第2期。

春间须是拣选肥好田段,多用肥壤拌和种子,种出秧苗。其造粪壤必须秋冬无事之时,预先伐取土面草根,晒曝烧灰,旋用大粪拌和入种子在内,然后撒种。"朱熹认为用草木灰、人粪、播种育秧,能使入土的种子利用草木灰的热量和吸收人粪的养分,促进作物生长。

第三是奖励垦荒,兴修水利。

绍熙元年(1190)朱熹知福建漳州,曾奖励开垦。他在《劝农文》中说:"本州管内荒田颇多,盖缘官司有表寄之忧,象兽有踏实之患,是致人户不敢开垦。今来朝廷推行经界,向去产钱官米各有归著,自无表寄之忧。本州又已出榜劝谕人户陷杀象兽,约束官司,不得追取牙凿蹄脚,今更别立赏钱三十贯,如有人户杀得象者,前来请赏,即时支出,庶几去除灾害,民乐耕耘。有欲陈请荒田之人,即仰前来陈状,且待勘会付给,永为已业,仍依条制与免三年租税。"朱熹首先实事求是地分析了造成田园荒芜的原因,并提出清丈田亩,画图造册,以解决"表寄之忧"的不合理的税赋。还提出杀一头象兽赏钱三十贯和愿意开荒造田免税租等措施。

朱熹认为水利是农业的根本,募民修堤,以工代赈。南康军治所星子县濒临大江,旧有堤堰,绍兴以来,不暇维修。朱熹申奏,依照绍兴年间旧例,招募灾民,修筑石堤。他在《劝农文》中说:"陂塘之利,农事之本,尤当协力兴修。如有怠情,不趁时工作之人,仰众列状申县。必行惩罚。如有工力浩瀚去处,私下难以纠集,即仰经县陈官为修筑。如县司不为措置,即仰经军投陈切待。""陂塘水利,农事之本,今仰同用水人,协力兴修,取令多蓄水泉,准备将来灌溉"。从以上所述不仅看出朱熹把陂塘水利看做农业的根本,而且提出兴修水利的具体措施,如:对水利消极怠工,要求上报,给予惩罚;对于工力浩大的工程,筹办经费来源有困难的,应申报官府,组织人力物力,由官方和民方齐力协作,大力兴修水利。朱熹兴修水利的各项措施,对南宋陂塘水利工程的建设起着积极的作用。

第四是保护耕牛,发展桑蚕。

耕牛是南宋时期农业生产重要工具之一。朱熹对耕牛的保护也是极为重视的,在《劝农文》中他对耕牛要"切须照管,及时喂饲不得辄行捕杀,致妨农务。如有违者,脊杖二十,每头追偿五十贯,锢身临纳无轻恕。令仰人户逆相告诫,毋致违犯"。朱熹认为保护耕牛,就是保护生产工具,农户有了生产工具,便可进行农业生产,使农作物有较好的收成。对乱杀耕牛者,罚款五十贯,情节严重者,应予加重惩处。此外,朱熹对发展蚕桑也很重视。朱熹说:"蚕桑之务,亦是本业,而本州从不宜桑木植,盖缘民间种不得法,今仰人户常于冬日多往外路买置桑栽,相地之宜,逐根相去一二丈间,深开窠窟,多用粪壤,试行栽种,待其稍长,即与削去细碎拳曲枝条,数年之后,必见其利。"

第五是农业为主,多种经营。

朱熹不仅重视粮食生产,而且十分注意因地制宜,提倡种植多种作物,发展多种经营。朱熹在《劝农文》中说:"种田固是本业,然粟、豆、麻、麦、菜蔬、茄芋之属,必是可食之物,若能种植,青黄未交,得以接济,不为无补,今仰人户更以余力,广行栽种:"山原陆地,可种粟、麦、麻、豆,必须趁时竭力耕种,务尽地力,庶几青黄未交之际,有以接续饮食,不至饥饿。""更加多种吉贝、麻,亦可供备衣著,免被寒冻。"

朱熹提倡发展蚕桑和棉花、麻,不但增加农民收入,而且促进了手工业和商业的发展。因为蚕丝可织绸,棉麻可织布,手工业和商业必然会发展起来。

除朱熹的《劝农文》比较重视农学理论和农业技术外,高斯得、真德秀、宋莘、黄震的劝农文,也都涉及农业技术问题。如宋莘的《劝农文碑》就提到翻耕秋田,提倡稻麦两熟的耕种技术;为了增加地之肥力,极力提倡粪壤肥田,改造土壤。为了扩大肥源,提倡"村市并建井、厕,男女皆如厕,积粪秽,粪秽以肥其田","凡建屋先问井厕"。

咸淳八年(1272)春,黄震根据抚州耕作中存在的问题,在《劝农文》中,提出了耕耙技术和空耗地力的问题:"田须熟耙,牛牵耙索,人立耙上,一耙便平。今抚州牛牵空耙,耙轻无力,泥土不熟矣。尔农如何不立耙?……浙间秋后,便耕田,春二月,又耕田,名曰耖田。抚州收稻了,田便荒版,去年五月间,方有人耕荒田,尽被荒草抽了地力。"批评抚州没有实行秋冬的耕耙技术,使荒草抽尽地力。之后,又于第二年在《劝农文》中提出:"田须秋耕,土脉虚松,免得闲草抽了地力。今抚州多是荒土,临种地方耕,地力减耗矣,尔农何如不秋耕?"

用《劝农文》推广农业技术,是南宋农学文献的一大特色,应该对南宋的劝农文作进一步的发掘和研究。

第二节　南宋园艺著作研究

我国古代园艺技术源远流长,《夏小正·正月》"囿有见韭"、《四月》"囿有见杏",被视为我国最早的有关园艺的文字记载。在其后漫长的岁月里,随着人类社会的不断发展,园艺技术不断提高,因此逐渐成为人们日常生活中不可或缺的一个部门。到了宋代,园艺业高度发展,一个突出表现就是园艺专书的大量涌现。这些园艺专书集中反映了当时园艺技术所达到的最高水平。由于目前人们物质文化生活水平的提高,园林建设,环境美化已成为当今的热门话题之一。近年来,广州花市、洛阳牡丹花会已为国际所瞩目,园艺学的重要意义逐渐被人们所认识。所以,对园艺著作进行整理研究以服务于社会就有了极其重要的现实意义。而园艺专书在宋代才开始大量出现,宋以前的园艺技术经验都直接或间接地在宋代园艺著作中有所体现,对宋代园艺著作的研究就显得更重要。目前对园艺著作进行总体论述尚属空白,为对宋代园艺学成就有一个比较全面的了解,拟对宋代园艺著作的概况、特点、科学价值、经济史料价值及其在中国园艺学史上的地位问题先作总体论述,这样便于了解宋代园艺著作发生、发展的全过程,掌握规律性的问题。然后再对南宋的园艺著作进行个体研究,更能体现出南宋园艺著作的科技成就。

一、宋代园艺著作概况

(一)园艺著作总量与种类的统计与分析

据作者不完全统计,宋代园艺著作之见于记载或今有存本者大约有六十二种(详见文后《宋代园艺著作一览表》)。其中现存的三十三部,残存的五部,已散佚的二十四部。在宋朝以前,仅唐朝可以说有园艺专书的出现。时至今日,唐朝仅有王方庆《园艺草木蔬》(残)、李德裕《平泉草木记》二部专书传世,而《园艺草木蔬》原本二十一卷,今其残本所记植物尚不足十种。宋代以后,元朝仅存四部(包括张福《种艺必用补遗》),明朝四十余部,清朝最多,有七十余部。在现存历代园艺著作中,宋朝三十三部,居第三位,占现存园艺古籍总量的五分之一还多,可见其数量之大!

据《宋代园艺古籍一览表》统计可知,在宋代园艺古籍中,有关园艺植物总论的十四种,专述牡丹的十四种,菊花八种,芍药四种,海棠二种,兰草三种,梅花二种,玉蕊一种,荔枝五种,柑橘二种,桐二种,竹子二种,笋二种,菌一种。可以看出,有十三种园艺植物在宋代已有了专书记载,这有力地说明这十三种园艺植物的栽培在宋代已取得了很大成就。在宋代以前,园艺植物多载于本草和农书之中,是本草学和农学的附庸。大量园艺植物逐渐从本草学和农学的园圃中游离出来,园艺专书不断涌现。特别是牡丹一种,在宋朝一代就有十四部专书,数量之大,虽后代亦不能与之匹敌。尤其值得提出的是,除竹子之外,其他十二种园艺植物都是在宋代才开始有专书记载的。僧仲休《越中牡丹花品》、刘蒙《菊谱》、刘攽《芍药谱》、陈思《海棠谱》、赵时庚《金漳兰谱》、张镃《梅品》、周必大《玉蕊辨证》、郑熊《广中荔枝谱》、韩彦直《桔录》、陈翥《桐谱》、释赞宁《笋谱》、陈仁玉《菌谱》等成为各该园艺植物谱录的开山祖,在中国园艺史上写下了光辉一页。

(二)促成园艺专书大量出现的因素

宋代园艺专书大量出现有多方面的因素,社会的稳定、经济的繁荣、科学技术的进步,无一不对园艺专书的产生有一定的影响。而促成其大量出现的主要原因,不外乎以下两个方面:

首先它是园艺业发达的必然产物。赵宋统一全国,结束了五代十国割据纷争、战乱频仍的局面。为了巩固自己的政权,赵宋统治者解除了许多握有重兵的大将的兵权而赐之以良田美地。使得宋代的土地兼并现象视前代更烈。宋代统治者以为"富室连我阡陌",是为国守财,客观上助长了当时的大建园林之风,这就为园艺植物的引进栽培提供了可能。宋代皇家御园建设至徽宗时达到顶峰。宣和四年(1122)建成于开封的"艮岳","不以土地之殊,风土之异",移植南方的"枇杷、橙、柚、桔、柑、椰括、荔枝之木","金娥、玉羞、虎耳、风尾、素馨、渠那、茉莉、含笑之草"①,而区分栽种各种园艺植物,颇类近代之植物园。达官僚属莫不效仿,皆"筑园第以相夸尚"。据李格非《洛阳名园记》所载,当时达官僚属最著名的花园有十九处之多。王公将相之圃苑,鳞次栉比。其中如天王院花园子、归仁园、李氏仁丰园等,皆以搜集园圃花木为主,其"园圃花木有至千种者"。李氏仁丰园中有牡丹、芍药百余种,桃、杏、梅、莲、菊数十种,天王院花园子盛况更是空前,所植牡丹数十万株。不仅官宦如此,民间也是以此相尚。在扬州,"种花之家,园舍相望",至陈州则"园户植花如种粟,动以顷计"。开封一带的蔬菜种植十分普遍,"都城左近,皆是园圃,百里之内,并无闲也"。福建地处亚热带,当地人以种植果树为业者不计其数,"兴化军风俗,园池胜处,惟种荔枝。……福州种植最多,延迤原野,洪塘水面,尤其盛处。一家之有,至于万株。城中越山,当州署之北,郁为林麓,暑雨初霁,晚日照耀,绛囊翠叶,鲜明蔽映,数里之间,煜如星火,非名画之可得,而精思之可述,观览之胜,无与为比"②。园艺业发展有此空前盛况,则园艺专书的大量出现更不足为怪了。

另一方面,当时相率著述的风气也是园艺专书大量出现的一个不可忽视的原因。宋代崇尚文治,以"右文"为国策之一,所谓"崇儒尚文,治世急务",使得当时儒者皆著述相尚。由于园艺业的发达,当时人撰谱成风,竟相比尚,以至于二百年间,谱录迭出。其中一种情况是为续补他人著述而作,如景祐元年(1034)欧阳修撰《洛阳牡丹记》一卷,所收花品二十四种,元祐间(1086－1094)张峋续之,成《洛阳花谱》三卷,所记增为一百一十九品;嘉祐四年(1059),蔡襄撰《荔枝谱》一卷,记福州、莆田、泉州、漳州荔枝品种三十二个,其后南宋理宗宝祐、景定间(1253－1264),陈寺丞撰谱续之;熙宁六年(1073),刘攽为官扬州,谱扬州芍药三十一种,熙宁八年(1075),王观遣知江

---

① 王明清:《挥麈后录》卷二"徽宗御制艮岳记",中华书局1961年版,第73页。
② 蔡襄:《荔枝谱》,载《蔡襄书法史料集》,上海书画出版社1983年版,第167页。

都,所见又有出敀谱之外者,乃续为一卷,述芍药三十九种。另一种情况是每每有好事者仿效他人之举,为其所重的植物作谱,如刘蒙以为"牡丹、荔枝、香、笋、茶、竹、砚、墨之类有名数者,前人皆谱录,今菊品之盛至三十余种,可以类聚而记之"①,乃搜罗所见诸菊而成谱;沈立为官四川时,以当地海棠颇负盛名,而记牒多所不录,乃撰《海棠记》一卷;韩彦直任温州知州,以荔枝、牡丹、芍药皆有专谱,而桔则无人问津,乃于任内撰成《桔录》三卷;陈翥亲自植桐西山,以"茶有经,竹有谱"而桐无专书,乃以亲自经验成《桐谱》一卷。这种以著谱相比尚的风气,无疑对宋代园艺专书的大量出现起了催化剂的作用,使得宋代园艺专书的数量超过了以往的任何朝代。

二、宋代园艺著作的特点

（一）具有明显的地方性是宋代园艺著作最突出的特点

宋代园艺著作有很明显的地方性,这首先可以从很多书名冠有地名这一现象来说明。如牡丹类著作共有十四种,其中带地名的就有十个;僧仲休《越中牡丹花品》,记杭州一带牡丹,欧阳修《洛阳牡丹记》、任璹《彭门花谱》、陆游《天彭牡丹谱》所记皆四川成都附近牡丹,张邦基《陈州牡丹记》,记陈州牡丹,无名氏《江都花品》、李英(或作李述)《吴中花品》所述皆江苏扬州一带的牡丹,其他各类著作中尚有十一种书前冠以地名,这就是其地方性的明证。

另外一种情况,有的著作书名前虽未冠以地名,但其实际所记乃为某一地的特产。如蔡襄《荔枝谱》所记为漳州、泉州、莆田、福州各地的荔枝及当地风俗,②沈立《海棠记》则专记蜀中海棠;芍药类的四部专谱,书名前皆未冠以地名,其实所记,均出扬州所产,史正志《菊谱》所录,为江苏姑苏之菊,陈仁玉《菌谱》所载,乃浙江天台山所产,如此说来,这些带有地方性的园艺著作可视为一地的特产志,兼以其中多有风俗记志,所以这些园艺著作可视为当地的地方史志的补充。

① 刘蒙:《菊谱·序》,《四库全书》本,台湾商务印书馆1986年版,第485册第18页。
② 晁公武:《郡斋读书志》以为"记建安荔枝之品第",系误。光绪十年(1884)王先谦校刊本。

这种情况的出现,主要与作者的成书背景有关。有的是作者到某地为官,观赏当地特产并悉心研究而撰成的。这类情形最多,如欧阳修天圣九年(1031)到洛阳为官,经过四年观察,对牡丹的大致情况有所了解,乃撰成《洛阳牡丹记》;韩彦直淳熙四年(1177)仕于温州,以当地盛产柑橘,乃用公务之闲,四处调查访问,撰成《永嘉桔录》;张宗闵为官增城,从闽中引入名品,亲自种植,并搜罗增城所产,成《增城荔枝谱》一卷;陆游为官成都,曾去天彭观赏牡丹盛会,归官邸而成《天彭牡丹谱》。另外还有一种以莳花艺卉而自娱,并记其所植花木而成谱的,如范成大晚岁退居石湖,买地治为范村,艺梅栽菊。并撰成《范村梅谱》、《石湖菊谱》;史正志归老姑苏,治圃栽菊,记其所植菊二十七品为《菊谱》;王贵学嗜兰成癖,搜求五十余品,随性而封植,并成《兰谱》。这种情况下,自然而然地使作者所记植物囿于区限,呈现出明显的地方性。

(二)篇幅简短包罗广博是宋代园艺著作的第二特点

宋代园艺著作六十二种,其中四十八种仅仅涉及一种园艺植物,所以大部分作品的篇幅十分有限,字数很少。据统计,现存宋代园艺著作中五千字以内的达二十五种之多。如下表所示。

五千字以内现存的宋代园艺著作一览表

书名	卷数	字数	作者
洛阳牡丹记	1	2700 余字	欧阳修
洛阳牡丹记	1	3200 余字	周师厚
成都牡丹记	1	400 余字	胡元质
陈州牡丹记	1	230 余字连附录 300 余字	张邦基
菊谱	1	1200 余字	史正志
范村菊谱	1	1800 余字	范成大
芍药谱	1	2000 余字	刘攽
芍药谱	1	1000 余字	孔武仲
芍药谱	1	2500 余字	王观
金漳兰谱	1 或 3	4000 余字	赵时庚
兰谱奥法	1	1000 余字	赵时庚
范村梅谱	1	1800 余字	范成大
玉蕊辨证	1	4200 余字	周必大
荔枝谱	1	2800 余字	蔡襄
永嘉橘录	3	4000 余字	韩彦直

菌谱	1	1000 余字	陈仁玉
牡丹荣辱志	1	1300 余字	丘氏
花经	1	240 余字	张翊
桂海草木志	1	1200 余字	范成大
桂海果志	1	600 余字	范成大
桂海花志	1	600 余字 .	范成大
梅品	1	1500 余字	张镃
天彭牡丹谱	1	2100 余字	陆游
楚辞芳草谱	1	1000 余字	谢翱
王氏兰谱	1	4000 余字	王贵学
茶录	1	1100 余字	蔡襄
宣和北苑贡茶录	1	3200 余字 37 图	熊蕃
东溪试茶录	1	3300 余字	宋子安
大观茶录	1	3200 余字	宋徽宗
北苑茶录	1	4480 余字	丁谓
北苑别录	1	4100 余字	赵汝砺
品茶要录	1	2200 余字	黄儒
本朝茶法	1	1280 余字	沈括
述煮茶小品	1	520 余字	叶清臣
斗茶记	1	400 余字	唐庚

如表中所列,五百字以下的著作有四部,如《陈州牡丹记》二百三十余字,连后附的一则附记(一百四十余字)尚不足四百字,充其量只能算一篇短文,因其所述的事情涉及生物学史上的一个极为重要的问题(后文有论述),历来受到重视,故被抽出收入丛书中,成为宋代园艺著作的一种,虽然篇幅不大,其价值却不在他书之下;五千字以上的作品仅六部,为醒目起见,亦列表如下:

现存五千字以上宋代园艺著作一览表

书名	作者	卷数	大约字数
洛阳花木记	周师厚	1	6000
菊谱	刘蒙	1	5200
百菊集谱	史铸	6 卷首 1 卷补遗 1 卷	42000
海棠谱	陈思	3	10000
桐谱	陈翥	1	16000
笋谱	释赞宁	1 卷或作 2 卷	13000

从上表可看出,字数最多的为史铸《百菊集谱》,顾名思义,是书乃多种

菊谱的汇集,其中除有作者新撰一谱外,并收入了周师厚、刘蒙、史正志、范成大、沈竞、胡融、马楫等7谱,实际上已成为丛书。所以,总的来说,宋代园艺著作的篇幅还是比较短的,这也许是它受不到足够重视的一个原因,似乎不值得进行研究,而实际上有一个好处,便于阅览,可以把几种性质相同或种类相同的著作进行比较研究,这比其他类著作间的比较研究要来得容易些。

在这些篇幅简短的园艺著作中,有的已经有了附图,如张峋《洛阳花谱》、胡融《菊谱》、刘攽《芍药谱》、孔武仲《芍药谱》、蔡襄《荔枝谱》等,这五部著作原本有附图,而且据后人记载,蔡襄的《荔枝图》还十分精美,"笔墨精妙、绢素缜密"①。可惜由于历代辗转传刻,仅文存而图失。

宋代的园艺著作虽然每一部都篇幅有限,但内容却很丰富,涉及面颇广。短短的一部数百字到万余字的作品往往述及某一植物的历史,得名之因、种类、养护之法、收采、制作、药用、辞赋、甚至还有杂考、小说、故事、风土记等。如赞宁《笋谱》。短短一万三千余字,分为五篇,"一之名"述及笋之别名十余种及其得名之因;"二之出"列各地笋之品种九十八个并详列其产地;"三之食"收录笋之加工、收藏、食用等十三种方法;"四之事"集录自《神农本草经》以来与笋有关的典故六十余则;"五之杂记"还记载了有关的阴阳杂说八条。《四库全书总目》评曰:"援据奥博,所引古书多今世所不传,深有资于考证。"②又如沈立《牡丹记》十卷,"凡牡丹之见于传记,与栽植培养剥治之方、古人咏歌、诗赋。下至怪奇小说皆在"③。所以,用"麻雀虽小,五脏俱全"来形容宋代园艺著作,似无不妥。当然这一方面说明了当时园艺专书体例未备,内容稍嫌凌乱,或者说是其不足之处,但另一方面也说明其中的资料是十分丰富的,有待于我们进一步去研究利用。

（三）实践性与科学性相统一是宋代园艺著作的第三个特点

通过对宋代园艺古籍的研读,我们可以发现,书中并不是毫无根据地简

---

① 王绂:《书画传习录》卷四,嘉庆甲戌(1814)层云阁刊本。
② 《四库全书总目》,中华书局1965年版,第993页。
③ 沈立:《牡丹记》卷十,《说郛丛书》,清顺治三年(1646)宛委山堂刊本。

单叙述,有不少论述带有研究性质,有些记载和论述至今证明还是比较准确的,科学性也很强。如蔡襄《荔枝谱》中关于"陈紫"的叙述颇为精彩:"其树晚熟,其实广上而圆下,大可径寸有五分,香气清远,色泽鲜紫,壳薄而平,瓤厚而莹,膜如桃花红,核如丁香母,剥之凝如水精,食之消如绛雪,其味之至不可得而状也。"①这段叙述,不仅文字优美,而且生动形象地描绘出古荔"陈紫"的形状、大小、味道、色泽和果皮、果瓤、果膜、果核的特征,据此今天的科学工作者便可以准确地对它作出种属的判断。又如陈翥《桐谱》中关于白花桐和紫花桐的对比叙述,非常准确。关于白花桐,他说:"文理粗而体性慢,叶圆大而尖长,光滑而毳,稚者三角。""其花先叶而开,白色,心赤内凝红。其实穗,光长而大,可围三、四寸;内为两房,房中有肉,肉上细白而黑点者,即其子也。"据其叙述,即可认定为今之白花泡桐,此种最突出的特点是:果实特大,一般呈椭圆形,果皮厚而坚硬,花内有大紫斑。陈氏所述与此大致吻合。关于紫花桐,文中写道:"文理细而体性紧,叶三角而圆,大于白花花叶;其色青,多毳而不光滑;叶且硬,文微赤;擎叶柄,毳而亦然。""其花亦无叶而开,皆紫色而作穗,有类紫藤花也。其实亦穗,如乳而细微,状如子而粘。"按其所述,可以认定即今之绒毛泡桐。其主要特点是:聚伞花序,梗长;花蕾圆,片深,不脱毛,果皮薄,粘手;枝叶多腺毛,叶背为具有长柄的树状分枝毛,叶面无光泽。这些特点,陈氏文中已一一述及。在对两种泡桐各自进行描述之后,他还进行更深一层的比较:"凡二桐,皮色皆一类,但花叶小异而体性紧慢不同耳。至八月俱复有花,花至叶脱尽后始开,作微黄色。"②按其关于桐树的种及其分类的论述颇为科学。从中可以看出,作者对二桐形态特征的观察和记述,细致入微,并准确抓住了二桐各自的特点进行逐项比较,令人一目了然。据近年科学工作者的调查的最新资料,初步确定泡桐属有九个和两个变种,而其中的两个种即白花桐和紫花桐,早在九百多年前被陈翥分辨的清清楚楚。③

---

① 《荔枝谱》卷一,《说郛丛书》,清顺治三年(1646)宛委山堂刊本。
② 陈翥:《桐谱》,农业出版社1983年版,第11页。
③ 潘法连:《陈翥与桐谱》,载《安徽大学学报》(哲社版)1980年第3期。

　　宋代园艺著作具有很强的科学性并非偶然,它们的作者在成书之前大都对各该植物有一定的直接或间接的研究,有的还亲自进行栽培实践,如《桐谱》作者曾亲自栽植桐树,有丰富的实践经验。其应试不第,乃"退为治生",其"家后山之南,始有地数亩",乃"洗而植之,凡数百株"。在这基础上总结实践而成是书,所以其记述具有很强的科学性就不足为怪了。又如周必大为辨他人以玉蕊误作琼花、山攀花,亲自移植观察,对其栽植经过、玉蕊之形状、特征,开花时月述之尤详。他在《唐昌玉蕊辨证》跋文中说:"其中别抽一英出众须上,散为十余蕊,犹刻玉然,花名玉蕊,乃在于此,群芳所未也有。"以亲自观察得出的结论力辨众人之误。其余成书诸公亦无不究心园艺,如张峋撰《洛阳花谱》,乃"访于老圃";范成大所谱梅、菊,皆其亲手所能植;赵时庚爱兰之心"殆几成癖",对佳种必求而植之。他在《金漳兰谱·序》中说:"尽得其花之容质,无失封植爱养之法",品第其所得诸名品而撰成《金漳兰谱》;史铸为培植"九华菊","遍涉秋园,搜拾所有,悉市种而植之"。他在《百菊集谱·序》中说"俟其花盛开乃备述诸形色而记之,有疑而未辩则问于好事而质之",培育出四十余品,并汇集众人之谱而成《百菊集谱》。其书卷二"越中品类·百菊(古称大菊)"条的一段注文更说明其态度之严谨,不盲目言从他人,其略云:"予以本土所产石菊,参照《尔雅》、《本草》所言,'大菊'之形色固相似矣,然本土所产者,初未审有实无实,为疑,遂问诸老圃,皆云未尝有结实者,至甲辰八月,予于僧舍见紫色一种,就摘花瓣脱尽一残萼,捻破,验其子之有无,其中果有一粒如细麦者存焉。粒中乃有如掐之一痕,易为辨认。次以摘花瓣末脱者一萼,亦捻破验之,其中所存者与前一同。陶隐居又云立秋采,实中子至细。故予今捻破其萼以视实,复捻破其实以视见有何物,果见有虾子者细不可数也。初为老圃所惑,故详记之。"这种不盲从,实事求是的态度颇值得借鉴。实践出真知,正因为园艺著作的作者们直接或间接地参与了园艺实践,把实践中所得的经验加以总结,也就使得宋代园艺著作的科学性大大加强了。

三、宋代园艺著作的科学价值

　　园艺学属于自然科学的一门学科,所以园艺著作的价值主要体现在其科学价值上。由于宋代园艺著作属草创阶段,涉及多方面的内容,因此其科学价值不仅仅体现在其园艺学所取得的成就上,而且体现在生物学、本草和加工制造技术等方面。兹从这几个方面阐述之。

(一)它记录了当时我国园艺技术所达到的最高水平

1. 优良品种的大量出现

两宋时期,伴着园艺业的昌盛,各种园艺植物的优良品种不断被发现,并被记入园艺古籍中,特别是几种栽培较为成功的园艺植物如牡丹、菊花、芍药、荔枝、柑橘、梅、桐等,更是良种迭出:如牡丹在我国隋代就引进技术栽培了,当时所知良种仅十八个①。唐代视隋代为盛,但对品种的记载则语焉不详。到了宋代,由于园户的精心培育,良种大量出现。景祐元年(1034),欧阳修写成《洛阳牡丹记》时,所记牡丹名品仅二十四种(其当时见钱思公花圃有牡丹名品达九十余种②),元丰五年(1082),周师厚撰《洛阳花木记》时所记达一百〇九种。元祐间(1086—1093)张峋为续补欧阳修《洛阳牡丹记》又成《洛阳花谱》,书中所记已达一百一十九品。数十年间,仅洛阳一地之牡丹名品便成倍出现。菊花专书流传至今者最多,元丰五年(1082),周师厚《洛阳花木记》述洛阳之菊二十六个名品,崇宁三年(1104),刘蒙《菊谱》记菊品三十五个,嘉定六年(1213),沈竞成《菊名篇》,所录诸州御苑之菊已有九十余品,淳祐三年(1242),建阳马楫《晚香堂菊谱》撰成,内记其所得菊花品种一百多个。史铸于淳祐六年(1246),成《百菊集谱》时,所收已一百三十余品了。果树栽培在宋代也特别普遍,蔡襄对福建荔枝盛况的描述已见前文,此不赘述。嘉祐四年(1059),蔡襄撰《荔枝谱》,记载当时福、泉、漳、莆四地名荔三十二品,而在唐朝白居易作《荔枝图序》所盛誉乃是当时不入品的"莆桃荔枝"。张宗闵熙宁九年(1076)承乏增城,任内倡植荔,其《增城荔枝

---

① 刘斧:《青琐高议·海山记》:(炀帝)"诏天下境内所有鸟兽草木,驿至京师。易州进二十相牡丹、赭红、赭木、鞓红……十八品。"《说郛丛书》卷二六,清顺治三年(1646)宛委山堂刊本。

② 欧阳修:《洛阳牡丹记·花品序》:"余居府中时;尝谒钱思公于双桂楼下……思公指之曰:'欲作花品,此是牡丹名,凡九十余种。'"《四库全书》本,台湾商务印书馆1986年版,第845册第9页。

谱》所记,已达百种之多。柑橘一类,唐陈藏器《本草拾遗》中仅记了五种柑橘,而南宋韩彦直在淳熙五年(1178)撰成的《桔录》中,仅记温州一地的柑橘品类即达二十七种之多,其中桔类十四种,柑类八种,橙类五种。释赞宁《笋谱》更是空前之作,其中记录了当时已知的竹笋名品达九十八个。良种名品出现无疑是宋代园艺业发达的一个明证,也从侧面反映了当时园艺工作者巧夺天工的非凡技艺。

2. 栽培技术的经验总结

宋代以前,园艺植物的栽培方法只有少数农书如《氾胜之书》、《齐民要术》、《四时纂要》等书有论及,但皆摒弃花卉。宋代园艺技术较前代有较大的提高,其栽培养护各得其法,不少园艺著作中已有专篇论述某一植物的栽培方法,是值得珍视的园艺学史科。如周师厚《洛阳花木记》用很大篇幅介绍了"栽花法"、"种祖子法"、"打剥花法"和"分芍药法";韩彦直《桔录》卷下所述多为栽植诸法;陈翥《桐谱》中特辟有"种植"、"所宜"二节;王贵学《兰谱》中列有灌溉之候,分拆之法、泥沙之宜、爱养之地四目;若赵时庚《金漳兰谱》也有"天下爱养"、"紧性封植"、"灌溉得宜"等项,并有《兰谱泥法》一卷,包括"分种法"、"栽培法"、"安顿浇灌法"、"浇水法"、"种花"、"肥法"、"去除虮虱法"六篇及"杂法"七则,为当时的植兰法典;吴怿《种艺必用》汇集当时的莳艺方法,兼载古人经验之谈,是集大成之作。这些都是作者来自实践或通过调查得来的宝贵经验的真实记录,大部分至今有指导意义。

宋代园艺学的成就在花卉栽培上尤为突出。洛阳当时可以称为花都,当时人对花卉的整枝养护已总结出一套经验,据欧阳修《洛阳牡丹记·风俗记》载:牡丹"一本发数朵者,择其小者去之。止留一二朵,谓之打剥,恐其分脉也。花才落便剪其枝,勿令结子,惧其易老也。春初既去蒿庵,便以棘数枝植花丛上,棘气暖,可以避霜,不损花芽,他大树亦然,此养花之法也。"周师厚少时即究心于洛阳花卉,后为官洛阳,又遍访名圃,对花卉栽培之法尤悉于心。其《洛阳花木记》中载有"栽花法"一篇,略云:"凡欲栽花须于四、五月间先治地,如地稍肥美,即翻起深二尺,以耒去石瓦砾皮,频锄削,勿令生草,至秋社后、九月以前栽之。若地多瓦砾,或带碱卤,则锄深三尺以上,去尽旧土,另取新好黄土换填,切不可用粪,粪即生蟛蛴,而蠹花根矣,根蠹则花头不大,而不成千叶也。"把农学中因地制宜的科学思想用之于花卉栽培,说明当时对土宜已有了一定的认识。对栽花的技巧其述之更详:"凡栽花不欲深,深则根不行而花发不旺也。但以疮口齐土面为准,此深浅之度也。掘土坑须量花根长短为浅深之准,坑欲阔平,而土欲肥而细然。于土坑中心拍成小土墩子,其墩子欲上锐而下阔,将花于土墩上坐定,然后整理花根,令四向横垂,勿令屈折为妙。然后用一生黄土覆之,以疮口齐土面为准。"这一段精彩叙述,把栽花要领、注意事项阐述得明了无疑,今人栽花,也不过按其法行事而已。蜀中牡丹虽多源于洛阳,但其栽种则有自己的一套方法。"花户多种花子,以观其变"①。利用种祖子的方法,培育优良新品种。赵时庚《金漳兰谱》对养兰的一段议论更是精到,而且上升到一定高度,认识到地理环境因素对植物生长好坏有着不可忽视的作用,其"天地爱养篇"云:"是以圣人则顺天地以养万物,必欲使万物得遂其本性而后已。"并对养兰之法进行细致分析,以为"为台太高则捱阳,太低则隐风;前面宜南,后面宜北,盖欲通南薰而障北吹也;地不必旷,旷则有日,亦不必狭,狭则蔽气;右宜近林,左宜近野,欲引东日而避夕阳;夏遇炎热则阴之,冬逢沍寒则曝之;下沙欲疏,疏则连雨不能淫,上沙欲濡,濡则酷日不能燥",以为养以遂其本性,顺其自然。然后再加以人力养护,方能取得良好效果。

对林木果树的栽培经验,宋代园艺著作中亦有总结,如陈翥《桐谱·种植第三》详细总结了播种、压条、留根等三种有关桐树苗木的培育方法,并较其优劣,其中所述播种和留根的方法,至今还是桐树苗木培育的主要方法。吴怿《种艺必用》也总结了当时人的植树经验:"凡栽树记南北枝,坑中着水作泥。即下树栽,摇令泥入根中,即四面下土坚筑。上留三寸浮上,埋令深。浇令常润,勿令手近及六畜抵突。"所述与周师厚"栽花法"有异曲同工之妙,又如韩彦直《桔录》"培植"篇有载:"当桔苗长到三、四寸高时,应剪其最下命根。以瓦片抵之,杂以肥泥,实筑之。否则枝叶不茂,结果不多。"这是果树

---

① 沈立:《牡丹记》,《续说郛丛书》,清顺治三年(1646)宛委山堂刊本。

"除主根"的栽培方法,这样可以使橘树侧根发展,多吸收养分,有增大果实和提高产量之效。吴怿《种艺必用》中亦有类似记载,其云:"凡花木必有根一条谓之命根,趁小栽时便盘了,或以砖瓦承之,勿命生下。"也是说的这个意思。

吴怿《种艺必用》中有不少关于蔬菜栽培的技术经验,其中有的来自《齐民要术》、《四时纂要》,但也有不少当时人的蔬菜莳艺经验。如关于茄子培育,以为"种茄子时,初见根处劈开,掐硫黄一皂大,以泥培之,结子大如盏,味甘而益人";又如对种韭的经验加以总结,以为"韭不如栽作行,令通锄,割一遍以爬(耙)楼之,令根不相接为准,如此当叶阔如薤"。特别是其中对当时种外来蔬菜和瓜类的记载,如菠薐、丝瓜、莴苣等的种艺方法,值得重视。书中所记"种瓜以社日为上",与今之农村种菜时月相差无几,李时珍《本草纲目》卷二十八以为丝瓜,唐宋以前无闻,今南北皆有之,以为常蔬。殊不知在宋代人们已经进行栽培了。

3. 植物病虫害综合防治的新突破

两宋时人们经过不断摸索,已经掌握了多种园艺植物病虫害的预防和除治方法,这在宋代园艺著作中不乏记载。具体说来,可以分为以下几种类型:

(1)利用植物性药物治虫的经验,见于当时园艺著作记载的前代所无的植物药物治虫方法主要有白敛避虫法、大蒜治虫法、芫花除虫法和甜茶杀虫法四种。欧阳修《洛阳牡丹记》总结了白敛避虫之法:"种花必择善地,尽去旧土,以细土用白敛末一斤和之。盖牡丹根甜,多引虫食,白敛能杀虫。"不仅阐述了防虫之法,对其原因也有精到见解。赵时庚对养兰之法颇有研究,他首次总结出大蒜除虫的经验,载之于《兰谱奥法》:"肥水浇花,必有虮虱在叶底,恐坏叶则损花。如生此物,研大蒜和水,以白笔蘸水拂去叶上尘土,除虮虱。"(芫花和甜茶除虫之技术详见本章第三节第二题"防虫治虫技术")

(2)利用矿物性药物治虫的经验:两宋时期人们已经知道利用矿物进行病虫害防治。欧阳修《洛阳牡丹记》中总结了用硫磺防治花卉虫害的经验:"花开渐小于旧者,盖虫蠹损之,必寻其穴,以硫磺著之。其旁又有小穴如针孔,乃虫所藏处,花工谓之气窗,以大针点硫磺末针之,虫乃死,花复盛。"这是我国古代把矿物性药物用于植物病虫防治的新发现。

(3)有关病虫防治的其他方法:周师厚《洛阳花木记》以为治虫当以预防为主,要避免植物根部生虫,应深耕细耘,以好土代粪,"若地多瓦砾或带碱卤,则锄深三尺,别取新好黄土换填,切不可用粪,粪即生蟛蛴而蠹花根矣"。另外,吴怿《种艺必用》还记载了其他三种防虫的方法:"月桂花叶常苦虫食,以鱼腥水浇之乃止。""瑞香花恶湿畏日,不得频沃水,宜用小便,可杀蚯蚓","洗布衣汁浇瑞香,能去蚯蚓,又肥花,盖瑞香根甜,得灰水则蚯蚓不食,而衣服垢腻又自肥也"。从其记载可看出,这些都是得自种花者的宝贵经验,或是意外发现,或是试之有验,方被载入书中的。

(二)宋代园艺著作中保存有古代生物学技术的珍贵史料

1. 无性杂交的嫁接技术普遍用于花卉栽培

无性杂交的嫁接技术首创于我国,汉代《氾胜之书》中已有提及,其后历代不断继承和发展,但主要用于蔬菜和果树林木上。到了宋代,嫁接技术已受到全社会的重视。不仅用于果林蔬菜,而且施之花卉。当时人以为"凡花其不接则不佳"。[1] 与之相呼应,宋代园艺著作中关于嫁接花卉植物的记载比比皆是,洛阳牡丹天下独步,与其嫁接技术的普遍利用有很大关系。欧阳修《洛阳牡丹记》记述当时的情况是:"春初时,洛人于寿安山中斫小栽子卖城中,谓之出山麓子(用以做砧木的野生枝条)。人家治地为畦,膝种之,至秋乃接。接花尤工者一人,谓之门园子,豪家无不邀之。"此门园子即其后文所述"善接花以为业之门氏子"。陆游也有类似记载:"至崇宁中,州民宋氏、张氏、蔡氏,宣和中石子滩杨氏皆尝买洛中新花以归,自是洛花散入人间,花户始盛,皆以接花为业。"[2]可见嫁接花卉在当时已成为一个专门行业。在《种艺必用》中,对牡丹"根接法"的一则记述值得重视:"牡丹于芍药根上接易发,无失一、二年牡丹自生本根,则旋割去芍药根,成真牡丹矣。"说明宋代已知用芍药花根为砧木嫁接牡丹,比用野生牡丹根枝做砧木进行嫁接更进

① 《洛阳牡丹记·风俗记》,《四库全书》本,台湾商务印书馆1986年版,第845册第6页。
② 陆游:《渭南文集》卷四二,《天彭牡丹谱》,《四部丛刊》本,1936年缩印本。

一步,今人或有将这项成就归之明清。① 恐其未注意这条记载。

嫁接技术在宋代花卉培育上的普遍运用,我们也可以从著作中的专门论述来说明。欧阳修《洛阳牡丹记》对"接花之法"有专段论述;至周师厚《洛阳花木记》则总结出"四时变接法",即"四时栽接月令",实为一篇栽接花果的指导专文,其中不仅以"月令"体裁列举逐月应栽接的花果树木,而且每一砧木后皆附列对应的接穗,其"四时变接法"之后,有"接花法"一篇,专论花卉的嫁接技术,有很高的科学价值。其中详细论列了接花时月,注意事项及诸般操作技术,以为"接花必于秋社后,九月前,余皆非时也"。指出砧木二、三年前种者最佳,接穗则以"木枝肥嫩,花芽盛大平面圆实者为佳,虚尖者无花",颇有讲究,至今仍被沿用。并且当时还出现了诸如《四时栽接花果图》、《接花图》、《四时栽接记》等专门谈论嫁接技术的专著,可惜都已失传。苏轼为沈立《牡丹记》作序时指出:"盖此花见重于世三百余年,穷妖极丽,以擅天下之美,而近尤复变态百出,务为新奇以追逐时好者,不可胜纪。"这不能不说得助于我国古代巧夺天工的嫁接技术。

2. 对植物遗传性和变异性的认识

我国古代劳动人民很早就从"种瓜得瓜,种豆得豆"这种普遍的遗传现象中,认识到各种植物都存在着遗传性。王观《芍药谱·序》有云:"天地之物悉受天之气,其大小、短长、辛酸、甘苦、与夫颜色之异,计非人力之可容致功于其间也。"不仅如此,对其变异性也有了一定程度的认识。特别是到了宋代,对植物变异的原因有了初步的认识,刘攽《芍药谱·序》以为:"洛阳牡丹由人力接种,故岁岁变更日新,而芍药自以种传,独得于天然,非剪剔培壅灌溉以时,亦不能全盛。"王观也认为"今洛阳牡丹,维扬之芍药,受天地之气以生,而大小深浅,一随人力工拙而移其天地所生之性,故异容异色间出于人间"。② 说明他们均已认识到嫁接可以导致变异的产生,已经认识到了人

---

① 郭文韬等的《中国农业科技发展史略》:"明·王世懋《学圃杂疏》和清·薛风翔的《牡丹八书》都谈到牡丹的根接法,其中有用芍药根为砧木的,比宋人的野牡丹根为砧木更进了一步。"(中国科学技术出版社 1988 年版,第 224 页)

② 王观:《芍药谱·序》,载《全芳备祖·前集》卷三"芍药",农业出版社 1982 年版,第 175 页。

力的重要性。恰如韩彦直《桔录·种植篇》所说:"工之良者,挥斥之间,气质随变。……人力之参与造化者每如此。"赵时庚《金漳兰谱》又从反面谈到这个问题:"花有多寡,叶有强弱,此固其因所赋而然也。苟惟人力不到,则多者从而寡之,强者又从而弱之。"说明如果人力不勤、栽培不利、养护不周,还会使好花变差。王观《芍药谱》又云:"花颜色之深浅与叶蕊之繁盛,皆出培壅剥削之力。"周师厚《洛阳牡丹记》"甘草黄"一品下载:"其花初出时多单叶,今名园培壅之盛变千叶。"说明他们当时已认识到土壤条件的改变同样可以导致变异的产生。

应该特别指出的是,当时已知道变异是形成新生物类型的重要途径。周师厚《洛阳牡丹记》"魏花"一品下云:"魏花,千叶肉红花也。……近年又有胜魏、都胜二品出焉。胜魏似魏花而红;都胜似魏花而差大叶,微带紫红色,其中皆魏花之所变欤? 岂寓于红花本者,其子变而为胜魏;寓于紫花本者,其子变而为都胜欤?"他推断"胜魏"、"都胜"皆"魏花"之后裔,以为"胜魏"源于"魏花"中的红花品系,"都胜"则是"魏花"中紫花品系所演出。这是一种近乎科学的推断,值得重视。陆游《天彭牡丹谱》中曾记载,当时蜀中花户"多种花子,以观其变"。说明当时莳花者认识到许多变异不能传给后代,而用种子繁殖得到变异却比较容易。刘蒙在其《菊谱·补意》中也写道:"又尝闻于莳花者云:花之形色变易如牡丹之类,岁取其变者以为新,今此菊亦疑所变也。"真实地反映了种花人的宝贵经验,如牡丹之类,其花形色变态百出,只要年年选取变异植株,保存其变异性,就可以形成新的生物类型。这种以变异为目的,可以实现由少数类型转到多数类型的思想,不仅可以直接指导种艺实践,而且也反映出我国古代已出现生物进化观念的萌芽。"岁取其变者以为新",虽然只有八个字,却是达尔文以前卓越的以人工选择为基础的进化观,在世界科学史上具有重要意义。

3. 关于芽变选择的宝贵记载

人工选择可以用来培育新品种,在我国汉朝就有了穗选法的实践,选取良种进行播种,以提高单位面积产量。在宋代的园艺著作中,已出现了芽变现象和芽变选择的记载,颇值得我们注意。张邦基《陈州牡丹记》这篇二百三十余字的作品就是对当时一次芽变现象很完整的记述。其略云："政和壬辰春,予侍亲在郡,时园户牛氏家忽开一枝,色如鹅雏而淡。其面一尺三、四寸,高尺许。柔葩重叠,约千百叶。其本'姚黄'也,而于葩英之端,有金粉一晕缕之,其心紫,蕊亦金粉缕之。牛氏乃以'缕金黄'名之。"说明当时人们对此已有了一定注意,欧阳修《洛阳牡丹记·花品叙》"潜溪绯"条亦载:"本是紫花,忽于丛中时出绯者一、二朵,明年花移他枝,洛人谓之转枝花,其花绯色。"所记亦为芽变现象,紫花由于芽变选择而成绯色,繁殖固定而成为新品种。周师厚《洛阳牡丹记》"御袍黄"、"洗妆红"二品记载,也与上述现象类同:"御袍黄千叶黄花也……类女真黄。元丰时应天院神御花圃中植山篦数百,忽于其中变此一种";"洗妆红千叶肉红花也,元丰中忽生于银李圃山篦中",虽然记述比较简单,却是芽变选择在育种上的具体运用,因为芽变是植物体细胞的突变,它是进化的原因,也是进化的结果,可以遗传,而这些"山篦"则是用以做砧木的。利用芽变植物进行嫁接可以获得优良品种。这些记载,无疑反映了当时人们朴素的生物进化观。

(三)宋代园艺著作丰富了传统本草学的内容

传统本草学著作中,往往对园艺植物的生物学特征稍加叙述。宋代以前的有关园艺植物的记载也多见于本草著作中。宋代园艺著作的大量出现,使园艺一门逐渐脱离了传统本草学而独立存在,但某些园艺植物或其中的部分却是不可多得的中草药,如柑橘、荔枝、菊、桐等都有一定的药用价值。这样在园艺著作中不可避免地会带有本草学的成分,对传统本草学有一定的贡献。

1.对本草著作的论证

宋代园艺著作中所涉及的本草内容,有一部分是源自以前的本草著述,如陈翥《桐谱·叙源》所言:"其叶味苦寒、无毒,主恶蚀疮著阴;皮主五痔,杀三虫,疗贲豚气病;其花饲猪肥大三倍。"这些叙述皆见于《神农本草经》。其间亦有以耳闻目睹之事实来论证本草著作的,史铸《百菊集谱·补遗·辨疑》记载:"《本草》及《千金方》皆言菊花有子,愚初以此为疑,今观魏钟会《菊花赋》,其中'芳实离离'之言,必可取信;续又见近时马伯升《菊谱》有该

'金箭头菊'，其花长而末锐，枝叶可茹，最愈头风。世谓之'风药菊'，无苗，冬收实而春种之。据此二说，则知菊之为花，果有结子明矣。"以其所闻证明《本草》所言无误。使后人用药不致产生疑虑。

2. 对本草著作进行证误

宋代园艺著作中有关本草方面的记述并不都是一味因袭的，有的书中对以往本草书中所述不合实际的情况予以辨证。赞宁山居，于诸笋形色、性状尤为究心，时有心得。其《笋谱·三之食》，即对前人本草著作的旧说予以辩驳："李绩《本草》云竹笋味甘无毒。主消渴、利水道、益气、可久食。又陈藏器云诸笋皆发冷血及气。不如苦笋不发病。今详诸笋皆冷，久食亦发风，苦笋冷毒尤甚。陈说非也。以亲验为证。"他用自己的亲身体验证明古人旧说有误；又如范成大《菊谱·后序》云："陶隐居谓菊有二种，一种茎紫，气香味甘，味嫩可食，花微小者为真菊，青茎细叶，作蒿艾气，味苦，花大，名苦薏，非真也。今吴下惟甘菊一种可食，花细碎，品不甚高，余味皆苦，白花尤甚，花亦大。陶隐居论药既不以此为真，后复云白菊治风眩，陈藏器之说亦然。《灵宝方》及《抱朴子·丹法》又悉用白菊，盖与前说相抵牾。今详此惟甘菊一种可食，亦入药饵。"①以亲眼所见，辨古人之旧说牴牾有误，有一定的药学价值，使后人用药，不致盲从。

3. 对本草著作的补充

值得珍视的是，宋代园艺著作有些关于本草方面的记载不见于以前的本草著作，可视为关于本草书的补充。如菌类入药，未见宋以前本草著作述及。而陈仁玉《菌谱》"松蕈"条则记载了松蕈疗"溲浊不禁"的功效："人有病溲浊不禁者，偶掇松下菌食之，病良已，此其效也。"再如菌类中毒之解法，唐慎微《证类本草》卷二载："掘地作坑，以水沃中，搅令浊，俄顷饮之。"这种说法今已否定，未见使用。而陈仁玉《菌谱》所述解毒之法，则一直被人沿用。其"鹅膏蕈与杜蕈相乱，杜蕈者生土中，俗言毒蛩所成，食之杀人……凡

---

① 甘菊，《范村菊谱》"甘菊"条云："一名家菊，人家种以供蔬。凡菊叶皆深绿而味极苦或有毛，惟此叶淡绿柔莹，中南海同甘。咀嚼香，味俱胜，撷以作羹及泛茶极有风致。"《四库全书》本，台湾商务印书馆1986年版，第485册第28页。

中其毒者必笑,解之宜以苦茗杂矾,勺新水并咽之,无不立愈。"其中说到中毒症状及解毒方法,真可用来补本草著作之不足。另外韩彦直《桔录》卷下"人药"篇还谈到当时造假药的一则趣事,可备后世之戒。其云:"近时难得枳实,人多植枸桔于篱落间,收其实剖干之,以之和药,味与商州之枳几逼真矣。枸桔又未易多得,取朱栾(指书中所述桔之一种)之小者半破之,曝以为枳,异方医者不能辨,用以治疾,亦愈。"用假药治病,亦能收到功效,真可谓歪打正着。他又说:"药贵愈疾而已,孰辨其为真伪耶?"以为用药当以治好病为准,无所谓真假,则其仅重药效而已。

(四)宋代园艺著作中包含有丰富的加工制作技术史料

园艺植物中有果木树、蔬菜和经济林木,对这些植物的记述不免会带有加工制作内容。宋代园艺著作中所涉及的果树有柑橘和荔枝,经济林木有桐树、竹子,菜蔬类有笋、菌等。这些植物及果实的加工制作技术在宋代园艺著作中都有不同程度的涉及。如陈翥《桐谱》一书中:"器用篇"专谈桐木的特性及量材施用和加工制作等方面的问题,为乐器制作和木器加工技术方面的宝贵资料。他对量材施用有自己的一套见解,认为"凡白花桐之材以为器,燥湿破而用之则不裂。今多以为甄、杓之类,其性理慢之然也。紫花桐之材,文理如梓而性紧,而不可以为甄,以其易坼故也。使尤良焉。余桐之材,但有名耳,不入栋梁、棺椁、器具之用矣"。其中关于如何合理利用桐木的问题,很有见地。作者以为桐材加工的难易,与桐树和种类及其木材质地不同有关,这是很正确的认识。蔡襄《荔枝谱》载有"蜜煎之法",其先人们"剥生荔枝,笮去其浆,然后蜜煮之"。这种方法浪费荔枝颇多。他到福州后,"用晒及半干者为煎,色黄白而味美可爱,其费荔枝减常岁十之六、七"。今日食品行业制蜜饯之风特盛,古人的技术是可供参考的。

另外释赞宁《笋谱·三之食》中载有作脯、制笋干、取麻、制醢等十三种有关笋类的加工制作方法;蔡襄《荔枝谱》中还记载了荔枝的红盐、白晒之法;陈仁玉《菌谱》述及菌的加工技术及食用方法;韩彦直《桔录》"制造"一节更载有蜜桔、药桔、熏桔诸法。这些都是我国古代宝贵的技术史资料。

四、宋代园艺著作的经济价值

（一）花户和花市的大量记载说明花卉在宋代大量投放商品市场

花卉在宋代已成为人们日常生活中不可缺少的东西，养花、赏花、插花、戴花是当时的风尚。当时已经出现专门从事养花、接花的所谓"花户"、"园户"，而且大量见于园艺著作的记载。如欧阳修《洛阳牡丹记》中所提到的姚氏、魏氏、牛氏、门氏、左氏；周师厚《洛阳牡丹记》中所提到的靳氏、闵氏、李氏、袁氏；陆游《天彭牡丹谱》中所提到的宋氏、张氏、蔡氏、杨氏、王氏等。他们所培育和发现的新品种多以自己的姓氏名之，如姚黄出于姚氏，魏紫出于魏氏，左紫出于左氏，李师阁出于李氏园圃等。当时好花的风气使得养花、接花成为颇受人青睐的一个行当。在蜀中"大家好事者皆竭其力以养花"①，至陈州则"园户植花，如种黍粟，动以顷计"②。扬州芍药甲天下，当地"种花之家，园舍相望"③，"朱氏之园最为冠绝，南北二圃所种，几于五、六万株"④。每每有新品种出现时，花户便以牟取暴利，或有因之而大发横财者。据张邦基《陈州牡丹记》载，陈州园户牛氏家一本"姚黄"芽变为"缕金黄"，轰动一时，牛氏乃"以蘧篨作棚屋围幛，复张青弈护之于门首，遣人约止游人。人输千金，乃得入观。十日间其家获数百千"。欧阳修《洛阳牡丹记》也载，魏花初出时，欲观者必"税十数钱乃得登舟渡池至花所，魏氏日收十数缗"。魏氏日收入超万钱，成为当时有名的暴发户。在四川，这种情况表现得更为突出，花户"多植以谋利"，"双头红"为当时一种绝品，"并蒂骈萼"，色彩彤红夺目，本出于花户宋氏园圃中，"初出时，一本花最值至三十千"；"祥云""初出时亦值七、八千"⑤。成都"小东门外有张百花、李百花之号，皆培子分根，

① 《渭南文集》卷四二《天彭牡丹谱》。
② 张邦基：《陈州牡丹记》，载《广群芳谱》卷三二，上海书店1985年版，第778页。
③ 孔武仲：《芍药谱·序》，载《全芳备祖·前集》卷三"芍药"，农业出版社1982年版，第178页。
④ 王观：《芍药谱·序》，载《全芳备祖·前集》卷三"芍药"，农业出版社1982年版，第178页。
⑤ 《渭南文集》卷四二《天彭牡丹谱》。

种以求利,每一本或获数万钱"①。名花异卉一时成为紧俏商品。这就使得
人们追奇逐异,不断培育新品种,客观上又刺激了园艺业的发展。当时有以
接花为业者,在洛阳,花户门氏之子即以接花为业;南宋时,四川花户"皆以
接花为业"②。接花的种类不同,价格也各异,欧阳修《洛阳牡丹记》载,当时
"姚黄一接头直钱五千……魏花初出时亦直钱五千,今尚直一千"。接花双
方要履行一定的手续,洛阳城中有专门种山篦子为接花用的,至秋天接花时
节,要接花者便将接穗买去,让花户为之接花,等来年春天,花开才凭证券偿
值。即使富户肯出大价钱,花户还是很保守的,并不愿轻易让他人接成名
花。当时洛阳人以姚黄为牡丹花王。"甚惜此花,不欲传其术,权贵求其接
头者,或以汤中雕杀与之。"在当时的条件下,出现这种现象就不足为怪了。

　　当时人们对花卉有一种特殊心理,每一异品突出,众人争相购买。插
花、戴花成为时尚。伴着商品经济的发展和城市日趋繁荣,专门经营花卉买
卖的场所——"花市",便应运而生了。王观在《芍药谱·序》中写道:"扬之
人与西洛不异,无贵贱皆戴花,故开明桥之间,方春之月,拂旦有花市焉。"
"花市"在扬州出现,说明花卉已大量投放商品市场。这是当时商品经济高
度发展的一个绝好证明。王观在熙宁八年(1075)冬,遣知江苏江都县,其成
谱时间大约在熙宁九年(1076)或稍后。宋末元初吴自牧《梦粱录》也提到南
宋都城临安有花市,而且更加红火繁荣。目前的经济史研究中,似未见对宋
代花市有专题论著,这是我国古代经济史研究中值得重视的一个问题。

　　(二)对修贡制度的记述

　　苞贡制度是经济研究中的一个重要课题,但至今尚未引起足够的重视。
宋代的苞贡制度史书中或语焉不详。而宋代园艺著作中或多或少记录有当
时苞贡制度的一些情况,可作为我们研究时的参考。陈仁术《菌谱》"合蕈"
条言及台州一带的苞贡情况:"旧传昔尝上进,标以台蕈,上遥见误读,因承
误云。数十年来,既充苞贡,山獠得善价,率曝干以售。"从这里我们可以知
道,合蕈是当时台州一带的土产贡品,所贡有数十年历史,充贡之品多属美

①　胡元质:《牡丹记》,载《广群芳谱》卷三二"花谱"十一,上海书店1985年版,第777页。
②　《渭南文集》卷四二。

味,故时人往往多备以高价出售。韩彦直《桔录》卷上"金柑"条也有类似记载:"都人初不甚贵,其后因温成皇后好食之,由是价重京师。"说明温州一带"金柑"是用以充贡的。

唐朝杨贵妃嗜荔,贡品多取自南海(或取自四川),至宋则多贡自福建。蔡襄《荔枝谱》有载:"福州旧贡红盐、蜜煎二种,庆历初,太官问岁进之状,知州事沈邈以道远不可致,减红盐之数而增白晒者,兼令漳、泉二州均贡焉。"文中并记载蔡氏仕福州时,对蜜煎之法予以改进,减少了荔枝的浪费,但后来蜜煎之法一度中断,因修贡者皆取之于民,后之主吏皆"利其多取以责赂",刁难百姓,如当时牛心荔树枝"福州惟有一株,每岁贡干荔枝皆调于民,主吏常以牛心为准,民倍值购之以输"。从中我们可以在一定程度上了解当时官场腐败现象的严重和广大劳动人民所受横征暴敛之苦。

当时的贡品还有花卉一项,据欧阳修《洛阳牡丹记》载:"洛阳至京六驿旧不进花,自今徐州李相迪为留守时进御,岁差役一员乘驿马一日一夜至京师,所进不过姚黄、魏紫花三数朵。当时还把隋代发明的"蜡封果蒂"以保鲜存香的技术运用到贡花上,以蜡封花蒂可使花"数日不落"。其后钱惟演为洛阳留守,亦仿此而置驿贡花,所以苏东坡《荔枝叹》中有"洛阳相君忠孝家,可怜亦进姚黄花"之戏语。花费一人数马一日一夜而贡去鲜花三数朵,可以想见当时统治者之荒淫奢靡。但应指出的是,贡花一事本由地方官谄媚上司而产生,彭州进花即是一例,当时宋祁帅蜀,彭州守朱绅取杨氏园中花千品献宋祁。祁在蜀四年,每花开时节便去索要,于是彭州贡花便成为惯例。①《陈州牡丹记》也载园户牛氏圃中突出奇品"缕金黄","郡守闻之,欲剪以进内府",众园户都说"此花之变易者,不可为常"。郡守方才作罢。

(三)弥足珍贵的海外贸易史料

宋代由于北方战事频仍,唐、五氏以来的西方陆路贸易受阻,这样一来,海外贸易便相对活跃起来。而对外贸易的商品种类中,关于果品一项的记载,在宋代园艺著作中的史料极为珍贵。福建为荔枝重要产区,福州种植最

---

① 胡元质:《牡丹记》,载《广群芳谱》卷三二"花谱"十一,上海书店 1985 年版,第 777 页。

多,"一家之有,至于万株"。在莆田,人们尤重"陈紫",致使其身价倍增。"陈氏欲采摘,必先闭户。隔墙入钱,度钱与之。得者自以为幸,不敢较其值之多少也"。所谓物以稀为贵,用在这里是再恰当不过了。不仅如此,荔枝还是国外市场上的抢手货,蔡襄《荔枝谱》中一段叙述颇可说明问题:荔枝"初著花时,商人计林断之以立券,若后丰寡,商人知之,不计美恶。悉为'红盐'者,水浮陆转,以入京师。外至北戎、西夏,其东南舟行新罗、日本、流求、大食之属,莫不爱好,重利以售之"。由于已经断林变卖致使当地人也很少吃到鲜荔枝。虽其中所记国名地理方位有误,但说明当时"红盐"荔枝已投放国际市场①,这是我国古代海外贸易的宝贵史料。其中"商人计林断之以立券"的做法,在当今的闽南一带还很风行,可见由来已久。商业的发达反过来刺激了果品生产,进而形成良性循环。

五、宋代园艺著作在中国园艺学史上的地位

(一)园艺学理论在宋代萌芽的标志

在宋代以前谈园艺者多从果木、蔬菜的角度去谈,而且多数见自农书,如《尹都尉书》、《氾胜之书》、《齐民要术》、《四时纂要》之类,把观赏花卉排斥在外,当然构不成完整意义上的园艺学。宋代各种园艺著作大量出现,不仅包括园艺果木、园艺蔬菜,而且出现了大量的园艺花卉专书,说明园艺学构成在宋代已趋完善,标志着园艺学理论在宋代已经萌芽。

正如文字是在语言发达到一定程度上才会产生一样,宋代园艺著作是在当时园艺业极为发达的基础上总结当时的技术经验而成的。当时农学体系已经完备,农学理论已趋成熟,自古以来天时、地宜、人力观点步入了园艺学的殿堂,而且当时人们对之有了一定的认识。周师厚《四时变接法》为栽接月令,突出体现古代的"农时"观念;其题下注云:"此惟洛中气候可以此变接,他处须各随地气早晚处接。"这是对地宜的绝好的认识;关于嫁接、培壅

---

① 《荔枝谱》:"红盐之法:民间以盐梅卤浸扶佛桑花为红浆,投荔枝渍之,曝干,色红而甘酸,可三、四年不虫。修贡与商人皆便之。"《四库全书》本,台湾商务印书馆1986年版,第485册第39页。

能使植物发生变异的认识,说明他们已观察到人力作用之重大。刘攽《芍药谱·序》以为"其间亦有开不能成或变为他品者,此天地尤物,不与凡品同,必待地利、人力、天时参并其美,然后一出意",把天时、地利、人力并举,认识到他们的重要性,而这则是园艺学理论产生的基础。

认识到了天时、地宜和人力的作用,才能以此为指导进行园艺实践。在实践中,宋代园艺工作者逐渐总结出一套关于园艺植物的栽培、养护、嫁接、浇灌、病虫害防治及瓶花插养、盆景培育等各环节的宝贵经验,大量的宋代园艺著作,就是对这些经验的总结。宋代园艺著作告诉我们:当时已经充分认识到园艺作物必须使之适应天时、地宜等自然规律,才能取得良好的效果,同时通过人工选择产生优良的品种的认识,已不仅仅是使园艺作物简单地适应自然规律,而且已认识到通过人工栽培,改造自然条件,进而可以改变作物,使生物进化,为园艺学理论上的突破创造了前提。

当时人们能通过实践,总结经验,又利用这些经验指导自己的园艺实践,并在此基础上进一步提高认识。只是当时的莳艺经验多数是零碎的,尚无一部专书对当时各种经验及认识加以系统总结,还没有形成一个完整的体系。但无论怎样说,当时的园艺著作中对现代园艺学理论所包括的各方面的问题已涉及,为现代园艺学理论的最终形成起了奠基作用。从这个意义上来看,我们说,宋代园艺著作的大量出现,标志着园艺学理论在宋代已经萌芽。

(二)宋代园艺著作是我国园艺学史上的一个里程碑

宋代园艺著作是对宋以前我国园艺工作者从实践中摸索出来的园艺技术经验的总结。我们知道,我国的园艺实践至迟在夏朝就开始了,这在先秦诸子和经书中或多或少都有见及。汉代的《尹都尉书》可以算作我国最早大量涉及园艺的文献,其中有"种瓜、种芥、葵、蓼、薤、葱诸篇"。但是书早已失传。成书于晋代的稽含《南方草木状》和戴凯之《竹谱》所记皆野生植物,严格说来还不应算作园艺专书。但《竹谱》之成,实际上却开了后世植物谱录的先河,园艺著作多以谱录形式出现,不能不说与之有很大关系,南北朝时期,后魏贾思勰撰《齐民要术》十卷。其中有关园艺果木和蔬菜的栽培技术方面的内容颇多,但他却把园艺花卉斥之门外,所谓"花草之流,可以悦目,徒有春花,而无秋实,匹诸浮伪,盖不足存"①。斯诚为一大憾事。有隋一代虽寿数不长,但却有诸葛颖等《种植法》七十七卷,其成就之大,可以想见,只是至今早已失传。唐代由于生产工具的进步,农业高度发展,园艺业也随之而昌盛,这一时期真正的园艺专书才开始出现。其中王方庆《园庭草木疏》二十一卷,洋洋大观,可惜完帙不存,今之残本所记花木不及十种;贾耽著作《百花谱》,仅宋明人提及,未见公私著录,当是早已不存。现存的只有李德裕《平泉草木记》一卷,所记为李氏别墅——平泉山庄的奇花异草,多是泛泛而谈,主要对植物的生物学特性予以描述,而有关栽培技术方面的内容涉及绝少。

到了宋代,人们把当时及以前民间积累起来的零散经验加以总结,写出大量园艺专书。如周师厚《洛阳花木记》中关于接花的记载就吸收唐代韩鄂《四时纂要》中的成果,当然大部分还是走访所得。成书于南宋末年的吴怿《种艺必用》更是集各种实践经验的大成之作,其中或取自《齐民要术》,或取自《四时纂要》,更多的还是取自北宋及南宋前期的园艺著作、笔记小说,其中也有自己的调查所得。这也可以说是宋代园艺著作内容较为丰富,科学性较强的一个因素。在体例上,宋代园艺著作对以往的园艺著作中单纯记录植物的生物学特征的做法予以继承,并增添了不少技术性的内容,关于栽培、养护、嫁接、浇灌、除虫等方法的记载已屡见不鲜。另一方面,宋代园艺著作一改过去多种植物泛泛而谈的做法,各种专谱如牡丹专谱、荔枝专谱、芍药专谱等大量出现,对每一种植物有比较深入精到的究涉,而且当时有十二种园艺植物专谱成为各该植物的开山祖,这就决定了其在园艺学史上的重要地位。其开创之功,不容磨灭。所以每当人们谈起菊花时,总是要提到刘蒙《菊谱》;闲话柑橘时,不免叙及韩彦直《桔录》。可以这样说,宋代园艺著作继承了以前园艺著作及农书有关园艺的内容,并在此基础上有很大的发展,完善了园艺学的构成,并产生了朴素的生物进化观。

---

① 贾思勰:《齐民要术·序》,农业出版社1982年版,第5页。

不仅如此,宋代园艺著作对后代园艺专书的产生起了很大的作用。由于栽培技术的进步,植物引种越来越发达。这就使园艺专书的种类扩大有了可能。元代柳贯《打枣谱》是我国第一部枣树专谱,是谱所记仅枣树种类,对培育方法则没有涉及,至明朝所增者有曹璘《琼花集》五卷,黄省曾《芋经》一卷,王世懋《瓜蔬疏》一卷,袁宏道《瓶史》二卷,王馨《野菜谱》一卷等。清代又增了不少,如杨钟宝《缸荷谱》一卷,梁廷栋《种岩桂法》一卷,评花馆主《月季花谱》一卷等。明袁宏道《瓶史》是关于瓶花扦插的专著,而有关瓶花扦插技术在宋代园艺著作中仅《种艺必用》载有一条:"瓶中牡丹、芍药花萎者,剪去下节烂处,用竹篾架地缸上,尽浸枝梗,一夕色鲜耳,故牡丹欲开时,用鸭子壳三分去笼之,赏则去壳。"这不过是一则简单记述而已,在明人袁宏道的《瓶史》中所述扦插技术已很详细了,全书三万五千余字,卷上述瓶花之宜、瓶花之忌和瓶花之法,卷下列花目、品第、器具、择水、宜称、屏俗、花崇、洗沐、使令、好事、清赏、监戒等十二目。已具有很高的科学价值和观赏价值了。

明清两代的园艺著作中,单纯植物特性的叙述,诸如花品之类的分量明显减少,栽培养护的技术成分大为增多,而且书中类目越分越细。如欧阳修《洛阳牡丹记》内分花品叙、花释名、风俗记三目,仅"风俗记"一目中对栽培技术有所涉及。至清代,如计楠《牡丹谱》,一开始用很短的篇幅简单叙述花之特征,而以技术内容为主,重点阐述种法、浇灌、接法、花式、花品、花忌、盆玩八项技术问题。叶梅夫《菊谱》几乎全论技术内容,而且分目更细,多至二十九目,述栽培技术的就有二十四项,计有培育、蓄子、择地、换土、布子、开畦、栽苗、分芽、分枝、删繁、培土、护叶、扶干、系线、灌水、培肥、扦插、留蕊、捕虫、救种、便移、遮篷、登盆、盆枝等,并谈到编篱、列屏、插瓶、位置、命名等问题,最后列举各色名菊一百四十五个,真为谱中之典范。这些后代的园艺著作虽有超前的成就,但对宋代园艺著作的体例及有关内容都有不同程度的继承和吸收。所以我们说宋代园艺著作承先启后,是我国园艺学史上的一个里程碑!

通过以上五个方面的分析,我们可以知道:由园艺业的高度发展,宋代园艺著作大量出现。这些种类繁多的园艺著作,承先启后,不仅具有很高的科学价值,而且保存了大量不可多得的经济史料。记录了当时我国园艺技术所达到的最高水平,标志着园艺学理论在宋代已经萌芽,是我国园艺学史上的一个里程碑。园艺著作中的大量资料表明,当时的人们已具备了朴素的生物进化观念,这是我国园艺工作者对整个人类的伟大贡献。而今,特别是改革开放以来,园艺类作物,尤其是花卉类作物异军突起;每年一度的广州花市和洛阳牡丹花会在经济创收和精神文明建设上都发挥了巨大的作用。四川的花卉作物也正以其勃勃生机给广大农民带来新的经济收入。这是否与各地的养花传统有关呢?宋代的园艺著作能给我们一些什么有益的启示呢?我们认为宋代的园艺著作不是故纸一堆,而是蕴含丰富的宝藏。我们应该很好地去研究、开发和利用,把那些前人的经验加以系统研究,灵活地运用到当今的园林建设、城乡绿化的园艺学实践中去,让它为四化建设服务,造福于整个人类。

六、南宋园艺著作研究

上面我们对两宋的园艺著作,作了系统地全面叙述和分析。目的是对宋代园艺著作发生发展的全过程有所了解,认识其规律性的内涵。这对评析和研究南宋园艺著作的科技价值和南宋园艺著作在中国园艺史上的地位都更有帮助。下我们就对南宋的典型园艺著作给以评析和研究。

南宋的园艺著作比北宋更加繁荣,范成大一人就写了《范村菊谱》、《范村梅谱》、《桂海果志》、《桂海花志》、《桂海草木志》五部专谱。周必大的《玉蕊辨证》、陆游的《天彭牡丹谱》、陈仁玉的《菌谱》、熊蕃的《宣和北苑贡茶录》、赵汝砺的《北苑别录》、陈思的《海棠谱》、陈咏的《全芳备祖》等都是涵蕴丰富,独具贡献的园艺专著。

(一)范成大园艺成就概述

1.《范村梅谱》

范成大(1126－1193),字致能,吴郡(今江苏苏州)人。绍兴进士。乾道六年(1170)以资政殿大学士出使金国,签隆兴和约未果,全节而还。官至制置使。晚年退居石湖,号石湖居士。长于诗词,兼工散文,以爱国著称。他于石湖玉雪坡"买王氏旧舍七十楹,尽拆除之,治为范村。以其地三分之一与梅。吴下栽梅特盛,其品不一,今始尽得之,随所得为之谱,以遗好事者"①。成书于淳熙十三年(1186)。

全书记述梅十二品:江梅(又称直脚梅或野梅)、早梅、官栽梅、清梅、古梅、重叶梅、绿萼梅、百叶缃梅(又名黄香梅或千叶梅)、红梅、鸳鸯梅、杏梅、蜡梅。

范氏之书,写自栽梅,观察得细致周到,所写生动形象。对栽植、花叶、果实、开花迟早,嫁接技术都写得十分得体,非置身园圃,亲自种艺,绝不能有此真情实感。如对江梅的描写:"遗核野生,不经栽接者。又名直脚梅,或谓之野梅。凡山间水滨,荒寒清绝之趣,皆此本也。花稍小,面疏瘦,有韵香最清,实小而硬。"②又如对早梅名称的考述:"早梅,花胜直脚梅,吴中春晚,二月始烂漫,独此品于冬至前已开,故得早名。钱塘湖上,亦有一种尤开早。余尝重阳日亲折之,有'横枝对菊开'之句。"③

对梅树的全貌和特殊品种,也有十分出色的描述。如对古梅之记述:"会稽最多,四明、吴兴亦间有之,其枝扬曲万状,苍藓鳞皴,封满花身,又有苔须重于枝间,或长数寸,风至绿丝飘飘可玩。"又如对特殊品种之记载:"去成都二十里有卧梅。偃蹇十余丈,相传唐物也。谓之梅龙,好事者都载酒游之。清江酒家有大梅绿数间,屋傍枝四垂周遭,可罗坐数十人。任子严军使买得,作凌风阁临之,因遂进筑大圃,谓之盘园。余生平所见梅之奇古者,惟此两处为冠。"

对栽培技术也有十分精湛的见解。如对嫁接技术记载说:"官城梅,吴下圃人以直脚梅择他本花肥实美者接之,花遂敷腴,实亦佳,可入煎造。"又如为了使梅花早开,采用提高室温,加大水肥的技术:"行都卖花者,争先为奇。初冬所未开枝,置浴室中,薰蒸令折强,名早梅。"还如对环境,土壤对梅

---

① 范成大:《范村梅谱》,《四库全书》本,台湾1983年版,第845册第33页。
② 范成大:《范村梅谱》,《四库全书》本,台湾1983年版,第845册第33页。
③ 范成大:《范村梅谱》,《四库全书》本,台湾1983年版,第845册第33页。

树生长的影响:"余尝会稽移植十本,一年后花虽盛发,苔皆剥落殆尽,其自湖之武康所得者,即不变移。风土不相宜。会稽隔一江,湖、苏接壤,故土宜或异同也。"①

中国古代之梅谱类著作,以范成大之《范村梅谱》最早。

2.《范村菊谱》

范成大于淳熙十三年(1186),还写了《范村菊谱》。中国历史上的《菊谱》,以刘蒙所撰者最早,成书于崇宁三年(1104)。其所记为中州所产之菊,以萃聚于洛阳者为主,计三十五种。以颜色分为三类:黄色有胜金黄、叠金黄、棣棠菊、叠罗黄、香黄、千叶黄、太真黄、单花小金钱、垂丝菊、鸳鸯菊、金铃菊、球子黄、小金铃、藤菊花、十样菊、甘菊、野菊;白色类有五月菊、金杯玉盘、喜容、御衣黄、万铃菊、莲花菊、芙蓉菊、茉莉菊、木香菊、酴醉菊、艾叶菊、白射香、银杏菊、白荔枝、波斯菊;杂色类有佛头菊、桃花菊、胭脂菊等。

刘蒙《菊谱》带动了南宋菊谱的写作,有史正志、范成大、沈竞、史铸、胡融、马楫等续写菊谱。南宋的菊谱,以范成大最有特色,史铸《百菊集谱》集其大成。

《范村菊谱》仍按刘蒙《菊谱》之体例,以颜色分类,亦为黄、白、杂色三类。其特色是所记之菊,皆为亲手所植,对花形、叶状、颜色深浅,其味甘苦,可否饮食,可否入药等,皆有细致生动的描述。

所记菊花为三十六种(《中国科学技术史·农学卷》写为"十余个品种",见第426页,系误),黄色为胜金黄、叠金黄、棣堂菊、叠罗黄、香黄、太真黄、垂丝菊、千叶小金黄、鸳鸯菊、金铃菊、毡子菊、单叶小金钱、夏小金铃、十样菊、甘菊、野菊;白色为五月菊、金杯玉盘、喜容千叶、御衣黄千叶、万铃菊、莲花菊、芙蓉菊、茉莉菊、木香菊、酴醉菊、艾叶菊、白射香、白荔枝、银杏菊、波斯菊;杂色有佛顶菊、桃花菊、胭脂菊、紫菊、黄花。

刘蒙《菊谱》和范成大《范村菊谱》所记品种几乎完全一样,但范氏所写更具体更真切。

---

① 范成大:《范村梅谱》,《四库全书》本,台湾1983年版,第845册第33-35页。

每种菊花都力求写出特色,黄色类:"小金铃,一名夏菊花。如金铃而极小,无大本,夏中开花。藤菊,花密条柔,以长如藤蔓,可编作屏幛,亦名棚菊。种之坡上则垂下,袅数尺,如缨络,尤宜池潭之涉。"白色类:"五月菊,花心极大。每一须皆中空,攒成一匾球子。红白单叶,绕承也。每枝只一花,径二寸,叶似同蒿,夏中开。"杂色类:"佛顶菊,亦名佛头菊。叶黄心,极大,四傍白花一层绕之。初秋先开,白色渐沁微红。"

范成大在《范村菊谱·后序》中,对菊之入药进行了考证评述,与科技有涉,现录如下:"陶隐居谓菊有二种,一种茎紫气香,味甘,叶嫩可食,花微小者,为真菊;青茎细叶,作蒿艾气,味苦,花大、名苦薏,非真也。今吴下唯甘菊一种可食,花细碎,品不甚高,余味皆苦,白花尤甚,花亦大。隐居论药,既不以此为真。后复云白菊治风眩。陈藏器之说亦然。《灵宝方》及《抱朴子》'丹法'又悉用白菊,盖与前说相抵牾,今详此,唯甘菊一种可食,亦入药饵。余黄白二花,虽不可饵,皆入药而治头风。则尚白者,此论坚定无疑,并著于后。"

3. 范成大的其他园艺著作

范成大除《范村梅谱》和《范村菊谱》外,与园艺有关的著述,还有收入《桂海虞衡志》一书的《志禽》、《志兽》、《志虫鱼》、《志花》、《志果》、《志草木》六篇。乾道二年(1166)范成大由中书舍人,出知静江府,任职于南国边陲。淳熙二年(1176),又以敷文阁待制任四川制置使。他离开两广,远行四川。他在其书的序言中说:"始得航萧湘,绝洞庭,泊滟濒,驱两川,半年达于成都。道中无事,因追记其登临之处,与风物土宜。凡方志所未载者,粹为一书。蛮陬绝徼,见闻可纪者,亦附著之。"他把在两广和云南所见之珍禽贵兽,奇花异卉,中原所未见之果木,且方志所未载者,汇成一书,可见其资料之珍贵。

《志禽》记鸟凤、秦吉了、灰鹤等十三种禽类。"鸟凤,如喜鹊,色绀碧,颈毛类雄鸡,鬃头有冠,尾垂弱骨各长一尺四五寸,其杪始有毛羽一簇,冠居绝异。大略如凤鸣声,清越如笙箫能度曲,妙合宫商。又能为百虫之音,生左右江溪洞中,稀有难得。然书传未之纪,当由人罕识去"。又如"秦吉了,如瞿鹆,绀黑色,丹朱黄距,目上连顶有深黄纹,顶毛有缝,如人分发,能人言,比鹦鹉尤慧。大抵鹦鹉声如儿女,吉了声则如丈夫。出邕州溪洞中"。《唐书》:"林邑出结辽鸟。林邑今占城,去邕钦州,但隔交趾。疑即吉了也。"从引文可知,所记确系当时之珍禽。

《志兽》记猿、火狸、懒妇等十八种兽。"猿有三种,金丝者、黄玉面者、纯黑者,纯黑者面亦黑。金丝、玉面皆难得,或云纯黑者雄,金丝者雌。又云雄者能啸,雌不能也。猿性不耐著地,著地则泻以死。煎附子汁,与之即止"。又如"风狸,状如黄猿,食蜘蛛,昼则拳曲如蝟,遇风则飞行空中,其溺及乳汁,主治大风疾,奇效"。"山獭,出宜州溪洞。俗传为补助要药。洞人云獭性淫毒,山中有此物,凡牝兽悉避去。獭无偶,抱木而枯,洞獠尤贵重,云能解药箭毒,中箭者研其骨少许,敷治立消,一枚直金一两。人或求买,但得杀死者,其功力甚劣"。所记各兽也多为珍奇,并常附记其药用。

《志虫鱼》记砗碟、鬼蝴蝶、瑇瑁等十六种虫鱼类动物。"鬼蝴蝶,大如扇,四翅,好飞荔枝上"。"天蝦,状如大飞蚁,秋社后有风雨,则群坠水中,有小翅,人候其坠,掠取之为鲊"。"瑇瑁,形似龟鼋,背甲十三片,黑白斑文相错,鳞差以成一背,其边裙襕缺啮,如锯齿,无足,而有四鬣,前两鬣长,状如楫,后两鬣极短,其上皆有鳞甲,以四鬣棹水而行"①。可见记为虫鱼类之珍奇。

《志花》所记为北方所不见者,有上元红、白鹤花、南山茶、红荳蔻、泡花、红蕉花、枸那花、史君子、水西花、襄梅花、五修花、象蹄花、素馨花、茉莉花、石榴花、添色芙蓉、侧金钱花,计十八种。各花所记皆有新奇之处,为各地园林输送新的品种。如"红荳蔻花,丛生,叶瘦,如碧芦,春末发,初开花先抽一,有大萼包之,萼解包,见有一穗,数十蕊淡红鲜妍,如桃花色,蕊重则下垂,如葡萄,又如火齐缨络及剪彩鸾枝之状。此花无实,不与草荳蔻同种。每蕊心有两瓣相并,词人托兴,如比目,连理云"。又如"红蕉花,叶瘦,类芦箬,心中抽条,条端正发花,叶数层,日拆一两叶,色正红,如榴花荔子,其端

·① 范成大:《桂海虞衡志·志禽》,《四库全书》本,台湾1983年版,第589册376-378页。

各有一点鲜绿尤可爱。春夏开,至岁寒犹芳。又有一种,根出土处特肥,饱如胆瓶,名胆瓶蕉。还如添色芙蓉花,晨开正白,午后微红,夜深红"。"荳蔻、蕉花、芙蓉南方各地均可见,而范氏所记确为特殊品种,为园艺添新秀"。

《志果》记录最多,有龙枝壳、木竹子、鹦哥舌等五十七种。他在《志果》前言中说:"世传南果,有以子名者,百二十。半是山野间草木实,猿狙之所甘。人强名,以为果。故予不能尽识,录其识,且可食者,五十七种。"可见他从一百二十多种现果中经过精心选择,入选者皆为他认识者,并且可以食用。他的记述给人亲见口尝之感,绝非转录他书的汇编之作。如"罗望子,壳长数寸,如肥皂,又如刀豆,色正丹,内有二三实,煨食甘美。"又如"人面子,大如梅,李核如人面,两面三刀目鼻口皆具。味甘酸,宜蜜煎"。还如"就简子,大如半升碗,谛视之。数十房攒聚成球,第房有缝,冬生青,夏红,破其瓣食之微甘"。《志草木》,多为竹木,有二十一种,草仅五种,计二十六种。两广草木甚多,范成大多数不识其名,他只记了自己认识的二十六种,他实事求是的精神十分可贵。这二十六种是桂、沙木、桄榔、思茅松、胭脂木、鸡桐、龙骨药、南漆、荡竹、人面竹、钓丝竹、斑竹、猫头竹、桃枝竹、笏竹、箭竹、宿根茄、铜皮竹、大菘蓉梧、石发、匾菜、都管草、花藤、胡蔓藤。

范成大通过《志禽》、《志兽》、《志虫鱼》、《志花》、《志果》、《志草木》将两广、云南所见禽兽、花果、草木,择其所识及珍贵品种,介绍给人们,为园艺学增添了新品种,新内容,功不可没。到目前为止,还未见有科技史著作,详论范成大的六篇文献的学术价值。笔者不避浅陋,愿以上述为引玉之砖,就正于有关的方家。

(二)我国最早的《兰谱》与《菌谱》

我国最早的兰谱,由南宋赵时庚写成,初刻本自序写于绍定癸巳,即绍定六年(1233)。紧随其后的《王氏兰谱》,成书于淳祐丁未,即由王贵学写于淳祐七年(1247),比赵时庚的《金漳兰谱》晚出了仅仅15年,也是一部学术价值很高的园艺专著。

我国最早的《菌谱》也诞生在南宋,由台州人陈仁玉写成。据《四库全书总目》考证,成书于淳祐五年(1245)。晚于《金漳兰谱》,而早于《王氏兰谱》,有《四库全书》本传世。

1. 赵时庚《金漳兰谱》

赵时庚自序其身世说:"予先大夫朝议郎,自南康解印,还卜里居。筑第引泉植竹,以为亭会,宴乎其间。得郡侯博士伯成,名其亭曰'箆笃世界'。又以其东架数椽,自号'赵翁书院'。回峰转向,依山叠石,尽植花木,聚杂其间,繁阴之地,环列兰花,掩映左右。以为游息养疴之地。"《四库全书总目》据此考证说:"时庚为宗室子,其始末未详。以时字联名推之,盖魏王廷美之九世孙也。"

赵时庚出身于赵宋皇室之家,自幼生于苑圃之百花之中。正如他在自序中所说:"予时尚少,日在其中。每见其花好之,艳丽之状,清香之复,目不能舍,手不能释。即询其名,默而识之。是以酷爱之心,殆几成癖。自嘉定改元以后,又采数品,高出于向时所植者。予嘉而求之,故尽得其花之容质,无失封培爱养之法而品第之。殆今三十年矣,而未尝与达者道。暇日有朋友过予,会诗酒琴瑟之后,倏然而问之。予则曰:'有是哉。'即缕缕为之详言。友曰:'吁!亦开发后觉之一端也。'其予一身可得而私有,何不与诸人以广其传。予不得辞。因列为三卷,名曰《金漳兰谱》。"这就是赵时庚写作其书的著作缘起。

全书为三卷五篇:第一为"叙兰容质"。写所收品种的名称、颜色、花形、叶状、萼数、特点等。如"陈梦良,紫色,每幹十二萼。花头极大,为众花之冠。至若朝晖微照,晓露暗湿,则灼然腾秀,亭然露奇,敛肤傍幹,团圆心向,婉媚绰约,伫立凝思,如不胜情。花三片,尾如席彻青;叶三尺,颇觉弱翠。而且绿将背,虽似剑脊,至尾楞则软薄斜撒,粒许带缁,最为难种,故人稀得其真"。又如"济老,色白,有十二萼。标致不凡,如淡粧西子,素裳缟衣,不染一尘。叶与施花近,似更能高一二寸,得所养致歧而生,亦号一线红"。还如"施花,色微黄,有十五萼,合并幹而生,计二十五萼。或迸于根,美则美矣。每根有萎叶,朵朵不暇,细叶最绿,微厚。花头似开不开,虽高而实贵瘦,叶虽劲而实贵柔。亦花中之上品也"。写得皆具体生动,细致入微,可知定为手植亲见。

第二为"品兰高下"。品评兰花为何为人所钟爱,其可贵之处何在? 他提出了十分可贵的见解,而造成兰花品第优劣的两个主要原因,既有天地造化之功,又有人为栽培之力。如他说:"万物之殊,亦天地造化施生之功,岂予可得而轻哉! 窃尝私合品第而类之,以为花有多寡,叶有强弱,此固因其所赋而然也。苟惟人力不知,则多者从而寡之,强者又从而弱之,使夫人何以知其兰之高下,其不惧人者几希? 呜呼! 兰不能自异而人异之耳。"

第三为"天地爱养"。叙述天地之间,分为四时二十四节气,万物生长,收获必然与四时二十四气相合。"是以圣贤之人,则顺天地以养万物,必欲使万物得遂其本性而后已"。大自然是有规律的,万物之生长、成熟,必须顺应大自然的规律。但是人力护养也是必需的,他说:"下沙欲疏,疏则连雨不能淫;上沙必濡,濡则酷日不能燥。至于插引叶之架,平护根之沙,防蚯蚓之伤,禁蝼蟥之穴,去其莠草,除其细虫,助其新篦,剪其败叶,此则爱养之法也。其余一切窠虫族类,皆能蠹花,并可除之。所以封植灌溉之法,详载于后卷。""天地爱养"是赵时庚莳艺兰花的理论和提纲,具体的养护技术,在卷中和卷下里,有更详细的阐述。

第四为"坚性封植"。《中国科学技术史·农学卷》错为"坚性耐植"。阐述植兰技术,提出"草木之生长亦犹人焉"。一是选择土壤:"根与土合性与壤俱,然后森郁雄健敷畅繁丽。"二是分栽技术,要选择"寒露之后,立冬之前而分之,盖取万物得归根之时,而其叶则苍,根则老故也"。三是"分其兰而须用碎其盆,务在轻手击之,亦须缓缓解析,其交互之根,勿使拔断之失。然后遂苞蘩取出……每三苞作一盆,盆底先用沙填之,即以三苞蘩之,互相枕籍,使新苞在外,作三方向,却随其花之好,肥瘦沙土从而种之。盆面则以少许瘦沙覆之,以新汲水一勺定其根"。四是收沙晒沙之法,"此乃又分兰之至要者,当预于未分前半月取之,筛去瓦砾之类,曝令干燥,或欲适肥,则宜淤泥,沙可用粪夹和,唯晒之候干,或复湿,如此十度,视其极燥,更须筛过,随意用盖"。

第五为"灌溉得宜"。总结了四次必须浇灌的时间:一是"一阳生于子,荄甲潜萌,我则注而灌溉之"。二是"迨夫萌芽迸沙,高未及寸许,从便灌之,则截然卓荦"。三是"既南薰之时,长养万物,又从而溃润之,则修然而高,郁然而苍"。四是"八月初交,骄阳方炽,根叶失水,欲老而黄。此时当以濯鱼肉水,或秽腐水浇之……使之畅茂,亦以防秋风肃杀之患"。最后,对陈梦良、潘兰、惠知容等每一种著名兰花的灌溉又分条细述,以说明:"草木之生长亦犹人焉",是千差万别的。每种兰花都有其特性,应细心观察掌握规律。

第六为"奥法"。分"分种法"、"杂法"七条,是赵时庚植兰的特殊心得。如"安顿浇灌法"中说:"向阳处两三日一番施转花盆,四面俱要轮日晒均匀,开花时则四畔皆有花,若晒一面,只一处有花。"又如"浇花法"说:"用河水或陂塘水,或积留雨水最好,其次用溪涧水,切不可用井水浇。"还如"杂法"中说:"盆有孔窍不要着泥地安顿,恐地湿蚯蚓钻入盆内,则损坏花。又休要放盆在蚯蚓穴处,恐引入蚂蚁,损花黄叶。"①

2. 王贵学《王氏兰谱》

王贵学,即王叔进。自序为临江(今江西清江县)人,其书初刻于淳祐丁未,即淳祐七年(1247)。书前有蒲阳叶大有序和自序。叶序认为《王氏兰谱》是格物而非玩物,有益于君子之智。自序撰写谱之原因:"予嗜成癖,志几之暇,具于心,服于身,复于声誉之间,搜求五十品,随其性而植之。"王氏爱兰之原因是"世称三友,挺挺花卉中。竹有节而啬花,梅有花而啬叶,松有叶而啬香,唯兰独并有之"。

全书为六篇:第一为"品第之等",他对兰花分出明确的等级,以紫色为第一等,白兰为第二等。兰生于漳者,既盛且馥,其色有深紫、淡紫、真红、黄白、碧绿、鱼鱿金钱之异。就中品第,紫兰陈为甲,吴潘次之,如赵如何,大小张、淳监粮、赵长泰(陕州邑名),紫兰景初以下又其次,而金陵边为紫袍奇品。白兰灶山为甲,施花惠知客次之,如李、如马、如郑、如济老,十九蕊、黄八兄、周染以下又其次,而鱼鱿兰为白花奇品。

第二为"灌溉之候",他对灌溉说明甚清:"予于诸兰,非爱之大,悉使之硕而茂,密而蕃,莳沃以时而已。一阳生于子,根荄更稚,受肥尚浅,其浇宜

薄。南薰时来,沙土正溃,嚼肥滋多,其浇宜厚。秋七八月,预防冰霜,又以濯鱼肉水,或秽腐水,停久反清,然后浇之。人力所至,盖不萌芽寡矣。"他主张初生时,根稚嫩,应薄浇;夏天热沙土吸水汲肥多,应多浇。秋天防霜,应以洗鱼肉之肥水,澄清之后浇之。

第三为"分拆之法",王氏的分析技术有四项:一为养气:"予于分兰次年,才开花即剪去,求养其气而不泄。"二为选土:"未分时前期月余,取合用沙,去砾扬尘,使粪夹和(鸡粪为上,它类勿用),晒干储久。"三为分拆:"速寒露之后,击碎原盆,轻手解析,去旧芦头存三年之颖,或三颖四颖作一盆。"四为装盆:"旧颖内,新颖外。不可太高,恐年久易隘;不可太低,恐根局不舒。下沙欲疏而通,则积雨不溃;上沙欲细则润,宜泥沙顺性。虽橐驼复生,无易于此。"

第四为"泥沙之宜",王氏对每种兰的用沙,作了具体记述:"梦良、鱼鲅宜黄净无泥瘦沙,肥则腐;吴兰、仙霞宜粗细适宜赤沙,浇肥;朱李、灶山宜山下流聚沙;济老、惠知客、马大同、小郑宜沟壑黑浊沙;何、赵、蒲、许、大小张、金棱边则以赤沙和泥种之;自陈八斜、夕阳红以下任意用沙皆可。"①王氏的用沙经验,显然来自亲身经历,所以,更加宝贵。

第五为"名品兰花",分紫色和白色两类。紫色记述陈梦良、吴兰、赵十使等十六种;白色记述灶山、济老、惠知客等二十四种;总计四十种。对每种兰先品名,后颜色、萼数、幹状、花形、叶貌,再次写所宜沙肥、性喜湿燥,也兼及出处与产地。

后代学人对兰谱的评价,很推崇《王氏兰谱》。明王世贞说:"兰谱唯宋王叔进本为最善。"

3. 陈仁玉《菌谱》

陈仁玉,字碧栖,台州仙居人。宋理宗时进士及第。开庆元年(1259),任礼部郎中,擢浙东提刑。又内调入直敷文阁。嘉定年间(1208－1224)重刊《赵清献集》,他曾为该书写序。由于他是台州人,又于浙东任职,使他对

---

① 王贵学:《王氏兰谱》,《说郛丛书》,顺治三年(1646)宛委山堂刊本。

台州之特产——菌,情有独钟,有机会食用,调查,写成《菌谱》。自序称成书于"淳祐乙巳",即淳祐五年(1245)。

宋代台州之菌,不仅是当地特产,也为士大夫所称道,成为"食单所重"的名菜。叶梦得《避暑录话》曰:"四明、温、台山谷之间,多产菌。"周密《癸辛杂识》也说:"天台所出桐蕈,味极珍,然致远必渍以麻油,色未免顿减,诸谢皆台人,尤嗜此品。乃并舁桐木以致之,旋摘以供馔,是南宋时,台州之菌为食单所重。"①陈仁玉就是在这种时代背景下撰写《菌谱》一书的。

全篇记菌十一种:合蕈、稠膏蕈、栗壳蕈、松蕈、竹蕈、麦蕈、玉蕈、紫蕈、四季蕈、鹅膏蕈。每种菌始产于何地何山、萌生季节、菌之形状、颜色、性味等,有的也阐述名称之由来,烹调之法,保存之方等。如"稠膏蕈,邑西北孟溪山,睿邃深莫测,秋中山气重,霏雨寒露,浸酿山膏木腴,蓓为菌花戢戢,多生山绝顶高树杪。初如蕊珠圆莹,类轻酥滴乳,浅黄白色,味尤甘胜。已乃伞张大几掌。味顿渝矣。春时亦间生,不能多。稠膏,得名土人,谓稠木膏液所生耳"。又如"松蕈,生松荫,采无时。凡物松出,无不可爱。松叶与脂,伏灵琥珀,皆松裔也。昔之遁山服食求长年者,舍松焉依?人有病洩浊不禁者,偶掇松下菌,病良已,此其效也"。又如"鹅膏蕈,生高山,状类鹅子,久乃散开。味殊甘滑,不谢稠膏。然与杜蕈相乱,杜蕈者,生土中。俗言毒虫气所成,食之杀人。……凡中其毒者,必笑解之。宜以苦茗杂白矾,勾新水并咽之,无不立愈。因著之,俾山居者,享其美而远其害"。②

陈仁玉《菌谱》是我国第一部菌谱类专著,其分析准确,描述详尽具体,有较高的科学价值。如上述对鹅膏蕈的描述,使当代科技史学者据此判定是今天的鹅膏属(Amanita)担子菌。③　明代潘之恒撰《广菌谱》,记菌类十五种,但鉴别不准确,有的蕈种,并不可食。清代吴林撰《吴蕈谱》,记吴中所产菌类,所记只有八种,还不及《菌谱》详尽。所以《菌谱》在中国园艺学史上,占有十分重要的地位。

---

① 《四库全书总目》,中华书局1965年版,第993页。
② 陈仁玉:《菌谱》,《四库全书》本,台湾1983年版,第845册205—206页。
③ 汪子春等:《中国古代生物学史》,科学出版社1989年版,第159页。

（三）《林泉结契》与《全芳备祖》

1. 王质《林泉结契》

王质,字景文,兴国(今江西兴国县)人。绍兴三十年(1160)进士。曾任荆南府通判、吉州知州,官至枢密院编修。因忠直遭中贵人与忌者谗,而绝意禄仕。淳熙年间(1174－1189),王质奉祠山居。因陶潜、陶弘景皆弃官遗世,而作《绍陶录》两卷,下卷附以山居咏物之诗,其曰山友词者,皆咏山鸟,曰水咏词者,皆咏水鸟。曰山友续词者,则杂咏禽虫诸物。王质因耿直忤时,阨于权幸。晚年欲绝人逃世,故以鸟兽草木为友,以寄其情趣。

清代康熙年间,商丘人宋荦从《绍陶录》中,将"山友词"、"水友词"、"山友续词"、"水友续词"、"山水友余词"(即杂咏禽虫诸物之词)抄出分为五卷,改名《林泉结契》刊印于世。本文以《林泉结契》所论者,即南宋王质《绍陶录》一书中,有关"鸟兽""花草"的内容,故列入园艺一章。

《林泉结契》五卷,卷一为"山友词",记述拖白练、青菜子、泥滑滑等十九种山林鸟类,描写鸟之头、颈、羽毛、尾状、叫声等。卷二为"水友词",记述了鸳鸯、鸬鹚、江鸥等十九种水鸟,皆记其体貌、毛色、嗜好、性情等,每种山鸟、水鸟之后,皆有诗词一首,写鸟之体态境遇,以抒作者之情怀。卷三是"山友续词",记枸杞、黄精、山药等十种山草,描写花、叶、茎、实及其功用。卷四为"水友续词",记述莲子、藕条、鸡头等九种水草,也是写花、叶、茎、实及其功用。并于每种山草、水草之后,各附诗词一首,咏草木以见志。卷五为"山水友余词"记婆看蚕、鹘嘲、铜觜等禽虫十种;刺椿、金樱子、甜藤等花草八种,兼咏水陆禽虫和花卉,每种禽虫、花卉,先用文字描述,后以诗词歌咏。

由于自居深山,与禽虫、花草为伍,情趣相投,观察细致,描写真切。总计鸟类四十三种,动植物七十五种,可供食用的植物二十多种。为我们留下了珍贵的园艺史资料。

2.《全芳备祖》

陈咏的《全芳备祖》是南宋花卉类集大成的著作。陈咏,字景沂,号肥遁,又号愚一子。天台(今浙江天台县)人。陈咏自序说他的经历是:"余束发习雕虫,弱冠游方外。初馆西浙,继寓京庠,姑苏、金陵、两淮诸乡校,晨窗夜灯,不倦披阅。记事而提其要,纂言而钩其玄,独于花果草木尤全且备,所集凡四百余门。"说明了他读书的经历和活动的区域。

书前还有宝祐元年(1253)韩境所写序言,称此书于理宗时进于朝。陈氏又曾上书理宗,论恢复中原应为国家大计,言词激烈,留中不报。遂专心著述,无意于仕禄。

据现代学者考证,大约成书于理宗即位(1225)前后。此时作者大约三十岁左右,自称是"少年之书"。付刻于"宝祐癸丑至丙辰间"(1253 – 1256)。①

对书的命名,自序说:"独于花、果、草、木,尤全且备",故称"全芳";对每种花果草木的"事实、赋咏、乐赋,必稽其始",故称"备祖"。可见它是一部植物资料性质的集大成的著作。

其书分前后两集,前集为花部,记述各种花卉。卷一为梅花,卷二为牡丹,卷三为芍药,计二十七卷,著录花卉类植物一百二十八种。后集三十一卷,第一至九卷为果部,十至十二卷为卉部,十三卷为草部,十四至十九卷为木部,二十至二十二卷为农桑部,二十三至二十七卷为蔬部,二十八至三十一卷为药部,著录植物一百七十九种。每种植物各分"事实祖"、"赋咏祖"、"乐府祖"三纲。"事实祖"又分"碎录"、"纪要"、"杂著"三目。"赋咏祖"又分"五言散句","七言散句","五言散联","七言散联","五言古诗","七言古诗"等十七目。条理分明,收罗宏富。如"农桑部",包括谷、稻、米、麦、豆、桑等六门。谷门又分禾、稼穑、黍、稷、粟、粳、秫、农、田等子目。可谓与"全芳备祖"名实相副。

全书虽注重于诗、词、联、赋的收集,但也开始探求植物生殖的原理。如自序中说:"尝谓天地生物,岂无所自? 拘目睫而不究其本原,则与朝菌为何异? 竹何以虚? 木何以实? 或春发而秋凋,或贯四时而不改柯易叶,此理所难知也。且桃李产于玉衡之宿,杏为东方岁星之精。凡有花可赏,有实可食者,固当录之而不容后也。"

---

① 董恺忱、范楚玉:《中国科学技术史·农学卷》,第 427 页。

全书已注重了名贵和实用植物的排序,如花部以牡丹为首,卉部以灵芝第一,果部以荔枝列最前,木部以松为头名,这些都反映了当时人们的追求与时尚。

此书可贵之处是它不完全是为收集资料,对古人的意见常加臧否,时出新意。他用"陈肥遁识"、"陈肥遁云",表达自己的意见。如对蔡襄《荔枝谱》中的三十三种荔枝,他评论说:"间有不论,或论未备及有遗者。"他又补充了二十四个品种。又如韩彦直在《橘录》中列了二十七个品种,二十七个品种中,韩氏首推乳柑,称为真柑。乳柑中又以"泥山"所产为第一。陈氏以"陈肥遁识"评论说:"韩氏但知乳橘出于泥山,独不知于天台之黄岩者。出于泥山者固奇。出于黄岩者天下之奇也"。

总之,《全芳备祖》不仅是南宋一部集植物资料之大成的著作,而且对植物学的知识与原理进行了一些有益的探索,值得科技史工作者作进一步的深入研究。

七、韩彦直《橘录》是世界第一部柑橘学专著

南宋韩彦直写于八百多年前的《橘录》是中国也是世界第一本柑橘类专著。它比欧洲果树学学者葡萄牙人费雷利于 1646 年写的《柑橘》一书早四百六十九年。它从初刻之后,就得到了历代学者的重视,有多种版本流传,并译成英、法、日等国文字,可以说是一部功贯古今,享誉海内外的著作,它在世界上第一次对柑、橘、橙、柚等芸香料常绿乔木作了科学的分类,阐述其优良品种、嫁接技术、药用功能,造福于民众,也是一部有重大科学价值的学术著作,很值得我们作深入的研究与探讨。

(一)作者生平之概略

韩彦直(1131-1194?),字子温,延安(今陕西延安)人。《宋史》有传,淳熙五年(1178),他任职温州时写成此书。他是抗金名将韩世忠的长子,生于忠君爱民的仕宦之家,一岁时,因父功而荫补右承奉郎。六岁时,随父晋见宋高宗皇帝,问其是否习字,即拜书"皇帝万岁"呈上,皇帝十分高兴,赏金器、笔砚和鞍马。

绍兴十七年(1147),两浙举行乡试,中举人。第二年京城大考,中进士。初任太社令,是太常寺下属太社局的长官,主管官员与百姓的祭祀之事。绍兴二十二年(1152),其父病逝。当时秦桧任宰相,因为一直怨恨韩世忠反对议和,而将韩彦直赶出京城,任浙东安抚司主管机要文书的官员。秦桧病死,调回京城,任光禄寺丞。绍兴二十九年(1159),抗金将领张浚都督江淮军马,被调参议军事。乾道二年(1166),总领淮东军马钱粮,他精心管理,严惩贪污。第二年钱粮增加四倍,除军用粮,尚有余粮呈送朝廷,深得宋孝宗嘉奖,擢司农少卿、兼江西转运使知江州。他任职江州时,朝廷为岳飞平反冤狱,将罚没资产还给其子孙。因时过多年,财产数易其主,县吏受贿隐匿不报。他一一查明,尽还岳飞子孙。不久,调任湖北、京西发运副使,总领兵马钱粮。因与宰相不合,调利州观察使,知襄阳府。

乾道七年(1171),再任军职,授鄂州驻御前诸军都统制。他到任后,上书奏请军中六事:备器械,增战马,革滥赏,奖奇功,选勇略,扩亲兵。朝廷采纳了他的意见。他经过对御前诸军的考察,发现骑兵多不能步战,由于缺乏艰苦训练,体力也很不好。于是他加强军训,命骑兵披甲步战,日行六十里,统制官也要身先士卒,使御前诸军人人习于劳苦,健步如飞,战斗力大大增强。朝廷得知此事,下诏书命令三衙和江上诸军也效仿韩彦直的军训方法。八年,调任文官职务,授左中奉大夫、敷文阁待制、知台州。因母老请求归京养亲,帝命提举佑神观、奉朝请。在京期间,上书要求改革官制:"顷自岳飞为帅,身居鄂渚,遥领荆襄;田师中继之,始分鄂渚为二军,乞复旧。"他要求合并编制,裁减冗员。请求地方行政机构京西、湖北转运司也应合并,只置一官,设于襄阳,都被孝宗皇帝采纳,并擢升他为刑部侍郎。他任刑部侍郎时,朝廷下诏,命群臣讨论大辟犯人经三次审讯仍不服罪,可否用刑,并想立为法令。他坚持认为不可,并上书丞相梁克家说:"若是,则善类被诬,必多冤狱。且笞杖之刑,犹引伏方决,况人命至重乎?"[①]他的意见被采纳,避免了屈打成招的冤狱。

---

① 《宋史·韩世忠传》附韩彦直,第11369页。

乾道九年(1173),调工部侍郎。朝廷想遣使去金国,群臣相顾而不肯往。彦直被孝宗选中,给尚书衔,出使金国。他慨然就道,一往直前。入境后,接待他的是金使蒲察。双方多所争论,相持不下,当时南宋国弱兵微,贡银纳绢早成定势,要想维护国体,保持尊严,实是一件难事。他引经据典,结合宋金多次会谈的礼节,终使蒲察听从他的意见。归国后,皇帝听他的汇报,多次喜叹。升工部尚书兼知临安府。任职期间,因上书言事,触怒龙颜,被罢职,提举太平兴国宫、奉朝请。

淳熙四年(1177),外任温州知州。《宋史·韩世忠传》所附韩彦直事迹,没写任职温州之事。现据《橘录·韩彦直自序》曰:"淳熙五年十月延安韩彦直序",文中又有"去年秋,把麾来此。"可考知淳熙四年秋任职温州。另外,《宋史·韩世忠传》所附韩彦直事迹曰:"寻知湿州……海寇出没大洋劫掠,势甚张,彦直授将领、土豪等方略,不旬日,生擒贼首,海盗为清。"查《宋史·地理志》无湿州之设,结合擒海盗一事,知当为温州。山西虽有隰州,但不能与海盗关涉,所以,知《宋史》中"湿"乃"温"字之误。

他任职温州的另一件善政,是免除民间的"积逋钱",宋代征收的赋税繁重,百姓常常逃亡不交,流离失所。他宣布免除积逋税赋,以郡府的余财代百姓交纳,国库没有受损,百姓又可归乡生产,安居乐业。他因在温州的勤政爱民,被奖拔为敷文阁学士,并荫补其弟彦质为两浙转运判官。因母病,再求内调奉亲,差提举佑神观、奉朝请、特赐佩鱼袋,以示褒奖。他在京师奉亲期间,仍关心国事,曾上过三次奏书。第一次建议搜访靖康以来的忠贞死节之士,给以奖励,以劝忠义。第二次上书请求低级文职寄禄官(幕职州县官)已经关升,实历六考,无罪过者,可杂试经术、法律,限其名额,定其高下,使孤寒者得以自达,定为改官之制。第三次是请求皇帝在州郡长官任满日,应开具本州钱粮数目,向下任做明确交待,并上报省,以供核实,可防奸弊。皇帝均嘉纳之。晚年任户部尚书,遇江南大旱,乞请皇帝提前购粮备荒。又上书请求追贬曾诬陷岳飞者,以慰忠魂。患病时,帝亲赐医药,进显谟阁学士、提举万寿观,转光禄大夫致壮。病逝后,特赠开府仪同三司、赐绢银各九百,封爵蕲春郡公。

他的著作除《橘录》外,还编撰了《水心镜》一书,一百六十七卷,是一部宋代的政史类编。

(二)版本源流之考证

韩彦直《橘录》一书,《宋史·艺文志》、焦竑《国史经籍志》均著录为《永嘉橘录》。

《山居杂志》丛书收入时,书名为《橘谱》。南宋陈振孙《直斋书录解题》、元初马端临《文献通考》都以《橘录》为名。

宋代流传至今的刻本,有宋度宗咸淳九年(1273)刻本。宋代左圭《百川学海》丛书所用祖本就是咸淳刻本,《橘录》收入壬集。现藏北京国家图书馆,这是此书宋版硕果仅存之瑰宝。

明代弘治十四年(1501),再次刻印《百川学海》丛书,被称为覆宋本。《橘录》收入癸集。1921年,上海博古斋又据弘治本影印发行,流传较广。明代嘉靖十五年(1536),郑氏宗文堂第三次刊印《百川学海》丛书,又称重辑本,《橘录》收入辛集。1927年陶湘第四次刻印《百川学海》丛书,又称影刊咸淳本,据华氏覆宋本字体做了摹补。1960年中华书局出影印本。1981年北京中国书店有重印本。这是《百川学海》丛书系统的源流授受与传播概况。

《橘录》的第二个流传系统是《说郛》丛书。《说郛》丛书由元代陶宗仪初编,明代陶珽续编。《橘录》说郛系统的现传本,见于清顺治三年(1646)宛委山堂重刊本,据明代抄本校订,收入105卷,1917年商务印书馆以涵芬楼的名义印了铅排本,收入75卷。1988年上海古籍出版社出版了涵芬楼100卷本丛书,所收《橘录》是目前较完善的印本。

《橘录》还有明代万历二十一年(1593)刻,收入新安汪士贤编辑的《山居丛书》,书名是《橘谱》,为三卷本,收入第三册。康熙年间由陈梦雷始编,雍正年间由蒋廷锡重编的《古今图书集成》收入了《橘录》,编入了《博物汇编·草木典·橘部汇考》。清代乾隆年间刻入了《四库全书》,依据的是浙江鲍士恭家藏本。清代吴起俊编辑《植物名实图考》,也收入了《橘录》。还有道光二十八年(1848)刻本,商务印书馆1959年点校本,收入卷十五"果类"。

1935 年至 1937 年,王云五主编的《丛书集成初编》,由商务印书馆出版,也收入了《橘录》。还有 1980 年上海书店重印本,1983 年中华书局重印本。此书流传最广的是《丛书集成初编》本,收入了"应用科学类"。

考其版本,大体上一致,但其中也有细微的差别。如《百川学海》本《橘录》卷上,有一句诗曰:"只须霜一颗,压尽橘千奴,则黄柑位在陆吉上,不待辩而知。"这里的"陆吉",在《古今图书集成》中作"绿橘";在《百川学海》本《橘录》卷中上记载"名之曰千奴,千奴,真屈称也。"又如《百川学海》癸集第 38 册(影弘治本)卷中包橘条中,有一墨钉,而《说郛》辛集中将这一墨钉作"奇"。

各版《橘录》早已传播于海外。据日本学者天野元之助的考证,京都大学的人文科学研究所,东京大学的东洋文化研究所,就收藏有《百川学海》丛书的影印咸淳本、影印弘治本、涵芬楼《说郛》本,日本内阁图书馆收藏有《橘录》的《山居杂志》本,另外还有慈禧太后赠给美国哥伦比亚大学的《古今图书集成》本和哈佛大学的明刊《说郛》本。所以有的学者用"香飘海内外,情及五大洲"来形容此书。

(三)科学价值之分析

果树的种植,在宋以前基本上为农业的附庸,是没有脱离粮食生产的副业。随着果树经济价值与日俱增,某些地区的柑橘和荔枝生产,开始脱离粮食生产,成为农业中一个独立的部门。宋代的两浙、江西、闽、广、川蜀、荆湖等地,均生产柑橘,其中温州、太湖、吉州等处橘园甚多,形成柑橘专业产区。

温州种植柑橘的历史十分悠久。据《禹贡》记载:"淮海(包括瓯闽各地)维扬州……厥包橘柚锡贡。"这表明在二千多年前,温州一带已经种植柑橘了。三国孙吴时,沈莹在《临海异物志》中记述温州出产的鸡橘子情况说:"鸡橘子,大如指,味甘,永宁界中有之。"唐代,瓯柑列为贡品。据《新唐书·地理志》载:"唐高宗上元元年(674),置土贡,瓯柑列为贡品。"宋代温州的柑橘闻名全国,南宋著名学者乐清王十朋在《梅溪王先生后集》卷十九有咏橘诗说:"洞庭夸浙右,温郡冠江南。"宋天圣六年(1028),朝廷规定贡柑不得馈遗近臣。绍兴四年(1134),正式列温州柑橘之贡。这些都说明当时瓯柑已十分珍贵。宋代温州四县的柑橘闻名全国，《橘录》说得更清楚："橘出温郡最多种，柑乃其别种。柑自别为八种……而乳柑推第一，故温人谓乳柑为真柑，意味他种皆若假者，而独真柑为柑耳，已不敢与温橘齿，矧敢于真柑争高下耶！且温四邑俱种柑，而出泥山者又孑然推第一"，"温四邑俱种柑"，柑橘成了温州著名特产。

《橘录》的写作冲动似乎偶然。韩彦直淳熙四年（1177）到温州任知州，淳熙五年十月写成此书。他在自序中说："去年秋，把摩来此，得一亲见花而再食其实，以为幸。独故事，太守不得出城远游。无由领客人入泥山香林中，泛酒其下，而客乃有遗予泥山者，且曰橘之美当不减荔子，荔子今天有谱，得与牡丹、芍药花谱并行，而独未有橘谱者。子爱橘甚，橘若有待于子，不可以辞。予因为之谱，且妄欲自附于欧阳公、蔡公之后。亦有以表现温之学者，足以夸天下，而不独在夫橘尔。淳熙五年十月，延安韩彦直序。"①

这段引文说明了他的著作缘起和成书时间。韩彦直很早就闻瓯柑之名，盼望有一天能看到南方的橘花，尝一下泥山真柑的滋味。直至淳熙四年（1177）年秋天，他到温州任职后才如愿以偿。当时，"橘出温郡最多"，并名扬全国。温州一带已把柑橘类植物当作果树进行大面积栽培。叶适有诗云："对面吴桥港，西山第一家。有林皆橘树，无水不荷花。"

每当"橙橘才黄雁有声"的深秋时节，那橘林中金果累累，绿叶相衬，满园飘香，是一片多么迷人的景色。据《橘录·自序》记载，韩彦直虽然不能领客"入泥山香林中，泛酒其下"，但是他感到"能亲见（橘）花，而再食其实，以为幸"。他觉得写橘谱是他的当仁不让之责。另外，他认为温州物华天宝，人杰地灵。他作为温州的地方长官，不仅要在物产上造福地方，而且要弘扬温州的传统文化，"表现温之学者，足以夸天下"。他经过两年亲自调查研究，搜集资料，终于写出了这部名著。

《橘录》这本书篇幅不长，连序在内一共4000余字，但内容十分丰富。序言记叙温州柑橘概况，尤赞泥山真柑之美，并说明写作缘由。卷上、卷中

① 韩彦直：《橘录》，《丛书集成初编》本，商务印书馆1937年版，第1页。

分别介绍了柑类、橘类、橙类各品种的由来、性状及典故。卷下则详细记载柑橘栽培、贮藏、加工技术。

《橘录》是中国也是世界第一部柑橘学著作。它在中国历史上第一次对柑橘中的宽皮柑橘类加以辨识和分类。柑和橘通常称为柑橘,学名为 citrus reticulate,为芸香科柑橘亚科。他在自序中说:"橘出温郡最多种,柑乃其别种,柑自别为八种,橘又自别为十四种,橙子之属类橘者又自别为五种,合二十有七种。"他在中卷的品名中,还记述了"朱栾"、"香栾"等。也就是说他将温州之柑橘分为柑、橘、橙、栾,四类二十七种。

《橘录》中的橘,今之学名为 citrus;柑,即金柑,今之学名为 Fortunella;橙,又称黄果、广柑、广橘,今之学名为 citrus sinensis;栾即柚,又称文旦,今之学名为 citrus grandis;橘、柑、橙、栾,均为芸香科,常绿乔木。韩彦直的辨识与分类,基本上是正确的,科学的。《橘录》以后,明代王世懋写于万历十五年(1587)的《学圃杂蔬》,文震亨写于崇祯五年(1632)的《长物志》,清代屈大均的《广东新语》都记述柑橘,品种都不如《橘录》齐全,分类也不如《橘录》科学。

韩彦直首先对二十七个品种的名称作了考核。如"生枝柑"的名字是"乡人以其耐久,留之枝间,俟其味变甘,带叶而折,堆之盘俎,新美可爱,故命名生枝"。还如"洞庭柑","乡人谓其种,自洞庭来,故以得名"。又如"自然橘","自然橘谓以橘子下种,待其长历十年,始作花结实,味甚美,由其本性自然,不杂之人为……故是橘以自然名之"。[①] 他对宋代柑橘品名的考核,对我们了解温州柑橘栽培的历史与品种是有帮助的。

他对温州所产柑橘的二十七个品种,一一加以调查、分析,评述其优劣。二十七种中,他首推真柑,"真柑在品类中最贵可珍,其柯木与花实皆异凡木。木多婆娑,叶则纤长茂密,浓阴满地。花时韵特清远,逮结实,颗皆圆正。肤理如泽蜡。始霜之旦,园丁采以献,风味照座,擘之则香雾噀人"。温州之真柑,又以泥山所产最佳:"温四邑之柑,推泥山为最。泥山地不弥一

---

① 《橘录》,第2、7页。

里。所产柑其大不七寸围,皮薄而味珍,脉不粘瓣,食不留滓。"既记述了真柑树的枝、叶、花、实的情况,又记述果实的大小、皮泽、瓣络、口味。使我们对宋代的最佳品种有了全面的了解。他告诉我们:"泥山,盖平阳一孤屿。"

二十七种中,最早熟的是"洞庭柑":"洞庭柑皮细而味美,比之他柑,韵稍不及,熟最早,藏之至来岁之春,其色如丹。"二十七种中,最劣者为朱柑:"朱柑类洞庭而大过之。色绝嫣红,味多酸,以刀破之,渍以盐,始可食。园丁云:他柑必接,唯朱柑不用接而成。然乡人不甚珍宠之,宾、祭斥不用。"他的记述分析,时至今日,对我们鉴别柑橘优劣,培育历史名品,仍大有裨益。

《橘录》的第二方面科学价值是关于栽培技术的记述与分析。韩彦直以《种治》、《始栽》、《去病》、《浇灌》、《采摘》、《收藏》等分别记述。

《种治》记述的是种植技术。首先是园圃地之选择:"柑橘宜斥卤之地,四邑皆距江海不十里。凡圃之近涂泥者,实大而繁,味珍,耐久不损。"韩彦直记录了柑橘适于近江海的"斥卤之地"生长,指出了它可以在盐性土壤培植。自序中他就说:"温并海地斥卤,宜橘与柑。"这也是《橘录》的科技贡献之一。其次是园圃的具体种植,他在《种治》篇中说:"方种时,高者畦垄,沟以泄水。每株相去七八尺,岁四锄之,薙尽草。冬月以河泥壅其根,夏时更溉以粪壤。"

《橘录》中总结的对柑橘类果树冬夏都要以河泥或粪壤培其根的经验是十分正确的。

柑橘是常绿乔木,一年四季不断生长、开花、结果,对肥料的需求比落叶乔木更为迫切。

《始栽》记述的是嫁接技术。第一是种植木本,《橘录》所用的木本是"朱栾",即柚子。"始取朱栾洗净,下肥土中。一年而长,名曰柑淡。其根荄菝蔽然。明年移而疏之。又一年,木大如小儿之拳,遇春月乃接取诸柑之佳与橘之美者"。第二是嫁接方法:"选经年向阳之枝以为贴。"在离地一尺多高的位置锯断柚枝,"剔其皮,两枝对接,勿动摇其根,拨掬土实其中,以防水,翳护其外,麻束之"。当地的"老圃"、"良工",按此法嫁接,"无不活者"。

《去病》记述的是消灭害虫。《橘录》将害虫分为两类:"木之病有二,藓与蠹是也。"苔藓是寄生于故枝老干上的一种病害,吸取木之膏液。"善圃者用铁器时刮去之。""蠹"是寄生于树上和果中的害虫,应于未接果之前除虫:"木间时有蛀屑流出,则有虫蠹之,相视其穴,以物钩索之,则虫无所容。仍以真杉木作钉,窒其处。"如不剔藓除虫,橘树就会"枝叶自凋,异时作实,瓣间亦有虫食"。除虫的同时,要进行剪枝,"删其繁枝之不能花实者,以通风日,以长新枝"。

《浇灌》记述的是用水的技术。柑橘既不能涝,也不能旱,用水必须适度。"圃中贵雨旸以时,旱则坚苦而不长,雨则暴长而皮多折,或瓣不实而味淡"。雨水多时"园丁沟以泄水,俾无浸其根;方亢阳时,抱瓮以润之。粪壤以培之,则无枯瘁之患"。

《采摘》记述的是摘果技术。《橘录》提出可以分青、黄两期采摘。"岁当重阳,色未黄,有采之者,名曰摘青。舟载之江浙间,青柑固人所乐得。""摘青"是"巧于商者所为",早在南宋,温州的植橘人就注意了柑橘的商业利润。"摘黄"是"及经霜之二三夕,才尽剪"。"以小剪就枝间平蒂断之,轻置筐莒中,护之必甚谨"。并提出酒对柑橘有害,"采者竟日不敢饮"。

《收藏》记述的是保存技术。《橘录》记述了室藏和窖藏两种方法。室藏是"采藏之日,先净扫一室,密糊之,勿使风入,而稻藁其间。堆柑橘于地上,屏远酒气,旬日一翻拣之,遇微损之柑,即挑拣出。否则侵损附近者"。窖藏是"人有掘地作坎,攀枝条之垂者。覆之以土,至明年盛夏时,开取之,色味犹新"。

《橘录》第三方面的科学价值是柑橘加工和药用技术。"制治"记述的是柑橘加工。第一是提取香精,"朱栾作花,比柑橘绝大而香,就树采之,用笺香细作片,以锡为小甑,每入花一重,则实香一重,使花多于香,窍香甑之旁,以流汗液。用器盛之,炊毕撤甑去花,以液浸香,明日再蒸,凡三换花,始暴干,入瓷器密盛之"。现产于浙江、福建、广东等省的食用香精和牙膏香精,即以柑橘花、皮为原料,采用蒸馏法制造。韩彦直所记就是这种技术之滥觞。第二是柑橘加工,乡人用蜂蜜和糖对柑橘加工成可以较长时间保存的果品。柑橘并金柑皆可。切片勿离之,压去核,渍之以密。金柑着蜜,尤胜它品。乡人有用糖熬橘者,谓之药橘。"入蕺之灰于鼎间,色乃黑,可以将远。又橘微损,先去皮以肉瓣安灶间,用火熏之,曰熏柑,置之糖蜜中,味亦佳"。韩彦直所记,就是现代形形色色果脯加工的先驱。

《橘录》对柑橘药用性能和加工技术记述尤详。上卷开宗明义就说:"按开宝中,陈藏器补《神农本草》书,柑类则有朱柑、乳柑、黄柑、石柑、沙柑。今永嘉所产,实具数品,且增多其目。"首重柑橘的药用性能,中卷开篇再次强调药用:"本草载橘柚辛温无毒,主去胸中瘕热,利水谷,止呕咳,久服通神,轻身长年。"在各品种记述中,也都注意柑橘的药用功能。如"朱栾"说:"析其皮入药,最有补于时,其详具见下篇。"(下卷专条论述柑橘之药用功能)又如"香圆"说:"叶可以药病。"还如"枸橘"说:"枸橘色青气烈,小者似枳实,大者似枳壳,能治逆气,心胸痹痛,中风便血,医家多用之。"下卷专列"入药"一条,集中论述柑橘之药用。先论橘皮:"橘皮最有益于药,去尽脉则为橘红,青橘则为青皮,皆药之所须者。大抵橘皮性温平,下气止蕴热,攻咳癒,服久轻身。"次论橘子:"橘子尤理腰膝。"最后论枳实:"近时难得枳实,人多植枸橘于篱落间,收其实,剖干之,以之和药……用以治疾便愈。"[①]

对瓯柑的药用功效,1986年根据国家计委顾问李人俊的建议,由瓯海林业特产局,请上海医药工业研究院、华中农业大学联合对瓯柑进行化学分析,得出瓯柑苦味来自柚皮甙的结论。它具有降压、降温、耐缺氧、增加冠状动脉血流量等作用,对原发性高血压有较好疗效,证实了《橘录》所记柑橘的药用功效是可信的。

(四)传播影响之论述

《橘录》一书对柑橘进行了详细的科学分类,第一次将柑橘果树分为"柑"、"橘"、"橙"、"栾"四类二十七个品种,总结了柑农的生产经验,介绍了育苗、嫁接、栽培、治虫、采集、贮藏等技术,还介绍一些古代科学技术及其医用价值。柑橘良种的发现和技术的推广促进了柑橘的生产,从而使温州乃至中国柑橘长盛不衰。韩彦直之功,实不可没。

---

① 《橘录》,第11－13页。

　　我国是柑橘的原产地,世界各地栽培的良种柑橘,绝大多数是从我国引种的。《橘录》在柑橘的传播中有不朽之功。《橘录》很早就被译成英、法、日等国文字,传播到五大洲。它比欧洲的柑橘专著,葡萄牙人费雷利写于公元1646 年的《柑橘》一书早四百六十九年。又由于温州地处沿海,宋元的航海贸易十分发达,《橘录》一书总结的优良品种和栽培经验,不断地向海外传播。据日本学者高桥都郎的考证:十五世纪初,日本僧人智惠是天台宗的信徒,来浙江天台山朝圣,回国时取道温州,带了几篓温州柑橘回国。他的寺院在日本九州的鹿儿岛村,他把温州的柑橘种于寺院,竟然长成橘林。智惠对这片橘树进行新的嫁接培育,产生了新的优良品种——无核蜜橘。由于它是从温州引种的,日本友人就命名为"温州蜜橘"。日本友人改良的"温州蜜橘",光绪末年,瑞安务农会托许璇由日本首先带回试种。1916 年前后,温州的王亩仙和平阳的黄朔初东渡日本后,分别从兴津园艺场和兵库县川边郡稻野村带回了柑苗。王亩仙种植在温州的将军桥、九山湖滨;黄溯初种植于平阳郑楼小学。关于从日本引回"温州蜜橘"问题,多数学者认为是黄溯初(黄群),但经朱纬尧考证是王亩仙在先,朱先生以日本兴津园的发票为证,较为可信。其后又从日本陆续引回了一些新品种。这是中日两国的人民友好往来和科技交流的一段佳话。

　　现在,温州蜜橘在日本的种植面积约有十多万顷,约占日本柑橘总面积的百分之七十八,占总产量的百分之八十五以上。日本多用"温州蜜橘"制水果罐头,风行全球。二十世纪七十年代,占全球总贸易量的百分之五十以上。[①]

　　温州蜜橘有生长快,产量高,果质好的特点,又能适应贫瘠的丘陵红壤和海边盐性较高滩涂湿地。所以很快传入了欧洲。十六世纪中叶,葡萄牙侵入我国东南沿海,将雪柑带回欧洲,在西班牙佛灵西亚(Volenciaeanly)试种成功。英国商人利物尔斯(Rivers)将早熟的伏令甜橙(Volenciaeanly)和晚熟的伏令甜橙(Volencialate)带回英国,也培育成功。其后又传入美国,晚熟

---

　　①　王宇霖:《大量加强果树资源研究》,载《光明日报》1979 年 6 月 20 日。

的伏令甜橙又培育成了当今世界上栽培最多的伏令夏橙。

中国的脐橙由葡萄牙人先带到印度洋西岸的阿果岛,又由阿果岛传到南美洲的巴西,称为西拉他克(selecta)甜橙。其后,由巴西传入美国的华盛顿州,称为华盛顿脐橙。枅柑也是由葡萄牙人带到印度的孟买,然后传入欧洲、非洲的。美国著名的良种卡拉橘,誉满五大洲,远销全世界,它也是由美国加州大学柑橘研究中心用"温州蜜橘"和"王橘"嫁接培育出来。①

美国果树栽培专家 H·S 里德(Reed),在他的《植物学简史》(*A short History of the plant Sciences*)中,认为《橘录》记录的整枝、防治虫害、真菌寄生控制、果实收藏等技术都是非常先进的。可见《橘录》在美国柑橘良种培育中的作用。

综上所述,韩彦直写成于八百多年前的《橘录》,对我国柑橘业的发展起了很重要的作用,是我国宝贵的文化遗产。它不仅被收入乾隆时的《四库全书》,而且为《群芳谱》、《全芳备祖》、《云麓漫抄》、《简明中国科学技术史》、《中国宋辽金夏科技史》等许多古今书籍广泛引用和论述,从而成为我国古代柑橘的经典著作。这部著作至今还闪烁着它科学的光辉,为中国人民增光! 我们应该更好地研究它的科学价值,使其在我国人民奔小康的路上,发挥更大的作用。

第三节　南宋的农业技术

南宋的农业技术有多方面的发展,由于北方居民的大量南迁,人多地少的矛盾,促成了多种多样的造田技术的发展。除陈旉《农书》的造粪技术外,其他书中记述的粪、肥技术也很丰富。董煟在《救荒活民书》中记述的防虫灭虫技术,很值得重视。曾之谨《农器谱》中的农具技术对传统的农业技术给以总结,记述了新的发展。培育作物品种的多样化技术,较唐代与北宋又

―――――――――

① 贺宝昆:《香飘海内外,情及五大洲——温州蜜柑源流初探》,载《杭州大学学报》1983 年第1 期。

有创新等等。

一、南宋的各种造田技术

(一)畲田

南宋后期在上起三峡,中经武陵及湘赣五岭下到东南诸山,有大量山民耕种的畲田。南宋范成大在《劳畲耕·并序》中说:"畲田,峡中刀耕火种之地也。春出斫山,众木尽蹶。至当种时,伺有雨候,则前一夕火之,藉其灰以粪,日雨作。乘热土下种,及苗盛倍收。无雨反是。山多硗埆,地力薄则一再斫烧,始可艺。春种麦豆,作饼饵以度夏。秋则粟熟矣。"

薛梦符在《杜诗分类集注》卷七中,对畲田进一步阐述说:"荆楚多田,以纵火燎炉,候经雨下种,历三岁,土脉竭,不可复树艺,但生草木,复燎旁山。畲田,烧榛种田也。《尔雅》:'一岁曰菑,二岁曰新,三岁曰畲。'《易》曰:'不菑畲'。皆音余。余田,凡三岁不可复种,盖取余之意也。燎音饩,爇火烧草也。炉音户,火烧山界也。"

从上可知,畲田是一种火种刀耕的原始的山地开发技术。初春时烧荒为肥,掘土而种,待雨而生,粗放耕作,产量较低。缺点是顺坡而耕,不设堤埂,大雨如注,顺坡而流,天旱无雨,坐以待毙。由于水土流失严重,一般三年之后,土肥枯竭,就不能再耕种了。由于没有蓄水设施,只能种豆、粟、麦、菜,不能种水稻,也是一大缺点。

(二)梯田

梯田是在山区的丘陵坡地上,平土筑坝修成许多高低不等的半月形田块,上下相接,形如阶梯,故称梯田。梯田之名,始见于南宋范成大的《骖鸾录》,记载了他游历袁州(今江西宜春)时,所见梯田的情景:"岭坡上皆禾田,层层而上至顶,名曰梯田。"

南宋时,浙江、福建、江淮等地都开始大面积修筑梯田,梁克家的《淳熙三山志》说:"闽山多于田,人率危耕侧种,峻级满山,宛若缪篆。"《宋会要辑稿·瑞异》二之二十九载:"闽地瘠狭,层山之颠,苟可置人力,未有寻丈之地,不丘而为田。"安徽、江西的山区,也多修梯田,而抚州、袁州、信州、吉州、江州尤多。

梯田在近顶之地作池蓄水，池水沿山坡而下，流入层层梯田，克服了畲田无水种稻和水土流失的两大缺点。不仅可以种粟、麦、麻、豆，也可以种主粮水稻了。

（三）围田和圩田

畲田和梯田开发的是山地、丘陵的坡地，而围田和圩田开发的是湖泽和水滨的泥沼地。李心传《建炎以来朝野杂录·圩田》卷一六载："江南旧有圩田，每一圩方数里，如大城，中有河渠，外有门闸，旱则开闸引江水之利，潦则闭闸拒江水之害。旱涝不及，为农美利。"

南宋以后，围湖造田进入高潮期。许多有权有势的地主和驻军从事围湖造田。卫泾在《后乐集》卷一三"论围田札子"说："自绍兴末年，始因军中侵夺濒湖水荡，工力易办，创置堤埂，号为坝田，民已被其害，而犹为至甚者，渚水之地尚多也。隆兴、乾道之后，豪宗大姓，相继迭出，广包强占，无岁无之。陂湖之利，日朘月削，已无几何，而所在围田，则遍满矣。以臣耳目所接，三十年间，昔日之曰江，曰湖，曰草荡者，今皆田也。"围田和圩田不仅发展快，而且规模大，一圩之田，往往达千顷左右。圩岸之长，或数十里，或数百里。如永丰圩圩岸周长 200 余里。

古代文献和当代学者都有对围田、圩田和湖田、柜田混为一谈的现象。从造田的过程看围田和圩田确实没有本质的区别，都是围水造田。南宋杨万里在《诚斋集·圩丁词十集》引农家云："圩者，围也。内以围田，外以围水。"陈旉《农书》也没有给出"圩田"或是"围田"的概念，而只是提到了"其下地易以淹浸，必视其水势冲突趋向之处，高大圩岸，环绕之"。

今有学者认为，围田和圩田是两个含义相似又有区别的称谓，单纯就筑堤围田来说，围田和圩田并没有两样。但从历史发展阶段看来，筑堤围田是比较低级的和发展性的，圩田是有系统规划布局的灌溉系统，在大片平原上开发建成的田制结构，围田则是侵占湖河水面为田，对水利系统有障碍破坏作用。

新《辞海》将围田和圩田分别列条加以解释，围田条说："在湖、江边筑堤围占淤湖（江滩）的田。围田侵占江湖水面，减蓄洪容积水量，会造成水灾。旱时又霸占水源，妨碍别人灌溉。历史上豪强擅自围占，曾造成严重问题。严格地说围田和圩田有本质的不同：围田指围占淤湖为田与水争地，可能发生严重水害；圩田是在低洼地筑堤挡水而成，有利无弊。马端临《文献通考》将'圩田水利'和'湖田围田'列为二目，分别得很清楚。但因形式差不多，通常将围田当作圩田，把二者相混淆。参见'圩田'、'湖田'。"①

宋元时期的一些文献也试图对圩田和围田作一区分。王祯《农书》的论述中有两处提到了围田和圩田。《农器图谱集之一·田制》载："围田，筑土作围，一绕田也。"又说："复有'圩田'，谓叠为圩岸，捍护外水，与此相类。"可见，围田和圩田的差别仅一个"叠"字，也就是说圩田是内外两层圩岸而成的，而围田则只有一层圩堤。王祯《农桑通诀集之三·灌溉篇第九》就更加明确一些，"复有'围田'及'圩田'之制……度视地形，筑土为堤，环而不断，内地率有千顷，旱则通水，涝则泄去，故名曰'围田'。又有据水筑为堤岸，复叠外护，或高至数丈，或曲直不等，长至弥望，每遇霖潦，以捍水势，故名曰圩田，内有沟渎，以通灌溉，其田亦或不下千顷。"

以笔者之见，围田和圩田还是应该加以区别的。第一，围田是一道堤，防水浸淹淤田。圩田是两道堤，即"复有圩田，叠为圩岸"。第二是围田没有防旱涝的灌溉设施，圩田是有灌溉设施的，可以旱涝保收。如杨万里在《诚斋集》卷三十三"圩丁十解"中说："盖河高田反下，沿堤通斗门，每门疏港以溉田，故有丰年而无水患。"

（四）葑田

葑田，又称架田，是一种用木架托浮泥土的土丘。沼泽地水干涸以后，原来生长的菰，水生类的根茎残留甚为厚密，称为葑。天长日久，大雨之后，可以浮于水面，便可于其上耕种，称葑田。后来，人工所造浮于水面之田，也称葑田。

南宋陈旉《农书》说："若深水薮泽，则有葑田，以木缚为田丘，浮于水面，

---

① 新《辞海》，上海辞书出版社 1979 年缩印本，第 766 页。

以葑泥附木架上而种艺之。其木架田丘,随水高下浮泛,自不淹溺。"葑田的规模有的也很大,除了种蔬菜,种五谷之外,还可住人,养家禽,开酒店等。南宋诗人陆游在《入蜀记》中写道:"十四日晓雨,过一小山,自顶自削其半,与余姚江滨之蜀山绝相类。抛大江,遇一筏,广十余丈,长五十余丈。上有三,四十家,妻子、鸡犬、曰碓皆具,中为阡陌相往来。亦有神祠,素所未睹也。舟人云:此尚其小者耳,大者于筏上铺土作蔬围。或作酒肆,皆不能入峡,但行大江而已。"①

从陈旉和陆游的记述看,葑田不仅种粮食,种蔬菜,还可于其上造房屋,开酒店。从土地资源开发利用的角度来衡量,葑田也是一种人造土地。它通过减少住宅占用耕地的方式,来扩大耕地面积。

(五)沙田和涂田

沙田是在江河、海岸的沙洲基础上开发出来的田地,最大弱点是极易受到江水或海水的冲击,没有稳定性。

王祯《农书·农器图谱》"田制"在叙述南宋沙田时说:"旧所谓坍江之田,废复不常,故亩无常数,税无定额,正谓此也。"王祯又引述南宋乾道年间(1165—1173),梁俊请税沙田,以助军饷一事,遭到宰相叶颙的反对,来证明沙田废复无常。时相叶颙奏曰:"沙田者,乃江滨出没之地,水激于东,则沙涨于西;水激于西,则沙复涨于东,百姓随沙涨于东西而田焉,是未可以为常也。且比年兵兴,两淮之田租并复,至今未征,况沙田乎?"

南宋围绕沙田是否征税问题,一直是朝廷官员争议的焦点。而问题的关键就是沙田废复无常,难以按亩记税。为此,南宋数学家秦九韶在他的《数书九章·田域类》中,提到三角沙田的面积计算方法,这是"三斜求积"的计算问题:"问沙田一段,有三斜,其小斜一十三里,中斜一十四里,大斜一十五里,里法三百步,欲知为田几何?"沙田随时可能被损毁的情况,在《数书九章·田域类》中,也有具体体现。如"漂田推积"一题曰:"问三斜田,被冲去一隅,而成四不等直田之状。元中斜一十六步,如多长,水直五步,如少阔,

① 陆游:《入蜀记》第四,见《陆放翁全集》,明代毛氏汲古阁刊本。

残小斜一十三步,如弦,残大斜二十步,如元中斜之弦。横量径一十二步,如残田之广。又如元中斜之勾,亦是水直之股。欲求元积、水积、元大斜、二水斜各几何?"

王祯在总结沙田的废复无常,随水而毁的预防措施时说:"四周芦苇骈密,以护岸堤;其地常润泽,可保丰熟。普为塍埂,可种稻秫,间为聚落,可艺桑麻。或中贯潮沟,旱则频溉;或旁绕大港,涝则泄水;所以无水旱之忧,故胜他田也。"

从上叙述中,可知南宋保护沙田的技术措施有以下几点:第一是筑堤,并于堤外植芦苇,以防止潮水对堤内沙田的冲刷。第二是做埂,以成水池,蓄水种稻。第三是在沙田的高爽之地建立村居,可以安置流民,村居之侧,种植桑麻。第四是在堤内沙田中间和四周开水沟,用于灌溉和排涝。

涂田是在海边的滩涂上开发的田地。在唐代浙江的盐官就建造捍海塘,大历年间(776—779),李承实在通州、楚州沿海,筑捍海塘。《农书·农器图谱》"田制"记载:"东距大海,北接盐城,袤一百四十二里","遮护民田,屏蔽盐灶,其功甚大。"唐代就开始的涂田技术,至宋代有了较大的发展。涂田最大的问题就是海水浸冲,咸潮泛滥。滩涂盐分太重,不能种植庄稼。经过南宋,至元代,对涂田的防止海潮侵袭和改造咸性土质,已经积累了一些经验。

王祯《农书》中,总结南宋至元的涂田技术和经验说:"大抵水种,皆须涂泥,然频海之地,复有此等田法。其潮水所泛,泥沙积于岛屿,或垫溺盘曲,其顷亩不等。上有咸草丛生,初种水稗,斥卤既尽,可为稼田。所谓'潟斥卤兮生稻粱'。沿边海岸筑壁,或立桩橛以抵潮泛。田边开沟,以注雨潦,旱则灌溉,谓之'甜水沟'。其稼收比常田,利可十倍,民多以为永业。"

南宋至元代,改造涂田的措施有三种:第一是种植水稗,改造涂泥的盐卤。这种在盐碱地上种植的先锋作物,还有苜蓿。山东《巨野县志》记载:"碱地苦寒,苜蓿能暖地,不畏碱。先种苜蓿,岁夷其苗,食之。三年或四年后,犁去其根,种五谷蔬果,无不发矣。"这些改造盐碱地的经验是很宝贵的。第二是修筑海塘,抵御海潮。用高大雄伟,长数十里的捍海大堤,挡住海水,保护涂田。第三是开沟蓄水。在捍海大堤内,涂田的周围,开沟蓄水,用于涂田的灌溉。这种变海滩为涂田的技术措施,收到了很好的效果。南宋温州知州韩彦直就领导温州的沿海农家,在改造后的海边涂田上种了大量柑橘,柑橘树渐渐适应了滩涂的土质,获得了大面积丰收。韩彦直将这些经验写入了《橘录》。

二、防虫治虫技术

南宋积累了很宝贵的防虫治虫经验,南宋绍熙五年(1194)进士、瑞安知县董煟写了《救荒活民书》,其中总结了治蝗虫的技术和经验。陈旉《农书》中总结了治稻田和蔬菜害虫的技术和经验,韩彦直在《橘录》中,吴怿在《种艺必用》中,总结了防治果树虫害的技术和经验。下面将分题阐述。

(一)蝗虫的防治技术和经验

中国历史上,蝗虫的灾害非常严重。据《中国救荒史》的统计:唐代二百八十九年间,蝗虫的灾害三十四次;两宋四百七十八年间,蝗虫成灾九十次;元代一百六十三年间,蝗虫成灾六十一次。南宋的三次大的蝗灾都规模巨大,为历史上所罕见。

南宋绍兴三十二年(1162),五月,蝗。六月,江东南北郡县蝗,飞入湖州境,声如风雨自癸巳至于七月丙申,遍于畿县,余杭、仁和、钱塘皆蝗,入京城。宋隆兴元年(1163),七月,大蝗;八月壬申、癸酉,飞蝗过郡,蔽天日,徽、宣、湖三州及浙东郡县害稼。东京大蝗,襄、随尤甚,民为乏食。宋嘉泰二年(1202),浙西诸县大蝗,自丹阳入武进,若烟雾蔽天,其堕亘十余里,常之三县捕八千余石。时浙东近郡亦蝗。

挖掘蝗卵,消灭蝗虫,是治蝗历史上的一大进步,这一技术措施始于北宋,被南宋的董煟加以总结,记入了《救荒活民书》中。

宋仁宗景祐元年(1034)正月,诏募民掘蝗种给菽米。同年六月,开封府淄州蝗,诸路募民掘蝗种万余石。掘蝗卵的出现是治蝗技术上的一个重要进步。

北宋熙宁八年(1075),政府发布了第一个治蝗的诏书,被称为"熙宁赦书"。诏书曰"有蝗蝻处,委县令佐躬亲打扑,如地里广阔,分差通判、职官、监司提举,仍募人,得蝻五升,或蝗一斗,给细色谷一斗,蝗种一升,给粗色谷一升,给价钱者作中等实直,仍委官烧瘗,监司差官员覆按以闻。即因穿掘打扑损苗种者,除其税,仍计价,官给地主钱,数毋过一顷"。①

南宋淳熙年间(1174—1189),又发布了中国历史上第二个治蝗的法规,它比"熙宁赦书"更加具体,其文曰"诸虫蝗初生若飞落,地主邻人隐蔽不言,耆保不即时申举扑除者,各杖一百,许人告,当职官承报不受理,及受理而不亲临扑除,或除未尽而妄申尽净者,各加二等。诸官私荒田(牧地同),经飞蝗住落处,令佐应差募人取掘虫子,而取不尽,因致次年生发者,杖一百。诸蝗虫生发飞落及遗子,而扑掘不尽,致再生发者,地主耆保各杖一百,诸给散捕取虫蝗谷而减剋者,论如吏人乡书手揽纳税受乞财物法。诸系公人因扑掘虫蝗,乞取人户财物者,论如重禄公人因职受乞法。诸令佐遇有虫蝗发生,虽已差出而不离本界者,若缘虫蝗论罪,并依在任法"。

宋代治蝗法规督促官吏和民众,要对蝗虫积极捕杀,力求净尽。对延迟,推诿,捕杀不力的官吏和耆保,严加惩处。但是,人们迷信畏惧的心理,仍非一朝一夕可以改变。仍有对铺天盖地而来的蝗虫烧香拜祭,不敢捕杀的情况。

董煟在《救荒活民书》的"拾遗卷"中说:"蝗虫初生最易捕打,往往村落之民,惑于祭拜,不敢打扑,以故患未已,是未知姚崇、倪若水、卢怀慎之辩论也。臣今录于后,或遇蝗蝻生发去处,宜急刊此作手榜散示,烦士夫父老转相告谕,亦开晓愚俗之一端也。"由于像董煟等积极主张捕杀的人,不断地研究蝗虫的生活习性,蝗灾发生发展的全过程,逐渐总结出一套治蝗的技术和经验。董煟称之谓:"捕蝗法",现抄列如下:

> 蝗在麦苗禾稼深草中者,每日侵晨尽聚草稍食露,体重不能飞跃,宜用筲箕栲栳之类,左右抄掠,倾入布袋,或蒸焙,或浇以沸汤,或掘坑焚火倾入其中,若只瘗埋,隔宿多能穴地而出,不可不知。

---

① 董煟:《救荒活民书》卷二,墨海金壶本 1921 年。

蝗最难死,初生如蚁之时,用竹作搭,非惟击之不尽,且易损坏,莫若只用旧皮鞋底或草鞋旧鞋之类,蹲地掴搭,应手而毙,且挟小不损伤苗稼,一张牛皮或裁数十枚,散与甲头,复收之,北人闻亦用此法。

蝗有在光地者,宜掘坑于前,长阔为佳,两傍用板及门扇连接,八字铺摆,却集众用木板发喊,赶逐入坑,又于对坑用扫帚十数把,俟有跳跃而上者,复扫下覆以干草,发火焚之,然其下终是不死,须以土压之一宿,乃可。一法先燃火于坑,然后赶入。

捕蝗不必差官下乡,非惟文具,且一行人从未免蚕食里正,其里正又只取之民户,未见除蝗之利,百姓先被捕蝗之扰,不可不戒。

附郭乡村即印捕蝗法作手榜告示,每米一升换蝗一斗,不问妇人小儿,携到即时交与,如此则回环数十里内者,可尽矣。

五家为里,姑且警众,使知不可不捕。其要法只在不惜常平、义仓钱米博换蝗虫,虽不驱之使捕而四远自临凑矣。然须是稽考钱米,必支偿,或减克邀勒,则捕者沮矣。国家贮积,本为斯民。今蝗害稼,民有饿莩之忧,譬之赈济,因以捕蝗,岂不胜于化为埃尘,耗于鼠雀乎?

烧蝗法:"掘一坑,深阔约五尺,长倍之,下用干柴茅草,发火正炎,将袋中蝗虫倾下坑中,一经火气,无能跳跃。此《诗》所谓'秉畀炎火'是也。古人亦知瘗埋可复出,故以火治之,事不师古,鲜克有济,诚哉是言。"[①]

(二)南宋其他各类虫害的文献记载

农作物害虫,除蝗以外,还有螟、稻苞虫、青虫、蜚、螣等。这些害虫有些在南宋时期为害十分严重,如,绍兴三十年(1160),江、浙郡国螟;乾道六年(1170),秋,浙西、江东螟为害;庆元三年(1197),秋,浙东肖山、山阴县;浙西富阳、淳安、永兴、嘉兴府皆螟。

稻苞虫:南宋程大昌绍兴十年(1140)写成《演繁露》,其中提到"吾乡徽

---

① 《救荒活民书》"拾遗卷"。

州,稻初成稞,常虫害,其形如茧,其色标青,既食苗叶,又吐丝牵漫稻顶,如蚕簇然。稻之花穗,皆不得伸,最为农害,俗呼横虫"。

青虫:青虫即粘虫,古书上称"子方",粘虫虽然是杂食性的,但古籍所记的"子方"为害都是麦子,且很猖獗,明确记载青虫为害水稻的很少。《宋史·五行志》载:乾道三年(1167),"淮浙诸路多言青虫食谷穗"。

螽:蝗类害虫的大名,包括许多不同的稻蝗。螽最早见于《春秋》,"庄公二十九年(前665),秋,有螽"。南宋罗愿《尔雅翼》:"螽者,似蝗而轻小,能飞,生草中,好以清旦集稻花上,食稻花。……既食稻花,又其气臭恶……使不稔,《春秋》书之,当由此耳。"

螣:《宋史·五行志》:"乾道三年(1167)八月,江东郡县螟螣。"

地火:"庆元四年(1198)余干、安仁乃于八月罹地火。地火者,盖苗根及心蘖虫生之,茎杆焦枯如火烈烈,正古之所谓蟊贼也。"[1]

(三)南宋各类著作中的治虫技术

1. 韩彦直《橘录》中的治蠹技术

柑橘类果树为害最大者当属橘蠹。陆龟蒙的《橘蠹》说:"桔之蠹,大如小指,首负特角,身蹙蹙然,类蝤蛴而青。翳叶仰啮,饥蚕之速,不相上下。人或枨触之,辄奋角而怒,气色桀骜,一旦视之,凝然弗食弗动。明日复往,则蜕为蝴蝶矣。力力拘拘,其翎未舒,襜黑韝苍,分朱间黄,腹填而椭,绥纤且长,如醉方寤,羸枝不扬。又明日往,则倚薄风露,攀缘草树,耸空翅轻,瞥然而去,或隐蕙隙,或留篁端,翩旋轩虚,飚曳纷拂,甚可爱也。"

据陆龟蒙的描写,游修龄先生写了论文《陆龟蒙和凤蝶生活史》,陆先生认为橘蠹就是对柑橘为害最普遍的凤蝶的幼虫。[2]

韩彦直在《橘录》中说:"木之病有二,虫与蠹是也。……木间时有蛀屑流出则有虫蛀之……不然,则木心受病,日以枝叶自凋,异时作实瓣间亦有虫食。柑橘每先时而黄者皆受病于中,治之以早乃可。"

韩彦直的治法是"相视其穴,以物钩索之,则虫无所容。仍以真杉木作

---

① 洪迈:《容斋五笔》卷七,《说郛丛书》1646 年。

② 游修龄:《陆龟蒙和凤蝶生活史》,载《农史研究论文集》,农业出版社 1999 年版,第 350 页。

钉窒其处"。① 韩彦直记载的是果农常用的两种方法,一种是机械的铁丝之类的钩索害虫。另一种是以真杉木作钉,堵塞桔蠹之洞穴,已知利用真杉木树脂中的杀虫性能。

2. 陈旉《农书》中的治稻螟和菜虫技术

陈旉在《农书·耕耨之宜篇》中说:"将欲播种,撒石灰渥漉泥中,以去虫螟之害。"他在《农书·六种之宜篇》中说:"七夕已后,种萝卜菘菜……杂以石灰,虫不能蚀。"陈旉使用的杀虫药是石灰,来自农民的实践经验。至今农村还用石灰做农业的杀虫剂。

3. 吴怿《种艺必用》中的杀虫技术

《种艺必用》中留下了三条杀虫技术,一条是治果树蠹虫的经验。即果树有蠹虫者,以芫花内孔中,即除。或云:纳百部叶;又云:以杉木作钉,塞孔,尤妙。

吴怿记述的杀死蠹虫的方法有三种:用芫花的花蕾所含毒素杀死害虫;或者用纳百部叶子,或者用杉木作钉,塞虫子的洞孔,以杉木钉最有效。他使用的三种药都是植物中所含的杀虫剂。

《种艺必用》中另一条杀虫经验,是治盆景石榴的害虫:"盆榴花多虫,其形色如花枝条相似,但仔细观而去之,则不被食损。其花叶或本身被虫所囊,其蛀限如针而大,可急嚼甜茶置之孔中,其虫立死。"这治虫的方法显然是来自花农的经验。

《种艺必用》的第三条治虫的方法,是种萝卜时,在粪中拌合石灰,有防虫、杀虫的作用。其书记载:"烧土粪以粪之,霜雪不能雕;杂以石灰,虫不能蚀。"吴怿的第三条资料与陈旉《农书》是一致的,说明石灰做杀虫剂已被广泛使用了。

4.《癸辛杂识》和《鸡肋编》中的治虫技术

周密于南宋末年开始撰写《癸辛杂识》,其中也有一条治虫的技术。对桃树的蚜虫,他采取挂灯捕杀的办法,为他书所不见。他在《癸辛杂识》别集

---

① 《橘录》,第27页。

上中说:"用多年竹灯,檠挂壁间者,挂之树间,则纷纷坠下,此物理有不可晓者,戴祖禹得之老圃云。"

这是利用昆虫趋光的捕杀技术,也是来自园艺老圃的实践经验,都是行之有效的杀虫技术。

《癸辛杂识》中还有一项对白蜡虫利用的技术:"江浙之地,旧无白蜡,十余年间,有道人至淮间,带白蜡虫子来求售。状如小茨实,价以升计。其法以盆桎树,树叶类菜萸叶,生水旁,可扦而活,三年成大树。每以芒种前,以黄草布作小囊,贮子十余枚,遍挂树之间。至五月,则每一子中出虫数百,细若蠛蠓,遗白粪于枝梗间,此即白蜡,则不复见矣。至八月中,始剥而取之,用沸汤煎之,即成蜡矣(原注其法如煎黄蜡同)。又遗子于枝间,初甚细,至来春则渐大。二三月仍收其子如前法,散育之。或间细叶,冬青树亦可用。其利甚溥,与育蚕之利相上下,白蜡之价比黄蜡常高数倍也。"从上可知白蜡虫的饲养和利用技术,已十分成熟。

庄季裕撰写于绍兴三年(1133)的《鸡肋编》,收有以蚁治虫的技术,值得珍视。他在《鸡肋编》下卷记载曰:"广南可耕之地少,民多种柑橘以图利。常患小虫损食其实,惟树多蚁,则不能生。故园户之家,买蚁于人。遂有收蚁而贩者,用猪羊脬,盛脂其中,张口置蚁穴旁,俟蚁入中,则持之而去,谓之'养柑蚁'。"这则资料说明,南宋对害虫天敌的利用,已从简单的保护利用,发展到收集和繁殖了。这是治虫技术的一大进步。

三、南宋的耕作制度与《农器谱》中的工具及技术

南宋的农业生产,在人稠地少的情况,曾向山坡、江湖和海滩开发田地。又在有限土地上创造了稻麦两熟耕作制度,双季稻菜栽种技术,稻轮作制度,水旱作物轮作制度等技术,争取在有限的土地上,获得更多的粮食、桑麻和果菜。

(一)稻麦两熟耕作制度

稻麦两熟的耕作见于唐代,樊绰的《蛮书·云南管内物产》载:"从曲靖州已南,滇池以西,土俗唯业水田,种麻豆黍稷,不过町疃。水田每年一熟,

从八月获稻,至十一月十二月之交,便于种稻田种大麦,三月四月即熟。收大麦后,还种粳稻。小麦即于岗陵种之,十二月下旬已抽节,如三月小麦与大麦同时收刈。"

北宋的中、后期,在江南各地努力推广稻麦两熟的耕作制度。在朱长文的《吴郡图经续记》和《吴郡志·水利下》卷十九,也明确记载了:"刈麦种禾一岁再熟","稻麦两熟"。但是,仍是平江府(苏州)个别地区,大多数农民还是只习惯于种稻。

南宋时政府不断推广麦稻两熟的耕作技术,地方官吏也都积极劝农民种麦,力争稻麦两收。绍熙四年(1193),瑞安知县董熼提出"今江浙水田,种麦不广",应扩大种麦面积。嘉定八年(1215),余杭知县赵师恕请求朝廷下诏,令江浙之民,种麦粟,以解决饥荒的威胁。黄震于咸淳八年(1272)到抚州任职,写《劝农文》督促农民种麦。绍兴十九年(1149),宋莘到汉江流域的洋州(今陕西洋县)任职,见当地虽有稻麦种植,但是还是分种,而不是轮作。他在《劝农文》中说:"余尝巡行东西两郊,见稻如云雨,稻田尚有荒而不治者,怪而问之,则曰:'留以种麦。'"①他为了推行稻麦两熟的耕作制度,就将《劝农文》刻在石碑上,向农民宣示和讲解。

(二)双季稻的耕作技术

唐宋时期,长江流域的双季稻种植,仍然以再生双季稻为主。据《文献通考·物异考》等文献记载,北宋无为军(今安徽无为县)、洪州(今江西南昌市)六县、淮西路(今淮南地区)都曾收获再生稻。曾安止在《禾谱》中,称再生稻为女禾。因收割后,原株再生,故称女禾。北宋无为太守米元章称当地的再生稻为孙稻,因从原株上再生之稻很矮,故称孙稻。

南宋全力推广的不是再生稻,而是双季稻技术。周去非在《岭外代答》中,描写了广西钦州双季稻的种植情况:"二月种者,曰早禾,至四、五月收;三、四月种者,曰晚早禾,至六、七月收;五、六月种者,曰晚禾,至八、九月收。而钦阳七峒中,七、八月始种早禾,九、十月始种晚禾,十一月、十二月又种,

---

①　宋莘:《洋州劝农文》,见陈显远《陕西洋县南宋〈劝农文〉碑再考释》,载《农业考古》1990年第2期。

名曰月禾。"这里记载的双季稻就是间作双季稻。

曾安止的《禾谱》中,有一种优良的水稻"黄穋禾":"江南有黄穋禾又称黄穋稻或黄绿谷。"这个品种北宋和南宋不断择优试种,逐渐成为双季稻种植中,被推广的优良品种。在发展连作双季稻连种中起了重要作用。

南宋陈旉《农书》记载:"《周礼》所谓'泽草所生,种之芒种'是也。芒种有二义,郑谓有芒之种,若今之黄绿谷是也;一谓待芒种节过而种。今人占候,夏至、小满至芒种节,则大水已过,然后以黄绿谷种之于湖田。则是有芒之种与芒种节候二义可并用也。黄绿谷自下种至收刈,不过六七十日,亦以避水溢之患也。"

从上可知黄绿谷(即黄穋禾或黄穋稻)是一个有芒而生育期很短的水稻品种,其优点是耐涝喜水,适于湖田种植。由于它的生育期短,在发展连作双季稻连种中,起了重要作用。

(三)水旱轮作制度

南宋的水旱轮作制度是在稻麦两熟的基础上发展而来。南宋的稻麦两熟制度,尽管政府大力提倡,但是在推广中,收效不大。农民在收过早稻的地上,也试种豆菽、蔬茹,以求增加收入。

陈旉在《农书·六种之宜篇》发表了轮作多熟的理论:"种莳之事,各有攸叙。能知时宜,不违先后之序,则相继以生成,相资以利用,种无虚日,收无虚月。一岁所资,绵绵相继。"相继以生成这种理论主张通过作物轮作的制度,来提高复种指数,使同一块土地在一年之内获得两次或三次的收成。"相资以利用",即通过前后轮作的搭配,改善土壤结构,增强土壤肥力。如水稻收割,即耕治晒暴,加粪壅培,而种豆、麦、菜类,通过这种轮作可以"熟土壤而肥沃之"。所谓"种无虚日,收无虚月",是尽量延长耕地里作物的覆盖时间,使地力和太阳能得到充分利用,提高单位面积产量。

陈旉又在《农书·耕耨之宜篇》中说:"早田获刈才毕,随即耕治晒暴,加粪壅培,而种豆、麦、蔬茹,因以熟土壤而肥沃之,以省来岁功役,且其收又足以助岁计也。"这包括了稻麦、稻菽、稻蔬三种轮作多熟的制度。

这种水旱的轮作制度,采用了三项技术。第一是耕治,即整地,通过耕治消灭田中的残根杂草,腐烂肥田,疏松土壤。第二是晒暴,一方面排水晒地,一方面消灭杂草和害虫。第三是壅粪,多熟制的基础是地力,地力的来源是粪肥。基肥、追肥等方式都可使用。三种技术配合使用,又都必须从速进行,以便争取更多的时间,用于作物的生长和成熟。陈旉的水旱轮作只能用于"旱田",因为高田早稻自种至收,不过五、六月。有较多时间用于轮作其他作物。

陈旉的稻菜轮作,包括萝卜和白菜。《六种之宜篇》说:"七夕以后,种萝卜、菘菜,即棵大而肥美也。筛细粪,和种子,打垄,撮放,唯疏为妙。烧土粪以粪之,霜雪不能凋;杂以石灰,虫不能蚀。更能以鳗、鲡鱼头骨煮汁渍种,尤善。"稻豆轮作是南宋至元代在江南的普遍轮作方式,这种轮作还培育了后来的大豆优良品种"黄脚黄"。实践证明,轮作不仅提高单位面积的产量,还可以恢复和提高地力,改善土壤的构成部分。

(四)《农器谱》中的农具及南宋的耕作技术

1.《农器谱》的作者与内容考述

《农器谱》的作者曾之谨,出身于农学世家,他的祖父曾安止在北宋哲宗绍圣元年(1094),写成了《禾谱》一书,于徽宗政和四年(1114)刻印成书。曾安止(1047－1098),字移忠,号屠龙翁,江西西昌(今江西泰和)人。熙宁九年(1076)进士。绍圣年间(1094－1097),曾任彭泽县令。《禾谱》是曾安止记述他家乡西昌及龙泉(今江西遂川)一带的水稻品种志。北宋时期,我国园艺学大有发展,出现了不少谱录,不少著名文人都著有花卉果品的专谱,正如曾安止所说"近时士大夫之好事者,尝集牡丹、荔枝与茶之品为经及谱以夸于世",而曾安止具有传统的重农思想,认为花果之属既然有谱,粮食作物更应有谱,如曾安止说:"予以为农者,政之所先,而稻之品亦不一,惜其未能集之者",即作者慨叹作为农本之一的粮食作物水稻竟然无谱,有感于此,于是就不辞劳苦地对当地水稻资源进行了调查,并仿照当时流行的谱录形式写下了《禾谱》。

《农器谱》的作者曾之谨,江西泰和人。该书成书时间约在南宋嘉泰元年(1201)以前,因为作者在嘉泰三年已将《农器谱》以及作者祖父曾安止的

《禾谱》一并寄给了大诗人陆游,陆游曾为之题诗。曾之谨编写《农器谱》的目的是想弥补其祖父曾安止《禾谱》的不足。

事情得从北宋说起。绍圣初年,苏东坡被贬南迁时路过庐陵,曾安止即向东坡出示自己著的《禾谱》,东坡很是欣赏,但同时指出其美中不足之处:"惜其有所缺,不谱农器也。"并作《秧马歌》附于《禾谱》后。曾之谨非常重视苏东坡的意见,觉得很有必要补上《农器谱》,于是就有了《农器谱》之编写。

《农器谱》是一本记述各种各样农具的农书,它在农具类书中上承唐代《耒耜经》,下开元代王祯《农书》中的《农器图谱》,意义是十分重大的。

据马端临《文献通考·经籍考》著录《农器谱》三卷,续二卷(续为后人所编)。前有周必大序文,后有陆游题诗。曾之谨《农器谱》的"耧鼓序"被王祯收入了《农书》的"农器图谱"。

《农器谱》与《耒耜经》相比较,《耒耜经》主要记述的是唐代曲辕犁,其他农具只略略一提,品种也极少。《农器谱》则完全不同于《耒耜经》,它不仅写耒耜,而且写了包括耨镈、车戽、蓑笠、铚刈、篠簣、杵臼、斗斛、釜甑、仓庾等共十大类各种各样的农具,成为叙述多种农具的农书。这就为王祯《农书》中的《农器图谱》开辟了道路。王祯的《农器图谱》在《农器谱》的基础上扩充为耒耜、钁插、钱镈、铚艾、耙朳、蓑笠、篠簣、杵臼、仓廪、鼎釜、舟车、灌溉、利用、麰麦、蚕缫、蚕桑等十几类,记述农具达一百零三种,传统农具几乎尽集于王祯《农书》的《农器图谱》中。所以说,《农器谱》在农具类农书(包括综合性农书中的农具部分)中起到了承上启下的作用。

《农器谱》虽已失传,但是据王祯《农书·农器图谱》可以考知《农器谱》的内容。卢嘉锡任总主编的《中国科学技术史·农学卷》,对《农器谱》的内容作了考述,现将他们的意见转述如下:

据周必大为该书所作之"序"的介绍,书中记述了耒耜、耨镈、车戽、铚刈、篠簣、杵臼、斗斛、釜甑、仓庾等十项。

元代王祯《农书》中的《农器图谱》,就是从《农器谱》发展而来的,有些地方还沿用了曾氏的文字,如耧鼓,就取于曾氏"耧鼓序",而《农器图谱》对于农器的分类和命名,则大多直接继承了曾氏的方法。因此,虽然曾氏《农器谱》已失传,但还是可以根据王祯《农书》的内容来考察曾氏《农器谱》的内容。

根据《农器图谱》的记载,耒耜主要包括整地和播种农器,有耒耜、犁、牛、方耙、人字耙、耖、耢、挞、礰、砺碡、礰礋、耧车、砘车、瓠种、耕槃、牛轭、秧马。

耨镈,在王祯《农书·农器图谱》中做"钱镈",是为中耕农具,主要有钱镈、薅鼓、耰锄、耧锄、镫锄、铲、耘荡、耘爪、薅马等。

车㧑,则可能相当于《农器图谱》中的"舟车"和"灌溉"两门,指的是农业运输、农用建筑和农田灌溉工具,包括农舟、划船、野航、舴艋、下泽车、大车、拖车、田庐、守舍、牛室、水栅、水闸、陂塘、翻车、筒车、水转翻车、高转筒车、水转高车、连筒、架槽、㧑斗、刮车、桔槔、辘轳、瓦窦、石笼、浚渠、阴沟、井、水荡等。

蓑笠,为遮雨和遮阳的农器,根据王祯《农书》的记载,这部分农器主要包括蓑、笠、扉(草鞋)、屦(麻鞋)、㕡(一种适合于泥中行走的木鞋)、覆壳(一种背在后背的用以遮阳遮雨的农器)、通簪(一名气筒,插于束发中通气筒)、臂篝(一种竹篾编制而成的袖套)、牧笛、葛灯笼。其中牧笛和葛灯笼可能是王祯新加入的。

铚刈,收割农器,根据王祯《农书》所载,这部分农器除铚,艾、镰、推镰、粟鋻、䥽(弯刀)、钺,郦刀等外,还有斧、锯、铡、砺等农用工具。

筐篓,各种装粮的工具,根据王祯《农书》所载,包括筊(竹制品,主要用以装谷种)、䕫(草编制品)、筐、筥(圆形竹筐)、畚、囤、篅、谷匣(木制方形存粮器)、筹、儋、篮、箕、帚、筛、筲、筛谷筹、扬篮、种箪、晒槃、摜稻箪等。

杵臼,脱壳和碾精农器。王祯《农书》记载的有杵臼、碓、塙碓、礦、碾、辊辗、扬扇、磨、连磨、油榨等。

斗斛,衡器。王祯《农书》并无专门的一门,而合并在"仓廪门"中,有升、斗、概、斛等四种。

釜甑,炊器。相当于王祯《农书》中的"鼎釜门",包括鼎(作为农器,主要用于缫丝)、釜、甑、甑箄、老瓦盆、匏樽、瓢杯、土鼓等。

仓廪,贮藏粮食的建筑物,根据王祯《农书》的记载,主要有仓、廪、庾、囷、京、谷㽅、窖、窦等。①

2.南宋耕作技术述要

南宋的水田,因季节不同分为秋耕、冬耕和春耕。秋耕和冬耕在水稻收割后进行。朱熹在《晦庵集》卷九十九所收的《劝农文》中说:"大凡秋间收割后,须趁冬月以前,便将户下所有田段一例犁翻,冻令酥脆,至正月以后更多著遍数,节次犁耙,然后布种,自然田泥深熟,土肉肥厚,种禾易长,盛水难干。"黄震在《黄氏日抄》卷七十八所收的《劝农文》中说:"田须秋耕,土脉虚松,免得闲草抽了地力。今抚州多是荒土,临种方耕,地力减耗矣。尔农何不秋耕?"

南方水田翻耕目的有四:其一是清除残根,翻埋败叶;其二是消灭杂草和害虫,其三是利用冬冻改善土壤结构;其四是为冬作做好准备。

陈旉在《农书·耕耨之宜篇》中,记载了秋耕与冬耕的两种作用。一种是"放水晒垡",他说:"山川原隰之田,经冬深耕,放水干涸。雪霜冻冱,土壤苏碎。当始春,又遍布朽薙腐草败叶,以烧治之,则土暖而苗易发作,寒泉虽冽。不能害也。"这种秋耕用于土性阴冷的地区,借以利用放水晒垡熏土来提高土温,以利种子萌生。另一种是"蓄水冻垡",他说:"平陂易野,平耕而深浸,即草不生,而水亦积肥矣。"吴怿在《种艺必用》中也持同样意见,他说:"浙中田遇冬月,水在田,至春至大熟。谚云谓之'过冬水',广人谓之'寒水',楚人谓之'泉田'。"

冬灌可以使田中结冰,消灭害虫和杂草,并可以改良土壤结构。为作物生长创造良好的生态环境。

春耕是播种前的最后准备阶段,它比秋耕和冬耕更重要。对冬作田的春耕,一般在越冬作物收割之后,采用平整沟畎,蓄水深耕的方法,以便春播。冬闲田地也必须在开春之后再三耕耙,使土酥松肥厚,以待春播。

---

① 董恺忱、范楚玉:《中国科学技术史·农学卷》,第436—437页。

南宋水田的第二项耕作技术是耙，经过秋耕、冬耕、春耕的土地，要耕而后耙，"散墢去芟"。即破碎土垡，清除杂草和作物的残茬。耙的工具分方耙和人字耙，为了加大耙的功效，南宋时采用了人站在耙上，加大耙的重量，以便使土垡尽快耙碎，草和残茬尽快耙出。黄震在《抚州劝农文》中说："田须熟耙，牛牵耙索，人立耙上，一耙便平。"黄震所说的人立耙上的情景，在南宋楼璹以后，流传的《耕织图》上，也可以看到。

耙过的稻田，经过了"散墢去芟"，但田面依然高低不平，不便插秧，还要用耖进行平整。这就是耕作的第三项技术——耖。

王祯在《农书·农器图谱》中，记载南宋至元使用的耖说："耖，疏通田泥器也。高可三尺许，广可四尺，上有横柄，下有列齿，其齿比耙齿倍长且密。人以两手按之，前用畜力挽行，一耖用一人一牛。有作连耖，二人二牛，特用于大田，见功又速。耕耙而后用此，泥壤始熟矣。"

南宋的《耕织图诗》"咏耖"一节，描述耖的使用说："脱胯下田中，盎浆著塍尾，巡行遍畦畛，扶耖均泥滓。迟迟春日斜，稍稍樵歌起。蒲暮佩牛归，共浴前溪水。"

南宋时期，随着耖的发明，以耕—耙—耖，为主要技术环节的南方水田整地技术体系已经形成。耖是南方水田耕作的特有工具，耕罢则耙，耙毕则耖，耖后则泥壤始熟矣。

陈旉在《农书·善其根苗篇》中说："田精熟了，乃下糠粪，踏入泥中，荡平田面，乃可撒谷种。"

稻田耕作技术的第四项是耘。中国古代的耘田技术，最早分足耘和手耘。王祯在《农书·农桑通诀锄活篇》记载足耘曰："为木杖如拐子，两手倚以用力，以趾塌拔泥上草秽，壅之根苗之下。"足耘省力，但没有手耘精细，后为手耘所取代。

手耘最初没有工具，如朱熹《劝农文》中所说："禾苗既长秆，草亦生，须是放干田水，仔细辨认逐一拔出，踏在泥里，以培禾根。"[①]

---

① 朱熹：《晦庵集》卷九九，明嘉靖（1522－1566）胡岳刻本。

手耘的工具叫耘爪,王祯《农书·农器图谱》"耘爪条"曰:"耘爪,耘水田器也,即古所谓鸟耘者。其器用竹管,随手指大小截之,长可逾寸,削去一边,状如爪甲,或好坚利者,以铁为之,穿于指上,乃用耘田,以代指甲,犹鸟之用爪也。"这是一种套在手指上的工具,有除草和护指的两种作用。

田间除草耘泥的第二种工具叫耘荡,王祯在《农书·农器图谱》"耘荡"条曰:"形如木屐,而实长尺余,阔约三寸,底列短丁二十余枚,篾其上,以实竹柄,柄长五尺余。耘田之际,农人执之,推荡禾垅间草泥,使之溷溺,则田可精熟,既胜耙锄,又代手足,况所耘之田,日复兼倍。"它比耘爪,既大大提高了工作效率,又减轻了劳动强度。

第三种工具叫耘鼓,以其欢快的乐声和节奏,增加劳动兴趣,提高劳动效率。耘鼓,又称薅鼓,见于南宋曾之谨的《农器谱·薅鼓序》:"薅田有鼓,自入蜀见之。始则集其来,既来则节其作,既作则仿其笑语而妨务也。其声促烈壮,有缓急抑扬而无律吕,朝暮不绝响。"①薅鼓的风俗以四川最盛,湖南、湖北、江西等地,也有此风俗。

南宋高斯得在宁国府任职时,就在田间用薅鼓鼓励农民进行耕作。他在《宁国府劝农文》中记载说:"布种既毕,四月草生,同阡共陌之人,通力合作,耘而去之。置漏以定其期,击鼓以为之节。"

稻田耘草的时间和次数,各种南宋的文献记载不一。楼璹的《耕织图诗》说得比较具体:"时雨既已降,良苗日怀新。去草如去恶,务令尽陈根。"朱熹在《劝农文》中定的时间是"禾苗既长秆"、"草亦生"了。综上可见,初次耕田的时间是在水稻移栽之后,返青拔节之时。这与现代耘田的时间是一致的。

南宋的耘田,一般是二至三次,陈旉在《农书》中,分为"耘—烤—耘",三个步骤。烤田,又称靠田,是一种控制水分的措施。陈旉《农书·薅耘之宜篇》中说:"夫干燥之泥,骤得雨,即苏碎,不三五日,稻苗蔚然,殊胜于用粪也。""所耘之田,随于中间及四旁为深大之沟,俾水竭涸,泥坼裂而极干,然

---

① 王祯:《农书·农器图谱》"耘荡"条,王毓瑚校,农业出版社1981年版,第233页。以上所引皆见此书。

后作起沟缺,次第灌溉"。这是在田中开水沟进行烤田的方法。

南宋高斯得在《宁国府劝农文》中说:"浙人治田,比蜀中尤精。土膏既发,土力有余,深耕熟犁,壤细如面,故其种入土,坚致不疏。苗既茂矣,大暑之时,决去其水,使日暴之,固其根,名曰'靠田'。根既固矣,复车水入田,名曰'还水'。其劳如此。还水之后,苗日以盛,虽遇旱暵,可保无忧。"①这里说的"靠田",也就是烤田。

南宋《耕织图》中,对耘田的时间和次数都有明确描写,耘田分为一耘、二耘、三耘。第一耘在插秧后七天左右,第二耘、三耘要在插秧后二十五天内完成。耘田有除草、增肥、保水三种作用,陈旉在《农书·薅耘之宜篇》中说:"盖耘除之草,和泥渥漉,深埋禾苗根下,沤罨既久,则草腐烂而泥土肥粪,嘉谷蕃茂矣。""不问草之有无,必遍以手排护,务令稻根之旁,液液然而后已"。三耘之后,杂草已除,肥水兼备,为丰收打下了坚实的基础。

四、南宋其他农业技术

(一)南宋的养鱼技术与金鱼之诞生和培育

南宋的渔业,捕捞和饲养都十分发达。《梦粱录》记载南宋都城杭州渔业的繁荣,卷一六"鲞铺"条说:城内外专营渔业、水产的商店"不下一二百家","遇巷门及隐僻去处,俱有铺席买卖","又有盘街叫卖,以便小街狭巷主顾,尤为快便耳"。

南宋利用江南水乡的便利条件,大力发展淡水养殖。《嘉泰会稽志》卷一七"鱼部"载:"会稽、诸暨以南,大家多凿池养鱼为业","方为鱼苗,喂以粉,稍大,饲以糠糟,大则饲以草"。南宋叶梦得的《避暑录话》,记载了浙东养鱼:"初生时,取种于江外,长不过寸,以木桶置水中,切草为食,如养蚕。"后投于陂塘,不三年长可盈尺。但水不广,鱼劳而瘠,不能如江湖间美也。《淳熙新安志》卷二记载:养殖的品种有鳙、鲢、鲩、鲤、青鱼等,已知有选择的

---

①　高斯得:《耻堂存稿·宁国府劝农文》卷五,武英殿聚珍版广雅书局本,1899 年。

混合饲养,积累了使相从以长的饲养经验。

由于养鱼业的发展,出现了专门培育和贩卖鱼苗为生的人家,并积累了培育鱼苗和长途运输的经验。南宋周密的《癸辛杂识》记载了江西的情况:"江州等处水滨产鱼苗,地主初夏皆取之出售,以此为利。贩子辏集,多至建昌,次至福建、衢、婺。其法作竹器似桶,以丝竹为之,内糊以漆纸,贮鱼种于中,细若针芒,戢莫知其数,著水不多,但陆路而行……至家,用大布兜于广水中,以竹挂其四角。布之四边出水面尺余,尽纵鱼苗于布兜中,其鱼苗时见风波微动,则为阵,顺水旋转而游戏焉。"在运输途中,"陂塘汲取新水,是换数度,如果途中休息,要专人不时摇动水兜,盖水不定,是鱼洋洋然,无异江湖。反之,则水定鱼死矣"。这些措施都十分合理,换陂塘之新水,以供应氧气,专人摇动也是使氧气进入水中,模仿江湖活水的动态,给鱼苗创造一个类似江湖的环境,以适鱼性。

宋代除饲养食用鱼外,还培育了观赏鱼——金鱼,即今天金鱼的祖先。李时珍在《本草纲目》中说:"金鱼有鲤、鲫、鳅、鳘数种,鳅、鳘尤难得,独金鲫耐久。前古罕知,自宋始有蓄者,今则人家处处养玩矣。"李时珍认为金鱼蓄养从宋代开始。北宋元祐四年(1089),苏轼任杭州知府,写了"我识南屏金鲫鱼,重来附槛散斋余"的诗。据《冷斋夜话》注:"西湖南屏山兴教寺,有鲫十余尾,金色,道人斋余争侍槛投饵,饵鱼为戏。东坡习西湖久,故寓于诗词。"这种金鲫鱼还不是真正的金鱼,而是野生的红黄色鲫鱼。这种野生的红黄色鲫鱼,因色彩鲜艳,可供观赏,投入院池中放养,这是半家化的开始。①

南宋时期,由于皇室重臣的爱好,贵族富商也相继造池养鱼,形成了一股以庭院、楼台、池阁、花鱼比富的风尚。大约在此时,有了以饲养和贩卖金鱼为生的渔户。他们精选野生的金鲫鱼,饲以污水中的小红虫,使金鲫鱼得到适口的饲料,生活条件大大改善,经过长期的人工选择,使得新的变异能够保存下来,终于培育了新的品种——金鱼。从此金鱼才从半家化转入池养家化期,真正的金鱼才算诞生了。②

---

① 张仲葛:《金鱼史话》,载《农业考古》1982 年第 1 期。
② 陈文华:《中国古代农业科技史图谱》,农业出版社 1991 年版,第 447 页。

南宋吴自牧《梦粱录》卷八记载,杭州德寿宫内建有"金鱼池,匾曰泻碧"。卷十八记载:"金鱼,有银白,玳瑁色者。""今钱塘门外多蓄养之,入城货卖,名'鱼儿活',豪贵府第宅舍沼池蓄之,青芝坞玉泉池中盛有大者,且清水泉涌,巨鱼游泳堪爱"。岳珂的《桯史》也说:"今中都有豢鱼者,能变鱼以金色,鲫为上,鲤次之。"养鱼的人家还对饲养技术保密:"问其术,秘不肯言,或云以市渠之小红虫饲,凡鱼百日皆然。"金鱼产于中国,由金鲫演化而来,这是中国人民对世界的一项宝贵贡献。

(二)南宋的压条和扦插技术

扦插和压条是我国古代树木繁殖的重要方法之一。南宋在桑树和葡萄及花果等繁殖中得到了广泛运用。

南宋周密的《癸辛杂识》续集上,"种葡萄法"记载了葡萄的扦插技术:"于正月末,取葡萄嫩枝长四五尺,捲为小圈,令紧。先治地,土松而沃之以肥,种之,止留二节在外。异时春气发动,众萌竞吐,而土中之节不能条达,则尽萃华于出土之二节。不二年,成大棚,其实大于枣,而且多液,此奇法也。"

南宋的扦插技术还用于花木的繁殖,并且使用了萝卜,采取了一些保护措施,以提高成活率。《癸辛杂识》续集上,"扦花种菊"记载:"春花已半开者,用刀剪下,即插之萝卜上,却以花盆用土种之,时时灌溉,异时花枝插地下,作一处,以芦席一棚,高尺四五,覆之,遇雨则除去以受露,无不活者。"《癸辛杂识》续集上还记载了扦插瑞香的技术,"插瑞香法"条说"凡扦之者带花,则虽活而落花,叶生复死。但于芒种日折其枝,枝下破开,用大麦一粒置于其中,并用乱发缠之,插于土中,但勿令见日,日加以水溉灌之,无不活矣。试之果验"。

南宋的扦插技术还用于桑树和果树。《种艺必用》明确提出:"撒子种桑,不若压条而分根茎。"肯定了压条法比种子法为优。《务本新书》记载压条说:"寒食之后,将二年之上桑,全树以兜橛祛定,掘地成渠,条上已成小枝者,出露土上,其余条树,以土全覆,树根周围,拨作土盆,旱宜濒浇,如无元树,止就桑下脚窠,依上掘渠埋压。六月不宜全压。"这些压条的记载十分具体细致,说明南宋在桑树压条繁殖方面已积累了不少经验。

压条技术在果树上也得到运用。《分门琐碎录·接果木法》:"生木之果,八月间以牛淬和,包其鹤膝处如木杯,以纸裹囊之,麻绕令密致,重则以杖柱之,任其发花结实。明年夏、秋间,试发一包视之,其根生则断其本,埋土中,其花实皆安然不动,如巨木所结子。"这种高枝压条的方法应用于石榴,收到了良好的效果。《种艺必用》接果木条中也说:"凡接矮果及花用好黄泥晒干,筛过,以小便浸之,又晒,浸,凡十余次。以泥封树枝。用竹筒破两片封裹之,则根立生。次年断其皮,截根栽之。"南宋的扦插压条技术,促进了水果、花卉的生产,促进了商业繁荣,使南宋农业生产多一条经营之路。

(三)南宋的蔬菜栽培技术

《梦粱录》卷十八"物产·菜之品"记载杭州种植的蔬菜有"苔心野菜、矮黄、大白头、小白头、夏菘、黄芽、芥菜、生菜、菠菜、莴苣、苦荬、葱、薤、韭、大蒜、小蒜,紫茄、水茄、梢瓜、黄瓜、葫芦、冬瓜、瓠子、芋、山药、牛蒡、茭白、蕨菜、萝卜、甘露子、水芹、芦笋、鸡头菜、藕条菜、姜、姜芽、老姜、菌"等。在这些蔬菜中,萝卜和白菜(菘菜)种殖最多,积累了较多的经验。

陈旉《农书》记载了萝卜和白菜栽培技术:"五月治地,唯要深熟,于五更承露锄之,七遍,即土壤滋润,累加粪壅,又复锄转。七夕以后,种萝卜、菘菜,即棵大而肥美也。"这两种蔬菜品质好,产量高,种殖季节又长,所以最受人们欢迎。南宋时已成为农家的主要菜蔬。

南宋陈仁玉于淳祐五年(1245)写了《菌谱》一书,是我国第一部菌类专著。他的家乡盛产食用菌,号为上等,四明(今宁波)、温州、台州之山谷多产菌。周密在《癸辛杂识》中又极力称赞天台所出桐蕈,味极珍。台州之菌又为食单所重。这一切促成了陈仁玉写《菌谱》的决心。其书收载了当地食用菌十一种,有合蕈、稠膏蕈、栗壳蕈、松蕈、竹蕈、麦蕈、玉蕈、紫蕈、鹅膏蕈、黄蕈、四季蕈。目的是:"尽其性而究之。"书中记载了菌种的产地,采摘时节,菌之形状、颜色、气味,以供辨认。如合蕈,"其质外褐色";稠膏蕈,"生绝顶树稍,初如蕊珠,圆莹类轻酥滴乳,浅黄白色,味尤甘。已乃张伞大若掌"。这些描述生动形象,细致准确,为当代学术研究南宋的菌类提供了珍贵的信息。如鹅膏蕈,"生高山中,壮类鹅子,久而伞开。味殊甘滑,不减稠膏。然与杜蕈相乱。杜蕈者,生土中,俗言毒蜇气所成,食之杀人"。据此当代学者认定陈仁玉描述的鹅膏蕈就是今天的鹅膏属(amanita)担子菌。可见《菌谱》一书的植物学价值。书后还附有食菌中毒的解毒之法。解毒法指出凡食杜蕈中毒者,"解之宜以苦茗杂白矾,勺新水并咽之,无不立愈"。《菌谱》扩大了人们的食用菌范围,对元、明、清阐述菌的农书起了指导作用,王祯《农书·百谷谱》中所记松蕈、紫蕈和辨毒知识,显然来自《菌谱》一书。

南宋蔬菜种植的另一项重要技术是生豆芽。生长在黑暗处的植物呈黄色,菜茎细长柔嫩,节间距离拉长,叶片小而不展开,这种现象生物学上称为黄化。利用黄化现象宋代人培育了豆芽、韭菜和黄芽菜。韭菜和黄芽菜诞生于北宋,豆芽诞生于南宋。

南宋林洪在《山家清供》中,记载了温陵人生豆芽的技术:"温陵人前中元数日,以水浸黑豆。暴之,及芽,以糠皮置盆内,铺沙植豆用板压,及长,则覆以桶。晓则晒之,欲其齐而不为风日侵也。中元则陈于祖宗之前,越三日出之,洗焯。泽以油、盐、香料,可为茹,卷以麻饼尤佳,色浅黄,名鹅黄豆生。"南宋人的这一创造,给人们带来了一种新的可口菜肴。至今炒豆芽依然是人们十分欢迎的脆美佳肴。

第六章　南宋瓷器制造的工艺与技术

宋室南渡之后,绍兴十年(1140)与金国签订和约,双方进入了一个稳定的休战期。赵构定都临安(今杭州)后,开始建设宫室,恢复北宋的旧制,皇室所用瓷器,也袭故京遗制,在临安附近设立官窑,烧制宫廷用瓷,史称南宋官窑。

第一节　南宋官窑及其工艺与技术

一、南宋郊坛下官窑和修内司官窑

南宋郊坛下官窑位于杭州凤凰山东南面的乌龟山上。乌龟山是一座东西长三百米,南北宽二百米的小山,山上有紫金土、石灰石、瓷石等烧瓷的原料;前临钱塘江,水源充沛;群山林木葱茏,柴草、木炭资源丰富,是烧制瓷器的理想地址。

(一)郊坛下官窑

1.窑场与作坊遗址

郊坛下官窑的考古发掘,计开探沟、探方二十二个,发掘面积1400平方米,共发现窑炉一座,作坊遗址一处。作坊遗址中,房基三座,练泥池一个,辘轳坑两个,釉料缸两个,堆料坑一个,素烧炉一座,素坯堆、排水沟、道路等,出土瓷片三万余片,窑具数千件。

两座龙窑位于乌龟山西麓的缓坡上,相距 50 多米。在对窑场的地层发掘中,在距地表 60～115 厘米处,发现了红烧土、窑砖碎块、窑具、南宋官窑瓷片等;在 110～200 厘米处也发现了大量红烧土、窑砖碎块、匣钵、支垫具及南宋官窑瓷片。

龙窑的修筑情况,以 2 号窑为例,窑炉建于乌龟山西坡,自西南向东北,自下向上延伸。斜坡长为 37.5 米,宽 1.34～1.85 米,高差 7.2 米。前段平缓,斜度 11.5 度,后段较陡,13.5 度。利用山坡原有的地形,据炉窑所需面积及深度挖槽,然后用砖顺向错缝叠砌两侧窑墙及火膛、出烟室、窑门等。窑室地面铺垫一层 5～10 厘米石英沙。窑砖为长方形、楔形两种,砖由土、粗沙烧制,坚硬厚实。楔形砖用于窑头火膛与窑顶,为浙江地区稀见的耐火材料。

2 号窑由火膛、窑室、出烟室组成。火膛位于窑炉的南端,山坡最低处。呈半圆形,后部有隔墙,墙宽 1.34 米,有炉栅、火门、通风口、出灰道等,火膛前有窑前工作室。窑室在窑炉的中段,占窑炉的绝大部分,呈斜坡状。由窑墙、窑门、窑顶、投柴孔、窑底等组成。窑室底部有铺底匣钵,最大者直径 42 厘米,最小者直径 10 厘米,一般为 20 厘米,匣钵形制多样,反映了南宋官窑烧制的器形丰富。出烟室位于窑炉的尾部,山坡的高处。出烟室东西宽,南北窄,是圆角长方形。室壁为橘红色烧土,外表有烟熏的灰痕或黑痕。

综上可知,窑炉用料讲究,窑砖坚硬规整,质地厚实细致,窑炉设计科学,不论是用材质量还是砌筑技术,都比一般宋代民窑更高。

郊坛下南宋官窑的作坊遗址,位于乌龟山和桃花山的山岙中,有一千平方米。作坊遗址发掘的地层中,距地表 65 厘米发现较多南宋官窑瓷片和各种窑具残片、窑砖等。在 80～200 厘米地层中,有南宋官窑的瓷片、素烧坯、窑砖碎块、窑具等遗物。在 80～200 厘米的层面上,发现了三处作坊建筑遗址,北面一处是坐西朝东三间平房,内有拉坯成形的辘轳,应为成坯作坊。南面一处遗址应为直径 4 米左右的圆形练泥池,池底和内壁用匣钵底和石块砌铺。练泥池的南侧是低温素烧炉。再往南是上釉作坊,工房的东南部放置两个大陶缸,存放泥料。在练泥池、素烧炉、配釉缸的周围,堆积着经低温素烧的坯件,有的已经上釉,说明这里是坯件素烧、上釉的工场。

2. 烧造瓷器的特点

南宋郊坛下官窑发掘的实物有二十三种,两大类。一类是饮食器皿,如碗、盘、盆、三足盘等,另一类是礼器和陈设品,如鼎式炉、鬲式炉、贯耳瓶、胆瓶、觚、尊等,多数是仿照古代青铜和玉器形制,古朴端庄。

南宋郊坛下官窑的瓷器有三大特点,即紫口铁足,胎色黑、灰;金丝铁线,有片纹;厚釉薄胎,釉呈乳浊的青玉色。

南宋官窑与北宋官窑比较,其原料配方与窑炉设计,既有继承又有不同。南宋官窑设立之初,就按"袭故京遗制"之要求,其图样、形制、釉色都继承了北宋官窑的特点。北宋官窑与南宋官窑其工艺与技术的不同是,北宋官窑继承的是北方汝窑的工艺技术体系,而南宋郊坛下官窑所采用的是南方越窑的工艺技术体系。两者的本质差别是原料配方不同和窑炉的技术设计不同。

北宋官窑的原料是高岭土,釉料配制"玛瑙为釉",玛瑙属于石英族矿物,其主要化学成分是二氧化硅。南宋郊坛下官窑采用的原料是瓷石为主,加紫金土的配方,其釉料配制,采用精制的瓷石粉加釉灰配制,釉灰是由石灰石、草木灰混烧而成,继承了越窑的制瓷工艺和技术。

窑炉的技术与设备也很不同,北宋官窑采用的是馒头形窑炉,技术设备可以产生直焰、倒焰和半倒焰,已采用还原焰烧瓷,烧成温度为 1280℃ + 30℃,已掌握了温度控制与气氛控制的技术与方法。

南宋郊坛下官窑采用的龙窑设备有五大特点:

第一,可以依山建筑,建造费用低廉。靠山的坡度形成窑内的自然抽力,不需要较高的烟囱,窑内气流和温度即可自然上升,又利用了烟气预热坯体,节约燃料。南方多山,在同时具有原料、燃料的地方多是山区,特别适于建造龙窑。

第二,龙窑升温快,自然冷却,可以缩短烧成时间。

第三,龙窑从最早的十几米发展到几十米,其装窑产量大大高于其他窑型。增加产量,降低单位烧窑成本,大大提高了经济效益。

第四,以木柴作燃料。木柴火焰长,灰分熔点高,渣不结块,南方山区柴源供应又十分方便。

第五,南宋时期的龙窑窑身增长,坡度减小,其结构更趋合理,对烧成温度和气氛的控制已达到较为成熟的阶段。基本能达到高质量瓷器烧成的工艺要求。

铁足紫口的工艺特点是怎样形成的呢? 烧造中的改进是将支钉改为垫饼,垫饼为扁圆形,装窑时把垫饼放在坯件的底部或圈足下,所以与垫饼接触器底或圈足底部的釉层必须刮去,烧成后无釉部分的胎体裸露的部位,因经第二次氧化变成铁灰色,称为"铁足"。由于装窑时器口朝上,在烧到1200℃时,上口部釉汁下流,釉层较薄,隐现胎骨的灰紫色,称为"紫口"。

薄胎厚釉的郊坛下官窑青瓷,胎厚只有1毫米,釉却有1～2毫米。它的特点是釉面柔和如玉,釉色青纯晶莹,开片疏密有致,使瓷器更加轻巧、优美、高贵,它标志着南宋郊坛下官窑瓷的工艺和技术水平达到了历史上前所未有的新高峰。

(二)凤凰山上的修内司官窑

南宋的官窑,除郊坛下之外,还有另一处在凤凰山上的修内司,称修内司官窑,或内窑。因叶真在《坦斋笔衡》中记载说:"袭故京遗制,置窑于修内司,造青器,名内窑。"故又称修内司官窑或内窑。

1. 修内司官窑的地理位置

内窑位于凤凰山与九华山之间的盆地上,遗址面积为两千多平方米,海拔高90米。南至南宋皇城北墙不到100米,北接万松岭,东连清平山。现将《咸淳临安志》卷首所载《临安府城图》复印如下:

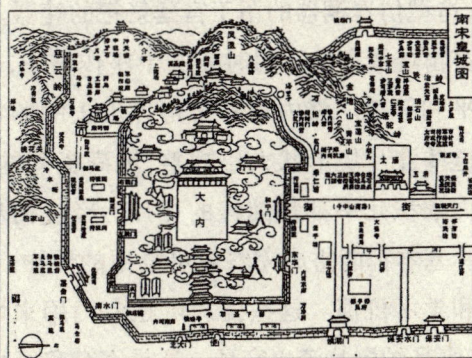

《咸淳临安志》记载修内司营位于万松岭、清平山、骆驼岭之间,与《坦斋笔衡》所记和现在发掘出的遗址完全相符。

2. 窑场规模和作坊遗址

在窑址南北两面的山坡上,发现了多处制瓷原料场地。南面的前坡上,有一种较纯的瓷土矿,北面龙窑上方一百米处,有另一瓷土矿带,附近又有一个紫金土矿带。对内窑的第二期发掘,在遗址南较陡的山坡上发现了瓷土矿与紫金土矿共生的原料采矿遗址。

通过对内窑瓷片样品进行荧光 X – ray 分析与工艺实验,证明这种混合原料具有制作黑胎青瓷胎料的化学组成和工艺性能。把修内司官窑(即内窑)的原料、瓷片和郊坛下官窑的原料、瓷片,进行对比研究,证实了两者工艺技术是一脉相承的,用料都是就地取材的瓷土和紫金土。这与叶寘、高濂的记载是一致的,考古发掘证明了文献记载的准确。

南宋临安凤凰山的修内司官窑遗址,经过几年的考古发掘,基本弄清了原貌。

该窑址实际发掘面积为两千三百平方米,共计清理不同时代的龙窑窑炉三座,小型馒头窑四座,作坊十座,澄泥池四个,辘轳基座坑十二个,施釉用的釉料缸两口,原料矿两处,开采原料的矿坑遗迹两处。其中南宋层发现了龙窑窑炉一座,素烧炉两座,澄泥池四个,原料采矿坑一处,釉料缸两个,作坊遗址一组,出土了大量的官窑瓷片、素烧坯及各类支烧窑具、匣钵残件等遗物。瓷器品种丰富,造型优美,制作精良,不仅有高质量的生活用具,还有许多器形很大,造型仿青铜器的用于宫廷祭祀的礼器。

在修内司官窑窑址清理的不同时期的十座作坊中,部分作坊建筑精良,表现出较高的水平和等级。修内司官窑窑址出土的器物,主要出土于二十四个瓷片坑中。这些瓷片坑形状大小规整,堆满瓷片的坑表面大多覆盖有纯净的黄土。坑内堆积几乎都是纯粹的瓷片。经过初步拼对整理,发现瓷片坑中出土的瓷片基本都能拼成完整或可复原的器物。这些瓷片复原后有较高的文物价值和学术价值。这些瓷片坑是专门用来堆放残次品的,其目的是不让这些残、废品的瓷片流出窑场。这是官窑窑场所特有的标志。

作坊遗址也很典型,我们以发掘报告的 9 号作坊为例,加以叙述。

9 号作坊是一座长方形的砖砌棚式建筑,位于窑址西部的中间地带,建筑面积较大,方向北偏西 48 度。9 号作坊的正面与窑相距 2 米,背面紧挨着一组澄泥池,东北角与另一房间相连接。

9 号作坊总长 16.2 米、宽 6.8 米、残高 0.21 米。从现存迹象看,9 号作坊面向西北,北面遗址保存较好,南面仅存痕迹。在西北部的一片尚保存有六块柱础石,前墙部三块,中间三块,前墙西侧的一块为长方形,长 0.3 米、宽 0.1 米;其余五块均为正方形,边长 0.45 米,为灰白色岩石。从柱础石的位置看,9 号作坊应为面阔六间,进深两间的建筑。9 号作坊的边墙保存不好,从前端的遗存看,为三排平砖顺砌,前墙中部尚保存有八层砖,在八层砖以上用较规整的石块砌建,其高度大约就是墙体的高度,高为 0.4 米。所用砖均为规整划一的细泥质深灰色青砖,长 30 厘米,宽 12 厘米,厚 4 厘米。这种砖当地称为香糕砖,主要用于南宋临安城的皇家建筑和等级较高的官府建筑。

9 号作坊的地面顺山势西高东低,呈阶梯状下降。内部的地面保存情况可见其又分为不同功用的几个区域。西端的前半部有整齐的砖铺地面,单层平砖错缝砌建,边界清楚。范围南北长 3.4 米,东西宽 3.18 米。这部分似为堆放已加工过的精熟料的场所。西端的后半部也保留一个小遗迹,四周用单砖立砌,中间用长方砖平铺,低于地面 0.1 米,形成一个小池,池内用一层废匣钵封盖。似为堆放釉料的小池,为防干燥而用匣钵覆盖。西北角建筑的东侧为宽 1.7 米的通道,表面为深褐黑色的路土,但在中间部还有一砖砌成规整的曲尺形面,用途不明。通道以东又是一个建筑单元,西、南两边用双层砖立砌出边,中部的底用砖错缝平铺,周边有一圈很浅的流水槽。东部则用石条砌边。其范围长 3.22 米、宽 2.2 米。这组建筑比西端的建筑在平面上低了 0.16 米。这组建筑周边砌帮,中部平整,且四周有浅流水槽,推测其为原料泥的陈腐池。在此建筑的北边一片土平面,其中部有一陶车基座(辘轳车坑)。辘轳车坑开口于室内地平面,以残砖平铺成圆形坑口,直径约 0.26 米,深 0.42 米。坑壁四周用瓦片围砌,用以维护坑壁。坑底深入生土,较平整,底部中心又有一直径约0.1米的装木轴的圆坑,深5.5厘米,内填黄色沙土。因要保存遗迹,故未做解剖。在这一建筑组的东面是另一平面,低于此平面0.36米,此平面一直延伸至东端。这一平面的建筑受到一定程度的破坏,仅在西北角保留有一片砖铺地面,其范围南北长2.9米,东西宽1.96米。所有这些遗留的砖铺地面都建造得十分精致,地面平整,齐砖对缝,表现出较高的水平。在9号遗址的平面上有一层0~0.7米的堆积,几乎全部是板瓦和筒瓦,只有少量的瓷片和窑具。此层堆积应是地面建筑坍塌后的堆积。从这层堆积可见,其主要包含是屋顶的瓦件,而极少有砌建边墙的砖。由此可见,9号作坊应是一座有柱和瓦顶而无边墙的棚式建筑。从现存遗迹可见,在这一长方形大棚内,有备料、陈腐、堆料、拉坯、凉坯等不同功用的专门区域,是一个完整的制坯作坊。

3. 窑炉遗存及其结构

南宋修内司官窑的窑炉遗存有两种,即龙窑窑炉和馒头窑窑炉。我们分别以发掘报告的1号龙窑和1号馒头窑为例,加以叙述。

1号龙窑为依斜坡而筑的龙窑,自东北向西南延伸,方向55度,前低后高,残存斜坡长度约为15米,宽1.35~1.98米,高差1.7米。由火膛、窑室、出烟室三部分组成。

火膛位于窑炉的东端,山坡最低处。平面呈半圆形。东西长约0.73米,火膛后部有隔墙,墙宽1.3米。火膛壁用规格为长0.37米、宽0.17米、厚0.07米的长方形灰褐色砖错缝叠砌,两侧壁尚在,其中南侧厚0.17米,残高0.19米;北壁厚0.17米,残高0.35米。火膛口宽约0.34米,低于窑室底部约0.23米。火膛内尚残留部分草木灰烬。

窑室为火膛后接窑室,呈斜坡状,因破坏严重,仅存部分窑墙、窑底。窑墙用长方形砖错缝叠砌。窑墙残高0.35米,厚0.17米,窑墙内壁涂抹有耐火泥,厚约0.04~0.06米,已烧结。窑底为斜坡,已烧结,仅存前半段。烧结面呈深蓝绿色,有釉质光泽,烧结层厚约0.06米,其下为红烧土层,厚度在0.1米以上。窑底尚残留部分碎匣钵,有平底和凹底两种,应为原始支垫遗存。

出烟室位于窑炉尾部。由于已遭严重破坏,仅残存大量红烧土,结构不明。

在遗址中,发现小型馒头窑四座。以1号馒头窑为例。其窑址北距1号龙窑的窑头约2米,南边是9号作坊遗迹。炉内堆积比较单纯,主要是大量倒塌的炉壁砖和渣土以及少量素烧坯残件。

其窑型为马蹄形馒头窑,由火膛、窑床、出烟室和护墙四部分组成。总长1.8米、宽1.22米,残高(从火膛底至最高处)0.89米,方向56度。

火膛呈半圆形,长0.66米、宽0.92米,低于窑床面0.22~0.32米,火膛口宽约0.32米,火膛底部发现大量木炭灰烬。

窑床是横长方形,西壁略鼓,长0.78米、宽0.99米,窑壁用长0.18米、宽0.08米、厚0.05米的长方形条砖砌建。后壁有方形烟火孔五个。窑底较平整,铺有长方形砖,但大部分已无存。

出烟室呈半圆形,长0.18米、宽0.82米、残高0.5米,底部与五个烟火孔相通,也用长方形条砖砌建。

护墙在窑壁外,间隔约0.3~0.4米左右,用碎砖和废窑具平砌而成,厚约0.16米。火膛前端两侧护墙呈八字形,护墙内用黄粘土充填,其作用是保温。

1号馒头窑是典型的半倒焰式马蹄形馒头窑。从窑床内及窑炉周围发现大量素烧坯件的残片,可推测此窑炉为烧制素胎坯件的素烧炉。

二、南宋官窑的胎釉特征和工艺技术

对南宋官窑的胎釉,古人的文献描述,以明代曹昭的《格古要论》为详,他在"古窑条"中说:"官窑器,宋修内司烧者,土脉细润,色青带粉红,浓淡不一,有蟹爪纹,紫口铁足。色好者与汝窑相类,有黑土者,谓之乌泥窑,伪者皆龙泉烧者,无纹路。"

高濂在《遵生八笺》中,对釉色的分类,作如下记述:"粉青为上,淡白次之,油灰色,色之下也。"对纹片的分类是"冰裂鳝血为上,梅花片、墨纹次之,细碎纹,纹之下也"。

曹昭、高濂皆为明代人,很难亲见南宋的官窑瓷器,他们对胎质、釉色的描述与考古发掘出的南宋官窑瓷器并不完全相符。

(一)南宋官窑瓷胎的特征

从两处官窑出土的瓷胎看,胎体具有相似的特征,现叙述如下。

1.胎体颜色特征

胎体呈色大体分为两大类:一类是灰白胎。主要包括灰白色、土灰色、土黄色胎;另一类是黑灰胎。主要包括深灰、灰黑、黑灰色胎。产生这两类胎色的原因是:一、胎体配料不同,造成胎体中化学组成不同,前者配料中不含紫金土,胎料中含铁量较低,后者配以紫金土,所以含铁量较高。二、烧成气氛不同,使相同配方的胎体中着色离子在氧化还原的过程中所取的离子价态不同,如胎体中 FeO/Fe_2O_3 的比例不同,造成呈色不同。有人把"紫口铁足"现象作为南宋官窑瓷的主要特点,事实上,并非所有的南宋官窑瓷都具有这一特征。造成这一特征的原因是多方面的,再作补充论述如下:从工艺技术的角度分析,南宋官窑黑胎青瓷的口沿有的修理成"人"形,胎体又修得较薄,上釉时不易挂住釉,口部的釉较薄,高温烧成时釉面出现液相产生流动,口沿的釉在流动的过程中有自然向下流动的现象也造成口沿釉层减薄,使胎色影露,烧成后呈现"紫口"。至于"铁足",只指黑胎青瓷的胎体中含氧化铁量较高,器物刮釉露胎部分圈足在烧成后呈现铁灰色,即"铁足"现象。另外,从科学技术测试的结果可知,宋代遗存的青瓷残片的胎中的氧化铁(主要是三氧化二铁)含量最低的一般在 2.0%,最高的达 7.5%。在高温下冷却过程中,胎体会发生二次氧化,使露胎部分产生"铁足"现象。这是使南宋官窑产生"紫口铁足"的内在原因。"紫口铁足"现象只产生在黑胎青瓷中,在生产工艺中,只要配制成黑胎青瓷,一般就会有这种现象。

2.胎体微观结构

从南宋官窑瓷的瓷片断口看,肉眼可见有一定量的开口气孔,胎体并不致密。在低倍显微镜下可见少量残留的石英颗粒。胎体断口微吸水,经测试,吸水率一般在 0.5%～3.0% 之间。其中,郊坛下官窑的吸水率为 0.55%～2.97%。郊坛下官窑瓷片太多生烧,吸水率较高,且变化范围大,少

数精致的也是比较致密的,吸水率在 0.5% 以下。修内司官窑的瓷片吸水率
为 0.53% ~2.21%。相对而言,它比郊坛下官窑的波动范围小。有学者已
对修内司官窑窑址的原料和瓷片及郊坛下官窑遗址采集到的原料及瓷片采
用湿化学和等离子发射光谱仪相结合的方法进行分析研究。结果显示:南
宋郊坛下官窑和修内司官窑的瓷片胎体中的主要化学组成是:氧化硅、氧化
铝、氧化钾、氧化钠、氧化钙、氧化镁、氧化钛、氧化铁(主要是三氧化二铁)。
其中 SiO_2 为 61% ~71%,Al_2O_3 为 20% ~28%,Fe_2O_3 为 2.0% ~7.5%。从
对郊坛下官窑和修内司官窑所取的瓷片和生烧片的重烧测试的结果证实,
郊坛下官窑的烧成温度在 1100℃ ~1220℃,修内司官窑的烧成温度在
1150℃~1260℃。单从瓷片测试数据看,修内司官窑要比郊坛下官窑的烧成
温度高些,后者的胎体也显得致密些。而从坯料的酸度系数看,两处瓷片
$RO_2/(R_2O + RO + 3R_2O_3)$ 在 1.23 ~1.50 之间。①

　　在生产工艺中,要配制成黑胎青瓷,从该遗址周围发现的可用原料分
析,可以有至少两种不同的工艺技术方法制备胎:一种是采用单一原料配
制,另一种方法是采用两种或多种不同的原料配制而成。经对修内司官窑
址采取的原料、瓷片样品进行荧光 X – ray 分析和工艺试验,并于杭州乌龟山
郊坛下南宋官窑遗址出土的原料、瓷片进行对比研究,证实了"南宋官窑"郊
坛下官窑与修内司官窑在工艺上是一脉相承的,两者都是就地取材,全部利
用窑址附近原料配制烧造的。这与明代高濂著的《遵生八笺》记载"所谓官
者,烧于宋修内司中,为官家造也……取土俱在此处"是相符的。修内司官
窑窑址周围还发现了一个由瓷土与紫金土共生矿原料的采矿残坑。经分
析,这种矿料可以直接配制成黑胎。过去,对黑胎青瓷的胎体,一般都认为
是由瓷土和紫金土两种原料配制,从未发现过用一种矿物就可以制成黑胎
青瓷的矿物原料。现在,我们可以这样认为:黑胎青瓷胎体可以由一种原料
制备,也可以由两种矿物配制。修内司官窑创造了黑胎青瓷这种古朴典雅
的专为皇家烧造的高档艺术珍品。这种黑胎青瓷的瓷胎采用二元配方的创

---

① 杜正贤、周少华:《南宋官窑瓷鉴定与鉴赏》,江西美术出版社 2003 年版,第 75 – 78 页。

造,改变了浙江地区"越窑系"制瓷技术中一直秉承的一元配方制胎的工艺。这是中国陶瓷工艺发展史上的一个里程碑。

(二)南宋官窑釉面的特征

南宋官窑的釉面特征可分为釉色、釉面以及釉体特性三个方面来叙述。

1.釉的颜色

釉主色呈青色,浓淡不一。通常呈莹青、粉青、灰青、青灰、青黄、炒米黄等颜色。其精品特征为:釉色莹澈,如玉如脂,色以粉青为上。其实,南宋官窑瓷釉色没有一种确定的颜色,它是以青灰,青黄为主的一个色谱范围。据对釉进行特征光谱及主波长测试,结果证明:随着波长逐渐增长,其外表面釉色由粉青、灰青向米黄过渡。主波长在 540nm ~ 560nm 时,釉呈粉青色调;主波长在 560nm ~ 620nm 时,釉呈灰青色调;主波长在 700nm 时,釉呈米黄色调。

2.釉面特征

釉面特征可分纹片、质感、釉体特性三个方面论述。

(1)纹片

南宋官窑瓷釉面普遍有裂纹,纹理大小、疏密不一。这种原本是制瓷工艺中产生的一种病疵,却成为官窑青瓷的一种装饰。人们把这种裂纹称之为"纹片"或"开片"。釉面"纹片"产生的主要原因是由于在烧成后降温阶段,胎与釉在冷却过程中膨胀、收缩的系数不一样,在胎、釉结合层产生应力,这种应力释放的结果造成釉面开裂。釉面纹理的大小、多少不但与胎、釉料的组成有关,还与釉层厚度、施釉方法、烧成制度紧密相关。釉层厚纹片大而少,釉层薄则纹片细而多。在古陶瓷中,产生釉面开裂是一种普遍现象,并非南宋官窑独有的特征。宋代的汝窑、钧窑、耀州窑及后来的哥窑等都有釉面纹片现象。在传世的和发掘的南宋官窑瓷中,无纹路的确实很少,但还是有的。在当时的工艺条件下,生产出无纹路的制品是很不容易的。

(2)质感

南宋官窑瓷追求釉面质感似玉的效果。古代人对玉的喜爱已达到了崇拜的程度。但要使瓷器产生玉的质感并不是一件容易的事。多次施釉多次釉烧是南宋官窑瓷工艺技术的特点。多层、微晶、厚釉是产生玉质感的主要原因。

（3）釉体特性

经过对多层釉进行电子显微镜观察，多层釉层与层之间的结合处有大量的微晶，经定性分析测定：这些微晶是钙长石。多层微晶使入射到釉面的光线产生反射、折射、漫反射及吸收，综合作用的结果，使釉面产生玉质感。对南宋官窑两处窑址出土的瓷片的釉层采用湿化学和等离子发射光谱仪相结合的方法进行的研究，分析结果显示：南宋郊坛下官窑和修内司官窑的瓷片釉中 SiO_2 为 55% ~ 68%，Al_2O_3 为 10% ~ 17%，Fe_2O_3 为 0.65% ~ 2.0%，CaO 为 13.50% ~ 23.8%。从釉的熔融性能来说，两处的瓷片 $SiO_2/(R_2O + RO)$ 在 2.4% ~ 3.1%，SiO_2/Al_2O_3 在 7.0% – 10% 之间，在此范围的釉比较易熔融。[1] 众所周知，我国越窑系青瓷釉早在东汉前就采用精选的细瓷土加灰釉（草木灰加石灰）配成，南宋官窑瓷釉沿用的就是这一技术路线的制釉技术。经考证，全部釉用制备原材料都是就地取材，采自窑场周围。

（三）南宋官窑的成型工艺和造型设计

1. 瓷器制作的工艺流程

南宋官窑从其工艺技术的角度分析，两处窑场都应与越窑青瓷窑系是一脉相承的，但在局部的工艺上有改进和创新。从两处窑场考古发掘的作坊遗址看，除设备的规模大小不同外，基本的工艺流程是相同的。作坊遗址中包括练泥池、辘轳坑、釉料缸、堆料坑、素烧炉及素烧坯堆、柴烧龙窑等遗迹。成形制作工艺以轮制为主，拉坯成形，兼有手制、模制、坯胎分段镶接或分片粘接等手法。

装烧有支烧、垫烧两种主要方法。此外还有套烧、合烧等方法。一般支烧器以早期薄釉居多，垫烧器以后期厚釉居多。厚釉产品采用多次施釉烧的方法。具体方法是：第一次本坯素烧或上外釉素烧，烧成温度约为750℃ ~

---

[1] 杜正贤、周少华：《南宋官窑瓷鉴定与鉴赏》，江西美术出版社 2003 年版，第 80 – 81 页。

850℃。第二、三次入窑釉烧,里外上釉。烧成温度约为1000℃～1180℃,最后一次釉烧的温度要比前几次高30℃～80℃。中间釉烧的温度控制在釉始熔温度左右,并保温一定的时间,使釉与釉之间、釉与胎之间形成一定的中间层。

2.瓷器的造型和演变规律

南宋郊坛下官窑遗址内共出土三万余件瓷器碎片及大量窑具、工具等遗物。在出土瓷片中,完整及复原器形有二十三种。修内司官窑共出土有十万多片南宋的瓷片,地层中出土的瓷片零星的比较少,大量瓷片集中出土于四个瓷片堆积坑。坑长为2米、宽为1.8米、深为0.45米的长方形瓷片堆积坑。四边相当规整,上面用致密的黄土覆盖,质地非常坚硬。由于这些瓷片坑的性质是用来集中堆放生产中出现的残次品或未达到标准的器物,而且由专门的人负责处理,应是放入坑中以后才打碎的。连破碎的残次瓷片都不容许外流,这也是只有宫廷"官窑"才采用的制度。从众多瓷片整理的结果看,同一坑中的器物并非一窑所烧,而是多窑的产品。绝大多数可拼对成完整或可复原的器物,仅完整或可复原器就达七百余件,二十多种器型。

出土器物按用途分主要为两大类:一类以日常生活用具为主,这类器物出土量最多的是碗、盘、碟、盏、瓶、罐、壶、洗、盒、杯、钵、盆、花盆、唾具等日常器皿,这些器物的造型特征,大多在宋代一般民窑中也是常见的,只是制作工艺精致程度不曾见如此高超。另一类是仿青铜器型制的礼器、祭器,如鼎式炉、奁式炉、鬲式炉、葱管足炉、簋式炉、贯耳瓶、胆瓶、盘口长颈瓶、六棱瓶、八棱瓶、花口瓶和觚、尊等祭器和陈设瓷,品种丰富。其中觚、尊、炉、瓶等多数是依照古代铜器和玉器的形式,式样稳定端庄,古朴典雅。

各种生活用具的演变规律,以碗为例加以叙述。

碗可分四种类型,在不同时期的造型、尺寸和制作工艺均有变化。早期的碗与北宋越窑的碗有许多共同之处:底足较高,足外撇,厚胎,底满釉支烧。后期的碗慢慢形成独有的风格,底足变矮,足壁变直,足底露胎,直接在垫饼或垫圈上垫烧。胎薄釉厚,采用多次上釉,多次素烧的工艺。

礼器和陈设器以瓶为例,加以叙述。

作为礼器的瓶类有许多种器形。每一种器形都有几式构成,每式之间都有前后继承关系。1型玉春瓶主要演变规律是口部由折沿向平沿演变,底足由高圈足外撇形裹足向矮圈足直形露胎演变。瓶腹器形由球形向蒜头形演变。胎色由灰色向深灰色、灰黑色演变。釉色由米黄色、灰青色向粉青色、青绿色演变。装烧方法由支烧向垫烧演变。其他制品的器型及工艺技术演变也有类似的规律。

(四)南宋官窑瓷器的烧制工艺和技术

近年来周少华①、朱伯谦②、陈显求③等专家已对郊坛下官窑的原料和胎釉作了专项研究,现将其化学分析与组成概述如下:

南宋郊坛下官窑粘土原料的化学组成(重量%)

名称	K_2O	Na_2O	CaO	MgO	MnO	Fe_2O_3	Al_2O_3	SiO_2	TiO_2	烧失
粘土	1.81	0.18	0.15	0.25	<0.01	1.03	17.02	73.56	0.93	5.05
紫金土	0.59	0.29	0.79	0.24	—	7.80	21.95	62.65	1.09	4.61
石灰石	0.20	—	54.38	0.12	—	0.50	0.79	1.48	—	42.49

经X射线衍射和差热分析知其粘土的矿物组成为高岭石、石英和伊利石,淘洗后主要是除去了不少的石英成分。瓷胎的原料由粘土和紫金土配制而成。

从1985年发掘出的南宋郊坛下官窑制陶作坊来看,可以大致了解该窑的产品生产工艺的概况。原料经过淘洗、配料和练泥,圆器在陶车上手工拉坯成型,干燥后仍在陶车上旋削修坯。方形器如四方壶或六方壶应是用泥片法拼接并入模子中成型后再手工修坯。正符合"澄泥为范,极其精致"的记载。特别是圆器的胎,有些部位甚至削薄至小于1毫米,的确名副其实是薄胎。从发掘出土的生烧残片可以证实,胎经过素烧后多次施釉,多次素烧,然

---

① 周少华:《杭州乌龟山郊坛官窑原料的研究》,载《ISAC,92古陶瓷科学技术讨论会论文集》,上海科技文献出版社1992年版,第290—294页。

② 朱伯谦:《釉质肥润,珍世瑰宝——南宋官窑》,载《朱伯谦论文集》,紫禁城出版社1990年版,第204—209页。

③ 陈显求:《南宋郊坛官窑与龙泉哥窑的陶瓷学基础研究》,载《硅酸盐学报》1984年第2期,第208—225页。

后用圆形或方形支钉装钵入窑烧成。其烧成温度在 1230~1280℃之间。在长达 40 余米的龙窑中专烧宫廷用的这类官窑瓷器,其生产规模是很大的。

南宋官窑的生产工艺和胎釉的性能先后有若干研究结果。从十个不同瓷胎的工艺性能,即显气孔率 11.6%~0.9%,体积密度 2.4~2.19 克/立方厘米,假比重 2.52~2.28 克/立方厘米,吸水率 5.2%~0.5% 来看,则该窑瓷胎在上述的烧成温度范围内已完全或基本上瓷化了。故瓷质坚实是有道理的。十个试样的胎、釉化学组成经分析,其范围如下:

郊坛下官窑胎、釉化学组成范围(重量%)

名称	K₂O	Na₂O	CaO	MgO	Fe₂O₃	Al₂O₃	SiO₂	P₂O₅
釉	2.69~4.55	0.19~1.30	8.89~18.36	0.50~0.91	0.69~1.30	13.66~17.23	61.41~68.28	0.26~0.67
胎	2.61~4.22	0.15~0.73	0.08~0.65	0.14~0.76	1.88~4.22	13.66~28.81	61.27~70.12	

釉色以粉青和米黄两色为正烧品的主要色泽,以粉青为最好。此外,尚有青灰、淡黄、蜜蜡、鹅皮黄和浅紫色等,青瓷釉色的变化与烧成制度直接相关,烧成制度包括烧成温度、烧成时间、烧成气氛三个方面。在一定的时期内,制瓷生产中的胎、釉的配方是相对稳定的,但用同一批配料做成的器物通过同一窑炉烧成后,表现出的釉色不同,同一窑炉中不同窑位生产的产品其釉色呈不同的变化,这种现象有人称之为"窑变"。一般在还原气氛下烧成的青瓷呈粉青,在氧化气氛下烧成的青瓷其釉色多呈青黄或米黄色。如果烧成时其温度、时间、气氛掌握不好则会出现粉青、灰青、灰白、青黄、米黄等各种各样的颜色,值得注意的是这种不同呈色的青瓷有同样的配方配料,同样的烧成设备,同样的窑工烧造。这是一个值得深入研究的问题。

这类釉色的瓷器有滋润光泽的玉质感,色泽淡雅,乳浊性良好,滋润如玉。釉层普遍有开片,其中青釉纹片比较少,黄釉纹片细密。薄胎厚釉多层结构的明显效果是釉的质感如冰似玉。由于胎料中含铁量高,胎色直接影响釉面呈色,烧造过程中釉层厚易流动且在器物口部易形成"紫口铁足"现象。这种工艺特征的产品是浙江地区越窑系窑场独创的。窑工们所掌握的这门精湛的技术是浙江地区制瓷技术水平的标志,代表着当时国内最高制瓷技术水平。

在南宋官窑窑址出土的瓷片中,没有发现口沿有故意做成"紫口"的器物。也没有发现瓷片的釉上开片有人工染色的所谓“金丝铁线”。

装烧技术有支烧、垫烧两种主要方法。前期产品多以支烧为主,多为三钉、五钉、七钉,底足部留下的支点迹痕比北方汝窑要大而粗。没有汝官窑中那种芝麻点的效果。后来采用底部刮釉垫烧为主。一般支烧器以薄釉居多,釉为一层。垫烧器以厚釉居多,釉为多层。有的还采用支烧与刮底垫烧法相结合的方法装烧。根据考古发掘出土的瓷片分类,并经对拼对和修复的器物进行统计,得到日用器碗、盘、杯支烧与垫烧的比例分别为:碗01∶1.54,盘1∶1.03,杯1∶0.13;陈设器瓶、罐、壶1∶1.61;礼器盆、炉、觚1∶0.03。

南宋官窑还有套烧、合烧等方法。使用的装烧器具品种之多,是其他民间瓷窑中少见的。

南宋官窑瓷器的釉色有玉质感和纹样装饰也是其别具特色的工艺与技术成就。

南宋官窑青瓷是一种以釉面的色泽、质感和纹理为主要表现形式的色釉瓷。釉面纹饰以釉自然产生的裂纹为基础。少量器物的胎体表面有浅浮雕、镂雕和堆贴装饰。

南宋官窑瓷的釉色变化风情万种,从青蓝、青绿、青灰到青黄、米黄、蜡黄等各种各样的颜色,丰富多彩,至于何种釉色最美,则要由使用者的兴趣爱好而定。古人有“粉青为上,月白次之”之分,但从历代宫中传世的器物看,釉色并非只有粉青和月白两种,淡青、青灰、米黄色的也占有很大的比例。可见,南宋官窑的釉色并不是确定的,而是十分丰富的。南宋人追求的是自然美,这是美学中的最高境界。

南宋官窑瓷釉面质感是中国历代名窑名瓷中最具玉质感的。这种玉质感主要产生于厚釉多层结构。经电子显微镜观察到釉中多层釉中间层聚集大量的微晶和部分气泡,从而使光线入射到釉表面时产生多重的漫反射、散射等光学现象,表现出与硬玉内多晶结构相似的光学性能,因而达到了瓷釉玉质感的奇妙效果。

关于南宋官窑瓷釉表面开片纹饰的特征,这原本亦是青瓷制瓷工艺过程中产生的自然现象。当坯体进入龙窑内加热、高温烧成,停火后封窑,自然冷却至室温,釉面裂纹是在冷却过程中产生的。产生裂纹的本质原因是胎、釉经高温烧成后其胎、釉发生了一系列的物理、化学反应,冷却时由于胎、釉膨胀系数不同,胎、釉间产生应力,使釉层产生裂纹。这种裂纹是古陶瓷生产中经常产生的一种现象,或者说,在当时制瓷水平下是一种尚无法控制的工艺缺陷。这种缺陷后来被用来作为南宋官窑青瓷的釉面装饰,不能不说是南宋人的一大发现。由于这种釉面裂纹的形成肌理比较复杂,影响其纹片形态的因素除了胎、釉本身配方外,还与施釉工艺、釉层厚度、烧成温度、高温下冷却速度等有关。因此,要生产出一模一样的两件釉面纹饰几乎是不可能的。但值得注意的是,在南宋人的文献记述中,并没有把这种釉面产生的纹片奉为至宝加以渲染,而仅仅是当作一种自然美的组成部分。两处官窑遗址发掘的遗存证实了这一点,至于给釉面的纹理进行染色,这绝不是宋人所为。两处官窑遗址中出土的几十万片官窑瓷片中并无发现有"金丝铁线"、"文武片"、"鳝血纹"、"蟹爪纹"、"梅花片"、"墨纹"等富有诗意的纹理。常见的纹片多为自然形成,有的纹细似丝,有的里外两层开片,呈冰裂状,亦称冰裂纹。有的开有大片,有的开有小片,亦有的不开片。一般是厚胎薄釉的釉面呈细裂纹,薄胎厚釉的釉面呈大纹片。米黄色瓷多为单层釉,开片细密。厚釉多层结构多为粉青或淡青色,开片稀疏。

南宋官窑的考古发掘,出土了大量瓷片,有待我们用中子活化分析法、荧光 X—ray 分析法,测定其胎、釉中的微量元素,对南宋官窑的工艺和技术作深入的研究。

第二节　南宋龙泉窑的工艺和技术

对龙泉窑瓷器,学术界有不少分歧,以龙泉烧制的初始年代为例,就有朱伯谦先生的三国两晋说;陈万里和邓白先生的五代说;学术界普遍认同的是北宋说。关于龙泉窑的性质,也有青瓷官窑说、龙泉窑仿官说、龙泉官窑说、龙泉民窑说四种①。对于龙泉窑的分期也有不同意见②。我们在本节所论列的是学术界普遍认同的观点。

一、龙泉窑的烧制年代与历史分期

对龙泉窑的文献记载以南宋庄季裕《鸡肋篇》最早,他说:"处州龙泉县又出青瓷器,谓之秘色,钱氏所贡,盖取于此。宣和中,禁庭制样须索,益加工巧。"

宣和(1119－1125)是宋徽宗的年号,可知北宋末年,宫廷已经向龙泉窑索贡瓷器了。

南宋叶寘《坦斋笔衡》记载:"江南则处州龙泉县窑,质颇粗厚。"说明南宋初期龙泉窑瓷器的品质仍很粗劣。

明代陆容在《菽园杂记》中,对龙泉窑瓷器所记甚详:"青瓷初出刘田(即龙泉县地),去县六十里,次则有金村,与刘田相去五余里。外则白雁、梧桐、安仁、安福、绿绕等处皆有之。然泥油精细,模范端巧,俱不如刘田,泥则取于窑之近地,其他处皆不及。油则取诸山中,蓄木叶烧炼成灰,并白石末澄取细者,合而为油。大率取泥贵细,合油贵精。匠作先以钧运成器,或模范成形,俟泥干则蘸油涂饰,用泥筒盛之,置诸窑内,端正排定,以柴条日夜烧变,候火色红焰无烟,即以泥封闭火门,火气绝而后启。凡绿豆色莹净,无瑕者为上,生菜者次之。"

陆容对龙泉窑所用的胎泥原料、瓷釉配制、钧运成器、筒盛入窑、火色器色等,一一论述。是记载龙泉窑制瓷最详尽的早期文献。

对龙泉窑的烧制年代与历史分期,不但有文献记载可供参考,而且也有考古发掘的遗址和实物可供研究。

对龙泉窑的调查和考古发掘,以"文化大革命"为界,可分为两个时期。早期的调查和收集瓷片等工作是由陈万里先生开始的。陈先生寓居浙江十年,八次赴龙泉、十次赴绍兴,调查龙泉瓷的资料,收集瓷片等实物,写成了

---

① 石少华:《龙泉青瓷赏析》,学苑出版社 2005 年版,第 55－61 页。
② 《龙泉青瓷赏析》,第 10－28 页。

《龙泉青瓷的初步调查》一书。

"文化革命"前,政府组织的对龙泉窑的考古调查与发掘,有 1957 年从龙泉大窑到高祭头路段考古调查,对溪口和庆元县境内窑址的系统调查;1958 年对龙泉东区与云和县紧水滩坝址的实地调查;1959 年瓯江水库文物工作组的考古调查,发现了丽水宝定和吕步坑两个窑址,其后不久,又发现了石牛、郎奇、规溪等多处窑址。1960 年,为配合浙江省龙泉青瓷委员会恢复工作而发掘了龙泉金村和大窑两处遗址。

"文化革命"后,1974 年,紧水滩水电工程准备重新启动,又开始了水库范围内的龙泉窑第二次调查活动。1978 年,紧水滩工程第三次上马,在国家文物局领导下,由中国社会科学院牵头,有中国历史博物馆、上海博物馆、浙江博物馆等单位参加,组成联合考古队,对龙泉窑进行了大规模的考古发掘。

龙泉窑早期的考古调查,写入了《瓷器与浙江》一书。对龙泉大窑、金村、溪口等地的历史调查,对大窑、安仁、安福与云和县的梓坊、水碓坑、赤石等地的窑址的考古发掘,获得了大量窑炉、作坊遗址、瓷器制品、窑具等,为龙泉窑的研究提供了大量丰富多样,生动翔实的资料。

正是根据历史调查的资料和考古发掘的遗址和实物,学术界认定龙泉青瓷的始烧年代为北宋初期[1],历史分期定为:从六朝至北宋初为初创期,从北宋中期至南宋中期为成长期,从南宋中期至元代为成熟期,明清两朝是龙泉青瓷的衰落期[2]。

二、龙泉窑的生产规模和造型纹饰

南宋的龙泉青瓷迅速发展,产品的质量和造型都进入了高峰期,形成了庞大的龙泉窑体系,成为与南宋官窑并肩媲美的名窑。

龙泉窑吸收了越窑、瓯窑和婺窑的技术,南宋时又汲取了官窑的先进技术,摈弃了北宋使用的石灰釉,发明了更先进的石灰碱油,使瓷石更具有玉质感,使施用厚釉的白胎和黑胎青瓷,达到了如玉似冰的效果。又对窑炉、

---

[1] 《龙泉青瓷赏析》,第 5 页。

[2] 李家治:《中国科学技术史·陶瓷卷》,科学出版社 1998 年版,第 286 页。

窑具进行改造,使龙窑加大,提高了烧装量。窑具也进行改革,广泛使用匣钵,兼用支钉、垫饼、垫圈等,减少了污染、粘连和夹扁等残次品。

由于皇室催贡,绅商争用,大量外销,使窑场猛增,生产规模迅速扩大。目前发现的窑址已有一百多处,覆盖了龙泉、温州、丽水等八市、县,形成了庞大的龙泉窑体系。龙泉窑场在龙泉青瓷体系中产量最高,质量最好,生产规模最大。考古发掘出的窑炉就有数座长60~80米的龙窑,据窑底遗存的匣钵推算,一窑即可装烧四、五万件青瓷。

南宋龙泉青瓷品种繁多,除过去生产的生活用具,如碗、碟、盘、盏、盒、壶等外,增加了大量仿照青铜、玉器的祭器,如觚、豆、琮、香炉等,又出现了尊、鼎、瓶、炉等陈设器。对品种、造型、装饰都进行了改革,生产出了白胎厚釉和黑胎厚釉两种高级龙泉青瓷。模仿商、周青铜器的礼器、祭器和陈设器,成为皇室贵族、富豪大贾、高级官吏争相追逐的精品。

南宋的龙泉青瓷质地精美。龙泉窑的匠师们,博采众长,兼收并蓄,利用本地的高岭土、紫金土和竹、木草灰等原料,对胎土精心配制,对瓷釉淘洗精炼,从制坯修胎到装烧温控都不断改良,全面提高了产品质量和艺术品味。先后创制了美如青玉的梅子青、粉青厚釉、厚胎薄釉等龙泉精品。其釉质之粉润,釉色之青翠,造型之高雅,都达到了龙泉青瓷的巅峰境界。

南宋龙泉青瓷不但为皇室贵族、达官富商所争购,而且远销海外。除在温州装船远销外,还增开福州、泉州、宁波等港口,远销东南亚、中东、北非和地中海各国。大量的考古发掘和打捞沉船报告证明,南宋龙泉青瓷已销往日本、韩国、土耳其、伊朗、俄罗斯、美国、英国、法国、意大利等国。这些国家的博物馆和私人收藏家的客厅中,陈列着许多南宋龙泉青瓷的艺术品,被奉为奇世之珍。

龙泉瓷的器型应分民间用瓷和皇室、官府用瓷两类叙述。

民间用瓷造型古朴,简单实用。民用瓷具有浓厚的民间风格,注重方便实用,适合民众审美情趣,不求工丽繁缛。其工艺相对简单,以日常所用碗、盘、碟、罐、瓶为主。圆器多,容易成型,成品率较高,适合大批量生产与销售。民用瓷器可分为三大类:即食器、饮器和用器。食器以日用的碗、盘、碟为主要器型;饮器以孔明碗、公道杯、茶盏、盏托、酒杯、执壶、梅瓶等为主要器型;用器以罐、瓶、洗、钵、砚滴、造像、玩具等为主要器型。

皇室与官府用瓷,以礼器、陈设器为主,生活用具为辅。宫廷和官府用瓷,其器型主要是模仿商、周铜器中的礼器和陈设器,无论造型还是工艺都力求精美,不惜工本、人力和物资,这也促进了龙泉瓷工艺和技术的提高。

皇室与官府的礼器、陈设器用瓷,器型古雅,工艺精湛。由于仿照商、周以来的铜器、玉器,以鼎、尊、觚、瓶、鬲、簋、炉等器型为主,用途主要是用于祭祀、赏赐和陈设。

皇室与官府的生活用瓷,也以碗、盘、碟为主,但常有浮雕和模印的装饰,有莲花瓣碗、盏、茶托、高足杯、方杯、执壶、花盆、钵等器形。皇室与官府的陈设器分仿铜与创新两类,仿铜的有琮式瓶、贯耳瓶、樽式瓶、弦纹瓶、胆瓶等器型,创新的有兽耳瓶、螭耳瓶、鱼耳瓶、龙虎瓶、凤耳瓶等器型。还有人像造型、文房用具等。

南宋龙泉瓷的纹饰,淘汰了刻划花和篦纹装饰。由于当时追求釉质翠绿的效果,通过涂釉方法的改进,多层施釉以求玉质感。而一般的刻划纹饰和篦纹装饰,在厚釉层面下无法显示其艺术效果。为了配合薄胎厚釉技术,创立了堆贴花、浮雕和利用弦纹的艺术装饰。有时不用纹饰,只靠釉色的玉质感来美化青瓷。

堆花是用笔蘸泥浆在瓷胎上堆画成凸起的花纹,花纹的凸起很明显。贴花技法是将花纹图案预先用印模印好泥片,再用泥浆印贴于瓷胎的表面。堆花装饰有时施釉,以釉色为装饰;有时不施釉,以胎土烧成后呈现的红褐色为装饰,与青釉相衬托,达到美化的目的。贴花装饰选用双鱼、龙凤和牡丹等图形,双鱼常贴于碗、盘、洗的内底部,显得十分活泼生动。浮雕多选用莲瓣花纹,由于莲瓣花纹的凹凸深浅不同,使釉色呈现深浅不同的层次,贴于碗、盘、碟等食具上,也增加优美动人的艺术效果。

白胎青瓷的装饰技巧,依靠釉色的创新也能产生很好的艺术效果。当时创造的各类粉青和梅子青是青釉中的佼佼者,比以往的虾青、豆青、炒米黄等釉色更典雅动人,更有古朴感,更具翠绿欲滴的玉质感。

黑胎青瓷是靠釉色和纹片的形态来达到装饰的艺术效果的。由于黑胎对青釉有衬托效果,使釉色更古朴典雅,又兼开片的纹饰有疏有密,形态繁多,花样自然,使黑胎青釉的装饰更添美感。釉的开裂形成纹片,与烧成温度和冷却速度相关,最主要的是由于胎、釉的膨胀系数不同而形成的。膨胀系数大者,裂纹密而开片小;膨胀系数小者,裂纹稀而开片大。人们根据裂纹的形态和疏密给以形象的命名,如蟹爪纹、冰裂纹、鱼子纹等。这种裂纹本来是瓷器烧制中产生的缺欠,被充满智慧的窑工加以巧妙地利用,反成了一种独具美感的艺术装饰。

三、龙泉瓷原料的化学分析和矿物组成

龙泉青瓷的原料主要由瓷石、紫金土和釉料三种物质组成。

瓷石也叫瓷土,风化浅的称瓷石,风化深的称瓷土。瓷石是一种高石英含量的绢云母矿物原料,含少量长石和高岭土。瓷石中 SiO_2 的含量是 71%～77%, Al_2O_3 的含量是 15%～19%, K_2O 的含量是 2%～5%。紫金土是一种着色剂类原料,高温下呈紫黑色,它是黑胎和青釉的调色剂。紫金土的化学成分包括 SiO_2、Al_2O_3、Fe_2O_3、K_2O,因产地不同,含量常有波动。龙泉青瓷的紫金土,以高际头、木岱、宝溪所产含钛、铁、铝者最适于制瓷,用于胎、釉可呈现美丽的青绿色。釉料是拌和草木灰和石灰石,再用草木煅烧而合成釉灰。青釉中的钙含量是控制青釉颜色的主要成分,含量越高越趋向青蓝色调。

南宋时期龙泉瓷的瓷土原料,是历代青瓷胎质中最好的,它说明龙泉窑在南宋时期的制瓷工艺和技术达到高度成熟的时期。

龙泉窑的白胎青瓷和黑胎青瓷分别采用不同的原料配方。从化学成分分析,南宋白胎青瓷的瓷胎 SiO_2 的含量低于北宋青瓷中 SiO_2 的含量,而 Al_2O_3 的含量,南宋青瓷高于北宋青瓷,前者为 18%～24%,后者为 14%～18%。这说明南宋青瓷胎泥是经过淘洗后的瓷石精泥,Al_2O_3 的提高可增加瓷胎的强度,可制作大件瓷器,避免烧制过程中的变形。

对龙泉窑的考古发掘与实物的化学分析告诉我们,南宋为了提高瓷胎的质量,在原料处理方面做了较大的改进,如增设淘洗池、沉淀池,原料经过

淘洗,减少了杂质,使瓷胎的可塑性,生坯的强度,均有提高,使胎质更细,胎色更白。

龙泉黑胎青瓷与南宋官窑青瓷的胎色都呈黑色,主要原因是掺用了紫金土。紫金土是含铁量很高的杂质粘土。不同的矿源中铁、钛的含量有很大差别。

南宋龙泉青瓷的瓷胎中 Fe_2O_3 的含量是 3.5% ~ 4.6%,南宋官窑青瓷的瓷胎中 Fe_2O_3 的含量是 2.5% ~ 4.1%。掺用紫金土有三个优点:第一是提高瓷胎的强度,减轻胎体重量;第二是增加瓷胎的黑色、灰黑色,使瓷胎能更鲜明地衬托青釉的颜色,使釉色更加深沉苍翠;第三是有利于薄胎的硬度和成型,可以多次素烧,多次施釉,烧成薄胎厚釉的龙泉青瓷器。

龙泉青瓷的主要熔剂原料,早期是使用草木灰,以引入 CaO 和增加 K_2O 含量,后期使用石灰石与草木灰煅烧合成的釉灰,使釉浆的性能易于控制,釉的质量得到提高。不论是采用草木灰还是釉灰配釉都是为了提供釉中的钙而作为熔剂的来源。钙含量在釉中的提高。可使铁离子着色的青釉颜色加深,更趋向青蓝的色调。

龙泉青瓷主要瓷石与紫金土原料的化学组成

原矿名称	氧化物含量(重量%)											
	SiO_2	TiO_2	Al_2O_3	Fe_2O_3	FeO	CaO	MgO	K_2O	Na_2O	MnO	烧失	总计
石层瓷土	73.16	–	17.10	0.48	0.09	0.75	0.45	4.22	0.46	–	3.81	100.52
毛家山瓷土(已风化)	71.82	–	18.31	0.58	–	–	0.20	4.18	0.21	0.05	4.34	99.69
毛家山瓷土(未风化)	76.60	痕量	15.33	0.54	–	0.14	0.66	4.39	0.20	0.07	2.16	100.44
坞头瓷土	71.82	–	17.41	1.21	–	–	0.22	3.87	0.28	0.08	4.66	99.55
东山恩瓷土	76.11	–	14.84	1.00	–	–	0.08	4.42	0.18	0.04	3.32	99.99
源底瓷土	76.11	痕量	14.90	1.05	–	0.60	0.03	1.85	0.70	–	4.65	100.23
大窑瓷土	71.66	–	17.96	1.45	0.18	0.01	0.22	2.13	0.16	0.02	6.06	99.85
岭根瓷土	74.95	–	16.21	0.31	–	–	0.16	3.04	0.25	0.03	4.69	99.64
大窑高际头紫金土	66.93	0.45	18.01	3.11	–	1.23	0.51	5.25	0.45	0.08	4.47	100.47
大窑黄连坑紫金土	45.92	2.00	24.77	13.85	–	0.46	0.86	1.53	0.53	–	10.38	99.30
宝溪紫金土	59.41	0.99	20.57	5.93	–	0.97	4.93	0.31	0.11	6.97	100.19	
木岱紫金土	70.26	0.56	16.30	3.62	–	0.14	0.89	3.09	0.34	–	5.09	100.19
精淘后岭根瓷土	71.64	0.10	18.98	0.51	–	0.26	0.15	3.24	0.28	0.03	5.53	100.72

两宋龙泉青瓷胎的化学组成①

编号	名称	SiO₂	TiO₂	Al₂O₃	Fe₂O₃	CaO	MgO	K₂O	Na₂O	MnO	总量	分子式 ROR₂O · R₂O₃ · RO₂
NSL-2	北宋白胎青瓷	76.47	0.42	17.51	1.28	0.60	0.34	3.08	0.27	0.02	100.00	0.3136: 1: 7.0941
NSL-1	北宋晚期南宋早期白胎青瓷	74.23	0.42	18.68	2.27	0.54	0.59	2.77	0.48	0.02	100.00	0.314: 1: 6.272
SSL-1	南宋晚期白胎青瓷	67.82	0.22	23.93	2.10	痕迹	0.26	5.32	0.32	0.03	100.00	0.278: 1: 4.559
48	同上	68.90	0.18	23.46	1.35	0.51	0.29	4.61	0.49	0.07	99.80	0.308: 1: 4.81
S3-1	同上	70.95	痕迹	21.54	2.39	痕迹	0.06	4.54	0.43	0.04	99.95	0.254: 1: 5.244
S3-2	同上	69.76	痕迹	22.39	2.36	痕迹	0.39	4.42	0.75	0.05	100.12	0.301: 1: 5.021
S3-3	同上	73.93	0.39	18.36	2.43	0.31	0.67	3.16	0.25	0.15	99.62	0.314: 1: 6.316
S3-4	南宋黑胎青瓷	61.37	0.74	27.98	4.50	0.87	0.73	3.74	0.38	0.20	100.51	0.272: 1: 3.402
LK₀-1	同上	64.12	0.95	25.63	4.61	0.57	0.44	3.20	0.35	0.06	99.93	0.219: 1: 3.843
LK₀-2	同上	62.18	0.66	27.31	4.30	0.45	0.14	4.08	0.39	痕迹	100.01	0.230: 1: 3.535
LK₀-3	同上	63.79	0.63	25.54	4.07	0.76	0.51	4.34	0.26	痕迹	100.00	0.265: 1: 3.868
LK₀-4	同上	63.77	0.92	25.40	4.59	0.67	0.43	4.15	0.19	0.06	100.18	0.251: 1: 3.858
LK₀-5	同上	58.81	0.46	32.02	3.53	0.69	0.35	4.28	0.33	0.06	100.53	0.223: 1: 3.015
LK₀-7	同上	63.07	0.73	26.06	4.19	0.70	0.51	4.00	0.25	0.04	99.55	0.256: 1: 3.714
LK₀-8	同上	65.26	0.49	24.98	3.58	0.44	0.41	4.29	0.36	痕量	99.81	0.260: 1: 4.079
LK₀-9	同上	64.73	0.55	24.77	4.25	0.69	0.50	4.19	0.26	0.04	99.98	0.275: 1: 4.016

两宋龙泉青瓷釉的化学组成②

编号	名称	SiO₂	TiO₂	Al₂O₃	Fe₂O₃	CaO	MgO	K₂O	Na₂O	MnO	总量	分子式 ROR₂O · R₂O₃ · RO₂
FDL-1	北宋黄绿色青瓷釉	59.37	0.39	15.96	1.80	16.04	2.04	3.43	0.32	0.62	99.97	1: 0.434: 2.564
NSL-1	北宋晚期南宋早期黄绿色青瓷釉	63.25	0.23	16.82	1.42	13.00	1.09	3.26	0.57	0.43	100.07	1: 0.564: 3.418
SSL-1	南宋晚期淡粉青釉	69.16	痕迹	15.40	0.95	8.39	0.61	4.87	0.32	痕迹	99.70	1: 0.703: 5.176
48	同上	67.97	0.32	14.79	未测	9.07	0.72	4.43	未测	0.02		1: 0.651: 4.670
S3-1	南宋晚期粉青釉	65.63	痕迹	15.92	1.10	9.94	0.86	5.06	1.12	0.32	100.02	1: 0.592: 3.962
S3-2	南宋晚期虾青釉	65.73	0.10	14.58	2.30	9.74	0.92	4.94	1.27	0.20	99.78	1: 0.577: 4.009
S3-3	南宋晚期淡黄色青瓷釉	66.33	0.03	14.28	0.99	11.34	1.17	4.35	0.99	0.36	99.89	1: 0.488: 3.682
SSL-6	南宋晚期粉青釉	68.63	0.12	14.32	1.01	10.02	0.32	4.31	1.08	0.12	99.93	1: 0.578: 4.501
SSL-7	南宋晚期梅子青釉	66.97	0.14	14.71	1.01	11.51	0.65	4.26	0.54	0.20	99.99	1: 0.548: 3.997
S3-4	南宋晚期黑胎青瓷釉	65.31	痕迹	16.61	0.83	12.24	0.82	3.75	0.45	0.08	100.09	1: 0.586: 3.778
LK₀-1	同上	63.13	痕迹	15.26	0.98	16.18	0.32	3.39	0.41	0.03	99.70	1: 0.458: 3.086

① 摘自李家治:《中国古代陶瓷科学技术成就》,上海科学技术出版社1985年版,第69页。
② 摘自李家治:《中国古代陶瓷科学技术成就》,上海科学技术出版社1985年版,第70页。

LK$_0$ – 3	同上	65.67	0.25	15.88	1.03	12.11	0.85	4.24	0.22	0.03	100.28	1: 0.568: 3.832
LK$_0$ – 4	同上	63.35	0.12	14.42	1.03	16.66	0.86	3.97	0.28	0.11	100.80	1: 0.399: 2.879
LK$_0$ – 5	同上	66.07	痕迹	15.81	1.19	11.98	0.33	3.97	0.38	0.08	99.81	1: 0.599: 4.046
LK$_0$ – 7	同上	66.08	0.11	14.43	1.01	13.18	0.86	4.58	0.28	0.16	100.69	1: 0.473: 3.517
LK$_0$ – 9	同上	60.91	0.12	15.73	1.16	16.83	0.82	4.09	0.26	0.10	100.02	1: 0.436: 2.738

四、龙泉青瓷釉饰的工艺与技术

南宋龙泉青瓷独具特色的美感,来自它那无与伦比的青釉之美。当人们对淳厚古雅的龙泉青釉之美叹为观止时,不能不为它高超的制釉工艺与技术所折服。

瓷釉是瓷胎的美丽外衣。南宋龙泉瓷器的瓷釉有石灰釉和石灰碱釉两种,南宋早期施用的是石灰釉,南宋后期施用的是石灰碱釉。

(一)青釉的分类与化学组成

1. 石灰釉

石灰釉又称灰釉,是以氧化钙为主的釉料,氧化钙起助熔的作用。石灰釉的氧化钙含量大约为 16% ~20% 之间,烧成温度大约在 1250℃ 左右。它的高温粘度较低,易于流淌,透光性能好,釉面具有很亮的光泽,适应性好,硬度很高,又称玻璃釉。

2. 石灰碱釉

石灰碱釉是以氧化钙为主要助熔剂的石灰釉,通过降低其氧化钙的含量,提高釉中的氧化钾、氧化钠的含量,成为以氧化钙、氧化钾、氧化钠为助熔剂的釉料。南宋中期以后,官窑、龙泉窑的青瓷釉,均为石灰碱釉。

石灰碱釉的特性是高温粘度较高,不易流淌,适于薄胎厚釉,多次施用。在高温焙烧的过程中,釉中的空气不能浮出釉面,而在釉中形成小气泡,是釉中残存的未熔石英颗粒,形成大量的钙长石析晶,能使进入釉层的光线发生折射,从而使釉层变得乳浊浑厚,产生温润如玉的视觉效果。使瓷器的玉质感增强,釉色的光泽更加古朴淳厚。

龙泉青瓷的釉料,在南宋时期经历了从石灰釉向石灰碱釉的改进。由于海外市场的扩大,由于南宋皇室对清润如玉釉色的追求,龙泉窑对釉料进行反复研究试验,终于取得了釉料的最佳组合,使釉色达到青翠如玉的境界。石灰碱釉的发明,实现了龙泉青釉釉质和釉色的飞跃,登上了青釉瓷釉色的顶峰。

3.青釉釉料的化学成分

陶瓷工作者与科技人员,通过对古代龙泉青瓷瓷片标本和釉料的化验分析,得出一致的结论,石灰碱釉的釉料主要由助熔剂、石灰石、紫金土、草木灰组成。北宋中期至南宋早期釉中的氧化钙的含量高达13%～16%,氧化钾、氧化钠的含量总计为3.8%,属于石灰釉范畴。

从南宋中期以后,龙泉青瓷釉配料,采用了一种颜色较浅而钾、钠含量较高的瓷石,使南宋中期以后,釉中的氧化钙含量比以前大幅度降低,而氧化钾、氧化钠的含量,合计提高到4.8%～6.2%。南宋中期以后的釉料中掺入了紫金土。

(二)青釉施釉方法与釉质优劣分析

龙泉青釉的施用方法以蘸釉和荡釉为主,有时也用淋釉和刷釉。

1.蘸釉

蘸釉又称浸釉,是最常用的施釉技法,将瓷坯浸泡在釉浆中片刻,利用瓷坯的吸水性,使釉浆均匀地吸附于坯体表面。施釉的厚度、色泽,由坯体的吸水率、坯体的厚度、釉浆浓度、浸入时间、浸入次数来决定。

蘸釉时,工匠手持瓷坯,站在大釉缸前,迅速地将瓷坯浸入釉浆,停留几秒至十几秒不等,要求手法熟练准确,时间恰到好处。蘸釉的技法主要适用于碗、盘、碟、洗等圆形瓷器。

2.荡釉

多用于器内施釉,故又称荡内釉。它是将釉倒入器内,然后将器物上下左右旋转,将釉浆均匀地附着瓷坯的内壁,再将剩余的釉浆倒出,坯口回转,以免坯口残留釉浆。如瓷坯附浆不全,也可二次荡釉,但应注意避免产生气泡,以防烧成时发生爆浆。荡釉法适于瓶、壶、罐等器的内部施釉。

3.刷釉与淋釉

对一些奇特形状的瓷坯的细小部位,有时必须采用刷釉的方法,才能收到良好的施釉效果。如人物、佛像等需用毛笔刷釉,才能更方便均匀。

淋釉又称浇釉,窑工用盛满釉浆的容器,把釉浆均匀地浇在瓷坯的外部,可以多次淋釉,以均匀为准。淋釉适用于瓶、壶、罐等瓷坯的外部。

釉质的优劣是玻化程度、气泡和矿物质状态、釉层厚度、釉面质感决定的。

龙泉青釉是一种半透明的玻璃质釉,焙烧过程决定了釉质的透明度。一般情况下,玻化程度较高的釉质较好,其透明度好,气泡和矿物残留少,釉质的优劣是多种因素综合形成的,釉质最优的梅子青处于玻化晚期,玻化程度却不是最高的。

釉中的气泡和未熔矿物质的数量和状态对釉质的优劣影响也很大。釉质最优的南宋梅子青釉,多数处于玻化晚期,熔得比较透明。除釉层中有时出现小片貌似钙长石的晶体群外,釉层中很少见其他晶体,未熔石英颗粒和气泡也都很少,釉面光泽较强,釉层清澈透明。

釉层的厚薄和施釉的次数也决定釉质的优劣。南宋中晚期发明了高粘度的石灰碱釉,施釉三四次,反复素烧,使釉层增厚,以求达到似冰如玉的青翠效果。

釉面的质感也是决定釉质优劣的因素。一件完美的龙泉青瓷,其釉面质感必须具备滋润浑厚、匀净细腻的特征。即釉面的透明度好,光洁度高,玉质感强。

综合而论,南宋中晚期的石灰碱釉,以烧成粉青釉和梅子青釉为标志。龙泉青釉的釉质达到了空前绝后的高水平。以白胎釉器为例,釉质肥厚细润,光泽柔和,玉质感强,釉色纯正。南宋中晚期青釉的特点是含氧比率由过去的 2.3% ~ 2.6% 提高到 2.8% ~ 3.0%,最高者可达 3.3%,熔剂中部分氧化钙被氧化钾所替代。这是釉质提高的关键所在。

(三)龙泉青瓷的釉色与纹片

龙泉青瓷以青、灰、黄为基调,衍生出各具特色的色彩。由于釉料配方、成分、焙烧工艺和窑中气氛各不相同,龙泉青瓷的色调也千姿百态,各不相同,很难找到色调完全一致的龙泉青釉瓷器。按釉面呈色划分,龙泉青瓷的釉色可分为青、灰、黄三种主色调,每种又产生一些或近或似,或浅或深的色调,变幻多端,神奇莫测。现以青色为例,分别叙述。

1.巧夺天工的釉色

(1)梅子青

梅子青是龙泉青釉中的佼佼者,其色调最美丽、最纯正、最似南方的青梅。

其釉色葱翠,质地凝润,光泽莹澈,青翠欲滴。梅子青有两种,一种颜色青绿,莹澈明快;另一种绿中泛蓝,浮浊失透,玉质感更强。总的标志是梅子青更接近绿色,釉的基色以绿为主。否则就难以区分梅子青与粉青。

烧成梅子青釉色应掌握以下五条标准:第一是多次施釉,力求釉层加厚。釉层越厚,颜色越绿。从实物衡量,梅子青釉的厚度应在0.8毫米以上,一般为1.5~1.8毫米,底部最厚者可达3~4毫米,第二是力求烧成温度高。梅子青的烧成温度应在1250℃~1280℃之间,明显高于其他青瓷。因为只有烧成温度高,才能使釉层达到玻化晚期状态,使未熔石英、粘土团粒、钙长石晶体更多地熔入釉中,釉中的气泡才能大量逸出,以减少釉层对光的散射,加强穿透能力,使釉面呈现清澈透明的质感。第三是在强还原气氛中焙烧。只有最有经验的优秀工匠,才能掌握好强还原气氛,烧出梅子青釉,增加其翠绿的程度。第四是化学成分力求铁低钙高,会使胎色更白,使绿色更娇艳。第五是釉中的铁氧化物要达到科学的标准,才能呈现梅子青的颜色。据科学试验的数据,青釉中铁氧化物(Fe_2O_3)的分子数在0.025~0.040为最好。

(2)粉青

龙泉青瓷的颜色之美,粉青仅次于梅子青。其色青蓝,青中泛蓝、蓝中含青,淡雅凝重。龙泉粉青更接近蓝色,有时略带灰蓝。有时窑工增加釉中的含钙料,可以烧出青蓝色调,即天蓝色或天青色。

粉青釉釉质乳浊浑厚,光泽柔和深沉,具有脂粉般的细腻,云雾般的朦胧,翠玉般的凝润,柔和淡雅,粉润如玉,极具古雅之美。

粉青釉的化学组成与梅子青釉相似,其氧化钙、氧化镁的含量,略低于梅子青釉,氧化钾和氧化钠含量略高于梅子青釉。粉青釉的烧成温度大约在1170℃~1280℃之间,略低于梅子青的烧成温度。由于釉料中有大量残留的石英和硅石灰颗粒,釉层不透明,又兼釉中气泡与晶体大量残存,玻化较差,釉面微区不平整,从而导致釉层对光线产生折射和散射,增加了美玉般的粉质感。釉中氧化铁的分子数一般要达到0.020~0.025,才能呈现粉青色。

粉青釉的特点是釉色接近蓝绿或蓝灰,其翠绿的程度不及梅子青。由于釉层不透明或半透明,其玉质感超过梅子青釉。开片一般呈冰裂纹,也有少数开蟹爪纹。呈粉青色的器物,以灰白胎居多,也有少数浅灰胎。黑胎的粉青器烧成后不是过深就是过浅,纯正粉青极少。浙江省松阳县文管会收藏的南宋龙泉窑盘口凤耳瓶是发色最纯正的粉青釉标准器。

(3)天青和豆青

龙泉青瓷的天青色有两种,其一是釉质玻化程度低,其釉面几乎完全乳浊,呈现深沉的天青色。泛木光或半木光。胎色多为灰褐、灰黑,胎中有较多的紫金土,胎体轻薄开片细碎。其二是釉质玻化程度较高,釉面细致密滑,透明度稍高,呈淡天青或天蓝色。开片者较多,胎质细致密洁,胎色以灰白居多。

豆青色釉如青豆,颜色介于梅子青与粉青之间,淡绿粉润,柔美似玉,釉色稚嫩。豆青釉色不泛蓝,但有微黄,胎色要求更白。豆青釉的化学成分与烧成温度和粉青相近,其釉层肥润,釉质乳浊失透,气泡较多,石英颗粒密集,光泽内蕴丰富。豆青釉中铁氧化的分子数一般在0.040~0.060之间。南宋龙泉窑传世的贯耳长颈瓶是豆青的标准器。

龙泉釉的釉色丰富多彩,灰色类可分灰青、靛青、虾青产品;黄色类,可分淡黄、米黄、褐黄、青黄、蜜蜡黄产品;还有月白、墨绿等釉色的产品,各具特色,难以尽述。

2.神奇莫测的纹片

釉的纹片是指瓷器烧制过程中,由于胎釉膨胀系数不一致,所产生的裂纹。它本是烧成过程中的一种缺陷,被窑工们加以巧妙的利用,成为一种美丽的装饰。纹片之美,美在自然,美在变化,美在神奇。

龙泉青瓷的开片可分为两类,其一是直开片,包括冰裂纹、牛毛纹、网状纹、鱼子纹等;其二是斜开片,有蟹爪纹和鱼鳞纹。直开片的形成机理是釉的膨胀系数大于胎,冷却到200℃时,釉已完全硬化,失去了弹性。当釉的张应力的强度超过其抗张强度时,釉就产生了开裂,此时的裂纹,又长又粗,是直开片。大的直开片的产生使釉受到的张应力削弱。但在局部胎釉之间,仍有残余的张应力存在,残余的应力,还会产生又短又细的小开片。现将两类开片分述如下:

(1)冰裂纹

冰裂纹在龙泉青瓷中出现最多,因裂纹走向如同薄冰裂缝,故称冰裂纹。纹片两端细如针尖,呈现斜直、直曲、弧曲等纹路,以长纹居多,属直开片纹。冰裂纹的清晰、疏密和深浅,受釉层厚薄,釉质优劣,烧成温度的影响。

南宋早期釉层加厚,釉质乳感增强,冰裂纹减少,长纹增多,入釉较深。南宋中晚期釉质最好,胎釉结合最紧密,冰裂纹也较少。在梅子青釉中,冰裂纹较多,清晰可辨,呈金黄色或金褐色纹。黑胎青釉器中,冰裂纹稀疏长大,纹路较粗,深隐于釉层中下部。

(2)牛毛纹

因形似牛毛而得名,其纹路中间粗,两端细,纹片弧度较小。颜色多为牛黄色,属于直开片。

龙泉青釉的牛毛纹,以南宋时居多。梅子青釉的牛毛纹,金丝如缕,稀疏隐现。给清淡如水的釉面增加了活泼的动感。龙泉的粉青釉也偶见牛毛纹,出现于青中偏蓝的釉色。黑胎青釉的牛毛纹,釉质透润,纹路细深,釉质浊涩者,纹路浅直。黑胎青釉器的牛毛纹与冰裂纹交织者,最美丽。

(3)蟹爪纹

因形似蟹爪而得名,龙泉窑比较稀见,是最受推崇的高级纹片。为半斜开片,工艺复杂,较难控制,只出现于南宋晚期的高级青瓷釉的粉青厚釉器上。釉层极厚,可超过一毫米。

龙泉蟹爪纹,呈锐角转折断裂,纹理短直,釉下斜开,或如玻璃碎渣,或如均匀碎玉,奇特美丽,耐人寻味。

龙泉窑的瓷器,在南宋时还可见网状纹、鱼子纹、鱼鳞纹等,因篇幅所限,难一一尽述。

(四)龙泉青瓷的烧制工艺

烧制工艺是指瓷器的选料、制坯、修胎、施釉、装烧等各种工序、技法的总和。没有科学的烧制工艺,就不会有高质量的精美瓷器。

龙泉青瓷的烧制工艺,十分复杂,环环相接,互相依赖,彼此影响。它是龙泉窑工匠们经过长期的实践和探索逐渐完善的,它凝结着窑工们博采众长的勤劳和智慧。

1.窑炉

南宋龙泉窑的龙窑炉,其规模最大,水平最高,有长、斜、缓、高等特点。技术上将窑床改砌阶梯状,其目的是为增高炉温,扩大产量。在窑炉内砌筑多道挡火墙,墙下设烟火孔,使各室相通。

1959 年考古发掘的龙泉木岱口呑后窑遗址,窑炉全长 21.7 米,首尾高差 6.27 米,计 18 阶,每阶进深 1 米左右,高度略有差别。窑内宽 1.8 米,圆拱形顶高 1.8 米。南宋连山窑前期龙窑窑身较长,多为 50~60 米,最长者为 80 米。龙泉大窑杉树连山遗址发掘出的龙窑炉,窑长 30 米,宽 1.85~2 米,首尾高差 8.95 米。燃烧室(俗称火膛)为半圆形,最大直径为 57 厘米。其窑壁均用斧形砖砌成,砖长 18 厘米,宽 15 厘米,厚 5.5 厘米。膛底为硬泥底,铺粒沙,窑壁下部利用岩壁,不用砖砌。据当地老窑工估计,该窑一次可装烧一般瓷器一万件。如是 60 米或 80 米的长窑炉,其产量必将倍增。

2.窑具

南宋龙泉窑的窑具主要有支钉、垫环、垫饼、垫柱、匣钵等。一般多用耐火土烧制而成。

支钉用来支撑器物底面或足面,多为圆丁,一器所用不等,多则十几枚,少则三枚。器物烧成后,会留支钉的痕迹,有圆形、芝麻形、条形、三角形等。

垫环又称垫圈,都是圆环形,直径一般小于器物的直径。垫环的上下左右皆很平整。支点均匀,稳定平整。

垫饼是圆形,用于承托器物的足径,垫柱是柱状烧具,用于隔离坯件,以防粘连。

匣钵是焙烧时对坯件起保护作用的工具,多数是筒状或漏斗形。可使坯件受火均匀,釉面洁净。匣钵耐高温,承重力强,可以叠装而不易倒塌,达到充分利用火膛,提高瓷器质量的目的。

平底匣钵用来放置瓶、炉、壶等,改进的凹底匣钵,用来装大件的笔洗、罐、缸等。对较小的洗、把杯、盏等采用垫烧法,即在把杯或者盏的口部放置一个盏式瓷质垫饼,然后再垫放一件洗,因而把杯与盏的口沿常现朱红的胎面,这是垫烧造成的。对龙虎瓶、莲花盖瓣碗等,采用盖、身合烧法,保证了盖、身的一致性。

3. 原料加工

原料加工要经过选料、粉碎、淘洗、陈腐、练泥等步骤。

选料是开矿掘取瓷土和紫金土等原料,经过认真筛选,去其杂物杂质,然后露天堆放,经日晒、雨淋、风吹等自然风化,成为酥松的散土。

粉碎是对选坯料进行粉碎,使其粒度符合要求。南宋时,已利用水碓带动成排的石杵,日夜舂碎瓷土,省工省力。淘洗是把粉碎的瓷土,放入从高至低的淘洗池中,化成泥浆,不断冲洗搅拌,经过多次淘洗,去粗取精,精熟的泥浆流入沉淀池中自然沉淀。

陈腐是将沉淀池的水放出,使精泥浆陈腐,陈腐的时间越长越好,使泥浆由稀变稠,由软变硬,直至可用。

练泥是让坯泥的颗粒水分分布均匀,很像现代人的揉面。将坯泥加水搅拌,拍打挤压,使空气排出,水与土密切结合,保证泥料软硬适度,可塑性更好。

4. 瓷坯成型

瓷坯成型分造型设计、制坯、修胎三道工序。造型设计是由技师绘画图样,设计造型。有的图样来自宫廷和官府,技师是按图设计,绘制图纸。制坯有三种工艺,即拉坯、模制和捏塑。拉坯是在一个圆转机上成型的,先将泥料放在圆转机上,再蹬动圆转机旋转,匠师即可手工拉坯,使其成型。所制多为碗、盘、盏等圆形瓷器。对于成型复杂,器形较大的瓶、壶、罐等,可采取多次拉坯,分段粘接的先进工艺。分段粘接,一般在器物的颈、肩、腹、底等可见接胎的痕迹。分段拉坯,粘接成型的工艺,可以制作大型和复杂的器物,减少开裂,防止变形,降低次品率。

模制是指器物在模范中成型。事先按需要的式样制成模具,多为粘土制作,低温烧成。南宋青瓷上的花卉、动物、人物等,都是先制模具,再用模具印压成型。龙泉大窑就出土了花卉、鲤鱼的印模。有些器物是先制模后粘接在器物上,如粘到器物上的凤耳、龙耳、象耳等,皆由模制而成。

捏塑是技师手工直接捏制的工艺,多用于对拉坯、模制无法完成的器物。如人物、动物、器物的饰件,捏塑对工匠的技艺要求很高。龙泉窑匠师制作的八仙、神佛像、人物皆由捏塑而成。南宋传世的龙虎盖上的蟠龙、猛虎、猎狗和鸟盖钮上的动物、偶人、玩具等,都显示了捏塑技师的艺术魅力。修胎是成型的最后一道工序。在坯胎半干时,技师们还要对坯胎旋削细刻,去掉病疵,使其更加完美。有足的器皿,要挖底添足。修胎的工具是竹片、木刀、铲,这些工具在器物的口、颈、腹、底留下了细密的旋削纹,也是一种装饰。旋釉之前的打磨、去疵、磨光,也属于修胎工艺,它可以使胎坚釉美,光洁精致。

5. 窑温与气氛

窑温指瓷器的烧成温度,又称火候。龙泉窑在瓷器入窑后的点火、加温、升温、恒温、降温、冷却等温度控制工艺上,创造了完整的工艺流程。龙泉窑的瓷器有的采用生烧和微生烧,这是因为青瓷釉层厚,并追求玉质感,温度过高容易变形。有的瓷器则采用高温烧制,如梅子青釉和粉青釉的烧成温度均很高。梅子青釉和粉青釉的化学组成,无大差别,区别是两者的烧成温度与窑内气氛不同。粉青釉的烧成温度约为1130℃,上下波动为20℃;梅子青釉的烧成温度最高,可达1280℃。有些黑胎的青瓷器胎质密致坚硬,釉质细润,烧成温度可超过1300℃。不能熟练地掌握火候(即烧成温度),就不能烧制出巧夺天工的龙泉青釉瓷。

窑内的火焰气氛,可分为还原气氛和氧化气氛,一般把形成还原气氛的火焰称为还原焰;把形成氧化气氛的火焰,称氧化焰。

还原气氛指高温范围处于缺氧加热烧成状态,即烧窑时空气供应不充分,燃烧不完全状态下的火焰气氛。窑内烟气中的流离氧浓度小于 1% ,而一氧化碳浓度在 2% ~5% ,称为弱还原气氛;游离氧高于 1% ,而一氧化碳在 5% ~7% ,称为强还原气氛。还原焰的特点是窑炉的火膛内有浑浊的烟气,燃烧产物中含有一定数量的可燃物质。如一氧化碳和碳化氢,这些气体能把釉中的氧化铁还原成氧化亚铁,氧化铜还原成氧化亚铜。一般的粉青釉,多采用还原焰烧成。

氧化气氛指瓷坯的烧成过程,均在充分供氧的条件下烧成,燃料充分燃烧时所产生的火焰气氛。火膛内游离氧的浓度为 8% ~10% ,为强氧化气氛;游离氧的浓度为 2% ~5% ,为弱氧化气氛。氧化焰的特点是无烟透明,燃烧产物中主要是二氧化碳和过剩的氧气,不含可燃物质或含量极少。氧化气氛中的空气过剩系数大于 1,氧化气氛使釉料中含铁较低。龙泉梅子青釉多采用强氧化焰烧成。

6.窑温控制中的科学与技术

龙泉窑的匠师们,对窑温和气氛的控制,在南宋的中晚期达到了炉火纯青的程度。匠师们通过长期实践,摸索和积累经验,他们凭借窑内火焰的颜色可以掌握与控制炉温。他们知道最初的赤色火焰,炉温在 475℃ ,当赤色变为暗赤色时,炉温大约在 475℃ ~650℃ 之间。火焰樱桃色时,炉温在 650℃ ~750℃ 之间。火焰由樱桃色变为鲜红色时,火焰在 750℃ ~820℃ 之间。火焰出现橘黄色时,窑温在 820℃ ~900℃ 之间。当火焰由橘黄色变为黄色时,窑温升至 900℃ ~1090℃ 之间。火焰出现淡黄色时,就达到了烧成温度,即 1090℃ ~1320℃ 之间。火焰转为白色时,窑温继续升高,可达 1320℃ ~1540℃ 。火焰出现灰白时是最高炉温,可超过 1540℃ 。

窑内温度与气氛对瓷器的烧成质量,釉色影响极大,根据龙泉青瓷胎釉中二价铁对三价铁含量的还原比值,可以作出如下分析:还原比值越大,气氛的还原能力越强。反之,还原比值越小,气氛的还原能力越弱。当还原比值低于 0.2 以下时,气氛性质逐渐由还原转向氧化。

通过对南宋龙泉青瓷标本的化学分析,可以看出:南宋早期青瓷胎的还原比值为 3.06,胎色为淡灰色;釉的还原比值为 1.14,釉色绿中带黄灰色,为弱还原气氛。南宋中晚期,梅子青釉器的瓷胎的还原比值为 0.66,胎色白中微灰;釉还原比值为 11.90,为强还原气氛烧成。南宋中晚期,虾青釉瓷器的瓷胎,还原比值为 0.73,胎色灰白;釉的还原比值为 11.80,为强还原气氛烧成。南宋中晚期,淡粉青釉瓷的瓷胎还原比值为 17.70,粉青釉器的还原比值为 7.60,胎色白中带灰;淡粉青釉的还原比值为 2.10,粉青釉的还原比值为 3.34,均为还原气氛烧成。南宋中晚期,黄釉器瓷胎的还原比值为 0.35,胎色黄灰;釉的还原比值为 0.13,釉色淡黄闪灰,为氧化气氛烧成。黑胎釉瓷器胎的还原比值为 0.46,胎色灰中带黑,釉的还原比值为 0.27,釉色灰青,为弱还原气氛烧成。①

南宋早期的青瓷的烧成温度较高,弱还原气氛下的还原比值居中,以灰胎和灰釉、黄灰釉居多,胎是微生烧,釉已完全玻化。虾青釉器是在强还原气氛中烧成的,其胎为生烧,釉处于玻化初期。梅子青釉器和粉青釉器烧成温度是最高的,在强还原气氛下烧成的胎釉还原比值最高,还原程度和胎釉质量是最好的,烧结程度较高。梅子青釉器的胎为微生烧,釉处于玻化晚期。

淡粉青釉器的胎为微生烧,釉处于玻化初期;粉青釉的胎也为微生烧,釉也是玻化初期。黑胎器的胎釉还原比值较低,在弱还原气氛下烧成,胎的瓷化程度和釉的玻化程度不高,胎为生烧,釉处于玻化中期。黄釉器的胎釉还原比较低,在氧化焰中烧成,胎为生烧,釉为玻化中期,烧结程度较差。

综上可知,采用氧化焰烧成的青瓷,釉色往往呈现不同的黄色。因为釉内的 Fe_2O_3,比例过大,釉色出现青黄;在强还原气氛下,如果控制不当,容易产生烟熏现象,即没有充分燃烧。在高温烧成阶段,如气氛反复波动,便会产生青中带黑的釉色。如果烧成温度过高,容易产生流釉和形成较深的翠青色;如果烧成温度较低,可以烧成半光亮的淡青釉。只有窑温和气氛都控制得恰当和精确,才能烧出光彩夺目,美丽宜人的梅子青釉和粉青釉。

---

① 本题所引用的各种数据皆引自石少华的《龙泉青瓷赏析》,第 229－243 页。

第三节　南宋景德镇青白瓷的烧制工艺与技术

　　景德镇的青白瓷系是进入北宋以后建立起来的。北宋以后,随着烧制技艺的日益精湛,产品的形制日益茂美,在社会上的影响日益扩大,引起了宋代皇帝和宫廷的注重。蓝浦的《景德镇陶录》卷五说:"景德窑,宋景德年间烧造。土白壤而埴,质薄腻,色滋润。真宗命进御瓷器,底书'景德年制'四字。其器尤光致茂美,当时则效著行海内。于是,天下咸称景德镇瓷器,而昌南之名遂微。"

　　南宋蒋祈在他的《陶记》中说:"景德陶,昔三百余座。"可知,南宋景德镇窑业的规模已很盛大。

　　南宋早期和中期,产品以碗、盘、盒为主,还有茶托、斗笠碗、八棱带盖梅瓶等,如水似玉的青白瓷器。装饰上刻花、划花、印花并用,以印花最多,其饰文繁缛,以水波、婴戏、菊花、飞凤、云气、牡丹、游鱼、螭纹、回纹最常见。仰烧器少,覆烧器最多。采用定窑发明的支圈组合式覆烧窑具,装烧芒口碗盘。这类窑具具备了支垫与匣钵的双重作用。它能装烧规格一致的大量产品,使产量大幅度提高。

　　南宋晚期,白瓷的器形增多,富于变化,除一般的碗、盘、壶、罐外,还有各种香炉、杯、盆和整套的文房用具,又出现了仿照古代青铜和玉器的鼎式炉、鬲式炉、牺尊、罍、观音像、道士像等。胎质洁白细腻,釉呈淡青色或月白色,釉的玻璃质较强。装饰手法更加多样化,刻花、划花、印花、剔花、捏塑、堆贴、镂空等同时并用,仍以印花最普遍。纹饰的内容更加丰富,如菊花、石榴、兰草、樱桃、栀子、四季花、缠枝莲、游鹅戏水、水波婴戏、水藻游鱼、风景人物等。装烧技艺更进一步,支圈覆烧法与渣饼支烧法并用,以支圈覆烧为主。

一、南宋景德镇青白瓷原料的化学分析与矿物组成

　　南宋蒋祈在《陶记》中说:"进坑石泥,制之精巧;湖坑、岭背、界田之所产

已为次矣。比壬坑、高沙、马鞍山、磁石塘,厥土、磁石仅可为匣模。""攸山山槎灰之制釉者取之,而制之之法,则石垩炼灰,杂以槎叶木柿,火而毁之。必剂以岭背釉泥,而后可用"。①

这是南宋人对景德镇青白瓷所用原料的记载。经当代学者的研究考证,所记"石泥",就是"瓷石","釉泥"就是"釉石","灰"就是"釉灰"。所记地名,也与现在的地名相符,这些地方又都产瓷石、釉石、釉灰和匣钵等原料。②

据冯云龙的研究,南宋人所记之瓷石,即景德镇市东北45公里的高岭山所产之高岭土。他根据明代天顺四年(1460)编修的《何氏宗谱》"何氏世系"中,记载的"第四,四世召一公,初开高岭磁土",推算出何召一大约生活在南宋初年的孝宗时期(1163–1189)。③

《陶记》所列景德镇南宋瓷石、釉泥、釉灰、匣、模原料产地分布图

引自《景德镇陶瓷》1981 年总第 10 期

---

① 傅振伦:《蒋祈陶记释注》,载《湖南陶瓷》1979 年第 1 期,第 40 页。
② 白焜:《蒋祈陶记校注》,载《景德镇陶瓷》(《陶记》研究专刊)1981 年第 4 期,第 36 页。
③ 冯云龙:《高岭山始开之年代》,载《景德镇陶瓷学院学报》1992 年第 1 期,第 65 页。

景德镇所使用的高岭土,有麻仓高岭土、明沙高岭土、星子高岭土三种。多年来,陶瓷学者们对明沙高岭土和星子高岭土进行了许多研究,积累了大量资料,现将其成果综述如下。

(一)明沙高岭土与星子高岭土的化学分析

从各地经过沉降淘洗运到窑厂的高岭土,不能直接使用,要经过再次的沉降淘洗,所得细颗粒用作制瓷原料,称为精泥。粗颗粒不用来制造精细的瓷器。对明沙高岭土的陶洗,粗颗粒占 26%,大部分为白云母状矿物。而细颗料之精泥,Al_2O_3 的含量有所升高,而 Fe_2O_3、TiO_2 和 MnO 等着色杂质以及 K_2O 和 Na_2O 等助熔氧化物的含量都有所降低。这种趋势在小于 1 微米的细颗粒部分则更加明显。经过陶洗的明沙高岭土质量有很大提高,特别是 Fe_2O_3 和 TiO_2 含量的降低对提高瓷器的质量是十分重要的。景德镇瓷器烧制工艺中对原料淘洗的精益求精,是提高青白瓷质量的重要技艺之一。

(二)明沙高岭土的矿物组成

明沙高岭土中含有较多的白云母状矿物,经过陶洗制成的精泥,其矿物组成含高岭石 65%～70%,云母状矿物 25%～30%,其余是多水高岭土和石英等矿物。颗粒小于 1 微米的精泥的矿物组成则含高岭石 70%～80%,多水高岭土 5%～10%,白云母状矿物 10%～20%,可见细颗粒部分主要是高岭石,经淘洗除掉的粗颗粒主要是白云母。

(三)瓷石的化学分析与矿物组成

瓷石是含有石英和绢云母矿物组成的岩石,绢云母是由水白云母的细颗粒组成的。它既有适当的可塑性,又具有助熔作用,而其化学组成又与瓷胎十分接近。因此,它可以单独作为制瓷原料,不添加其他任何粘土矿物。

南宋蒋祈的《陶记》,仍是最早记载以瓷石单独作原料的烧制瓷器的专著。他说的"进坑石泥,制之精巧",即是说用进坑的瓷石单独作原料烧制出了精巧的瓷器。

南宋以来的历史资料记载,景德镇周围有进坑、湖坑、岭背等地产瓷石,至今还可以在这些地方找到瓷石矿的确切位置。这些瓷石不仅在矿物组成上适合烧制瓷器,而且在优质的瓷石中,Fe_2O_3 和 TiO_2 的含量也很少。因此,用这种瓷石烧制的瓷器外观洁白又有半透明感,形成了早期景德镇瓷器的特色。

1. 瓷石的化学分析

瓷石要用水轮车和水力带动的水碓锤碎,并舂成粉末,然后将初步淘洗沉淀的瓷石颗粒做成不(与塾同音,景德镇方言)子,运送到窑场,到窑场后,再次炼制和陈腐。其方法是用方砖砌成长方形或正方形的炼泥池和储泥池,将瓷石不子搬到炼泥池内,拌水使其柔软,用脚反复踩踏,或用木铲反复多次翻打,将空气全部挤压排出,防止在窑炉烧制中炸裂。经过炼制后的瓷石精泥,送到储泥池中作陈腐处理。

当代的陶瓷学者将不子、精泥、小于 1 毫米颗粒和原矿瓷石,列表做化学分析,以见其氧化物含量与分子式之异同。从表中可见,精泥和小于 1 毫米颗粒与不子比较,在 Al_2O_3 和作为助熔剂的碱金属和碱土金属氧化物都有大幅度提高。这对制瓷原料是十分有利的,但随着淘洗遍数的增多,作为着色剂的 Fe_2O_3 的含量却有所增加。所以,对于瓷石来说不是淘洗得越精越好,而是要根据经验,掌握适度。

2. 瓷石的矿物组成

现在还可以采集到的祁门瓷石,多为块状岩,一般为灰白色或灰绿色。岩石中有方解石侵入细脉,也分散着石英颗粒和少量黄铁矿晶粒。岩石表面也常有柏叶斑状的黑褐色斑纹。它的化学组成所含有的 CaO 即由此而来。

经过当代陶瓷工作者的详细研究,认为祁门瓷石不子和小于 1 微米颗粒部分,主要是绢云母,它的 X 射线衍射谱和化学组成都与文献上记载的日本产瓷石中的绢云母相接近。根据推算可知,祁门瓷石不子约含绢云母 40% ~50%,祁门瓷石的精泥约含绢云母 50% ~60%。经过淘洗后的祁门瓷石中细颗粒不断增多,也就是绢云母的含量随着淘洗程度的加大而增加,再由于绢云母的晶格中,存在着一定量的铁离子,因而随着陶洗程度的加大,其中 Fe_2O_3 的含量也随之增加。这就是 Fe_2O_3 的含量按着不子、精泥和小于 1 微米颗粒部分依次增加的原因。

景德镇制瓷原料的化学组成

名称		处理情况	氧化物含量（重量 y）												分子式
			SiO_2	Al_2O_3	Fe_2O_3	TiO_2	CaO	MgO	K_2O	Na_2O	MnO	P_2O_5	烧失	总量	
高岭土	明砂高岭	不子	49.65	33.82	1.13	0.05	0.33	0.23	2.70	1.03	0.33	0.00	10.84	100.11	0.209RxOy − Al₂O₃·2.491SiO₂
			55.62	37.89	1.27	0.06	0.37	0.26	3.02	1.15	0.37	0.00	0.00	100.01	
		精泥	47.69	35.01	0.99	0.04	0.40	0.25	2.51	0.95	0.14	0.00	11.12	100.10	0.181RxOy − Al₂O₃·2.247SiO₂
			53.60	40.47	1.11	0.04	0.45	0.28	2.82	1.07	0.16	0.00	0.00	100.00	
		小于1微米颗粒部分	45.58	37.22	0.85	0.00	0.46	0.07	1.70	0.45	0.16	0.00	13.39	99.88	0.117RxOy − Al₂O₃·2.078SiO₂
			52.70	43.03	0.98	0.00	0.53	0.08	1.97	0.52	0.18	0.00	0.00	99.99	
	星子高岭	不子	51.89	31.70	1.54	0.00	0.91	0.00	2.50	0.00	0.82	0.00	11.01	100.37	0.173RxOy − Al₂O₃·2.778SiO₂
			58.07	35.47	1.72	0.00	1.02	0.00	2.80	0.00	0.94	0.00	0.00	100.02	
		精泥	54.60	41.30	1.46	0.00	0.15	0.00	2.01	0.00	0.16	0.00	0.00	100.09	0.109RxOy − Al₂O₃·2.243SiO₂
瓷石	祁门瓷石	不子	73.05	15.61	0.56	0.09	1.82	0.34	3.75	0.58	0.02	0.00	0.00	99.99	0.619RxOy − Al₂O₃·7.91SiO₂
			76.24	16.29	0.58	0.09	1.90	0.35	3.91	0.61	0.02	0.00	0.00	99.99	
		精泥	69.93	17.65	0.66	0.07	2.11	0.40	4.61	0.54	0.01	0.00	4.31	100.29	0.638RxOy − Al₂O₃·6.723SiO₂
			72.86	18.39	0.69	0.07	2.20	0.42	4.80	0.56	0.01	0.00	0.00	100.00	
		小于1微米颗粒部分	50.24	29.87	1.03	0.01	2.52	092	8.11	0.68	0.00	0.00	6.96	100.54	0.585RxOy − Al₂O₃·2.854SiO₂
			53.80	31.99	1.10	0.01	2.70	0.99	8.68	0.73	0.00	0.00	0.00	100.00	
	瑶里东狮窑瓷石	原矿	80.50	14.45	0.85	0.07	0.38	0.46	3.54	0.19	0.00	0.00	0.00	100.11	0.459RxOy − Al₂O₃·2.453SiO₂
	南港石	原矿	76.12	14.97	0.76	0.00	1.45	0.00	2.77	0.42	0.06	0.00	3.71	100.22	
			78.84	15.50	0.79	0.00	1.50	0.00	2.87	0.44	0.06	0.00	0.00	100.00	0.461RxOy − Al₂O₃·8.631SiO₂
釉石	瑶里青树下釉石	原矿	74.85	14.66	1.30	0.00	1.52	0.21	3.11	2.39	0.14	0.00	2.28	100.46	
			76.24	14.93	1.32	0.00	1.55	0.21	3.17	2.43	0.14	0.00	0.00	99.99	1.263RxOy − Al₂O₃·10.943SiO₂
	三宝蓬釉石	原矿	73.70	15.34	0.70	0.00	0.70	0.16	4.13	3.97	0.04	0.00	1.13	99.69	
			74.78	15.56	0.71	0.00	0.71	0.16	4.19	3.85	0.04	0.00	0.00	100.00	1.190RxOy − Al₂O₃·9.704SiO₂
	瑶里屋柱槽釉石	原矿	74.43	14.64	0.62	0.06	197	0.16	2.90	2.38	0.02	0.85	0.00	98.03	
			75.93	14.93	0.63	0.06	2.01	0.16	2.96	2.43	0.02	0.87	0.00	100.00	1.205RxOy − Al₂O₃·10.396SiO₂
釉灰	寺前	原矿	3.26	0.56	0.79	0.00	55.32	1.13	0.22	0.15	0.00	0.00	38.51	99.94	
			5.31	0.91	1.29	0.00	90.05	1.84	0.35	0.24	0.00	0.00	0.00	100.00	
		釉灰头灰	5.04	1.74	0.38	0.00	49.03	0.60	0.00	0.00	0.07	0.06	0.00	56.92	
			8.85	3.06	0.67	0.00	86.14	1.05	0.00	0.00	0.12	0.11	0.00	100.00	
		釉灰头灰	11.77	2.78	0.88	0.00	44.49	0.66	0.00	0.00	0.10	0.10	0.00	60.78	

（四）釉石和釉灰的化学分析与矿物组成

关于景德镇青白瓷的釉石和釉灰，南宋蒋祈在《陶记》中说："攸山山槎灰之制釉者取之，而制之之法，则石垩炼灰，杂以槎叶、木柿、火而毁之，必剂以岭背釉泥而后可用。"蒋祈说的"釉泥"就是现在的釉石或釉果。蒋祈的话不仅告诉了我们釉灰的制法，而且指出了釉浆是由釉灰加釉石配制而成的。

景德镇青白瓷的釉石是未风化或浅风化的瓷石，它的助熔剂含量较高，以瑶里屋柱槽釉石为例,将其化学组成列入上表,从中可见,这种釉石的 K_2O 和 Na_2O 的含量要比祁门瓷石高,其中绢云母含量约为 30% ~ 40%,其余为石英和少量的长石。化学组成中的 K_2O 主要来自云母,Na_2O 则主要来自长石。

为研究釉灰及其制法,景德镇的陶瓷学者们,在原产地寺前进行了一次传统备制釉灰的考察,并作了详细研究。[1] 他们指出釉灰的备制是用较纯的石灰石,粉碎后装于石灰窑内,以槎柴烧成石灰,经过消解成为熟石灰,再加狼萁与熟石灰叠成方堆,再次点火煨烧,火熄后再加狼萁混烧,如此三次,即成釉灰,运到窑场使用。

从上表可知,釉灰的主要成分是碳酸钙。在备制过程中,将熟石灰和狼萁隔层堆叠煨烧,会增加助熔剂和着色氧化物的含量。传统配制釉灰二灰的方法,需加入人尿润湿陈腐,使残余的 $Ca(OH)_2$ 转变为不溶于水的 $CaCO_3$ 并生成 NH_4OH,从而使配合的釉浆凝结。由于它含有一定着色氧化剂,又是在还原气氛中烧成,就使景德镇白釉瓷具有白里微泛青色的传统。

景德镇白釉瓷胎所用原料,由高岭石、绢云母、水白云母、石英及少量长石组成。由于水白云母和绢云母都属于水云母族矿物,所以,景德镇窑青白釉瓷应是高岭石—石英—水云母质瓷,而不同于北方邢窑、定窑的高岭石—石英—长石质瓷。

景德镇白瓷的瓷釉,是用釉石配釉灰制成。它是以 CaO 作为主要熔剂,因此称为钙釉,又称灰釉。由于釉石中含有长石,所以它较制胎用瓷石则含有较多的 Na_2O。当釉的配方中,使用较多的釉石,或使用较多的含有长石的釉石,则可使釉中的熔剂改变为 CaO 和 $K_2O(Na_2O)$ 共同起主要作用。这使景德镇制瓷的历史上出现了钙碱釉和碱钙釉。

二、南宋景德镇青白瓷的烧制工艺与技术

南宋蒋祈在《陶记》中,较多地记述了南宋的青白瓷烧成技术与工艺。

---

[1] 刘桢:《传统釉灰的制法及其工艺原理》,载《景德镇陶瓷学院学报》1986 年第 1 期,第 35 页。

他记述了瓷器成形时的"利坯"、"车坯"和"施釉"等技术；在记述烧造时，他描述了三百余座窑的规模；在装烧技术方面，他记述装入匣钵的烧制技术和支烧分为仰烧和覆烧两种工艺；对烧成的时间，记述为一日两夜，对止火温度用"火照"验证瓷器是否烧好；记述的器形有碗、碟、盘、炉、瓶，各具特色；装饰技术记述了"绣花、银绣、蒲唇、弄弦"等手法；对釉色，记述了黄黑、青白之不同。

根据蒋祈的记述，结合考古发掘的资料，我们大体的可以探讨南宋景德镇青白瓷的烧制技术与工艺。

（一）成型与施釉技术

蒋祈在《陶记》中说："陶工、匣工、土工之有其局；利坯、车坯、釉坯之有其法；印花、画花、雕花之有其技；秩然规制，各不相紊。"可知南宋时，景德镇窑已经分工十分精细。

景德镇瓷器历来都是采用塑性手工成型，就是利用泥坯在陶轮上用手拉制成大小不等的各种碗、盘、碟等器形。我们在考古发掘的宋代湖田窑址，发现了不少制瓷的陶车及其部件。如轴顶帽、利头、荡箍等。

手拉坯成型法，又称辘轳法或转轮法。拉坯用右旋辘轳，所制产品多为圆形。陶器成型过程中拉坯、利坯的机械工具，由车盘、机轴等部分构成，车盘、机轴等皆为木制。制作时，将泥团放置车盘中央，拉坯者坐在车架上，用短竹棍或木棍拨动车盘向右旋转，利用车盘旋转的动势，双手按泥，随手之屈伸收放，以定圆形之器形，被称为拉坯成形。在拉坯过程中，利用双手内外推压的力量，可以控制器形的大小、高低、薄厚及形状。特殊的器形，如瘦高梅瓶，是要分段拉坯，接合成型的，因而在其坯体表面，常留有手拉凹凸不平的痕迹。待湿坯稍干后，又在坯体上，用板刀修整、定型，使其规整，称为"利坯"。景德镇的南宋青白瓷之所以器壁薄腻规整，器形挺拔精巧，就是因为利坯的技术极为严谨，技艺十分精熟。

拉好的粗坯，要经过数次修整的黄泥模子进行印模，印模的目的是保证所拉制的泥坯在大小和形状方面达到一致，保证坯内面更加光滑平整。印好的坯，再经过多次修整，使其内外光平，厚薄符合要求，这就是"修坯"。"修坯"又分粗修和精修两道工序，粗修是形状完好，刮削打磨外部的瘢痕。

精修是完成外表细部的修整,刮削和打磨内壁的瘢痕。

精修完成之后,就进入了施釉的工序,根据器型和瓷坯的特点,施釉可分为浸釉、荡釉、吹釉、涂釉等各种方法。浸釉是将瓷坯完全浸泡在釉中,停留片刻便拉出来,使釉自然地吸附于器壁;荡釉是将釉倒入器内,多次摇荡使釉挂满器皿的内壁;吹釉是用细管将釉吹送到特殊的部位;涂釉又称刷釉,即用毛笔将釉涂抹于弯曲的瓶颈或壶的棱角之处。

成型和施釉的传统工艺流程,大致如下:拉坯—修坯—印坯—干燥—粗修—刷内水—荡内釉—精修外部—刷水浸外釉—剐底—施底釉。

景德镇所制瓶、罐、壶、炉等不同形状的器皿,称为琢器。方形器皿的制坯需先做成泥片,然后用坯泥调和的泥浆粘合,其精工细作要求更高。至于雕塑成型、彩绘和颜色釉、颜色彩等技艺更高,将另有专题论述。景德镇瓷器素以技艺精湛高超,器型丰富多彩著称于世。这些成就的取得全仗身怀绝技的工人的手工操作。

(二)景德镇青白瓷的烧成工艺与技术

景德镇瓷器都是在柴窑中烧成,随着原料和配方的改进,烧成温度也逐步提高,烧成温度的提高又促成了炉窑的改进,炉窑成为景德镇制瓷工艺史上一个重要组成部分。

1. 窑炉

景德镇湖田窑是青白瓷生产的著名窑场。1978 年,对湖田窑的发掘,在清理乌泥岭东坡遗存时,发现残窑一座,残长 13 米,宽 2.9 米,残高 0.6 米,坡度为 14.5 度。窑尾在坡上,尽头有一烟道,宽 0.4 米,残高 0.3 米,残长 0.4 米,坡度 25 度。根据窑内遗物分析,专家认为是南宋时期湖田窑烧制青白釉瓷的窑炉。从残留窑的尺寸来看,应属小型龙窑。这种龙窑在南宋官窑和龙泉窑两节已有论列,这里不再赘述。刘新园的论文《景德镇湖田窑考察纪要》可供参考。[①]

蒋祈的《陶记》记载:"窑之长短,率有碤数,官籍丈尺,以第其税,而火

---

① 刘新园:《景德镇湖田窑考察纪要》,载《文物》1980 年第 11 期,第 39 - 49 页。

膛、火栈、火尾、火眼之属,则不入籍。"蒋祈的记载与考古发掘出的湖田南宋炉窑基本一致,可为专家们认定的文献证据。

2. 窑具

匣钵是宋代重要的装烧工具,它对产量的提高有重大作用。考古发掘的一个宋代初期的烧制较大碗、盘的匣钵,它的化学分析数据说明,它除了含有 71.71% 的 SiO_2 外,还含有 22.83% 的 Al_2O_3,1.68% 的 Fe_2O_3 和 1.28% TiO_2。宋代中期湖田窑址物的堆积中,发现了漏斗状匣钵和圈足无内釉的碗、盘残片;还有内部分级数的上大下小的瓷质钵状物、盘状物和另一种桶式的平底匣钵,这种工艺可称之为装匣支圈覆烧。南宋时期,湖田窑址的堆积中,仰烧碗、盏与匣钵残器数量减少,而芒口盘、碗及一种与定窑相似的瓷质断面 L 型转角的支圈及大而厚的泥饼大量增加。南宋时期的平底圆柱形匣钵的支圈覆烧方法,这种瓷质的支圈,既起支烧的作用,又起匣钵的作用,可以称之为支圈代匣覆烧。它明显地吸收了定窑匣钵覆烧的经验。它的优点是防止瓷器变形。大大增加产量,节约燃料与耐火材料,可为一举三得。但是,由于瓷器芒口的缺点,在当时仍未能完全取代仰烧工艺。

对南宋支烧垫圈和匣钵的原料,蒋祈的《陶记》中记载说:"比壬坑、高沙、马鞍山、磁石堂,厥土赤石,仅可用为匣钵。"引文中的马鞍山,历来是景德镇匣钵原料的产地。所产原料俗称老土、黄土、白土等。这些土中含有 Al_2O_3 很高的属高岭土类的高铝质原料,有含 MgO 较高的硅镁质粘土,有含 SiO_2 很高的由铁质粘土和燧石硝组成的高硅质粘土。景德镇历代匣钵化学组成的变化就取决于这些原料的组合和用量的多少。从总体上分析,用这些原料配合制成的匣钵,其高温荷重软化温度都不高,一般不超过 1300℃。[①] 这和景德镇历代瓷器的烧成温度相适应。

南宋时期,在吸取定窑装烧工艺的基础上,对匣钵加以改进和创新,采用了有匣和支圈代匣覆烧工艺,是景德镇装烧工艺的一次突破,它对景德镇早期烧制的瓷器存在的最大变形问题起到了决定性作用,同时也促进了产

[①] 戴粹新:《湖田古瓷窑匣钵的研究》,载《景德镇陶瓷学院学报》1982 年第 1 期,第 43 - 48 页。

南宋时代景德镇大量生产的覆烧印花碗及其残片

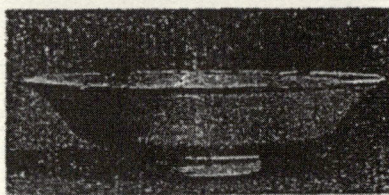

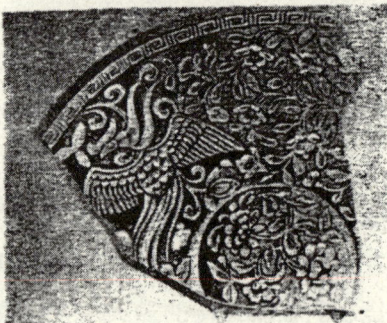

引自《景德镇陶瓷》1981 年总第 10 期

量的提高。

南宋时期,景德镇窑使用的窑具,除上述的匣钵、支圈外,还有垫钵、垫饼、垫环、泥照、火照等。

垫钵是一种内壁分作数级的上大下小的盘或钵状器物,它是用以扣置碗坯的钵状物,然后置于平底桶形匣钵内入窑烧制。它是一种与桶形平底匣钵配套覆烧的辅助窑具。湖田窑出土的垫钵,瓷胎洁白,方唇,斜腹,平底,内壁分三级,呈阶梯状,口径9.3厘米,高4.8厘米。

垫饼是用来置于碗的圈足内和匣钵中作仰烧时用的饼状或圈状物,也有圆柱形或环柱形,高低大小各异,但必定比器物的圈足要小要高,使器物的足壁悬空,防止圈足之釉与匣钵粘连。由于用这种小而高的垫饼烧制,所以北宋和南宋碗、盘的圈足内底都有酱褐色垫饼遗留之痕迹,成为断代的重要依据。

支圈创始于北宋定窑,南宋初期景德镇窑也有使用。它是为了适应覆烧法的特殊窑具。南宋中晚期开始大量使用,也是学习定窑的工艺和技术。它是一种断面呈 L 形的青白色瓷质的弧形圈状物。有的学者称它为"支圈组合式的覆烧窑具"。

泥照是用来验证瓷石质量和胎、釉配合的效果情况。由于各地瓷石矿的质量不同,胎与釉的适应性和收缩率也不相同,所以必须将胎与釉配合试烧后才能检验其效果。这种瓷泥照子多是片状。均需先在坯胎上刻记瓷泥出处或作坊主人名字,再施釉与产品一道入窑烧造,烧后才知成瓷与胎釉结合状况的好坏。湖田窑址就出土了复件刻有"进坑"、"郑家泥"、"丘小六泥房"等铭文的照子。

火照又称试片、试火具、试火板等,统称为照子。它是专门用来测试瓷器焙烧时生熟程度的窑具。一般用瓷泥制作,也有用碗坯改制者,其形状有碗形、方形、长方形、梯形、多边形等,以三角形片状居多,上平下尖,上端都有圆孔,并多施釉。

蒋祈在《陶记》中记述它的用途说:"火事将毕,器不可度,探坯窑眼,以验生熟,则有火照。"

3.装烧工艺

《陶记》中所述之"火照"（景德镇湖田窑南宋文化层出土）

南宁印花残器摹本（施尔才摹）

引自《景德镇陶瓷》1981 年总第 10 期

南宋初期发明"阶梯式支圈烧法"。其工艺技术是先用瓷泥做好内壁，壁上分作数级的盘状物呈阶梯式。在盘状物的垫阶上，撒上一层谷壳灰，以防盘或碗口与垫阶粘接。先把口径最小的芒口盘或碟，扣在钵状物的最下一级的垫阶上,再依次扣放直径由小到大的盘坯或碗坯,直到扣满最上最大的一个垫阶为止。最后把一个泥质的垫圈放在桶式平底匣钵中,把扣好碗坯的钵状物放在垫圈上,即可堆叠进窑了(如下图)。

　　这种"阶梯形垫钵覆烧法",即"阶梯式支圈烧法",与北宋中期的仰烧法相比,产品的变形率降低,装烧密度增大。但是,与仰烧法相比,它的缺点是给碗、盘的口沿留下了粗糙的瓷胎,即人们所谓的"芒口",使用起来十分不便,竟使一些有钱人不得不用银片包住芒口使用。

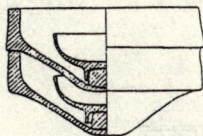

北宋早中期的仰烧示意图　　南宋初期阶梯形垫钵覆烧装匣示意图　　南宋中晚期的环状支圈组合式覆烧窑具装烧示意图

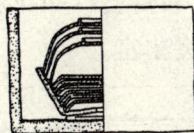

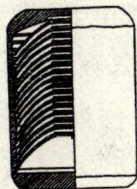

　　南宋中晚期,又发明了"环状支圈覆烧法",又称"环状式支圈覆烧法"。其装烧工艺是以大而厚的泥饼为底,把一个用瓷泥做成的断面呈 L 形圆形支圈放在泥饼上,在支圈的垫阶上,撒上一层谷壳灰,再把一件碗坯的芒口倒扣在垫阶上,再在下一个圆形支圈上放另一个圆形支圈,又将一碗坯的芒口倒扣在第二个支圈上,这样一个圈放一个碗,依次层叠上去,最多可放圈和碗各 32 个,最后把圆心下凹的泥饼翻转过来,覆盖在最上一个圈上,即组成一个上下直径相同的圆柱体,用稀薄的耐火泥浆涂抹外壁,以达到封闭空隙和连接支圈的目的,以便叠压装窑时更加牢固(如上图)。

　　这种"环状支圈覆烧法"比北宋早期的仰烧法,可以增加装烧密度 4 倍以上,并有减少变形、节约燃料等优点。它与"阶梯形垫钵覆烧法"相比,不需要依靠匣钵,就能装烧同一规格的产品。它的唯一缺点,就是产品依然存在芒口。

三、南宋景德镇青白瓷的器形与纹饰的工艺与技术

景德镇青白瓷的器形丰富繁多,应有尽有。我们分三类叙述,即日常生活

用具、艺术陈设品、明器神煞用品。主要分析其器形的时代特征与工艺技术。

（一）日常生活用具

1. 碗

北宋与南宋时期，碗的造型繁杂，变化多样。北宋早期的碗为敞口、唇口或花口，足径较大，碗壁浅斜。北宋中晚期的碗盛行高足深腹，足底很厚，呈外八字形，被称为高足碗。南宋早、中期流行斗笠碗，花口矮圈足。还有一种深弧壁芒口碗也很流行。由于支圈覆烧法技术的发明，碗的高度普遍降低，底部由于不再持重而变薄，内心普遍采用印花装饰。南宋晚期以芒口平底足斗笠碗为主，最普遍的是芒口印花斜壁式碗和花口斜壁矮圈足碗。碗内多印阳纹图案，纹饰繁缛丰富。

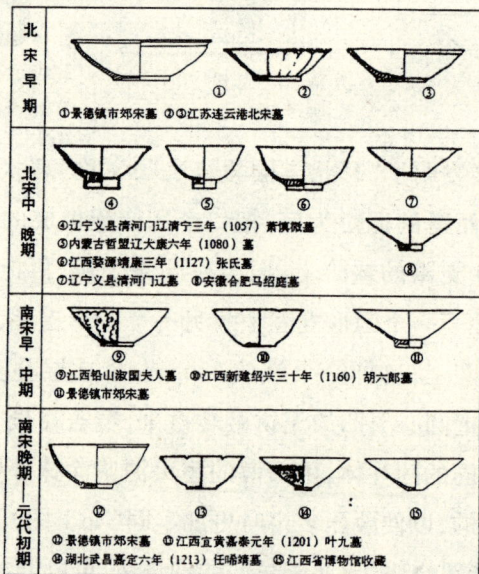

2. 壶

壶是两宋时期最常用的酒具。壶的造型多种多样，有提梁壶、瓜棱壶、葫芦壶等，形体普遍较大，多有执柄，又称执壶。北宋的壶，早期多为喇叭口式，壶身多为瓜棱式；中期为盘口式，直短颈，长腹上鼓下收，扁平把柄。晚期多为长颈壶，颈长、体长、把柄长。

南宋早、中期的壶，造型较多，有短颈瓜棱壶、八棱壶、葫芦壶等。南宋带盖执壶是由北宋长颈喇叭口壶发展而来,特征是壶颈细长、柄长、筒形腹,中间微鼓,盖多为下凹碟状,纽为圆柱形,壶身多为弦花或印花装饰。南宋晚期流行葫芦形执壶,小口,细束腰,条形柄,带盖,给人秀美瑰丽之感。这种葫芦型执壶一直流行到元代,后为多棱壶所代替。

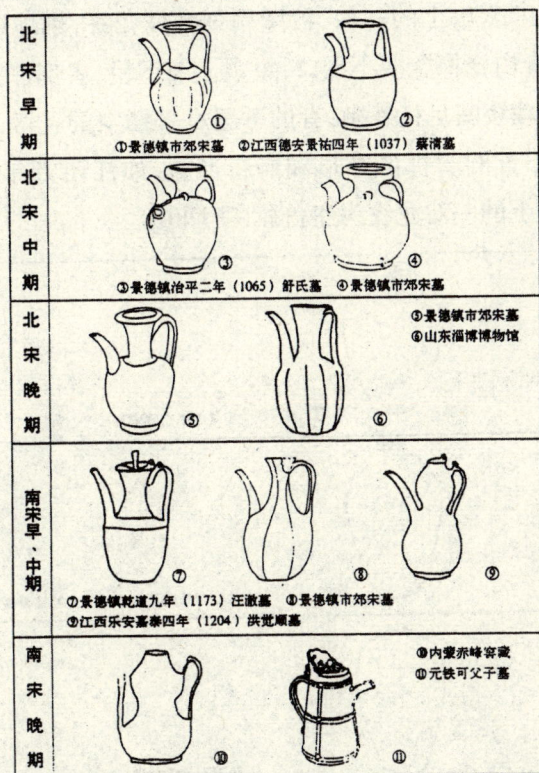

3. 梅瓶

两宋的梅瓶,造型丰富,式样繁多。有梅瓶、玉壶春瓶、兽环瓶、瓠形瓶、瓜棱瓶、球腹瓶、葫芦瓶、贯耳瓶等,用途为饮酒器、日常生活用器和陈设器。

北宋早期景德镇青白瓷的梅瓶,小口,短颈内敛,溜肩,椭圆腹,呈橄榄状,小平底。景德镇市郊宋墓出土的一件,内外施青白釉,但釉色微泛黄,足底有三支钉痕(下图①)。北宋中期偏早时的梅瓶,尚承袭早期橄榄状的风格,如南京江宁宋景祐五年(1038)杜镐妻钟氏墓出土的印花梅瓶(下图②)。

南宋早中期的青白瓷梅瓶,特点是小口,丰肩,往下渐削,底径稍大(下图③)。南宋晚期的青白瓷梅瓶,主要的一种仍然保持着丰肩、长腹往下渐收的特点,只是短颈平口上配有杯形盖,如江西安义南宋淳祐九年(1249)墓出土的缠枝卷叶纹梅瓶(下图④);另一种则肩更丰,下腹更修削,底足微外撇,如景德镇市郊南宋墓出土的一件,器壁剔刻缠枝花卉,剔地以蓖纹为饰(下图⑤)。元代的青白瓷梅瓶多小平口,短颈上细下粗,肩部浑圆,显得饱满雄伟,下腹修削,出现矮圈足稍外撇,有的下置有带镂空的花墩式瓷座,有的带有宝珠纽,或内心置圆管榫的杯形和狮纽形盖,如江西万年县元泰定元年(1324)汤顺甫出土的一对龙纹狮纽盖瓶(下图⑥)。

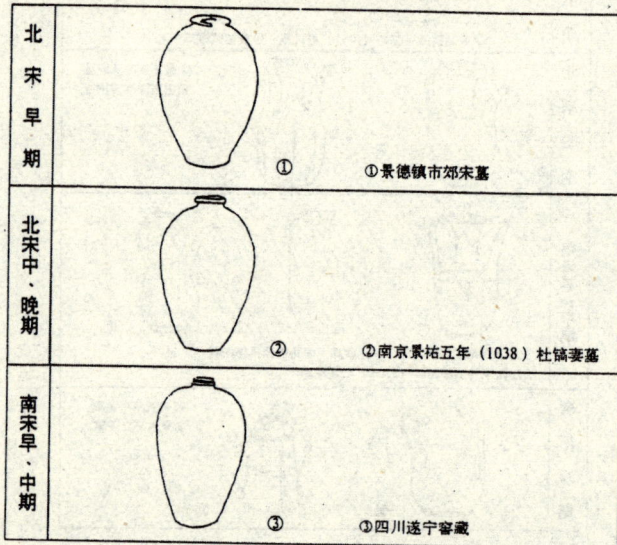

4. 托盏

北宋中期的托盏之托,多作盘和托杯连体式,盘沿多呈花口状,圈足低矮,盘中心内凹置杯形托台,托杯为直口,腹近直,在此托杯之上再置盏,故适用于承托足径大小不一的盏碗。从制作工艺上考察,托盘与托杯分制,托杯制好去底,与盘黏接,借盘作底,故成连体式(下图①)。北宋晚期的盏托,托盘之圈足日渐变高,且略向外撇,盘中心也微内凹,托杯由高直腹向矮圆腹演变,有的杯腹还镂多个心状孔,上再置盏(下图②、③)。南宋

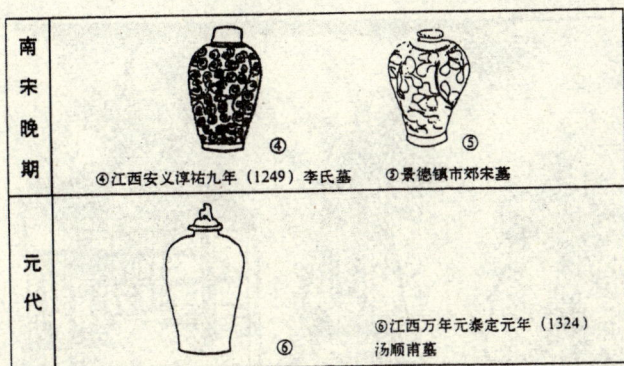

南宋晚期		
④江西安义淳祐九年（1249）李氏墓	③景德镇市郊宋墓	
元代		⑤江西万年元泰定元年（1324）汤顺甫墓

早中期盏托,托盘圈足又趋于变矮,但盘内几近平直,中置托杯为矮圆球腹,且底与足连通,其上再承托碗或盏,但更多是承托这一时期广为烧造的芒口平底斗笠碗,或称"擎"（下图④）。山西大同咸淳二年（1266）冯道真墓①壁画中人物手持的盏托及桌上分置的托与盏即与此相同。

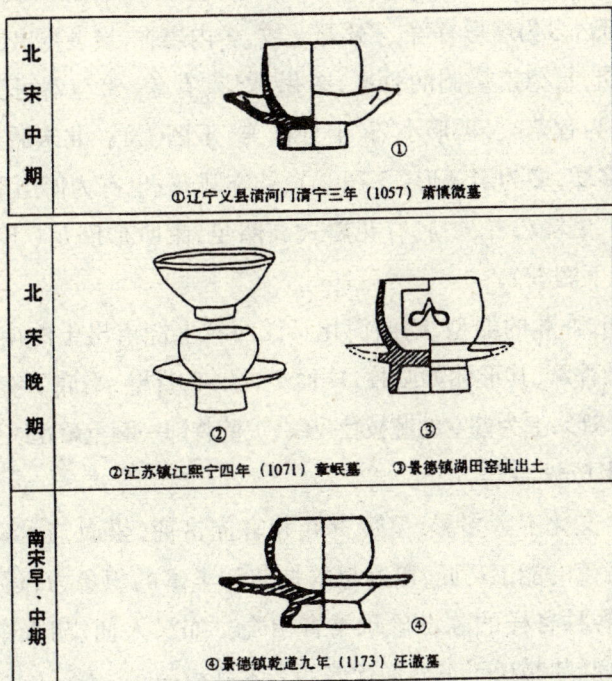

北宋中期	
①辽宁义县清河门清宁三年（1057）萧慎微墓	
北宋晚期	
②江苏镇江熙宁四年（1071）章岷墓	③景德镇湖田窑址出土
南宋早·中期	
④景德镇乾道九年（1173）汪澂墓	

---

① 解廷琦:《山西省大同市元代冯道真王青墓清理简报》,载《文物》1962 年第 10 期第 56 页。

图⑤冯道真墓壁画（桌上分置有斗笠碗和台盏，一盖罐腹部有"茶末"两字）

5. 香熏

香熏又称熏炉，为室内熏香用具。两宋至元香熏器型多，设计新颖，小巧玲珑，十分精致，多为球形有盖，多镂雕花纹，炉内燃香，袅袅飘出，清香四溢。

北宋中期，景德镇烧制的香熏，多做球形，有盖，盖与器可紧密相合，器身镂空，雕花为香草纹，器形小巧，十分精美（下图①）。北宋后期，香熏的器型更加丰富多样，多为半球形（下图②），镂空雕花；也有为博山形（下图③），盖为尖顶形。更精巧者，炉底有花瓣式高圈足，喇叭形圈足（下图④），也有呈三矮蹄足（下图⑤）。

南宋时期，香熏的器型，趋向简化。江西省上饶市出土的南宋建炎四年（1130）青白釉香熏，其形体如圆柱，矮而粗，子口，直壁，平底下有三个丁字形足，其盖为半球形，上为镂空的缠枝牡丹纹，炉壁装饰一圈重瓣花纹（下图⑥）。

（二）艺术陈设品

两宋社会文化丰富多彩，皇帝贵族和官僚富商，崇尚艺术珍玩，收藏之风盛行。景德镇的能工巧匠，以高超的技艺和丰富的想象力，运用瓷土的可塑性，创造了各种各样的陈设珍玩类青白瓷。如汉人俑、胡人牵马俑、戏剧俑、马上封侯俑、麒麟送子等器形优美的艺术陈设品。

两宋的人物瓷塑，以现实的人物为原形，通过人物的外貌与表情，鞋帽与服饰，着力刻画出人物的内心世界与神态情趣，与唐代臃肿夸张的人物俑

北宋中期	
	①江西都昌嘉祐七年（1062）陈显墓
北宋晚期	
	②敖汉旗白塔子江墓　③④安徽全椒元祐七年（1092）张之纪墓 ⑤安徽合肥包绶墓
南宋至元	
	⑥江西上饶建炎四年（1130）赵仲湮墓

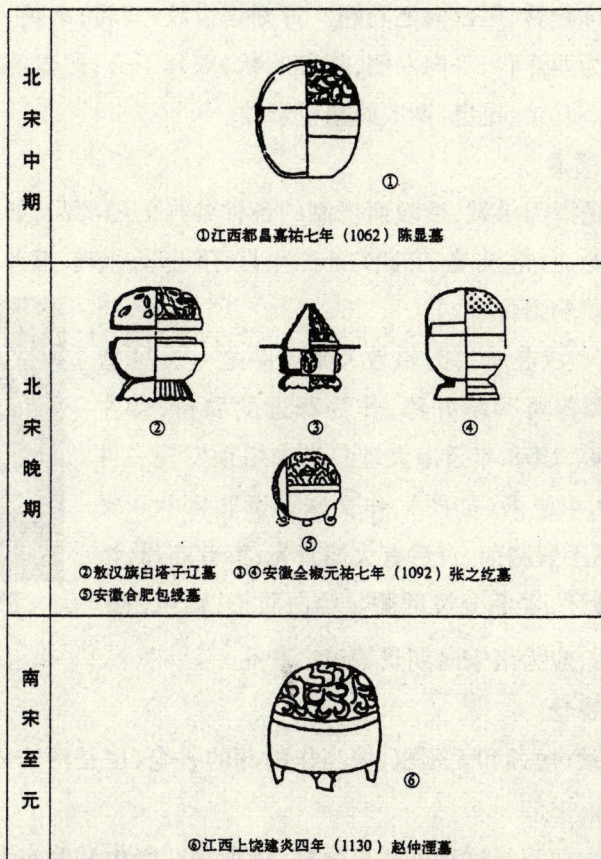

成鲜明对比,更具两宋特色。除人物外,还有各类动物,如狗、马、羊、牛、鹿、兔、虎、豹、骆驼、鹅、鸭、鸡和独角兽等,皆形象生动,栩栩如生。

　　1970 年,景德镇市郊新平乡洋湖毛蓬店出土了宋墓胡人牵马俑。马体肥壮,仰首嘶鸣,马负坐鞍,马尾上翘,两侧各立一胡人俑。人与马皆瓷质青白,釉色莹润,光洁闪亮。两胡俑皆深目高鼻,粗眉大眼,胡须捲翘。上穿对襟小衫,下穿小腿马裤,足蹬皮靴,腰束圆兜。两人皆为胡商形象。

　　景德镇市郊宋墓,还出土了素胎女坐俑。高 25 厘米,坐于高凳之上,身穿细花长衣,腰束百褶裙,自背至肩搭一花纹长锦带,双手抱于胸前,头系圆髻,面带微笑,柳眉凤眼,高鼻小口,塑造了一个雍容华贵的夫人。

　　宋代湖田窑,出土了两件狗的陈设艺术品。一件为站立的中国狗,头上仰,耳下耷,颈饰响铃,尾巴向上卷翘。背刻锯齿纹,双目,响铃,狗背饰褐色彩点。另一件为西洋狗,头向左侧,作狂吠状,双耳下耷,尾盘曲,作卧地状,形象生动逼真。耳朵、尾巴、两股施褐色彩纹。

(三)宗教明器

宗教明器是指为佛教、道教而烧制的各种各样的随葬品,如各种神怪异物、四灵俑(青龙、白虎、朱雀、玄武)、十二生肖、西王母、金鸡、玉犬、龙虎瓶等。

1. 文殊菩萨骑狮像

文殊菩萨骑狮像

文殊,意译"妙吉祥",为佛教大乘菩萨之一,以"智慧"知名。他和普贤菩萨并称,作为释迦的胁侍,侍左方,塑像多骑狮。1978 年云南大理三塔主塔顶发现一件文殊像,通高 9.4 厘米(如图),作文殊菩萨骑狮状。文殊头戴宝冠,两手置胸前,身后有火焰背光;狮首高昂,浓眉竖耳,张口龇牙,髭毛分拨两侧。胎白质细,釉色白中泛青,莹润透明,应为南宋时期景德镇窑产品。

2. 青白瓷谷仓

青白瓷长颈、短颈和无颈瓶,被当作随葬的谷仓,也是两宋的明器之一,各地出土甚多。

江西地区主要流行这种堆塑长颈瓶,特别是在赣中和赣东北地区,南宋至元几乎每墓必出,而且都是成对出土,未见单个者,多的也有出两对的。此外,与江西毗邻的湖北黄梅和黄石等地、浙江省的江山和衢县、福建省的邵武、湖南的醴陵等地亦有零星出土。正由于这种堆塑长颈瓶系由谷仓演变过来,所以出土时往往还留存有谷物,如江西丰城县梅岭宋咸淳八年(1272)墓和南昌市朱姑桥元延祐二年(1315)墓出土的堆塑长颈瓶由于瓶盖密封较好,瓶内都发现有尚未完全炭化的稻谷。

这种堆塑长颈瓶始于北宋,盛于南宋,元时就趋衰落。其造型和堆塑特点,经历了一个由简到繁,再从繁到简,直至衰落的发展变化过程,它从一个方面反映了宋元时期随葬风俗的变化。

北宋时期的堆塑长颈瓶,数量较少,总的特点是颈长和腹长基本相等,肩腹相交处多饰荷叶边形附加堆纹一周,颈部饰多道凸弦纹为地,上所堆塑物较简单疏朗,只有龙虎、云气、日月和鸡犬等,肩至颈部间置弧形把三个,盖顶呈笠帽形,上有立鸟,但普遍较低。以 1965 年南城县北宋嘉祐二年(1057)墓出土的一对为例,釉呈米黄色。长颈,腹上鼓下收,圈足外撇,腹素面,肩颈相接部堆塑荷叶边形附加堆纹一周,颈饰十二道凸弦纹作地,两瓶的颈部分别堆贴龙与虎,自肩至颈上部有三个半弧形把。盖作矮笠帽状,上饰一飞鸟。通高 46.2 厘米(下图①)。北宋中期的颈部还有三个半弧形的把,但到北宋后期就已消失。

南宋时的堆塑长颈瓶出土数量特多,时代特征也非常明显,首先是体形变得修长,且由北宋的颈长与腹长相等变为颈长大于腹长;肩颈相接部普遍增加一周立俑,多为十二个,仅有个别为十一个或十三个,颈部则堆塑有龙、虎、日、月、伏听俑、文俑、武俑、鹿、马、鸡、犬、凤凰、龟、蛇等,最多的达十二种之多,且布局繁而不乱,疏密有致。盖普遍作尖顶高帽形,个别盖特高,竟占到全器高度的四分之一。南宋早期,其二肩部仍如北宋时一样多饰一周荷叶形边附加堆纹,中期以后一直到元代则改饰一周凸弦纹(下图②)。南宋晚期至元代开始出现龙虎头部和日月悬空突出于器表的现象(下图④)。例如,1965 年清江县南宋嘉定四年(1211)墓出土的一对,釉呈乳白色。盂形口,颈、腹修长,圈足外撇,肩腹交接处饰一周凸棱纹和一周荷叶边附加堆纹,中间贴塑横 S 纹一周。一瓶的肩颈部堆塑十二个立俑和一只腾龙,另一瓶的肩颈部堆塑十二个立俑和一只跃虎,其间均满塑朵云,并有小蛇穿行于日月和云纹之间。上配尖顶高帽,约占全器的四分之一高,顶立一鸟作展翅欲飞状。通高 64.5 厘米。又例如,1965 年樟树镇南宋宝庆三年(1227)墓出土一对长颈瓶,釉呈青白色。平口长颈,长鼓腹下收,圈足外撇,肩腹相接处饰凸弦纹一周,肩上塑立俑十二个,中以伏听俑和朵云相隔。一瓶的颈下部堆塑有文吏俑,其左右侧分别塑鹿与玄武,上部则塑腾龙和流云托日图案;另一瓶的颈下部则堆塑有武士俑,其左右侧分别塑鸡与马,上部则塑跃虎和流云托月图案。盖作尖顶高帽形,上立一鸟,头也分朝上和朝下。通高 86.5厘米(下图③)。此瓶纹饰繁密,但布局得体,较为典型。

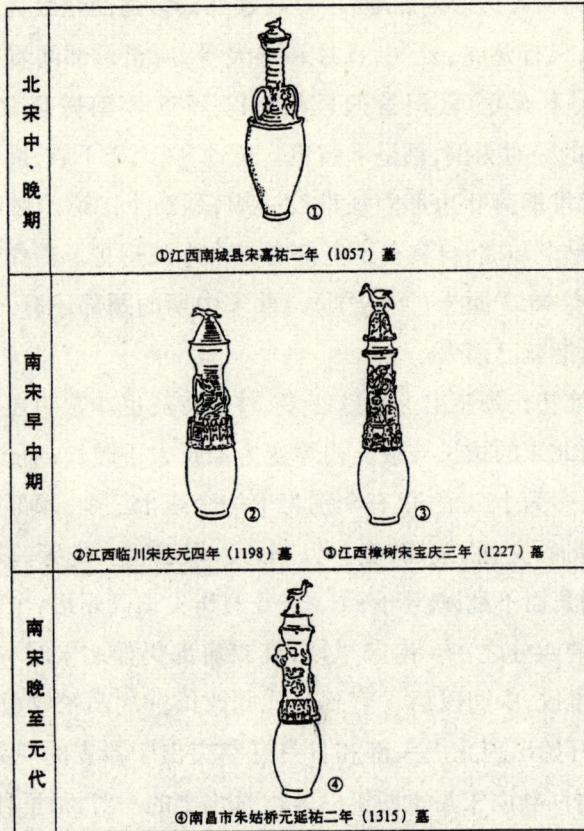

北宋中·晚期

①江西南城县宋嘉祐二年（1057）墓

南宋早中期

②江西临川宋庆元四年（1198）墓　③江西樟树宋宝庆三年（1227）墓

南宋晚至元代

④南昌市朱姑桥元延祐二年（1315）墓

　　元初堆塑长颈瓶的风格，仍保持了南宋晚期特征，但不久就开始显现出其装饰风格的变化。虽然体形仍然修长，但堆塑的品种日趋减少，如鹿、马、玄武等基本不见，就是立俑也减至十一个或九个、八个，有的竟少到只有六个，此外，盖顶变矮，立鸟肥胖，整个瓶体布局稀疏，制作粗糙，釉色不一，质量明显下降。如南昌县天历三年（1330）墓出土一对，平口，长颈长鼓腹下收，圈足外撇，肩颈交接处饰凸弦纹一周，颈下部分别塑立俑九个和十个以及文、武俑各一，颈上部则分别塑龙、虎，左右贴凤凰和彩云。盖为矮笠帽状，顶卧伏鸟。全器堆塑变简，图像不清。这说明了由宋至元青白瓷明器由精变粗的过程。而南宋中后期恰处高峰期。

第七章　南宋化学与物理科技知识的应用

　　化学是自然科学的重要基础科学之一,它是研究物质组成、结构、性质、变化的科学。作为一门独立的科学,它是在十八世纪末至十九世纪初才奠定了基础,十九世纪以后,才逐渐传入我国。所以,十七世纪以前,不论是在中国还是世界,化学并没有成为独立的学科,人们只是通过观察、生产劳动,在与自然界打交道的过程中,偶然接触到了一些化学变化,逐渐地了解它,摸索它的规律,开始利用它。

　　南宋时期的化学只是人们利用化学变化,运用化学常识来创造物质力量的一种活动,以取得器物、提高生产技能、加工化学产品、改善物质生活条件。

　　首先,是创造一种新物质或改善旧物质,如陶瓷(上一章已作论述)、纸张(另有专章论述)、各种合金、药物、丹剂等;其次,是人们通过对天然物质进行化学加工取得的,如:糖、酒、香料、染料等;第三,是伴随化学变化而同时发生的某种作用或力量,如对煤炭、石油的应用,火药在军事上的广泛使用等。

第一节　方术之士所取得的化学技术与成就

　　方术之士的活动是伴随道教产生的,道教的有组织的活动,开始于东汉时期。道教的核心思想是长生成仙,长生和成仙有两条途径,一求之神仙,二服食丹药。而想求长生的人中,最有影响力的就是皇帝,由于皇帝的提倡,各种方士纷至沓来,都说可以提取长生不老的丹药,或隐居于深山,或设坛于内廷,使炼丹术成为我国古代积累化学知识,发明化学成果,创制化学设备的一条重要途径。

方术之士们不但频繁地炼制丹药。而且还把他们提炼丹药的方法和过程写成专书,传流后世。这样,就使我们有可能对当时的化学知识和成就有所了解。

南宋传世的炼丹之书有多种,记载了有用的化学知识和丹药设备的有吴俣的《丹房须知》、琼山道人(白玉蟾)的《金华冲碧丹经秘旨》、林屋山人(俞琰)的《炉火鉴戒录》与《席上腐谈》等。现分别论列其化学知识与技术。

一、《丹房须知》①中的化学知识与技术设备。

《丹房须知》为南宋道士高盖山人、又号自然子、吴俣编撰于宋孝宗隆兴元年(1163)。其书的内容收录了孟要甫《金丹秘要参同录》、《火龙经》等书的内容,青霞子、白云子等道士传授的方术。所述内容为真铅、真汞等提炼,华池、鼎炉等设备,研磨、火候等技术,还有择地、造井、造炉、造坛、造鼎、合药、服食、禁忌等内容,涉及了炼丹术的各个方面,但多因袭唐代方术之说。在炼丹理论、炼丹方法上都很少有新意。不过他在炼丹设备上却有很多创新,如炼丹时提取铅汞还丹的未济炉、既济炉、抽汞器、龙虎丹台等,都多有新意,绘图精美。

丹房是炼丹的术士们修坛建灶,炼制神丹的房舍。它首先强调环境的选择,第一,最好是远离喧嚣的闹市,建于清幽的山林之中;第二,避开污秽之气和肮脏之水;第三,是不许谤道之徒的诽谤和窥视。

《丹房须知》中说:"一室东向,勿令僧尼、鸡犬等见入。香烟常令不绝,欲入室次,得换新履衣服及勿食葱蒜等。""丹室之内,长令香不绝,仰告上

---

① 《丹房须知》,收入《道藏》洞神部众术类,总第 587 册,上海商务印书馆据明万历本影印,1923—1926 年。

真。除是蔬食,务在精严"。它强调的是环境洁净,空气清新,是丹房的必备条件之一。

对丹房的用土也要加以选择,《丹房须知》说:"丹室之土,不可以凡土为之。自古无人迹所践之处,山岩孔穴之内求之。尝其味不咸苦,黄坚,与常土异,乃可用也。"用未经人迹污染,味不苦咸的土建丹房,也是为了防止对丹药的污染,这是很正确的。

丹井提供水源,更是对丹药最重要的条件。《丹房须知》强调说:"虽得丹地,便寻丹井,井是炼丹之要也。昼夜添换水火,添换滴漏,唯在于井。自古神仙上升之后,尽有丹井,以表井为炼丹之急也。丹井成,务令秽污。待水脉伏定,须涤去滞滓,然后,任露天通,星月照水。既定,土色已收,方可取之。若得石脚清泉,清白味甘者,是阳脉之水,运丹最灵。若青泥黑壤,黄泉赤脉,铁色腥味,有此之象,并是水脚,交杂阴阳积滞,不任炼丹。"对炼丹用井,《丹房须知》强调的依然是水之纯净,未经污染。这一切,都是很正确的。

《丹房须知》的最大贡献是所绘丹房所用之炼丹设备。

第一种设备是既济式丹炉。宋代的炼丹术中,不仅广泛使用水火鼎,而且往往把水鼎和火鼎合铸在一起,构成一个整体设备。接着,又把炉也固定地铸在火鼎之外,围成罩形,于是做成了"既济炉"和"未济炉"。这是南宋术士们留给我们的发明创造。《丹房须知》所绘制的"既济炉"和"未济炉"如下图,其功用在《金华冲碧丹经秘旨》一题的"既济炉"和"未济炉"中,一并论述。

第二种设备是"飞汞炉"。《丹房须知·采铅》篇记述了专门为抽炼水银设计的飞汞炉,其绘图与说明如下:

未济炉
(据《丹房须知》摹绘)

既济炉
(据《丹房须知》摹绘)

龙虎丹台
（摘自《丹房须知》）

研磨器
（据《丹房须知》摹绘）

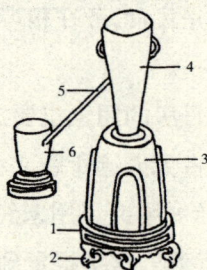

飞汞炉
1. 木床，直径四尽；
2. 木足，高一尽；
3. 丹灶；4. 圆釜，直径八寸；
5. 气管（导汞管）；6. 盆
（摘自《丹房须知》）

"飞汞炉，木为床，四尺（床圆形，直径四尺）如灶（灶底径亦四尺）。木足（床之脚）高一尺以上，[以]避地气。摞圆釜，容二斗，勿去火八寸（釜径）。床上灶依釜大小为之。《火龙经》云：飞汞，于丹砂之下有少白砂（可能即中品丹砂马牙砂）亦佳。若刚木火之，只可一昼夜，不必三夜也。丹砂之滓有飞不尽者，再留（溜）之。砂无[须]出溪、桂、辰[州]，若光明者亦可号曰真汞也"。

上述引文有些费解，特在原图上加以标注，以便准确地了解飞汞炉的构造与使用情况。

中国炼丹术中，丹炉普遍要安放在丹坛之上，用来增加神秘之感，一般丹台为三层、形制多样。现将《丹房须知》中的龙虎丹台复印如上图，并就其说明文字，加以叙述。

《丹房须知·坛式》中说："炉下有坛，坛高三层，各分八（应为四）方，而有八门。"

又引白云子曰："南面去坛一尺，埋生砵一斤，线五寸，醋拌之；北面埋石灰一斤；东面埋生铁一斤；西面埋白银一斤。上去药鼎三尺垂古镜一面。布二十八宿、五星灯，前用纯[钢]剑一口。炉前添不食井水一盆，七日一添，用桃木版一片，上安香炉，各处置，昼夜添。"

从引文看，不论坛的形状，还是所用之朱砂、白银、钢剑等，都是为了宣扬道教的得道成仙的神秘感，颇多迷信鬼神之色彩与科学技术完全无涉。

但是,作为当时使用的技术设备,它是应该记入南宋化学史的。

《丹房须知》论述的第三种技术设备是研磨器,如上图。

研磨器是用方木做成长方形四脚落地的木架,离地半尺左右,架上放一长方形厚木板,板上置圆形瓷钵,钵之两侧,竖起两根方木,两根方木的下端固定在木架的底边上,上端由一根横木联接,横木中凿一孔,孔中穿入棒槌形的研磨器,研磨器的上柄,穿入横木之孔中,下端之圆顶放入圆钵,用于研磨药物。

二、《金华冲碧丹经秘旨》①中的化学设备与技术

《金华冲碧丹经秘旨》是白玉蟾授,孟煦撰,成书于南宋理宗宝庆元年(1225)。

白玉蟾(1194—1229),又名葛长庚,号海琼子,又号琼山道人。南宋著名道士,琼州(今海南省琼山)人。他是内丹派南宋传人,师承陈楠,诏封"紫清真人"。

其书分上下两卷,上卷丹法,语言过于简略,只谈及用黑铅、硫黄同为末,又研朱砂为末,再以此两种碎末置于水火鼎中,炼成丹坯;然后取花银淬煅五十度,以三黄末投淬水中,以吸收银中精气,再以此淬水清液在金盂中,煮养以上丹坯。继之又将养后丹坯置于瓷质水火鼎中,"文武火一煅成汁,取出打如豆粒大,用金箔包严,再入水火鼎中,上水下水,中火圜运,坎离一月,取出为末,深碧绛色,光明曜日,乃号金液还丹之质也"。据专家研究此丹的主要成分是硫化铅。②

下卷所述是一组九转还丹,包括还丹第一转金砂黄芽初丹,第二转混元神丹,第三转通天彻地丹,第四转三才换骨丹,第五转三清至宝丹,第六转阴阳交泰丹,第七转五岳通玄丹,第八转太极中还丹,第九转金液大还丹。从化学观点探讨此众多还丹,实际上都是以丹砂为中心,通过不同方式与硫

---

① 《金华冲碧丹经秘旨》,收入《道藏》洞神部众术类,总第 592 册,上海商务印书馆据明万历本影印,1923 - 1926 年。

② 赵匡华、周嘉华:《中国科学技术史·化学卷》,科学出版社 1998 年版,第 291 页。

磺、三黄炼养而成,没有什么特色。

此书之炼丹设备也是值得深入研究的化学技术设备。如火鼎、甑式丹炉、未济式丹炉、既济炉、石榴罐等。石榴罐的操作方法和工艺流程是先放入辰砂十两,赤金(红铜)珠子八两,用磁瓦片塞口,倒扣石榴罐在坩埚上。埚内华池水二分,石榴罐与坩埚合缝处用六一泥固济后,对石榴罐加热,则罐中的辰砂分解,水银即溜入下面的坩埚醋里,操作的全过程十分便捷。据现代化学知识,石榴罐中进行的化学反应是:

$HgS + Cu \triangle \rightarrow Hg + CuS$,加入铜珠能促进 HgS 的分解。

曹元宇先生还对石榴罐炼汞,画图给以说明,现将其图复制如下,曹先生的论述,详见其专著《中国化学史话》。

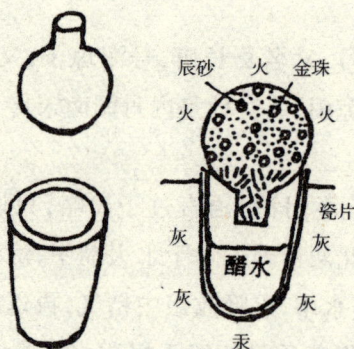

据曹元宇图复制石榴炼汞示意图

赵匡华、周嘉华两先生对《金华冲碧丹经秘旨》中的水火鼎作了系统深入的研究,现将他们的见解转述如下:

谈及水火鼎则必须提到南宋人辑撰的《金华冲碧丹经秘旨》,因其中有白鹤洞天养素真人兰元白传授的几套制作极为精巧,结构十分复杂的水火鼎,可能是历史上最高工艺的水火鼎制品了。兹介绍其中三种:其一为"还丹第一转金砂黄芽初丹[法]"所用,如图之一所示。上部的"水海"即水鼎,用八两白银打造而成;下部火鼎是用足色赤金打造的,很像是个空夹心盂子,其下方和周围造成一个空心夹层,约一寸许厚,所以截面成养月形,因此又叫"偃月鼎"。空心夹层与上部水鼎间又以一个赤金管子接触,水可以从

"水海"灌入下鼎夹层中。将铅汞(称交媾之铅汞)放在偃月火鼎中,套上水鼎,用"脂矾"将竖管与水鼎间的空隙封固,以铁线将上下鼎扎紧。将火鼎部分置于一个磁或瓦制的盒子中,再固口缝。于是将盒子悬置于丹灶中,四围及底部以炭火加热,转炼铅汞为黄芽。其二是"还丹第四转三才换质丹[法]"所用,如图之二所示。上水鼎(亦名水海)用银一斤打造而成,又用汞金(药金)十两作成两个"圜",即中空的圆盒,中间以"金"水管相连,水管上端并与水海相通,并加以焊接。这样的装置,若放入鼎后,水即可下流充满双圜水盒,因此可使火鼎内养火之药料得到更均匀的冷却作用。火鼎是药金所制的大盒子。装入双圜后,投放药料——朱砂与雄黄,再安置上水鼎,固济上各处缝口。于水海中充水。并以铁线扎紧整套水火鼎,即可悬置于丹灶中加热养火了。其三是"还丹第五转三清至宝丹[法]"所用的水火鼎,如图之三所示,图上附有简要说明,对其结构,此处不再详述。以上三种水火鼎,水海中的冷水皆可通过水管和夹层直达火鼎内部,从今日科学的眼光看,似乎未必有什么道理,但在古代炼丹家看来,如此装置,可以更好、更有效地起到水火相济的造化之功了。

银水海　夹底中虚偃月鼎　磁、瓦合子　交媾铅汞黄芽

图之一　"金砂黄芽初丹法"用水火鼎

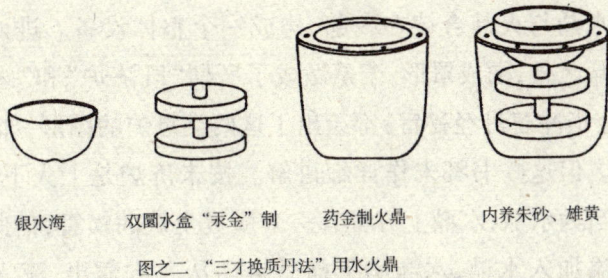

银水海　双圜水盒"汞金"制　药金制火鼎　内养朱砂、雄黄

图之二　"三才换质丹法"用水火鼎

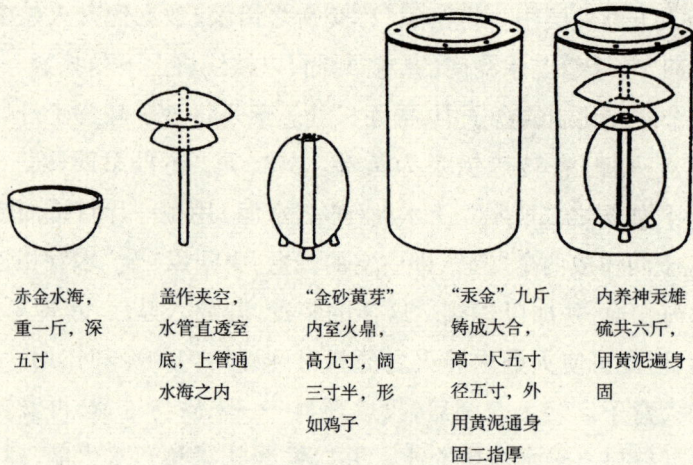

赤金水海，
重一斤，深
五寸

盖作夹空，
水管直透室
底，上管通
水海之内

"金砂黄芽"
内室火鼎，
高九寸，阔
三寸半，形
如鸡子

"汞金"九斤
铸成大合，
高一尺五寸
径五寸，外
用黄泥通身
固二指厚

内养神汞雄
硫共六斤，
用黄泥遍身
固

图之三 "三清至宝丹法"用水火鼎
南宋时期精致的水火鼎
（据《金华冲碧丹经秘旨》绘）

　　南宋炼丹家白玉蟾所授《金华冲碧丹经秘旨》（卷上部分）中有一"甑图"，如下图所示，实际上是一座很讲究的丹炉。他讲解说：

　　　下用火盆一个，平铺砖砌满，上造一甑，高一尺五寸，径一尺二寸，中间子、午、卯、酉四门（四个风门），上至甑口厚砌之一砖，开口子五寸径圆孔，方砖一片凿之。置炉匡一个，阔一尺二寸，罩定顶上。通用水火也。中挂丹鼎。

　　这种砖砌甑形丹炉是前所未见的，它的四门五穴、通用水火、中挂丹鼎等特点都说明了它的先进性能。在宋代炼丹术中，不仅广泛使用着水火鼎，而且往往把水鼎与火鼎合铸在一起，构成一个整体设备。进而又把炉也固定地铸在火鼎之外，围成罩形，于是做成了所谓"既济炉"和"未济炉"。《丹房须知》、《金华冲碧丹经秘旨》都绘出了这两类丹炉的图形，如下图，看来制作非常精巧。但这些书都未作详细讲解。按未济炉是上火下水式，所以这种炉的下部当为水鼎，水鼎上方都有一个横贯全炉的横管，借此可以将水从左下方不断添加入水鼎，水灌满下鼎后自动从右方溢出，流入外面的罐子里。这样可调节水鼎中的水温不致热沸，而提高了冷却效果。鼎的上部为火鼎,外部罩以炭炉加热。[①]

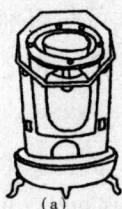

(a)

既济式丹炉

摘自《金华冲碧丹经秘旨》

(b)

未济式丹炉

摘自《金华冲碧丹经秘旨》

　　既济式丹炉省去横穿腰部的横管,以水降温,在丹炉内部进行。以文武火轮流加热,来调整丹炉的炉温。

三、《丹阳术》中对单质砷的提炼技术

　　中国古代炼丹术中对单质砷的提炼,是中国古代的伟大的化学成就之一。根据古代文献记载和当代化学史专家们的研究以及模拟实验,证明了中国古代炼丹家是世界上最早的砷元素的发现者。

　　中国炼丹术对砷化学的研究是从利用四种含砷矿物开始的,即对雄黄、雌黄、礜石、砒石的利用和炼制丹药。

　　炼丹术士们为求长生,在炼丹术的初始阶段,就通过提炼雄黄和雌黄,丸而食之,以求长生。炼丹家们把雄黄称为"真人饭"。《黄帝九鼎神丹经》中的第三丹,对"神丹"的炼制曰:"取帝男(原注雄黄也)二斤,帝女(雌黄也)一斤,先以百日华池水沾之,濡之,乃于铁臼中,调捣之万杵,令如粉,上釜中覆盖玄黄粉,令厚一寸许,以一釜合之,封以六一泥,勿令泄气,干之十日,乃以马通、糠火火之……凡三十六日,一日寒之,以羽扫飞精上著者……名曰飞精,治之者曰神丹。上士服之一刀圭,日一,五十日神仙。"

　　"五十日神仙",当指五十天慢性中毒而死,得道升天了。

---

①　以上图文皆引自赵匡华、周嘉华:《中国科学技术史·化学卷》,科学出版社 1998 年版,第403—406 页。

《孙思邈太清丹经要诀》中,有"造赤雪流珠丹法",所得之丹,即升华精制雄黄。对其丹的功效,已不谈飞升神仙,而强调其药用功效。

"有暴卒之病及垂死欲气绝及已绝者,以药细研之,可三四麻子大,直尔鸡子黄许,酒灌之,令药入口,即扶起头,少时即瘥。治其鬼邪之病,大小疟疾,入口即愈,此药神验不可其说"。

隋唐之际,砒霜正式入药,称为"貔霜",言其"性猛如貔"。《千金要方》中的"太一神精丹方",就是提取砒霜的。谓"取砒霜以甘草煎,以粳米饭和,研为丸,服之能治疟、心痛、牙痛"。

南宋时期,炼丹术中出现了所谓的"死砒",用于黄白之术。它就是游离状态的元素砷,表明中国炼丹家是世界上砷元素的发现者。

《道藏》所收《道庚集》中,有两个"死砒法",其卷六曰:"川椒、苍术、川狼毒、川练子、石韦、紫背虎耳。以信石十两为末,一处研匀,入砂罐内,用水鼎打一盏水,大沸为度。候火消,次日取出。色如银,可以作柜,立可点化。"

卷六的"煅信法"曰:"砒一两,研末,用纸裹紧,扎如大蒜头,剪去余纸。黄连、黄芩、五味子、瞿麦、苦参。右各等分为末,用白砂蜜调前砒,又用纸包定,用盐泥固济,阴干。用炭三斤,煅红为度。取出,用盆覆定,冷后打碎泥球。其砒如黑角色,甚硬。"

据赵匡华的考证,这两个"死砒法"都原出于《丹阳术》一书,其传世时间大约在南宋时期。[①]

赵匡华等对上述《丹阳术》中的两个"死信(石)法",进行了模拟实验,并以 X 射线粉末衍射分法,对生成的"色如银"、"甚硬"的"死砒"作了鉴定,确认它们正是元素砷。[②]

据此可以肯定,中国炼丹家最晚在南宋已取得了砷元素,并利用它来点铜成"银"。

---

① 赵匡华:《关于我国古代取得单质砷的进一步确证和实验研究》,载《自然科学史研究》1984年第3卷第2期。
② 赵匡华等:《中国炼丹家最先发现元素砷》,载《化学通报》1985年第10期。

第二节　南宋的酿酒与制糖技术

中国造酒的历史十分悠久,关于开始造酒的时间有三种说法:第一是袁翰青认为我国的造酒始于新石器时代,见《新建设》1955 年第 9 期,《酒在我国的起源与发展》;第二是李仰松认为我国的造酒始于仰韶文化时期,见《考古》1962 年第 1 期,《对我国酿酒起源的探讨》;第三是方扬认为开始于龙山文化时期,见《考古》1964 年第 2 期,《论我国酿酒当始于龙山文化》;张子高也认为始于龙山文化,见《中国化学史稿》。

如果我国的造酒始于新石器时代和仰韶文化时期,那我国就是世界上最早酿酒的国家。如果我国的造酒始于龙山文化,则稍晚于埃及和巴比伦。

我国又是世界上第一个发明用曲造酒的国家。粮食中的淀粉变成酒,需要经过糖化和酒化两个过程。用曲造酒,可以使糖化和酒化一起进行。我国发明的酒曲,既有可能使淀粉糖化的丝状毛霉,又有促成淀粉酒化的酵母。所以,它是酿酒的最好的方法。

周代造酒的"五齐"、"六必",已有"曲蘖必时"的规定。可见,酒曲的发明不会晚于周代。

汉代造曲已有多种方法:山西造的曲叫尌,山东造的曲叫麷,多毛状的曲䴷,小麦做的曲叫麳。

南北朝酒曲的制作有十二种之多,《齐民要术》记载的"神曲"有五种,笨曲有三种,还有白醪曲、女曲、黄衣曲、黄蒸曲各一种。

北宋朱肱写了《北山酒经》,记载的酒曲,有香桂、金波、玉友等十三种。北宋最有价值的发明是红曲,红曲是用发酵后的红心大米制成的,可以用来制红酒和豆腐乳。

外国的酿酒专家反复研究中国的酒曲,一直到十九世纪九十年代,才从酒曲中发现了毛霉的秘密。法国人卡尔迈特从我国的酒曲中分离出糖化力强并能起酒化作用的霉菌菌株,用于酒精生产,被称为阿米诺法。结束了威士忌、伏特加一直用麦芽糖化加酵母的方法,学会了造曲。

一、南宋的多种酿酒技术

（一）黄酒

南宋周密在所著《武林旧事》中,"诸色名酒"一题下,记载了蔷薇酒、流香、凤泉、思堂春、雪醅、黄都春、常酒、留都春、和酒、十洲春、海岳春等五十四种酒。

周密所记的酒,多为黄酒。黄酒是以谷类粮食为原料,以酒曲为糖化发酵剂,经过蒸煮、糖化、发酵、压榨、过滤等工序,而制作出的发酵原汁酒。因为它没有经过蒸馏,所以保持了固有的黄亮色,故称黄酒。它在制作和风格上与世界上其他各国的酿造酒有明显的不同,可谓中华民族的特产。

黄酒是低醇度的原汁过滤酒,酒液中含有糖、糊精、有机酸、氨基酸、酯类、甘油及多种维生素,不仅为人们提供了高于啤酒、葡萄酒的热量,而且还具有特殊营养。可谓中国传统食品中的精华,它低醇度、有益身心健康、含有多种营养,是值得提倡的酒类产品。

（二）菊酒

我们的先人,不仅采用果品酿造各种果酒,而且采摘各种植物的花、叶、根、茎等,配以粮食,酿造成各种风味独特的露酒。

南宋陆游的诗曰:"采菊泛觞终觉懒,不妨闭卧下疏帘。"可知菊花酒在南宋是很流行的。

南宋人吴自牧《梦粱录》卷五"九月"记载说:"今世人以菊花、茱萸浮于酒饮之。盖茱萸名'辟邪翁',菊花为'延寿客'。故假此两物服之,以消阳九之厄。"[1]

古人利用菊花的药性,用白菊入酒,其性微寒,味甘苦,功能为散风清热,平肝明目;主治感冒风热,头疼目赤等病。所以菊酒兼有饮料与医药两种功用。

---

[1] 吴自牧:《梦粱录》,收入刘坤主编《中国古代民俗·梦粱录外四种》,黑龙江出版社 2006 年版,第 41 页。

（三）蜜酒

古人将蜂蜜习惯地称为蜜酒，是以蜂蜜为原料酿造的酒。因蜂蜜中含有转化酶，可以水解蔗糖，转化它为葡萄糖和果糖的混合物。所以，蜂蜜可以作为酿酒的原料。

南宋人张邦基在其所著的《墨庄漫录》中，记载了苏东坡酿造，在南宋很流行的蜜酒。现抄录如下：

> 东坡性喜饮，而饮亦不多。在黄州，尝以蜜为酿，又作蜜酒歌，人罕传其法。每蜜用四斤，炼熟，入熟汤相搅，成一斗，入好面曲二两，南方白酒饼子米曲一两半，捣细，生绢袋盛，都置一器中，密封之。大暑中冷下，稍凉温下，天冷即热下。一二日即沸，又数日沸定，酒即清，可饮。初全带蜜味，澄之半月，浑是佳酎。方沸时，又炼蜜半斤，冷投之，尤妙。予尝试为之，味甜如醇醪，善饮之人，恐非其好也。①

从上述引文可知，这种酿造方法是可行的，张邦基也成功地酿造了密酒。其酿制技术并不复杂，而温度控制却是酿造的关键。据现代科学研究，若温度超过 30C°，蜜水就会酸败变味；若温度太低，发酵不完全，给人的口感也很不好。当时的人们，总结的经验是酿造器具要十分清洁，水要熟而后冷。因温度稍高就会腐败变酸，所以，必须精心观察，控制好温度。

（四）果酒

古人有"葡萄美酒夜光杯"的诗句，我国葡萄酒酿造的历史也非常悠久。三国时期，魏文帝曹丕对葡萄和葡萄酒大加赞赏，他对群臣说："且说葡萄，醉酒宿醒，掩露而食，甘而不饴，酸而不脆，冷而寒，味长汁多，除烦解饴。又酿以为酒，甘于曲米，善醉而易醒。道之固以流涎咽唾，况亲食之耶！他方之果，宁有匹者？"②

三国后，历两晋、南北朝、隋、唐、五代至两宋葡萄酒与其他果酒，有长足

---

① 张邦基：《墨庄漫录》卷五，收入《笔记小说大观》第 7 册，民国上海进步书局石印本，第 94 页。

② 欧阳询：《艺文类聚》卷八七，中华书局 1965 年版，第 1495 页。

的发展。

南宋人周密在《癸辛杂识》中,记载了自然发酵的梨酒:"仲宾云:向其家有梨园,其树之大者,每株收梨二车。忽一岁盛生,触处皆然,数倍常年,以此不可售,甚至用以饲猪,其贱可知。有谓山梨者,味极佳,意颇惜之,漫用大瓮,储数百枚,以缶盖而泥其口,意欲久藏,旋取食之,久则忘之。及半岁后,因至园中,忽闻酒气熏人,疑守舍者酿熟,因索之,则无有也。因启观所藏梨,则化之为水,清冷可爱,湛然甘美,真佳酝也。饮之则醉。回回国葡萄酒,止用葡萄酿之,初不杂以他物,始知梨可酿,前所未闻也。"①

南宋抗金名将李纲被流放到海南岛,他饮了当地的椰子酒,写了如下的赞美词:"酿阴阳之细缊,蓄雨露之清泚。不假曲蘖,做成芳美。流糟粕之精英,杂羔豚之乳髓。何烦九酝,宛同五齐。资达人之漱吮,有君子之多旨。穆生对而欣然,杜康尝而愕尔,谢凉州之葡萄,笑渊明之秫米,气盎盎而春和,色温温而玉粹。"②

从李纲的《椰子酒赋》可知,他饮的海南岛椰子酒也是不用曲蘖,而是采用自然发酵的方法酿制。

二、《糖霜谱》与冰糖制造技术

中国古代的食糖中,主要是饴糖和蔗糖。饴糖的主要成分是麦芽糖,它出现较早,是利用风干的麦芽和谷物来酿造的。因为麦芽中含有淀粉糖化酶,在它的作用下,谷物淀粉会部分水解而生成麦芽糖。它的制造工艺与酿酒相似,都可以说是人类利用生物化学过程的先声。蔗糖是从甘蔗中榨取的,它的结晶和脱色,都是物理化学过程,所以,白砂糖的制作工艺也是古代化学工艺的一部分,其中也有中国先民的伟大贡献。也有向国外学习的结果,唐代从印度引进了先进的蔗糖技术。二十世纪初,加工甜菜糖的工艺,也从国外传入了。

（一）王灼与《糖霜谱》

蔗糖、甜菜糖的提取技术是从国外传入的,而冰糖的制造技术却是中国

---

① 《癸辛杂识续集》上。
② 李纲:《椰子酒赋》,收入胡山源编《古今酒事》,上海书局 1987 年版,第 142 页。

先民自己创造的。

南宋初年,王灼撰写了《糖霜谱》,全面地叙述了南宋以前蔗糖的历史和冰糖的制造工艺和技术。

王灼,字海叔,号颐堂,四川遂宁府(今四川省遂宁县)人。绍兴年间(1131－1162)任地方官之幕僚。大约于绍兴元年至绍兴二十三年间(1131－1153)写成《糖霜谱》一书。

全书分为七篇,《四库全书总目》考证曰:"惟首篇题原委第一,叙唐大历中,邹和尚始创糖霜之事。自第二篇以下,则皆无标题,今以其文考之。第二篇言以蔗为糖始末,言糖浆始见《楚辞》,而蔗饴始见《三国志》;第三篇言种蔗;第四篇言造糖之器;第五篇言结霜之法;第六篇言糖霜或结或不结,似有命运,因及于宣和中供御诸事;第七篇则糖霜之性味及制食诸法。"[①]

《糖霜谱》主要记述了以下五方面的内容:

第一是糖霜的名称,又称冰糖。冰糖来自甘蔗,蔗之为糖,历史十分悠久。宋代所产冰糖,有福唐(福建福州)、四明(浙江宁波)、番禺(今属广东)、广汉(今属四川)、遂宁(今属四川)五地,以遂宁所产者,为最优。其他四郡所产既少又碎,色浅味薄,不及遂宁之最下者。

第二是始创年代与传授者。四川省涪江流域遂宁地区所产冰糖,有人主张始于唐代大历年间(766—779),是由姓邹的和尚到遂宁缴山传授的。宋代遂宁府小溪县伞山一带,已有40%的土地种植甘蔗,30%的农户制作冰糖了。

关于邹和尚传授的冰糖技术一事,北宋谢采伯的《密斋笔记》也有记载,可为旁证,说明邹和尚实有其人其事。

《密斋笔记》卷三曰:"遂宁冰糖,正字(职官名称)刘望之赋,以为伞子山异僧所授。其法:榨蔗成浆,贮以瓮缶,列间屋中,阅冬而后发之,成矣。其《冰糖赋》略曰:'逮白露之既凝,室人告余其亦霜。猎珊瑚于海底,缀珠琲于枯筐。吸三危之秋气,陋万蕊之蜂房。碎玲珑于牙齿,韵亢爽于壶觞。'"[②]

南宋人王象之《舆地纪胜》第一百五十五条"遂宁府仙释邹和尚",也记

---

① 《四库全书总目》上册,中华书局1965年版,第990页。
② 谢采伯:《密斋笔记》,收入《丛书集成初编》,文学类第2872册,第33页。

载了传授糖霜技术,与前两书同。

第三是当时甘蔗的品种:"曰杜蔗,曰西蔗,曰荔蔗,曰红蔗。"杜蔗质量最优,皮紫嫩,味极厚,专作冰糖;西蔗皮色浅,土人不以为贵,择优者制冰糖;荔蔗,即《政和本草》中之荻蔗,先作砂糖;红蔗即昆仑蔗,食之生啖,土人认为质量最差。

第四是关于糖霜的性质及收运之法:"霜性易销化,畏阴湿及风。遇曝时,风吹无伤也。收藏法:干大小麦铺瓮底,麦上安竹箅,密排笋皮,盛贮棉絮覆箅,簸箕覆瓮。寄远,即瓶底著石灰数小块,隔纸盛,厚封瓶口。"针对糖霜畏阴湿及风和易销化的特性,收藏时,采取通风,防湿防潮措施,是十分正确的。

第五是冰糖的制作工艺:"……收糖水煎,又候九分熟,稠如饧。插竹编瓮中,使正入瓮,簸箕覆之……糖水入瓮两日后,瓮面如粥纹,染指视之如细沙。上元(正月十五日)后结成小块,或缀竹梢如粟穗,渐次增大如豆,至如指节,甚者成座如假山,俗称果子结实。至五月,春生夏长之气已备,不复增大,乃沥瓮(漉水),过初伏不沥则化为水。

霜虽结,糖水犹在,沥瓮者戽出糖水,取霜沥干。其竹梢上团枝随长短剪出就沥,沥定,曝烈日中,极干。收瓮四周循环连缀生者,曰瓮鉴;颗块层出,如崖洞间钟乳,但侧生耳,不可遽沥,沥须就瓮曝数日,令干硬,徐以铁铲分作数片,出之。

凡霜,一瓮中品色亦自不同,堆砌如假山者为上,团枝次之;瓮鉴次之;小颗块次之;沙脚为下。紫为上,深琥珀次之,浅黄色又次之,浅白为下。不以大小,尤贵墙壁密排,俗称'马齿霜',面带沙脚者,刷去之。亦有大块者,或十斤,或二十斤,最异者三十斤,然中藏沙脚,号曰'含凡沙'。"

(二)《糖霜谱》中冰糖技术的现代说明

《糖霜谱》上述引文,文字简晦,现代读者对冰糖制作的工艺流程,很难有详细透彻的了解。现将当代制糖专家李治寰对上述引文的译释,抄列如下,以便读者对南宋制造冰糖的工艺和技术有全面了解。

"十月至十一月,将甘蔗削皮,截成如钱串般的短结,然后入碾;没有碾具,也可用舂。将糖水装入表里涂漆的瓮中,入锅煎煮。初碾和初舂得蔗渣,号曰'泊'。再将泊在锅灶上蒸,蒸透后上榨,尽取泊中糖水,加入锅中煎煮。将糖水在锅中煎至七分熟,相当于含糖分66% ~ 68%,温度约为105℃时,即撇去漂浮杂质。停歇三日,任其冷却、沉淀。然后再将澄清蔗汁舀入锅内,留下渣滓。将蔗汁煎煮至九分熟,相当于含糖分85% ~ 88%,温度约为114℃至123℃时(根据甘蔗糖汁纯度而定),使它熟稠成糖浆。不能煮至十分熟,太稠了便只结晶成碎冰糖。将若干枝细竹梢排列插于表里涂漆的瓮中,注入糖浆。瓮上用箕席覆盖。两日之后,以两指捻视糖浆,如呈细砂状,即可结晶成好冰糖。过了春节,糖浆开始结晶,竹梢初结如谷穗,渐大如豆、如指尖、如假山。到五月,即不再增大。至迟在初伏之前,就要将瓮中余下的糖水戽出。有的技术没有过关,糖浆不能结晶,尽变成糖水,但仍可煮制沙糖。将结晶的糖块在烈日下晒干,即成冰糖。结晶糖块的形态极不规则,一瓮之中,堆砌如假山者为上品,竹梢上的团枝次之,瓮壁四周所结晶的瓮鉴(板块状)又次之,小颗块又次之,沙脚碎粒为最下。大块冰糖甚至重二三十斤,必须用铁器敲碎。冰糖颜色紫者为上,深琥珀色次之,黄色又次之,浅白色为下。"[1]

最后还有一点加以说明,就是明代的两位科技巨匠,李时珍和宋应星,都将"糖霜"解释为白砂糖,而不是冰糖。李时珍说:"轻白如糖霜者,为糖霜。"李氏将糖霜释为白砂糖,其书后另有冰糖一词,还不至于造成误解。而宋应星在《天工开物·甘嗜》中,把《糖霜谱》中的糖霜认为是白砂糖,而将明代以洋糖煎制之冰糖,称为冰糖。"造冰糖者,将洋糖煎化,蛋清澄去浮滓。候视火色,将新青竹破成篾片,寸斩,撒入其中,经过一宵,即成天然冰糖"[2]。

第三节　南宋物理知识的积累与实验

中国古代的物理学是与近代科学的物理学有所不同的,它是一个无所不包的学术领域。

---

[1]　李治寰:《中国食糖史略》,农业出版社1990年版,第141 – 142页。
[2]　宋应星:《天工开物》卷上"甘嗜",木也主编,中国社会出版社2004年版,第197页。

晋代杨泉有《物理论》,明代王宣有《物理所》、方以智有《物理小识》,清代郑光祖《一斑录》中有"物理卷"等。

方以智的父亲方孔炤在回答物理学的研究对象时说:"圣人官天地,府万物,推历律,定制度,兴礼乐,以前民用,化至咸若,皆物理也。"①

在父亲的影响下,方以智将农、医、算、测、工器,乃至"实物"、"九流"之属,总为物理,将"器"与"道",称之为"一大物理"。

我们的先人,正是在无所不包的探讨中,积累了近现代物理学的知识。如《淮南子·览冥训》说:"夫燧之取火于日,磁石引铁,蟹之败漆,葵之向日,虽有明智弗能然也。"

方以智父亲方孔炤要求回答:"星辰何以月?风雷何以作?动何以飞走?植何以荣枯?"

汉代人所探索的燧之"取火于日"、"磁石引铁"、"葵之向日"等现象,正是科学的物理学内容。

明代人方孔炤的回答涉及了光学、电学和重力学的内容,也是科学物理学的内容。

但是,从远古到南宋,中国古代物理所研究的还是一些零碎的物理学知识,所接触的也多是物理实验的个案,还没涉及系统的物理学知识和深入地全面地探讨。

一、南宋的力学知识、技术与实验

(一)赵希鹄对欹器的贡献

仰韶文化时期,半坡遗址的尖底圆形鼓肚陶罐,是我国发现的最早欹器,它装水,汲水时,具有满水则倾覆,过半则正立的功用。

欹是倾斜之意,欹器又称宥坐之器,放在座位之旁,隐含劝诫之意。孔子对欹器有过议论,是借欹器之性能,对学生进行劝诫和教育。孔子的话,被收入了《荀子·宥坐》:"孔子观于鲁桓公之庙,有欹器焉。孔子问于守庙

---

① 方以智:《物理小识·总论》引方孔炤之言,光绪十年(1884)刊本。

者曰:'此为何器?'守庙者曰:'此盖为宥坐之器。'孔子曰:'吾闻宥坐之器者,虚则欹,中则正,满则覆。'孔子顾谓弟子曰:'注水焉!'弟子挹水而注之。中而正,满而覆,虚而欹。孔子喟然而叹曰:'吁!恶有满而不覆者哉?'子路曰:'敢问持满有道乎?'孔子曰:'聪明圣知,守之以愚;功被天下,守之以让;勇力抚世,守之以怯;富有四海,守之以谦。此所谓挹而损之之道也。'"

从文字记述看,欹器有类似半坡尖底陶罐的特点。欹器空时,器身倾斜;当注入一半水时,由于重心下降到器身下半部位,或在支点以下,因而器身自动正立;当注水满器时,又由于重心上升,器则倾覆。所谓"虚则欹,中则正,满则覆"是也。这是欹器的根本特点。孔子告诫其学生子路的一段话,是借此发挥,阐述为人之道而已。

先秦时期的欹器到底为何种形状,已无从考证。《孔子家语图》内画孔子"观周欹器"图,摆放在器架上的三个盛水器各有其含义:左为"虚则欹",中为"中则正",右为"满则覆"。但从文字记载看,欹器体现了重心变化的原理是可以肯定的。

明刻本《孔子家语图》
孔子"观周欹器"

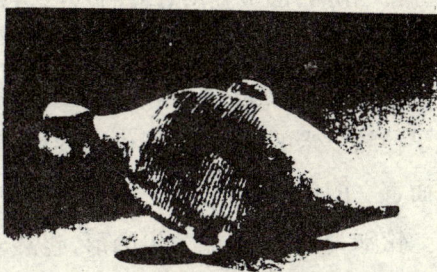

半坡尖底陶罐

晋代杜预、萧梁的祖冲之、唐代的李皋、北宋的燕肃都研制过欹器。南宋赵希鹄在《洞天清录·古钟鼎彝器辨》说:"婺州马铺岭人家,掘得古铜盆,环乃在腹之下,足之上,此器文字所不载,或以环低者为古欹器。"

赵希鹄仔细观察后,指出了构成欹器的重要技术环节,即支点(环)必须在重心偏下处。他对欹器的论述,是古人对认识欹器物理原因的一个总结。

从半坡欹器陶罐,到南宋赵希鹄的论述,可以看出古人对重心、平衡这些静力学问题在实践上的掌握程度。他们总结出"下轻上重,其覆必易"的理论。在实践上,他们利用重心的位置变化而设计了各种巧妙的欹器。

英国科技史专家李约瑟指出中国的欹器曾引起阿拉伯学者的强烈兴趣。伊本·沙比尔(MuSaibnShbir,803—873)的三公子巴努·穆萨(BaNu-MuSa)在他的著作中论述了中国的欹器。①

(二)叶梦得记述的"转轮藏"

中国古代寺庙中的"转轮藏",是一种大型的转轮悬阁,即保存佛经的书架。佛教借"转轮藏"向信徒显示"佛法无边"、"法轮常转"的教义。

"转轮藏"在中国出现很早,西汉的《列仙传》中已有记述。

叶梦得在南宋绍兴初年(1131 以后)任江东安抚大使兼知建康府,建康府(今南京)的保宁寺开始建造"转轮藏"。叶梦得在《建康府保宁寺转轮藏记》中写道:"复有异人而为之转轮以运之,其致意深矣。吾少时,四方为转轮藏者无几。比年以来,所至大都邑,下至穷山深谷,号为兰若,十而六七,吹蠡伐鼓,音声相闻,襁负金帛,踵蹑户外,可谓极盛。"②

叶梦得所记之保宁寺"转轮藏"已经不存。但是,前它不久的河北正定隆兴寺的转轮藏殿却得以遗存。它是三间正方形木构建筑,分上下两层。下层安置了径约 7 米的转轮;上层供奉佛像,陈列佛经。转轮的结构主体是一根粗大而直立的中心轮轴,其上端安装殿在第二层楼板间,下端置于地面圆池之中。轮轴为木质,下端为尖圆形,包裹着铁皮。支撑轮轴下端的是一个生铁轴托,埋于圆池之中。藏的外观为重檐亭子形,下檐八角形,上檐为圆、殿下层中央为转轮藏。(如下图)

---

① Joseph Needham,*Science and Civilisation in china* Vol.4,Part1,P.35. 巴努·穆萨的书名为*The Kitab Fil_Hiyal* .

② 叶梦得:《石林居士建康集》卷四"建康府保宁寺转轮藏记",宣统三年(1911)刊本。

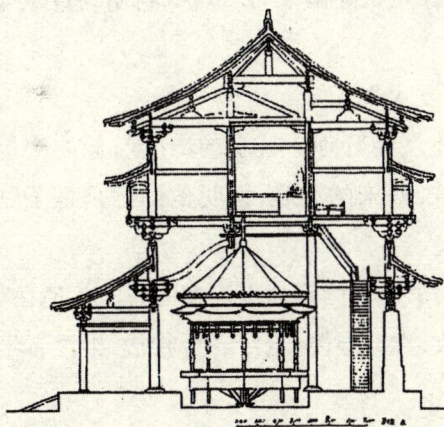

隆兴寺转轮藏殿剖面图

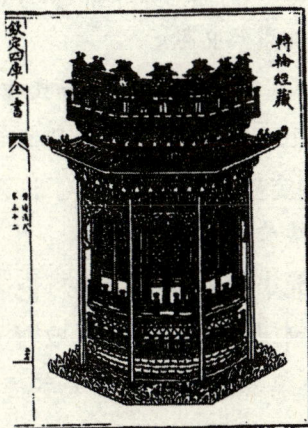

《营造法式》绘转轮藏外观图

李诚的《营造法式》中，也留下了转轮藏的记述和图样，可供参考。

《营造法式》卷十一写道："转轮高八尺，径九尺，当心用立轴，长一丈八尺，径一尺五寸，上用铁锏钏，下用铁鹅台桶子。其轮七格，上下各扎辐挂辋，每格用八辋，安十六辐，盛经匣十六枚。"①

现将梁思成对正定隆兴寺考察所绘的转轮藏殿图②和李诚《营造法式》的转轮藏外观图复印如上，以供参考。

历史上，有些转轮藏是用人力或畜力带动的。但是，隆兴寺的转轮藏却是利用能量矩守恒原理来推动的。只要人在台上绕轴转着走动，转轮藏就会慢慢地反方向转动起来。显然，这是能量矩守恒原理所起的作用：站在台上的人和转轮藏构架共同组成一个刚体系统，人绕轴顺时针方向的转动，必然要引起转轮藏反时针方向的转动，以维持该系统动量矩守恒。由于转轮藏周边装饰严密，人们看不见转轮藏内部有人走动，所以，就更显得神奇，被看作是"佛法无边"和"法轮常转"了。

隆兴寺转轮藏是中国古代先人充分应用动量矩守恒原理的历史见证。

---

① 李诚：《营造法式》卷一一，《粤雅堂丛书》二十三集，同治十三年（1874）刊本。

② 梁思成：《梁思成文集·正定调查纪略》，中国建筑工业出版社1982年版，第183—188页。

南宋叶梦得《建康府保宁寺转轮藏记》是记述南宋时转轮藏利用动量矩守恒原理的重要文献。

（三）南宋盐水浓度和比重的测定方法

由于古代盐业官营，政府对盐业严加管理。盐水的浓度与盐的产量有关，测定盐水的浓度留下了许多记载，两宋的记载，说明他们已具备了测定盐水浓度的工具与技能。

北宋乐史（930—1007）记述了十个莲子测定盐水浓度的方法。他在《太平寰宇记》卷一三〇说："取石莲十枚，尝其厚薄，全浮者全收盐，半浮者半收盐，三莲以下浮者，则卤未堪。"①

"全浮者全收盐"，相当于该盐水浓度为100%，"半浮者半收盐"，其浓度为50%，浮三莲以下，盐水浓度太淡，不可用于煎盐。

南宋姚宽（1105—1162）也记述他测试盐水浓度的过程和方法。

姚宽历任权尚书户部员外郎、枢密院编修，他在任职台州盐场时，亲测了盐水浓度，并记于《西溪丛语》："予监台州杜渎盐场，日以莲子测卤。择莲子重者用之，卤浮三莲、四莲味重，五莲尤重。莲子取其浮而直，若二莲直或一直一横，即味差薄；若卤更薄，则莲沉于底，而煎盐不成。闽中之法，以鸡子、桃仁试之，卤味重则正浮在上，卤淡相半，则二物具沉，与此相类。"②

在姚宽之后，南宋的吴曾也对海水煎盐前的浓度给以测验。吴曾，字虎臣，崇仁人。秦桧当国时，开始任官。绍兴二十三年（1153），自勅局改右承奉郎，主奉常簿、为玉牒检讨官，后迁工部郎中，出知严州。他在任职浙江时，对盐水浓度加以测验，并记入了《能改斋漫录》，其文为《论盐》，现摘抄如下：

> 吴春卿任临安，诏铺户志验盐法，云煮盐用莲子为候。十莲者官盐也，五莲以下卤水漓，私盐也。考此则仁宗时以五莲为漓，十莲为重。

---

① 乐史：《太平寰宇记》卷一三〇"淮南道八·海陵盐·刺土成盐法"，《说郛丛书》，清顺治三年（1646）宛委山堂刊本。

② 姚宽：《西溪丛语》卷上，《说郛丛书》，清顺治三年（1646）宛委山堂刊本。

今以五莲为重,乃知今之盐味,不逮仁宗时远矣。①

姚宽等选用轻重、形状不等的莲子、鸡蛋等,用来测定盐水的浓度。重者比重大,轻者比重小,将它们放入盐水中,沉浮各不相同。如果将五至十个莲子依次放入各种浓度的盐水中,古人按统计方法计算其沉浮数和沉浮状态,就可以知道各种盐水的大致浓度。浮起的莲子数越多,该盐水的浓度就越大。

这种以莲子、鸡蛋测试液体浓度(或比重)的方法,正是近代浮子式比重计的始祖。

(四)液体表面的观察和表面张力的发现及演示器

中国古代对液体表面现象进行过许多观察和记载,尤以南宋的观察和发现最为重要,他们已使用了液体表面张力的演示器。

南宋周密在《齐东野语》卷四中写道:"熊胆避尘,试之之法,以净水一器,尘幂其上,投胆一粒许,则凝尘豁然而开。以之治目障,医极验。每以少许净水略调开,尽去筋膜尘土,时以铜箸点之,绝奇。"②

熊胆含有油脂,一旦它落入水中,立刻在水面展开成一薄膜。这薄膜表面的张力将水面尘埃推开。这是南宋时人对油脂薄膜或"单分子膜"现象的发现和利用。他们已知利用这一物理现象清洗眼球上的尘土。

南宋人还发明了表面张力演示器,用以检验油漆和桐油的质量。张世南在《游宦纪闻》中,记载了他对表面张力演示器的使用:"验漆之美恶,有概括为韵语者云:好漆清如镜,悬丝似钩钓;撼动虎斑色,打箸有浮沤。验真桐油之法,以细篾一头作圈子,入油蘸。若真者,则如鼓面鞔圈子上。渗有假,则不箸圈上矣。"③

好漆能挂起一条丝,搅动它时,其表面呈浮泡,上等桐油能在竹篾圈上,形成一层薄膜,这都是纯净液体的表面张力所起的作用。

当代人都了解,杂质会使液体的表面张力减少。当桐油含杂质多到一

---

① 吴曾:《能改斋漫录》卷十五"论盐",清顺治三年(1646)宛委山堂刊本。

② 《齐东野语》卷四"经验方",《说郛丛书》清顺治三年(1646)宛委山堂刊本。

③ 《游宦纪闻》卷二,《知不足斋丛书》第七集,道光刊本。

定程度时,由于其表面张力减小,就不能在竹篾圈上形成一层薄膜鼓面。

张世南的记述,说明南宋时人已掌握了有关表面张力的经验知识,这根竹篾圈已被当时人们广泛使用于测验桐油的质量。它是现代给学生演示表面张力常用仪器的祖先。

二、程大昌与《演繁露》中的光学成就

程大昌(1123—1195),字泰之,新安(今安徽休宁)人。绍兴二十一年(1151)进士。初任吴县主簿,后丁父忧。因上奏书论当世十事,得宰相汤思退赏识,擢太平州教授。第二年试馆阁之职,为秘书省正字。宋孝宗即大统,迁著作佐郎。完颜亮入寇,守军败逃。上书批评逃将,为胶西之捷的李宝和采石死战的虞允文请功,深得孝宗称赞,选为恭王府赞读。不久,迁国子司业、权礼部侍郎、直学院士。

孝宗问大昌:"朕治道不进,奈何?"大昌对曰:"陛下勤俭过古帝王,自女真通和,知尊中国,不可谓无效。但当求贤纳谏,修政事,则大有为之业在其中,不必他求奇策,以幸速成。"

程大昌任地方官后,做过许多爱民之事,其政绩写入了《宋史》。

他任浙东提点刑狱,因岁丰,有的官吏主张增税,大昌全力反对,声言"大昌宁罪去,不可增也。"①迁江西转运副使,会岁歉出钱十余万缗,代输吉州、赣州、临江、南安夏税,折帛交纳。所管清江县有破坑、桐塘两堰,捍江护田和民居及地二千顷。其堰坏罹水患已四十年,大昌力复其旧,民皆悦之。

调中央任职后,仍以勤政安民为急务。任秘书少监、中书舍人时,六和塔寺僧以镇潮为功,请置田免科徭,大昌全力反对,得皇帝赞许。升侍讲兼国子祭酒,江陵都统制率逢原纵部下殴百姓,辛弃疾因上言迁江西。大昌都急论之,逢原坐削两官,弃疾免迁。又擢吏部尚书,推贤进谏,多所建树。绍熙五年(1194),以龙图阁学士致仕,庆元元年(1195)卒,谥文简公。

程大昌不仅政绩优异,而且博学多才,古今学术,无不考究。他流传至

---

① 《宋史》,第12859—12860 页。

今的著作就有《易原》、《禹贡论》、《禹贡后论》、《禹贡山川地理图》、《诗论》、《北边备对》、《雍录》、《函潼关要志》、《樗蒲经略》、《程氏则古》、《考古编》、《文简公词》、《演繁露》、《演繁续露》，计十四种。

《演繁露》之书名，出自对董仲舒《春秋繁露》的考证，补其不详。

《四库全书总目》评论曰："大昌所演，虽非仲舒本意，而名物典故，考证详明，实有资于小学。""实多精深明确，足为据典"。"周密《齐东野语》云：程文简《演繁露》初成，高文虎尝假观之，称其博赡"。①

《演繁露》十六卷，《续演繁露》六卷，大约成书于淳熙七年（1180）。每条皆有标目，引书皆有出处，在考证名物制度的同时，介绍了许多自然科学知识。如：《水土斤两轻重》篇，介绍各地水质之不同，同样体积的水，轻重却有区别；《菩萨石》中，描述雨露的圆球形状，欲坠不坠，完全符合物理学表面张力的作用；《月受日光》中，比较扬雄和沈括的月食理论，赞扬沈括的科学见解；《玻璃》篇中，比较中西方玻璃的优缺点，称赞中国玻璃光鲜美丽和西方玻璃坚实耐用等等。为我们研究南宋的科学技术提供了许多宝贵的资料。

程大昌《演繁露》中的光学成就是多方面的，首先是他对雨露分光的记载。他在《演繁露》卷九《菩萨石》中写道：

> 凡雨初霁或露之未晞，其余点缀于草木树叶之末，欲坠不坠，则皆聚为圆点，光莹可喜，日光入之，五色俱全，闪烁不定，是乃日之光品著色于水，而非雨露有此五色也。②

程大昌观察是十分细致的，他记述圆形露珠的形成，说明露珠表面含有张力的思想。当日光射入露珠，有各种颜色的光闪烁不定，这正是露珠分光的作用。

程大昌的记述还指出，不是雨露自身有各种颜色的光，而是日光的颜色所致。在程大昌对雨露分光观察记录并作出正确结论之后近五百年，牛顿

---

① 《四库全书总目》上册，第1020页。
② 程大昌：《演繁露》卷九，《学津讨原丛书》十二集，嘉庆刊本。

才通过三棱镜所做的分光试验得出太阳光是由七色光组成的结论。

其次,程大昌描写雨露"缀于草木枝叶之末,欲坠不坠,则皆聚为圆点,光莹可喜。"完全描绘了雨滴和露珠表面张力的作用。这与张世南在实验油漆之美恶得出的结论是完全一致的,他们从不同的角度观察和记述了液体表面的张力作用。

再次,从北宋初年,人们就发现了菩萨石有五颜六色之光和峨眉山顶华光灿烂的山顶佛光。北宋时,杨亿最先在《杨文公谈苑》中记载了菩萨石折射日光而产生色散的现象。其后,寇宗奭在《本草衍义》中写道:"菩萨石……如水精明澈,日中照出五色光,如峨眉普贤菩萨圆光,因以名之。"[①]南宋时杜绾又在《云林石谱》中写到:"菩萨石,其色莹洁……映日射之,有五色圆光。其质六棱,或大如枣栗,则光彩微茫,间有小如樱珠,五色粲然可喜。"[②]

范成大于南宋淳熙四年(1177),游览峨眉山也对峨眉宝光作了详细记载:"某日,登山至光明岩,忽云出岩下旁谷中,云行勃勃如队仗,刚到岩石处,稍留片刻之时,云头现大圆光,杂色之晕数重,倚立相对,中有水墨影,若仙圣跨象者。碗茶倾,光没,而其旁忽现一光如前,有顷亦没。云中复有金光两道,横射岩腹。""日暮,云物皆散,山野寂静。次日,又登岩,上及一山顶,忽大雨倾注。僧人说:'洗岩雨也,佛将大现。'雨毕,云雾复布岩下,纷郁而上,将至岩数丈辄止,云平如玉地。时雨点犹佘飞,俯视岩腹,有大圆光,偃卧平云之上,外晕三重,每重有青黄红绿之色光。至正中,虚明凝湛。此时,每一个观察者都见到自己的身体的影子,现于虚明之处,毫厘无隐,一如对镜。举手动作,影皆随形,而不见旁人。僧云此乃'摄身光也'。凡佛光欲现,必先布云"。[③]

不论是北宋的杨亿,还是南宋的杜绾、范成大都没有对这种五色的散光现象作出正确的结论,也是由程大昌在《演繁露》中作出了正确的回答。程

① 寇宗奭:《本草衍义》卷四,《十万卷楼丛书初编》本,光绪五年(1879)刊本。
② 杜绾:《云林石谱》卷中,《说郛丛书》,清顺治三年(1646)宛委山堂刊本。
③ 范成大:《吴船录》卷上,《稗乘丛书》,万历黄昌龄刊本。

大昌记述说：“《杨文公谈苑》曰嘉州峨眉山有菩萨石，人多收之。色莹白如玉，如上饶水晶之类，日光射之有五色如佛顶圆光。文公之说信矣。然谓峨眉山有佛，故此石能见此光，则恐未然也。峨眉山佛能现此异，则不可得而知。此之五色，无日则不能自见，则非因峨眉有佛所致也。”从而否定了五色之光与佛有关，正确的认识到“此之五色，无日则不能自见”。

程大昌的《演繁露》中，还记载了其他一些科技成就。对玻璃制造，他在《演繁露》卷三中记载：“中国所铸与西域异者，铸之中国色甚光鲜而清脆，沃以热酒，随手破裂。至其来自海泊者，制差纯朴，而色亦微暗，其可异者，虽百沸汤煮之，与银瓷无异，了不损动，是名番玻璃也。”①记载了南宋时国产玻璃与进口玻璃的光色与质地，是很珍贵的科技资料。

程大昌在《演繁露》中，还对水的品质进行了考察和记述，他发现同样体积的水，有时轻重却很不同。他在《水土斤两轻重》一文中写到：“世传水之好者，比他水升斗同而铢两多。”②

这些记载，虽不属于光学内容，但是均涉及物理知识，所以缀述于此。

---

① 《演繁露》卷三。
② 《演繁露》卷七。

第八章　地学与纺织技术

南宋的地学成就可分三方面论述。第一是地图学成就,南宋传世的地图有"华夷图"、"禹迹图"、"地理图"、"平江城图"、"静江府城图"等,最早的印刷地图并流传至今,也出自南宋。最早的纸本城市地图集是程大昌《雍录》中的长安城市历史地图册。

第二是地理类著作,包括地理总志,如《舆地纪胜》,《方舆胜览》;图经类著作,如《严州图经》;游记类著作,如范成大的《揽辔录》、《吴船录》、《骖鸾录》等;方志类著作,如临安三志、《吴郡志》、《景定建康志》等;地理沿革类著作,如《通志·地理略》、《通鉴地理通释》、《诗地理考》等。

第三是边疆域外地理和矿物岩石类专著。边疆域外类著作有《岭外代答》、《诸蕃志》等;矿物岩石类专著有杜绾的《云林石谱》等。

水利之河道运输与灌溉,海塘工程的修筑与管理,海潮研究与蓄淡工程等,因与地学关系密切,也放在地学中加以叙述。

第一节　地图学

地图与政治、军事、经济的关系非常密切。各级政府划定疆界,征收赋税,调动军队等,都离不开地图;它在行政管理、交通运输、国防城防等方面作用都十分显著。

　　宋代建国之初,就有让地方送地图的规定,由一年一送,到三年一送,搜集了大量的地图。仅太平兴国二年(977),就收到各地献上的地图400多幅。中央政府根据这些地图绘制了全国的地图,如端拱年间(988－989)的"十七路图",淳化四年(993)的"淳化天下图",景德年间(1004－1007)的"景德山川形势图"等。

　　南宋的地图,有乾道年间(1165－1173),选德殿屏风上的"华夷图",王象之的"舆地图"、陆九韶的"州郡图"、黄裳的"舆图"、程大昌的"禹贡山川地理图"等,有些已经失传了。所幸者,有些刻在石崖、木板、石碑上的地图,得以流传至今。如"华夷图"、"禹迹图"、"平江图"等,为我们研究南宋的地图绘制,保存了重要的实物资料。

一、"华夷图"和"禹迹图"

　　流传至今的南宋石刻地图,以保存在西安碑林的"华夷图"和"禹迹图"制作年代最早。"禹迹图"刻石的时间是绍兴六年(1136)四月。"华夷图"与"禹迹图"同刻在一块长90厘米、宽88厘米的石碑的正反两面,两个地图的长宽各约77厘米。"华夷图"比"禹迹图"晚刻石六个月。

禹迹图

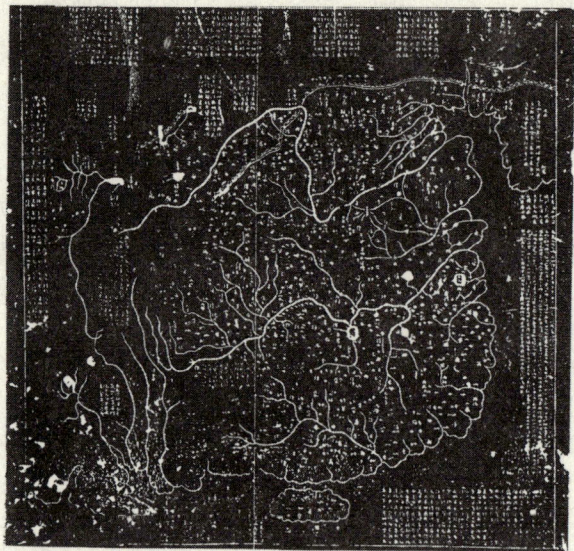

华夷图

"禹迹图"是保存至今最早用"计里画方"的方法绘制的地图,竖方七十三,横方七十,总计五千一百一十方。地图所用的比例尺为每方折百里(约合1:1500000)。图中标名的山峰七十多座,标明名称的河流约八十条,标明名称的湖泊五个,标注行政区域名称三百八十多个。

"禹迹图"的海岸线轮廓,江河位置和湾流形状,与现在的地图大体相似。它的学术价值与文物价值都很高。英国科技史专家李约瑟博士称"禹迹图"是宋代制图学家的一项最大的成就,他说:"无论是谁把这幅地图拿来和同时代的欧洲宗教寰宇图比较一下,都会由于中国地理学当时大大超过西方制图学而感到惊讶。"①德雷伯斯—鲁伊斯(G. deReparaz – Rulz)说:"在埃斯科利亚地图于公元1550年问世以前,在欧洲根本没有任何一种地图可以和这幅'禹迹图'相比。"希伍德(Heedwood)认为"禹迹图"甚至比希腊人

---

① 《中国科学技术史》(中译本)第五卷第一分册,科学出版社 1975 年版,第 134—135 页。

所绘的最好的地图还好。①

宋代见于著录的"禹迹图"共有四种:第一是现存西安碑林刻于绍兴六年(1136)的"禹迹图";第二是现存镇江博物馆刻于南宋绍兴十二年(1142)的镇江府学教授俞箴重校的"禹迹图";第三是山西省稷山县文庙立石的"禹迹图";第四是滏阳立石的"禹迹图"。后两种失传,无从考述。镇江博物馆收藏的"禹迹图",明言是依据长安本"禹迹图"绘制而成。

"华夷图"刻于"禹迹图"同一块石碑的阴面,而且倒置而刻。陈述彭教授认为倒置的图石不是供人观赏的,而是供印刷使用的。它不仅在地图学发展史上占有重要地位,而且在印刷技术史上也有重要地位。

"华夷图"是一幅以中国为主的亚洲地图。其四周的国家主要是用文字而不是用图表示的。国内部分的山脉、河流、湖泊,各府、州、县位置与实际情况大体一致。图上标出的国名、地名共计五百个左右,标出名称的河流十三条,湖泊四个,山脉十座。标出了长城,其符号被后人延用。

"华夷图"的不足之处是海岸线绘制有些失真,辽东半岛、山东半岛、雷州半岛突出的地形没有表示出来,海南岛的绘制轮廓也不准。

"华夷图"上没有画方,四周的中间标有东西南北四个方位,右下方刻有"唐贾魏公所载凡数百余国,今取其著闻者载之"等文字。据此,有的学者认为上石的"华夷图"是以贾耽的"海内华夷图"绘制的。②

"华夷图"四周及图中空隙处有十八条文字注记。注记的内容与《历代地理指掌图》中"古今华夷区域总要图"后的笺注基本相同。说明"华夷图"的注记录自"古今华夷区域总要图"后的笺注。③

"禹迹图"以水系绘制详细准确著称于世;"华夷图"以记载外国国名和地名而领先于其他地图。

---

① G. de Reparaz – Ruiz,*Les Precurseurs de la Gartographic Terrestre* ,A/AIHS,1951,Vol.4,P,73.

② 钱大昕:《潜研堂金石文跋尾》卷一七:"唐贞元中,宰相贾耽图海内华夷,广三丈,纵三丈三尺,以寸为百里,斯图盖仿其制而方幅缩其什之九。"王庸《中国地图史纲》亦从此说。

③ 曹婉如:《中国古代地图集·战国至元代》,文物出版社1990年版,第42–45页。

二、"地理图"与"舆地图"

现存苏州碑刻博物馆的"地理图"和现存日本京都东福寺塔头栗棘庵的"舆地图",也是南宋重要的石刻地图,令世界地理学工作者所瞩目。

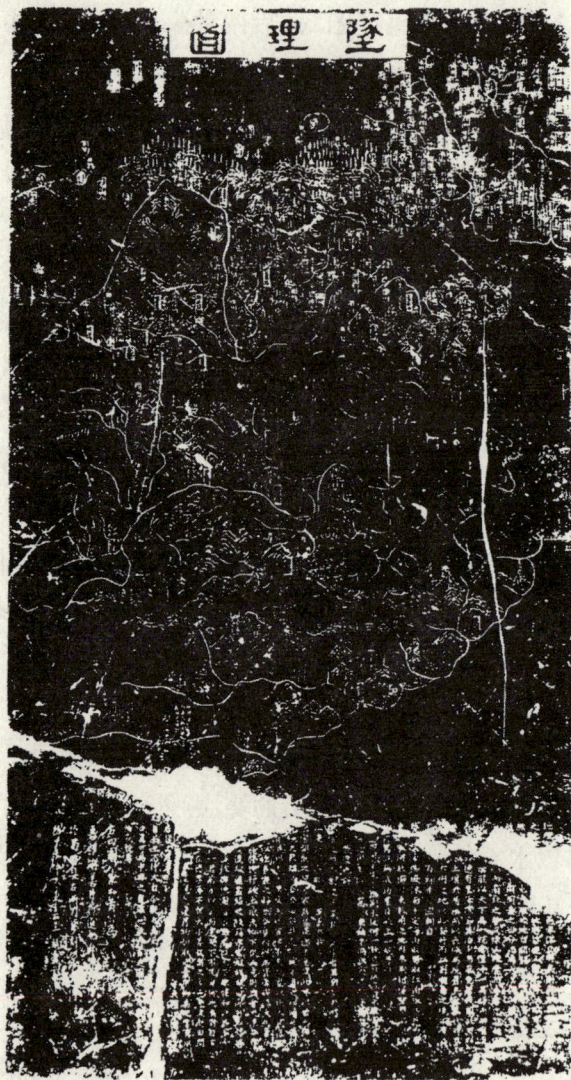

地理图

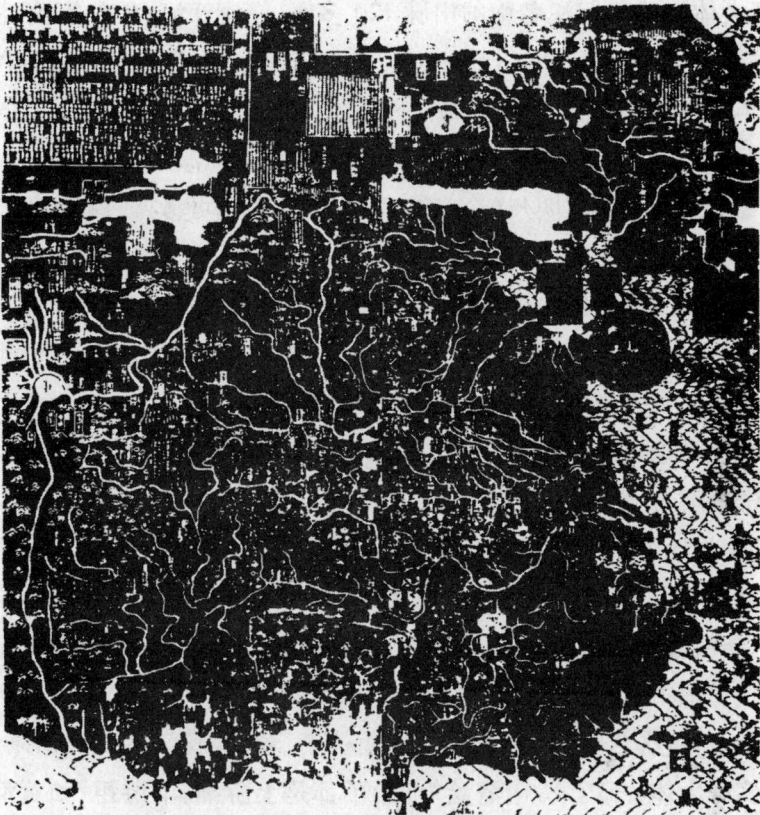

舆地图

　　"地理图"为黄裳所绘,王致远刻石,据王致远的跋文,"地理图"为黄裳任嘉王府翊善时绘制,绘制于淳熙十六年至绍熙元年(1189－1190),①刻石时间为淳祐七年(1247)。

　　"地理图"高221厘米,宽约106厘米,图上无画方,江河、海岸线大体正确。图上的山脉用接近于现代地图上的自然描景法,用符号表示东北部山坡上的层层叠叠的树木形象,表示绵连千里的森林,很有特色。标注了长

----

　　① 曹婉如等:《中国古代地理学史》,科学出版社1984年版,第307页。

城,位置大体正确。标注名称的山脉 120 多座,标注江河 60 多条,绘制行政区域并标注名称者 410 个。行政区名、山名套以方框,水名套以椭圆圈。绘制内容丰富,线条上标注基本清晰。

"舆地图"是由左右两幅合并而成,大约绘制于咸淳元年至二年(1265 – 1266),绘制地点是浙江明州(今宁波市)。绘制人不可考。每幅高约 207 厘米,宽约 98 厘米。四周的中间表明东西南北四个方向。它所绘地理范围比"禹迹图"、"地理图"都大。东北部绘有女真、室韦、蒙兀、契丹;西北部绘有高昌、龟兹、乌孙、于阗、疏勒、焉耆、碎叶;南部绘有天竺、阇婆、三佛裘和南海上的岛屿。可以说它是一幅以中国为主的亚洲地图。

山脉用写景法表示,北部、东北部加绘森林符号,并注文"松林千里",与"地理图"标注相同。说明"舆地图"与"地理图"在这一区域内的绘制同出一源,即契丹地图。[①] 图中地名多用线条连接,表示彼此有道路相通,宋朝版图内道路比较准确,东北部次之,西北部、西南部更次之。东北海上绘有两条路:一条沿海岸北上,称为"过沙路",一条向东可达日本,称为"大洋路"。现存古代地图中,绘有海上交通路线的,以本图为最早。

山脉、行政区名套方框,水系详细而稠密,黄河、长江各支流清晰,流经区域与实际大体一致。所用清绘笔法,不都是上游细,下游粗,如黄河河道河套上游一段给人倒流之感。海岸线轮廓也有些地方失真,如山东半岛画成接近圆形,与实际出入较大。

"舆地图"拓片是日本僧人白云惠晓佛照禅师于咸淳二年(1266),来明州(今宁波)端岩寺学法时所得。南宋祥兴二年(1279)回国时,带回日本,刻石于京都,流传至今。国内现已无"舆地图"的刻板和拓本了。

三、"平江图"和"静江府城图"

南宋的手工业、商业都十分发达,许多大中城市日益繁荣。宋辽、宋金、宋元的战争使人们对城市的布局与防御更加重视。中央政府要求各地编撰

---

① 黄盛璋:《宋刻舆地图综考》,载曹婉如《中国古代地图集》,文物出版社 1990 年版,第 42 – 45 页。

地方志书,也都要绘制州、府、县所在城市的地图,这样,就产生了一大批城市地图。流传至今,最好的城市地图,是今存苏州碑刻博物馆的石刻"平江图"和摩刻于桂林市城北鹦鹉山南麓三面亭后石崖上的"静江府城图"。①

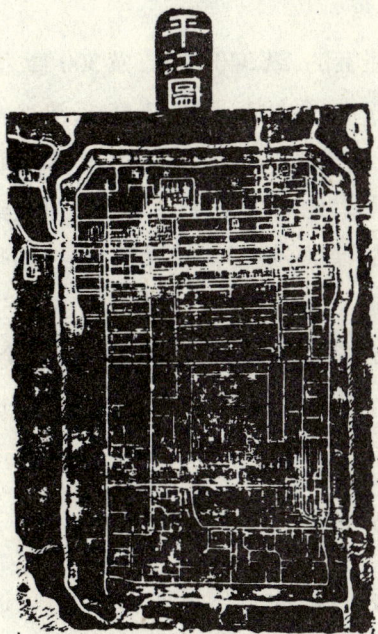

平江图

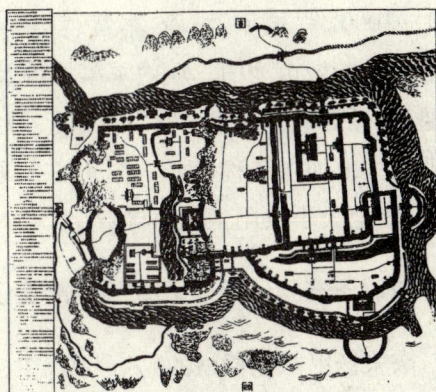

静江府城图

"平江图"绘制的是现在苏州七百多年前的城市概貌图,长 197 厘米,宽 136 厘米,绘成于绍定二年(1229),图成当年或稍晚一些时候上石。学术界多数人认为,"平江图"是平江府郡守李寿明所绘。比例尺约为1: 2000。②图中绘有水道十七条,山丘二十一座。水道互相垂直,纵横交错,表现了江南水乡城镇"前街后河","水陆相邻,河路平行",交通十分方便的特色。从图中看出,南北方向有一条明显的中轴线,官府、厅场、寺庙、坊院宅居、军营等建筑物,分布在中轴线及其两侧。水陆交汇处有桥梁相接,各类桥梁共计三百零八座,其中标明三百零五座,寺观庙院八十一个,标注了名称的政府

---

① 黄盛璋:《宋刻舆地图综考》,载《中国古代地图集》,文物出版社 1990 年版,第 42－45 页。
② 汪前进:《南宋碑刻平江图研究》,载《中国古代地图集》,文物出版社 1990 年版,第 43－45页。

机构建筑物八十个,军营五个,街道十二条,与水道或互为平行,或互为垂直,布局规整。自然地理和人文地理要素位置准确,内容详细,不仅真实地反映了南宋时期平江府城的概貌,而且还充分的展现了南宋城市地图的绘制,达到了较高的水平。

"静江府城图"①是刻在鹦鹉山南麓石崖上的,纵 340 厘米,横 300 厘米,是我国现存最大的城市平面地图。它是在胡颖主持下,于南宋咸淳八年(1272)绘制的,图成刻石。图中有自然、人文景观一百一十二处,军事机构及设施六十九处。标明名称的山峰、河流不多,绘有大街十一条。比例尺约为1:1000。② 城墙、城壕、军营、官署、桥梁、津渡,绘得比较详细,是一幅带军事性质的城市地图。城内军事机构及设施与其他主要建筑物之间有街道相通,联系方便。山峰、城门、城墙、城楼、官署、桥梁,用立体写景法描绘。军营用方框加注名称表示。图上方的题记,详细记载静江府城的建筑经过情况、城池大小及用工费料等数字。

四、"十五国风地理之图"和"禹贡山川地理图"

南宋杨甲在他撰写的《六经图》中,附有一幅"十五国风地理之图"。这幅图大约绘制于绍兴二十五年(1155)。③ 这是流传至今,保存完好的最早的印刷地图。以黑地白字圆形标志齐、魏、曹等十五国名;以黑色三角形表示山峰;以曲线表示河流;北部边境绘出了长城。南部标出了江南东路和江南西路;东南部标出两浙路,福建路等。

南宋程大昌在他编撰的《禹贡山川地理图》一书中,共有地图 30 幅,完成于南宋淳熙四年(1177)。据英国剑桥大学李约瑟博士考证,程大昌的地图册,也比欧洲第一幅印刷地图早二百九十四年。④ 程氏的地图册原用三种颜色绘制,以青色绘水面,以黄色绘河流,以红色绘州、道、县疆界。因当时

---

① 谢启昆:《粤西金石录》称此图为"桂州城图",过去有些论著亦用此名。鉴于桂州于绍兴三年(1133)升为静江府,故称"静江府城图"更贴切。
② 桂林市文物管理委员会:《南宋桂州城图》,载《文物》1979 年第 2 期。
③ 《中国科学技术史》(中译本)第五卷第一分册,科学出版社 1975 年版,第 136 页。
④ 《中国科学技术史》(中译本)第五卷第一分册,科学出版社 1975 年版,第 220 页。

尚未发明彩色印刷,泉州州学在刻印这本地图册时,改成了单一的黑色。如果把上述的两种地图与欧洲第一幅印刷地图相比较,谁都可以看出南宋地图的科学水平和印刷技术,都比同时代的欧洲高出很多。

第二节　地学著作的编撰

一、全国的地学总志

两宋的地理类全国总志,北宋以乐史(930－1008)的《太平寰宇记》和王存(1023－1101)等人的《元丰九域图志》最为有名,影响较大。欧阳忞完成于政和年间(1111－1118)的《舆地广记》也颇受称道,《四库全书总目》给以好评。

南宋的全国总志,有两部十分出色,那就是《舆地纪胜》和《方舆胜览》。

(一)王象之与《舆地纪胜》

王象之,浙江东阳(今金华)人。曾知江宁县,其生平不详。自序云:"余披括天下地理之书,参订会粹,每郡自为一篇。以郡之因革,见之编首,而诸邑次之,以及山川人物,诗章文翰,皆附见焉。东南十六路则效范蔚宗《郡国志》条例,以在所为首,而西北诸郡,亦次第编集。"

《四库全书总目》曰:"今考其成书之年,在南宋嘉定十四年(1221),故其所指在所,以临安府为首。而一切沿革,亦准是时。又宫阙殿门寿康宫下引《朝野杂记》云:宁宗始受禅云云,则是作序在嘉定;全书之成,又在理宗时矣"。①

唐锡仁、杨文衡主编的《中国科学技术史·地学卷》,主张成书于金庆三年(1227),②因其书以南宋宝庆以前的疆域建置为准。

全书卷一行在所起,至剑门军讫,共二百卷。记府二十五,军三十四,州

---

① 《四库全书总目》下册,第1867页。
② 唐锡仁等:《中国科学技术史·地学卷》,科学出版社2000年版,第336页。

一百零六,监一,共府、州、军、监一百六十六,记其疆域沿革、风俗民情、名山大川、形胜古迹、官吏、人物、仙释、碑记、诗文等项。对风物之美丽、名物之繁缛、方言之诡异、人物之奇杰、故志之传说,尤为精心撰辑。引证之文献,多已不存,可补史志之缺失。

其书编撰严谨,内容详实,受到后代史学家的称赞。钱大昕在《舆地纪胜》的跋文中评论曰:"史志于南渡事多缺略,此书(《舆地纪胜》)所载宝庆以前沿革,详赡分明,裨于史事者不少。"阮元在《舆地纪胜》刊本序中说:"南宋人地理之书,以王氏仪父象之《舆地纪胜》为最善……体例严谨,考证极其核洽。"①

(二)祝穆与《方舆胜览》

祝穆,少年时名丙,字和甫,福建建阳人。曾受业于朱熹,所著书影响甚大,宰相程元凤、蔡抗录其书呈皇帝,授启功郎,后为兴化军涵江书院之山长。著有《事文类聚》等书。

全书七十卷,成于理宗时(1225－1264)。咸淳三年(1267),祝洙重订后刊行。叙述南渡后,以临安府(今浙江杭州)为首的十七路的地理状况。首载各路所属府、州、军之地理建置沿革、疆域、道里、田赋、户口、关塞、险要等;其次叙述郡名、风俗、形胜、山川、宫殿、宗庙、馆阁、学校、井泉、堂亭、佛寺、道观、祠庙、古迹、名宦、人物、题咏、四六骈文等。

《四库全书总目》评论说:"他志乘所详者,皆在所略。唯于名胜古迹多所胪列。而诗赋序记,所载独备。盖为登临题咏而设,不为考证而设。名为地记,实则类书也。然采摭颇富,虽无裨于掌故,而有益于文章。故自宋元以来,操觚家不废其书焉。"②永瑢评论说:"志乘之尽失古法,自是书始。"③

其书与王象之《舆地纪胜》比较,王书详而祝书简,王书意在为写诗者备用,祝书意在为习骈俪文者参考。两书都有偏向诗文资料之失,而脱离了严

① 钱大昕、阮元:《舆地纪胜》跋·序,转引自《中国科学技术史·地学卷》,科学出版社 2000 年版,第 336 页。
② 《四库全书总目》下册,第 596 页。
③ 永瑢:《方舆胜览》序,转自吴枫《中华古文献大辞典·地理卷》,吉林文史出版社 1991 年版,第 63 页。

格地理总志的宗旨。

二、图经和游记

(一)《严州图经》

宋代的图经类地理著作,也起自中央政府诏令各路、府、州、军向中央贡献一图一文的地理著作。如开宝四年(971),知制诰卢多逊受命重修天下图经;开宝八年,宋准有奉诏重修诸道图经;朱长文编撰《元丰吴郡图经续记》等。

宋代编撰图经类地理著作,已不及北宋时频繁,数量也不及北宋之众多。南宋所编图经类地理著作,传流至今的只有《严州图经》一部。其书由董棻主持,绍兴九年(1139),董棻任知严州军州事,编撰了《严州图经》。是现存最早尚保留了全部地图的图经。

孝宗淳熙年间(1174-1189),陈公亮、刘文富又在原书基础上加以重修。董氏原书八卷,现仅存三卷。淳熙十一年(1184),陈公亮继任知严州,遂与刘文富就董氏之书加以重新编订,并将《严州图经》绍兴九年以后的各项地理事宜补入书中。

现存沿革、分野、风俗、州境、城社、乡里、户口、学校、仓场库务、军营、城市、物产、土贡、赋税、山水、古迹、人物、碑碣等各目,约三万余字。卷首为建德府城图、府境总图、所属各县地图。卷一"志严州",卷二"志建德",卷三"志淳安"。

书中绘图精确,对研究考证古代城市建筑提供了宝贵的资料。全书对了解南宋时期的严州的政治、经济、军事、文化等都有重要的参考价值。其叙事统合古今,全备方志之体。它是从《图经》向《方志》过渡时期的典型著作。

(二)范成大的地学著作

范成大(1126—1193),字致能,号石湖,吴郡(今江苏苏州)人。绍兴进士。累官至兵部尚书、参知政事、资政殿学士。撰写地理类著作多种,有《吴郡志》、《揽辔录》、《骖鸾录》、《吴船录》、《太湖石》、《桂海虞衡志》等。对地理科学多有阐述,如对江西袁州、贵溪、上饶一带的山体外貌,基岩色泽都做了考察记录;对江西余千平原堆积地貌和广西桂林、湖南鄱陵岩溶地貌的描述;对浙江、湖南、江西、四川的植被分布情况,对三峡的水文地理,对江苏太湖石的成因,或作单项考察与描叙,或作综合的概括分析,或作对比的论证等,即使今天看来他的那些分析和记叙,仍不失精确真实,并蕴含了地理科技知识。

范成大的《揽辔录》是一部游记类著作。乾道六年(1170),范成大以资政殿学士充副国信使,随崇信节度使康脩出使金国。六月自临安出发,路经浙江、江苏、安徽、河南、河北,至北京,记其路途之见闻,出使之始末,对沿途之城堡、古墓、寺院、花苑、山川、名胜等,一一记叙。对金中都(今北京)的街道、城防、风俗等记述尤详;对金南京(今开封)市容、建筑、民情等也记述较多。对道路艰险、风雨气象、牛羊牧场等也多有分析比较,都是宝贵的地学资料,有裨于科技史的研究。

范成大的《太湖石志》是一篇短小精粹的地学著作,虽只有五百字,却记述了十五种太湖石的名称,而且都经过细致的观察,对石头的表面特征,水刷痕迹,作了认真记述,对太湖石生成原因的解释,比较深入和准确,使人耳目一新,很有科学眼光。在古代岩石著作中有较高学术地位和科技价值。

这是一部太湖石专谱,它在太湖石成因的阐述上,发前人所未发,他精辟地分析说:"太湖石多因波涛激啮。而为嵌空,浸濯而为光莹","石生水中者良,岁久,波涛冲击成嵌空,石面鄹鄹做靥,名曰弹窝,亦水痕也"。[①]

他认为太湖石的形成,既受制于水的机械侵蚀(波涛激啮,风浪冲击),又与水对石灰岩的溶蚀(浸濯而为光莹)密切相关。他的解释既考虑到了水的侵蚀作用,也考虑到石灰岩本身可以被溶蚀两方面的作用。从哲学上认识,他既注重内因也兼顾外因。他比杜绾在《云林石谱》中的阐述:"风浪冲击而成,谓之弹子窝。"更加完善,略胜一筹,《太湖石志》堪称南宋石谱中的上乘之作。

---

① 范成大:《太湖石志》,《说郛丛书》,清顺治三年(1646)宛委山堂刊本。

三、矿物岩石与边疆域外地学专著

（一）杜绾《云林石谱》

杜绾字秀扬,浙江山阴(今绍兴)人。因其号为云林居士,故其著作名《云林石谱》。该书写成于绍兴三年(1133),是南宋最有科学价值的矿物岩石类专著。

《云林石谱》三卷,记岩石一百一十六种,各具出产之地,采取之法。记载了各种岩石用来造假山、砚台、器皿、珍玩、文物等。描述了各种岩石的形状、颜色、声音、硬度、文理、光泽、晶形、磁性、透明度、吸湿性、风化性、化学作用等。

所记岩石可分九大类:其一,为比较纯的石灰岩,被水浸蚀有奇形怪状,可作假山;其二,石钟乳类;其三,含有长石的石灰岩和砂岩类;其四,含有锰质和铁质的石灰岩和砂岩类;其五,比较纯的石英岩和砂岩、玛瑙类;其六,叶腊石、云母、滑石类;其七,页岩和砚石类;其八,比较纯的金属矿物和玉类;其九,化石类。

它是一部比较全面而又专门的矿物岩石著作,特别侧重于变质岩的研究,对风化和侵蚀作用作了探讨,是继沈括之后对某些地质现象形成原因的明确阐述。对化石的记载也较前人又有进步,其中记载鱼龙石,零陵石燕二条,正确解释了石鱼、石燕的成因,指出鱼化石是古代鱼类的遗体,经长期埋藏石化而成。杜绾《云林石谱》用一段很长的文字描述鱼化石:"潭州湘乡县山之巅,有石卧生土中。凡穴地数尺,见青石即揭去谓之盖鱼石。自青石之下,色微青或灰白者,重重揭取,两边石面有鱼形,类鳅、鲫、鳞、鬣,悉如墨描,穴深二三丈,复见青石,谓之载鱼石,石之下即着沙土,间有数尾如相随游泳,或石纹斑剥处,全然如藻荇。凡百十片中,无一二可观,大抵石中鱼形反侧无序者颇多;或有石中两面如龙形,做蜿蜒势,鳞、鬣、爪甲悉备,尤为奇异。土人多作伪,以生漆点缀成形,但刮取烧之,有鱼腥气,乃可辨。又陕西地名鱼龙川,掘地取石,破而得之,亦多鱼形,与湘乡所产无异,岂非古之陂泽,鱼生其中,因山颓塞,岁久土凝为石而致然欤。"①

晋代罗含的《湘中记》记载了石燕遇雨则飞,这一传说一直流传至宋代。杜绾进行了实地考察,并对此现象给以正确解释:"永州零陵出石燕,昔传遇雨则飞。倾岁余涉高岩,石上燕形颇多,因以笔识之,石为烈日所暴,偶骤雨过,凡所识者一一坠地。盖寒热相激迸落,不能飞尔。"②他认为烈日骤雨的"寒热相激"使石裂燕落,不是石燕能飞,是十分确切的。

由此看出,《云林石谱》不只记石鱼的地质产状,同时还对它的成因作出大胆正确的推测。显然,杜绾的见解较之沈括的认识,又前进了一步。其次,如杜绾提到了对鱼化石的真伪进行(古生物学)测试的方法,在实践中也有一定的现实意义。因为有了鉴别真假鱼化石的方法后,对当时真假化石鱼龙混杂的状况,得到了有效的遏制。

《云林石谱》还记载了岩石的分光现象,杜绾在卷下"菩萨石"一文中写道:"嘉州峨嵋石,正与五台山石相似,出岩窦中,名菩萨石。其色莹洁,状如太山、狼牙、信州、永昌之类。映日射之,有五色圆光。其质六棱,或大如枣栗,则光彩微芒。间有小如樱珠,则五色灿然可喜。"③

杜绾本不知分光的本质,即光波在晶体中因波长不同而折射率不相同的道理。但记述分光现象杜绾要比欧洲的牛顿早五百年。

《云林石谱》是两宋石谱中最好的一种,它不仅记岩石的外貌还分析岩石的内涵,反映了人们对矿物岩石认识的新水平,是古代矿物岩石学的代表作之一。④ 它所载的 116 种石头中有:石灰岩、石英岩、砂岩、页岩、云母、叶腊石、玛瑙、玉类,还有金属矿物、化石等。其物理特性择录如下表:

---

① 《云林石谱》,"鱼化石",《说郛丛书》卷96,清顺治三年(1646)宛委山堂刊本。
② 《云林石谱》,"石燕石",《说郛丛书》卷96,清顺治三年(1646)宛委山堂刊本。
③ 《云林石谱》,"菩萨石",清顺治三年(1646)宛委山堂刊本。
④ 杨文衡,《试述云林石谱的科学价值》,见《科技史文集》,上海科技出版社 1985 年版,第 14 辑。

《云林石谱》部分石类的物理特性①

产地	石名	今名	声音	硬度	层理
宿州	灵璧石	石灰岩	铿然有声		
青州	青州石	页岩	有声		
青州	红丝石	页岩	无声	稍软	
相州	林虑石	石钟乳	有声		
相州	梨园石	含锰石灰岩		颇坚	平如板,面
四川灌县	永康石	页岩	声清越	利刀不能刻	上如铺纸
潭州	鱼龙石	化石(页岩)			一层
明州奉化县	奉化石	页岩	无声		重重揭取,
江西上饶县	石绿	孔雀石		不甚坚	两边石面
杭州	排牙石	化石		坚	有鱼形
建州	建州石	页岩	有声	坚	凡击取之,
袭庆府	峄山石	石英岩		坚矿不容斧凿	即有平面
衡州	耒阳石	石钟乳	有声	稍坚	石
西蜀	墨玉石	云母		轻软	
糯州	糯石	叶腊石		甚软	
阶州	阶石	叶腊石	或有声	甚软	
莱州	莱石	叶腊石		最软	
于阗	于阗石	玉石	无声	正可屑金	
石州	石州石	滑石		甚软	
杭州	杭石	水晶	无声		
贵州清溪县	清溪石	石灰岩	声韵清越		
平江府	太湖石	石灰岩	微有声		
衢州	常山石	石灰岩	有声		

　　层理是沉积岩重要的构成特征,亦为区别岩浆岩、变质岩的重要标志。诚然《云林石谱》没有明确指出,可用有无层理这个特殊现象,鉴别沉积岩、岩浆岩和变质岩。但是,书中的描述实际上已经包含了这个意思,对后人同

---

　　① 　此表引自唐锡仁等《中国科学技术史·地学卷》,第 379 页。

样可以起到启迪作用。

《云林石谱》以其记载的岩石种类多,分布范围广,物理特性描述详,成因解释比较正确,深得世人赞誉,是一部地学价值较高的古代岩石著作。

(二)周去非《岭外代答》

周去非(1135—1178),字直夫,永嘉(今浙江温州)人。隆兴元年(1163)进士,为广南西路桂林通判。归后,以答客问写成此书,时间是淳熙五年(1178)。

全书十卷,卷一为地理;卷二、卷三为外国;卷四为风土、法制;卷五为计财……约七万五千字。内容含地理、边塞、山川、岩洞、风土、服饰、法制、食用、宝货、金石、花木、禽兽、古迹和蛮俗等二十门,二百九十四条。较详细记载了当时岭南(今两广)山川、古迹、物产、贸易和有关少数民族的经济、生活习俗等情况,为研究我国华南地区十二世纪的重要历史地理文献。卷二、三外国门,所记占城、真腊、蒲甘、三佛齐、蛇婆、故临、大秦、大食、木兰皮等二十余国的政治、经济、宗教、文化、风俗、物产等,是古代南洋、西亚和东非以及中西交通的重要史料。首记埃及,称勿里斯国,开罗为憩野。财计门记述其时岭南漕运、盐法、马市和边疆各族贸易等也颇有意义。所述非洲国家,有"连接大海岛"的昆仑层期国(今之马达加斯加岛及其附近的东非海岸一带)、"大食巨舰所可至者"的木兰皮国(其范围包括非洲的格里布和欧洲的西班牙南部、东南部一带)。它是一部比较全面地记载岭南地区、南海、印度洋沿岸、西欧及非洲部分国家的社会经济、物产民俗的著作。

(三)赵汝适《诸蕃志》

赵汝适(1170-1225),宋太宗赵炅八世孙,银青光禄大夫赵不柔之孙,赵善待之子。嘉定至宝庆年间(1208-1227)官福州市舶提举。为志海国事,亲为采访,于宝庆元年(1225)写成此书。全书两卷,约两万八千字。卷上所记占城(今越南中部)、真腊(今柬埔寨)、三佛齐(苏门答腊岛东南)、苏吉、南毗、天竺(印度)、大食(伊朗)、默加猪(摩洛哥)、新罗(朝鲜)、倭国(日本)等四十余国事。所及范围东起日本、朝鲜,西至北非摩洛哥等地风土、物产、民族、宗教、文化。卷下以志物为主,记乳香、血竭、安息肉、豆蔻、槟榔、椰子、吉贝、象牙、犀角、猫儿睛等,香料、珠宝以及珍奇动物四十五种,并记产地、制作、用途和运销情况。书末为《海南地理志》,是书为研究十三世纪东亚、南亚、西亚和北非有关国家政治、社会风俗、物产资源、生态环境、宋代海上交通、与各国关系,以及我国南海的重要文献。《宋史·外国传》多取材于本书。原著久佚,今本辑自《永乐大典》。有《四库全书》本、《学津讨原》本和近人冯承钧校注本。

赵汝适任泉州提举市舶司,主管对外贸易,时常与外国商贾和水手打交道,了解到一些外国和周边地区的地理情况,述及东南亚、东北亚、南海群岛、印度半岛、阿拉伯半岛、意大利半岛和东北非等地的地理情况。谈到非洲的国家有:弼琶啰国(今索马里的柏培拉)、中理国(包括索马里东北岸及索科特拉岛)、层拔国(今桑给巴尔)、勿斯理国(今埃及)、遏根陀国(今亚历山大港)、昆仑层期国及木兰皮国等。还记述这些国家农产品的产地、制作、用途等内容。例如,记述弼琶啰国物产时写道:"产龙涎、大象牙及犀角","象牙有重百余斤,犀角重十余斤","又产物品骆驼鹤(即鸵鸟),身顶长六七尺,有翼能飞,但不甚高。兽名徂蜡(即长颈鹿),状如骆驼,而大如牛;色黄,前脚高五尺,后低三尺,头高向上,皮厚一寸。又有骡子(即斑马),红、白、黑三色相间,纹如经带。皆山野之兽,往往骆驼之别种也"。记述中理国时说:"每岁常有大鱼死,飘近岸,身长十余丈,径高二丈余。国人不食其肉,唯取脑髓及眼睛为油,多者至三百余镫,和灰修船舶或点灯。民之贫者取其肋骨作屋桁,脊骨作门扇,截其骨节为臼。"也有记载当地气候情况的,例如记"勿斯里国"时,谈到古埃及利用尼罗河水灌溉农田时说:"其国多旱,管下一十六州,周回六十余程。有雨则人民耕种反为之漂坏。有江水极清甘,莫知水源所出,岁旱诸国江水皆消减,唯此水如常,田畴充足,农民借以耕种,岁率如此。人至有七八十岁不识雨者。"[①]

由于交通的发展,南宋不仅对南洋群岛以西国家和地区的交往较以前增多了,同时也为加强与南洋群岛以东地区的联系带来契机。有关那些地

---

① 赵汝适:《诸蕃志》,见《学津讨原丛书》十二集,嘉庆刊本。

区的情况,《诸蕃志》即有所反映。书中记述了麻逸(今菲律宾民都洛岛)、加麻延(今菲律宾的卡拉绵群岛)、巴老酉(今菲律宾的巴拉望岛)、巴吉弄(今菲律宾的布桑加岛)、蒲哩噜(今菲律宾的波利略岛)等地的地理位置、风俗民情、物产用途等内容。说明对菲律宾一带地理情况的了解,较过去明显增多。

周去非的《岭外代答》和赵汝适的《诸蕃志》,把东北亚之日本、朝鲜,东南亚之印尼、菲律宾,南亚之印度、柬埔寨,西亚之伊朗、沙特阿拉伯,非洲的摩洛哥、马达加斯加岛,欧洲的罗马、西班牙等国之各种地理知识介绍给了中国人。

第三节 南宋的水利科学与技术

一、围田与圩田的水利工程技术

关于农田发展中的围田和圩田技术。在农学章中,已经对围田和圩田水利技术的发展过程和扩大耕地面积与提高粮食产量的作用作了论述。本题重在阐述围田与圩田水利工程技术异同和利弊,以便对人们在当代进行农田水利建设时,有所鉴定和启迪。

南宋的数学家秦九韶(1202 – 1261),在其著作中有"围田先计"一题,是关于围田的数学计算。该题说此围长58千米(均折合成今制,下同),宽1.5千米的草荡,夏天水深0.8米,冬天水深0.3米,拟规划为四周筑高3米土埂,埂上有闸门,围中有一条纵向大港和二十四条横向小港的围田。这一数学题反应了当时围田的规划、工程规模和形制。其图复印如下:

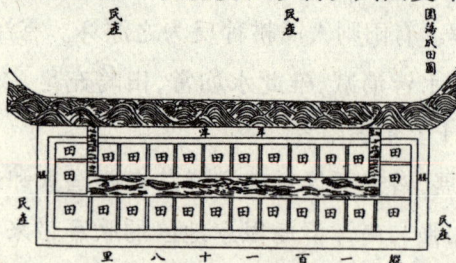

南宋围田工程示意图

(选自南宋·秦九韶,《数书九章》卷六)

北宋时,范仲淹在《皇朝文鉴》"答手诏条陈十事"中,对江南圩垸描述说:"每一圩方数十里如大城,中有河渠,外有门闸。旱则开闸引江水之利,潦则闭闸拒江水之害。"范仲淹所说的大圩是比较典型的圩垸工程,每一圩即为相对独立的水利工程体系,由堤、多级渠系和节制闸门组成,农田均在大堤的护卫之中。南宋的圩垸应是逐步完善的,开始是临水筑堤,再疏浚水道,形成起码的排蓄能力,其后渐渐完善。加大闸门,建筑多级渠系,如下图:

圩田工程示意图
(选自《授时通考》)

宋元的文献中"圩"和"围"常通用,但在工程形式上是有区别的。北宋庆历三年(1043),范仲淹曾将圩和围作为两类水利工程来阐述。他指出,围田主要分布于太湖流域下游,而圩田则主要分布于长江下游。南宋绍兴五年(1135),江东帅臣李光同样分类为"江东西圩田"和"苏(州)、秀(州)围田"两种。至于两者工程形式的区别,王祯在《农书》卷三"灌溉篇"中有所阐述:第一是围田,"凡边江近湖,地多闲旷,霖雨涨潦,不时淹没或浅浸弥漫,所以不任耕种。后因故将征进之暇,屯戍于此,所统兵众,分工起土。江淮之上,连属相望,遂广其利,亦有各处富有之家,度视地形,筑土作堤。环而不断,内地率有千顷,旱则通水,涝则泄去,故名曰:围田";第二是圩田,"又有拒水筑为堤岸,复叠外护,或高至数丈,或曲直不等,长至弥望。每遇霖潦,以捍水势,故名曰圩田。内有沟渎,以通灌溉,其田亦或不下千顷,此又水田之善者"。王祯从工程角度概括了围和圩的区别主要在于工程规模。围田筑于低洼的塘浦地区,围堤高度较矮;圩田分布于长江下游滨江地区,水位落差相对较大,所以圩堤高度较高。这一特点相沿至今。

围田源于平原低洼易涝地区大规模准军事性质的屯田,主要工程措施是筑堤和疏浚水道。围内农田水利建设开始是无序的,堤防和水道因耕种的田块而修筑,并未形成完善的工程系统,管理亦粗放。圩则是在经济发达的滨江滨湖区,在若干大地主或地方政府主持下兴建和经营的。保护区内根据地形被次一级的圩岸分割成若干田块,耕地、堤防、水道均根据地形分级设置,圩区内形成排水(兼有灌溉和通航)工程体系。

南宋王朝更加鼓励圩(围)田,以满足人口急剧增加对粮食的需求。乾道二年(1166),漕臣王炎受命开浙西围田,"草荡、河荡、菱荡及陂湖溪港,岸际旋筑塍畦,围裹耕种者,所至守令同共措置。炎既开诸围田,凡租户贷主家种粮债负,并奏蠲免之"。利用原来农家堤防,培修高厚,在诸港浦置闸,形成了可以排水、通航的水道,低水时下闸壅水,高水位时开闸泄水的工程体系。① 即利用了太湖流域湖高于田,田高于河的地形特点,旱季临湖筑堤营造所谓"湖田",并在湖田间疏浚沟渠,使之低水时开闸引河港水或用水车提水入田灌溉,高水时排水泄入河中。

当圩田作为重要的大型工程来兴建后,就有民间小圩被合并成区域性的综合水利工程。圩内根据地形整治沟渠、修筑堤塍。沟渠和堤塍可通船和行人,在大堤所围成的区域内俨然是一方独立的工程体系,行政管辖亦是相对独立的"王国"。

由于毫无计划的乱围乱建堤渠,很快产生水旱灾情。淳熙十年(1183),大理寺丞张抑说:"近者浙西豪宗,每遇旱岁,占湖为田,筑为长堤,中植榆柳,外捍菱芦,于是旧为田者,始隔水之出入。苏、湖、常、秀昔有水患,近多旱灾,盖出于此。"②在他的建议下开始在苏、湖、常、秀(今嘉兴)划定围田一千四百八十九处,每围置石标志,不许增加。嘉泰元年(1201),这些地方的知县加"点检围田事"衔,以阻止滥围,破坏河流湖泊的蓄泄能力,"每岁三四月,同尉点检有无奸民围裹状,上于州,州闻于朝。三年遣官审视,及委台谏

---

① 《宋史·食货志一》,第4185-4186页。
② 《宋史·食货志一》,第4187-4188页。

察之"。① 但是,围田所带来的赋税收入不仅使南宋王朝难以厉行围田禁令,此后元、明、清各代王朝也依然处于时禁时开的状况。

太湖流域的围田在北宋有大的发展,但其开发先后无序,缺乏统一规划,因而原本防旱抗涝的工程措施反而相互干扰,造成新的灾害。在北宋年间先后有郏亶和赵霖等人提出围田统一规划的理论,但未及大规模实施。

南宋时,提出了湖区治水应与围区堤防规划设计一并考虑的规划意图,即围田成功在于围区内排水工程规划的成功,因此筑围护田和河浦通水两者要很好结合。嘉道六年(1170),都进奏院李结基于当时苏、秀、常等州围区连年水旱灾害交替的状况,发扬北宋时郏亶、赵霖提倡围外高岸深河的做法。他指出对围区内堤岸和排水塘浦应予以同样重视,并要通盘考虑。李结所说的治田,实为整治围内沟渠和堤岸。开浚塘浦,取土修筑两边田岸,立定丈尺,众户相与并力必成。

随着人口的繁衍和土地的开发,长江中下游地区圩区相应扩展。同样由于最初的无序化,带来了新的水利问题,滨江滨湖地区广筑堤圩后,江湖蓄水容积减少。同时各家圩垸相互套叠覆盖,泄水条件不利,防洪堤过长,小圩防洪能力较低,水旱灾害反而加重。南宋已注意这一问题,并促进了规划工作的进展。其主要思想是将小圩联合并作大圩,在大圩内分区分级控制。例如,绍兴二十二年(1152),在太平州(今安徽当涂),筑堤180里,将诸小圩联合。据《宋会要辑稿》"食货八之十三"记载:乾道七年(1171),将作少监马希对圩区管理组织有新的建议:"有圩田州县,守令措置将圩内人户推一名有心力、田亩最高大之人为圩长,大圩两人。每遇秋成,集本圩人夫于逐圩增修。面阔一尺。侧厚一尺,脚阔二尺,须用坚土实筑。"圩内民间管理组织也在政府的推动下建立起来。

任何一项水利工程技术,都必须有整体规划和长远考虑,否则在工程技术受益的同时,就会产生新的祸患。南宋圩田和围田水利工程的扩展与耕田数量的扩大,为南宋带来了经济上的效益,也带来了新的水旱灾害。

---

① 《宋史·食货志一》,第 4187 — 4188 页。

南宋所需军粮与北宋大体一样,据绍兴三十年(1160),户部的统计数额,所征集到的粮食还不及北宋的一半,只有一百零七万四千石,造成军粮不足,政权岌岌可危。由于围田和圩田的迅速扩大,到乾道年间(1165－1173)已征集到粮食六百三十九万两千多石,基本上满足了居民的需要。

但是,南宋围田和圩田的大发展,立即面临以下两方面的矛盾与祸害:第一是围田、圩田水利工程大量用水,影响了航运,特别是运河为南北大动脉,不可一日停运。政府不得不下令禁毁围田与圩田的水利工程,保证河运之畅通。第二是治水与治田的矛盾。据《续文献通考》"田赋"卷三记载:嘉定三年(1210),卫泾上奏:"中兴以来,浙西遂为畿甸,尤所抑给,岁或丰穰,沾及旁路。盖平畴沃壤,绵亘阡陌,有江湖潴泄之利焉。自绍兴末年,因军中侵夺濒湖水荡,民间已被其害。隆兴、乾道之后,豪宗大姓相继迭出,广包强占,无岁无之,陂湖之利日朘月削,围田一兴,修筑塍岸,水所由出入之路,顿至隔绝,稍觉旱干,则占据上流,独擅灌溉之利,民田坐视无从取水。逮至水溢,则顺流疏决,复以民田为壑。"《宋史·食货志》卷一七三记载:元庆二年(1196),袁说友等上奏说:"浙西围田相望,皆千百亩,陂塘溇渎,悉为田畴,有水则无地可潴,有旱则无水可戽。不严禁之,后将益甚,无复稔岁矣。"大量的围田、圩田打乱了太湖水网,破坏了湖、渎的调水作用,造成严重灾害。

据近代人研究,北宋统治的一百六十六年中,绍兴地区有记载的水灾七次,旱灾一次。鉴湖等围田后,在南宋统治的一百四十三年中,有记录的水灾三十八次,旱灾十六次。[①] 围田造成了水旱灾害的骤增,它与粮食的增产相比,得失怎样呢?

南宋人当时就有了结论,据《嘉泰会稽志》卷十三"复鉴湖议"记载:庆元二年(1196),绍兴官员徐次铎说:"湖田之上供,岁不过五万余石。两县岁一水旱,其所捐所放,赈济劝分,殆不啻十万余石,其得失多寡,盖已相绝矣。"南宋大规模围田和圩田水利工程,与江河湖泊争水争地,遭到了自然界的报

---

① 周魁一:《中国科学技术史·水利卷》,科学出版社 2002 年版,第 495 页。

复,这一严峻的历史教训,还不应该引起当代人的深思吗?

二、四明的御咸蓄淡水利工程——它山堰

唐代大和年间(827－835),鄞县令王元在浙江鄮县(今鄞县)西南五十里的鄞江上始筑它山堰,经唐、宋两代的不断增修。至南宋淳祐二年(1242),魏岘在《四明它山水利备览》一书中,对它山堰给以详尽的描述:它山堰位于鄞江上游出山口处,在四明山和它山之间,筑一拦河大坝,开渠引水东南流。引水入城后,流入城内的日湖、月湖。渠水出日、月湖城东门的水门,尾水流入甬江。

它山堰水利工程具有多种效益:首先,它为鄞县东部七个乡提供了农田灌溉用水;第二,它是明州城区的饮水之水源;第三,它具有拒咸蓄淡的供排水功能。

它山堰的综合效益是通过渠首和州城所设立的三处水尺来控制水位,实现了全区水利工程运行的合理调度。

它山堰的枢纽工程由拦河坝(即它山堰)、进水口(即溪水口)、沉沙池(由回沙闸前的河道形成)组成。渠系工程由渠道(即南唐河)、侧向溢流堰(即碶)、两个拒潮闸(石桥闸和平桥闸)、两个蓄水湖(日湖和月湖)组成。

它山堰是典型的正向拦河坝堵水,侧向引水入渠的水利工程。南宋魏岘描述说:"规其高下之宜,涝则七分水入江,三分水为溪,以泄暴流;旱则七分入溪,三分为江,以供灌溉。"①江指鄞江,即图中的奉化江,溪指干渠。江与溪七比三的水量比例,唐至北宋是以坝高来大体控制的。南宋以后,由它山堰和回沙闸联合运行调节和控制水量和泥沙流量。

渠首水量节制工程在置闸和设水则后,水量得到定量计划和控制供应。鄞江流经区域水土流失严重,它山堰前有大量泥沙淤积,影响供水的水质。为了把清淤范围缩小到渠首附近和干渠的上游,以便减少清淤的泥沙。南宋淳祐二年(1242),在它山堰上游的河段建立了回沙闸。回沙闸设在坝上

---

① 魏岘:《四明它山水利备览》卷上,《丛书集成初编》本1937年版,第2页。

游的左岸 50 多米处的引水渠上,回沙闸设置的目的是为了清淤,在实际运用中,它对调节水量发挥了更大的作用。设闸后,进水口前水流速度减慢,部分泥沙得以沉积。

回沙闸的设置和作用。南宋宝庆年间(1225－1227)记载说:"闸三间,板皆七。中间常留一板,俾上下可通舟,水涸则去。东西闸常留两板……水泛则不拘早夜,集众力急下板。相水高下,板随以增减。常令水自上入溪,隔沙于外,水平去板,通舟如故。"①水则刻于两侧的闸桩上,则上每尺约合今制 27 厘米,依据闸桩上的水则水位来调度闸门的升降启闭。南宋时《四明它山水利备览》记载,管闸工人有八位,要昼夜轮换值班。

水利灌溉和御咸蓄淡的作用是如何实现的呢? 南宋《四明它山水利备览》记载说:"支港入溪(即干渠),则七水道襟喉之地,因遂堰焉。由是溪、江中分,咸卤不至;清甘之流,输贯诸港。入城市,绕村落,七乡之田,皆赖灌溉。"溪即今之南塘河,碶即闸门,通过闸门分出支渠,向城市和农田供水。干渠水量过多时,则从堰上自行泄洪入江。

渠道之水入明州城后,尾水入日月两湖,两湖再分成许多沟渠,供城市居民用水。城中的水道末端再通过泄水堰或闸流归甬江。咸潮通过甬江水道上行时,沿江各闸闭闸拒咸,不准海水进入渠道。

水利区全面的水情调度与控制是通过明州城的两处水闸实现的。这两个闸门都有水则标刻,有统一的水位标准来调度堰闸的启闭。

南宋魏岘记载:干渠上闸(即碶)三个:即行春碶、积渎碶、乌金碶,分别距渠首 17.5 千米、9 千米、7.5 千米,这样的间距有利于排涝,这三个闸是全区主要的水量节制工程。

它山堰干渠的尾水,最后从日、月两湖由泄水闸入江,渠与江相通处的闸门,被称为水喉、食喉、气喉,魏岘对三喉的位置与功用记载说:"引水于州北,凿两池以停之,淫潦泛滥,则城之东北隅有二竭(即碶),以泄于江,目之曰:食喉、气喉、水喉……气喉视食喉稍大,经都税务前,在东渡门墙下,以板

---

① 《宝庆四明志》卷一二,中华书局《宋元方志丛刊》本 1990 年版,第 5157 页。

为闸。潮长则与板平,市河之水充溢,则起闸以泻于江。食喉视气喉稍小,在市舶务之南墙下,止用泄水,却不通潮。又有水喉一碣,亦以泄水。"①气、食、水喉三闸,主要起泄水的作用。

城东大石桥闸和城内平桥闸,闸柱上都有水则,是控制整个水利工程的全区水量的反调节中枢。大石桥闸是明州太守陈垲建于淳祐二年(1242),它是一座御咸闸:"内可以泄水,外可以捍潮。闸之启闭,仍以水则之标尺为准,以三尺为平。""遂置平水尺,朝夕度水增减,以为启闭。地形高下不等,而水之浅深亦然。大概郡城河滨之水,常以三尺为平。余可类推,过平以上则可泄"。②

平桥闸闸桩上的水则标志,是开庆元年(1259),庆元府通判吴潜所刻。水则上刻有"平"字,故称"平字水则碑"。吴潜亲自驾舟到日、月两湖和七乡各地测定水位,测得了"平字水则碑"上开闸放水的最适合的高度,并刻以"平"字。水淹"平"字,则各闸都开闸放水,"平"字露出,则关闸蓄水。

回沙闸位于渠首,控制引水量和城中淡水储藏量。大石桥闸和平桥闸位于它山堰水利区尾闾,也是咸潮上溯首先到达之处。这样,在能够集中反映小流域水位变化和控制水量的地点设立水则碑,就能够达到有效控制全区水量和预防咸潮涌入的工程目标了。

它山堰御咸蓄淡水利工程,是南宋时期鄞县人民利用鄞江(即奉化江)、四明山和它山的有利地形和水势巧妙构建的多功能水利工程,它将农田灌溉、城市供水和御咸蓄淡毕其功于一役,说明了我们祖先所具有的聪明才智,它是中国古代水利史上值得大书一笔的水利工程。

魏岘的《四明它山水利备览》写成于淳祐三年(1243),记载了唐代以来的它山水利情况。其中说明了南宋以前由于森林未遭破坏,四明(宁波)地区的水土流失不严重,山青水秀,风调雨顺。南宋以后由于乱砍滥伐树木,森林破坏严重,造成大量水土流失,水旱灾害频频发生,年景也十分不好,这是珍贵的环保资料。如《它山堰水利示意图》:

---

① 魏岘:《四明它山水利备览》卷上,《丛书集成初编》本1937年版,第2、10页。
② 《宝庆四明志》卷一二,中华书局《宋元方志丛刊》本1990年版,第5155、5166页。

它山堰水利示意图①

三、南宋的海塘工程与潮候表

南宋的海塘工程是在北宋的基础上,继续修筑的。据《浙江通志》卷六十二,丁宝臣的《石堤记》记载,设计施工的方法是:"石坚土厚相为胶固,繝上而方下,外强而内实……最悍激处更为竹络,实以小石,布其下及园折其岸势,务以分杀水怒。"这是一种用石砌成直立式,逐渐内收,底宽顶窄,略有斜坡的海塘。它大大增加了石塘的稳定性,并可防止咸潮渗透。

按丁宝臣的方法,景祐年间(1034－1038),工部郎中张夏修石堤十二里,自六合塔到东青门。庆历四年(1044),转运使田瑜、知杭州事杨偕又续修二千二百丈,"高五仞,广四丈"。

南宋所修海塘,记入《宋史·河渠志》的,有绍兴末年(1162),修复毁裂的钱塘石岸;乾道九年(1173),在钱塘庙子湾一带"筑填江岸,增砌石塘"。最重要的是刘垕所修之"备塘",现简述如下。

嘉定十五年(1222),浙西提举刘垕对海官县海塘冲决一事,进行了调查研究。面对"数年以来,水失故道","遂致县南四十余里尽沦为海"的事实。他指出:"详今日之大患有二:一曰陆地沦毁;二曰咸潮泛滥。陆地沦毁者,因无力可施;咸潮泛滥者,乃因捍海古塘冲损。"他筹集钱款,组织人力,筑土

---

① 《它山堰水利区示意图》转引自周魁一《中国科技技术史·水利卷》,科学出版社 2002 年版,第 217 页。

塘以悍咸塘,修整了盐官城外原来已有的东西两座咸塘,并在咸塘内重修原有的袁花塘和淡塘,以此作为备塘,即第二道堤防。修筑备塘所用之土,取之塘外。这样,塘外被挖之地,就形成了一道与备塘并行的人工河道——备塘河,既拦截了渗透的咸流,又开辟了筑塘运料的水上交通,可谓一举两得。

绍兴十三年(1143),两浙转运使张叔献鉴于华亭新泾塘牐损毁,曾于新泾塘置塘闸一所,又于两旁贴筑咸塘,筑成了挡潮防冲的护岸工程。孝宗乾道七年(1171),秀州守臣邱崈又在泾塘向里二十里的运港筑堰,并修筑了运港堰外十六港汊水利工程。又在华亭县所修之海塘栽种芦苇,以固堤防。淳熙九年(1182),命守臣赵善悉征集一万民工,修海盐县常丰牐及八十一堰坝,务令高牢,以固水势。淳熙十年(1183),浙西提举司又用秀州郡军民修治华亭乡鱼祈塘①。

测定潮汐的涨落,对防止咸潮冲击,保护渔民生命安全,都有极大帮助。两宋对潮汐的研究测定都做了许多工作,北宋的潮汐研究,以燕肃最有成就。南宋的《淳祐临安志》收录了吕昌明的《浙江潮侯表》,这份潮侯表将每日海潮涨落的时辰和潮汐的大小,水势高低,一一作了详细记录,这对往来船舶适应潮汐涨落,避免不测都有极为珍贵的价值。吕昌明的这个潮侯表,比欧洲最早的《伦敦桥涨潮表》大约早两百年。

四、石硴工程与水则碑

两宋创建的石硴工程,也是古人治水的一项技术成就。汶河上的戴村坝石硴,经清代重修,一直保存至今。

从历史文献记载和戴村坝现状来看,石硴是一种用石块砌筑的大型泄洪工程。由于石硴多筑于河道平缓地段,河水洪、枯水水位差别不大,石硴结构简单,不同于滚水坝。石硴两侧坝头用巨石砌筑,石硴是横贯河床控制水位的部分。石硴坝前坝后没有防止水流淘刷的护坦,石硴也没有闸墩和闸门。大型的泄水堰叫石硴。小型的泄水堰叫囷。

---

① 《宋史·河渠志七》,第2414、2415 页。

北宋劳动人民创造的石砝工程,是为了做到蓄泄兼筹,蓄得住,排得出,既保证航运与灌溉需要,又使洪水排泄通畅,促进了航运和水利事业的发展。

宋代的石砝工程,始于淮河流域的里运河上。北宋天禧年间(1017—1021),张纶为江淮发运副使,从高邮向北继续修筑运河堤防达淮阴,长约二百里。这段堤防阻碍了洪水的排泄,所以在高邮至宝应的大堤上修建了十座石砝。这是中国历史记载中最早的石砝工程。

天禧四年(1020),淮南劝农使王贯之导海州石砝堰水入涟水军溉民田,王贯之修的石砝位江苏省涟水县石溇河上,说明石砝不仅修在河堤上,为了排洪,也修在河道上,用以提高河道的水位,并可排泄过量洪水,相当于灌溉渠首的建筑。

天圣五年(1027),张纶又在盐城县东海堤上修了石砝,称为捍海石砝。元祐元年(1086),毛泽民在高邮建石砝。南宋建炎元年(1127),兴化县令黄万顷在高邮至盐城运河上建石砝;乾道三年(1167)陈敏才修复和新建了宝应至高邮的石砝,计十二座。绍熙五年(1194),陈损之在淮阴、扬州地区修石砝一座;淳熙十三年(1186),又建石砝十五座。这时,石砝已从淮河流域发展到江南的广大的地区,为水利航运事业作出了贡献。

石砝是稳定的拦水工程,在多沙河流中无法解决排泄泥沙问题,容易淤高河床。随着水利工程技术的发展,逐渐被大型水闸所取代,但是,它的历史作用是应该记述的。

宋代的水则碑,也是应该肯定的水利技术成就。

《宋史·河渠志》记载了一种刻尺度为十等分的水则碑。《宋史·河渠志七》说:"离堆之趾,旧巉石为水则,则盈一尺,至十而止。水及六则,流始足用,过则从侍郎堰减水,河泄而归之江。岁作侍郎堰……准水则第四,以为高下之度。"

这说明宋代已开始采用一种刻有尺度的水则观测水位,可以测得量化的测值,显然比过去没有量化的观测值精确了许多。

明代沈启德《吴江考》一书,记载了太湖地区水则碑上南宋时期的水位测量记录。吴江水则碑是左右两个水则碑,左侧水则碑是观测记载各年特殊水位纪录的,石碑上刻有"大宋绍熙五年(1194)水到此"。吴江水则碑"横七道,道为一则,以下一则为平水之衡,在一则,则高低田俱无恙;过二则,则极低田河洊(淹没)……过七则,极高田俱洊"。右水则碑是记载一年内各月各旬水位变化的。两者配合,十分方便。既有一年逐月逐旬的水位涨落记录,又有暴涨、大旱时的特殊记录,对了解太湖流域的水情、气象是十分珍贵的资料。它说明宋代我国已经诞生了为农业服务的水位观测站了。

长江水位的观测资料十分丰富,南宋王象之《舆地纪胜》卷一七四,记载了长江水位丰、枯的题刻,以石鱼标记水位,得出了石鱼"三五年或十年方一出"的周期性规律。石鱼出必丰年,人们又把石鱼题刻称为"丰年石"或"丰年碑"。

四川省忠县汪家院子宋代洪水题刻,是目前已发现的最早的长江洪水题刻。它记录的也是南宋的水位资料:"绍兴二十三年(1153)六月十七日水此。"其意是说绍兴二十三年六月十七日的洪水,最高水位到达了此处。

观测和题刻长江枯水期水位的资料也很普遍。主要集中在重庆至宜昌之间的长江两岸,尤以涪陵县白鹤梁的枯水题刻群最负盛名。涪陵白鹤梁位于长江南岸,人们在岩石上刻鱼作水标。一般年份,石鱼露出水面。当石鱼露出水面,人们就在石鱼附近再刻上露出的时间,长此记载,就形成了一系列枯水题刻。据统计,石鱼露出的题刻,北宋二十二种,南宋六十四种,从中可以看出洪水涨落的规律及其与年景的关系。南宋王象之的《舆地纪胜》已得出"出必丰年"的结论。题刻群或以文字题记,或以石鱼标注,它是我国独具民族特色的水位观测站。对长江两岸的水上交通、农业生产、防涝防旱等发挥了较好的作用。对现代研究长江水利资源也具有重要的参考价值。

第四节　南宋的纺织技术

宋初就实行了奖励蚕桑的政策,促进了纺织业的发展。太祖建隆三年(963),命官分诣诸道申劝课桑之令;神宗熙宁二年(1069),分遣诸路常平官专领农田水利,民增种桑柘者,勿得加赋。徽宗政和元年(1111),诏监司督州县长吏,劝民增种桑柘,课其多寡为赏罚。

各地官吏按政府的诏令分别采取措施,如浙西提举颜师鲁提出对地方官以劝课农桑之勤怠为赏罚标准。南宋时,浙东提举朱熹印发王文林的《种桑法》,教民种植。在湖州推广了嫁接和整枝的技术。在萧山总结了"暑伏织用者为上,秋织者为下,冬织者尤下"的经验。

为了督促织造和收取贡品,宋少府监下设绫锦院、内染院、文绣院,专管纺织事务。又在开封、洛阳、润州、梓州设绫锦院、绣局、锦院等。还在成都设有转运司、茶马司。锦院专管西北和西南少数民族喜爱的各式花锦。南宋时,在杭州、苏州、成都设三大织锦院,用工匠数千人,可见规模之大。

宋代征收的赋税,布帛一类中有罗、绫、绢、纱、绝、绸、杂折、丝绒、绵、布葛十品。熙宁十年(1077),夏秋两税入帛 267.2 万匹,其中两浙绢帛占 98 万匹。据《临安志》记载:杭郡九县,仅夏税一项就纳绢 9.51 万匹,绵 5.41 万两。《宋史·地理志》记载:京东、京西、河北、陕西、两浙、淮南、江南、荆、湖各州所上贡品中有大量的绉、绸、绝、麻、绢、绵、丝、葛、罗等。这一方面说明了宋代统治者残酷搜刮,另一方面也说明了纺织业的迅速发展,生产规模与纺织品数量的激增。

丝织品商业的盛况也说明了纺织业的发达,《西湖老人繁胜录》卷一记载:临安"诸行市中有丝绵市、生帛市、枕冠市、故衣市、衣绢市……"市场的买卖昼夜不绝,经营的纺织品有绫柿蒂、狗蹄、罗花素、结罗、熟罗、线住。锦,内司街坊以绒背为佳,克丝、花素二种,杜瑾又名起线,鹿胎改名透背,皆花纹特起,色样织造不一。绉丝、染丝所织诸颜色者,有织金、闪褐、闲道等类。纱、素纱、天净、三法暗花纱、粟地纱、茸纱。绢,官机杜村唐绢,幅阔者密,画家多用之。其种类繁多,名目奇特,没有先进的技术是生产不出来的。

宋代的丝织品有苏州的"宋锦",南京的"云锦",四川的"蜀锦"。奉化的绝,密而轻如蝉翼,独异他地。亳州的轻纱,举之若无,裁以为衣,真若烟雾。单州成武县织的薄缣,望之若雾。这些名品也说明了必须有高超的技术。

一、南宋《耕织图》中所含蕴的纺织技术

南宋出现了我国历史上著名的楼璹绘制的《耕织图》。楼璹(1090 –

1162),字寿玉,一字国器,浙江鄞县人。楼璹初为婺州(今浙江金华)幕僚,后任于潜(今浙江临安县)令,绍兴(1131－1162)中累官至朝仪大夫。据其侄楼钥所撰《攻愧集》称,"南宋绍兴年间(1131－1162),伯父(指楼璹)时为临安于潜令,笃意民事,慨念农夫蚕妇之作苦,究访始末,为耕织二图。耕,自浸种以至入仓,凡二十一事;织,自浴蚕以至剪帛,凡二十四事。事为之图,系以五言诗一章,章八句,农桑之务,曲尽情状。虽四方习俗,间有不同,其大略不外与此。见者故已韪之。未几,朝廷遣使循行郡邑,以课最闻,寻又有近臣之荐,赐对之日,遂以进呈。即蒙玉音嘉奖,宣示后宫,书姓名屏间"。在楼璹卒后四十八年,即南宋嘉定三年(1210),楼钥《攻愧集》题耕织图刻石中说:"其孙洪、深等虑其久而湮没,欲以诗刊诸石,钥为之书丹,庶以传永久。"楼璹孙楼洪、楼深曾据家藏原图副本,将其配诗,仿刻于石,而流传后世。

现楼璹《耕织图》原本及刻石均已散失,其五言诗四十五首流传至今,从诗的题目看,原图计有:浸种、耕、耙耨、耖、碌碡、布秧、淤荫、拔秧、插秧、一耘、二耘、三耘、灌溉、收刈、登场、持穗、簸扬、砻、舂碓、筛、入仓等耕图二十一幅;浴蚕、下蚕、喂蚕、一眠、二眠、三眠、分箔、采桑、大起、捉绩、上簇、炙箔、下簇、择茧、窖茧、缫丝、蚕蛾、祀谢、络丝、经、纬、织、攀花、剪帛等织图二十四幅。耕、织合计四十五幅。

由于楼璹《耕织图》系统而又具体的描绘了当时农耕和蚕织生产的各个环节,反映了南宋农业技术发展概况,所以它被人誉为"我国最早完整地记录男耕女织的画卷"、"世界上第一部农业科普画册"。可见它是一部对后世颇有影响地反映农业历史和技术的优秀的农学著作和艺术珍品。

南宋除楼璹耕织图外,还有传为梁楷所绘耕织图,现在美国格利普兰美术馆(The Cleveland Museum of Art)藏有残卷,日本东京国立博物馆藏有摹写本。

我国在1984年发现了楼璹《耕织图》中《织图》的宫廷摹本——《蚕织图》。此图经文物专家据卷中跋语及有关文献鉴定为南宋高宗初年翰林画院的临摹本,原本是南宋建炎初年(1127)于潜令楼璹进献给宋高宗的《耕织图》中的《织图》。

南宋《蚕织图》卷,绢本,线描,淡彩,长513厘米,高27.5厘米。其内容是描绘南宋初年浙东一带蚕织户自"腊月浴蚕"开始,到"织帛下机"为止的养蚕、缫丝、织帛生产的全过程。全卷由 24 个画面组成,每个画面下部有宋高宗续配吴皇后的亲笔楷书题注,卷尾有从元至清收藏鉴定名家和乾隆帝等九段题跋。

南宋画院的摹本《蚕织图》,因有宋高宗续配吴皇后的题注,故亦被称为吴注本《蚕织图》。这样我们就能更全面而又形象地了解楼璹所描绘的南宋蚕织工艺的全过程了。

现结合楼璹的《蚕织图》,说明南宋的养蚕纺织技术。我们可用框图表示其工艺流程:

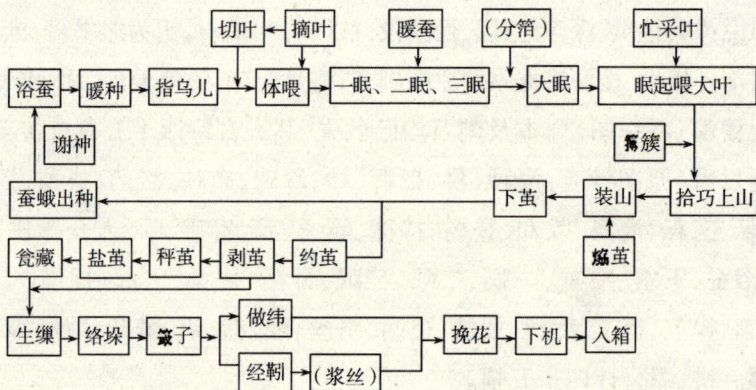

切叶←摘叶　暖蚕　(分箔)　忙采叶

浴蚕→暖种→拂乌儿→体喂→一眠、二眠、三眠→大眠→眠起喂大叶

谢神

蚕蛾出种←下茧　装山←拾巧上山

簇爵→

焗茧

瓮藏←盐茧←秤茧←剥茧←约茧

生缫→络垛→籰子→做纬→挽花→下机→入箱

经靷→(浆丝)

第一是浴蚕。宋代浴蚕技术已分为多次进行。吴注本《蚕织图》第一图即为"腊月浴蚕"。陈旉《农书》说:"待腊日或腊月大雪,即铺蚕种于雪中,令雪压一日,乃复摊之架上,幂之如初。"这是利用低温处理淘汰劣种,以便将来孵化齐一。在清明节前几天,还要浴一次蚕,但要用温水。楼璹《耕织图诗·浴蚕》:"农桑将有事,时节过禁烟。轻风归燕日,小雨浴蚕天。春衫卷缟袂,盆池弄清泉……"陈旉《农书》亦说:"至春,候其欲生未生之间,细研朱砂,调温水浴之,水不可冷,亦不可热,但如人体斯可矣。"

第二是暖种,又叫催青。《蚕织图》中的"暖种",主要用人的体温,也可用室内加温的方法来促使蚕种孵化。陈旉《农书》说:"治明密之室,不可漏风,以糠火温之,如春三月。然后置种其中,以无灰白纸藉之,斯出齐矣。"

第三是收蚁,收蚁即吴注本《蚕织图》中的拂乌儿(乌儿即蚕蚁)。从图中看是用鹅毛将已孵出的蚕蚁轻轻拂扫下来。但陈旉《农书》已批评此法不好："及已出齐,慎勿扫。多见人才见蚕出,便即以帚刷或以鸡鹅翎扫之。夫以微渺如丝发之弱,其能禁帚刷之伤哉？必细切叶,别布白纸上,务令均薄,却以出苗和纸复其上,蚕喜叶香,自然下矣。"

第四是小蚕饲养,包括一眠、二眠和三眠。蚕蚁初出,须将桑叶切细喂养。《蚕织图》注曰:"切叶续细叶餧（即喂字）。"楼璹《耕织图诗·下蚕》亦说"柔桑摘蚕翼,簌簌才容刀。"

一眠以后,就不须细切,喂以嫩叶。整个小蚕饲养阶段要密切注意蚕室温度的控制。陈旉《农书》认为蚕是喜暖的虫类,"宜用火以养之。而火之法,须别作一小炉,令可抬舁出入。蚕即铺叶喂矣,待其循叶而上,乃始进火。火须在外烧令熟,以谷灰盖之,即不暴烈生焰。才食了,即退火。……最怕南风。若天气郁蒸,即略以火温解之,以去其湿蒸之气,略疏通窗户以快爽之"。这一阶段相当于《蚕织图》中的"第一眠"、"第二眠"、"第三眠"。其中"第一眠"和"第二眠"图中槌下绘有一火盆。同时又另绘一幅"暖蚕"图。说明吴注本《蚕织图》是很重视这个问题的。可见当时已认识到小蚕抵抗低温的能力远不如大蚕,必须努力保持室内的温度,不能过冷过热。大约到了三眠时,蚕已经逐渐长大,抵抗力有所增强,同时气候也逐渐暖和,就可以不必再用炭火来增温了。因此《蚕织图》中的"第三眠"槌下就没有放置火盆。看来画家对养蚕生产技术的了解还是相当深入的。

第五是大蚕养殖。经过三眠之后,蚕体增大,称为大蚕。这一阶段蚕体继续增长,丝腺高度发达,饲养上就须放置蚕座,从原来的蚕箔中分到面积较大的蚕槃上饲养。这一过程在楼璹《耕织图》中称为"分箔",其诗曰:"三眠三起餘,饱叶蚕局促,众多旋分箔,早晚槌满屋。"《蚕织图》则为"大眠",图中绘有两女子抬箔将蚕分于槃中的情景。这一阶段的饲养要注意良叶饱食,加强通风换气,确保蚕体健康,以提高蚕茧产量和质量。陈旉《农书》指出:"三眠之后,昼三与食。叶必薄而使食尽,非唯省叶,且不罍损。蚕将饱,必勤视去粪薤。此育蚕之法也。"

大蚕食量大,因此需叶量也大。"大眠"图中绘有挑蚕者往来于蚕室。

并专绘有一幅"忙采叶"图及"眠起喂大叶"图（楼璹《耕织图》在"分箔"之后亦有一幅"采桑"图）都是强调此阶段要保证有足够的桑叶供给。陈旉《农书》还要求建立专门房间储存桑叶："又须先治叶室，必须深密凉燥而不蒸湿，下作架高五六寸，上铺新簟，然后置叶其上，勿使通风。通风即叶易干槁。常收三日叶，以备雨湿，则蚕常不食湿叶，且不失饥矣。外采叶归，必疏爽于叶室中，待其热气退，乃可与食。若便与食，则上为热叶，下为沙湿，蚕居其中遂为叶蒸矣。蒸而黄，虽救之亦失半。"

第六是上蔟。上蔟俗称"上山"，即将熟蚕移到蚕蔟上结茧，这是蚕丝生产的重要环节。上蔟过早不但丝量少，而且因大量排泄软粪，易污染蚕茧。上蔟过迟则浪费丝缕。见吴注本《蚕织图》"拾巧上山"、"簿蔟"、"装山"等图。"山"既是蚕蔟，将先熟的蚕拾于蔟上使之早吐丝，称为"拾巧上山"，然后再使大批熟蚕一起上蔟，称之为"装山"。蔟是蚕结茧的场所，多为茅草系束，楼璹《耕织图诗》有"翦翦白茅短"句。吴注本《蚕织图》亦注曰："用茅草装山子为簿蔟，拾蚕于上作茧。"上蔟时，要适当提高温度，可加快蚕的吐丝，又使丝胶迅速干燥，减弱胶着程度，改善解舒性能。所以《蚕织图》专绘有"爁茧"一图，图中有一老人在烧火盆，边上置有木炭篓子。陈旉《农书》说："放蚕其上，初略敬斜，以俟其粪尽。微以熟灰火温之，待入网，渐渐加火，不宜中辍，稍冷即游丝亦止，缲之即断绝，多煮烂作絮，不能一绪抽尽矣。"

第七是下蔟，选茧与贮茧。楼璹《耕织图》中有"下蔟"，相当于吴注本《蚕织图》中的"下茧"和"约茧"。其"择茧"相当于"剥茧"，其"窖茧"相当于"称茧"、"盐茧"和"瓮藏"等图。这些画面表现的是将结完的茧从蔟上取下，选择好茧，剥去黄斑、同宫、畸形等不符合缫丝要求的次茧，并剥去茧子外层松散及强度和纤度都不足的茧衣，然后装瓮贮藏。陈旉《农书》说："才拆下箔，即急剥去茧衣，免致蒸坏。如多，即以盐藏之，蛾乃不出，且丝柔韧润泽也。藏茧之法，先晒令燥；埋大瓮地上，瓮中先铺作簀，次以大桐叶复之，乃铺茧一重，以十斤为率，掺盐二两；上又以桐叶平铺。如此重重隔之，以至满瓮；然后密盖，以泥封之。七日之后，出而澡之，频频换水，即丝明快，随以火焙干，即不暗黦而色鲜洁也。"常温下，采茧后七八日即会化蛾，咬穿茧壳,不能缫丝。若要延长缫丝期限,必须贮茧。贮茧方法,除了晒、烘、盐之外,还有蒸馏等方法。《蚕织图》表现的是"盐茧",还有"称茧",说明盐和茧有一定的比例,即如上述陈旉《农书》所说的"以十斤为率,掺盐二两"。①楼璹《耕织图·窖茧》中也说到用盐:"盘中水晶盐,井上梧桐叶。陶器固泥封,窖茧过旬浃。"

南宋养蚕技术方面还有两项突出成就。一是利用中药添食以促使蚕儿增丝。成书于绍兴年间(1131－1162)的《鸡肋编》记载:"每槌间用生地黄四两研汁撒桑叶饲之,则取丝多于其他。"这是历史上用药物添食增丝的最早记载。经华南农业大学蚕桑系和农史研究室试验,确有增产效果。另一项是用苦荬代替桑叶养蚕,亦见于《鸡肋编》:"本草谓蚕妇不可食苦荬令蚕烂坏。处州人言,此菜家家养蚕,不闻有损。"②苦荬为菊科苦苣菜属(Sonchu L.)的一种植物,近年来广西蚕业研究所用它试验,亦获成功,均证实了《鸡肋编》记载的可靠性。养蚕需要代用饲料,这也反映了南宋时期养蚕数量的增加和养蚕技术的提高。

后半部画的纺织过程,包括纺织机具和技术,都比较详明。所绘"生缫"、"络垛"、"经靿"、"挽花"、"作纬"等的缫丝用具,织帛机具和操作技术,后世虽有改进,其原理是没有改变的。所画缫丝用的"纺车"、缠丝用的"篗子"等,近代农村仍见使用。

第八是缫丝。我国古代缫丝工艺可分为生缫和熟缫两种。熟缫是经盐、烘等贮茧工序后再缫,生缫是缫新鲜茧。生缫所得之丝鲜洁明亮、质量较好,吴皇后注为"生缫",说明南宋时已将生缫与熟缫明确分开(如生缫图)。关于当时南方缫车的型制,由图来看,当与近代杭嘉湖地区保存的丝车无大区别,亦与北宋秦观《蚕书》所载基本相符:丝车有架,架上承篗,篗转靠一脚踏曲柄连杆机构带动。

从吴注本图看,丝篗下并无火盆。但陈旉《农书》却载:缫丝时"随以火焙干,即不暗歅而色鲜洁也",说明宋应星所说缫丝时"出水干"之经验在南

---

①　陈旉:《农书》,第56－59页。
②　庄绰:《鸡肋篇》卷一,《琳琅秘室丛书》本,咸丰三年(1853)刊本。

宋就已形成。

第九是织造。此部分包括准备和上机两个过程。准备又包括络丝、整经和摇纬。络丝是先将缫车大篗上的丝退下装于"络垛",宋应星称其为"络笃",然后上作悬钩,引致绪端,手中执篗旋绕,以俟牵经摇纬之用,正如楼氏诗中所说:"朝来掉篗勤,宁复辞腕脱。"篗子摇成有两用,一是作纬。作纬用纬车,将丝绕于小纤管上,楼诗"晴空转雷车"所指即此;二是整经,吴注"丝靷",即丝纲,整经时将篗子整齐地列于地上,引出丝绪,或直接卷于经轴,或经浆丝(又称过糊)后再卷于经轴。原来人们一直以为过糊最早见于《天工开物》,《天工开物》载:"过糊,凡糊用面筋内小粉为质,纱罗所必用,绫绸或用或不用。"[1](如做纬图)但现可见到,吴注本《蚕织图》中与"作纬"同屋、所称"织作"的一图即是过糊,图上画一"的杠"(经轴),上承经丝,并有一筘(非织筘),一女子正用剪刀等工具在修整(如织作图),过糊的目的是增加经丝的各种强度指标,以承受织作时产生的张力。

织机可分为花、素两大类,吴注本《蚕织图》中没有素织机,只有花机,据笔者分析推测,这应该是一台绫机(如挽花图)。这首先要弄清绫的组织。关于绫的组织,一般认为是斜纹地上起斜纹花,但笔者以为绫组织还包括平纹地上起斜纹花的一种组织,即原来考古界俗称的绮组织,也有人称䌷。《蚕织图》中提花机用两片地综,除平纹经锦之外,这种提花机只能织平纹地的绫,而无论从经锦的衰落还是从图中经丝无色彩来看,当时都不可能再织经锦。其次,杭州一带历来产绫,南宋时仍大量生产,《咸淳临安志》载绍兴年间临安府岁贡御服绫一百匹,内司有狗蹄绫,尤光丽可爱。在杭州的文思院每年还织造官诰与度牒用绫,而同时期记载中却不见有浙江生产绮和䌷的影迹。产生于浙江的画卷所画必定是浙江常见之提花机,此机生产的品种也必将在大量史料中得到反映,因此我们推测这是一架绫机。这架绫机与宋应星《天工开物》中花楼机虽然原理相同,但显然简单些,主要是地综部分只有范子,没有障子(如挽花图)。这一绫机是我国现存最早的提花机图。

---

[1] 《天工开物》卷上,第89页。

因此,它在我国蚕织技术史与机械史上有相当重要的地位。

综上所述可知,吴本《蚕织图》反映了我国南宋初期江南的蚕桑丝织生产技术系统,其工艺之完善,设备之进步,说明我国古代蚕桑丝绸生产技术至此已基本定型,元、明、清三代并无大变。《蚕织图》是我国蚕织技术史上的重要资料,它在蚕织史上的地位,只有明代宋应星《天工开物》"乃服篇"能与之相提并论,但这已晚了约五百年。

《蚕织图》(部分)

二、南宋的竖锭大纺车

学术界经过多年研究和许多争论,最后认定竖锭大纺车创始于南宋。正如赵承泽先生在《中国科学技术史·纺织卷》第 168 页中所说:"我们知道,古代科学技术的发展都是很缓慢的,所有科学成就,从开始发明,得到整个社会的普遍认可,必须经过相当长的时间。因此,大概在南宋时就已经有人使用这种纺车了,所以到了王祯生活的年代,才能出现普遍应用的现象。"

宋代竖锭大纺车是这一时期专供丝、麻加捻的工具。规格尺寸大的,主要是捻麻。规格尺寸小的,主要是捻丝。关于这一点,现在似乎还很少有人提到,但这是我们研究它的时候必须特别指出的。

这种纺车在南宋和元代中原产麻地区的分布,非常普遍,尤其盛行于近水之乡。王祯在《农书·农器图谱》"利用门"说:"中原麻苎之乡,凡临流处所多置之。"

宋元大纺车的工作效率是非常高的,王祯《农书》又云:"或人或畜,转动左边大轮,弦随轮转,众机皆动,上下相应,缓急相宜。遂使绩条成紧,缠于轩上。昼夜纺绩百斤,或众家绩多,乃集于车下,秤绩分缕,不劳可毕。"中文"成紧"即加捻,"集于车下"就是把绩好的麻条向作坊集中。可见当时很多从事麻织的人家,都把已经绩好的麻条,集中到有这种纺车的作坊,请其代为加工,而每驾车一昼夜大约可完成上百斤麻条的加捻。同样中原地区从事丝织人家,也常常把刚缫好的丝缕,集中到类似的作坊,请其代为捻制,以腾出时间专事织作,另外,王祯《农书》还将大纺车与当时沿用的传统的桁架合线方法作了比较:"比之露地桁架合线,特为省易。"高效率当然会带来收益,为此王祯《农书》还号召中原之外的地方,也应"视此机梏关键,仿效成造",以便获得较好的经济收入。

现存有关这种纺车结构的记载,仅见于王祯《农书》,这是我们探讨这个问题时唯一的、必不可少的材料。

王祯《农书》两次谈到这种结构,而且还附了示意图。一处是在"农器图谱"的"麻门";另一处是在"农器图谱"的"利用门",所谈内容都是他直接观察实物的结果,极为真实可贵。但两处文字内容均不详尽,只记录了一部分主要机件的名称和安装方法,有不少明显的遗漏。附图似乎较文字为胜,多少补充了一些文字的不足。

根据王祯《农书》的描述和附图,参考明清大纺车结构,赵承泽将其复原模型制出(如下图)。这种纺车在外观上可分为主机、主动轮、从动轮三部分。实际上可细分为:机架、纱锭及相关部件绕纱装置及有关部件;传动装置及有关部件。在每一装置中均包含数量不等的部件,当主动轮转动并通过传动装置带动全部机件后,即可使纱锭旋转,引出具有一定捻度的成纱,绕在纱框上。

王祯《农书》中的大纺车图及复原模型照片

宋元大纺车的科学价值是通过其结构特点和设计原则表现出来的。

宋元大纺车的结构和设计原则与前此的任何纺车均不相像,其特点主要有以下几点:

其一,具备了完整的大型纺织机械的形状和功效。其纱锭远较一般纺车为多,可达30余枚。而且每枚均能自行工作,并使劳动者在工作中的控制范围大大增加,特别适应大规模专业化生产。其效率,以麻纺为例,直观地计算,它的产量相当于三十二架单锭纺车,5.4架5锭纺车,实际上,并不仅止于此,如再加上连续工作,即加捻、卷绕同时进行而争取的有效时间,其产量比前述的还应提高三分之一,难怪王祯说:原来每天纺纱1~3公斤,而大纺车一昼夜可纺一百来斤,纺绩时需集中足够多的麻才能满足它的生产能力。

其二,纱锭的形式较为特殊。这种锭子与一般水平安装的实心锭杆纱锭完全不同,其垂直林立、中空的、可装较多待加工絮条的圆筒状纱锭,在中国和世界古代纺织技术史上很罕见,仅日本卧云辰致于明治十年(1877)发明的がう纺机的纱锭与之相似。

其三,加捻和卷取的方法较为合理。一般纺车的加捻和卷取都是分开进行的,即在从事一段时间的加捻后,终止加捻工作,专事缠绕,这两种工作不能同时进行。而大纺车可以把加捻和卷取糅和起来,一并进行,即提高了功效又提高了加工质量。一般纺车在进行加捻和卷绕时,纺工需手持缕一端,而让纱缕的另一端绕于锭杆前端,实际上这一段纱缕的两端处于手和锭杆的控制中,也就是在加捻过程中,这段纱线两端的位置是固定的。锭子旋转,纱线被加捻后,依靠锭子的反转,让绕于锭杆前端的纱缕退绕下来,在转动锭子,把加捻的纱缕用手送绕在纱管上。显然锭子的工作一会是加捻,一会是卷绕,加捻和卷绕是分开交替进行的。大纺车的锭子专门负责加捻,纱缕在被卷上纱框的过程中被加捻。由于加捻与卷绕的速度有固定的速比,且是无间歇的连续运转,大纺车的加捻卷绕速度和质量自然比一般纺车要快和均匀。

其四,整体设计独特巧妙。一般纺车的设计,都是以原动轮与纱锭转速的差异为基础,这种纺车亦然,但又不局限与此。因为它多了一个大纱框,要得到最佳运转状态,不得不考虑这些问题,即须使纱框和纱锭尺寸限定在一定范围内;须考虑各个部件的相互影响,使能耗能最小;须尽可能的简化运转方式,把两根传动绳弦,全部集中安于主动轮上,即一个绳弦安在轮辐上,另一个绳弦安在轮轴上,并利用轮辐绳弦带动纱锭,利用轮轴绳弦带动纱框;较好地解决了这些问题。

其五,将不同的运动方式有机的统一起来。这是机械设计中必须解决的关键问题之一。为此,大纺车的设计运用了两种方法。第一是利用齿轮,即通过一对伞形齿轮控制摆纱杆,把出自纱框的连续回转运动,变为线型往复运动;第二是大量利用滑轮,在必须使传动绳由立面运动改为平面运动,或由平面运动改为立面运动的地方,一律加装专门的滑轮,尽力发挥其功能,以使传动能按照需要产生各种变向运动,带动整个机械。

其六,摩擦力的处理和运用恰到好处。机械运转产生的摩擦力是影响其自身有效的工作因素之一,但如处理得当,不仅能减轻其影响,还能化害为益,大纺车在设计时充分考虑了这一点。为让纱锭易于旋转,选用了铁锭杆,并使绳弦通过纱锭时有效的带动其旋转,安置了变向轮和张力轮,增加绳弦与锭轮的摩擦力,最大限度地利用了摩擦力。

其七,既可用人力驱动,也可用畜力或水力驱动。这是我国将自然力运用到纺织机械上的一项重要发明。据王祯《农书》记载,水转大纺车在"中原麻苎之乡,凡临流处多置之",可见我国在十三世纪已普遍应用以水利驱动的纺纱机械。

宋元大纺车在古代纺织技术史上的科学价值是相当高的。就中国古代纺织技术而论,宋元大纺车之前的纺车,大多在 1~5 锭,都不能无间歇的连续工作,而且只能利用人力,不能利用畜力和水力,其技术含量远远不及大纺车。就世界古代纺织技术而论,欧洲同时代的纺车就更为落后了,马克思曾以德国为例,在《资本论》第一卷第十三章论述欧洲较早的纺车:"在德国,起初有人试图让一个纺织工人踏两架纺车,也就是说要他同时用双手双脚劳动,这太紧张了。后来有人发明了脚踏的双锭纺车,但是同时纺两根纱的纺纱能手,几乎像双头人一样罕见。"这就是说欧洲十八世纪以前使用的纺车都是单锭的,双锭的虽然也出现过,却找不到能操作的人,无法推广。欧洲最早的可联续工作的纺车,据说是十五世纪后半期,达·芬奇(Leonardoda Vinci)设计的纺车,但这种纺车并未付诸实用,是否适用于生产尚不可知。最早的畜力纺车是1735年约翰·怀特(John Wyatt)发明的驴力纺车。最早的多锭纺车是1764年英国哈格里沃斯(Jame Hargreaves)发明的珍妮纺车(最终为8锭,后来逐渐增多至20~30锭)。最早的水力纺车是1769年英国人瑞恰特·阿克莱(Richard Arkwright)在珍妮纺车的基础上创造出的。欧洲的这些纺车与宋元大纺车比较,在时间上均有一定差距。仅此一点,大纺车在世界纺织技术史上的地位和意义更是不可忽视的,可惜中国古代没有专讲纺织机械发展的书,没有对它作出翔实的介绍和评论,以致于中国古代这一重要发明,长期湮没不彰,实在令人惋惜。

三、黄道婆所传授的纺织技术

黄道婆又称黄婆,生于南宋末年淳祐年间(约公元1245年),是松江府乌泥泾镇(今上海县龙华公社)人。黄道婆出身于贫苦农民家庭,为生活所逼,十二三岁就被卖给人家当童养媳,她像所有封建社会的劳动妇女一样,深受剥削阶级和封建礼教的残酷迫害。她白天下地干活,晚上纺纱织布到深夜,担负繁重的劳动,还要遭受公婆、丈夫的非人虐待。有一次,黄道婆被公婆、丈夫一顿毒打后,又被锁在柴房里不准吃饭,也不让睡觉,她再也忍受不了这种非人生活,决心逃出去另寻生路,半夜,她在房顶上掏了个洞,逃了出来,躲进一条停泊在黄浦江边的海船上,后来随船到了海南岛南端的崖州(今广东省海南黎族苗族自治州崖县)。

海南岛是当时两广地区棉纺织业的中心。崖州的黎族劳动妇女都以棉纺织为业,而且在技术上是当时比较先进的,他们纺织的"黎幕"、"黎单"、"鞍搭"、"花被"等织物都在全国闻名。黄道婆到崖州后,在当地人的帮助下从事纺织劳动,他心灵手巧,从小受苦养成了吃苦耐劳的好品质,不长时间就掌握了各种先进的纺织技术,成为棉纺织的行家。

中国古代虽然很早就开始种植和利用棉花,但在宋朝以前,棉织业主要分布在新疆、云南、闽广等地区。宋朝时期由于社会经济的发展，棉织业才在全国其他地区逐渐普及。宋元之际的海南岛是中国主要植棉业地区之一，当时的黎族人民早已创造出包括轧、弹、纺、织、染等一整套棉纺织生产工具和生产技术，其织造的"花被"、"缦布"、"黎幕"等产品均极精致而深受人们欢迎。据记载，在黄道婆离乡前，乌泥泾一带土地硗瘠，人民贫困，棉织业甚落后，棉纺织技术亦极原始，远不如崖州。因为没有踏车、椎弓，只是用手剥剖棉粒，以小弓子拼弹净棉，轧棉、弹棉的功效和质量非常差。黄道婆的归来，特别是她传授了新机具、新技术后，棉织业在当地得到了迅速的发展，人民生活也因此得到改善。到元末时，松江地区以此为生者达千余家。可以说黄道婆改革的棉纺织技术，对松江一带棉纺织业的迅速发展起了决定性的推动作用。

黄道婆在棉纺织技术上的贡献，是她为了适应当时生产的需要，而提出了一套融合黎族先进棉纺织方法和内地固有的纺织工艺于一炉的完整的新技术，其最重要的是捍、弹、纺、织四项。

"捍"是指轧棉去粒。黄道婆以黎族的踏车为基础，创造出一种缆车，取代了过去用手剖棉粒的笨重方法。缆车的主要结构为一对辗轴，即一根直径较小的铁轴，配合一根直径较大的木轴。将棉粒喂入二轴之间，利用这二根直径不等、速度不等、回转方向相反的辗轴相互辗轧，使棉粒和棉纤维分离。它较之以手剥粒不仅省力，而且能大大提高效率。

"弹"是指有开松除杂之效的弹棉工序。黄道婆把原来的弹力较小的线弦小弓，改制成强而有力的绳弦大弓，把用手拨弦弹棉，改为以弹椎击弦开棉。这种改动使所弹之棉更轻更松，为后面的纺纱、织造工序提高质量，创造了条件。

"纺"是指纺纱。在黄道婆之前，松江一带用于纺棉的纺车都是手摇单纺纺车，纺纱效率低，兼之其车的原动轮较大，纺锭的转速较快，纺纱时棉纱往往因牵伸不及或捻度过高而易于崩断，黄道婆针对这种情况，将此纺车的原有结构进行了几处大胆的改动。一是增加纱锭，使其纱锭多至三枚，并将手摇改为脚踏；二是改变其原动轮的轮径，使之适当缩小，从而既提高了功效,又解决了棉纱断条问题。经她改进的这种三锭脚踏纺车,由于性能良好很快就得到推广,并且一直被人们采用,甚至到了七百年后的今天,仍行用于一些偏远地区。三锭脚踏纺车是纺织技术史上的一项重大发明,是当时世界上最先进的纺纱机械,它比欧洲出现的类似纺车早了几个世纪。

"织"是指织布。黄道婆把江南先进的丝麻织作技术运用到棉织业中,并吸收了黎族人民棉织技术的优点,总结出一套错纱、配色、综线、挈花的工艺,她与家乡妇女运用这套工艺织制的被、裙、带、手巾等产品,由于上面的折枝、团凤、棋局、图案字等纹饰,如同画的一样鲜艳,具有独特的风格。因而风行一时。所织"乌泥泾被"更是驰名全国的产品。当时的上海、太仓等县都加以效仿,棉纺织生产呈现了空前盛况。因而后来的乌泥泾以及其所在的松江一带,遂成为全国棉织业的中心,赢得了"松郡棉布,衣被天下"的声誉。

为了缅怀黄道婆在纺织方面的贡献,在她死后,当地人民决定把她奉祀为神,并公推一赵姓乡宦为首,为之建立祠院,于至元三年(1337)正式建立。此祠建成后不久即遭战火毁坏。在至正二十七年(1367),有一张姓乡宦重新建造,其香火一直绵延不断。元代诗人王逢曾作诗一首以纪念黄道婆:"前闻黄四娘,后称宋五嫂,道婆异流辈,不肯崖州老。崖州布被五色缲,组雾织元灿花草,片帆惊海得风归,干轴乌泾夺天造。天孙慢司巧,仅解作牛衣,邹母真乃贤,训儿喻断机。道婆遗爱在桑梓,道婆有志覆赤子。荒哉唐元万乘君,终靦长衾共昆弟。赵翁立祠兵火毁,张翁慨然继绝祠。我歌落叶秋声里,薄功厚享当愧死。"

清代上海县一处黄道婆专祠碑文所记:"天怜沪民,乃遣黄婆,浮海来臻。沪非谷土,不得治法,棉种空树。惟婆先知,制为奇器,教民治之。踏车去核,继以椎弓。花茸条滑,乃引纺车。足以助手,一引三纱。错纱为织,灿如文绮,风行郡国。昔苦饥寒,今乐腹果⋯⋯"此碑文表达了人民对这位伟大的纺织技术革新家的崇高赞颂。

黄道婆死后,埋葬在现在上海县华泾镇东湾村。1957年4月,上海市为纪念这位古代技术革新家,重新修建了墓园。在墓前竖起石碑,上面记载着她的业绩。

第九章 四大发明在南宋时期的科技成就

四大发明曾对中国和世界文明作出了巨大的贡献。四大发明在南宋时期也有许多值得称道的科技成就。

南宋所制的竹纸,达到了前所未有的高峰期,给我们留下许多珍贵的竹纸制品,成为了价值连城的瑰宝。北宋印制的纸币——交子,南宋所印制的纸币——会子,是世界上最早的纸制货币,成为中华民族的骄傲。南宋的纸中用药技术,也是一项重要的发明,值得我们深入探讨。

指南针在北宋开始用于航海,但是,还只是阴晦时使用。到了南宋,航海不再晴天看日、星,阴夜用指南针;而是"惟以指南针为则"。南宋发明的支顶指南龟腹心的顶针,就是航海罗盘最初的支针。南宋邵武军知军朱济南墓的瓷俑手持罗盘,无可争议地证明了罗盘发明于南宋。

周必大依活字法印书取得成功是南宋一项伟大的科技成就,周必大将活字印刷的《玉堂杂记》分送给亲友,时间是绍熙四年(1193)。中国的金属活字也诞生在南宋时期,南宋的锡活字,是一种较硬的锡合金。南宋还留给了我们许多国宝级的宋版孤本。

南宋淳熙十六年(1189),发明了铁火炮,其后,铁火炮在宋金、宋元的战争中,发挥了巨大的威力。南宋开庆元年(1259),寿春府火器研制者发明的突火枪,是最初的管形火器,已具备管身(枪筒)、火药、弹丸(子窠)三个基本要素。它是世界上最早的管状射击火器,是世界火药枪炮的鼻祖。

第一节　南宋造纸中新的技术成就

一、竹纸制造技术的新高峰

竹纸的发明始于北宋，苏易简（958－996）在成书于雍熙三年（986）的《文房四谱》中说："今江浙间有以嫩竹为纸。如作密书，无人敢拆发之，盖随手便裂，不复粘也。"①说明初制的竹纸很脆，不够坚韧，"随手便裂，不复粘也"。北宋中后期时，苏轼（1036－1101）说："昔人以海苔为纸，今无复有，今人以竹为纸，亦古所无有也。"②有的学者主张这两则记载并不准，竹纸的发明和最初使用，可以追溯到九至十世纪的唐代末年。③

南宋人周密（1232—1298）在《癸辛杂识前集》中记载："淳熙末（1189），始用竹纸，阔尺余者。"④周密所说的"始用竹纸"，当然更不是竹纸的发明，很可能是自己最初使用竹纸。但是，竹纸的制造技术越来越好，到南宋时达到了高峰期，这确是事实。

南宋人陈槱在约成书于嘉定三年（1210）的《负暄野录》中写道："吴人取越竹以梅天水淋……反复锤之，使浮茸尽去，筋骨莹彻，是谓春膏，其色如蜡。若以佳墨作字，其光可鉴。故吴笺近出，而遂与蜀产抗衡。"⑤

从陈槱的记述可知，南宋吴（今苏州）人所制之竹纸的用料和技术，其质量能与有名的四川麻纸相抗衡了。

这种竹纸的最优越之处是表面平滑受墨，又价廉易得，深受文人之喜

---

① 苏易简：《文房四谱》卷四，《丛书集成初编》本，第 1493 册，商务印书馆 1960 年版，第 53－55 页
② 苏轼：《东坡志林》卷九，载《笔记小说大观丛书》，第 7 册，广陵古籍刻印社 1983 年版，第 23 页。
③ 潘吉星：《中国科学技术史·造纸与印刷卷》，科学出版社 1998 年版，第 185 页。
④ 《癸辛杂识前集》。
⑤ 陈槱：《负暄野录》卷下，《美术丛书》，第三集，上海神州国光社 1936 年版。

爱。北宋著名书法家和画家米芾（1050—1107）就十分垂爱于竹纸，他在《评纸帖》中说："越筠（竹）万杵，在油掌上，紧薄可爱。余年五十，始作此纸，谓之金版也。"

他说浙江绍兴的竹纸，对竹料进行千万次的春捣，所制的竹纸质量在油掌（滕纸）之上，因纸色浅黄，故称金版纸。米芾还用这种竹纸写了《越州竹纸诗》：

> 越筠万杵如金版，安用杭由与池茧？
> 高压巴郡乌丝栏，平欺泽国清华练。
> 老无长物适心目，天使残年司笔砚。①

其诗是说绍兴的竹纸杵工甚细，平滑色黄亮如金版，还需要再用杭州由拳村的藤纸和池州（今安徽贵池）的蚕茧纸吗？竹纸超过了巴郡（四川）和泽国（指苏州）的名纸"乌丝栏"和"清华练"。老年得此宝物，实是天使我戏乐于书画啊！

米芾用竹纸所写的《珊瑚帖》，流传至今，成为稀世珍宝，现复印如下：

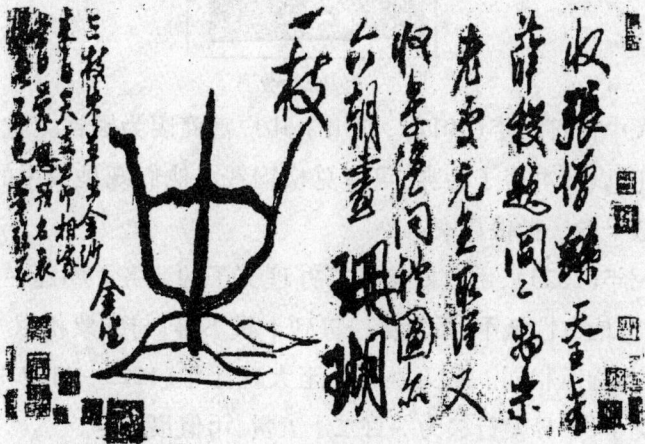

北宋米芾《珊瑚帖》竹纸本书法

---

① 施宿：《嘉泰会稽志》卷一七"物产志"，采鞠轩木刻本，1808 年。

用精美竹纸所印的一批宋版书籍保存至今,如北宋元祐五年(1090)所刻印的《菩萨璎珞经》、南宋乾道七年(1171)印制的《史记集解索隐》、绍兴十八年(1148)付梓的《毗庐大藏》等,皆收藏于北京国家图书馆。

二、南宋发行的纸币——会子

中国是世界上最早发行纸币的国家,纸币的使用是世界货币史上的一场革命。北宋发行的纸币叫交子,南宋发行的纸币叫会子。北宋的纸币已经失传,我们不知它是什么样子。南宋的纸币会子却流传至今(现收藏于上海博物馆),复印如下图:

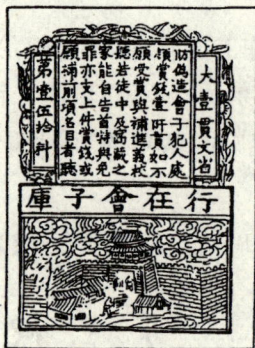

南宋纸币会子

北宋大中祥符四年(1011),四川十几户富商因为铜钱太重,流通不便,遂经营钱庄,以纸本交子为券,可以兑换铜钱。他们既是纸币的创造者,又是世界上最早的一批银行家。

天圣元年(1023),由政府接管了办理交子的业务。朝廷在四川设立了交子务,发行地方性纸币,币值从一贯到十贯不等,与支票相似。不久,改为定额印制,与货币相同。从天圣元年至大观元年(1023—1107)共发行四十二界官营交子,每界发行额为一百二十五贯,币值很稳定。

南宋时,发行的纸币叫会子,最初也由私商经营。绍兴三十年(1160),政府开始接管会子业务,由户部侍郎钱端礼管辖,发行会子,流通东南各地,后来流行到浙江、淮河流域,又传到湖北和京西。可以用会子交税和进行物货交易。以铜钱为币值本位,三年一界,发行了十八界。币值有一贯、二百文、三百文、五百文等。

吴自牧(1231—1309)在《梦粱录》"监当诸局"条中说:"会子库,在榷货务,置隶都茶场,悉视川钱法行之。以务门兼职,以都司官提领。日以工匠二百有四人,以取于左帑,而印会归库矣。会子造纸局在赤山湖滨,先造于徽城,次成都,以蜀纸起解。后因路远而弗给,诏杭州置局于九曲池,遂徙。于今安溪亦有局,仍委都司官属提领,但工役定额,见役者日以一千二百人耳。"①可知当时纸币厂的规模很大,用工可多达一千二百人,制度也很严格。

绍兴三十二年(1162),制定伪造会子法,犯人斩首,告发者赏千贯,或授补进义校尉。从犯告首者,免罪受赏或补官。

《宋史·食货志》也记载:"当时会纸取于徽、池,续造于成都,又造于临安。"②这说明印制会子的纸,由专门的纸厂制造,先设于徽州、池州,再设于成都,又设于杭州。也说明印制纸币的规模在逐渐扩大,用纸在逐渐增多。据考证,南宋印制会子的用纸,是精良的楮皮专用纸。它的坚韧光滑是十分有名的,可以经久耐用,传之久远。

三、南宋造纸中的用药技术

我们所记述的纸中用药是在纸浆中加入植物粘液,提高纤维在浆液中的悬浮度,使纸具有粘滑性,以免在揭纸时被揭破。两宋的纸坊,都注意在纸浆中加入植物粘液,以便制出薄厚均匀,结构紧密,表面光滑又易着墨的好纸。这种植物黏液被称为"纸药",在纸浆中用药,以提高纸的质量,就成为南宋造纸的一大技术特点。

南宋人周密在成书于嘉定三年(1210)的《癸辛杂识续集》下中记载:"凡撩纸,必用黄蜀葵梗叶,新捣方可撩。无则粘连,不可以揭。如无黄葵,则用杨桃藤、槿叶、野葡萄皆可,但取其不粘也。"③周密所说的黄葵为锦葵科野生

---

① 吴自牧《梦粱录》,见刘坤主编《中国古代民俗·梦粱录外四种》,黑龙江人民出版社2006年版,第87页。
② 《宋史·食货志》,第4460页。
③ 《癸辛杂识续集》下。

观赏植物黄蜀葵(Hibiscus manihot)如下图(图黄蜀葵)。其根部所含成分比为胶醣 12.3、单乳糖复合物 17.61、鼠李戊醣 8.08、淀粉 16.03 等成分,水浸液,清澈透明。[①] 杨桃藤为猕猴桃(Actinidia chinensis),茎条含胶质。如下图(图杨桃藤)。黄蜀葵和杨桃藤是中国传统造纸工艺中最普遍使用的两种品质优良的纸药。周密所说槿,当为棉葵科落叶灌木木槿(Hibiscus syriacus),其根皮含粘液质,成分与黄蜀葵相同,茎叶亦可提取粘液。而野葡萄我们认为是葡萄科落叶藤本植物蛇葡萄(Ampe lopsis brevipeduunculata),茎部可提取粘液,当与杨桃藤相近。宋人唐慎微(1056—1163)《证类本草》卷二十七"黄蜀葵"条:"以根切细,煎汁令浓滑,待冷服。"[②]把这类植物粘液配入纸浆中,效果比淀粉要好。尤其是黄蜀葵原产中国,一年生草本,常栽培于田圃间观赏,在南北各地都出产。近人罗济在 1930 年用黄蜀葵在江西抄造纸的实验表明,它有下列四大优点:其一,纯白透明;其二,四季皆可用;其三,粘性大,取用简便;其四,易与纸料混合而抄出较细的纸。[③] 杨桃藤也具有类似的优点,其地方名很多。提取植物粘液的方法是,将杨桃新鲜枝条或黄蜀葵根取来后,以刀断为三寸长小块,再以石锤捶破,放入布袋或细竹篮内,置于冷水桶中浸泡,即成透明药液,随用随配,不可放置过久。

黄蜀葵

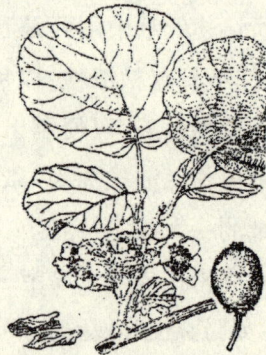

杨桃藤(中华弥猴桃)

---

① 孙宝明、李钟凯:《中国造纸植物原料志》,轻工业出版社 1959 年版,第 449 页。

② 唐慎微《证类本草》卷二七《菜部·黄蜀葵》,人民卫生出版社 1957 年版,第 504 页。

③ 罗济:《竹类造纸学》,1935 年南昌自印本,第 93 页。

据潘吉星先生 1963 年在河南信阳、江西铅山、湖南长沙、浙江杭州及 1965 年在陕西西安、四川夹江、成都等地手工纸厂调查楮皮纸时,每百斤纸料用四斤湿杨桃藤,抄竹纸用七斤。控制好稠度是关键,用瓢向桶内取出粘液加入纸槽与纸料混匀,即可荡帘。抄一定数量纸后,看槽内稠度及抄制情况,随时补加粘液。[①] 日本学者也对黄蜀葵在造纸中作用机制进行了研究,他们的研究成果可供参考。小粟舍藏氏的实验表明[②]粘液稠度因存放时间加长而递减。存放一周之后,在造纸中的效能随之减退。其次,粘液稠度因温度增加而下降。植物粘液的这两个物理特性,都被中国古代纸工所发现和在使用中受到人工控制。宋人周密所说"新捣方可撩",与民间所说"随用随配",都出于同一科学道理,旨在防止植物粘液因存放时间长而降低稠度。如果是夏季,存放时间长还可使粘液变质,而失去其作用。宋代徽州府等地流行用"敲冰纸",纸浆及粘液都用冰水配制,民间手工纸坊强调用冷水配制粘液,意在防止因温度增高而使粘液稠度下降。同时冬季的水中微生物较少,水质较纯。

植物粘液中网状组织的上述物理特性,取决于分子组成及其化学结构。町田诚之博士的分析表明,与已知单环的高聚糖不同,植物粘液是由多种糖及糖醛酸基环所构成的高分子化合物。[③] 先前曾认为它含有阿拉伯胶糖、d－半乳糖(d－galactose)、l－鼠李糖(l－rhamnose),还有 d－半乳糖醛酸(d－galacturonic acid)。可是后来的研究表明,黄蜀葵根粘液主要含 d－半乳糖醛酸和鼠李糖构成的多糖醛酸甙(polyuronide)。植物粘液水溶液中的网状组织,正是由于这种多糖醛酸甙在水溶液中呈现的丝状高分子的性状。

l- 鼠李糖　　　　　　　　d- 半乳糖醛酸

---

① 潘吉星:《中国科学技术史·造纸与印刷卷》,科学出版社 1998 年版,第 215 页。

② 小粟舍藏:《工业化学杂志》45 编,第 3 册,第 307—310 页(东京,1943 年);日本纸の话,早稻田大学出版社 1953 年版,第 85—87 页。

③ 町田诚之:《和纸抄造用粘液に関する研究》,《纸パ技协誌》卷十三,东京大学 1960 年版,第 1 号,第 35－39 页。

在显微镜下观察,会发现将造纸用纤维投入粘液后,就像昆虫落入蜘蛛网中那样,粘液的网状组织阻止了纤维的下沉。因此植物粘液在抄纸时的作用,是悬浮剂或漂浮剂。可以想到,纸浆中没有这种漂浮剂时,因为纤维比重大于水,尽管槽中可进行搅拌,总难免有部分纤维沉于槽底,缠绕成束,发生絮聚成团的现象。结果造成纸浆稠度不匀,纸工抄出厚薄不匀的纸。加入粘液后,使纤维分散度及悬浮度增加,均匀漂浮于水中。实验表明,将打浆度相同的纸料放入有粘液和没有粘液的水中对比时,发现加粘液可延长纤维的悬浮时间,抄纸帘滤水速度相对下降,这就看出粘液的悬浮剂性能。

周密在谈到植物粘液的作用时,强调了使湿纸不粘连的作用,抓住了问题的关键。西方早期造纸时,向纸浆中加入淀粉糊,或加入动物胶,而不加植物粘液。加动物胶可以起纸内施胶的作用,并不能防止湿纸间或湿纸与纸帘间的粘连。只能造厚纸和小幅纸,造薄纸和大幅纸时就会揭破。

第二节　南宋印刷技术的新成就

南宋是一个文化繁荣昌盛的王朝,许多皇帝都注重书籍收罗、存藏和印刷,两宋的刻书和印刷都十分发达,这有力地促进了印刷技术的大发展。两宋刻板印刷业不仅空前发达,而且十分普及。除了中央政府和地方政府投入了大批的人力、物力外,官绅之家和书香门第也崇尚印书与藏书;许多很有财力的行商坐贾,也将经营的业务转向了造纸和印刷业。这一切都为南宋印刷业的繁荣奠定了基础。

一、琳琅满目的南宋纸制品和印刷品

南宋流传至今的纸制品和印刷品,可以说是瑰宝荟萃,琳琅满目。如存于日本京都高桐院的南宋李唐的名画《宋画山水》,藏于故宫博物院的南宋刘松伞的《四景山水》,收存于安徽省博物馆的南宋印制的纸币等。当然,最

多的还有南宋印制的书籍。

最著名的有太医局刻印于嘉定年间（1208—1224）的《小儿卫生总微方论》。各地地方政府刻印的流传至今的南宋书籍，还有绍兴二年（1132），浙东茶盐司所刻《资治通鉴》，绍熙三年（1192）所刻《礼记正义》，南宋初年所刻《旧唐书》等，皆藏于北京国家图书馆。淳熙十二年（1185）江西转运司刊《本草衍义》，抚州公使库淳熙四年（1177）所刻《礼记注》，绍兴十七年（1147）荆湖北路安抚使司刊《建康实录》，临安府（杭州）1133 年刊《汉官仪》，上饶郡学 1250 年刊宋人蔡沈《蔡九峰书集传》，吉安白鹭洲书院 1224年刊《汉书注》等，也都流传至今。

宋代民间刻书可分为自家刻、家塾刻、坊刻和寺院刻等，自家刻主要有文人、士大夫自己集资刻书，家塾刻是由文人办的私塾出资刻的书，虽数量较少，却讲求质量，反映此时刻书风气之盛。文人周必大（1126—1204）绍熙二年（1191）所刻《欧阳文忠公集》一五三卷，1201—1024 年刻《文苑英华》千卷，都很有名，且有传本。福建学者廖莹中（约 1200—1275）"世采堂"于咸淳年间（1265—1274）所刻唐人韩愈《昌黎先生集》四十卷及柳宗元《河东先生集》四四卷，向来称为宋本中的上品，今存北京国家图书馆，书中有篆字牌记"世采堂廖氏刻梓家塾"，版心下有"世采堂"三字。他还刻过一些儒家经典，主要供家塾士子阅读之用，其中包括《春秋经传集解》、《论语》、《孟子》等书。建安黄善夫（1155－1225）家塾"之敬堂"，其所刊苏轼《东坡先生诗》今传世。北京国家图书馆藏黄氏家塾刻本《史记集解正义》，刊于南宋期间（1205 前后）。私人书商有福建建安余仁仲（1130—1193），他是进士出身，家集书万卷，号"万卷堂"，刻了不少书，如绍熙二年（1191）刊《春秋公羊经传》、南宋中期刊《礼记郑注》等，皆有传本。因而是学者型刻书人，后来其子孙继续刻书，遂成专业坊刻。据北京国家图书馆所见藏本，临安府（今杭州）陈姓是有名刻书家，其中陈起（1167—1225）不但是印书业主，还是位诗人。其子因中乡试榜首，人称陈解元（1225—1264），也以刻书为业。传世者有所刻唐代诗人《王建诗集》等，北京国家图书馆藏宋刻本中还有临安府陈宅书籍铺刻印南唐李建勋的《李丞相诗集》、陈宅经籍铺刻宋《周贺诗集》等，皆刊于南宋后期。较著名的书还有杭州猫儿桥开笺纸马铺钟家所刊唐人书《文选五臣注》三十卷（如下图）。南宋绍熙二年（1191）建安余仁仲刊《春秋谷梁传》（如下图）。南渡后，一批书铺及技术工人亦迁往南宋临时首都临安，因而政治、经济及文化中心又移至浙江杭州，于是杭州及其周围地区成了南宋的重要印刷中心，正好这里也是造纸的一个基地。

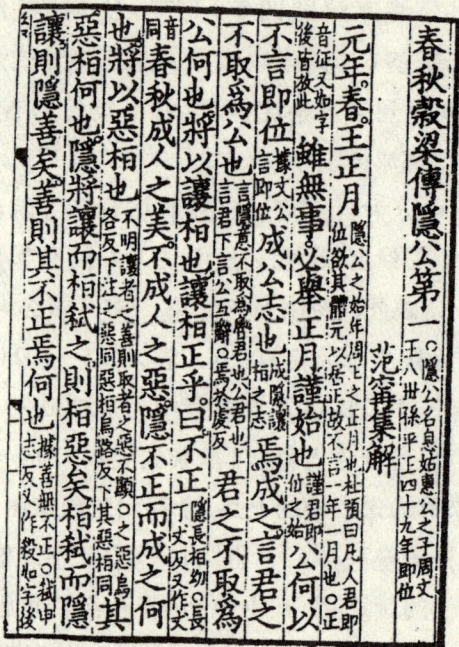

南宋绍熙二年 (1191) 建安余仁仲刊
《春秋谷梁传》

　　大量印本书开雕于杭州、绍兴、衢州、吴兴、温州、宁波和婺州、台州等地，五代时这里是吴越国所在地，具有从事雕版印刷的历史传统。浙江南部的福建，因为生产竹纸，也成为重要印刷中心，尤其是民间书坊的书数量最多，通行全国，主要集中地是建宁府建阳、建安，尤其建阳的麻沙镇及崇化坊书坊林立，此外，福建还有福州、泉州、汀州。福建西部的江西，从宋以来成为迅速崛起的印刷中心，境内有抚州（临川）、吉州（吉安）、袁州（宜春）、赣州、九江、信州、池州等地。其中建阳刻本流传至今的较多。

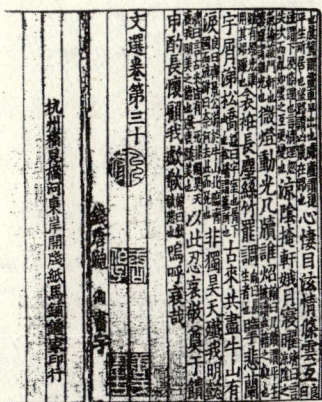

南宋初杭州笺马铺钟家印行的《文选五臣注》，皮纸，版框 18.4×10.8 厘米，北京国家图书馆藏

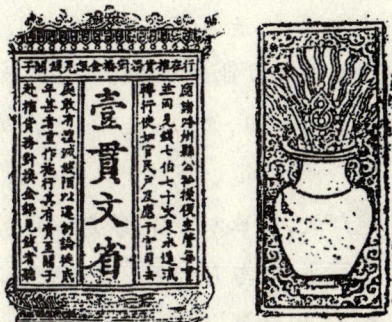

1983 年安徽东至县发现南宋景定五年（1264）印行的纸币关子铜版及版背图案拓片，安徽省博物馆藏

　　宋代虽印发大量纸币，但实物遗存甚少，只有北宋所印交子的雕版拓片及南宋行在会子库印版实物保存下来，版材为木或金属（铜）。钞面可能是套色印刷，因为宋人李攸（1101—1171）《宋朝事实》卷十五提到本朝四种会子时写道："同用一色纸印造，印文用屋木人物、铺户押字，各自隐秘题号，朱墨间错。"1983 年，安徽东至县出土一套南宋景定五年（1264）制官府发行关子的铜印版及铜官印，共八件。票面印版长 22.5 厘米、宽 13.5 厘米，重 1 公斤，厚 0.4 厘米，上下有纹饰，横额字为"行在榷货物对桩金银见钱关子"，中间为"一贯文省"（如上图），这也是宋代遗留给我们的极其珍贵的印刷文物瑰宝。

　　南宋印刷会子的铜版，现收藏于上海博物馆，上半部右方为面值，左方为料号，中间为赏格。再下为"行在会子库"五个通栏大字，最下为城楼、城墙的图像，以示贸易入关。上部围以花纹，下半部围以方框，墨迹清晰，印制精美。

二、南宋的活字印刷实践与技术

　　记载于沈括《梦溪笔谈》的毕昇发明活字印刷的史料，早为世人所熟知，现抄列如下：

　　　　庆历中（1041—1048），有布衣毕昇又为活版。其法：用胶泥刻字，薄如钱唇。每字为一印，火烧令坚。先设一铁板，其上以松脂、蜡和纸灰之类冒之。欲印,则以一铁范置铁板上,乃密布字印,满铁范为一板,持就火炀之。欲印,则以一平板按其面,则字平如砥。若只印三、二本,未为简易;若印数十百千本,则极为神速。常作二铁板,一板印刷,一板已自布字。此即印者才毕,则第二板已具,更互用之,瞬息可就。每一字皆有数印,如'之'、'也'等字,每字有二十余印,以备一板内有重复者。不用,则以纸贴之。每韵为一贴之,木格贮之。有奇字,素无备者,旋刻之,以草木火烧,瞬息可成。不以木为之者,木理有疏密,沾水则高下不平,兼与药相粘,不可取。不若燔土。用讫,再火令药熔,以手拂之,其印自落,殊不玷污。升死,其印为余群从所得,至今保藏。①

沈括的上述原文在 1847 年先由巴黎法兰西学院的杰出汉学家儒莲(Stanislas Julien,1797－1873)教授译成法文②,1924 年由纽约哥伦比亚大学汉学家卡特博士转译为英文,③又被薮内清等译成日文和其他语文,从而传遍全世界。

毕昇发明泥活字印刷技术后,南宋人按他的发明进行了印刷技术的实践。周必大(1126－1204)依沈括的上述记载,进行活字印刷技术实践,并取得了成功。

周必大在《周益国文忠公全集》卷一九八中记载了他的一封信:

> 某素号浅拙,老益谬悠,兼之心气时作,久置斯事。近用沈存中法,以胶泥铜板,移换摹印,今日偶成《玉堂杂记》二十八事,首愿台览。尚有十数事,俟追记、补段续纳。窃计过目念旧,未免太息岁月之沄沄也。④

收信人程元成是周必大的旧友。信写于绍熙四年(1193),周必大虽恢

---

① 沈括:《梦溪笔谈》卷一八,元刊(1305)影印本,文物出版社 1975 年版,第 15－16 页。
② S. Julien ,Documents sur l 'art d 'imprime ,à l 'aide de planches au bois ,de planches au Pierre et des types mobiles , Journal Asiatique ,1847 ,4eser. ,vol. 9 ,p. 508 (Paris)
③ Thomas F. Carter , The invention of printing in China and its spread westward. Revised by L. C. Goodrich ,2d ed. ,pp. 212－213 (New York ; Ronald Press Company ,1955)
④ 周必大:《周益国文忠公集·与程元成给事书》卷一九八,欧阳棨 1851 年重印本,第 4 页。

复公爵封号,却屈就潭州任内,年已六十七岁,故称"老益谬悠"。悠闲时他便印刷出版自己的著作。"近用沈存中法",即用沈括描述的方法,实际上这是毕昇的方法。"以胶泥铜板"指将泥活字植于铜板上,而毕昇用铁板制活字。易以铜板,可能因铜的传热性比较好,易使粘药溶化,这是一个改进。"移换、摹印"即植字、印刷,指排版及刷印两道工序,因用泥活字制版时,每行活字都要按原稿内容不断变换字块,才能制成一版。周必大用这个方法排印了他的《玉堂杂记》二十八条。

"玉堂"为翰林院之旧称,周必大在书中追记孝宗(1163－1189)时任翰林学士之往事。今本《玉堂杂记》共二卷,当时所印泥活字本还不是全部书,作者还想再续写十几条,然后再补印。绍熙四年(1193),周必大用毕昇法自印了他的《玉堂杂记》后,分赠给一些亲友,程元成便是其中之一。这是毕昇死后,南宋人沿用他的方法制造泥活字并用以排版印书的重要史料。毫无疑问,周必大的《玉堂杂记》泥活字本是在长沙付印的,庆元元年(1195),他才告老还乡,将余下的印本带回江西吉水。究竟谁最先以木活字印书,现下没有找到确切史料。有待进一步研究。清代藏书家和版本目录学家缪荃孙(1844－1919)在《艺风堂藏书续记》卷二中,考证其所藏南宋嘉定十四年(1221)所刻北宋人范祖禹(1041－1098)的《帝学》,并写有题记,经缪荃孙鉴定,此书为南宋末年所刊木活字本,为范祖禹五世孙范择能所刊。缪氏精于版本鉴定,经眼宋元刊本甚多,他对宋刊木活字本《帝学》的鉴定结论为中外专家所赞同,毛春翔在《古书版本常谈》中,充分肯定清代学者缪荃孙的结论①。外国汉学家也赞同缪氏的考证②,西夏出土的木活字印本也是缪氏所说南宋刻印木活字书籍的旁证:1991年秋,宁夏贺兰山拜寺沟方塔废墟出土西夏文刊本佛经《吉祥遍至口和本续》,经鉴定为木活字本,③其在西夏刊印时间为1150－1180年间,相当于南宋。既然西北少数民族地区在南宋已有

---

① 毛春翔:《古书版本常谈》,上海中华书局1962年版,第68页。

② Arthur W. Hummel , *Movalbe type printing in China. The Library of Congress Quarterly Journal of Current Acguisition* ,1944 ,vol. no. 2 ,p. 13

③ 牛达生:《中国最早的木活字印刷品》西夏文佛经《吉祥遍至口和本续》,《中国印刷》1994年第2期,第38－46页。

了木活字印本,长江以南地区的印刷业素来就很发达,因此,我们没有任何理由,否定南宋木活字印本存在的事实。

三、南宋发明金属活字印刷技术之考述

毕昇发明泥活字印刷技术和周必大用泥活字印刷自己著作《玉堂杂记》的实践以及南宋人范择能等用木活字印书的进一步实践,为金属活字印刷技术铺平了道路。中国铸造具有铭文的青铜器、铜镜、铜钱、印章有两千多年历史,宋代人用同样技术铸金属活字,再用以排版印书,应是顺理成章的事。南宋时以铜版刻印文字与图案,用来发行纸币,出版佛像、佛经和书籍、广告等,解决了金属着墨问题,这类实物现在都有遗存。因此各种技术和技术思想的相互融合促进了金属活字的问世,这些技术包括:其一,泥活字、木活字印刷技术;其二,铜版、锡钱铸造技术。发明金属活字所必需的技术前提,在南宋均已具备。

元代初年的王祯在《农书》"造活字印书法",回顾了中国印刷史中,刻板书和泥活字、锡活字的经过,可供我们考述南宋发明金属活字时使用,现抄列如下:

> 五代唐明宗长兴二年(931),宰相冯道、李愚请令判国子监田敏校正《九经》,板刻印卖,朝廷从之。……然而板木工匠所费甚多,至有一书字板功力不及,数载难成。虽有可传之书,人皆惮其工费,不能印造传播后世。
>
> 有人别生巧技,以铁为印盉,界行内有稀沥青浇满,冷定,取平火上再行煨化,以烧熟瓦字排于行内,作活字印板。……
>
> 近世又有铸锡作字,以铁条贯之作行,嵌于盉内界行印书。但上项字样难以使墨,率多印坏,所以不能久行。
>
> 今又有巧便之法,造板木作印盉,削竹片为行。雕板木为字,用小细锯锼开,各作一字,用小刀四面修之,比试大小高低一同。然后排字作行……

潘吉星先生对这段引文,进行了鞭辟入里的考证,言之凿凿,令人信服,

现引述如下：

上述四段文字所叙述的事物是按时间先后顺序的。首先谈到五代（十世纪）时以雕版技术出版《九经》（实际上这种技术在此前已有之），指出雕版印书耗去大量木材及人工，造价较高，"虽有可传之书，人皆惮其工费，不能印造后世"。于是"有人别生巧技"，以泥活字排版印书，此处"有人"指毕昇以后（十一至十二世纪）的宋人，他们对毕昇的技术予以改进。接下谈到"近世又有铸锡作字"之法，最后介绍"今又有巧便之法"，即宋元之际改进的木活字技术，包括转轮检字法等。

王祯有关锡活字的记载虽文字不多，但相当重要，应加以解说。首先是他所说的"近世"该如何理解？近世即近代，而"世"是多义词，有时指三十年，父子相承为一世，但这不是王祯所指。有时将改朝换代、建立新王朝为一世，如《诗经·小雅》："殷鉴不远，在夏后之世"。"今世"指本朝，"近世"指去本朝不远的前一王朝。后一含义正是王祯所指，即元以前的南宋（十二至十三世纪），而不是元朝，因为谈到宋元之际或元代初时，他已用"今"或"今世"的词了。事实上他所列举的印刷史四个发展阶段是：

（1）五代（十世纪）雕版印刷

（2）北宋至南宋时（十一至十二世纪）的泥活字印刷

（3）"近世"指南宋（十二至十三世纪）的金属活字印刷

（4）"今"指宋元之际至元初（十三世纪）改进的木活字印刷。

由此我们可以看到，中国金属活字印刷的起源时间至迟应在南宋（十二至十三世纪），而不是元初（十三至十四世纪）。如前所述，南宋时铸出金属活字的所需技术条件均已成熟，在非金属活字技术获得进一步发展的情况下，势必要向发展金属活字的方向上过渡。有人对王祯上述原文第一、二段间的文字"不能印造传播后世有人别生巧技"，标点成"不能印造传播，后世有人别生巧技"，将"后世"理解为王祯以前时代，而将第三段中的"近世"理解为王祯时代（十四世纪），这是不确切的。从原文上下文义及古汉语语法结构来看，只能作下列标点："不能印造传播后世。有人别生巧技"。"后世"应是动词"传播"的宾语，中间一前置词"于"被省去，如果"近世"指元初，王祯又为什么在第四段用"今"这个词呢？显然，"近世"应是"今世"（元初）以前的一个朝代，即南宋。

从技术上分析，南宋锡活字材料不应是硬度小的纯锡，而是合金，正如南宋锡钱那样，对锡钱的化学分析已证明了这一判断。王祯从前辈人或以前记载中还知道南宋锡活字的形制、植字方法和印刷情况。在活字字身留出一个小孔，以铁线通过小孔将活字逐个串联起来，植于印板界行内，无字的空隙以木楔楔紧。但早期金属活字着墨不匀，用力刷墨，易划破纸，所以不能久行。但不能因此说金属活字在南宋只是昙花一现，因为着墨问题不应成为发展金属活字的技术障碍，具有铜版印刷经验的南宋工匠是很容易解决这个问题的。[①]

潘吉星先生还指出：南宋人不仅铸造锡活字，还可能铸造了铜活字。他的依据是清代藏书家孙从添（1769－1840）《藏书记要》中说："宋刻有铜字刻本，活字本。"这个推测还缺少充分的证据，但是，南宋人进行锡活字（或者还包括铜活字）印刷尝试，造福后代确是不争的事实。清代所印的最大类书《古今图书集成》就是用的铜活字。

第三节　南宋的航海造船和指南针应用技术

指南针的应用技术与航海造船密切相关，所以我们把航海与造船技术在此节中，一并叙述。

一、南宋的航海与造船技术

宋朝的对外贸易，大部分依靠海上航运。政府在主要的通商海港设立有市舶司、市舶务或市舶场等机构，管理通商并保护外侨。北宋时曾设立市舶司的地方有：第一，广州在开宝四年（971）设市舶司，这是汉、唐以来南方

---

① 潘吉星：《中国科学技术史·造纸与印刷卷》，第389－390页。

的主要海港,侨居的外国人很多,宋时称为"蕃坊"。第二,杭州在端拱二年(989)设市舶司,南宋时以此为首都,更是"江帆海舶,蜀商闽贾,水浮陆趋",盛极一时。第三,明州(今浙江宁波市)在咸平二年(999)设市舶司,"风帆海舶,夷商越贾",纷纷到此,是"海陆珍异所聚,蕃汉商贾并凑"的名城。第四,泉州元祐二年(1087)设市舶司,是交通南洋的门户,海舶往来之多,外商聚居之众,仅次于广州;南宋时,泉州的重要性竟凌驾于广州之上。第五,秀州华亭县(今上海市松江县)政和三年(1113)设市舶务。此外还有镇江及平江(今江苏苏州市),在北宋时政府允许通商,因而也有外商航海往来。南宋时期曾设立市舶司的地方有:第一,温州在绍兴二年(1132)以前开始设市舶务。第二,江阴军(今江苏江阴县)绍兴十六年(1146)设市舶务。第三,秀州海盐县澉浦在淳祐六年(1246)置市舶官,在淳祐十年(1250)设市舶场。①

　　以上十处地方,都是宋代重要的海港,其中广州、泉州、明州、杭州为最主要的贸易港。此外长江口以南的越(今浙江绍兴市)、台(今浙江)、福、漳、潮、雷(今广东海康县)、琼诸州,也都是通航的海港。宋代人所写的地理书,如《太平寰宇记》、《舆地纪胜》等,对于这些海港繁忙的交通情况保留下不少的记载。

　　(一)东南亚、南亚和东非航线

　　南宋周去非的《岭外代答》和赵汝适的《诸蕃志》两书所记与南宋有海上交通往来的国家和地区有五十个。其中重要的有高丽、日本、交趾(今越南北部)、占城(今越南中南部)、真腊(今柬埔寨)、蒲甘(今缅甸)、勃泥(今加里曼丹北部)、蛇婆(今爪哇)、三佛齐(苏门答腊岛的东南部)、大食(阿拉伯帝国)、层拔(黑人国之意,在非洲中部的东海岸)等。远远超过了唐代的活动范围。据《岭外代答》说,这些国家与中国来往密切的第一是大食国,其次是蛇婆国,第三是三佛齐国。这些国家都在亚非航路沿线。南宋远洋航船已能横渡印度洋,沟通了从中国直达红海和东非的西洋航线。

　　主要码头、港口的船运情况简述如下:第一,广州、泉州至东南亚、南亚、

---

① 　关于宋代市舶司的设置,参看藤田丰八的《中国南海古代交通丛考》中之《宋代市舶司及条例》一文(何健民译),商务印书馆1936年版。

西亚和东非的交通情况。广州（南宋后期为泉州）至三佛齐，古称室利佛逝国，在南宋时是东南亚海上强国，新加坡海峡东南出海口，成为东西方远洋航船产品集散地，也是中国与南洋交往必经的停泊点。第二，广州（南宋后期为泉州）至蛇婆（中国至爪哇，南宋时蛇婆富饶超过三佛奇，是胡椒的集散地）。中国以丝织品、茶、瓷器、铁器、农具等换蛇婆的檀香、茴香、犀角、象牙、珍珠、水晶、胡椒等进行贸易。第三，广州（南宋后期为泉州）至蓝里、故临（中国至印度）。蓝里位于苏门答腊西北端班达亚齐，扼孟加拉与马六甲水道相交处，地当太平洋与印度洋航行要冲，东西方远洋航船必经之咽喉要地，盛产象牙、苏木、白锡等。从广州至蓝里四十日，过冬后第二年再航行一个月到故临（印度西南角海岸奎隆一带）。第四，广州（南宋后期为泉州）经蓝里、故临至大食（中国至阿拉伯）。基本是沿唐代的"广州通海夷道"至波斯湾。伊拉克首都巴格达是国际贸易中心。中国把丝织品、瓷器、纸张、麝香等运至阿拉伯，再运回香料、药材、犀角、珠玉等。第五，广州（南宋后期为泉州）经蓝里至麻离拔，麻离拔地处阿拉伯半岛南部的卡马尔湾头（今属也门），盛产乳香、龙涎、犀角、象牙、没药等，水陆交通发达。大食及非洲诸国都到此贸易。中国远洋船只"自中冬以后，由广州发船，乘北风行，约四十日到地名蓝里"，"买苏木、白锡、常白藤，住至次冬再乘东北风，六十日顺风，方到中国"。第六，广州（南宋后期为泉州）经蓝里，横渡印度洋至东非。南宋时航海水平达到了前所未有的高度，处于世界前列。阿拉伯人东来多搭乘中国海船直航广州，安全可靠。南宋时，往来于西方航路上的几乎全是中国船，宋代开辟的至阿拉伯与东非的航线标志着我国航海事业已达繁荣时期。

（二）对日本、朝鲜航线的贸易情况

北宋时，正当日本藤原氏执政的全盛时期，对北宋采取闭关政策。从文献记载中看，北宋时，几乎没有日本船来中国贸易。所以只有北宋一方的对日航海贸易活动。北宋时对日航线是从明州（今宁波）出发，横渡东海，达到日本，与唐时的渡日南线相同，全程约七天。到南宋时，日本平氏家族平清盛当权，直接控制大宰府（掌对外贸易的机构），鼓励并垄断了与中国的海上贸易。一变北宋以来华船独往的局面，恢复了中日海船交相往来的海上贸易盛况。平清盛极豪富,拥有"中国的扬州之金,荆州之珠,吴郡之绫,蜀江之锦,七珍万宝,无所不有"。宋船运往日本的货物主要有锦、绫、香料、药材、竹木、书籍、文具、铜钱等。再从日本购回木材、黄金、硫磺、水银、砂金及工艺品宝刀、折扇、屏风等。海上交通也促进了中日间的文化交流。

日本名僧荣西曾于南宋孝宗乾道四年(1168)、淳熙十四年(1187)两次来到中国,把禅宗传入日本,还把茶种带回日本。宋代对高丽(今朝鲜)主要有两条航线。北线从山东莱州出发,横渡黄海,用两天可到朝鲜半岛西南海岸。比唐代的高丽渤海道便捷。南线从明州(今宁波)出发至朝鲜西岸,约十五天左右可到达。两宋高丽谴宋使五十七次,宋使往高丽三十次。两国来往很多。中朝间的贸易起初是双方官府通过朝贡和特赐的方式进行。后来才逐渐发展成为民间贸易。两宋多次向高丽赠送礼服、乐器、金器、银器、漆器、浙绢、茶、酒、象牙、玳瑁、沉香、钱币等。高丽也多次向两宋赠送良马、兵器、弓矢、人参、硫磺、药材等。两宋时到中国留学求法的高丽僧人很多。这些都促进了两国的经济文化交流。

南宋的海上交通和对外贸易,带来了巨大的经济效益。高宗末年(1162)岁入增加了三倍,多达二百万贯。进口货物多达四百余种,市舶收入占财政总收入的15%～20%,成为支撑南宋的最重要经济来源之一。

(三)南宋的造船技术

南宋船舶的结构特点,表明了它的先进性能。从宁波和泉州出土的远洋航船,都有很大的龙骨,并在两舷上都增设了大橔与现代钢船加厚的舷侧顶列板相似,船底部龙骨和顶部的大橔提高了船体的强度。

泉州出土的宋船的前部有水密隔舱壁,都装在肋骨之前,中部以后的舱壁,则安装在肋骨以后,这样可以防止舱壁移动,加固了船体的横向强度,使船体能承载巨大的重量,并不怕狂涛巨浪拍打。

南宋的造船技术中,实行了船模放样法,即先造一小舟量其尺寸,而十倍算之,造船之船坞已有利用坡道下水的设施,修船已发明了利用船渠,利用坡道使造好的船下水,这是现代船舶纵向滑道下水的祖式。

南宋造船与航海中已使用了巨大铁锚、平衡舵、多桅多帆、舭龙骨等,船上已具备了抛泊,驾驶,起碇,转帆,测深等各种先进设备。这一切都说明当时的造船技术已步入了世界的前列。

宋代的军用船舶也有很大的发展,其先进技术的利用是多方面的。两宋所造战船,沿袭前人设计的有楼船、蒙冲、斗舰、走舸、游艇、海鹘等。新的战船有创新设计的无底船,江海两用船和改进设计的多轮车船。

无底船是南宋后期创造的一种后部无底的战船。咸淳八年(1272)蒙军围困襄阳、樊城已达到五年之久,南宋将领在其西北的清泥河处造轻舟百艘,准备解襄阳、樊城之围,其中有一种船,前半截有底,后半截无底,两弦设有站板,船上竖有旗帜,作战时,宋军士兵站在弦板上,引诱蒙军跃入船上,乘其立足未稳之际,推入水中溺死,发挥了一定的战斗作用。

江海两用船是由南宋水军统制冯湛在乾道五年(1169)于浙江明州(宁波)造成,属湖船底,战船盖,海船头尾型多桨战船,长8.3丈,宽2丈,载重800料。① 安桨42支,载将士200人,灵活机动,可在江河与近海作战。这种船实际是综合几种船型的长处而设计的一种新型战船,是当时战船建造技术的一大创新。该船建成,朝廷即按其样式建造50艘,以备缓急之用。车船在宋代得到了迅速的发展。建炎四年(1130),鼎州知州程昌宇建成长20~30丈的车轮船6艘,每艘可载官兵七八百人,准备用以攻击钟相、杨么所率领的起义军。绍兴二年(1132),无为军守臣王彦恢也建造了一种名叫飞虎的轮船,舷侧安有4轮8楫,可日行千里。其后,南宋水军中的水工高宣,对车轮船作了改进,建造了一种安有8轮的"八车船"。在同起义军作战中,高宣连同2艘车轮船被杨么起义军俘获。他在两个月内,为起义军建造大小车轮船十多种,计29艘。其中有的车轮船长10余丈,建楼二三层。小者可载二三百人,大者可载千余人。杨么乘坐的车轮船长30余丈,建有五层楼室,安有24轮,浮舟湖中,以轮激水,其行如飞,旁置撞杆,官舟迎之则碎。岳飞所部在同杨么起义军作战中,也建造了4轮、6轮、8轮、20轮、24轮、32轮等各型车轮船。绍兴五年(1135),两浙转运副使吴革请求朝廷建造了5轮、9

① 料:一料即一石,十斗,120市斤。

轮、13 轮等 42 艘车轮船。乾道四年(1168)，建康府水军建造了一种单轮 12
桨的 400 料大型轮船。淳熙六年(1179)，江西还建造了 100 艘被称作马船
的车轮船，船上设有女墙和轮桨，既可用于作战，又可运送军马。八年，荆鄂
帅臣郭钧造成 5 轮、6 轮、7 轮、8 轮的车轮船。南宋时期建造的车轮船，最大
者有 32 轮，长 36 丈、宽 4.1 丈、高 7.25 丈，可载 1000 多人，与大型楼船相
比，不但机动性能好，而且车轮都用木板遮盖，隐蔽性好，不易被敌军发现。
车轮船的不断改进和大量建造，是宋朝战船建造业兴旺发达的一个重要标
志。欧洲人大约在十六世纪才开始使用车轮船。如果从公元八世纪唐代建
成车轮船开始，中国使用车轮船的年代要比欧洲早八百多年。

　　除上述主要战船外，还有海鳅、飞虎、双车、戈船、水哨马、得胜、十棹、大
飞、旗捷、防沙、水飞马、赤马、白鹞、钻风等战船。其中海鳅、飞虎、双车属车
轮船。十棹当是多桨船。其余大抵都属于中小型战船。

二、南宋指南针技术的发展和在航海中的应用

(一)关于司南的记载、研究和争论

据古文献记载，我国最早的指向器是司南，早在先秦的典籍中对司南已
有记载。

《韩非子·有度篇》："故先王立司南，以端朝夕"，"端朝夕"是正方向的
意思。

《鬼谷子·谋篇》："郑子取玉，必载司南，为其不惑也。""为其不惑"是
使其不迷失方向之意。

到了东汉时期，对司南作了具体的描述。王充在《论衡·是应篇》中说：
"司南之杓，投之于地，其杓南指。"

近现代人对于司南的研究，以张荫麟先生最早。张先生在 1928 年第 3
期《燕京学报》发表了《中国历史上奇器及其作者》一文，批驳了日本山野博
士认为"宋朝以前决不知磁石有指极性"的观点。最先指出"在事实上论及
磁之指极者，实不始于宋代。至迟在后汉初叶，关于磁之指极性已在极明确之
记录。王充《论衡·是应篇》中有云'司南之杓，投之于地，其杓指南'。《说

文》：'杓，柄也。'《段注》：'柄，杓柄也。'观其构造及作用，恰如今之指南针，盖其器如勺，投之于地，杓（柄）不着地，故能旋转自如，指其所趋之方向也。"

其后王振铎先生作了进一步的研究，在 1948 年第 3 期《中国考古学报》上发表了《司南指南针与罗经盘》一文。对司南进行了多方考证，结合汉代出土的漆勺、式占地盘等文物，复制了以人造磁铁和天然磁石为勺的两种地盘式司南模型。得到了学术界绝大多数人的认可，影响广泛，贡献巨大。

刘秉正先生于 1956 年第 8 期《物理通报》发表了《我国古代关于磁现象的发现》一文，对王振铎先生提出了质疑。1985 年又在《未定稿》杂志第 15 期发表《司南新释》，进一步对司南提出七点质疑。并认为《论衡》中所言司南为天上之北斗。

林文照先生于 1986 年第 4 期《自然科学史研究》发表了《关于司南的形制与发明年代》一文，支持王振铎先生的观点，批评了"司南为北斗"的阐释。

王锦光、闻人军先生在 1987 年第 6 期《未定稿》发表了《论衡司南的形制与发明年代》一文，确认磁勺说，否定地盘说。对《论衡·是应篇》原文重新加以训释，并进行了新的以水银为池的浮勺实验，对司南的研究作了新的阐述。

王锦光先生认为："司南之杓，投之于地，其杓指南。"引文中的"投之于地"乃"投之于池"之误，这里的"池"，即古人常说的"华池"或"颍池"，也就是水银（汞）池。所以，王充记载的司南之杓不是投于地盘，而是投之汞池。

（二）关于指南针的文献记载和装置方法

由于天然磁石的司南勺，指南性不理想，我们的先人在继续探索中发现了人工磁化的方法和地球磁倾角。

宋代曾公亮《武经总要》前集，卷一五记载："若遇天景曀霾，夜色瞑黑，又不能辨方向，则当纵老马前行，令识道路，或出指南车或指南鱼，以辨方向。"

这指南鱼是什么样子，怎样造成的呢？《武经总要》前集，卷一五又说："鱼法以薄铁叶剪裁，长二寸，阔五分，首尾锐如鱼形，置炭火中烧之。候通赤，以铁钤钤鱼首出火，以尾正对子位，蘸水盆中，没尾数分则止，以密器收之。用时置水碗于无风处，平放鱼在水面令浮，其首常南向午也。"

现代科学表明，宋代人的制法是很有科学性的。磁铁的磁性是磁畴的规则排列而产生的,非磁性的磁畴,由于排列杂乱无章而不具有磁性。铁片烧红,其磁畴瓦解,在强大的地球磁场作用下,而成为顺磁体。铁片鱼投入水中,可以使磁畴的规则排列很快固定下来。鱼尾稍向下倾斜,由于地球磁场的磁倾角作用,可以增大磁化的程度。这也说明了我国当时已在世界上首先发现了地球的磁倾角。

这种人工磁化的方法,在欧洲是英国人吉尔伯特(William Gfilbert)在《磁石》一书中首先记载的,时间是公元1600年,比我国晚了五百多年。地磁倾角是由德国人哈特曼(George Hartmann)于1544年发现的。[1]

有关指南针的具体明确的记载,应以沈括的《梦溪笔谈》为最早。卷二四《杂志一》说:"方家以磁石磨针锋,则能指南。然常微偏东,不全南也。水浮多荡摇,指爪及碗唇上皆可为之,运转尤速,但坚滑易坠,不若缕悬为最善。其法取新矿中独茧缕,以芥子许蜡,缀于针腰,无风处悬之,则针常指南。其中有磨而指北者。予家指南北者皆有之。"

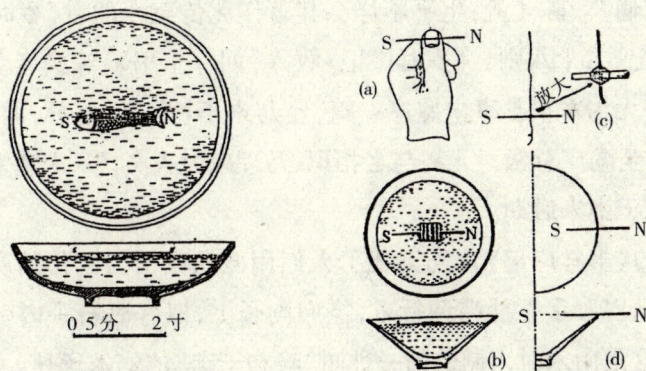

《武经总要》载指南鱼复原图　　　沈括和寇宗奭记述的4种指南针安装法

沈括的记载告诉我们四项内容:第一,人工磁化是方家使用的技术。成书于康定二年(1041)的《茔原总录》正是方家(风水先生)所用的专书。第二,指南针的磁化是用磁石与钢针的摩擦所造成的。第三,磁针指南有微偏

---

[1]　*Dunsheath Ahistorynf Electrical Engineering*(1962年)。

东的磁偏角。第四,指南针装制技术上的四种方法的优缺点。①

指南针的第一种装置方法是水浮,其缺点是"荡摇"。沈括没说以什么为浮力,其后宋代寇宗奭《本草衍义》引用沈括的这段文字指出是把磁针贯在灯芯草上。第二种装置方法是放在指爪上,第三种装置方法是放在碗唇上,这两种方法的缺点是"坚滑易坠"。第四种装置方法是以蜡粘悬丝,这种方法为"最善"。特别强调用"新纩中独茧缕",这种新纩的纤维弹性和韧性强而均匀,以芥子点蜡相粘不会产生扭转弹性,可以确保准确指极性。

《梦溪笔谈》所记载的指南针装置与现代的指南针不同,根本区别是现代的指南针是安装在一个支针的顶点上。这种以支针顶托指南针针腰的所谓"旱针",在南宋已有了类似的装置。

（三）南宋指南针技术的发展

记载南宋指南针技术的资料有三种:第一是陈元靓在《事林广记》的记载;第二是曾三异在《因话录》中的记载;第三是在江西临川南宋墓中发掘出的"张仙人瓷俑"。陈元靓,生平不详。其著作流传至今的有《岁时广记》四卷、《事林广记》二十八则。《岁时广记》收入《四库全书》,编撰者考证时说:"书前又有知无为军巢县事朱鉴序一篇,鉴乃朱子(朱熹)之孙,即尝辑诗传遗说者,后仕至湖广总领。元靓与之相识,乃理宗时人矣。"②宋理宗(1225—1264)统治处于南宋后期。

陈元靓的《事林广记》首先记载了人们用磁铁吸引力制作的魔术工具:"实草雕狗子,以胶水并盐醋调针末,搽向狗子上,以好磁石手内引之,即随手走来也。"这是南宋时人制造的一种叫"唤狗子走"的幻术玩具。

陈元靓记载的第二则魔术玩具叫"葫芦相打":"取一样长葫芦三枚,开阔口些,以木末用胶水调填葫内,令及一半,放干。一个以胶水调针沙放向内;一个以胶水调磁石末向内;一个以水银盛向内。先放铁末并磁石者二个

---

① 四种方法设置图及指南针一节的其他插图,皆引自戴念祖《中国科学技术史·物理学卷》,科学出版社2001年版,第443页。

② 《四库全书总目》上册,中华书局1965年版,第592页。

相近，其葫芦自然相交。却将盛水银一个放中心，两个自然不相交，收起复聚。"①这两则资料说明南宋人不仅熟知磁性，而且已能应用磁性制造各种玩具了。

《事林广记》对指南鱼和指南龟的记述如下：

造指南鱼。以木刻鱼子，如拇指大，开腹一窍，陷好磁石一块子，却以臈②添满，用针一半佥从鱼子口中钩入，令没放水中，自然指南，以手拨转，又复如初。

造指南龟。以木刻龟子一个，一如前法制造，但于尾边敲针入去；用小板子，上安以竹钉子，如箸尾大；龟腹下微陷一穴，安钉子上，拨转常指北。须是针尾后。③

显然，这里的指南鱼、指南龟是直接利用了磁体的指极性特点。古代人虽然没有地磁场和地磁极的概念，但自从司南发明并应用以来，对于磁体的指极性特点为常人所知。

陈元靓所述的指南鱼、指南龟巧妙的是将其装入木质鱼或龟腹中，在鱼头、鱼尾又插入一根铁针。这是方便观察其指向和"以手拨转"之用。指南鱼所以"没放入水中"，大概是木质鱼身和磁体鱼腹的平均比重与水的比重相差无几，因而在水中呈现不沉不浮之状态。

这里，特别要指出的是指南龟的竹针支托法。它不仅在工艺上要求严格，钉尖所支务必是龟体的重心垂线，而且它成为日后旱罗盘安装法以及近代仪表中所有枢轴承托摆针的始祖。

在南宋时，述及地磁偏角的著作有曾三异的《因话录》。曾三异就学于朱熹，端平年间（1234—1236）任承事郎，长于经学。他在《因话录》卷一九中写道：地螺或子午正针，或用子午丙壬间缝针天地南北之正，当用子午。或谓江南地偏，难用子午之正，故以丙壬参之。古者测日景于洛阳，以其天地

① 陈元靓：《事林广记》癸集，卷一〇"神仙幻术"，上海古籍出版社 1990 年影印本。

② 臈：即腊。

③ 陈元靓：《事林广记》癸集，卷一〇"神仙幻术"，上海古籍出版社 1990 年影印本。

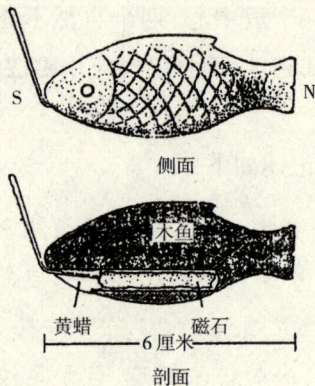

《事林广记》载指南鱼复原图　　《事林广记》载指南龟复原图

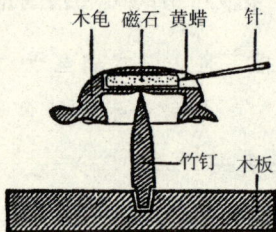

上图为王振铎先生依《事林广记》所复制

之中正也,然有于其外县阳城之地,地少偏,则难正用,亦自有理。①

地磁偏角的发现是中国古代科学的一大成就。但在 1600 年之前,即使西方的科学家也不了解它的成因,不明白这是地理南北极与地磁南北极位置之差。因此,寇宗奭以"五行生克"解释它,说"丙"属火,"庚辛"属金,金受火的克制,故而指南针偏丙位。曾三异又以偏离"地中央"的距离解释它。在他看来,洛阳为天地之正中,其余各地与它有偏距,故而,指南针不正指南。在发现地球为一大磁体之前,这些解释多是主观臆测而已。但是中国人最早发现了地磁偏角,并在制造和使用指南针时充分地注意了这一点。这是无可争辩的事实。

罗盘在中国至晚产生于十二世纪下半叶。在江西临川宋墓中发掘出两个"张仙人瓷俑"。

瓷俑高 22.2 厘米,眼观前方,炯炯有神,束发贯髻,身穿右衽长衫,右手持一罗盘,置于左胸前。底座墨书"张仙人"。② 墓主为南宋邵武军知军州事朱济南,卒于庆元三年(1197),葬于庆元四年(1198)。可见,在 1198 年之

---

① 曾三异:《因话录》,见《说郛丛书》卷一九,清顺治三年(1646)宛委山堂刊本。
② 陈定荣:《江西临川县宋墓》,载《考古》1988 年第 4 期,第 329－334 页。

南宋张仙人瓷俑

前，罗盘已在中国问世。它是堪舆家手中必备的仪器。尤其值得注意的是，从张仙人瓷俑表现出的竖持罗盘，以及其磁针中央塑有转动中心看来，该罗盘是旱罗盘，而不是水罗盘。安装磁针的方式很可能是回旋枢轴。从其磁针看，无尖形针锋，极类似条形小磁铁。罗盘的盘面是圆形的，其中的方向刻度也甚为清楚。

作为随葬品的张仙人瓷俑，表明当时人们利用旱罗盘已有很长一段时间，制造罗盘的技术也相当成熟。从杨维德康定二年（1041）记载堪舆磁针到朱济南于庆元四年（1198）安葬，这之间已有近一个半世纪。过去人们以为，旱罗盘是由欧洲或日本传入中国的，现在看来，这种说法必须修正了。还令人惊讶的是，该瓷俑的发现表明，以工艺瓷器的形式表现磁针与罗盘比有关的文字记载还要早。

现在公认曾三异《因话录》最早记述了罗盘，当时称为"地螺"。假定曾三异是在其授承事郎的端平年间（1234—1236）完稿《因话录》，那么，文献记载的罗盘比迄今所发现的实物的年代晚约四十年。

在宋元时代的针碗中，有一种是在碗内底釉绘了表征方位的文字与圆形图案，称为方位针碗或碗式水罗盘，它是古代水罗盘的一种特殊形式。北京故宫博物院藏有明代方位针碗，在印度尼西亚和日本都收藏了这种属于我国制造的方位针碗或盘。这种针碗在民间、在堪舆和航海中都可方便地使用。在航海船舶中，针碗也有其优点。此时它并非被置放于甲板或桌椅面上，而是置入于后舱的沙堆之中，由"火长"专门掌管。碗底又深，水碗在沙堆中不因船的颠簸摇荡而翻倒、打碎,沙堆可减缓碗的移动,而碗内之水总是平的,磁针所受航行的干扰就较小。旱罗盘、水罗盘都应当是诞生于南宋年间,至少与张仙人瓷俑同时。从磁针的安装方式而言,水罗盘比旱罗盘更为简单。入明之后,罗盘得到更大的发展。漆木制罗盘、铜制罗盘、旱盘、水盘、堪舆和用于航海用罗盘,已在许多地方形成作坊来专门生产。较著名的有安徽生产的徽盘和福建生产的建盘。其中,水罗盘在盘心有一圆池,供盛水放针用(如下图)。

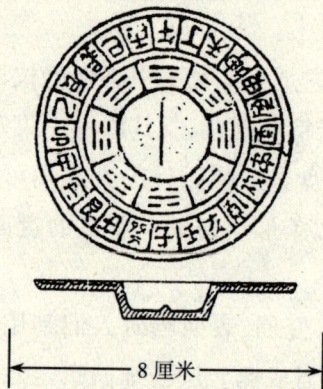

明代铜水罗盘构造图

在李约瑟博士的《中国科学技术史》出版之前,多数西方学者认为指南针和罗盘不是中国的发明。美国科学史家乔治·萨顿(Georse Sarton)认为,最早"应用磁针的不是中国人,而是在广州和苏门答腊之间航海的外国海员(可能是穆斯林)"。[①] 英国的惠特克(Edmund Whittaker,1873-1956)在其颇具影响的两卷本电磁学史著作中说:

> 关于指南针是在什么地方,什么时间和由什么人发明的问题,都不能有完全确定的回答。直到最近,普遍的意见认为,它来源于中国,经过阿拉伯人传到地中海,从而为十字军知道了。然而,事情并不是这样。中国人知道磁体的方向性是在十一世纪以前,但至少直到十三世

① G. Sarton,*Introduction to the History of Science*. P. 764.

纪末,没有用于航海。①

惠特克列举英格兰的圣阿尔本斯地方的修道士尼坎姆(Alexander Neck-am,1157 – 1217)很可能在 1186 年知道磁针航海知识,他进而说:"西北欧,可能是英国,比其他任何地方都更早地知道它(磁针及航海),这似乎是没有疑问的。"②

根据科学史文献,欧洲最早知道磁针的是法国人戴普万斯(Gyuot de Provins),他在 1190—1210 年间的咏经诗中指出,水手将针和一种难看的石头摩擦后,用草浮水面可指北③。尼坎姆是 1207 年左右在其《论器具》(De Utensilibus)一书中记述类似问题的④。就按照惠特克认定的 1186 年计,也要比沈括的记述晚了九十至一百年。而曾公亮记述地磁磁化方法比英国吉尔伯特早五百多年,杨维德与沈括记述磁偏角比哥伦布早四百多年。张仙人瓷俑手持枢轴式罗盘出现在 1197 年之前,而号称制造罗盘的法国大师佩雷格林纳斯(Petrus Peregrinus,又名 Master Peter de Maricourt,生活于十三世纪)设计制造带有刻度的枢轴罗盘是在 1269 年,他的有关制造罗盘的信件是在 1558 年出版的,⑤以三十二个星点表示方位的罗盘是在佩雷格林纳斯之后问世的。

无可争议,中国人最早创制并使用磁针和罗盘。现在一般的人认为,有关磁罗盘的知识是由阿拉伯人从中国传播到欧洲的。

(四)指南针在航海中的应用

指南针的最大用途是用于海上航行的导航。中国古代典籍记载指南针最早用于航海的是朱彧的《萍州可谈》,他在卷二中写道:"舟师识地理,夜则观星,昼则观日,阴晦观指南针。"

他写的是父亲在广州任官期间的事,时间大约是公元 1099 – 1102 年。

在朱彧之后,徐兢于宣和五年(1123)出使高丽,他在《宣合奉使高丽图

①　E. Whittaker ,*A History of the Theories of Aether and Electricity.* London ,1951 ,p. 33.
②　E. Whittaker ,*A History of the Theories of Aether and Electricity.* London ,1951 ,p. 33.
③　卡约里:《物理学史》,中译本,科学出版社 1998 年版,第 25 – 27 页。
④　尼坎姆的说法见 H. Buckley ,*A Short History of physics.* New York , 1927 ,p. 105.
⑤　卡约里:《物理学史》,中译本,科学出版社 1998 年版,第 25 – 27 页。

经》中，记述了使用指南针的情况："是夜洋中不可住，惟视星斗前迈，若晦暝则用指南浮针，以揆南北。"①

从以上两条北宋人记载的指南针的使用情况，说明当时并不完全依赖指南针。或者"夜则观星，昼则观日"，或者"惟视星斗前迈"，只有在阴天的夜晚才用指南针。到了南宋，指南针在航海中的应用就大不一样了。赵汝适在其所著《诸蕃志》卷下写道："舟舶往来，惟以指南针为则，昼夜守视唯谨，毫厘之差，生死系矣。"

赵汝适是宋宗室，于南宋初年（1127－1162）提举福建路市舶司。《诸蕃志》为此时作品。它记述沿海通商之情。因此，十二世纪初，指南针确已为海上专用的导航设备了。所谓"惟以指南针为则"，正是完全依赖指南针的写照。再则，用指南针导航不可有"毫厘之差"，则非罗盘莫属。

应当指出，上述三种历史文献都是记述中国"舟师"在中国船舶上使用指南针，而不是记述阿拉伯人或其他民族。

明确记述航海用罗盘的是吴自牧的《梦粱录》一书。该书完稿于南宋咸淳十年（1274）。它旨在记述都城临安（今杭州）的盛况，也记述了船舶从浙江出海之情。吴自牧在"半洋礁"一条中写道："风雨晦冥时，惟凭针盘而行，乃火长掌之，毫厘不敢误差，盖一舟人命所系也。愚屡见大商贾人，言此甚详悉。若欲船泛外国买卖，则是泉州便可出洋……海洋近山礁则水浅，撞礁必坏船。全凭南针，或有少差，即葬鱼腹。"

这里所谓的"针盘"就是罗盘。吴自牧在《梦粱录序》中称该书为"缅怀往事，殆犹梦也，名曰《梦粱录》"。可见，罗盘在航海中的出现至少也是吴自牧写此书之前三十至五十年前的事。

从北宋末到南宋期间，即十二世纪末到十三世纪，中国人在航海中以指南针导向已成为公众熟悉的常识，以致生活在十三世纪期间的俞琰以"昭然如迷海之针"一语赞誉魏伯阳的《参同契》一书。"迷海之针"是指南针和罗盘的统称。

---

① 徐兢：《宣和奉使高丽图经》卷三四，《天禄琳琅丛书》一集，故宫博物院据乾道三年（1167）本影印。

经过几百年来罗盘导向的航海实践,人们积累了许多航海知识。在可行的航线上,将各航点的指南针方位连接起来,就成为指导他人航行的"针路"。记载这些针路的航行手册,成为航海者必备的"罗经针簿"。有了罗经针簿与罗盘,就可以自由地驾舟驰骋于茫茫大海之中。元成宗元贞元年(1295),周达观奉命随使赴真腊(今柬埔寨),自温州出海,于次年至该国,居住约一年后还。回国后著《真腊风土记》一书,其中记述了他出海航行时的针路:

> 自温州开洋,行丁末针。历闽、广海外诸州港口,过七洲洋,经交趾洋到占城。又自占城顺风可半月到真蒲,乃其境也。又自真蒲行坤申针,过昆仑洋入港。①

周达观所说的"行丁末针","行坤申针",正是按罗盘指示的航行路线。

中国人最先发现了磁针的指极性,最早发现并记录了地磁偏角。中国人最早发明了指南针和罗盘,并把它们用于航海。指南针用于航海,对世界产生了极大的影响。

英国科技史专家李约瑟博士说,指南针在航海中的应用是"航海技艺方面的巨大变革",把"原始航海时代推到了终点"。"预示计量航海时代的来临"。

指南针十二世纪末由中国传入阿拉伯,十三世纪初由阿拉伯人传往欧洲。恩格斯在《自然辩证法》中认为"磁针从阿拉伯人传到欧洲人手中,1180年左右。"欧洲人卡德所写的《中国印刷术的发明及其西传》中说:第四次十字军东征时,有一个叫维特利的僧人到达巴勒斯坦,他说指南针是中国人发明的,由阿拉伯商人传入了欧洲。

指南针传入欧洲,给欧洲正在酝酿的巨大社会变革以一种强有力的工具。指南针应用于航海,促进了航海事业的大发展。十五世纪,哥伦布横渡大西洋,发现了美洲"新大陆"。十六世纪,麦哲伦应用指南针完成了环球航行。新航路的不断开辟和地理大发现,促进了各国经济贸易的大规模交流。"指南针打开了世界市场并建立了殖民地",是预告资产阶级社会到来的伟大发明,是南宋时期中国人民对世界文明的伟大贡献。

---

① 周达观:《真腊风土记》卷一,见夏鼐:《真腊风土记校注》,中华书局1981年版,第15页。

第四节　火药的发明和南宋在军事上的应用

一、火药的发明和最初配方

火药的发明应从《道藏·诸家神品丹法》谈起。此书转载了唐初孙思邈的"伏硫磺法"中,以二两硫磺、二两硝石,研成粉末,加入三个皂角,炒而起火。学术界一般认为这是火药发明之始。唐中期的《真元妙道要略》的伏硝石法,唐宪宗时清虚子的《铅汞甲庚至宝集成》的伏火矾法,都是以硝石、硫磺各二两,再加赤炭或马兜铃做实验,因含有硝石、硫磺和炭,可以视为火药的初期配方。但火药的科学配方和大量应用于军事是在宋代。

成书于庆历四年(1044)的《武经总要》记载了火药的详细配制方法,现将工艺流程编制列表于下,这是世界上见于记载的最早的火药制造工艺流程。

品名 \ 数量(两) \ 制法	数量(两)	制法	粉碎	混合	搅匀	包装	成品
硫磺	14	粉碎过筛	合成混合粉末		搅匀冷却合成膏粉	包纸五层、缠麻一层、浸透松脂	成品火药每锭五斤
窝黄	7						
焰硝	40						
砒黄	1	磨成细面					
定粉	1						
黄丹	1						
干漆	1	粉碎					
竹茹	1	炒成碎末					
麻茹	1						
松脂	14	熬匀	合成热膏				
黄腊	0.5						
桐油	0.5						
浓油	0.1						
清油	0.1						

上述配方之硫磺产于山西,窝黄也是天然产品,焰硝就是硝石,砒黄是

砷素为主的化合物,定粉也是含毒物质,黄丹是铅化合物 Pb_3O_4。如果将各种物质分别按硝石、硫磺、含炭物进行归并分类。则硝石重 40 两,硫磺与窝黄共重 21 两,各种含炭物质共重 18.02 两。它们的组配比率,分别为 50%、26.6%、22.8%,这是火球火药方,即普通的火药配方。

现代科学的火药配方是硝石 74%、硫磺 10%、炭 16%,两者已比较接近。爆炸与燃烧作用是相差无几的,只是由于硝石的成分少些,不宜做发射火药,当时的发射是用抛石机或是弓箭。

《武经总要》记载的"蒺藜火球火药方"如下:

> 硫磺一斤四两、焰硝二斤半、粗炭末五两、沥青二两半、干漆二两半,捣为粉末,竹茹一两一分、麻茹一两一分,剪碎;桐油和小油各二两半、腊二两半,熔汁和之。

毒药烟球火药方组成如下:

> 球重五斤。用硫磺一十五两、草乌头五两、焰硝一斤十四两、巴豆五两、狼毒五两、桐油二两半、小油二两半、木炭末五两、沥青二两半、砒霜二两、黄蜡一两、竹茹一两一分、麻茹一两一分,捣合为球,贯之以麻绳一条,长一丈二尺,重半斤,为弦子。

上述三个火药配方说明,用硝石、硫磺、木炭为基本原料,再掺杂一些其他物质,就可以配制成不同性能和用途的火药。球壳外面的涂料,大多是用易燃物料拌和而成,它们在干涸后,既有保护球内火药干燥洁净的作用,又是引燃火药的火源,所以在抛射时只要用火烙锥将球壳烙透点着,待抛射至敌方时,作为引火之物的球壳,恰好将火药引燃,产生燃烧作用。

曾公亮《武经总要》书中所记载的三个火药配方和三种火药的配制技术,是我国古代劳动人民、药物学家、炼丹家和统兵将领,经过几百年甚至上千年的努力探索所取得的丰硕成果。它们的正式刊布,标志着我国军用火药发明阶段的结束。在已经走完药物学家对硝、硫、炭特性的研究,以及炼丹家对硝、硫、炭混合物进行的燃爆试验的全过程后,进入了军事家把火药制成火器用于作战的新阶段,这在军事技术史上具有开创新时代的意义。

迄今为止,在所有可能得到的火药史资料中,说明《武经总要》所记载的三个火药配方,是世界上最早公布的科学的火药配方。

按照这三个配方所配制的火药,既是经过宋军试用改进后的制品,又是各地配制军用火药的样本。它们同以往试验过程中的各种雏型火药相比,硝、硫、炭之间的组配比率,逐渐趋向合理,硝的含量有了大幅度的增加,使火药的军事应用成为可能;在配制工艺上从粗糙趋向精细;在制作上从分散少量到成批多量,为火器的扩大制造和提供军队使用创造了条件。但是由于这些火药中含有较多的其他物料,所以还是一种只能用作纵火、发烟或散毒的初级火药,有待于在作战中不断改进和提高。

二、两宋火药武器概述

《武经总要》中记载了世界上第一批火药武器,有火球、引火球、蒺藜火球、霹雳火球、铁嘴火鹞、普通火箭和火药鞭箭等等。从武器名称可知,它们具有爆破、烧伤、放毒、施烟幕的作用。我们的祖先不仅发明了火药,而且最早解决了将火药应用于军事这一重要问题。

路振《九国志》记载郑璠进攻豫章(南昌),“发机飞火”,把龙沙门烧毁。宋代许洞解释“发机飞火”,认为就是火炮或者火箭。这是我国历史上第一次将火箭用于军事的记载。其后,兵部令史冯继升于开宝三年(970)献火箭;神卫水师队长唐福于咸平三年(1000)献火球、火蒺藜;知宁化军刘永锡于咸平五年(1002)献火炮。至宋仁宗时期(1023-1063),曾公亮著《武经总要》系统地记述了第一批火药武器。

宋代的火药武器已有爆炸性火器的萌芽。如霹雳火球,就是用火药、瓷片、竹子等制成,燃放时声如霹雳。靖康元年(1126),李纲在抵御金人的汴京守卫战中,曾使用霹雳炮;绍兴三十一年(1161),采石矶之战,虞允文又一次用霹雳炮大败金军;开禧二年(1206),宋将赵淳在襄阳之战中,用霹雳炮击退金军。

宋代的火箭是燃烧性武器,也广泛用于战争。元丰六年(1083),宋与西夏的兰州之战,绍兴三十一年(1161),宋将李宝袭击胶州湾陈家岛金军的战役,都大量地使用了火箭,用来烧毁敌人的物资,但杀伤力还不大。

南宋的火枪还十分盛行,又称"梨花枪"。用纸筒或竹筒装上火药,缚在长枪的枪尖下,交战时发火燃烧,与刺杀互相配合。南宋李全曾凭借梨花枪称雄山东,有所谓"二十年梨花枪,天下无敌手"。

宋代也出现了管形火器,绍兴二年(1132),陈规发明了用巨竹为枪筒的管形火器,记载于陈规的《靖康朝野佥言后序》和汤璹的《德安守御录》中。这种喷射火焰的突火枪是世界历史上第一次出现的管形火器。开庆元年(1259),寿春府出现了在竹筒内发射"子窠"的突火枪。"子窠"是瓷片、碎石、石子之类,它开创了世界上管形火器使用弹丸的先河。这种突火枪已具备了身管、火药、子弹,即现代火药枪炮的基本结构。

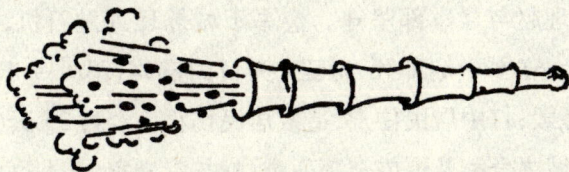

世界上最早出现的发射"子窠"的管形火器——宋代突火枪

在南宋人发明的突火枪的基础上,元代人发明了金属制的铜火铳,它是世界上最先出现的金属管形火器。保存至今的元代金属管形火器以元至顺三年(1332)的铜火铳为最早,它比欧洲最古老的火铳早五百年。这尊火炮现存北京中国历史博物馆,口径三寸一分八,长一尺一寸,重二十八斤,炮上铸的铭文是"绥远讨寇军"(见下图)。元代留下的另一尊铁火炮,清咸丰年间出土于南京金陵教场。上刻"周三年造,重五百斤"。"周"是张士诚国号,周三年为公元1356年,即元至正十六年。

世界上最早的现存金属管形火器——元至顺三年(1332)铜火铳

三、南宋火药武器详析

铁火炮的发明人是山西阳曲(今山西太原)北郑村的猎人铁李。其事记入元好问的《续夷坚志》中:淳熙十六年(1189),铁李为捕捉更多的狐狸,他在一个口小腹大的陶罐内,装入许多火药,把引捻拉出罐外,放在狐狸经常出没的地方,当成群的狐狸出现时,他就点燃火炮,放出巨响和火光,狐狸惊吓奔逃,纷纷落入他事先布置的罗网之中。人们受此启发,创造了用铁火罐装入火药的铁火炮。

宋金双方的战争中,使用了铁火炮,宋将赵与褏在其所著《辛巳泣蕲录》中,记述了铁火炮的威力。嘉定十四年(1221),金军携铁火炮进攻蕲州,郡守李诚之和司理赵与褏率部坚守。金军于城外环列抛石机,向城内抛射铁火炮:打在城上,守军中炮即死,甚至"头目面霹碎,不见一半";①打在城楼上,城楼亦被摧毁;打中居民住户,造成居民伤亡。经过25天的围攻,金军占领了蕲州。李诚之全家及僚佐全部死难,赵与褏全家15人也亡于战祸,他本人仅以身免,事后作《辛巳泣蕲录》以记其事。

铁火炮在战争过程中屡经金军改进后,成为威力更大的震天雷。金军于绍定五年(1232),用其守开封。是年三月,蒙军进逼开封,除使用一般攻城器械外,还以大型活动的掩护性攻城器械牛皮洞子②进行攻城。金军为破牛皮洞子,便从城上用铁索悬吊震天雷,点燃火捻后,沿城壁下吊至蒙军掘城处爆炸,使蒙军"人与牛皮皆碎迸无迹"。《金史·赤盏合喜传》详细记载了震天雷的威力,说它用"铁罐盛药,以火点之,炮起火发,其声如雷,闻百里外"。③ 当时有一个金人名儒刘祁,描述震天雷的爆炸威力:"北兵(蒙军)攻城益急,炮飞如雨……莫能当。城中大炮(一作火炮)号震天雷应之。北兵遇之,火起,亦数人灰死。"④此记载说明,蒙军虽然也使用火炮攻城,但其威

---

① 赵与褏:《辛巳泣蕲录》,上海商务印书馆1959年版,第22页。
② 牛皮洞子:以大木为架,洞顶蒙牛皮,形同山脊木屋,可避矢石。
③ 《金史》卷一一三《赤盏合喜传》,中华书局1977年版,第2496—2497页。
④ 刘祁:《归潜志》卷一一,见《录大梁事》,中华书局1983年版,第123页。

力远不如金人的震天雷。蒙军因攻城不下,遂于四月撤兵。

金人创制的铁火炮,后来发展为四种不同的样式(如下图——四种铁火炮)。

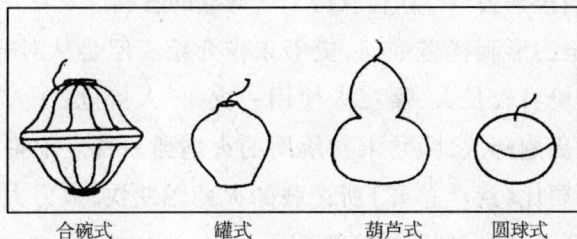

合碗式　　罐式　　葫芦式　　圆球式

四种铁火炮

《辛巳泣蕲录》说铁火炮"形如匏状而口小,用生铁铸成,厚二寸",爆炸时"其声大如霹雳","震动城壁"。何孟春在《余冬序录摘抄外篇》卷五中说:"西安城上旧贮铁炮曰震天雷者,状如合碗,顶一孔,仅容指,军中久不用,余谓此为金人守汴(开封)之物也。"金军守开封所用的铁火炮是一种罐式震天雷,其口小身粗,铁壳较厚,内装火药,口中通火捻。还有一种球形铁火炮,见于日本文献的记载,系元军同日本作战时所用。

铁火炮制造技术也有了较大的提高,它成为后世所创铁壳爆炸弹的先导,这是我国南宋时期金政权对火器发展作出的一个重大的贡献。

创制于北宋初期的火箭与火球,需要借助射远的弓弩和重型抛石机才能发挥战斗作用。到南宋初期,在改进火药箭、火球的基础上,又创制了新型火器——火枪,如长竹杆火枪、飞火枪、突火枪等。

长竹杆火枪系由陈规所创。陈规,字元则,山东密州安丘人,建炎元年(1127),知德安(今湖北安陆)府,他是力主抗金的地方官和创制管形火器的军事专家。他从1127－1132年全力抗金。然而在此期间,却有一股被金军战败转而为盗的宋军屡犯德安。当年八月四日,乱军首领李横造成大型攻城掩体天桥①,用其攻城。坚守德安的陈规,在此期间又用"火炮药造下长竹

---

① 天桥高3.5丈,阔2丈,底盘长6丈,靠6根巨型脚柱支撑于地;桥身分三层,正面、两侧和顶部,都用牛皮厚毡作顶盖、挂搭,以御矢石;士兵可从天桥后部分三层登桥攻城。创制于绍兴二年(1132)。

杆火枪二十余条"①,并借筹措之机,一面指挥士兵推柴草至天桥下焚烧,一面又组织一支长竹杆火枪队"六十人,持火枪自西门出,焚天桥,以火牛助之,须臾皆尽,横拔寨去"②,陈规取得了守城战的胜利。

长竹杆火枪的形制构造如何,史书未作介绍。但是从对守城的记载可知,长竹杆枪的枪身较长大,需三人使用一支,一人持枪,一人点放,一人辅助;枪内装填的火炮药,已距北宋初所用的火炮药一百五十多年,其性能当有较大的改进,要比《武经总要》所记载的火药燃速快、火力大;所以能在其他火攻方式配合下,将大型天桥烧毁。

飞火枪系金人所创,据《金史·蒲察官奴传》记载:飞火枪"以敕黄纸十六重为筒,长二尺许,实柳炭、铁滓、硫磺、砒霜之属,以系绳端。军士各悬小铁罐藏火,临阵烧之,焰出枪前丈余,药尽而筒不损"③。《金史·赤盏合喜传》也说:"飞火枪,注药以火发之,辄前数十余步,人亦不敢近。"④由于这种枪能喷射火焰烧灼敌兵,所以成为金军单兵作战的利器。它的名称似乎也因其能将火焰喷出枪口,飞出十余步或一丈多远而获得。

南宋绍定六年(1233)正月,金哀宗率忠孝军退至归德(今河南商丘县),蒙军亦尾追而至。忠孝军首领蒲察官奴秘密准备火枪、战具,袭击蒙军。五月五日,蒲察官奴率忠孝军四百五十人,编成飞火枪队,各持飞火枪一支,并带铁火罐,内藏火源,夜袭蒙军兵营。蒙军从梦中惊醒,毫无准备,一时手足无措。金军四百五十支飞火枪火焰齐喷,营房四下火起。蒙军纷纷溃逃,"溺水死者凡三千五百余人"。金军"尽焚其栅而还",取得了夜袭蒙军的胜利。⑤

金军使用的飞火枪,枪小而轻,便于单兵携带,既可喷火烧灼敌兵,又可用枪头刺敌。飞火枪是我国第一次装备集群士兵作战的单兵火枪,也是最早的两用兵器。它的创制和使用,标志着我国单兵火枪的正式诞生。

---

① 陈规:《守城录》卷四《德安守御录(下)》,解放军出版社1998年版,第148—149页。
② 《宋史》卷三七七《陈规传》,中华书局1977年版,第11643页。
③ 《金史》卷一一六《蒲察官奴传》,中华书局1975年版,第2548—2549页。
④ 《金史》卷一一三《赤盏合喜传》,中华书局1975年版,第2496页。
⑤ 《金史》卷一一六《蒲察官奴传》,中华书局1975年版,第2548—2549页。

金人创制的飞火枪,主要作用在于喷射火焰,烧灼敌军,尚未具备直接击杀敌军的作用。直接击杀敌军的单兵火枪,则是开庆元年(1259)寿春府(今安徽寿县)火器研制者创制的突火枪(如上图——突火枪)。

据记载:突火枪"以巨竹为筒,内安子窠,如烧放,焰绝,然后子窠发出,如炮声,远闻百五十余步"①。突火枪的具体形制,虽因记载过简而不能确知,但它已经具备了管形射击火器的三个基本要素:一是身管,二是火药,三是弹丸(子窠)。由于突火枪以巨竹为筒,所以可在其中装填火药和子窠;由于筒中装填了火药,所以火药筒中燃烧后所产生的气体推力,能将子窠沿着枪的轴线方向射出,产生击杀作用;子窠的构造虽尚待研究,但从"子窠发出"一句中,可知其是具有一定几何形状的较大颗粒,而不是粉末灰沙,冯家升先生判断它是最初子弹,是有一定道理的。突火枪不但在南宋末期发挥了良好的作战效果,而且也是元代创制金属管形射击火器——火铳的先导。突火枪的创制,受到后世各国火器史研究者的重视,公认它是世界上最早运用射击原理制成的管形射击火器,堪称世界枪炮的鼻祖。

火药是经由阿拉伯、波斯传入欧洲的,阿拉伯人称硝为"中国雪",波斯人称"中国盐"。约在公元 1225－1248 年间,火药由印度、阿拉伯传入伊斯兰教的国家。因为医生伊宾拜他尔的《医药典》中的"巴鲁得"解释为"中国雪",已经用于燃烧了。火药武器也是经由阿拉伯传入欧洲的。1218 年成吉思汗西征,1258 年围攻巴格达,使用了"震天雷",即南宋人的"铁火炮"。阿拉伯人的兵书中有"契丹火枪"、"契丹火箭",即指中国传入的火药武器。所以,现在已经毫无疑问地证实了,火药是从中国经过印度传给阿拉伯人,又由阿拉伯人和火药武器一道经过西班牙传入欧洲。火药和火药武器传入欧洲,推动了资产阶级的革命,封建主骑士手中的刀剑,抵挡不住拥护资产阶级的军队的火枪;铁火炮炸毁了封建主的高墙和城堡,宣告了封建主统治的完结,资产阶级革命胜利的到来。中国古代四大发明的功绩,将永垂世界文明的史册。

---

① 《宋史》卷一九七《兵十一·器甲之制》,中华书局 1977 年版,第 493 页。

后 记

2005 年暑假,我在德国的洪堡大学做学术访问,收到了温州大学人文学院夏诗荷副教授的电话,转达浙江大学历史系何忠礼教授想让我撰写《南宋科技史》一书的意见。

由于《中国古代科技文献大辞典》一书尚未完稿,《苏颂评传》一书也在撰写之中,我表示无力承担《南宋科技史》的写作,向何先生表达歉意。同时推荐浙江大学的王锦光和闻人军两位教授,王先生是资深的老一代科技史专家,他的《中国古代物理学史略》与《中国光学史》,在国内外科技史学界颇有声誉;闻先生年富力强,他的《〈考工记〉导读》、《〈考工记〉译注》和台北出版的《〈考工记〉导读图译》,也在国内外科技史界很有影响。

九月开学以后,温州大学政法学院的院长蔡克骄教授又一次找我,再次转达何先生与杭州市社会科学院的邀请,并说锦光先生年迈,无意接受此书,闻人军教授已出国多年,经过多次征询,确实找不到承担者,于是我接受了此书的撰写任务。

我接受任务之后,开始检索目录,搜集资料,方知南宋科技史各个领域多数尚无人问津。没有开榛辟莽的工作,是难以成书的。仅科技古籍一项,就要阅读数十种原著。我对科技古籍虽情有独钟,四十年来陶醉其中,若啖蔗饴,焚膏继晷,乐而不疲。然所涉不过沧海一滴,太仓一粟。大量尘封多年的科技古籍必须一本一本的披阅。温州夏季潮湿多雨,酷热难耐,蚊虫搔咬,挥去又来,常常后悔接受了这个难题。

　　两历寒暑,终于勉强成书。交稿之日,首先应该感谢朋友们的帮助。温州经济发达,文化典籍不足,许多检索到的专著与论文,无法借到。好在科技发达,地球变小,电子邮件免费传送。两次请哈佛大学东方图书馆古籍部主任戴廉先生为我核对宋、元版本的引文;多次向中国科学院自然科学史研究所的陈美东教授请教天文方面的知识。特别是当我撰写苏州石刻天文图研究一节,想要借阅他的《中国古星图》一书时,他已身患重病,住院治疗。但是收到我的信后,他依然邮赠了大作,使我们对中国古代星图有更深入更全面的了解。他嘉惠学林,乐于助人的精神,使我想起了先辈龚自珍那有名的两句诗:

　　　　　落红不是无情物,化作春泥更护花。

　　南宋医学一章,得益于温州医学院刘时觉教授的《永嘉医派研究》、《宋元明清医籍年表》、《丹溪学研究》等书,他又慨然允诺我们转引他的学术成果。我在温州执教五年,得到时觉教授的助益甚多。他的敬业精神,他的累累硕果,都使我肃然起敬,自愧不如。当我把此书回赠给他时,也表达我深深地谢意!

　　此书的写作也得到了青年教师的帮助,北京第二外国语学院的跨文化研究专业的周彦群硕士,参与了全书的史料检索与打字工作,并执笔写了第一章、第六章和第九章。北大资源学院的王冬老师和首都师范大学硕士研究生陈荣荣也帮我借书和打字。天津师大杨效雷教授和首都师大刘雄硕士帮助我借书和核对书中引文。在此一并致谢!

　　　　　2007 年 7 月 10 日于北京大学资源学院文物系

编　后　语

历史并不意味着永远消失,从某种意义上说,它总会以独有的形式存在并作用于当前乃至未来。历史学"述往事"以"思来者","阐旧邦"以"辅新命",似乎也可作如是观。历史的意义通过历史学的研究被体现和放大,历史因此获得生命,并成为我们今天的财富。

宋朝立国三百二十年(960—1279),是中国封建社会里国祚最长的一个朝代,也是封建文化发展最为辉煌的时期,对后世影响极大。其中立国一百五十三年(1127—1279)的南宋,向来被认为是一个国力弱小、对外以妥协屈辱贯穿始终的偏安王朝,但就是这一"偏安"王朝,在经济、文化、科技等方面却取得了辉煌成就,对金及蒙元入侵也作出过顽强的抵抗。如果我们仍囿于历史的成见,轻视南宋在中国历史上的地位和作用,就不会对这段历史作出更为深刻的反思,其中所蕴涵的价值也不会被认识。退一步说,如果没有南宋的建立,整个中国完全为女真奴隶主贵族所统治,那么唐、(北)宋以来的先进文化如何在后世获得更好的继承和发展,这可能也是人们不得不考虑的一个问题。南宋王朝建立的历史意义,于此更加不容忽视。

杭州曾是南宋王朝的都城。作为当时全国的政治、经济和文化的中心,近一个半世纪的建都史给杭州的城市建设、宗教信仰、衣食住行、风俗习惯,乃至性格、语言等方面都打下了深刻的烙印。南宋历史既是全国人民的宝贵财富,更是杭州人民的宝贵财富。深入研究南宋史,是我们吸取历史经验和教训的需要,是批判地继承优秀文化遗产的需要,也是今天杭州大力建设文化名城的需要。还原一个真实的南宋,挖掘沉淀在这段历史之河中的丰富遗产,杭州人责无旁贷。

2005 年初,在杭州市委、市政府的大力支持和指导下,杭州市社会科学院将南宋史研究列为重大课题,并开始策划五十卷《南宋史研究丛书》的编纂工作,初步决定该丛书由五大部分组成,即《南宋史研究论丛》两卷、《南宋专门史》二十卷、《南宋人物》十一卷、《南宋与杭州》十卷、《南宋全史》八卷。同年 8 月,编纂工作正式启动。同时,杭州市社会科学院成立南宋史研究中心,聘请浙江大学何忠礼教授、方建新教授和浙江省社会科学院徐吉军研究员为中心主任和副主任,具体负责《南宋史研究丛书》的编纂工作。为保证圆满完成这项任务,杭州市社会科学院诚邀国内四十余位南宋史研究方面的一流学者担任中心的兼职研究员,负责《丛书》的撰写。同时,为了保证书稿质量,还成立了学术委员会,负责审稿工作,对于一些专业性较强的书稿,我们还邀请国内该方面的权威专家参与审稿,所有书稿皆实行"二审制"。2005 年 11 月,《南宋史研究丛书》被新闻出版总署列为国家"十一五"重点图书出版规划项目。2006 年 3 月,南宋史研究中心高票入选浙江省哲学社会科学首批重点研究基地,南宋史研究项目被列为省重大课题,获得省市两级政府的大力支持。

以一地之力整合全国学术力量,从事如此大规模的丛书编纂工作在全国为数不多,任务不仅重要,也十分艰巨。为了很好地完成编纂任务,2005、2006 两年,杭州市社会科学院邀请《丛书》各卷作者和学术委员召开了两次编纂工作会议,确定编纂体例,统一编纂认识。尔后,各位专家学者努力工作,对各自承担的课题进行了认真、刻苦的研究和撰写。南宋史研究中心的尹晓宁、魏峰、李辉等同志也为《丛书》的编纂付出了辛勤的劳动,大家通力合作,搞好组稿、审校、出版等各个环节的协调工作,使各卷陆续得以付梓。如今果挂枝头,来之不易,让人感慨良多。在此,我们向参与《丛书》编纂工作的各位专家学者表示由衷的感谢!

鉴于《丛书》比较庞大,参加撰写的专家众多,各专题的内容多互有联系,加之时间比较匆促,各部专著在体例上难免有些不同,内容上也不免有些重复或舛误之处,祈请读者予以指正。

《南宋史研究丛书》是"浙江文化研究工程成果文库"中的一项内容,为该文库作总序的是原中共浙江省委书记,现中共中央政治局常委、中央书记处书记习近平同志,为《南宋史研究丛书》作序的是中共浙江省委常委、杭州市委书记、杭州市人大常委会主任王国平同志和浙江大学终身教授、博士生导师徐规先生。在此谨深表谢意!

希望这部《丛书》能够作为一部学术精品,传诸后世,有鉴于来者。

杭州市社会科学院院长　史及伟

2007 年 12 月

图书在版编目 (CIP) 数据

南宋科技史 / 管成学 著
–北京：人民出版社，2008
（《南宋史研究丛书》）
ISBN 978-7-01-007492-4
Ⅰ. 南… Ⅱ.①杭… ②杭… ③管…
Ⅲ. 自然科学史–中国–宋代
Ⅳ. N092
中国版本图书馆 CIP 数据核字 (2008) 第 176069 号

南 宋 科 技 史
NANSONG　KEJISHI

作　　者：管成学
责任编辑：张秀平　任文正
封面设计：祁睿一
装帧设计：山之韵

人 民 出 版 社 出版发行

地　　址：北京朝阳门内大街 166 号
邮政编码：100706　www.peoplepress.net
经　　销：全国新华书店
印刷装订：北京昌平百善印刷厂
出版日期：2009 年 3 月第 1 版　2009 年 3 月第 1 次印刷
开　　本：787 毫米×1092 毫米　1/16
印　　张：35.25
字　　数：500 千字
书　　号：ISBN 978-7-01-007492-4
定　　价：80.00 元